国家出版基金项目
NATIONAL PUBLICATION FOUNDATION

"十四五"国家重点图书出版规划项目
核能与核技术出版工程

先进核反应堆技术丛书（第二期）
主编 于俊崇

熔盐堆科学技术导论

Introduction to Molten Salt Reactor Science and Technology

徐洪杰　戴志敏　蔡翔舟 编著

上海交通大学出版社
SHANGHAI JIAO TONG UNIVERSITY PRESS

内容提要

本书为"先进核反应堆技术丛书"之一。书中结合科学研究与技术开发,从多个维度全面深入地探讨了熔盐堆的科学技术体系,详细阐述了熔盐堆的背景与意义、物理与化学特性、热工水力与安全特性、基于熔盐的高温核热梯级利用,以及支撑熔盐堆的冷却剂技术、燃料技术、材料技术、设备与系统技术、后处理技术等。本书理论与实践结合,体系严整、内容翔实,研发进展的时效性强,具有本领域的权威性。

本书可供从事熔盐堆相关研发、制造、集成、建设或维护工作的研究人员、工程人员、技术人员和管理人员学习使用,也可供高等院校相关专业师生阅读参考。

图书在版编目(CIP)数据

熔盐堆科学技术导论 / 徐洪杰,戴志敏,蔡翔舟编著. -- 上海 :上海交通大学出版社,2025. 6. -- (先进核反应堆技术丛书). -- ISBN 978-7-313-32620-1

Ⅰ. TL426

中国国家版本馆 CIP 数据核字第 2025VOR135 号

熔盐堆科学技术导论

RONGYANDUI KEXUE JISHU DAOLUN

编　　著:徐洪杰　戴志敏　蔡翔舟

出版发行:上海交通大学出版社　　　　　　　　　地　　址:上海市番禺路 951 号

邮政编码:200030　　　　　　　　　　　　　　　电　　话:021 - 64071208

印　　制:苏州市越洋印刷有限公司　　　　　　　经　　销:全国新华书店

开　　本:710 mm×1000 mm　1/16　　　　　　　印　　张:32.5

字　　数:552 千字

版　　次:2025 年 6 月第 1 版　　　　　　　　　印　　次:2025 年 6 月第 1 次印刷

书　　号:ISBN 978 - 7 - 313 - 32620 - 1

定　　价:268.00 元

先进核反应堆技术丛书

编 委 会

主 编

于俊崇(中国核动力研究设计院,研究员,中国工程院院士)

编 委(按姓氏笔画排序)

王丛林(中国核动力研究设计院,研究员级高级工程师)

刘 永(核工业西南物理研究院,研究员)

刘天才(中国原子能科学研究院,研究员)

刘汉刚(中国工程物理研究院,研究员)

孙寿华(中国核动力研究设计院,研究员)

杨红义(中国原子能科学研究院,研究员级高级工程师)

李 庆(中国核动力研究设计院,研究员级高级工程师)

李建刚(中国科学院等离子体物理研究所,研究员,中国工程院院士)

余红星(中国核动力研究设计院,研究员级高级工程师)

张东辉(中核霞浦核电有限公司,研究员)

张作义(清华大学,教授)

陈 智(中国核动力研究设计院,研究员级高级工程师)

罗 英(中国核动力研究设计院,研究员级高级工程师)

胡石林(中国原子能科学研究院,研究员,中国工程院院士)

柯国土(中国原子能科学研究院,研究员)

姚维华(中国原子能科学研究院,研究员级高级工程师)

顾 龙(中国科学院近代物理研究所,研究员)

柴晓明(中国核动力研究设计院,研究员级高级工程师)

徐洪杰(中国科学院上海应用物理研究所,研究员)

霍小东(中国核电工程有限公司,研究员级高级工程师)

总　　序

　　人类利用核能的历史可以追溯到 20 世纪 40 年代,而核反应堆这一实现核能利用的主要装置,即于 1942 年诞生。意大利著名物理学家恩里科·费米领导的研究小组在美国芝加哥大学体育场取得了重大突破,他们使用石墨和金属铀构建起了世界上第一座用于试验可控链式反应的"堆砌体",即"芝加哥一号堆"。1942 年 12 月 2 日,该装置成功地实现了人类历史上首个可控的铀核裂变链式反应,这一里程碑式的成就为核反应堆的发展奠定了坚实基础。后来,人们将能够实现核裂变链式反应的装置统称为核反应堆。

　　核反应堆的应用范围甚广,主要可分为两大类:一类是核能的利用,另一类是裂变中子的应用。核能的利用进一步分为军用和民用两种。在军事领域,核能主要用于制造原子武器和提供推进动力;而在民用领域,核能主要用于发电,同时在居民供暖、海水淡化、石油开采、钢铁冶炼等方面也展现出广阔的应用前景。此外,通过核裂变产生的中子参与核反应,还可以生产钚- 239、聚变材料氚以及多种放射性同位素,这些同位素在工业、农业、医疗、卫生、国防等许多领域有着广泛的应用。另外,核反应堆产生的中子在多个领域也得到广泛应用,如中子照相、活化分析、材料改性、性能测试和中子治癌等。

　　人类发现核裂变反应能够释放巨大能量的现象以后,首先研究将其应用于军事领域。1945 年,美国成功研制出原子弹;1952 年,又成功研制出核动力潜艇。鉴于原子弹和核动力潜艇所展现出的巨大威力,世界各国竞相开展相关研发工作,导致核军备竞赛一直持续至今。

　　另外,由于核裂变能具备极高的能量密度且几乎零碳排放,这一显著优势使其成为人类解决能源问题以及应对环境污染的重要手段,因此核能的和平利用也同步展开。1954 年,苏联建成了世界上第一座向工业电网送电的核电站。随后,各国纷纷建立自己的核电站,装机容量不断提升,从最初的 5 000 千瓦发展到如今最大的 175 万千瓦。截至 2023 年底,全球在运行的核电机组总数达到了 437 台,总装机容量约为 3.93 亿千瓦。

核能在我国的研究与应用已有 60 多年的历史,取得了举世瞩目的成就。

1958 年,我国建成了第一座重水型实验反应堆,功率为 1 万千瓦,这标志着我国核能利用时代的开启。随后,在 1964 年、1967 年与 1971 年,我国分别成功研制出了原子弹、氢弹和核动力潜艇。1991 年,我国第一座自主研制的核电站——功率为 30 万千瓦的秦山核电站首次并网发电。进入 21 世纪,我国在研发先进核能系统方面不断取得突破性成果。例如,我国成功研发出具有完整自主知识产权的压水堆核电机组,包括 ACP1000、ACPR1000 和 ACP1400。其中,由 ACP1000 和 ACPR1000 技术融合而成的"华龙一号"全球首堆,已于 2020 年 11 月 27 日成功实现首次并网,其先进性、经济性、成熟性和可靠性均已达到世界第三代核电技术的先进水平。这一成就标志着我国已跻身掌握先进核能技术的国家行列。

截至 2024 年 6 月,我国投入运行的核电机组已达 58 台,总装机容量达到 6 080 万千瓦。同时,还有 26 台机组在建,装机容量达 30 300 兆瓦,这使得我国在核电装机容量上位居世界第一。

2002 年,第四代核能系统国际论坛(Generation Ⅳ International Forum,GIF)确立了 6 种待开发的经济性和安全性更高、更环保、更安保的第四代先进核反应堆系统,它们分别是气冷快堆、铅合金液态金属冷却快堆、液态钠冷却快堆、熔盐反应堆、超高温气冷堆和超临界水冷堆。目前,我国在第四代核能系统关键技术方面也取得了引领世界的进展。2021 年 12 月,全球首座具有第四代核反应堆某些特征的球床模块式高温气冷堆核电站——华能石岛湾核电高温气冷堆示范工程成功送电。

此外,在聚变能这一被誉为人类终极能源的领域,我国也取得了显著成果。2021 年 12 月,中国"人造太阳"——全超导托卡马克核聚变实验装置(Experimental and Advanced Superconducting Tokamak,EAST)实现了 1 056 秒的长脉冲高参数等离子体运行,再次刷新了世界纪录。

经过 60 多年的发展,我国已经建立起涵盖科研、设计、实(试)验、制造等领域的完整核工业体系,涉及核工业的各个专业领域。科研设施完备且门类齐全,为满足试验研究需要,我国先后建成了各类反应堆,包括重水研究堆、小型压水堆、微型中子源堆、快中子反应堆、低温供热实验堆、高温气冷实验堆、高通量工程试验堆、铀-氢化锆脉冲堆,以及先进游泳池式轻水研究堆等。近年来,为了适应国民经济发展的需求,我国在多种新型核反应堆技术的科研攻关方面也取得了显著的成果,这些技术包括小型反应堆技术、先进快中子堆技术、新型嬗变反应堆技术、热管反应堆技术、钍基熔盐反应堆技术、铅铋反应堆技术、数字反应堆技术以及聚变堆技术等。

　　在我国,核能技术不仅得到全面发展,而且为国民经济的发展做出了重要贡献,并将继续发挥更加重要的作用。以核电为例,根据中国核能行业协会提供的数据,2023 年 1—12 月,全国运行核电机组累计发电量达 4 333.71 亿千瓦·时,这相当于减少燃烧标准煤 12 339.56 万吨,同时减少排放二氧化碳 32 329.64 万吨、二氧化硫 104.89 万吨、氮氧化物 91.31 万吨。在未来实现"碳达峰、碳中和"国家重大战略目标和推动国民经济高质量发展的进程中,核能发电作为以清洁能源为基础的新型电力系统的稳定电源和节能减排的重要保障,将发挥不可替代的作用。可以说,研发先进核反应堆是我国实现能源自给、保障能源安全以及贯彻"碳达峰、碳中和"国家重大战略部署的重要保障。

　　随着核动力与核技术应用的日益广泛,我国已在核领域积累了丰富的科研成果与宝贵的实践经验。为了更好地指导实践、推动技术进步并促进可持续发展,系统总结并出版这些成果显得尤为必要。为此,上海交通大学出版社与国内核动力领域的多位专家经过多次深入沟通和研讨,共同拟定了简明扼要的目录大纲,并成功组织包括中国原子能科学研究院、中国核动力研究设计院、中国科学院上海应用物理研究所、中国科学院近代物理研究所、中国科学院等离子体物理研究所、清华大学、中国工程物理研究院以及核工业西南物理研究院等在内的国内相关单位的知名核动力和核技术应用专家共同编写了这套"先进核反应堆技术丛书"。丛书内容包括铅合金液态金属冷却快堆、液态钠冷却快堆、重水反应堆、熔盐反应堆、新型嬗变反应堆、多用途研究堆、低温供热堆、海上浮动核能动力装置和数字反应堆、高通量工程试验堆、同位素生产试验堆、核动力设备相关技术、核动力安全相关技术、"华龙一号"优化改进技术,以及核聚变反应堆的设计原理与实践等。

　　本丛书涵盖的重大研究成果充分展现了我国在核反应堆研制领域的先进水平。整体来看,本丛书内容全面而深入,为读者提供了先进核反应堆技术的系统知识和最新研究成果。本丛书不仅可作为核能工作者进行科研与设计的宝贵参考文献,也可作为高校核专业教学的辅助材料,对于促进核能和核技术应用的进一步发展以及人才培养具有重要支撑作用。我深信，本丛书的出版，将有力推动我国从核能大国向核能强国的迈进，为我国核科技事业的蓬勃发展做出积极贡献。

于俊崇

2024 年 6 月

前　言

　　熔盐堆作为第四代反应堆中唯一能支持液态燃料的堆型,在实现钍铀燃料全闭循环方面具有得天独厚的优势,可以从提高核燃料自给率与减少核废料累积量两个方面共同提升我国核能的可持续性。同时,熔盐堆低压高温、本征安全、无水冷却的特点,使其易于以小型模块化堆的形式部署于我国广袤的内陆腹地。本书围绕熔盐堆的科学原理、工程技术、研发趋势进行了全面而深入的讨论。

　　由于以高温熔融盐作为冷却剂,同时将裂变物质溶于其中兼作核燃料,液态燃料熔盐堆在基底盐选择(氟盐体系或氯盐体系)、能谱选择(热中子堆或快中子堆)、燃料路径(铀钚体系或钍铀体系)三大方面具有远超其他堆型的多样性,可根据实际应用场景需求进行定制。在中子物理特性方面,液态燃料熔盐堆具有低后备反应性、深温度负反馈等安全优势,具有无须可燃毒物、负载跟随能力强等优点,同时缓发中子先驱核随冷却剂在整个一回路里迁移也使其具有独特的中子物理机理。在热工水力方面,因为选用了熔盐这一新型的冷却剂体系,且燃料盐既是冷却剂又是热源,衰变热广泛分布在整个一回路各处,所以需要在理论与实验两方面对熔盐堆各回路的流动、换热、自然循环等规律进行持续深入研究。熔盐冷却剂、熔盐堆结构材料是建造熔盐堆的两大根本性支撑。其中熔盐冷却剂的物理和化学特性、在线与离线分析技术、对结构材料的腐蚀控制技术以及量产中的质量控制技术,镍基合金(构建容器与设备)与核石墨(构建堆芯与反射层)的力学性能、耐辐照、耐腐蚀与防浸渗等使役行为,需要在化学、材料领域从基础研究起步,打通诸多关键技术,最终实现基本材料的规模化量产。熔盐堆关键设备与系统是实现熔盐堆各项功能的最终载体,各项设备成型与系统集成技术是建成自主可控的全套供应链体系的关键。本书详细介绍了堆本体、换热器、泵、阀、各类容器等设备,以及熔盐回路、燃料储存装卸、气路气氛、专设安全设施、仪控、电气、放废等系统的功能、结构以及关键技术。高温核热综合利用、钍铀燃料闭式循环是熔盐堆的两大应用领域。本书全面介绍了适用于熔盐堆的布雷顿循环发电、高温制氢、处理热直供、熔盐储热、海水淡化、区域供暖等从高温到低温的全谱核热梯级利用技术,以及包括钍铀循环关键核数据、中子辐照下的钍铀转化过程、干法后处理流程、燃料重构流程等在内的钍铀循环物理与化学技术。

本书通过对熔盐堆技术体系的全面论述及对熔盐堆科技研发的系统整理,旨在为从事熔盐堆相关研发、制造、集成、建设或维护工作的研究人员、工程人员、技术人员及对熔盐堆感兴趣的学者提供相应指导与参考。希望读者在阅读本书过程中获得启发,为熔盐堆的发展做出新的贡献。

本书各章作者如下。第1章:徐洪杰、郭威、马玉雯、蔡翔舟;第2章:邹杨、朱贵凤、徐洪杰;第3章:黄鹤飞、冷滨、周兴泰;第4章:钱渊、谢雷东、汤睿;第5章:林俊、曹长青、仲亚娟;第6章:朱世峰、傅远、王晓艳、李志军;第7章:龚昱、黄卫;第8章:蔡军、乔延波、杨群;第9章:严睿、田健、邹扬;第10章:周翀、李明海、戴志敏;第11章:陈金根、伍建辉、邹春燕、蔡翔舟;第12章:王建强、肖国萍、关成志、徐洪杰;第13章:徐洪杰、蔡翔舟。此外,郭威、马玉雯参与了部分绘图和排版工作,在此一并表示感谢。

本书在编著过程中得到了上海交通大学出版社的大力支持,谨在此表示衷心的感谢。

由于本书涉及的专业面广,编著人员水平有限,虽然经过多次评审和修改,仍难免存在不妥和不足之处,敬请广大读者批评指正。

目　　录

第 1 章
概　述

　　能源是人类改造自然、发展自身的基石。工业革命以来，人类逐步发展出以化石能源为主的强力而庞杂的能源体系。据《数据中的我们的世界》(*Our World in data*)综合评述[1]援引《2024 世界能源统计年鉴》[2]数据，自 1800 年至 2023 年，全球一次能源消耗从约 2.0×10^{19} J/a 增长至 6.6×10^{20} J/a，全球人均一次能源消耗从 5.9 MW·h/a 增长至 22.6 MW·h/a(见图 1-1)，其中全球人口数据来自文献[3]。全球一次能源消耗的年复合增长率(compound annual growth rate，CAGR)普遍大幅高于同期全球人口的年复合增长率，如图 1-2 所示。自 1800 年至 2023 年，全球传统生物质能源的占比已从 98.3% 降至 6.1%；这 220 余年人类共消耗的近 3.3×10^{22} J 的一次能源中，有 71.2% 来自化石能源体系，其中包括煤炭(27.9%)、石油(28.1%)和天然气(15.2%)；可再生能源(包括水力、风能、太阳能等)贡献了 6.4%；核能贡献了 3.1%，如图 1-3 所示。一次能源总消耗与人均一次能源消耗的大幅增长，以及现代能源体系的逐步成型，已成为人类整体进步的一个缩影。

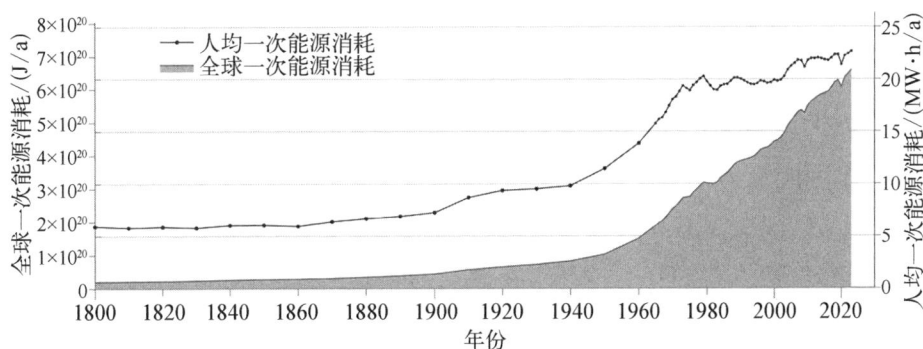

图 1-1　1800—2023 年全球一次能源消耗和人均一次能源消耗

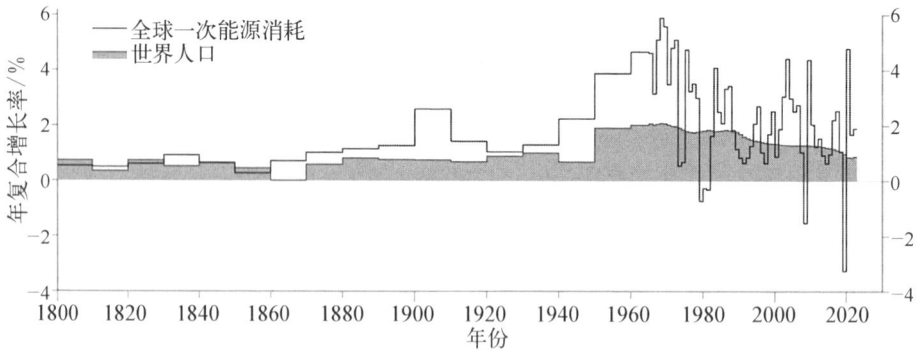

图 1-2　1800—2023 年全球一次能源总消耗与全球人口的复合年增长率比较

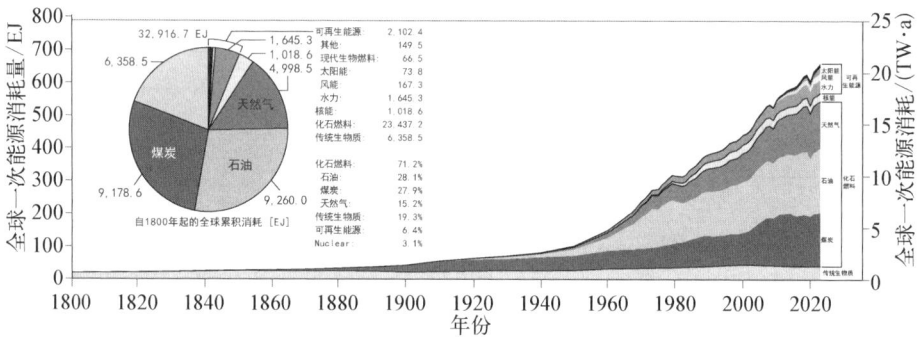

图 1-3　1800—2023 年全球一次能源消耗量统计

　　在全球发展过程中,中国的发展尤为迅速。目前,我国已成为全球最大的制造业国家与能源消耗国家,诸多领域的总体量稳居世界第一,例如 2023 年我国一次能源消耗占全球的 27.6%;但就人均水平而言,我国与发达国家仍存在较大差距。2023 年,我国人均一次能源年消耗(33.3 MW·h)已超过世界平均水平(21.4 MW·h),但与高收入国家平均水平(55.5 MW·h)相比仍相去甚远[1]。

　　再者,我国的一次能源结构仍处于重煤阶段。2023 年,我国一次能源消耗中的化石能源占比为 81.6%,与全球同期平均水平(81.5%)持平;但同年我国一次能源消耗中的煤炭占比为 53.8%,相当于全球在 20 世纪 50 年代(59.8%)至 60 年代(46.9%)间的历史平均水平[2]。我国一次能源的重煤结构使得我国自 2006 年起长期位列全球碳排放国家之首,2023 年碳排放量逾 119 亿吨,占全球 31.5%,是美国的 2.4 倍[4]。

　　面对严峻的碳排放问题,习近平主席在 2020 年宣布中国将提高国家自主贡献力度,采取更加有力的政策和措施,力争 2030 年前让二氧化碳排放达到峰值,努力争取 2060 年前实现碳中和。《中共中央　国务院关于完整准确全面贯彻新发展理念做好碳达峰碳中和工作的意见》[5]指出:到 2060 年,太阳能、风能、水力及核能等非化石能源消费占比达到 80% 以上,实现碳中和目标。在未来约 35 年的我国能源结构重大转型升级过程中,核能将起到举足轻重的作用。

核能作为一种洁净、低碳、能量密度高的一次能源,在保障能源稳定供应、优化能源结构及应对气候变化方面具有其他一次能源不可比拟的巨大优势[6]。核能的能量密度高,直接碳排放为零,间接碳排放不到风能发电的一半,发电能力不受昼夜、季节、气候等环境变化的影响,是公认的低碳基荷能源。自 20 世纪 50 年代中期起,先发工业化国家在过去 70 余年间大力发展核能,全球核能的年增长率一度接近 40%,远远高于其他任何形式的一次能源,如图 1-4 所示。据国际原子能机构(International Atomic Energy Agency,IAEA)的动力堆信息系统(power reactor information system,PRIS)[7]数据,截至 2025 年 1 月底,全球累计建造过 656 座民用动力堆、总装机容量 534.9 GW,其中现役在运的有 417 座、总装机容量 377.0 GW;另有 60 座民用动力堆在建,总装机容量 66.8 GW。以现役在运规模排序:美国以 94 台机组(装机容量 102.5 GW)位居第一;法国以 57 台机组(装机容量 65.7 GW)位居第二;中国以 57 台机组[装机容量 60.3 GW(含台湾)]位居第三,另有 28 台机组(32.3 GW)在建设中;如图 1-5 所示。在第 28 届联合国气候变化大会上,22 个国家达成《三倍核能宣言》,声明到 2050 年全球核电装机容量将达到目前的三倍[8];我国"双碳"战略目标明确提出要"积极安全有序发展核电",中国核能行业协会、中核战略规划研究总院等机构同样认为从脱碳需求及电力装机电量平衡角

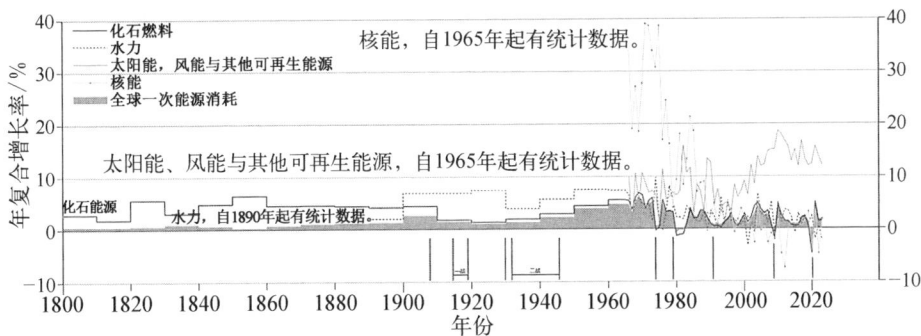

图 1-4　1800—2023 年全球各类一次能源的复合年增长率比较

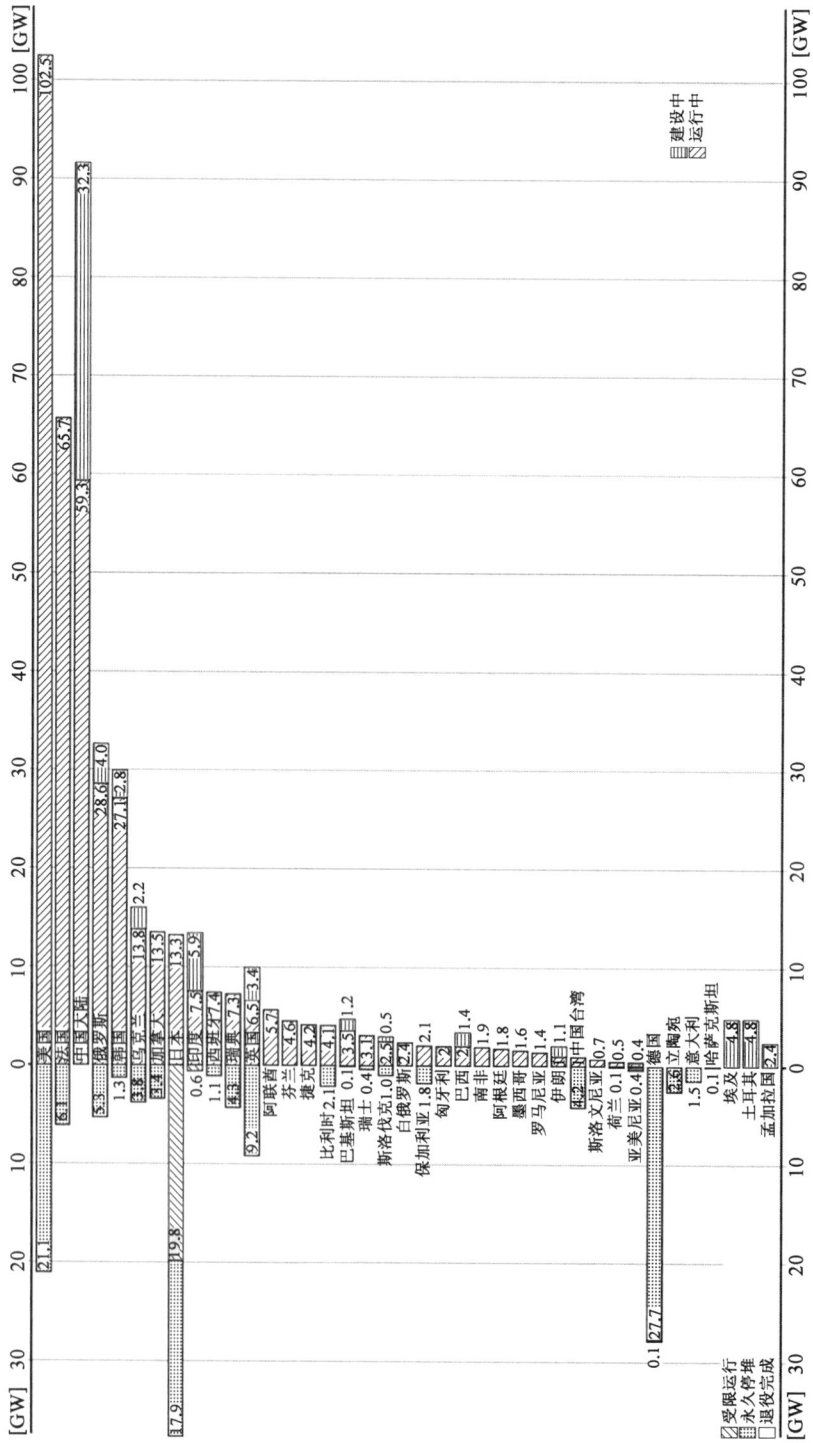

图 1 - 5 截至 2025 年 1 月底全球各国家、地区的核电规模

度来看,核电有较大发展空间,2060 年核电发电量占比需达到 20％以上,才能实现碳中和目标[9]。

目前,核电安全、核电机组老化、铀资源稳定供应以及核废料累积是全球核能发展面临的主要困境。特别是核能先进国家,其民用核电技术已历经七十余年发展,核能所涉及的问题及挑战日益凸显。为有效解决发展核能所面临的困境,这些国家试图转向更安全、经济、少核废料产生的先进核能系统,并制订了未来核能发展规划,这些经验可为新型核能国家布局未来核能发展战略提供有价值的参考。而我国作为核能发展的后起之秀,传统核工业技术惯性较小,为转向先进核能技术发展提供了充足的动力。

1.1　熔盐堆研制背景

民用核能发展至今已历经七十余年,堆型方面以大型轻水堆为绝对主力,核燃料循环方面更是几乎完全限于铀基燃料一次通过的方式,其他堆型以及钍铀核燃料循环一直处于从属地位;但进入 21 世纪后,在高防核扩散、核废料最小化及高燃耗等需求的驱动下,核能发达国家高度重视钍资源利用,并开展了大量的钍铀燃料循环运行与理论研究[10-13]。

我国现有和在建的核能体系仍完全依赖铀基核燃料,70％以上的铀资源依赖进口。2021 年,据国际原子能机构(IAEA)和经济合作与发展组织核能机构(Organization for Economic Cooperation and Development - Nuclear Energy Agency, OECD - NEA)的估算,中国当年的铀产量为 1 800 吨,需求量为 9 500 吨,缺口为 7 700 吨;2021 年、2022 年我国实际铀进口量分别为 1.36 万吨和 1.22 万吨,约占全球铀交易量的 1/4[14],如图 1-6 所示。而钍作为可替代铀的核燃料资源,在地壳中的平均储量为铀的 3～4 倍,我国钍储量可供给中国反应堆运行 2 万年左右。

现有核能体系所产生的乏燃料中,含有大量的铀-238、少量未裂变的铀-235,在核能释放过程中因吸收中子而产生镎、钚、镅、锔等超铀元素以及种类繁多的裂变碎片,核燃料的净利用率不足 5％(以质量计)。同时,上述超铀元素及裂变碎片绝大多数具有强放射性,部分放射性物质的半衰期远超人类文明史的时间跨度,需妥善处置。据中国核能行业协会数据显示,我国乏燃料已累积超过 1 万吨,每年新产生乏燃料约 1 000 吨。根据国网能源研究院有限公司相关数据预测,到 2030 年我国乏燃料累积存量预计将达到 2.48 万吨。预计到

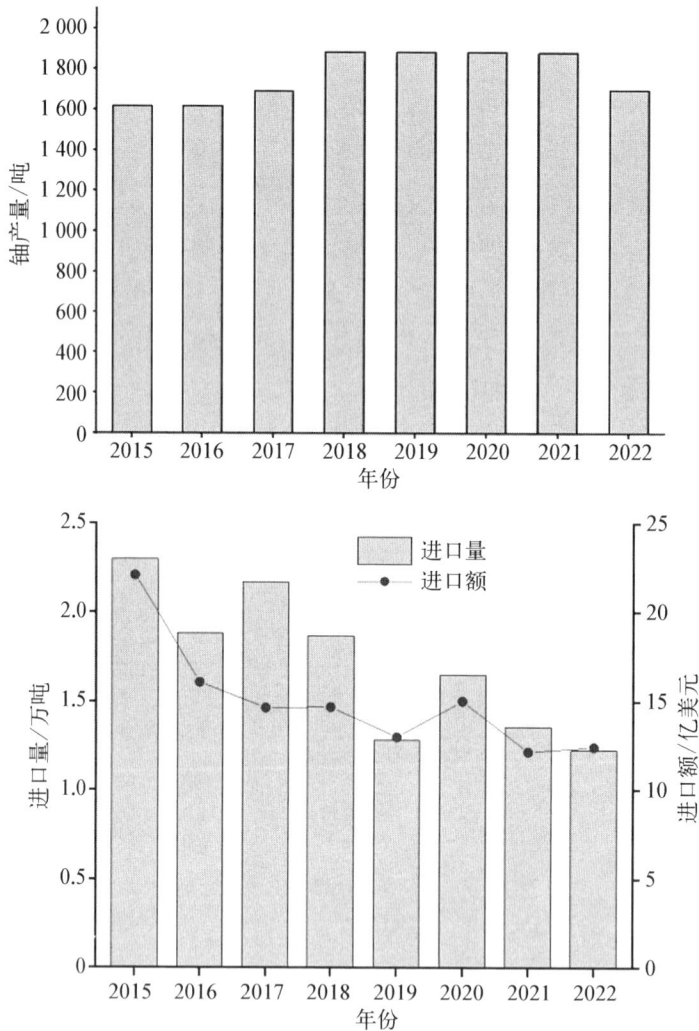

图 1-6　中国铀产量和铀进口量

2060 年,基于现有核电技术,每年新产生的乏燃料将接近 1 万吨,如图 1-7 所示。而分析显示,若采用钍铀燃料闭式循环,核燃料的净利用率理论上可以接近 100%,且所产生的核废料总量、长寿命放射性物质比例将远低于现有的铀基燃料一次通过方式。

　　基于我国铀燃料严重依赖进口的现状及钍多铀少的具体国情,发展基于熔盐堆的钍铀燃料闭式循环具有非常重要的国家能源安全战略意义,可有效解决大规模发展核能所面临的铀资源短缺以及核废料累积问题。此外,基于

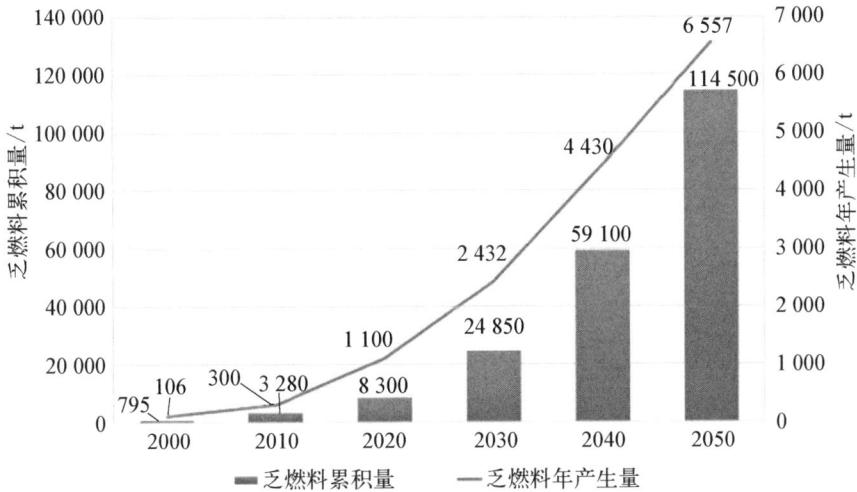

图1-7　我国2000—2050年乏燃料年产量与累积量预测

熔盐堆的钍铀燃料闭式循环可实现核废料完全焚烧,当熔盐堆钍铀循环从2030年开始部署,每年以3%的份额增加时,其核废料堆积量可降低20万吨,每年核燃料资源的需求量也将大幅降低,从而为确保我国能源安全、实现碳排放控制目标提供有力保障。

原则上,任何一种堆型都可以采用钍燃料,但各种堆型由于在钍铀转化的经济性、燃料的加工与乏燃料后处理几个方面的差异而呈现不同的钍燃料利用特性。总体而言,高温气冷堆由于具有较高的卸料燃耗而被认为是目前固态燃料反应堆中唯一可实现工业规模钍资源利用的热中子反应堆,但高温气冷堆也面临着固态燃料反应堆无法避免的燃料元件再加工等问题。快堆中钍燃料裂变性能不如铀燃料,但具有较高的快中子俘获截面,相较于燃烧铀-233,它更适合生产铀-233。加速器驱动的次临界装置(accelerator-driven subcritical system,ADS)与聚变-裂变混合堆是较理想的钍资源利用反应堆,但这两种堆型本身还远未成熟[15]。

作为唯一一种采用液态燃料的动力反应堆堆型,熔盐堆在实现钍资源利用方面具有其他固态燃料反应堆无可比拟的优势,包括无须钍基燃料元件制备,更易实现中间核镤-233的在线提取等;但熔盐堆在钍利用的同时也面临着钍铀燃料闭式循环的共性问题,即复杂后处理技术的发展。如何解决熔盐堆快速部署需求与基于后处理技术的钍资源高效利用之间的矛盾,已成为熔盐堆钍利用面临的一个亟待解决的问题。

相较于其他反应堆,以液态熔盐堆开展钍资源核能利用具有以下优势:

(1) 使用液态燃料,无须燃料制备,燃料形式简单,可以使用不同类型的燃料;

(2) 液态熔盐堆具有在线添料和在线后处理能力,能够在不停堆的情况下去除裂变产物,提高中子经济性和燃耗深度,实现钍的高效利用;

(3) 结合钍铀燃料在热谱下具有良好中子经济性及熔盐的在线后处理等优势,钍基熔盐堆能够实现在热堆、超热堆及快堆等不同能谱下的钍燃料增殖。

液态燃料钍基熔盐堆在当前技术基础条件下具有极高的可行性,但是由于堆运行温度高、熔盐腐蚀性强和后处理技术不成熟,目前还有一些技术难点与挑战有待解决:

(1) 燃料盐的流动特性使得熔盐堆技术成为完全不同于其他固体燃料反应堆的一种全新核反应堆技术,尚无成熟的反应堆设计和安全分析方法以及安全评估规范可供借鉴;

(2) 钍铀燃料循环的核数据目前尚不完善,还需要开展大量基础研究工作;

(3) 钍燃料盐连续在线后处理技术的可行性需要进行进一步的实验验证;

(4) 自然界中无铀-233,需要实现从铀钚燃料向钍铀燃料循环的科学过渡。

概而论之,钍铀燃料闭式循环有望从扩充核燃料资源和压缩核废料累积两方面有力促进我国核能事业的发展,液态燃料熔盐堆正是在当前技术条件下实现钍铀燃料闭式循环的最佳选择。本章将介绍熔盐堆的分类与发展历史和国内外的研发现状,并适当展开介绍一些典型的熔盐堆概念设计。

1.2 熔盐堆的分类和发展简史

熔盐堆是采用高温熔融盐混合物作为主冷却剂或兼作燃料的反应堆。按照燃料形态,熔盐堆可分为两类:一类是液态燃料熔盐堆,液态燃料盐兼作冷却剂以带走裂变所产生的热能;另一类是固态燃料熔盐堆,采用球形、棱柱形或板形燃料元件,内部植有大量直径小于 1 mm 的包覆颗粒燃料(tri-structural-isotropic particle fuel, TRISO)[16],熔盐仅作为冷却剂带走裂变所产生的热能。此外,若按照所用中子能谱,熔盐堆又可以分为热中子堆和快中子堆两类;按照主冷却剂盐化学成分(阴离子)可分为氟盐堆、氯盐堆等类型;也可按照终端发电方式进行区分。因为作为主冷却剂的熔盐混合物具有良好的传热特性与优异的稳定性,所以各类熔盐堆均可在高温(堆芯出口温度700 ℃以上)常压(略高于 1 个大气压)下运行。固态燃料与液态燃料两大类熔盐堆在热学、力学、机械等方面可共享大量共性技术,包括至关重要的非能动安全技术。液态燃料熔盐堆可在线调制燃料盐的配方,易于执行在线添换料及后处理,从而既可以提高综合燃耗、减少次锕系核素产量,也便于实现燃料循环模式过渡或切换,真正实现钍铀闭式燃料循环,因而被公认为钍铀燃料循环利用的理想堆型。

液态熔盐堆技术的研发始于 20 世纪 40 年代末的美国,橡树岭国家实验室(Oak Ridge National Laboratory,ORNL)于 1965 年建成熔盐实验堆(molten salt reactor experiment,MSRE)[17],这是世界上第一座长期运行的液态燃料熔盐堆,也是最早成功实现钍基核燃料(铀 - 233)运行的熔盐堆。但受当时“美苏冷战”的影响,美国军方中止了侧重民用的熔盐堆研发。21 世纪初,能源危机、环境挑战、核武器扩散等问题日益突出,钍基核能与熔盐堆的研发在世界范围内重获新生。熔盐堆在第四代核反应堆国际论坛上被选为六个候选堆型之一,相关研究在国际上呈现急剧上升趋势。欧美各国积极推进国际合作并组建合作机构,开展熔盐堆的概念设计和评估;亚洲各国受能源需求的拉动,对两种类型的熔盐堆发展均表现出很高的积极性,印度与日本正在积极推动液态燃料钍基熔盐堆的研究工作。典型的熔盐堆设计包括美国的FHR[18]、法国的 MSFR[19]、俄罗斯的 MOSART[20]、日本的 Fuji - MSR[21]等。

早在 1947 年,美国提出了空中核推进(air nuclear propulsion,ANP)计划,试图研发核动力战略轰炸机。该计划对氟化盐的物理、化学及工程特性进行了大量研究,同时对设备、材料、构造以及熔盐堆的维护做了研究[22-23]。1954 年 ORNL 建成了热功率为 2.5 MW 的世界上第一座熔盐堆(aircraft reactor experiment,ARE),所使用的 UF_4 溶解于 ZrF - NaF 熔盐中,包裹于 INOR - 8 合金(后发展为 Hastelloy 合金)中的 BeO 作为慢化剂。1960 年 ORNL 开始建设设计热功率为 7.4 MW 的 MSRE,该装置于 1965 年建成,并成功运行了将近 5 年,充分证明了液态熔盐堆运行的稳定性和安全性,同时证实了熔盐堆可使用不同的易裂变燃料,即铀 - 235 和铀 - 233。基于 MSRE 的成功运行经验,ORNL 在 1970 年完成了熔盐增殖堆(molten salt breeder reactor,MSBR)的设计;该堆热功率为 2 250 MW,通过在 10 天后处理周期内对裂变产物的在线去除及镁元素的在线提取,可以实现钍铀燃料循环并增殖铀 - 233 燃料(增殖比为 1.06,倍增时间约为 22 年)[24];但由于政治、经济原因,加上军方对可以生产武器级钚的液态金属快堆更感兴趣,美国的熔盐堆项目于 1973 年终止。

20 世纪 70 年代初,我国第一个民用核能研发项目"728 工程"发轫。为减轻我国核燃料供应的压力,"728 工程"初选以钍为燃料的 25 MW 熔盐堆方案。1970 年,"728 工程"领导小组在上海成立,决定以中国科学院原子核研究所(简称原子核所,现更名为中国科学院上海应用物理研究所)为主,复旦大学、上海交通大学参加,建立"728 工程"熔盐反应堆临界实验装置。1971 年,零功率冷态熔盐堆达到临界,验证了熔盐反应堆的理论计算,取得熔盐静态与动态特性、反应性及其温度效应、控制棒刻度及温度效应和核燃料的增殖率等结果。"728 工程"主要开展了四类临界实验,包括熔盐-石墨零功率堆临界实验、堆控制棒刻度实验、钍铀转化比实验和堆中子通量测量实验。但是,受我国当时的科技、工业和经济能力的限制,"728 工程"最终目标转为研发轻水反应堆,并建成 300 MW 压水堆,即秦山一期核电厂[25]。

尽管 20 世纪 70 年代美国、中国出于不同原因暂停了熔盐堆的相关工程,但全球范围内关于熔盐堆的设计研究却一直未停止。

日本从 20 世纪 80 年代便开始 FUJI 系列概念熔盐堆的研究,并且已经提出一个从详细概念设计到发展规划的完整钍熔盐核能协同体系(Thorium molten salt nuclear energy synergetic system,THORIMS-NES)。THORIMS-NES 是基于钍铀循环的共生系统,已经得到熔盐堆专家的支持。它主要包括 FUJI 系列熔盐堆和加速器熔盐增殖堆(accelerator molten salt breeder,AMSB)。FUJI 系列熔盐堆中产生裂变能,在 AMSB 中散裂生产铀-233。FUJI 熔盐堆的概念设计来源于美国 ORNL 的 MSBR 设计,FUJI-12 拥有与 MSBR 相同的熔盐燃料,但在某些方面不同于 MSBR,例如不需要在线的燃料处理工厂、额定功率较低、石墨寿命较长等。FUJI 系列熔盐堆尺寸可调,mini-FUJI(7~10 MW)项目有望在 7 年内启动;FUJI-Pu(100~300 MW)项目有望在 20 年内启动,由铀钍循环过渡到钍铀循环;可以燃烧所有的核燃料达到自持而不需要燃料盐连续的化学处理,在反应堆寿期内不需要更换堆芯石墨。AMSB 基于单相熔盐靶/再生概念,高能强流质子加速器(1 GeV,300 mA)和相关反应堆将在 20~30 年内启动,为了生产裂变燃料铀-233,可以把几个 AMSB 在区域中心组合使用,分批进行化学处理和放射性废物管理。FUJI 系列反应堆和 AMSB 也可用来嬗变废物中的长寿命放射性元素,以及进行核能制氢[21]。

法国国家科学研究中心(Centre National de la Recherche Scientifique, CNRS)对于熔盐堆的研究开始于1997年,他们在重新验证及研究美国MSBR设计的基础上,提出了熔盐快堆(molten salt fast reactor, MSFR)设计,其堆芯设计的主要方向为无石墨慢化、增加径向增殖盐分区、改用快中子能谱等。MSFR设计热功率为3 000 MW、运行温度约700 ℃,可分别采取铀-233或超铀元素启动,具有非常大的负反馈系数、较大的钍增殖能力和简单的燃料循环模式,且能够焚烧超铀元素如镅,非常契合当时"冷战"结束、苏联解体、部分东欧国家继承苏联核武器的形势。

21世纪以来,能源与可持续发展的矛盾成为全球新的热点。1999年美国提出第四代堆概念,2001年倡议并成立了第四代核能系统国际论坛(Generation-Ⅳ International Forum, GIF),将两种金属冷却快堆(钠冷快堆、铅冷快堆)、两种气冷堆(气冷快堆、超高温堆),以及超临界水堆和熔盐堆列为未来先进反应堆的六种堆型。2004年5月在GIF方针制定集团的建议下成立了关于熔盐堆的临时系统指导委员会(provisional system steering committee, PSSC)[26-27]。

熔盐堆入选第四代堆后,人们迅速发现其具有多重设计自由度,可根据实际需求扬长避短,定制能谱、冷却剂和燃料循环,具备远超其他堆型的多样性。熔盐堆研究重新成为先进核裂变能领域的热点,国际上涌现出数十种熔盐堆型号设计,如表1-1所示。

表1-1 全球熔盐堆发展概况

项目名称	堆 型	功 率		国家或联盟	所处阶段(截至2024年底)
MSRE	液态燃料氟盐热堆	热功率	7.4 MW	美国	已退役
MSBR	液态燃料氟盐热堆		2 250 MW	美国	概念设计
MSFR	液态燃料氟盐快堆		3 000 MW	法国	概念设计
FUJI	液态燃料氟盐热堆		450 MW	日本	概念设计
TMSR-LF1	液态燃料氟盐热堆		2 MW	中国	已建成运行

（续表）

项目名称	堆　型	功　率		国家或联盟	所处阶段（截至2024年底）
Hermes	固态燃料氟盐热堆	电功率	50 MW	美国	KP-FHR 的低功率版,建设中
MSRR	液态燃料氟盐热堆	热功率	<1 MW	美国	获得建造许可
smTMSR-400	液态燃料氟盐热堆		400 MW	中国	概念设计
IMSR400	液态燃料氟盐热堆		（2台422 MW单元并机运行）	加拿大、美国	详细设计
CMSR	液态燃料氟盐热堆		250 MW	丹麦	概念设计
THORIZON	液态燃料氟盐热堆		250 MW	荷兰	概念设计
LFTR	液态燃料氟盐热堆		600 MW	美国	概念设计
ThorCon	液态燃料氟盐热堆		557 MW	美国、印度尼西亚	初步设计
CAWB	液态燃料氟盐热堆		100 MW	丹麦	详细设计,设备加工中
FLEX Reactor	液态燃料氟盐热堆		60 MW	英国	预概念设计
MOSART	液态燃料氟盐快堆		2 400 MW	欧盟	概念设计
DFR	液态燃料氯盐快堆	电功率	500/1 500 MW	德国	概念设计
MCSFR	液态燃料氯盐快堆	热功率	125/500/1 000/3 000 MW	美国	概念设计
MCFR	液态燃料氯盐快堆		1 200 MW	美国	概念设计

（续表）

项目名称	堆 型	功	率	国家或联盟	所处阶段（截至 2024 年底）
MCRE	液态燃料氯盐快堆	热功率	300 kW	美国	MCFR 的原型堆，发布最终环境评估报告
Stellarium	液态燃料氯盐快堆		250 MW	法国	概念设计
XAMR	液态燃料氯盐快堆		80 MW	法国	基准设计
SSR - W	液态燃料氯盐快堆（静态燃料）		750 MW	加拿大	概念设计
TMSR - SF1	固态燃料氟盐热堆	热功率	10 MW	中国	详细设计
KP - FHR	固态燃料氟盐热堆		320 MW	美国	概念设计
MK1 PB - FHR	固态燃料氟盐热堆		236 MW	美国	预概念设计
Energy Well	固态燃料氟盐热堆		20 MW	捷克	预概念设计

注：本表共计列出 27 个型号，其中液态燃料氟盐热堆 13 个、液态燃料氯盐快堆 7 个、固态燃料氟盐热堆 5 个、液态燃料氟盐快堆 2 个。

中国科学院围绕国家能源安全与可持续发展的需求，于 2011 年部署启动了首批战略性先导科技专项（A 类）"未来先进核裂变能——钍基熔盐堆核能系统（TMSR）"。从专项启动以来，我国正式重启熔盐堆相关技术研究，全面掌握了包括熔盐堆设计、熔盐回路系统、高温合金、高纯熔盐、腐蚀控制、钍铀燃料盐干法分离等钍基熔盐堆关键技术。热功率为 2 MW 的液态燃料钍基熔盐实验堆（TMSR - LF1）是中国科学院首批战略性先导科技专项的实施项目，其目标是建成我国首个功率运行的钍基熔盐实验堆。该堆出口温度为 650 ℃，采用一体式模块化的设计理念。项目已相继完成了厂址选取、环境评估以及相应的设计工作并通过系列评审,2019 年 3 月完成了第一罐混凝土浇筑,2023 年 6 月生态环境部批复了热功率为 2 MW 的液态燃料钍基熔盐实验堆环境影响报告书(运行阶段)。TMSR - LF1 于 2023 年10 月首次达到临界,2024 年 6 月达到满功率,并于 2024 年 10 月成功开展加钍试验,成为目前国际上唯一运行并实现钍燃料入堆的熔盐堆,初步证明了利用钍资源的技术可行性。

近年来,美国也显著加大了对熔盐堆的研发投入,并积极推进安全评审工作,其趋势如下:政府引领,研究所和大学、企业投入提供技术支撑,共同开展熔盐堆技术的研发。典型的如泰拉能源(TerraPower)公司和卡里奥斯能源(Karios Power)公司,两者均公布了在 2030 年前的建堆计划,同时美国政府引领并提供部分资金,大学和研究所提供技术支撑(ORNL 为 TerraPower 公司提供技术支撑,伯克利大学为 Karios Power 公司提供技术支撑),从而加速熔盐堆的研发。2021 年 10 月 Karios Power 公司向美国核管理委员会(NRC)提交 Hermes 实验堆初步安全分析报告。2023 年 12 月,NRC 批准 Hermes 实验堆建造许可,这是美国 50 多年来首个获准建造的非轻水先进反应堆。Hermes 于 2024 年 7 月开工建设,计划 2027 年建成。Karios Power 于 2023年 7 月提交了 Hermes2(2 台、热功率为 35 MW)安全分析报告,2024 年 11 月20 日 NRC 颁发了建造许可证。2024 年 9 月,NRC 批准了阿比林基督教大学的热功率为 1 MW 的液态燃料熔盐实验堆(Natura MSR - 1)的建造许可,成为美国首个获得 NRC 许可的液态燃料熔盐堆。

1.3 典型的熔盐堆工程与概念设计

如前所述,熔盐堆可按燃料形态、中子能谱、化学成分等分为多种类型,同时一些设计型号间有着明显的继承关系(如 KP - FHR 是 MK1 PB - FHR 的继承版,将 MK1 PB - FHR 的终端发电方式由开式空气布雷顿循环方案改为 KP - FHR 的闭式水-蒸汽朗肯循环方案,而 Hermes 则是KP - FHR 的低功率继承版)。本节将挑选 8 个典型的熔盐堆型号,介绍它们的工程或概念设计;其中 MSRE、MSBR、FUJI 为典型的液态燃料氟盐热堆,MSFR 和 MOSART 为典型的液态燃料氟盐快堆,MCFR、MCRE 为典型的液态燃料氯盐快堆,KP - FHR 为典型的固态燃料氟盐热堆。

1.3.1　美国 ORNL：MSRE 和 MSBR

1960 年，美国 ORNL 在 ANP 计划的基础上，启动 MSRE 实验堆设计。MSRE 堆芯为圆柱体，直径为 1.37 m，高为 1.62 m，实际热功率为 7.4 MW，主回路内的燃料盐为 $^7LiF-BeF_2-ZrF_4-UF_4$（摩尔百分数为 65.0%-29.1%-5.0%-0.9%）[28]，中间回路的冷却盐为 $^7LiF-BeF_2$（摩尔百分数为 66%-34%）。1965 年，MSRE 建造完成，系统结构如图 1-8 所示，实景照片如图 1-9 所示；1965 年 6 月 1 日，MSRE 以铀-235 燃料首次达到临界，成为第一座长期运行的熔盐堆。1968 年，MSRE 用易裂变材料铀-233（在其他反应堆上生产所得）替代铀-235，成为第一个使用钍基燃料的反应堆。MSRE 从 1965 年到 1969 年运行 4 年，运行的温度区间为 635～663 ℃。1970 年，由于政治、经济等原因 MSRE 项目终止。MSRE 长达 11 500 等效满功率小时的成功运行[17]首次全面验证了液态燃料熔盐堆的技术可行性。

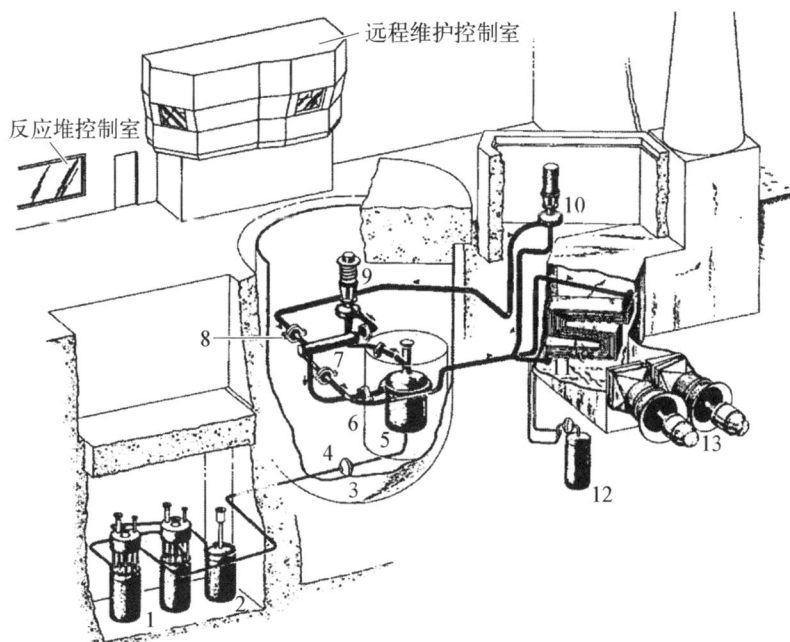

1—反应堆容器；2—热交换器；3—燃料盐泵；4—冷冻法兰；5—保温层；6—冷却盐泵；7—散热器；8—冷却盐排放罐；9—风机；10—排盐罐；11—冲洗罐；12—安全壳；13—冷冻阀。

图 1-8　MSRE 系统示意图

图 1 - 9　MSRE 堆舱实景照片

1970 年到 1976 年,ORNL 进行了一系列关于熔盐增殖堆 MSBR 的设计[24],其设计热功率为 2 250 MW,且堆芯考虑了单流和双流两种设计。单流设计将易裂变盐及可裂变盐融为一体,简化了堆芯结构,但熔盐处理比较复杂;双流设计将易裂变盐及可裂变盐分开,简化了熔盐的处理,但堆芯结构更为复杂。最终,单流分区设计被选为 MSBR 的参考设计方案,燃烧区与增殖区有显著不同的燃料-石墨比例,其系统如图 1 - 10 所示、主要设计参数如表 1 - 2

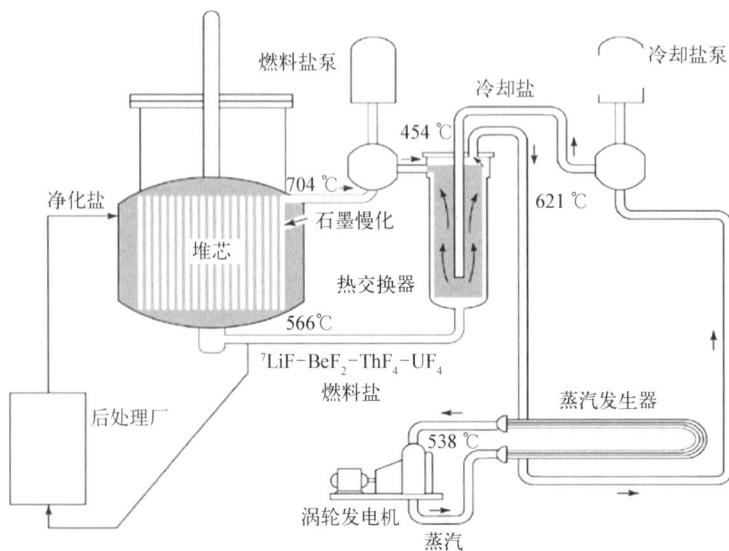

图 1 - 10　MSBR 系统示意图

所示。MSBR 增殖比能够达到 1.06,约 22 年能够实现倍增,但是对后处理要求比较苛刻,后处理周期为 10 天。

表 1 - 2　MSBR 参考设计方案的主要设计参数

参数及其单位	数　值
热功率/MW	2 250
总电功率/MW	1 035
净输出电量/MW	1 000
(净)热电转换效率	44.4%
电厂净热耗/[J/(kW·s)]	2 252
反应堆总直径/m	22
反应堆高度/m	12.8
石墨温度(最大中子通量区域)/℃	696
石墨温度(最大石墨损伤区域)/℃	708
石墨的使用周期/a	4
堆芯内石墨总质量/kg	304 000
堆芯内熔盐最大流速/(m/s)	2.6
反应堆容器内总的燃料盐体积/m³	30.4
一回路系统内总的燃料盐体积/m³	48.7
反应堆一回路和燃料盐后处理装置中的裂变燃料装量/kg	1 504
钍装量/kg	68 100
增殖比	1.06
倍增时间(80%的功率负载因子)/a	22

1.3.2　日本: FUJI 系列

1980 年,日本开始了 FUJI 系列熔盐堆的概念设计[21],设计来源于 ORNL

的研究工作。与 ORNL 的熔盐增殖堆 MSBR 相比,FUJI 拥有与 MSBR 相同的熔盐燃料,但在某些方面它不同于 MSBR 的设计,例如不需要在线的燃料处理工厂、较低的额定功率等。FUJI 热功率为 450 MW,剩余反应性较小,仅在熔盐燃料通过石墨慢化剂的管道时才能达到临界,安全事故容易探测,运行期间仅需要添加少量的熔盐燃料。FUJI 具有较大的负温度反应性系数等,同时结构简单、操作和维护简单。FUJI 熔盐堆的增殖比接近 1,几乎实现了核燃料的自持循环[29]。FUJI 如图 1-11 所示,其主要设计参数如表 1-3 所示。

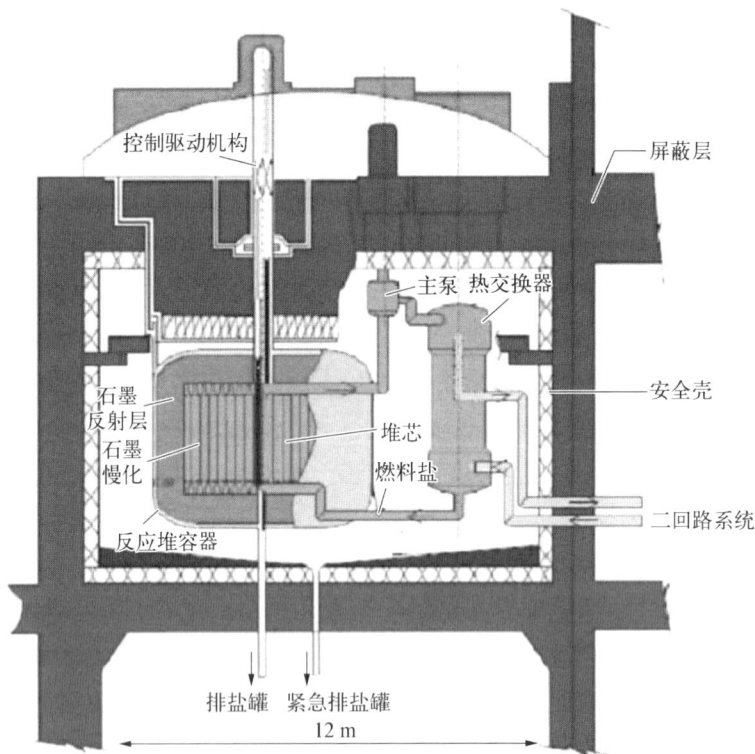

图 1-11 FUJI 示意图

表 1-3 FUJI 主要设计参数

参数及其单位	数值或材料
热功率/MW	450
电功率/MW	200

(续表)

参数及其单位	数值或材料
进出口温度/℃	565/704
燃料盐	Th,^{233}U,熔盐作为载体盐
燃料富集度	2(0.24%^{233}U+12%Th)/Pu/LEU
设计寿命/a	30
(活性区高度/直径)/m	5.40/5.34
结构材料	改进型哈氏合金

1.3.3　法国 CNRS：MSFR

　　法国科学研究中心(CNRS)对于熔盐堆的研究开始于 1997 年。他们首先对 MSBR 进行了重新验证及研究,针对 MSBR 可能存在的温度正反应性问题进行了分析和改进,提出了 TMSR 设计,对燃料后处理流程进行了简化。随后,考虑到石墨寿命问题,又提出了 MSFR 设计[19],其堆芯设计的主要方向为无石墨慢化、增加径向增殖盐、快中子能谱。MSFR 如图 1-12 所示,主要设计参数如表 1-4 所示。

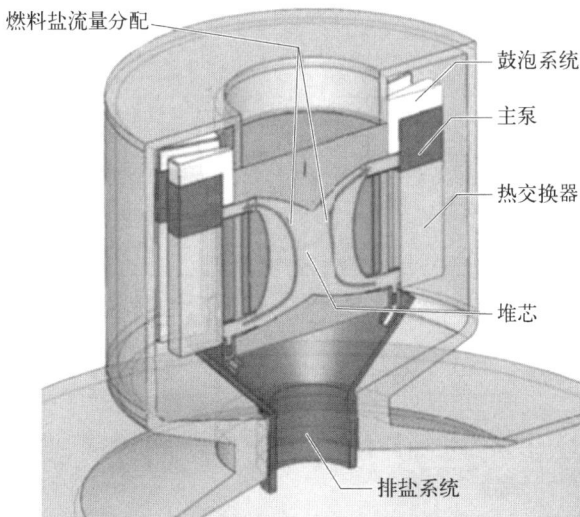

图 1-12　MSFR 示意图

表 1-4 MSFR 主要设计参数

参数及其单位	数　值
热功率/GW	3
电功率/GW	～1.5
熔盐成分	77.5%LiF-(裂变物质)F_3-ThF_4 裂变物质=^{233}U，TRU (Pu)，^{235}U
熔点/℃	550
增殖盐	77.5%LiF-22.5%ThF_4
运行温度/℃	约 700
密度/(g/cm³)	4.1
堆芯半径/m	1.15
堆芯高/m	2.3
燃料盐的体积/m³	18 (1/2 位于活性区，1/2 位于外循环)
初始裂变材料装载量/(t/GW)	3.5(^{233}U-started MSFR)①
^{233}U 产量/kg	93(^{233}U-started MSFR)
比功率/(W/cm³)	330
燃料盐后处理(L/d)	40
增殖区厚度/cm	50
转换区体积/m³	8
钍的消耗/(t/a)	1.112
增殖比	1.085 (^{233}U-started MSFR)

　　MSFR 采取铀-233 和超铀元素两种燃料作为启动燃料,燃料盐选取 LiF-

---

①　^{233}U-started MSFR 是指以铀-233 为启动燃料的快中子熔盐堆。

$ThF_4 - UF_4$ 或者 $LiF - ThF_4 - (Pu - MA)F_3$ 两种。燃料盐体积为 $18\ m^3$,其中 $9\ m^3$ 位于活性区外。设计堆芯热功率为 $3\ 000\ MW$,热功转换效率可达到 50%。MSFR 具有非常大的负反馈系数、较大的增殖能力和简单的燃料循环模式。MSFR 研究涉及熔盐堆物理、运行、安全、结构材料抗腐蚀性、慢化剂选择、熔盐物性、熔盐再处理工艺及传热等方面,能够焚烧当前其他反应堆内产生的超铀元素,裂变产物去除时间周期可以更长(因为中子毒物对于热堆的影响更大)。针对氟、锂、铍盐中铍的毒性及铍作为中子慢化剂可能使后处理单元中的燃料盐达到临界的风险,CNRS 在 MSFR 的设计中选择的是不含铍的熔盐[30-32]。

1.3.4　俄罗斯:MOSART

2001 年四家俄罗斯机构(VNIITF、RRC - KI、IHTE、ICT)共同签署了国际科技中心(International Science and Technology Center,ISTC)-1606 计划,ISTC 在俄罗斯、欧盟成员国和非欧盟成员国或机构(美国、加拿大和 IAEA)之间提供了一种高效合作方式。项目开展了安全、低纯钚和次锕系元素处理的次临界和临界实验装置的研究,建造了相应熔盐回路,并开展了熔盐、合金性能等方面的研究,提出了采用超铀元素作为燃料,用于锕系元素再循环嬗变熔盐堆(molten salt advanced reactor transmuter,MOSART)[20]。MOSART 是典型的液态燃料氟盐快堆,主要参数如表 1 - 5 所示,堆芯如图 1 - 13 所示。MOSART 堆热功率为 $2\ 400\ MW$,使用均匀的熔盐体系,有足够的负反应性温度系数,反射层的限值温度低,使用寿命比较长,在 100 年的 MOSART 运行周期中,超铀核素嬗变效率(燃烧的超铀核素/装载的超铀核素)为 0.83[33]。

表 1 - 5　MOSART 主要设计参数

参数及其单位	数　　值
热功率/MW	2 400
堆芯功率密度平均值/(MW/cm³)	75
堆芯功率密度峰值/(MW/cm³)	163
堆芯活性区直径/m	3.4
堆芯活性区高度/m	3.6

（续表）

参数及其单位	数　值
反应堆容器内径/m	4.54
反应堆容器高度/m	11.2
反应堆活性区内体积/m³	40.4
一回路系统熔盐总体积/m³	56.2
反应堆熔盐体积比	1.0
轴向、径向反射层厚度/cm	20
反射层材料	石墨
容器设计压力/(N/m²)	5.2×10^5
熔盐成分	58%NaF - 15%LiF - 27%BeF₂ 加入 1.05% 的 TRUF₃ 作为燃料,锂-7 丰度为 99.99%

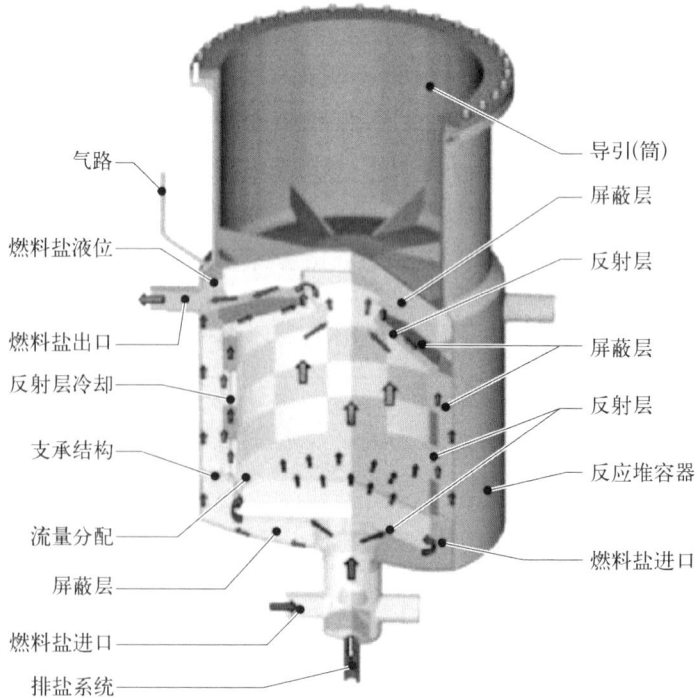

气路
燃料盐液位
燃料盐出口
反射层冷却
支承结构
流量分配
屏蔽层
燃料盐进口
排盐系统

导引(筒)
屏蔽层
反射层
屏蔽层
反射层
反应堆容器
燃料盐进口

图 1 - 13　MOSART 堆芯示意图

1.3.5　美国：MCFR 和 MCRE

南方电力公司的 20 MW(电功率)氯盐快堆(MCRE)是在美国泰拉能源公司的氯盐快堆(MCFR)技术的基础上建立的小型实验反应堆。MCRE 可以在商用电网上使用,并可灵活使用多种燃料,甚至乏燃料。美国南方电力公司将主导 MCRE 的设计、建造和运行,并与美国泰拉能源公司,英国核心能源公司,法国欧安诺公司和美国电力研究所(EPRI)以及其他私营公司、实验室和大学合作。该反应堆将为未来示范反应堆的设计、许可和运行奠定基础,预计将在 5 年内投入运行。该公司开展分步式发展路线:先开展非核测试(试验台架、设备试验验证),再进行低功率原型堆验证(MCRE),最终开展百兆瓦级示范堆(MCFR)建设。MCRE 主要设计图及参数如图 1 - 14、表 1 - 6 所示[34]。

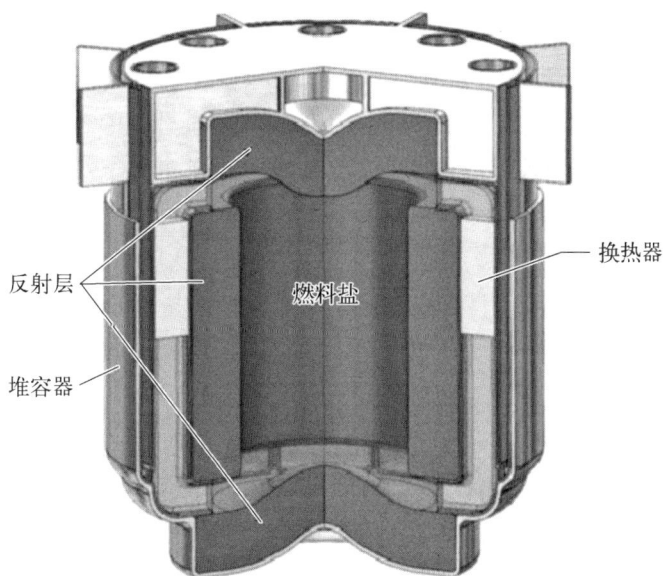

反射层

换热器

燃料盐

堆容器

图 1 - 14　MCRE 堆芯示意图

表 1 - 6　MCRE 主要设计参数

参数及其单位	数　值
热功率/kW	300(不发电)
堆芯进出口温度/℃	597/603

(续表)

参数及其单位	数　值
(一/二回路压力)/MPa	0.2/0.1
冷却剂/慢化剂	氯化物熔盐/无
冷却剂循环方式	强迫循环
反应性控制方式	控制鼓
余热排出	无独立余排,依靠主回路散热
燃料	NaCl - PuCl$_3$

1.3.6　美国: KP-FHR

　　美国凯洛斯能源(Kairos Power)是私营核能工程、设计和制造公司,专注于 KP-FHR 的商业化。该公司成立于 2016 年,其开发的氟化盐冷却小型模块化高温堆(KP-FHR),旨在与天然气发电进行成本竞争,并长期降低成本,计划在 2030 年或更早些时候实现 KP-FHR 反应堆技术商用。Hermes 是 Kairos Power 公司于 2020 年底提出的 KP-FHR 低功率原型堆。KP-FHR 使用包覆颗粒(TRISO)燃料,以氟化锂和氟化铍熔盐(FLiBe)为冷却剂,在低压下运行。Kairos Power 选择固态熔盐堆,源于其技术成熟可靠、安全性佳、监管许可便利且适配多元市场需求。

　　该公司的目标商业产品包括 KP-X 商业示范电站和 KP-FHR 商业电站,KP-X 是单机组电功率为 50 MW 的氟化盐冷却高温反应堆,设计成在 650 ℃和接近大气压下运行,KP-FHR 是双机组电功率为 150 MW 的反应堆配置(2×75 MW),设计成在反应堆出口温度为 650 ℃的情况下高效运行,反应堆主要设计参数如表 1-7 所示,系统如图 1-15 所示[35]。

表 1-7　KP-FHR 主要设计参数

参数及其单位	数　值
电功率/MW	2×75
冷却剂/慢化剂	Li$_2$BeF$_4$(FLiBe)/石墨

（续表）

参数及其单位	数　值
进出口温度/℃	550/650
运行压力（一/二回路）/MPa	<0.2
冷却剂循环方式	强迫循环
反应性控制方式	控制棒，B_4C
燃料组件形式	TRISO 颗粒，球床堆，60%堆积因子
燃料富集度/%	19.75
加料方式	在线加料
设计寿命/a	20（堆本体），80（电站）
堆芯活性区高度/m	7.2
堆芯活性区直径/m	3.9

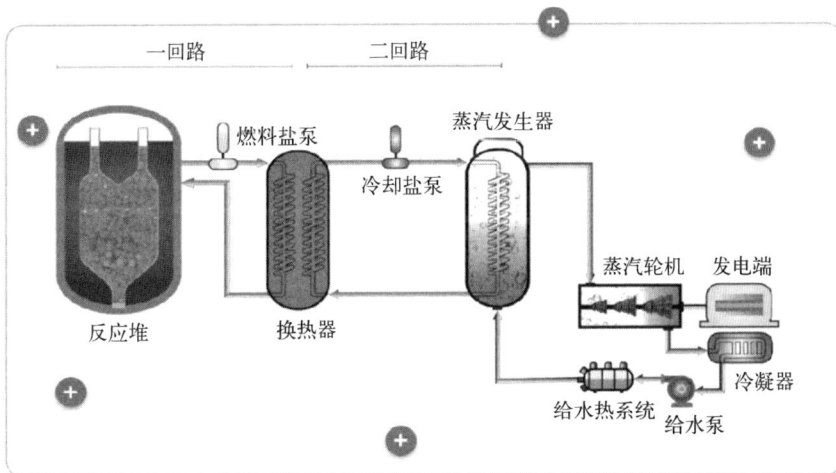

图 1‐15　KP‐FHR 反应堆系统示意图

1.4　国内外研发现状

目前，国际先进反应堆的两大发展方向如下：其一是启用新型冷却剂的第四代反应堆,其二是引入模块化理念的小型模块化反应堆;从近 5 年的相关研究综述来看,两者已深度融合。表 1 - 1 所列 27 个型号的熔盐堆中,有 18 个先后列入 2020 年、2022 年、2024 年三版的 IAEA 小型模块化堆技术进展[36-38],且与列入此丛书更早版本里的部分型号有着明显的血缘关系[39];其余 9 个型号中,4 个属于面向熔盐堆技术研发的实验堆(MSRE、TMSR - LF1、MSRR、TMSR - SF1),2 个是 2001 年四代堆概念出现以前的熔盐堆概念设计(MSBR、MSFR),MOSART 出现在小型模块化堆研发热潮(2012 年前后)之前,DFR 和 MCFR 不是小型模块化设计。

熔盐堆研发现状可概括如下:

(1) 液态燃料与固态燃料熔盐堆并行发展,两者在高温熔盐流动传热理论与实验,非能动余热排出技术,高温强腐蚀条件下的材料、工艺、设备、系统等诸多方面分享大量共性原理与技术。

(2) 液态燃料熔盐堆由于先天具备在线燃料管理优势,因而侧重于实现钍铀燃料闭式循环、超铀元素嬗变等方面;固态燃料熔盐堆力求提高运行温度,更强调安全性和经济性。

(3) 技术路线区域化明显,欧洲与俄罗斯以液态燃料熔盐堆为主,强调钚燃料的使用与超铀元素嬗变,体现一定的政治驱动因素;美国以固态燃料熔盐堆为主,强调竞争能力与综合成本,经济驱动因素明显。

(4) 熔盐堆与其他四代堆、小模堆共同面对一些共性技术挑战,如设计规范与安全标准欠缺,面临直接来自冷却剂选型的材料与工程难题;液态熔盐堆还需突破燃料循环与后处理技术瓶颈。

(5) 熔盐堆除了与其他四代堆一样具备安全性、经济性、可持续发展方面的优良特性外,还具备一些独有的优点,包括便于实现钍资源规模利用、易于压缩长寿命核废料产量与库存、本征安全且无水冷却适用于干旱内陆地区、高温常压输出可有力支撑核能综合应用等。

(6) 当前是我国发展熔盐堆的机遇期,多数国家尚未形成完整的研发计划,而我国已形成全链条研发体系,通过建制化的攻关研究有望主导全球熔盐堆标准的制定。

熔盐堆是全球第四代核反应堆技术之一,不仅具有高安全性、防核扩散等第四代核能的共性特征,而且具有高温常压、本征安全、无水冷却和高效率利用核燃料等特点,液态燃料熔盐堆被公认为实现钍铀燃料闭式循环规模化应用的理想堆型。熔盐堆特别适合我国"富钍贫铀"的国情,有助于解决我国核能可持续发展面临的核燃料长期稳定供应问题、解决乏燃料与核废料累积问题等重大战略需求,是加强我国能源安全、实现"双碳"战略的有效解决方案,也是我国已具备完备研发基础、公认引领研发前沿的新型清洁能源产业。

参考文献

［1］ Ritchie H. Our world in data：comprehensive review－how have the world's energy sources changed over the last two centuries［EB/OL］.［2021－12－01］. https://ourworldindata. org/global-energy-200-years.

［2］ Energy Institute. Statistical review of world energy 2024［EB/OL］.［2023－03－08］. https://www. energyinst. org/statistical-review.

［3］ Roser M. Our world in data comprehensive review：How has world population growth changed over time?［EB/OL］.［2023－06－01］. https://ourworldindata. org/population-growth-over-time.

［4］ Hannah Ritchie. Our world in data：CO_2 and Greenhouse gas emissions［EB/OL］.［2023－06－20］. https://ourworldindata. org/co2-and-greenhouse-gas-emissions.

［5］ 杨金花.中共中央国务院关于完整准确全面贯彻新发展理念做好碳达峰碳中和工作的意见［N］.内蒙古日报,2021－10－25.

［6］ Ritchie H. Our world in data：What are the safest and cleanest sources of energy［EB/OL］.［2020－02－20］. https://ourworldindata. org/safest-sources-of-energy.

［7］ IAEA PRIS. The database on nuclear power reactor［EB/OL］.［2025－02－01］. https://pris. iaea. org/PRIS/.

［8］ DOE. Countries launch declaration to triple nuclear energy capacity by 2050, Recognizing the key role of nuclear energy in reaching net zero［EB/OL］.［2023－12－01］. https://www. energy. gov/articles/cop28-countries-launch-declaration-triple-nuclear-energy-capacity-2050-recognizing-key.

［9］ 佟振华,王一涵,石磊."双碳"目标下我国核燃料闭式循环发展的有关思考［J］.中国核工业,2024(6)：13－15.

［10］ International Atomic Energy Agency. Near term and promising long term options for the deployment of thorium based nuclear energy, IAEA－TECDOC－2009［R］. Vienna：IAEA,2022.

［11］ Dolan T J. Molten salt reactors and thorium energy［M］. Elsevier：Woodhead Publishing,2017：1－12.

［12］ Cornet S M. Perspectives on the use of thorium in the nuclear fuel cycle［R］. Paris：OECD－NEA,2015.

［13］ International Atomic Energy Agency. Thorium fuel cycle－Potential benefits and challenges, IAEA－TECDOC－1450［R］. Vienna：IAEA,2005.

［14］ Anon. Uranium 2011：Resources, production and demand［R］. Paris：OECD/NEA,

2012.

[15] Furukawa K, Arakawa K, Erbay L B, et al. A road map for the realization of global-scale thorium breeding fuel cycle by single molten-fluoride flow[J]. Energy Conversion and Management, 2008, 49(7): 1832 – 1848.

[16] U. S. Department of Energy. TRISO particles: The most robust nuclear fuel on earth[EB/OL]. [2019 – 07 – 09]. https://www. energy. gov/ne/articles/triso-particles-most-robust-nuclear-fuel-earth.

[17] Robertson R C. Msre design and operations report. Part I. Description of reactor design[R]. Tennessee: Oak Ridge National Laboratory, 1965.

[18] Forsberg C, Hu L, Richard J, et al. Basis for a demonstration fluoride-salt-cooled high-temperature reactor[J]. Transactions, 2015, 113(1): 952 – 956.

[19] Fiorina C, Aufiero M, Cammi A, et al. Investigation of the MSFR core physics and fuel cycle characteristics[J]. Progress in Nuclear Energy, 2013, 68: 153 – 168.

[20] Ignatiev V, Feynberg O, Merzlyakov A, et al. Progress in development of MOSART concept with Th support[C]//International congress on advances in nuclear power plants 2012. vol. 2.: American Nuclear Society, 2012: 943 – 952.

[21] Furukawa K, Minami K, Mitachi K, et al. Compact molten-salt fission power stations (FUJI-series) and their developmental program[J]. ECS Proceedings Volumes, 1987, 7(1): 896 – 905.

[22] International Atomic Energy Agency. The air nuclear propulsion program and general reactor technology[R]. Tennessee: ORNL – 0528, 1949.

[23] International Atomic Energy Agency. Operation of the aircraft reactor experiment [R]. Tennessee: ORNL – 1845, 1955.

[24] International Atomic Energy Agency. Components and systems development for molten-salt breeder reactors[R]. Tennessee: ORNL – TM – 1855, 1967.

[25] 郭昌熹. 为了 728 工程[N]. 解放日报(上海),1991 – 12 – 6.

[26] Generation Ⅳ International Forum. Technology roadmap update for Generation Ⅳ nuclear energy systems[R]. Tennessee: OECE/NEA, 2014.

[27] Georges Van Goethem. Nuclear fission, today and tomorrow: from renaissance to technological breakthrough (Generation Ⅳ)[J]. Journal of pressure vessel technology, 2011, 133(4): 044001.

[28] Klepatsky A B. The international science and technology center: scope of activities and scientific projects in the field of nuclear data[J]. Journal of nuclear science and technology, 2002, 39: 1472 – 1475.

[29] Greaves E D, Furukawa K, Sajó-Bohus L, et al. The case for the thorium molten salt reactor[J]. American institute of physics, 2012(1423): 453 – 460.

[30] Merle-Lucotte E, Heuer D, Brun C L, et al. The TMSR as actinide burner and thorium breeder[R]. Grenoble: LPSC/IN2P3/CNRS – INPG/ENSPG – UJF, 2007.

[31] Merle-Lucotte E, Heuer D, Allibert M, et al. Minimizing the fissile inventory of the molten salt fast reactor[C]//Advances in Nuclear Fuel Management Ⅳ (ANFM

Ⅳ). Transactions of the American nuclear society, 2009.

[32] Heuer D, Merle-Lucotte E, Allibert M, et al. Simulation tools and new developments of the molten salt fast reactor[J]. Revue Générale Nucléaire, 2010 (6): 95 - 100.

[33] Ignatiev V, Feynberg O, Gnidoi I, et al. Progress in development of Li, Be, Na/F molten salt actinide recycler & transmuter concept[C]//Proceedings of ICAPP. 2007: 13 - 18.

[34] Walter D J, Wardle K, Latkowski W J. Overview of the molten chloride reactor experiment (MCRE) mission and design[J]. Transactions of the American nuclear society, 2022, 126(6): 684 - 687.

[35] Blandford E, Brumback K, Fick L, et al. Kairos power thermal hydraulics research and development[J]. Nuclear engineering and design, 2020, 364: 110636.

[36] International Atomic Energy Agency. Advances in small modular reactor technology developments[R]. Austria: International Atomic Energy Agency, 2020.

[37] International Atomic Energy Agency. Advances in small modular reactor technology developments[R]. Austria: International Atomic Energy Agency, 2022.

[38] International Atomic Energy Agency. Advances in small modular reactor technology developments[R]. Austria: International Atomic Energy Agency, 2024.

[39] International Atomic Energy Agency. Advances in small modular reactor technology developments[R]. Austria: International Atomic Energy Agency, 2018.

第 2 章

熔盐堆的技术特性

熔盐堆（molten salt reactor，MSR）作为第四代核能系统的代表性堆型，采用熔融态氟盐或氯盐作为燃料载体及冷却介质，在接近或稍高于常压的高温工况下运行，通过核裂变能直接加热熔盐工质，经主回路、换热系统实现高效热电转换或高温综合利用。其核心原理在于燃料盐的动态循环特性：液态燃料体系中，铀（$^{233}U/^{235}U$）、钍（Th）或钚（Pu）的氟/氯化物直接溶解于熔盐（如 FLiBe、$2LiF-BeF_2$ 共晶体系），形成均匀流动的燃料载体；固态燃料体系则采用石墨基包覆颗粒燃料（TRISO），熔盐仅作为冷却剂。堆芯设计依据中子能谱划分为熔盐热堆和熔盐快堆，可分别适配钍铀循环增殖与超铀核素（MA）嬗变需求。

燃料与材料体系是熔盐堆技术的关键：① 液态燃料需兼顾中子经济性与化学稳定性，优选低熔点氟盐（如 FLiBe 熔点为 459 ℃）；② 结构材料须耐受高温熔盐腐蚀（如 Hastelloy-N 合金）及辐照损伤；③ 石墨慢化剂需控制孔隙率以抑制熔盐渗透。液态燃料熔盐热堆通过石墨慢化实现热中子谱下钍铀高效转换，FLiBe 熔盐的中子慢化能力与低俘获截面保障其成为主流设计；液态燃料熔盐快堆采用氯盐体系提升快中子份额以及铀钚循环增殖比，兼具 MA 焚烧效率；固态燃料熔盐堆以包覆颗粒燃料结合熔盐冷却，具有高温输出及放射性包容固有安全特性。

本章将系统阐述熔盐堆的基本原理、燃料与材料体系，并重点剖析液态燃料熔盐热堆、液态燃料熔盐快堆及固态燃料熔盐堆的技术特点。

2.1 熔盐堆的基本原理

熔盐堆是六种第四代先进核反应堆的候选堆型之一，具有常压工作、高温输出、无水冷却（可建于干旱地区）等特点，是国际公认的使用钍基核燃料的最佳堆型，高温输出特性可以实现高效发电以及高温核热的综合利用。熔盐堆使用熔融盐作为燃料或冷却剂，利用核裂变反应产生的热量对熔盐进行加热，然后通过二回路冷却盐将热量传递给发电机组产生电力或输出高品质热源进行能源综合利用。

根据形态不同，熔盐堆的燃料分为液态燃料和固态燃料两种。在液态燃料熔盐堆中，熔盐既用作冷却剂，也作为核燃料的载体，核燃料可以为铀-233、铀-235、钚-239以及其他超铀元素的氟化物或氯化物，这些氟化物或氯化物直接溶解于冷却剂熔盐中，并且运行时燃料随着冷却剂熔盐在回路内循环流动和混合。固态燃料熔盐堆仅将熔盐作为冷却剂使用，其核燃料则采用耐高温且与熔盐兼容的石墨基质多层包覆的颗粒燃料（TRISO）。此外，根据中子能谱不同，熔盐堆又分为熔盐热堆和熔盐快堆。

熔盐热堆的慢化剂通常为石墨等材料，石墨具有较佳的中子慢化性能、良好的热导率和较高的高温力学强度，是高温反应堆中的理想慢化剂材料。石墨与熔盐具有较好的化学兼容性，可以直接浸泡在熔盐中，熔盐在一定压力下可能浸渗石墨，需要控制石墨表面的孔隙直径。在某些早期的熔盐堆实验中，氧化铍也被用作熔盐堆的慢化剂，但氧化铍毒性较大且处理困难，同时与熔盐不兼容，需要用高温镍基合金隔离，结构复杂，现代熔盐堆设计中较少采用。熔盐堆堆芯也可以没有慢化剂，设计成氟盐快堆或氯盐快堆，中子在快能谱区直接轰击核燃料进行裂变，产生高额的一次裂变中子，并将富余的中子用于燃料增殖。

熔盐堆的冷却剂是一种熔融态混合盐，通常为氟盐或者氯盐，具有较好的中子学性能、高温化学稳定性和良好的传热性能。为降低熔点，冷却剂通常是两种或多种共晶混合物，如，由 LiF、BeF_2、NaF 等组成，其中 $2LiF$-BeF_2 的共晶混合物由于具有较好的中子吸收和慢化特性，被认为是一回路和二回路熔盐的优选材料之一。熔盐堆中的冷却剂在反应堆一回路和二回路中不断循环流动，将裂变产生的热量源源不断地从反应堆内输送到堆外。由于熔盐堆采用上述特殊的冷却剂以及独特的燃料设计，其在燃料循环、中子物理、热工流体力学以及安全特性方面具有十分突出的特点。

在燃料循环方面，液态燃料熔盐堆无须制造燃料元件，燃料制备和使用简单，可以在线添加核燃料和去除裂变产物，同时氟盐或氯盐体系无须首端处理可以直接用于干法后处理，省去了燃料包壳的制造、装卸和剪除溶解等各个环节，具有先天的闭式燃料循环优势。通过不断地在线去除裂变产物等措施，熔盐堆可以在热谱下实现钍铀增殖,是国际公认的钍铀循环最佳的堆型。熔盐堆同样可以在快谱下实现钍铀和铀钚的高增殖比,适合核燃料的增殖和超铀核素的焚烧,是解决核燃料可持续供应和降低乏燃料放射性的重要技术路线。

在中子学特性方面,熔盐堆与其他石墨反应堆类似,中子扩散长度大,通常堆芯临界尺寸偏大。由于熔盐燃料具有混合均匀特点,熔盐堆在整个寿期内的功率分布和中子通量分布较为稳定,峰因子较低。由于可以在线加料,熔盐堆的后备反应性较低,反应性变化主要来自温度以及氙毒等变化,通过设置少量的控制棒可满足不同工况的反应性控制需求。熔盐堆具有较高的负温度反应性系数,使得堆芯的功率自稳定性好,在较多超温事故工况下,仅通过温度负反馈即可实现反应堆的自动停堆。熔盐堆燃料的流动导致缓发中子份额流失,对反应性控制有一定影响:有效缓发中子份额的减少使得功率响应更为灵敏,同时流量降低会引入正反应性。

在传热特性方面,熔盐既是裂变能的释放载体,也是热的传递载体,因此具有较高的传热效率,同时熔盐本身也具有较高的热容和传热密度。在较高温度下运行的熔盐,其热辐射和自然对流能力强,具有较高的非能动余热排出能力。然而熔盐冻堵会阻塞热量的传递,因此需要对回路进行高温热管理。

在安全性方面,液态熔盐燃料本身一直处于熔融状态,不存在堆芯熔毁的概念,熔融燃料受热之后会膨胀排出堆芯,具有较强的链式反应自控能力,在极端事故状态下,高温会自动熔通冷冻阀门,将燃料熔盐导入排盐罐,使链式反应终止,衰变余热非能动排出。因此,熔盐堆也称为失效安全的反应堆。如上所述,熔盐堆具有较高的反应性控制和余热排出能力,这使得反应堆难以因意外超温而失效。在纵深防御方面,熔盐堆燃料盐本身能够固溶绝大部分裂变产物,一回路边界运行压力略高于常压,出现破口事故的概率极低。熔盐堆部分难溶裂变气体会通过尾气系统进行收集、衰变,达标后安全排放。熔盐堆堆舱设有安全容器,对部分泄漏气体进行收集后再处理。

熔盐堆种类众多,性能差异较大,本章将简要介绍熔盐堆燃料和材料的选择依据,并选取目前国际上研究较多的液态燃料熔盐热堆、液态燃料熔盐快堆和固态燃料熔盐堆三种堆型展开介绍。

2.2　熔盐堆燃料与材料

熔盐堆作为一种先进的核能技术,其燃料形式和结构材料与水冷、气冷和金属冷却等传统反应堆存在显著差异。液态燃料熔盐堆采用液态氟盐作为燃料载体,将铀、钍等裂变材料直接溶解于高温熔融氟盐中,形成流动的液态燃料,无须燃料元件。固态燃料熔盐堆则使用熔融氟盐作为冷却剂,采用TRISO 弥散的球形、棱柱形等形式的燃料元件[1-2]。熔盐堆通常以石墨作为慢化材料来慢化中子,并使用镍基合金来制造容器和管道等关键部件,确保系统在极端条件下的长期稳定运行。针对熔盐堆设计的独特性,本节将对熔盐堆所使用的燃料、冷却剂以及结构材料进行重点介绍。

熔盐堆运行时,携带核燃料的高温熔融态氟化物盐在反应堆堆芯和热交换器组成的一回路管道中不断循环流动,把裂变产生的热量源源不断地从反应堆内输送到堆外。堆内结构材料和堆芯构件都与高温熔融氟盐、核燃料及熔盐中的裂变产物有直接接触,熔盐堆材料将处于中子辐照、高温、应力、熔盐腐蚀、与裂变产物相互作用的多重极端环境中。因此,熔盐堆结构材料必须满足耐中子辐照和熔盐腐蚀要求,且对高温强度和可加工性能有更高的要求。

2.2.1 燃料与冷却剂

反应堆燃料(如铀-235 或钚-239 等)通过持续的核裂变链式反应释放大量热能,是反应堆的能量来源;冷却剂(如水、液态金属、熔盐、二氧化碳和氦气等)则负责吸收并转移这些热量,既能用于发电系统能量转换,又能防止堆芯温度过高,同时部分冷却剂还能起到慢化中子、维持反应效率的作用,两者共同保障反应堆安全稳定运行。在熔盐堆中,熔盐燃料和冷却剂的选择尤为关键,其独特的物理和化学特性为反应堆的安全、高效运行提供了有力保障。

液态燃料熔盐堆的核心特点是将核燃料溶解在高温熔融的氟化物盐中,形成液态燃料盐,这种设计显著降低了燃料制备的复杂性。氟盐($LiF - BeF_2$、$LiF - NaF - KF$ 等)和氯盐($NaCl$ 等)是常见的基体盐,它们都具有良好的高温稳定性和辐照稳定性、较小的中子吸收截面和较大的钍、铀、钚等核燃料的溶解度。燃料盐由铀、钚或钍的氟化物盐或氯化物盐与基体盐混合而成,形成液态燃料盐[3],不仅作为核燃料的载体,还兼具冷却剂的功能,其化学稳定性和良好的热物理特性为反应堆的高效运行奠定了基础。这种设计允许燃料在堆芯内循环流动,可实现连续在线处理和燃料添加。

液态燃料具有以下特点。

(1) 液态燃料:燃料以液态形式存在,可以在堆芯内循环流动,实现连续的热量传递和燃料处理。这种设计避免了传统反应堆需要定期更换核燃料的问题。

（2）在线处理：液态燃料允许在反应堆运行期间进行在线化学处理，通过去除裂变产物并补充新的燃料，显著提升燃料利用效率并减少核废料的产生。

（3）高温运行：熔盐堆通常在高温（700 ℃左右）下运行，既可以直接用于高效发电或工业供热，也为高温制氢等应用提供了可能。

（4）钍铀燃料循环：熔盐堆的能谱特别适合开展钍铀循环。钍-232 吸收中子后转化成的铀-233 是一种高效的裂变材料，这种燃料循环不仅提高了核燃料的利用率，还有助于减少长寿命放射性废物的产生，从而推动核能可持续发展。

在液态燃料熔盐堆中，熔盐作为燃料载体和冷却剂的一体化设计，简化了反应堆结构，显著降低了系统复杂度，同时提升了安全裕度和能量转换效率，并且减少了核废物的产生量。这种设计革新了传统核反应堆的运作模式，为先进核裂变能提供了新的技术路径。熔盐高热容量、高热导率、低蒸气压和高温稳定的特性使其能够在高功率密度和高温运行条件下，高效地实现热量管理，确保反应堆的安全性和可靠性。

液态燃料熔盐堆一回路和二回路均使用熔盐，一回路燃料盐首先要考虑中子学特性，包括中子吸收截面、中子慢化能力、中子活化特性等，二回路熔盐冷却剂主要考虑其化学性质、热工水力学性能及其相关成本。除此之外，熔盐的选择遵循下述准则：① 高温稳定性，高于 800 ℃时熔盐不分解，化学性质稳定。② 在强辐射环境中化学性质稳定。③ 熔点低，沸点高，蒸气压低。可用温度低于 525 ℃。④ 对材料的腐蚀性小。⑤ 有足够的燃料和增殖性燃料元素溶解度。⑥ 所选熔盐需适合在线处理及再生。

基于上述准则，适合作为钍基熔盐堆冷却盐的熔盐主要分为五类。

（1）碱金属（锂、钠、钾、铷）氟化物：此类熔盐优点是黏度较小，热力学性质好，在熔盐体系中可以降低体系的黏度，提高体系的体积热容；缺点是熔点较高。^{7}LiF 的中子学特性优异，热工水力学性质也很好，是一回路熔盐组分的优选，缺点是价格高。NaF 价格便宜，热工水力学性质与 LiF 相差不大，其中子学特性也能基本满足一回路的要求。

（2）ZrF_4 体系：其中子学特性能够满足一回路的要求，价格便宜，热工水力学性质较好，黏度比 LiF 大，比 BeF_2 小。其缺点在于蒸气压比较高，熔盐组分比例容易变化，进而导致熔盐体系的初晶温度急剧上升。一般在使用中，ZrF_4 在熔盐体系中的比例不超过 40%。

（3）BeF_2 体系：BeF_2 中子学与热力学性质优异，单组分蒸气压随温度升高而急剧上升，但在特定熔盐组分比例中（如 FLiBe），易生成稳定的 BeF_4^{2-}，该阴离子是稳定的路易斯碱。熔盐体系中 BeF_2 组分的增加有利于体系熔点的降低。BeF_2 的缺点在于黏度太大，因此要适当控制其在体系中的比例。

（4）碱金属氟硼酸盐：前三类熔盐既可以用于一回路，又可以用于二回路，而此类只适用于二回路。碱金属氟硼酸盐熔点很低，缺点是在工作温度内会分解，需要在回路内添加 BF_3 气体以抑制分解反应。此类熔盐主要用于 20 世纪蒸汽机发电系统，以满足二回路熔盐的工作温度。随着布雷顿循环的出现，二回路熔盐的选择范围扩大很多，碱金属氟硼酸盐的优势相对减弱。

（5）碱金属和碱土金属氯化物：此类熔盐主要用于快堆和没有中子学特性要求的高温堆冷却回路。优点是价格便宜，经济性好。缺点是腐蚀性较强，且目前还没有适合工程化规模的控制策略。

固态燃料熔盐堆是熔盐堆技术的重要分支，其核心特点在于核燃料以固态形式存在，同时采用熔盐作为冷却剂[4-5]。这种设计融合了包覆颗粒燃料的弥散特性和熔盐冷却剂的高效传热优势。其燃料系统具有如下特点：

固态燃料熔盐堆采用固态核燃料与熔盐冷却剂相结合的设计，兼具传统固态燃料的稳定性和熔盐高效传热的优势。其燃料系统的核心特点如下。

（1）燃料形态与组成：固态燃料通常采用包覆颗粒燃料弥散的球形、棱柱形等燃料元件。包覆颗粒燃料的结构由疏松热解碳、内层致密热解碳、碳化硅（SiC）和外层致密热解碳逐层包覆氧化物、碳化物或氮化物燃料核芯。这些包覆颗粒燃料均匀弥散在石墨或碳化硅基体，构成球形或棱柱形燃料元件。

（2）燃料特性：包覆颗粒燃料具有极好的安全性，可在 1 200 ℃下长期运行，并可在 1 600 ℃的事故工况下保持良好的性能。

（3）高温运行：熔盐冷却支持 700～800 ℃高温输出，热电转换效率达 40%～45%，适用于发电或制氢。

（4）常压运行：固态燃料熔盐堆继承了熔盐堆常压运行的特点，可避免高压导致的种类风险。

（5）燃料循环：球床熔盐堆的球形燃料元件可在线换料，通过优化中子能谱和燃耗识别钍燃料元件、铀燃料元件，可提高燃料利用率和钍铀燃料转化率，既可支持铀钚燃料循环，也可实现钍铀燃料循环。

固态燃料熔盐堆通过包覆颗粒燃料与熔盐冷却剂的创新结合，在安全性、高温效率和燃料利用效率方面表现突出，使其成为第四代核能系统中极具商业化潜力的候选方案。

液态燃料熔盐堆通过燃料与冷却剂的一体化设计,在燃料利用率和废料管理方面具有革命性潜力,但面临强腐蚀性等工程挑战;固态燃料熔盐堆则通过分离燃料与冷却剂,降低了材料服役难度,更适合近期商业化。两者均代表第四代核能的创新方向,未来可能在不同应用场景中互补共存。

2.2.2　结构材料

核能结构材料犹如核反应堆的"骨骼"与"外壳",是堆芯容器、回路管道等核心部件及核燃料的重要载体。它为堆芯等关键部件提供物理支撑与保护,确保在高温、强辐照、强腐蚀的极端环境中,反应堆仍能维持结构完整,有效防止放射性物质泄漏,保障运行安全,是各类核能反应堆的核心要素之一。

在熔盐堆中,由于采用具有强腐蚀性的氟化物熔盐作为冷却剂,常见反应堆(如轻水堆、高温气冷堆)所使用的材料无法满足其要求。前期研究显示,低铬镍基材料具有良好的耐氟盐腐蚀性能,是最优的熔盐堆用候选合金结构材料,可以用于制造堆内压力容器、管道、支撑件、热交换器等构件。熔盐堆另一类重要材料是耐熔盐浸渗的细孔径核石墨,其在堆芯中不仅承担着中子慢化体与反射体的作用,还作为结构材料保证堆芯结构的完整性。鉴于先进高温熔盐堆正朝着高功率、高温和模块化方向发展,具有良好耐高温、抗辐照及耐腐蚀性能的碳基复合材料,有望成为未来熔盐堆的候选结构材料。以下对这些材料的需求、特性及现状进行简要阐述。

1) 合金材料

熔盐堆所用冷却剂(氟盐)沸点高达 1 400 ℃以上,这使得熔盐堆理论上具备在 1 000 ℃以上高温、常压工况下长期稳定运行的潜力。然而,目前尚无能够在如此高温熔盐环境下长期工作的候选合金结构材料,现阶段的合金结构材料仅能满足在 700 ℃高温熔盐环境下的长期稳定运行。这对于应用在熔盐堆关键构件(如压力容器、回路管道、热交换管等)上,并在多重极端环境下长期、稳定、高效工作而言,仍是一个巨大挑战。由于难以找到满足条件的成熟工程材料,因此结构材料成为熔盐堆研发过程中一个极为突出的技术难题。

20 世纪五六十年代,美国橡树岭国家实验室(ORNL)为核动力飞机和熔盐实验堆项目(MSRE)专门研发了一种镍基合金——UNS N10003 合金,这也是迄今为止唯一在熔盐堆中服役过的合金结构材料。该合金具有极为突出的优点,其耐高温熔盐腐蚀性能极佳(在 MSRE 燃料盐中浸泡超过 2 万小时后,腐蚀深度小于 20 μm),同时具有良好的高温力学性能和抗中子辐照特性。从 1965 年 MSRE 达到临界至 1969 年停止运行,UNS N10003 合金为 MSRE 的成功运行发挥了重大作用[6-7]。

中国科学院钍基熔盐堆核能系统(TMSR)先导专项启动之初,便着手开展耐熔盐腐蚀合金的国产化研发工作。目前,已成功实现 UNS N10003 合金的国产化及规模化生产,其中国牌号为 GH3535 合金。该合金的成功研发不仅确保了 TMSR 专项的顺利推进,也为未来熔盐堆向示范堆及商业堆的放大建设创造了条件。

随着 TMSR 项目的深入开展,其建设目标瞄准了能效更高、满足多能融合需求的新一代熔盐堆。然而,要实现高温制氢等高效率能源转换过程,熔盐堆需在 800 ℃以上运行,这对合金材料的耐高温性能提出了更为严苛的要求。此外,ORNL 通过检测 MSRE 的在线服役元件和辐照试样发现,UNS N10003 合金还存在两个问题:① 合金中杂质硼和主组元镍会通过嬗变反应生成氦粒子并形成氦泡,导致合金脆化[8];② 裂变产物碲扩散进入合金,使合金的力学性能劣化[9]。因此,在 UNS N10003 合金的基础上,开发能够在更高温度下长期服役的新型熔盐堆用合金,已成为我国熔盐堆技术发展的重要课题之一。

2) 核石墨材料

核石墨是熔盐堆重要的功能结构材料,具有化学性质稳定、可加工性强、耐高温、导热性好等优点。同时,其较高的中子散射截面和极低的中子吸收截面,使其成为中子慢化和反射的理想材料,在核反应堆的发展历程中占据重要地位[10]。在熔盐堆中,核石墨作为反应堆的慢化体和反射体,同时构成燃料熔盐的通道以及控制棒通道。在整个反应堆运行期间,必须确保石墨结构完整和通道畅通。然而,中子辐照会改变核石墨的尺寸、热学性质和力学性质,进而影响石墨构件的服役安全。特别是辐照导致的尺寸变化,是石墨构件应力的主要来源之一,因此成为评价石墨性能优劣和服役寿命的关键因素,也是石墨反射层结构设计的重点考量因素[11-13]。为提高反应堆的经济性,除对核石墨的常规性能有要求外,对其辐照稳定性也提出了较高要求。

此外,核石墨是一种多孔材料。在与熔盐接触过程中,如果石墨材料表面微孔尺寸过大,熔盐可能通过微孔渗透进入石墨内部,从而引发严重后果。对于熔盐堆而言,一方面,熔盐在石墨中的浸渗可能导致石墨性能,尤其是其辐照损伤行为发生变化;另一方面,熔盐携带燃料渗入石墨中,可能在石墨内部形成局部热点,从而缩短核石墨的使用寿命。因此,熔盐堆对核石墨的要求还包括具备阻隔熔盐浸渗的能力。中国科学院上海应用物理研究所联合国内企业,共同开展熔盐堆高性能核石墨的研发和工程放大工作,现已实现能阻止熔盐渗透的亚微米孔石墨的批量生产供货,并已启动可有效阻止裂变产物扩散的下一代熔盐堆用纳米孔石墨的研发工作。

3) 先进碳基复合材料

先进高温熔盐堆持续朝着高功率、高温和模块化方向发展,其堆内构件材料面临严峻考验。碳基复合材料在密度、中子吸收截面、高比强度及熔盐相容性方面展现出优异性能。目前,适用于熔盐堆的碳基复合材料主要有 C/C 复合材料和 SiC/SiC 复合材料。上述两种材料均以碳或碳化硅纤维及其织物为增强材料,以碳或碳化硅为基体,通过加工/碳化处理制成。碳基复合材料凭借其优异的耐高温、抗辐照、耐腐蚀性能,以及与熔盐良好的兼容性,成为先进熔盐堆的重要候选材料。

2.2.3　挑战与展望

本节围绕熔盐堆内燃料、冷却剂以及结构材料的关键特性展开了介绍与探讨。展望钍基熔盐堆的前景,其燃料与冷却剂的发展仍面临挑战。首先,锂-7 的成本高,产量有限,这一现状使得研发全新的燃料盐系统迫在眉睫。其次,进一步优化熔盐的化学组成,以提高其在高温和辐射环境下的稳定性,同时降低对反应堆结构材料的腐蚀,这部分工作刻不容缓。此外,在线燃料处理技术的研发同样至关重要。借助这项技术实现燃料的高效循环利用,不仅能够显著提升燃料的利用效率,还能进一步削减核废料的产生量,为核能产业的绿色、可持续发展注入强大动力。

熔盐堆所使用的镍基合金和石墨材料,服役于高温熔盐且伴有中子辐照的复杂环境中。在这样的环境下,辐照损伤成为致使堆芯结构材料性能劣化的主要因素之一。随着服役时间的推移,辐照产生的缺陷持续迁移、演化,会逐步改变材料的微观结构,进而引发材料宏观性能的变化。获取材料在中子辐照条件下的性能数据,不仅是对材料进行安全评估的必要前提,更是核反应堆在建堆过程中安全许可评审的重要组成部分。此外,材料在熔盐堆服役期间,还面临与高温氟盐之间复杂的物理和化学相互作用。这种相互作用极有可能导致材料结构受损、性能下降,对材料的服役安全性构成威胁。

鉴于此,在熔盐堆的选材以及设计阶段,有必要对材料的熔盐腐蚀性能、熔盐浸渗性能等相容性特质展开系统性评价。开展材料的服役性能评价,一方面能够加深我们对材料行为的认知与理解,另一方面也有助于加速新材料的研发进程。借助原子尺度的模拟技术、材料性能预测方法以及高通量计算手段,理论模拟能够为熔盐堆材料的设计与优化提供强有力的工具,从而有力地推动核能技术朝着可持续方向发展。

综上所述,钍基熔盐堆作为一种先进的核能技术具有广阔的应用前景。持续对熔盐堆燃料和材料进行技术创新和工程化探索,将有助于钍基熔盐反应堆未来实现商业化应用,为核能的可持续发展提供新的解决方案。

2.3 液态燃料熔盐热堆

液态燃料熔盐热堆(liquid-fueled molten salt thermal reactor)是一种以熔融氟化盐为燃料和冷却剂的第四代核反应堆技术,其核心原理是将核燃料(如铀-233、钍或钚的氟化物)直接溶解于高温熔盐中形成液态燃料,通过石墨慢化剂将快中子慢化为热中子,触发持续链式裂变反应。反应释放的热量由熔盐自身携带至外部热交换系统,推动发电或工业供热。液态燃料与冷却剂合二为一的设计,消除了传统固态燃料的包壳失效风险,同时支持在线燃料添加和后处理,显著提升了安全性和燃料利用率。

液态燃料熔盐堆主要由堆芯、控制棒系统、主回路系统、燃料装卸系统、在线处理系统、安全系统等组成。堆芯为石墨慢化剂组成的蜂窝状通道,液态燃料盐流经其中,发生裂变反应。石墨不仅慢化中子,还提供结构支撑。控制棒系统通过移动堆内控制棒的位置,实现反应堆的启动、增减功率及停堆操作。主回路系统包括熔盐泵、管道和主换热器,在堆芯加热熔盐至 700 ℃后,通过自然循环或机械泵将熔盐输送到换热器,将热量传递给发电工质(如超临界二氧化碳或氦气)。燃料盐装卸系统具有给反应堆提供核燃料,以及储存从主回路卸载的燃料盐的功能。其中,核燃料装载可分为离线和在线装载两种方式,燃料盐卸载还可以兼顾停堆的功能。在线处理系统通过分离装置(如减压蒸馏或氦气鼓泡)连续去除裂变产物(如氙、氪),维持熔盐的化学稳定性,并提取可再利用的核燃料。安全系统采用被动安全设计,如冷冻阀在断电时自动熔

化,将熔盐排入非临界储存罐,以实现长期
停堆。

典型的液态燃料熔盐热堆为美国 20 世纪 60
年代建设的热功率为 7.4 MW 的熔盐实验堆
(MSRE)[14](其堆芯结构见图 2-1),以及 21 世
纪我国建成的热功率为 2 MW 的液态燃料熔盐
实验堆(TMSR-LF1)[15]。目前美国 ThorCon 公
司[16]、加拿大地球能源公司设计的 IMSR[17],美
国 Flibe 能源公司设计的 LFTR[18] 等均为液态燃
料熔盐热堆,且均设定 2030 年左右完成商业化
建设目标。本节将介绍其中子物理、热工流体力
学及安全特性。

堆芯石墨

图 2-1　MSRE 的堆芯结构

2.3.1　中子物理特性

液态燃料熔盐热堆的中子物理特性包括中子的慢化吸收、反应性控制、流
动反应性及燃料循环等方面,主要受高温石墨核性质和液态燃料构成的影响。

石墨总的慢化能力相比水或重水等并不突出,但其中子吸收能力较弱,慢
化比比较高,通常需要在反应堆内装载大量的石墨以平衡其中子慢化和中子
吸收能力。石墨的装载过量会导致中子的过慢化,即堆芯中子的慢化能力提
高并不明显,但石墨的中子吸收会显著增加;相反,石墨的装载不足会导致中
子的欠慢化,即中子并未慢化到铀-235 等易裂变核素易于吸收的能量范围,
而是在共振区域被铀-238 俘获吸收,或者随着转换的镎-239 吸收。显然在
该能量范围内,镎-239 裂变产生的中子份额远不如铀-235 和铀-233,使得中
子的经济性显著降低。在熔盐堆堆芯,最佳的石墨/铀原子比为 300~500,或
者在液态燃料熔盐堆中,石墨的体积占比达 80%~90%[19]。

在该比例下,熔盐热堆表现出与其他石墨反应堆相似的中子学特性,即堆
芯 90% 以上的中子均处于热中子能量范围。即使这样,中子在慢化过程中,也
易被铀-238 显著的共振峰所捕获,为了抑制铀-238 吸收中子,通常需要进行
空间自屏效应设计。即通过设计燃料和慢化剂的空间分离,使得快中子从燃
料中产生,一旦进入石墨进行充分的慢化,便能避过共振区域。即使中子在共
振区能量范围内返回燃料,也会被外表面的铀-238 共振吸收阻挡,抑制了燃
料内铀-238 吸收中子。因为中子在石墨中具有较大的扩散长度,所以这样设

计的组件尺寸比水堆栅元的要大得多,水堆的栅元尺寸在 1 cm 左右,而石墨组件的尺寸通常在 10 cm 量级,为六棱柱或四棱柱结构,在其中挖槽或打孔建立熔盐燃料通道。较大的中子扩散长度同样使得熔盐堆的临界尺寸较大以减少中子泄漏,同时使其在各区域的能谱分布更为均匀。这在确定论计算中,主要体现在少群截面的加工需要考虑谱泄漏的修正。此外,较大的扩散长度也使得熔盐堆的功率分布或者能量沉积较为平坦,且由于燃料的混合均匀性,功率分布并不随着燃耗发生明显变化。由于石墨的耐高温性能以及熔盐本身的高效导热性能,功率分布也不需要特殊的设计和关注。

熔盐堆在 700 ℃ 左右的高温环境下运行,需要考虑石墨的热散射问题。中子在热能区主要以麦克斯韦分布存在,但由于高温下石墨晶格在不断振动,与中子的相对运动发生变化,使得中子有较大概率向高能区散射,进而使得麦克斯韦峰向高能区移动。因此,熔盐热堆的中子能谱麦克斯韦峰不仅峰值大,而且能量点更高。在确定论中子输运计算中,不仅需要考虑热中子的能量分界点(通常设定为 0.625 eV,大于水堆的 0.253 eV),还需要考虑能量分界附近的向上散射影响。

熔盐热堆通常具有较高的负温度反应性系数,主要作用机制包括燃料的密度效应、多普勒效应、石墨的热散射效应以及一定的堆芯热膨胀效应。温度升高时,燃料的密度会降低,导致反应性上升,即具有正的温度反应性系数,这与常识性观念相悖。这是由于熔盐热堆的能谱一般设计在略欠慢化区域,燃料的减少使得中子的慢化更充分,进而使反应性增强。熔盐的多普勒效应即共振峰因温度升高而展开,从而吸收更多的中子,有利于铀-238 这种共振峰大的核素吸收中子,使得反应性下降。如前所述,石墨的热散射效应会使得麦克斯韦峰向高能区移动,而在该区域存在钍、铀和钚等核素的共振峰,在不同燃料裂变主导的情况下存在不同的温度反应性效应,如在 LEU 燃料中,通常由于铀-238 的共振吸收使得石墨温度反应性系数为负,但在钍-232/铀-233 燃料循环以及钚的燃料循环中,由于铀-233 和钚-241 裂变截面共振峰的存在,会使得石墨温度反应性系数为正。但无论情况如何,石墨的温度反应性系数相对燃料的而言均较小。此外,热膨胀使得堆芯泄漏增强,但也会导致燃料分布发生变化,也可能导致正的或负的温度反应性系数,但该绝对值通常较小。不同燃料和石墨的配比以及结构设计均会对总的温度反应性系数产生重要影响,一般而言,燃料装量越低,温度反应性系数越负,故堆芯设计需兼顾燃料的利用与负温度反应性系数两个方面的平衡。

目前,熔盐热堆的主要反应性控制方式为控制棒。通过调节控制棒的移动,实现熔盐热堆的启堆、临界、升降功率及停堆操作。控制棒按照功能通常分为安全棒、补偿棒和调节棒。安全棒实现正常和非正常情况下的停堆,一般采用两套不同驱动原理;补偿棒用于功率运行中的较大反应性补偿,如冷热态温度补偿、燃耗补偿;调节棒用于稳定功率和微调,一般在额定功率下频繁使用。补偿棒和调节棒兼具停堆功能,一般停堆深度需大于 1 000 pcm(1 pcm＝10^{-5})。控制棒数量通常为 3～6 根,位于堆芯活性区。除控制棒系统外,熔盐堆可以采用排出燃料盐的方式实现长期停堆。由于控制棒驱动机构不能处于高放环境中,需要在堆芯设置控制棒套管作为反应堆压力边界,用于隔离控制棒系统与一回路。

裂变中子可分为瞬发中子和缓发中子,其中瞬发中子是在裂变反应发生时极短时间内产生的,而缓发中子是由裂变产物通过衰变产生的,这种裂变产物称为缓发中子先驱核。对于液态燃料熔盐堆,液态熔盐既作为燃料又作为冷却剂在燃料盐回路中循环流动。因此,当缓发中子先驱核随燃料盐流动到堆芯活性区外时,会将缓发中子释放在堆外,从而使堆芯损失部分中子。这种损失一方面减少了反应堆的反应性;另一方面,由于缓发中子可以控制反应堆功率,当缓发中子份额减少时,势必会削弱对反应堆的控制能力。

缓发中子通常按照先驱核半衰期划分为 6 组,半衰期为 0.2～54 s,占总裂变中子的 0.65％(铀-235)、约 0.3％(铀-233)、约 0.2％(钚-239)。缓发中子的平均能量通常小于瞬发中子,这使得其价值比瞬发中子要高,即有效缓发中子份额一般比缓发中子份额略高。当燃料盐流动时,缓发中子释放的位置发生变化,通常由堆芯裂变价值较高的区域迁移到裂变价值较低的区域,这使得其有效缓发中子份额明显下降,半衰期大的一组有效缓发中子份额的下降更为明显。因此,流动效应导致的有效缓发中子份额减小,与燃料盐的流速有关,流速越大,损失越多。美国橡树岭国家实验室建造的熔盐实验堆(MSRE)在熔盐泵额定工况下,有效缓发中子份额约下降 1/3。

缓发中子是链式核反应可控的关键,它可以提高平均中子寿命,使得核功率的变化速度减小。但由于长半衰期组的有效缓发中子份额大幅降低,使得平均中子寿命大为降低,从而也导致核功率的变化速度增大。当缓发中子流失时,引入相同的反应性,熔盐堆的倍增周期降低,因此必须更加严格地控制反应性的引入幅度及速率。

缓发中子流失变化除了导致反应堆控制的变化外,还会引起反应性的变化。在反应堆以某一功率稳定运行的条件下,如果突然改变燃料盐的流速或改变燃料盐泵的频率,则反应堆的反应性随即发生改变。具体来说,当燃料盐流速增加时,缓发中子流失加剧,反应性减小;当燃料盐流速降低时,缓发中子流失变缓,反应性增加。因此,在反应堆稳定运行期间,应谨慎改变(尤其是降低)燃料盐泵的频率。

特别是在一些失流工况下,熔盐堆缓发中子流失效应会引入较大的正反应性。这种情况一般会出现在燃料盐泵卡滞或停电等意外工况中,在短时间内燃料盐流速骤降,从而导致反应性增加,核功率上升。流量丧失同时还会使得堆芯热量向外传递受阻,此时必须实施紧急停堆。因此,在熔盐堆运行过程中,一般不允许改变一回路流量,针对失流等事故应采取紧急停堆措施。

液态燃料熔盐热堆燃料循环具有多方面的优异性能,主要体现在液态燃料的灵活性、燃料种类和燃料循环模式的多样性、燃料增殖性能和焚烧性能好以及放射性废物产量的减少等方面。

液态燃料的灵活性是熔盐堆燃料循环的一大亮点。液态燃料无须复杂的制备过程,降低了成本。其在线加料和燃料后处理技术可在线去除裂变产物和提取锕系核素,提高中子经济性。这种灵活性使得熔盐堆能够在运行过程中根据需要调整燃料成分和数量,无须停堆更换燃料,大大提高了反应堆的运行效率和燃料利用率。

在燃料种类方面,熔盐堆燃料循环涵盖了铀钚和钍铀两种体系,可以使用LEU、LEU＋Th、TRU、TRU＋Th、铀-233＋钍-232等不同燃料组合。尤其是液态熔盐堆是目前国际公认的钍资源利用最理想的堆型。钍资源丰富,且钍铀循环产生的铀-233具有良好的核性能。熔盐堆能够高效地实现钍铀燃料循环,通过在反应堆中使钍吸收中子转化为铀-233,再以铀-233作为新核燃料进行裂变反应,这为解决核燃料的可持续供应问题提供了新的途径。液态熔盐堆在TRU焚烧方面也具有一定的优势,焚烧效率能达到80％～90％,是国际上熔盐堆发展的研究方向之一。在传统的固态堆中,常因TRU装载导致功率分布的畸变,堆型功率密度难以提高,影响经济性;而熔盐堆由于液态燃料的混合均匀特性故不存在该问题。熔盐堆也可以采用常规铀钚循环,由于其特殊的能谱结构和处理方式,能够达到与固态堆相当甚至更佳的燃料利用率。因钍资源极具吸引力,目前熔盐堆的燃料循环更关注钍铀增殖或TRU焚烧。

燃料循环模式的多样性也是熔盐堆的一个重要特点。熔盐堆可以采用一次通过处理模式、离线批处理模式、在线处理模式,甚至边增殖边燃烧(breeding and burning, B&B)模式或预增殖(pre-breeding and burning, PBB)模式。熔盐堆的一次通过模式为,通过初装实现熔盐堆临界,在线加料补偿燃耗反应性,仅吹扫气体去除熔盐堆尾气及其衰变子体,直到燃料溶解达到上限或者燃料利用饱和值,再将燃料盐整体卸出反应堆,最终暂存或永久处置。一般熔盐堆的一次通过采用 LEU 或 LEU+Th 启堆,在技术上最为成熟,是目前唯一经过运行检验的燃料循环方式。即便在一次通过循环模式下,由于熔盐堆具有较低的后备反应性以及较高的中子经济性和燃耗深度,其燃料利用率也比商业压水堆中的燃料利用率略高甚至可达到后者的 1.5 倍。熔盐堆的离线批处理模式为,在一次通过模式的基础上对卸载乏燃料进行一段时间的冷却并进行离线批处理,分离出铀、钍和载体盐,进行燃料重构后再回堆使用。由于在线去除了裂变产物及超铀元素,故可以在一定程度上提高燃料的利用率,并减少乏燃料的处置量。熔盐堆的在线处理模式为,在熔盐堆运行过程中,通过连续地分离部分高放射性燃料熔盐进入后处理单元,在后处理单元中分离裂变产物并将剩余燃料返回堆芯,实现燃料的高效利用。通过合适的中子能谱及燃料配置,结合在线后处理技术,熔盐堆可以实现钍铀增殖,从而成为一种真正的燃料可持续、放射性处置量极低的能源利用路径。在熔盐热堆中,大约有 10% 的中子被石墨慢化剂和载体盐吸收,3% 泄漏掉,剩余中子均可由易裂变燃料和增殖燃料吸收。燃料的初始增殖比能够达到 0.8 左右,通过精细的结构设计,可以实现增殖比达到 1.06。但要维持整个寿期的核燃料增殖或自持,需在线不断去除裂变产物,即依赖在线后处理技术。

最后,在放射性废物方面,熔盐堆具有显著的优势。通过在线处理和燃料循环技术,熔盐堆能够减少放射性废物的产生。例如,干法后处理技术可以分离裂变产物,回收钍、铀和载体盐,实现钍资源的高效利用和放射性核废料的最少化。这不仅提高了反应堆的经济性,还减少了对环境的影响。同时在线地去除部分难溶性裂变产物,如氙、氪、钼等,不仅可以减小中子毒物对中子的吸收,提高中子的经济性,而且可以利用提取的裂变产物来生产某些放射性医用同位素,如钼-99、氙-133 等。当然想要通过熔盐堆实现钍铀循环尚有诸多问题需要解决,首先需寻找合适的易裂变核和熔盐堆堆芯方案来启动钍铀燃料循环,同时还需要确保相关方案具有较高的增殖转换能力,能快速地生产铀-233 从而确保钍铀燃料循环的可持续发展。另外,由于裂变产物种类繁多,放射性强,性质不一,各自含量也不同,在工业上提取铀-233 或某种裂变产物技术上也面临不小的挑战。

在熔盐热堆中，绝大部分裂变产物溶解在熔盐中，但也存在一定裂变气体和难溶性贵金属与气液、固液界面发生传质，从而扩散到管道壁面或尾气系统中，给源项的管理带来较大问题。裂变产物分布广的特点会对一些缓发中子或光子的输运产生较大影响，同时也使衰变热分布较为复杂，由此引出了较多与中子物理强相关的多物理耦合问题。

熔盐热堆通常采用含铍的载体盐降低熔点，铍及锂-6通过辐照后会产生大量的氚，在量级上比重水堆的产量还要显著。如何实现氚的控制与合理排放是熔盐堆设计中的重要问题。

2.3.2　热工流体力学特性

燃料盐通过堆芯时，核燃料产生的中子经石墨慢化后发生裂变反应，在燃料盐内产生大量热量，并在石墨与结构材料中产生少部分热量，熔盐堆的燃料盐为反应堆的主要热源，燃料盐流经的堆芯、回路系统的管路等为放射性包容的第一层边界。因此在熔盐堆的设计中，需要对反应堆堆芯、回路系统等进行针对性的专门分析，以确定其包容边界的可靠性，从而确保安全。

熔盐堆中的燃料盐，通过不断循环流动，将裂变产生的热量源源不断地从反应堆内输送到堆外。

1) 堆芯产热与传热

熔盐堆启动运行后，溶解在熔盐中的核燃料会随着熔盐在由反应堆堆芯、泵、换热器等共同构成的一回路中持续循环流转，从而将裂变产生的热量稳定且源源不断地从反应堆内部输送至外部，达成能量传递与转换的目的。液态燃料盐在堆芯内运行过程中，其中的核燃料产生的中子经石墨慢化后能有效地引发易裂变核素的核裂变反应。大部分热量于液态燃料内部生成，而少部分则在石墨和金属构件等材料中产生。

以 10 MW 级液态燃料熔盐堆的堆芯结构为例，典型的熔盐堆堆芯包括下降环腔、下腔室、流量分配装置、堆芯活性区、上腔室、石墨反射层以及金属构件等，具体结构参见图 2-2。一回路的燃料盐从顶端的环形通道注入后沿下降环腔缓缓向下，最终流入下腔室。在进入下腔室后，熔盐会先经过流量分配装置实现流量再分配，接着进入堆芯活性区。活性区的燃料盐通过核反应产生热量，随后将自身热量与石墨等材料中的热量带到上腔室，最终流出堆芯。

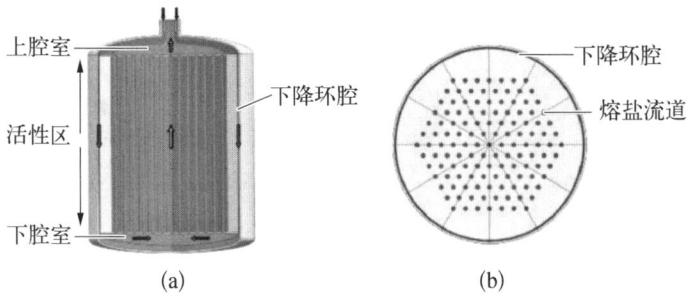

图 2‑2　10 MW 级液态燃料熔盐堆的堆芯结构

(a) 剖面图；(b) 截面图

堆芯热工流体力学设计需要与堆芯中子物理设计、机械结构设计等多方面协同迭代。设计重点在于通过优化上下腔室、流量分配装置、堆芯活性区的几何结构实现燃料盐流量的合理分配，以降低堆芯热点，提高安全裕量。具体而言，堆芯热工流体力学设计需根据堆芯通道结构和裂变能分布，合理分配流量，降低热点，确保所有组件温度符合设计准则，并为事故工况保留足够的安全裕量。

在液态熔盐堆中，堆芯燃料盐通道一般呈闭式形态，各通道之间不存在流量的交换，堆芯流量分配主要依靠上下腔室和流量分配装置的结构设计。此外，由于反应堆上下腔室的流体中湍流强度较大，极有可能催生局部涡流。这不仅会阻碍燃料盐流入堆芯，影响热量传递效率，还容易因燃料盐的自发热效应而在上下腔室局部区域形成热点。因此，设计合理的上下腔室结构和流量分配装置至关重要。

此外，还需要考虑如何强化堆芯石墨组件间隙等低流速区域的燃料盐流动传热，降低这些区域燃料盐和结构件的热点温度；优化堆芯燃料盐流场分布，抑制流动不稳定；优化堆芯结构设计，减小燃料盐装载量和压降。

石墨组件是堆芯的基本单元，其优化设计对降低堆芯温度热点与温度梯度、延长组件服役寿命、提升反应堆安全裕量具有关键作用。图 2‑3 展示了多种典型设计案例，如美国橡树岭国家实验室针对 MSRE 和 MSBR 两种堆型提出的带凹槽四棱柱石墨组件(a)和板式六棱柱石墨组件(b)，适用于低浓缩铀燃料熔盐堆 DMSR[20] 的中心开孔圆柱石墨组件(c)，适用于锕系元素熔盐嬗变反应堆 AMSTER 的中心开孔六棱柱石墨组件(d)，以及中国科学院上海应用物理研究所提出的边缘开孔六棱柱石墨组件(e)和实心六棱柱石墨组件(f)。需要注意的是，液态燃料熔盐堆的热传递方式与传统的固态燃料反应堆(如压水堆)不同，后者燃料组件单向加热冷却剂，而前者可能出现一些位置的

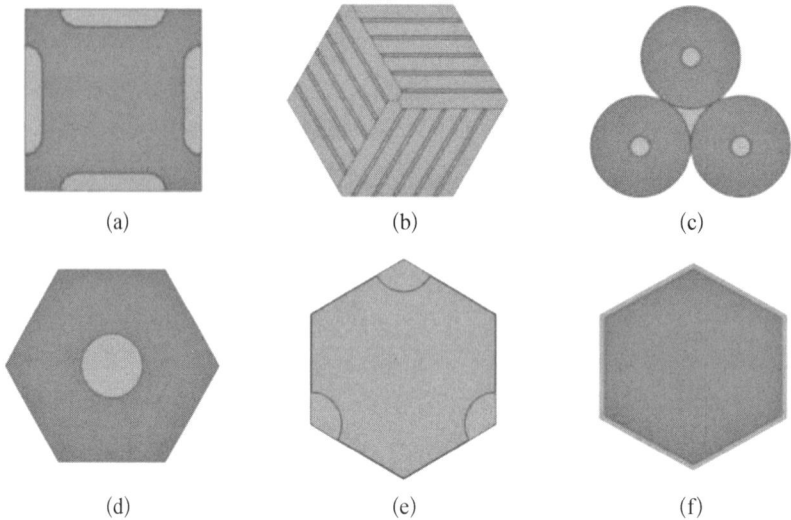

图 2-3 液态燃料熔盐堆组件截面示意图

(a) MSRE 组件；(b) MSBR 组件；(c) DMSR 组件；(d) RCA 组件；(e) EPA 组件；(f) HPA 组件

石墨加热燃料盐,而另外一些位置的石墨冷却燃料盐的情况。

2) 回路热传输

熔盐堆回路热传输系统的作用是将堆芯核裂变反应产生的热量高效且稳定地导出,并传输至高温核热综合利用系统,实现能量的多样化利用。熔盐堆的回路热传输系统由一回路系统和二回路系统组成。其中,一回路系统和二回路系统由相互独立的两条循环回路组成,这种设计增强了系统的安全性和可靠性。熔盐堆回路热传输系统如图 2-4 所示。

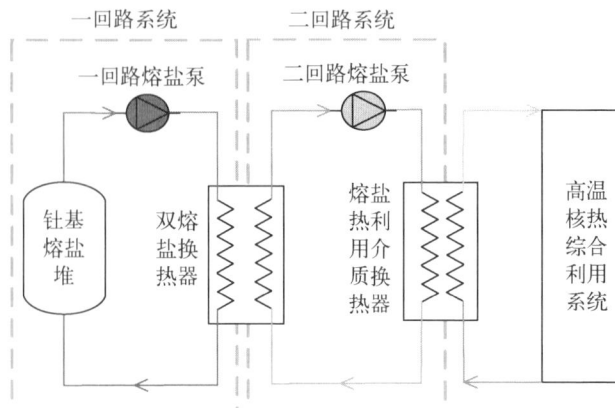

图 2-4 熔盐堆回路热传输系统示意图

一回路系统的功能是实现熔盐堆堆芯裂变热向二回路系统的传递,其主要设备包括一回路熔盐泵、双熔盐换热器热侧以及一回路管道等。在反应堆正常运行时,一回路熔盐从熔盐堆的堆芯上腔室流出并离开堆本体,沿一回路高温段进入一回路熔盐泵,在该泵的驱动下流入双熔盐换热器的热侧,完成热量向二回路的传递,随后沿一回路低温段流回熔盐堆。双熔盐换热器是一回路向二回路传递热量的关键设备,其功能是将堆芯产生的裂变热通过换热器热侧的一回路熔盐传递给二回路冷侧的熔盐。同时,双熔盐换热器还作为反应堆一回路的压力边界,防止放射性物质的外泄。

二回路系统是在一回路熔盐携带的热量传递给二回路熔盐之后,通过二回路熔盐将热量传递给高温核热综合利用系统的传热介质。二回路系统主要设备包括二回路熔盐泵、双熔盐换热器冷侧、熔盐热利用介质换热器热侧以及二回路管道等。二回路通过二回路熔盐泵将双熔盐换热器冷侧的高温熔盐输送至熔盐热利用介质换热器,经热交换后二回路的低温熔盐重新进入双熔盐换热器的冷侧,再获得热量后往复循环。熔盐热利用介质换热器是二回路向高温核热综合利用系统传递热量的关键设备,其功能是将二回路熔盐携带的热量通过换热器热侧的熔盐传递给冷侧的高温核热综合利用系统的传热介质。

熔盐堆的回路热传输系统通过一回路和二回路的协同工作,实现了堆芯热量的高效传递和利用,为高温核热综合利用系统提供了稳定的热源。

高温核热综合利用系统通过熔盐堆产生高温热,不仅可以实现高效发电,还可以用于制氢、海水淡化、工业供热等。在发电方面,高温核热综合利用系统可采用高效的热力循环发电技术。为了进一步提升系统的灵活性和适应性,高温核热综合利用系统还可以增加调峰功能。为了实现这一功能,可以在发电系统与二回路系统之间增设储能回路系统,用于存储多余的热能,并在需要时快速释放,以实现系统的快速响应和功率调节。储能回路系统可采用目前广泛使用的双罐熔盐显热蓄热技术,熔盐堆储能发电的回路热传输系统如图 2-5 所示。

储能回路连接在熔盐热利用介质换热器的冷侧,主要由高温储罐、低温储罐、熔盐泵、连接管道以及加热保温设备等构成。其功能是存储二回路通过熔盐热利用介质换热器传递过来的热量,并在需要时快速释放,以实现系统的快速响应和功率调节。二回路通过熔盐热利用介质换热器将热量传递给储能回路的传热熔盐,储能回路则利用低温熔盐泵从低温储罐中抽出低温储能熔盐,

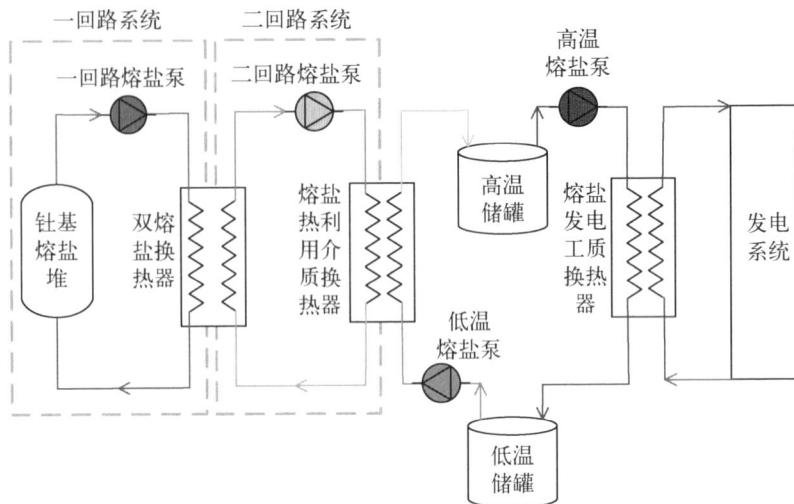

图 2-5 熔盐堆储能发电的回路热传输系统示意图

将其加热至高温后,储存至具有高效保温功能的高温储罐中;当需要调峰发电时,通过高温熔盐泵将高温熔盐抽出,并输送到熔盐发电工质换热器放出热能,放热后变冷的低温熔盐再回到低温储罐,形成循环。

3）非能动余热排出

反应堆余热排出系统(residual heat removal system)是反应堆中不可或缺的组成部分。它的核心功能是在反应堆停堆后,持续不断地将堆芯余热带出,以保持反应堆的安全冷却。在传统压水堆中该系统由泵、热交换器、管道等关键设备组成,它们共同工作,将余热带给冷却水或空气,并最终将热量排放到环境中。余热排出系统的设计必须确保在各种工况下,包括正常停堆、换料、事故等,都能有效地排出余热。

余热排出系统的存在至关重要,因为它解决了反应堆停堆后仍然持续产生衰变热的问题。尽管反应堆停堆后裂变反应已经停止,但燃料中的放射性物质会继续衰变并产生热量。如果这些余热不能得到有效排出,燃料可能会过热,甚至引发更严重的安全问题,如燃料棒包壳破损导致放射性物质泄漏等。余热排出系统是保证反应堆安全停堆和维护期间安全的关键设施,它为反应堆提供了一个应对系统余热的安全屏障。

在第二代反应堆的设计与建造中,余热排出系统大多采用能动的设计理念,这导致设备繁多、结构复杂,需要通过提高系统的独立性和多样性来提升反应堆的安全性。同时,早期的能动余热排出系统过于依赖外部电源,当发生全厂断电事故时,能动的余热排出系统需要进行多级操作,这可能造成余热排出系统失效、堆芯余热不能排出的问题。2011 年,地震和海啸导致福岛核电站失去厂内外所有电源,能动的冷却系统均无法启动,反应堆失去全部热阱,最终导致堆芯熔化的严重核事故。

美国在 20 世纪最早提出了"非能动安全"的概念,它强调不依靠能动的部件或系统,仅利用密度差、自身重力等非能动机理,就能确保反应堆和公众的安全。自从提出非能动安全的概念之后,非能动余热排出相关技术便开始得到关注和研究,目前已应用到第三代和第四代反应堆的设计中,如美国西屋公司的先进非能动压水堆 AP600 和 AP1000、欧盟的非能动反应堆 EPR、俄罗斯的先进压水堆 VVER、瑞典的固有安全反应堆 PIUSI、加拿大的新型重水堆 CANDU 和中国的先进压水堆 ACP1000 等。

熔盐堆采用液态熔融盐作为燃料与冷却剂,与其他堆型有显著不同。除了采用与其他堆型类似的余热排出方案之外,熔盐堆液态燃料使得其可将燃料从堆芯排入一个专门的存储罐并在存储罐中设置专门的余热排出系统,典型的堆型有美国的熔盐实验堆(MSRE)、大型熔盐增殖堆(MSBR)与印度尼西亚的模块化熔盐堆(Thorcon)。

结合熔盐堆的特点,进行余热排出系统设计选型时主要有以下几点考虑:

(1) 在任何工况下,系统都能够带走堆芯余热,保证反应堆安全;

(2) 系统必须可靠,对电源或者操作员的启动操作具有最低程度的依赖;

(3) 如果系统冷却剂和燃料盐之间只有一个屏障,则冷却剂泄漏到盐中不需要进行化学处理,以防止不利的核或化学影响;

(4) 燃料盐或冷却系统冷却剂凝固的风险应降至最低。

熔盐堆主循环系统一般由燃料盐回路、冷却盐回路与最终热阱组成。堆芯热量通过燃料盐回路的熔盐-熔盐换热器传递至冷却盐回路,冷却盐回路再将热量传递给最终热阱。由于熔盐堆采用熔融氟盐作为燃料并遍布整个一回路,在停堆后有燃料的地方就有衰变热产生,余热排出系统需要排出所有燃料盐的余热,以保证整个燃料盐回路系统设备温度都处于限值之下。因此在熔盐堆的余热排出系统设计中,除反应堆容器外,还需要考虑燃料盐回路管道、熔盐-熔盐换热器、燃料盐循环泵在停堆后的热安全。基于以上考虑,熔盐堆的余热排出系统可以采用以下几种方案。

（1）基于燃料盐回路的余热排出系统。在燃料盐回路上增加一个串联或并联的余热排出系统冷却回路。在此种设计下正常运行时,燃料盐回路正常运转,余热排出系统低流量运行或关闭;在事故工况下,燃料盐回路通过自然循环将热量传递给余热排出系统冷却回路,再将余热传递给热阱。

（2）基于冷却盐回路的余热排出系统。在冷却盐回路上增加一个串联或并联的余热排出系统冷却回路。在此种设计下正常运行时,燃料盐回路冷却盐回路正常运转,余热排出系统低流量运行或关闭;在事故工况下,燃料盐回路通过自然循环将热量传递给冷却盐回路再进入余热排出系统冷却回路,最终将余热传递给热阱。

（3）基于堆容器的余热排出系统。当熔盐堆采用一体化或池式结构时,燃料盐回路全部位于堆容器内,可通过冷却堆容器实现余热排出功能。此种设计下在堆容器外设置一个冷却装置,利用空气、水、盐等介质带走余热以冷却反应堆的容器壁面。

（4）基于燃料盐排放罐的非能动余热排出系统。由于熔盐堆采用熔融盐作为燃料及冷却剂,在事故工况下可将燃料从主回路排出,进入一个专门的燃料盐排放罐,并在罐中设置专门的余热排出系统。燃料盐排入熔盐储罐的管线中需设置阀门,在需要排盐的情况下打开阀门将燃料盐排出。排放罐内可设计插入冷却元件,利用工质的自然循环将燃料盐的衰变热带入最终热阱。

4）高温热管理

热管理是根据具体对象的要求,利用加热或冷却手段对目标温度或温差(热流大小)进行调节和控制的过程。熔盐反应堆是一个复杂的高温系统,熔盐堆高温热管理需要从单个设备与系统集成的角度出发,分析设备及系统的热量产生及转移特性,最后将各个系统集成为一个整体,考虑各个系统之间的热量传递关系,结合控制理论与系统管理的方法,控制和优化熔盐堆各设备及系统的热量传递,保证熔盐反应堆高效安全运行,减小系统结构尺寸与热量损耗,同时提高反应堆的经济性。

熔盐反应堆热量产生与转移主要有以下几条路径:首先,堆芯大部分核热通过回路系统转移至高温核能综合利用系统;其次,堆芯小部分核热会通过反应堆容器转移至堆舱,再由堆舱散热至厂房,并最终通过厂房散热系统转移至环境中;再次,回路熔盐在传递热量时部分热量通过回路管道及设备发散至厂房中,再由厂房排热系统转移至环境中;最后,部分热量还会通过专设散热系统直接排放至环境中。

熔盐堆高温热管理内容包括热管理对象的发热与传热特性研究、热管理系统的集成及热能的综合利用等。熔盐堆热管理所涉及的系统主要有堆舱系统、回路系统、设备房间及厂房系统等。

反应堆堆舱及内部设备是整个熔盐堆系统中最重要的热量产生与转移区域。反应堆堆舱分为上堆舱和下堆舱，其中下堆舱内包含反应堆容器等熔盐设备，反应堆运行时它处于高温状态；上堆舱内包含控制棒驱动装置等电动设备，需要在温度相对较低的环境下运行，反应堆运行时它处于低温状态。下堆舱保温隔热与冷却系统的主要功能是维持堆舱内设备处于高温状态，以保证反应堆安全运行，此外，根据系统散热需求，下堆舱可能还需具备一定的冷却能力。上堆舱隔热与冷却系统主要功能是减少下堆舱及舱内设备向上堆舱传热，同时具备一定的散热能力，可以快速转移上堆舱内来自下堆舱的热以及上堆舱内设备自身发的热，以维持堆舱内设备处于低温状态。

回路系统主要是通过其中的熔盐冷却剂循环将堆芯核热安全有效地转移至高温核能综合利用系统。熔盐堆回路系统中的冷却剂主要是高温熔盐，为保证冷却剂在回路中安全运转，在回路系统熔盐装载前，回路预热保温系统需要将熔盐设备（如管道、熔盐泵、熔盐阀、熔盐储罐等）加热至熔盐熔点以上的一定温度，并在高温状态下提供保温功能，以减少系统散热。同时对于回路上需要在低温状态下运行的熔盐非接触设备（如熔盐泵泵轴及驱动电机，熔盐阀驱动装置等），还要考虑有针对性地进行隔热并在必要时进行强化冷却散热。

在高温熔盐反应堆运行过程中，部分堆芯核热会通过屏蔽墙体发散至反应堆厂房内，同时厂房内设备自身也会产生热量，因此需要设计与反应堆各系统漏热相匹配的厂房冷却系统，以保证整个反应堆厂房系统温度维持在安全范围内。根据反应堆各系统在厂房内的布置情况，厂房不同房间漏热和发热量并不均匀，因此还需针对不同房间的热源强度和位置设计合理的散热方式，以达到使厂房冷却的目的。

2.3.3　安全特性

熔盐堆由于采用不同于传统轻水堆的燃料形式和堆芯冷却剂，因此表现出先进的、优异的安全性，在技术上可实现我国核安全监管对新堆的发展需求，即实际消除早期的大规模放射性释放。

1) 安全特征

与传统轻水堆及其他先进反应堆相比,熔盐堆具有以下安全特征。

(1) 反应堆堆芯和热传输系统(燃料盐回路及冷却盐回路)均运行于近常压条件。该特点可避免设备和管道高承压的设计,降低熔盐和堆芯覆盖气的泄漏风险。同时,近常压运行也可避免类似轻水堆的安全壳系统设计,提高熔盐堆安全运行性能。

(2) 无燃料熔毁风险。液态燃料熔盐堆在正常运行过程中,燃料以高温熔融的熔盐为载体,在堆芯中以液态形式存在。此外,液态燃料熔盐堆堆芯冷却剂也是燃料载体,发生堆芯冷却剂泄漏事故时,燃料会随之流出堆芯,自动停止链式裂变反应。对于固态燃料熔盐堆,燃料以 TRISO 颗粒形式分散在固体燃料元件中,在其结构失效前反应堆已依靠负反馈实现安全停堆。因此,熔盐堆不会产生类似轻水堆的堆芯熔毁严重事故。

(3) 可靠的安全停堆。熔盐和石墨具有较高的体热容和温度负反馈系数,因此,在反应性引入事故工况下,熔盐堆在无操纵员干预时亦可依靠负反馈实现安全停堆,并且可在达到温度安全限值前借助非能动余热排出系统排出堆芯余热。

(4) 技术上可实现紧急排盐停堆。液态燃料熔盐堆可在堆芯温度异常升高时,将燃料盐排入排盐罐以终止持续的裂变反应。进入排盐罐内的燃料无其他慢化剂,因此不会产生再临界的风险。

(5) 熔盐是绝大部分裂变产物释放的天然屏障。除气态裂变产物和部分易挥发裂变产物外,熔盐对裂变产物具有稳定的滞留作用。因此,发生燃料盐泄漏事故时,能避免绝大部分裂变产物向外环境释放。

(6) 技术上可实现实际消除放射性物质的大规模释放。由于熔盐的滞留作用,熔盐堆事故源项来源为气体裂变产物和易挥发放射性核素。熔盐堆可对堆芯放射性气体进行连续吹扫处理,并根据安全目标确定吹扫处理效率,因此可实现较小的事故源项。

(7) 可实现较低的剩余反应性。熔盐堆可实现连续加料,因此有效降低了燃耗对应的剩余反应性需求。此外,熔盐堆还可通过连续或批量燃料后处理,减少堆芯中子毒物积存量,进一步降低了对剩余反应性的需求。

(8) 熔盐具有稳定的化学性质和较高的沸点。由于化学性质稳定,熔盐发生泄漏后不易发生化学反应如燃烧等,可避免事故的升级。此外,熔盐堆选择的燃料载体盐沸点在 1 400 ℃ 以上,远超燃料盐正常运行温度(700 ℃ 左右),可避免沸腾引起的燃料盐回路超压及裂变产物随盐蒸气向环境释放。

(9) 堆芯无水冷却可减轻燃料盐泄漏的事故后果。无水冷却可避免泄漏的燃料盐与水接触而引起水蒸气携带燃料盐向周围扩散或向外环境释放。

2) 非能动安全和专设安全设施

非能动安全具有较高的安全可靠性,是各类先进反应堆安全设计中考虑的重要因素。熔盐堆由于采用新的设计理念,因此技术上可实现以下非能动安全系统设计。

(1) 非能动紧急排盐停堆和冷却。对于液态燃料熔盐堆,技术上可实现异常高温燃料盐自动融化冷冻阀的冻堵介质,并依靠重力落入排盐罐进行紧急停堆。排盐罐的冷却系统可依靠自然循环及时排出燃料盐余热。图 2-6 为熔盐堆典型的非能动紧急排盐停堆系统示意图。该系统可以作为备用停堆手段,降低未能紧急停堆的事故风险,保证控制反应性这一基本安全功能的实现,是熔盐堆专设安全设施之一。

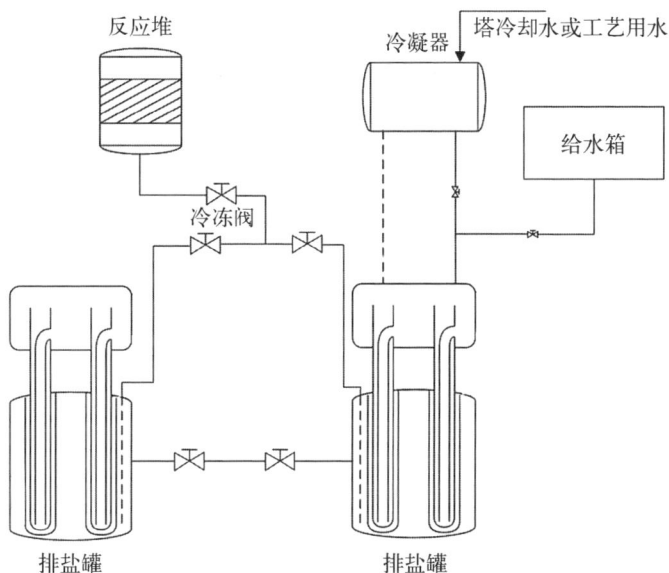

图 2-6 非能动紧急排盐停堆系统示意图

(2) 非能动堆芯余热排出。熔盐堆堆芯的熔盐和石墨具有较高的热容和热导率,因此可在堆舱设计非能动余热排出系统,通过工质自然循环对堆芯容器壁进行冷却,从而带走堆芯余热。该系统可以提供堆芯应急冷却功能,保证顺利导出余热这一基本安全功能的实现,是熔盐堆专设安全设施之一。

（3）安全容器。放射性气体泄漏是液态燃料熔盐堆的一类特殊事故,如堆芯覆盖气泄漏、堆芯覆盖气尾气处理系统泄漏等。为缓解事故后果,熔盐堆设置有安全容器,以实现对泄漏气体的包容,有效阻止其向环境的不可控释放,保护工作人员和公众健康。由于熔盐堆堆芯近常压运行,因此安全容器无高压失效风险,是事故条件下实现放射性物质包容的重要专设安全设施。图2-7为液态燃料熔盐堆安全容器示意图。

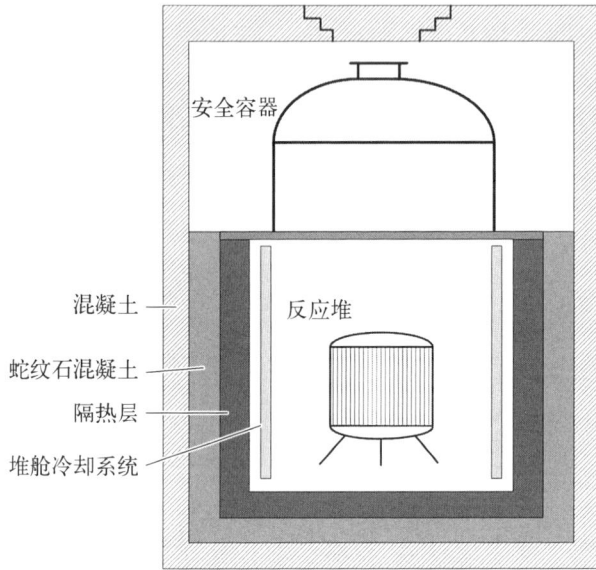

安全容器

混凝土

反应堆

蛇纹石混凝土

隔热层

堆舱冷却系统

图 2-7 熔盐堆安全容器示意图

3）纵深防御层次和重点

尽管具有优异的固有安全性和非能动安全性,熔盐堆仍实施5层防御策略以确保安全可靠运行。

（1）第一层防御:通过保守的设计和高质量建造及运维等,防止熔盐堆偏离正常运行及防止重要安全物项发生故障。

（2）第二层防御:通过设置特定系统和设施以及运行规程等,防止熔盐堆偏离正常运行状态,保证反应堆处于安全状态。

（3）第三/四层防御:通过固有安全性、专设安全设施、安全系统和规程,防止放射性物质不可控释放,保证反应堆处于安全状态。通过其他补充手段和事故管理等,减轻第三层次防御失效导致的事故后果严重程度,保证事故后果可接受。

（4）第五层防御：进行合理的应急响应，减轻由事故工况引起的潜在放射性释放造成的放射性后果。

2.4　液态燃料熔盐快堆

液态燃料熔盐快堆不含有慢化剂，即全堆芯为均一的液态燃料熔盐，基本没有结构材料。液态燃料熔盐快堆的研究可以追溯到 20 世纪 50 年代，美国橡树岭国家实验室设计的热功率为 700 MW 的氯盐快堆[21]，使用 $NaCl + MgCl_2 + (Pu,U)Cl_3$ 作为燃料盐，UO_2 和钠作为固态增殖层，在与熔盐接触的地方使用镍钼合金作为结构材料，与金属钠接触的地方则使用不锈钢作为结构材料。该设计方案得到的增殖比可达 1.09，验证了氯盐快堆增殖技术的理论可行性。虽然设计能达到较大的增殖比，但也存在较多问题：首先，为了减少 ^{35}Cl 的(n，γ)和(n，p)反应性，需要对 ^{37}Cl 进行分离提纯；其次，该方案的堆芯体积较大，堆内的燃料装载量过高；此外，熔盐堆材料腐蚀严重，工业环境严苛。20 世纪 60 年代，英国也曾有过电功率为 2 500 MW 的氯盐快堆的设计方案［英国原子能管理局（Atomic Energy Authority）1974 年的评估报告］[22]。该堆采用的燃料盐为 $NaCl - UCl_3 - PuCl_3$（摩尔百分数为 60%- 37%- 3%），增殖盐为 $NaCl - UCl_3$（摩尔百分数为 60%- 40%）。传统设计中燃料盐同时充当冷却剂，对设备要求很高，装料量也很大。因此他们提出了直接冷却/间接冷却两种方案（直接冷却即燃料盐在反应堆压力容器内循环，外部用铅冷却；间接冷却即热交换器放置于堆芯内，冷却剂考虑使用铅、氦气等）。1967 年，美国 ANL 设计了三种电功率为 1 000 MW 的氯盐快堆，展示了高增殖比、负温度反应系数和低燃料循环成本等特点[23-24]。但由于燃料装载量大，堆芯体积大，设计复杂、压力容器材料等问题而放弃。上述三种堆型设计分别为，① 均匀球形堆芯，直径为 2.67 m，堆芯外部冷却；② 非均匀堆芯，燃料管道直径为 0.5～0.75 in（1 in 约为 2.54 cm），堆芯内部钠冷，增殖材料可用金属或陶瓷材料；③ 非均匀堆芯，燃料管道直径为 0.5～0.75 in，堆芯内部钠冷，铀- 238 装在单独增殖芯块中，设计复杂。1977 年，瑞士也开展了氯盐堆的相关研究，设计目标是生产易裂变核和嬗变裂变产物[25-26]。瑞士针对这两个目标，对单区、双区、三区的熔盐堆几何结构进行了对比和分析，认为单区结构工艺简单，但增殖比较低，三区结构虽然增殖比高，但结构过于复杂，而双区结构可以达到较高的增殖比；可结合氯盐载体盐和快堆的优势，实现铀钚循环和钍铀循环的高增殖和高嬗变性能。通过实现铀钚循环的自持或增殖,可以达到有效利用铀资源的目的;通过实现钍铀循环的自持或增殖,可以充分利用钍资源;还可以通过氯盐快堆实现 TRU 核废料的嬗变,通过焚烧核废料减少其储量。

此外,苏联也在 20 世纪 70 年代开启了熔盐堆的研发工作,主要从理论与实验两方面对熔盐堆结构材料的抗腐蚀性和抗辐照性能等进行研究,获得较多的技术积累。研发工作在 20 世纪 80 年代曾陷入停滞,此后,俄罗斯库尔恰托夫研究所在原有的研究基础上,提出利用熔盐堆嬗变超铀核素以解决压水堆的乏燃料处理问题,并完成了 MOSART(molten salt actinide recycler & transmuter)熔盐堆的设计[27]。为嬗变超铀核素,堆芯移除了石墨等慢化剂,设计热功率为 2 400 MW,其堆芯结构如图 1 - 13 所示,堆芯载体盐是 NaF - LiF - BeF$_2$(摩尔百分数为 58%- 15%- 27%),并加入摩尔百分数为 1.05% 的 TRUF$_3$+LnF$_3$ 作为启堆燃料,其裂变产物的去除周期为 300 天,运行 100 年嬗变率约为 83%。

20 世纪末期法国科学中心在分析了 MSBR 的设计之后,发现堆芯存在一些不足,如反馈系数为正、石墨需要频繁更换等,因此,其提出了无石墨慢化的快中子熔盐堆的概念(TMSR - NM)[28-29],该设计去除了堆芯的石墨组件,解决了熔盐增殖堆 MSBR 中存在的问题。2009 年,法国科学中心基于 TMSR - NM 的研究结果,正式提出了 MSFR(molten salt fast reactor)的设计[30],其结构如图 2 - 8 所示,堆芯采用 LiF -(HM)F$_4$(摩尔百分数为 77.5%- 22.5%)作

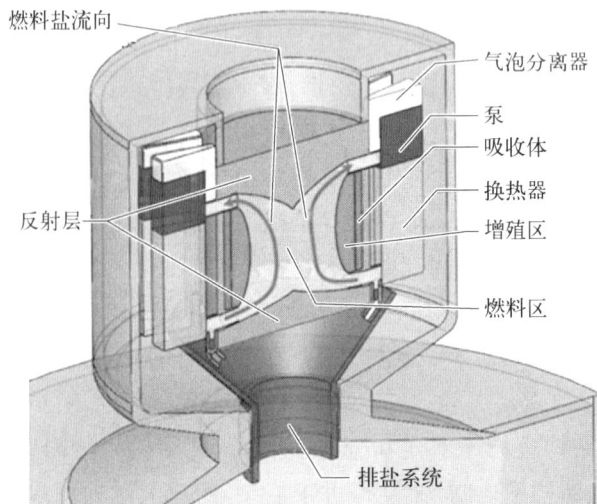

图 2 - 8　MSFR 概念设计图

为燃料盐,给出了两种设计。其中,3 000 MW 热功率设计的燃料盐总体积为 18 m³,堆芯体积为 9 m³,为增加堆芯的增殖比,在堆外设计了钍基增殖层。基于该模型展开了燃料循环、热工水力、瞬态分析等方面的研究[31-35]。

熔盐快堆根据载体盐的不同,主要分为氟盐快堆和氯盐快堆。从中子物理角度出发,由于氯的吸收截面比氟大 2 个数量级左右(见图 2 - 9),热谱下氯

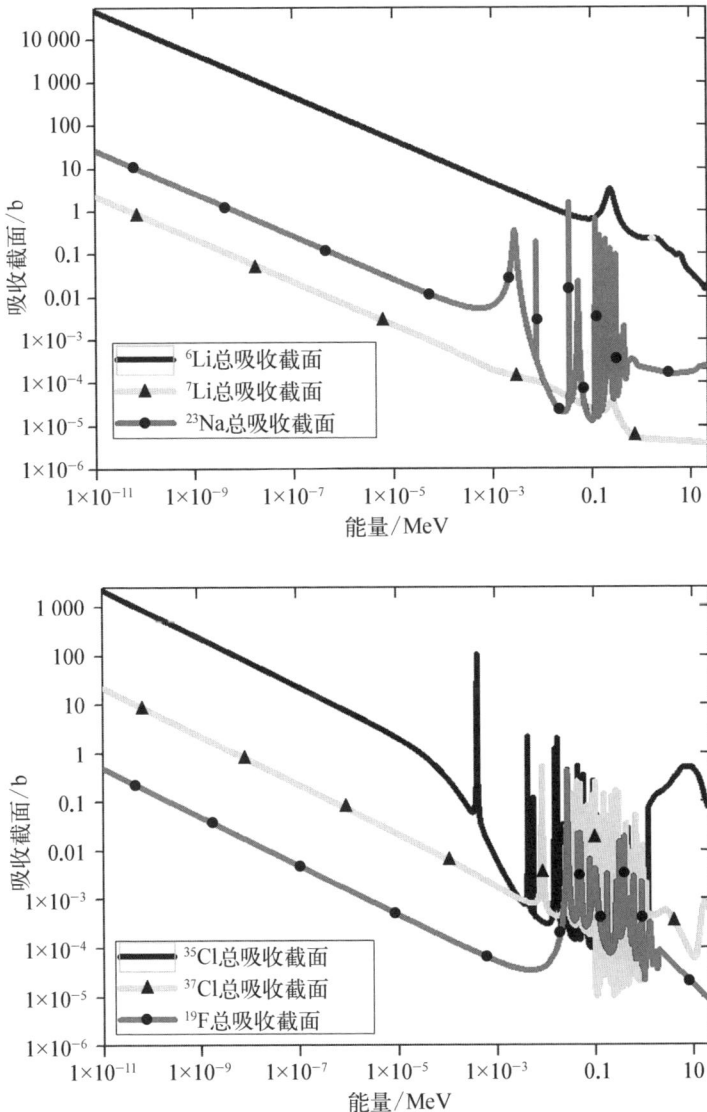

图 2 - 9　典型氯盐氟盐的吸收截面

盐($Na^{37}Cl$)的吸收截面比氟盐(^7LiF)的大1个数量级。因此,氯盐更适合用于快堆。宏观散射截面反映慢化能力,^7LiF的中子慢化能力更强,适合热堆,$Na^{37}Cl$适合快堆。在氟盐、氯盐中,有两条核素反应链需要着重关注。氟盐都含有锂,锂-6会产氚,氚的放射性及会导致结构材料脆化的问题,带来了控氚难题。由于氯盐中会产生硫[路径(a)氯-35→硫-35;路径(b)氯-35→磷-32→硫-32→硫-33],硫对结构材料的腐蚀会带来硫脆问题,故需控制其含量。另外,熔盐中重金属的溶解度越大,则增殖能力越强,功率密度越大。调研显示,在$LiF-BeF_2$中钍溶解度约为10%,铀、钚的溶解度较小;LiF中钍溶解度约为20%,钚的溶解度可达20%,铀的溶解度较小;$LiF-NaF-KF$中钚溶解度可达到30%,钍的溶解度可达到40%,铀的溶解度可达到45%。氯盐中铀和钚的溶解度都较高,铀的溶解度更高,甚至可达65%。

下面同样将从中子物理特性、热工水力和安全三方面来描述液态燃料熔盐快堆的特性。

2.4.1　中子物理特性

液态燃料熔盐快堆的设计目的主要是核燃料的增殖和超铀核素的焚烧。在快中子谱下,核燃料的一次裂变中子数增加,增殖燃料也具备一定的裂变概率,同时结构材料的中子吸收减少,这使得用于增殖的中子数增多,转换比增大。下面将主要以 MOSART 和 MSFR 为例来介绍液态燃料熔盐快堆的中子物理特性,表2-1所示为上述两个反应堆的关键设计参数对比。

表 2-1　MOSART 和 MSFR 关键设计参数对比

比 较 项 目	MOSART		MSFR	
用途	动力/嬗变		增殖	
中子谱	快谱		快谱	
回路数	1	2	2	2
热功率/MW	2 400	3 000	3 000	2 400
温度/℃	600/720	600/750	600/750	600/720
燃料盐及摩尔含量/%	$72LiF-27BeF_2-1TRUF_3$	$77.5LiF-20ThF_4-2.5UF_4$	$77.5LiF-20ThF_4-2.5UF_4$	$72LiF-27BeF_2-1TRUF_3$

（续表）

比 较 项 目	MOSART		MSFR	
增殖盐及 摩尔含量/%	—	78LiF- 22ThF$_4$	78LiF- 22ThF$_4$	75LiF- 5BeF$_2$- 20ThF$_4$
燃料循环	（动力堆）	U-Th	U-Th	TRU-Th-U
裂变产物移除时间 /等效满功率天	300	418	418	300

　　熔盐快堆的堆芯活性区的中子泄漏比热堆要显著得多。在熔盐快堆中,由于燃料盐的散射截面较小,因此需要较大的堆芯尺寸来减少堆芯泄漏。此外为降低中子泄漏,熔盐快堆也可以考虑进行分区设计,即内部为焚烧区,外部为增殖区,增殖区主要用于吸收泄漏的中子,增殖核燃料。强中子泄漏也会导致堆芯中子能谱受反射层的影响,在一些含石墨反射层的堆芯设计中,通常靠近反射层附近的中子能谱更软,裂变功率密度更高。图2-10 所示为 MOSART 的中子能谱,主要由快谱构成,这是嬗变反应堆的重要特点之一。

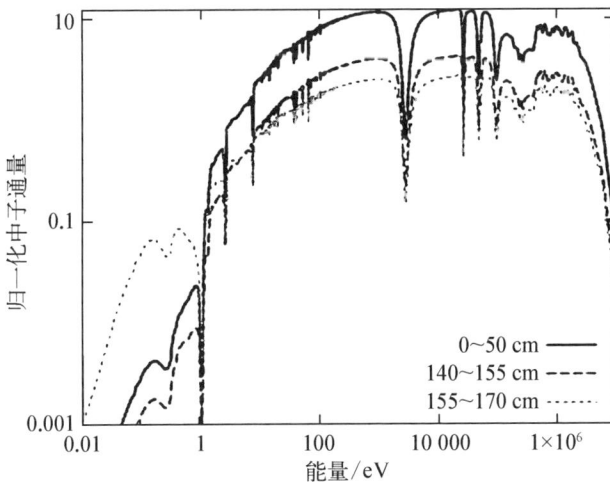

图 2-10　MOSART 中子能谱

　　熔盐快堆中的温度反应性系数主要与燃料盐的多普勒效应和密度有关,通常也为负值。MSFR 的温度反应性系数约为 -7×10^{-5}/K,即温度升高

1 K,反应性下降 7 pcm,而 MOSART 的温度反应性系数约为 -5×10^{-5}/K。除此之外,对于高泄漏的快中子堆,中子泄漏对温度反应性系数也有较大影响,需着重考虑。

与熔盐热堆一样,熔盐快堆也存在缓发中子流动效应。MOSART 和 MSFR 缓发中子先驱核中主要的核素有铈-241、钚-239、镅-245 和镅-247。流动效应导致的有效缓发中子份额减小,与燃料盐的流速有关,流速越大,损失越多。相较于熔盐热堆 MSRE 在熔盐泵额定工况下有效缓发中子份额约下降 1/3,熔盐快堆 MOSART 和 MSFR 在额定流量下有效缓发中子份额约下降 1/2。

熔盐快堆目前仍处于概念设计阶段,未有工程建设,其反应性控制设计较少,很少考虑在堆芯布置控制棒。通常可能考虑依赖于快中子谱的泄漏效应,在反射层或容器外设置可移动控制体,以实现反应性控制。

熔盐快堆的燃料增殖性能及焚烧性能毋庸多言,在燃料循环方面可以采用在线加料,甚至可以不考虑后处理,即可实现超高的增殖性能。但熔盐快堆由于堆芯全部填充了燃料盐,且熔盐中易裂变核素装载比例较高,因此通常所需的启动燃料比熔盐热堆约高 2 个数量级,这使得其燃料循环的启动燃料及循环周期将十分漫长,通常以百年计。相比熔盐热堆,熔盐快堆需要设计更高的功率和换热密度,这使得其通常都是吉瓦级功率规模的设计,不是很适合设计成小型模块化。

2.4.2 热工流体力学特性

热功率为 3 000 MW 的 MSFR 设计有 3 个不同的循环回路:燃料盐回路、中间回路和功率转换系统(见图 2-11)。燃料盐回路的主要组成部分包括作为燃料和冷却剂的燃料盐、堆芯空腔、进口管、出口管、气体喷射系统、熔盐气泡分离器、热交换器和熔盐泵。

整个燃料回路置于一个可作为第二道屏障的反应堆容器中,燃料回路中燃料盐的总体积约为 18 m³。堆芯主要由 3 个重要部分组成:顶部和底部中子反射层、作为径向增殖层的径向反射层以及由它们围成的堆芯空腔。堆芯空腔内活性区燃料盐用于裂变反应产热,燃料盐流经堆芯后温度上升,入口与出口之间的温差为 100 ℃。堆芯外部共有 16 个燃料盐通道,每个通道配备一个泵和一个换热器。在一回路燃料盐泵的驱动下,燃料盐从堆芯上部出口流出,燃料盐离开堆芯后,被送入堆芯外围的 16 组泵和热交换器,经过换热器冷却

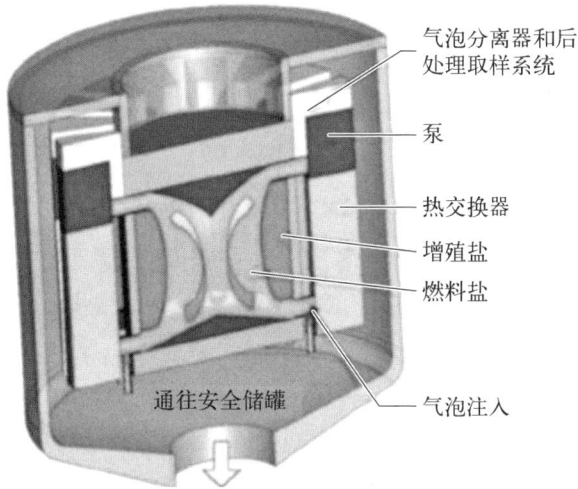

图 2-11　熔盐快堆 MSFR 堆芯及一回路示意图

后再从下部入口流入堆芯。堆芯热工水力学设计主要包括：① 最大化堆芯腔室
内的整体流动交混效应；② 最小化堆芯熔盐和堆芯外壁的温度峰值因子。

　　堆芯顶部和底部的厚反射层由镍基合金制成，可以吸收 99% 以上的泄漏
中子，径向布置增殖盐用于增殖或嬗变，外层径向布置 B_4C 吸收层，用于中子
的屏蔽。堆芯燃料盐的成分为 LiF - ThF_4 - UF_4，增殖盐的成分为 LiF -
ThF_4，两种盐所用的 LiF 中锂 - 7 的原子百分数为 99.995%。反射层与增殖
盐储盐罐的结构材料是镍基合金。表 2-2 给出了 3 000 MW 熔盐快堆 MSFR
的主要热工水力设计参数。

表 2-2　3 000 MW 熔盐快堆 MSFR 的主要热工水力设计参数

参　　数	设　计　值
热功率/MW	3 000
堆芯入口温度/℃	650
堆芯出口温度/K	750
堆芯尺寸	直径：2.26 m，高度：2.26 m
燃料盐熔点/℃	565

(续表)

参　　数	设　计　值
燃料盐流量/(m³/s)	4.5
总燃料循环时间/s	3.9

　　MSFR 设计为一种无控制棒和安全棒的反应堆,无须在安全壳上开孔安装棒束,降低了安全壳破损概率。MSFR 堆芯反应性主要通过多普勒效应和燃料盐密度的负反馈效应进行控制。在正常和事故工况下,反应性都能得到很好的控制。在 MSFR 运行过程中产生的不溶性裂变产物可通过氦气冒泡法将其吹出,然后由气体分离装置连接的气体后处理系统进行处理。在极端事故工况下,燃料盐可利用重力通过熔盐排出系统非能动地排出到储存罐中,在储存罐中,反应性将会降低到次临界状态,并可以通过被动冷却方式排出衰变余热。

2.4.3　安全特性

　　瞬态研究显示,MOSART 采用固有稳定反应堆设计,由于其足够负的燃料温度反应性系数和负的石墨反射层温度反应性系数,在诸如失流、失热阱、过冷、无保护超功率瞬态工况下,MOSART 的机械和结构完整性预期不会受到威胁。作为液态燃料熔盐堆的一种,熔盐快堆具有与熔盐堆相同的安全特性(详见 2.3.3 节)。

2.5　固态燃料熔盐堆

　　2001—2003 年,美国橡树岭国家实验室(ORNL)、桑地亚国家实验室(SNL)和加利福尼亚大学伯克利分校(UCB)共同发展了固态燃料熔盐堆的概念,其核心主要有两点:① 使用氟盐进行冷却(熔盐堆);② 使用包覆颗粒燃料(高温气冷堆、超高温堆)。另外,在这两个核心特点的基础上又继承和发展了一系列新概念,如:③ 非能动冷却安全系统(液态金属冷却反应堆);④ 超临界水能量循环系统(先进火电厂、超临界水堆);⑤ 常规岛部分设计(第二代轻水反应堆)。由于继承了众多优点和技术基础,评估认为固态燃料熔盐堆具有良好的经济性、安全性、可持续性和防核扩散性,在当前技术基础条件下具有极高的商业化可行性。

2004 年,ORNL、SNL 和 UCB 给出了棱柱形先进高温堆(Prism – AHTR –2004)的具体概念设计报告[36],其内容包括,① 核电厂设计:燃料特性,堆芯设计,热隔离系统,反应堆容器,主回路冷却盐,非能动余热排出系统,功率转换系统,热工系统,采用的堆容器和保护容器,衰变热排出系统以及中间热转移系统等;② 设计分析:堆芯物理分析,热工水力分析,余热排出分析,功率转换热力学分析;③ 熔盐冷却剂:熔盐组分,与材料的兼容性,热力学性质等;④ 结构材料:石墨和碳-碳复合材料,反应堆容器材料,SiC 等复合材料等;⑤ 安全分析:堆芯的热惯量分析,RVACS/DRACS 余热排出系统,超设计基准事故,中间热传输回路;⑥ 电力和制氢系统;⑦ 经济性;⑧ 技术发展需求。Prism – AHTR – 2004 堆芯采用环形燃料布局,中间有一根作为中子反射层的石墨柱,设计的堆芯外部直径为 7.8 m,高为 7.9 m,棱柱形石墨组件直径为0.36 m,高度为 0.79 m;设计的热功率为 2 400 MW,电功率为 1 300 MW,功率密度为 8.3 W/cm^3,进出口温度分别为 900 ℃和 1 000 ℃,使用 10.36% 富集度的 UCO 燃料,主回路冷却剂熔盐为 Li$_2$BeF$_4$(NaF – ZrF$_4$ 候选),采用反应堆容器辅助冷却系统(非能动冷却设计)。

2005 年,ORNL、SNL 和 UCB 对 2004 年棱柱形- AHTR 堆芯设计方案进行了改进,形成了 LS – VHTR(liquid-salt-cooled very high-temperaturereactor)[37]。用圆柱形燃料组件取代原来的环形燃料组件,去掉了堆芯中央作为中子反射层的石墨柱。此改进主要基于消除堆芯石墨柱表面的功率峰(在超高温气冷堆设计中石墨柱用于在失去强迫循环的情况下提高热传输能力)的考虑。LS – VHTR 设计的热功率为 2 400 MW,电功率为 1 300 MW,功率密度为 10.0 W/cm^3,进出口温度分别为 850 ℃和 1 000 ℃,使用富集度小于20% 的 UCO 燃料,燃料颗粒直径为 835 μm,核心燃料部分直径为 425 μm,主回路冷却剂熔盐为 Li$_2$BeF$_4$,采用反应堆容器辅助冷却系统(非能动冷却设计)。此设计正式作为熔盐冷却的超高温气冷堆的基准设计,确定 FLiBe 盐为主回路冷却剂的基准熔盐。在这次设计中,爱达荷国家实验室(INL)和阿贡国家实验室(ANL)也加入了 AHTR 的研究团队。

2006 年,威斯康星大学和法国阿海珐核电公司也加入了 AHTR 的研究团队。这一年该团队对 AHTR 的设计方案进行了重大改进,对 AHTR 的设计理念也进行了更新,另外对众多子系统进行了详细的设计和分析[38]。在设计方案和设计理念方面的发展与改进包括:① 给出了球床- AHTR 和棒形-AHTR 的初步概念;② 对衰变热排出系统设计进行了改进,用"池式辅助冷却系统＋直接辅助冷却系统"取代先前的"堆容器辅助冷却系统"。另外,他们对于众多子系统的设计和分析包括:① 盐的选择;② 衰变热研究;③ 堆芯设计研究;④ 各种堆型的换料方案;⑤ 监测系统与仪器仪表;⑥ 乏燃料特性与储存;⑦ 安全与许可分析。

2006—2008 年,该团队(主要是 UCB)对球床先进高温堆(PB - AHTR)进行了详细的设计[39],将其分为一体化设计和模块化设计两种,在这两种设计中均使用含有包覆燃料颗粒的石墨球作为燃料形式。一体化球床先进高温堆的堆物理参数如下:热功率为 2 400 MW,功率密度为 10.2 MW/m³;反应堆半径为 8.0 m,高度为 17 m;燃料为 UO_2、UC 或者 $UC_{0.5}O_{1.5}$,使用 6 cm 的燃料球;冷却剂为 $2LiF - BeF_2$。模块化球床先进高温堆堆物理参数如下:热功率为 900 MW,功率密度为 30 MW/m³;堆芯容器直径为 6 m、高度为 11 m;包含 7 个模块化燃料球通道组件,每个组件包括 18～19 个圆柱形燃料球通道,组件对边距离为 125 cm,高度为 860 cm;燃料为 $UC_{0.5}O_{1.5}$,富集度为 19.9%,燃料球直径为 3 cm,数目约为 630 000 个;冷却剂为 $2LiF - BeF_2$。

2009 年,该团队进行了两种堆芯为环形的氟盐冷却高温反应堆(FHR)的设计[40]。① 900 MW 的氟盐冷却高温反应堆,主要的物理参数如下:热功率为 900 MW,功率密度为 20～30 MW/m³;堆芯为圆柱体空间,半径为 240 cm,高度为 300 cm;圆柱体上部和下部均接圆锥体空间,上部角度为 45°,下部角度为 30°,进出口宽度分别为 70 cm 和 30 cm;中心位置放石墨柱,半径为 90 cm。燃料为 $UC_{0.5}O_{1.5}$,使用直径为 3 cm 的燃料球;另外还包括可增殖的钍球,数目约为 3 000 000 个;冷却剂为 $2LiF - BeF_2$;环形球床先进高温堆(Ⅰ)中冷却剂的流动可设计为横向流动。② 16 MW 的氟盐冷却高温反应堆,主要的物理参数如下:热功率为 16 MW,电功率为 7.3 MW,功率密度约为 20 MW/m³;堆芯为近圆柱体空间,活性区高度为 100 cm,容器直径为 135 cm;燃料为 $UC_{0.5}O_{1.5}$,富集度不超过 20%,使用直径为 3 cm 的燃料球,共有 42 000 个铀球,55 000 个钍球。

2010—2011 年,ORNL 进行了板型氟盐冷却高温反应堆的设计工作[41-42],包括一种热功率为 3 400 MW 的氟盐冷却高温反应堆和一种热功率为 125 MW 的氟盐冷却高温反应堆,主要的考虑是采用板型燃料元件,充分利用熔盐优异的传热性质,提高堆芯比功率。3 400 MW 板型氟盐冷却高温反应堆的物理参数如下:热功率为 3 400 MW,电功率为 1 530 MW,效率为 45%;容器直径为 10.48 m,高度为 17.7 m,包括 252 个燃料组件;燃料组成(摩尔百分数)为 12.3% UC、16.3% $UC_{1.86}$ 和 71.4% UO_2;燃料富集度为 19.75%或者 9%;冷却剂为 $2LiF - BeF_2$。

2011 年,美国能源部开始启动 AHTR 前期研究计划,MIT、UCB、Wisconsin 参加,ORNL、INL、Westwood 合作参与。2012 年,IRP 组织了 4 次研讨会[43-46],讨论氟盐冷却高温反应堆的发展战略,拟定氟盐冷却高温反应堆的关键问题和解决的技术路线,并且进行各种功率反应堆的概念设计。其四次研讨会的主要内容分别如下:① 第一次研讨会,定义 FHR 的各系统及子系统、功能需求、许可基准事件;② 第二次研讨会,讨论 FHR 中的关键问题,解决各种问题的方法和软件需求,包括中子物理、热工水力、结构力学以及三者之间的耦合;③ 第三次研讨会,讨论 FHR 相关的材料问题以及相关的物理现象和解决方法;④ 第四次研讨会,讨论 FHR 的发展路线以及试验堆的目标和需求。TMSR 专项参与了后两次研讨会,其正在进行的规则球床型 2 MW 固态燃料钍基熔盐堆设计在第四次研讨会中获得了国际同行的一致好评。

2012 年 4 月,中国科学院 TMSR 专项开始正式进行 2 MW 固态燃料钍基熔盐实验堆(流动球床)的设计,在 2012 年 7 月完成了第一版的 2 MW 固态燃料钍基熔盐实验堆设计并召开了国际评审会。随后经过深化设计并于 2015 年完成 10 MW 固态燃料钍基熔盐实验堆的施工图设计。

2014 年在 IRP 项目支持下,UCB 基于之前的球床氟盐冷却高温堆设计,提出了 MK1 PB - FHR(mark 1 pebble-bed fluoride-salt-cooled high-temperature reactor)概念设计。

如上所述,固态燃料钍基熔盐堆具有 5 个方面的特点:熔盐冷却,包覆颗粒燃料,非能动冷却安全系统,超临界水能量循环系统,常规岛设计。AHTR 具有良好的经济性、安全性、可持续发展性和防核扩散性,在当前技术基础条件下具有极高的商业化可行性,以及灵活多用性,具体如下。

(1) 经济性:熔盐具有较高的沸点($2LiF - BeF_2$ 为 1 430 ℃),反应堆进出口可以在较高温度(700~1 000 ℃)工作,因此比起轻水反应堆具有更高的热电效率,轻水反应堆的热电效率一般为 33%,熔盐堆的热电效率根据工作温度不同可以达到 44%~50%。熔盐的热容和传热效率较高,因此可以设计功率密度高的大功率反应堆,以降低成本。TRISO 燃料颗粒的抗辐照性能好,因此对于重金属燃料可以达到较深的燃耗(如其在当前高温气冷堆中约为 100 GW · d/t),提高了经济性。

（2）安全性：由于设有热容能力和散热能力较强的非能动安全冷却系统，因此即使在事故情况下，衰变热也能够有效地排出。熔盐工作温度离沸点很远，还可以提供很大的热容量，这使得在事故工况下，整个体系能够获得较长的人工干预时间。TRISO 燃料颗粒的失效温度约为 1 600 ℃，远高于现有反应堆的其他燃料，因此其由于温度上升而导致的堆芯熔化事故概率大大降低。固态燃料熔盐堆可以设计为负反馈反应堆，在正常运行情况下保持堆芯稳定性，在事故情况下使得堆芯能够达到安全状态。

（3）商业化可行性：固态燃料熔盐堆概念集成了现有反应堆众多成熟技术，如果能够解决熔盐的传热问题以及相应高温材料的熔盐兼容性问题，则其商业应用前景非常广阔。

（4）多用途与灵活性：小型模块化反应堆、混合能源均为未来的核能发展方向。熔盐堆既是小型模块化反应堆较为理想的堆型，又是高温堆，适于制氢等混合能源的应用。

关于固态燃料钍基熔盐堆，作为新堆型，在研究和发展工作方面还有许多需要钻研的技术以及需要解决的技术难点。

（1）熔盐堆使用熔盐作为冷却剂，尚无成熟的反应堆设计理论、安全分析方法以及安全评估规范可供借鉴。

（2）合金材料的耐高温、耐腐蚀和耐辐照问题：Hastelloy‐N 合金在 MSRE 中使用过，但要将其应用于商业化的熔盐堆，还需要进行验证。

（3）燃料、石墨与熔盐的兼容问题：从化学特性上看，石墨、TRISO 燃料颗粒与熔盐是兼容的；但从物理的渗透效应上看，还需要进行一系列实验确认各种效应，以及研发适用于熔盐堆的石墨材料和燃料。

（4）锂‐7 的获得与提纯技术：熔盐堆需要较高纯度的锂‐7(99.995% 的富集度)，获得如此高纯度的锂‐7 成本高昂。

（5）核数据不完善：相对铀钚燃料循环而言，目前关于钍铀燃料循环的核数据还不完善，需要开展大量钍铀燃料循环基础研究。FLiBe 盐作为冷却剂，也需要对其核数据开展更为广泛和详细的研究。

下面以 MK1 PB‐FHR 为例对 FHR 进行固态堆设计特点的总体介绍[10]，MK1 是一种小型模块化的 FHR(见图 2‐12)，与以前的 FHR 设计相比，MK1 PB‐FHR 使用了基于改进型通用电气(GE)7FB 燃气轮机的空气布雷顿联合循环发电系统(NACC)。这种系统在核能供热的情况下，可产生电功率为 100 MW 的基本负荷电力；在注入天然气的情况下，电力输出可提高到

242 MW。MK1 PB-FHR 通过提供灵活的电网支持,可解决日益增长的对可调度峰值电力的需求。其设计参数见表 2-3。

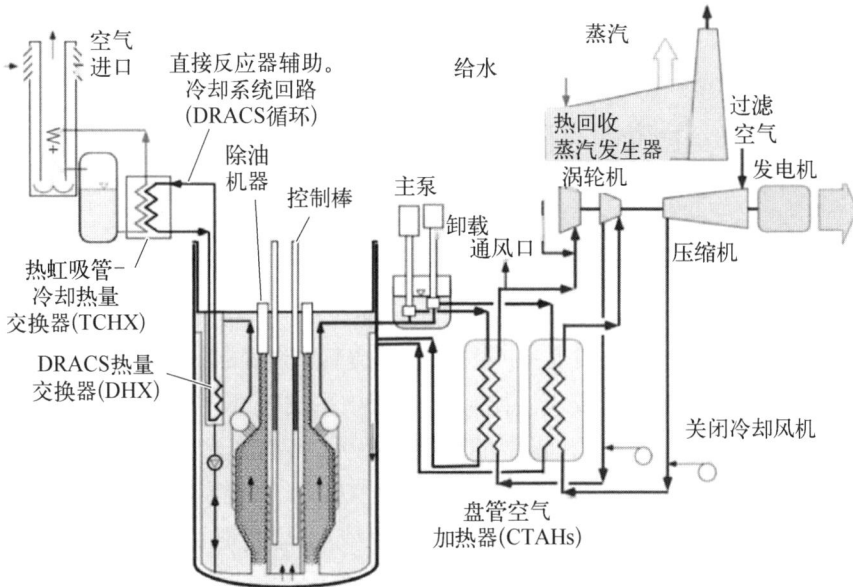

图 2-12　MK1 PB-FHR 设计示意图

表 2-3　MK1 PB-FHR 设计参数

设　计　参　数	参　数　值
(热/电功率)/MW	236/100
堆芯进/出口温度/℃	600/700
燃料类型	燃料球
燃料球个数	470 000
燃料富集度/%(质量分数)	19.9
燃料燃耗(重金属)/(MW·d/kg)	180
主要反应性控制机制	负温度系数;控制棒插入
安全系统	非能动

（续表）

设 计 参 数	参 数 值
设计寿命/a	60
压力容器高度/m	12
压力容器直径/m	3.5
设计特点	燃料和冷却剂损毁热裕量大;高温运行; NACC;非能动安全

MK1 PB-FHR 去除了中间冷却剂回路,对热电转换系统介质直接加热。作为第四代反应堆,MK1 PB-FHR 被设计成具有燃料、慢化剂和冷却剂温度负反馈的反应堆,利于其反应性控制,具有固有的安全性。MK1 PB-FHR 可利用上浮的控制棒系统进行正常的反应性控制,当控制棒通道内的冷却剂温度超过 615 ℃时,控制棒插入,实现被动停堆功能。当控制棒驱动机构和停堆片电缆电力中断时,控制棒也会插入,关停反应堆,也实现了一种被动的安全。

MK1 PB-FHR 同样可以由多模块组合,匹配大规模的电力需求。参考核电厂配置 12 个 MK1 PB-FHR 模块,在基本负荷下产生的电功率为 1 200 MW,天然气共燃下可提供约 2 900 MW 的峰值电力。MK1 PB-FHR 电厂利用西屋公司为 AP1000 开发的模块化建造技术,在其同一工厂或相似工厂完成部件的制造。MK1 PB-FHR 的所有部件,包括反应堆容器、燃气轮机及建筑模块,都可以通过铁路运输,实现模块化建造。MK1 PB-FHR 的 10 个主要结构模块如图 2-13 所示。在施工现场进行模块安装和厂房土建的同时,可进行子模块的工厂制造和交付。MK1 PB-FHR 使用升降塔安装反应堆模块,与传统重型起重机相比,升降塔占地空间小,可快速进行组装和拆卸,大风时不易发生故障。

MK1 PB-FHR 的燃料元件由

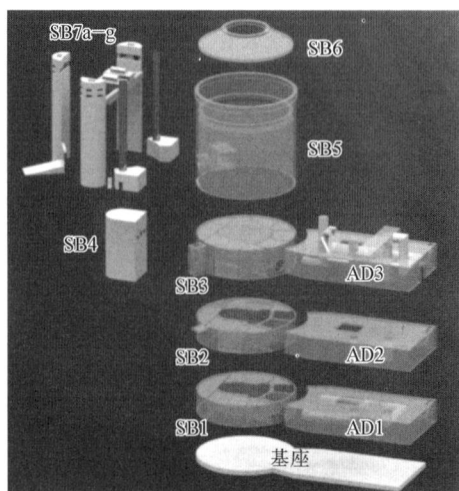

图 2-13 MK1 PB-FHR 的 10 个主要结构模块

石墨球壳、包覆颗粒弥散层、中心低密度石墨球心组成(见图 2 - 14)。包覆颗粒弥散层采用环形设计可通过调整球状颗粒中心石墨芯的密度来控制液态盐冷却剂中球状颗粒的浮力。该设计具有一个 1.5 mm 厚的环形层,其中平均包含 4 370 个 TRISO 包覆颗粒。这一环形层围绕着一个半径为 12.5 mm 的惰性石墨内核。整个燃料球被一个 1.0 mm 厚的高密度石墨保护层包裹。TRISO 颗粒的详细设计信息总结在表 2 - 4 中,其中的参数是基于一个 290 MW(热功率)堆芯设计的估算,并按比例缩放至一个 236 MW(热功率)堆芯。

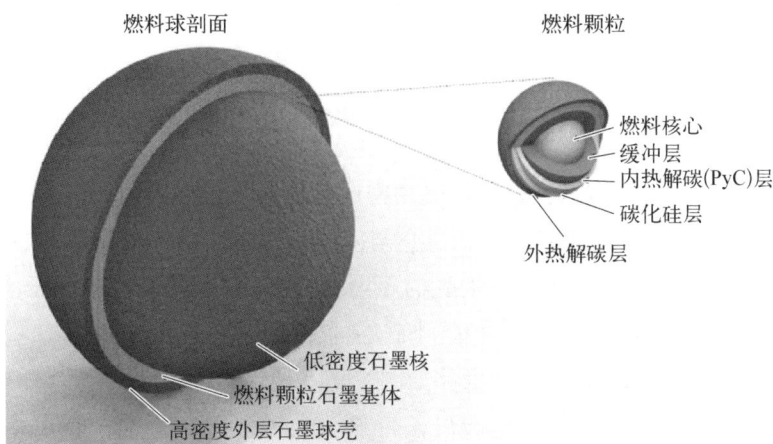

图 2 - 14 MK1 PB - FHR 燃料组件及包覆颗粒结构

表 2 - 4 燃料颗粒设计参数

设 计 参 数	参 数 值
燃料芯直径/μm	400
燃料芯密度/(kg/m^3)	10 500
燃料芯成分	$UC_{1.5}O_{0.5}$
缓冲层厚度/μm	100
PyC 内层厚度/μm	35
SiC 层厚度/μm	35
PyC 外层厚度/μm	35

包覆颗粒中各包覆层的作用及功能如下。

第一层为疏松热解碳层,也称低密度多孔热解碳或缓冲层。它能为燃料核芯释放的裂变气体和核芯肿胀提供容纳空间,并能阻止高能裂变碎片对其他包覆层的辐照损伤。

第二层为内致密热解碳层,是高密度各向同性热解碳层。该层具有气密性,能够起到对气体和金属裂变产物的阻挡作用。此外它也为 SiC 层提供了光滑的沉积面,并能有效阻止在高温裂解制备 SiC 层的过程中所产生的氯化氢对燃料核芯的腐蚀。在中子辐照环境下,内致密热解碳的收缩能够降低气体内压对 SiC 层的应力作用。

第三层为接近理论密度的碳化硅层,它是包覆颗粒主要的承压层和金属裂变产物的扩散壁垒。

第四层为外致密热解碳层,也是高密度各向同性热解碳,它是裂变气体和金属裂变产物的又一扩散壁垒,而且它与内致密热解碳层一样,辐照收缩产生的应力也可以缓解碳化硅层所承受的压力。同时,它在颗粒制备和压制燃料球或密实体的过程中还起到保护碳化硅层的作用。

MK1 PB-FHR 堆本体及回路如图 2-15 所示,图中展示了完整的由 12 个机组模块构成的发电厂场地布局。为了创建一个紧凑的场地布局,并与保

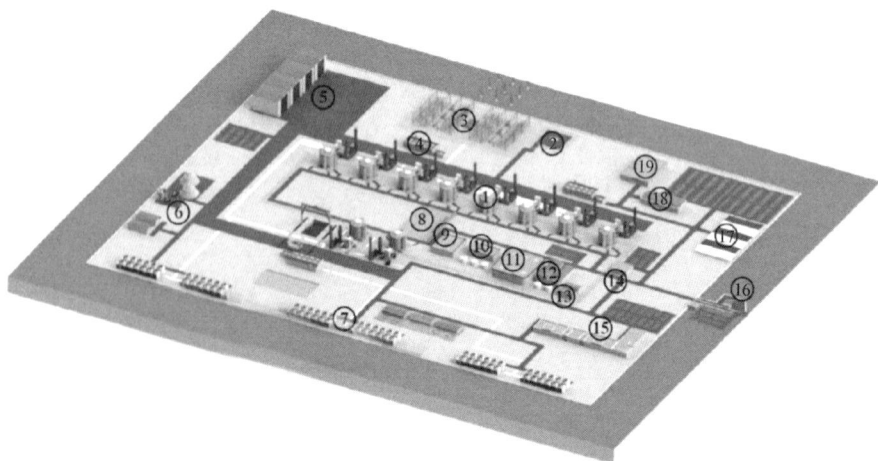

① MK1 反应堆单元;② 天然气隔离装置;③ 变电站;④ 蒸汽轮机厂房;⑤ 模块组装区;⑥ 混凝土搅拌站;⑦ 冷却塔;⑧ 干式桶装储存;⑨ 放废处置大楼;⑩ 控制室大楼;⑪ 燃料处理大楼;⑫ 备用发电楼;⑬ 加工车间;⑭ 保护区入口;⑮ 主行政办公楼;⑯ 访客停车场;⑰ 仓库;⑱ 培训中心;⑲ 停运维护大楼

图 2-15 各单元的 PB-FHR 电厂的参考站点布局

护区形成清晰的隔离边界,余热锅炉(HRSG)和厂用电设备(BOP)被设置为与燃气轮机(GT)成 90°角。图中还展示了乏燃料储存池以及运行和辅助建筑。升降塔用于机组的模块化顺序或并行建设,这样可以在机组上线时实现错峰运行,并提前获得收益,图 2 - 16 为 MK1 PB - FHR 模块化建造示意图,展示了建造 MK1 PB - FHR 型机组的施工顺序。MK1 PB - FHR 反应堆厂房和风道地道的开挖形状为矩形[见图 2 - 16(a)],一侧设有运输坡道,以便于移除开挖的土壤和岩石。基座垫板[见图 2 - 16(b)]厚为 1.2 m,由一个圆形区域和一个位于风道地道下方的相邻矩形扩展区域组成。基座垫板浇筑在常规防水膜之上,建筑物的地下室外表面也采用常规防水系统。设计采用三个地下安全壳(SC)结构模块来形成风道地道,三个 SC 结构模块用于屏蔽厂房的地下部分以及一个反应堆腔模块[见图 2 - 16(c)]。在安装地上模块和设备之前,先对开挖部分进行回填[见图 2 - 16(d)]。反应堆压力容器和冷却剂传输组件(CTAH)是在最后一个地下屏蔽厂房模块安装之前采用开口顶盖法安装的,设备舱口直径足够大(5 m),这些容器在必要时可以移除和更换。

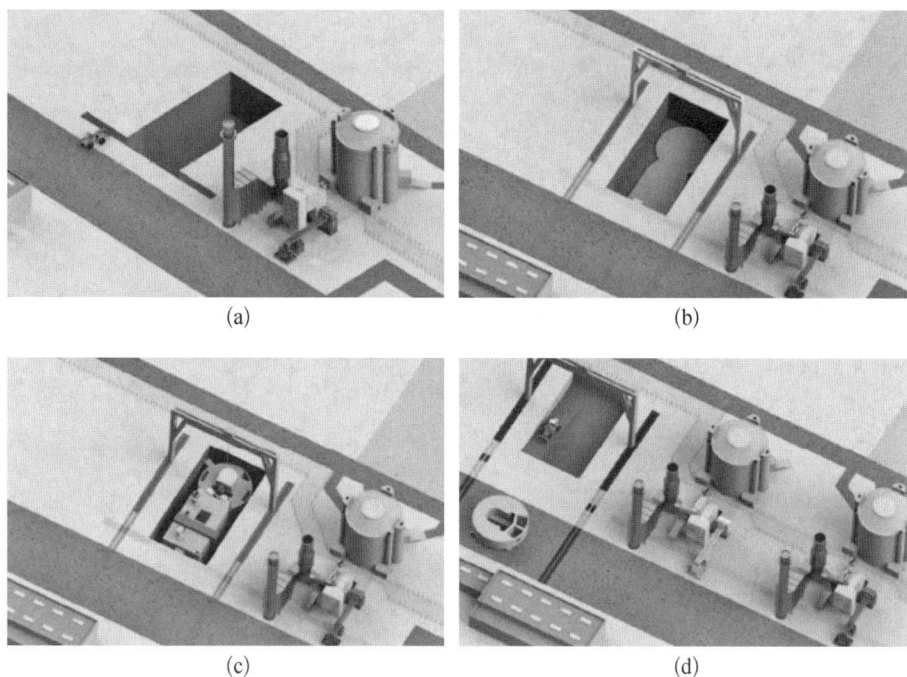

(a)

(b)

(c)

(d)

图 2 - 16 MK1 PB - FHR 的模块化建造示意图

下面以 MK1 PB‑FHR 的设计方案为例,分别对固态堆的中子物理特性、热工流体力学特性以及安全特性展开介绍。

2.5.1　中子物理特性

在固态燃料熔盐堆的中子物理特性研究中,堆芯几何构型与材料布局对中子能谱、反应性反馈、燃耗深度及反应性控制等中子学方面具有决定性影响。固态燃料熔盐堆作为热中子主导堆型,其设计需平衡石墨慢化能力与中子经济性,同时优化燃料温度系数与反应性控制等物理参数。固态燃料熔盐堆普遍采用模块化堆芯结构,通过反射层布置、燃料‑慢化剂空间分布及冷却剂流道设计实现堆芯的合理优化,从而提升燃料利用率。下面将结合 MK1 PB‑FHR 堆芯参数,系统分析此类堆型的中子物理特性及设计考虑。

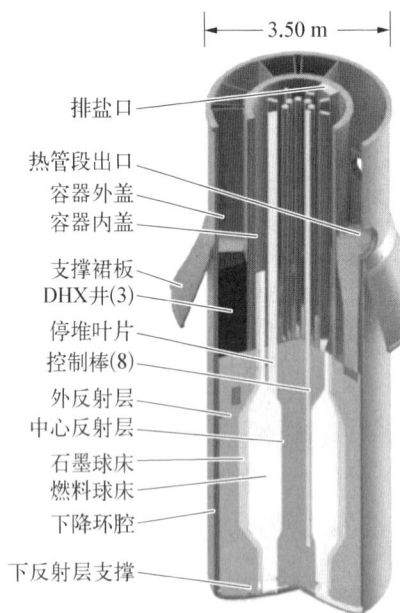

3.50 m

排盐口
热管段出口
容器外盖
容器内盖
支撑裙板
DHX井(3)
停堆叶片
控制棒(8)
外反射层
中心反射层
石墨球床
燃料球床
下降环腔
下反射层支撑

图 2‑17　MK1 PB‑FHR 反应堆

图 2‑17 为 MK1 PB‑FHR 反应堆压力容器、内部结构和堆芯的横截面示意图。MK1 PB‑FHR 设计采用了环形卵石堆芯几何结构。由于卵石在氟盐冷却剂中漂浮,它们从堆芯底部被送入,缓慢向上移动,最后通过堆芯顶部的环形卸料槽由两台卸料机移除。基于加利福尼亚大学伯克利分校进行的一系列卵石再循环实验(PREX)的结果,MK1 PB‑FHR 堆芯采用了一种简化的卵石堆芯,由中心石墨反射体附近均匀混合的燃料卵石组成,外部则是一层惰性石墨反射体球,这层球降低了快中子对外部固定径向石墨反射体的注量率,使其足以支撑整个反应堆的寿命。

中心石墨反射体比为氦气冷却卵石床反应堆设计的中心反射体短小得多,这使得其替换设计和抗震鉴定更为简单。中心反射体设有 8 个通道,用于插入浮力控制棒,同时还为径向注入冷却剂进入卵石堆芯提供流道,从而实现径向和轴向流动分布的结合,提高燃料传热效率,并降低平均燃料温度。

1) 堆芯结构

球床填充的反应堆堆芯呈环形,内径为 0.35 m,外径为 1.25 m。冷却剂从底部和中心石墨反射体圆柱中注入,向上并径向向外流过堆芯。堆芯周围环绕着中心和外部石墨反射体球。环形堆芯的最下端和最上端区域分别为锥形滑道,用于加料和卸料。图 2 - 17 展示了反应堆的横截面,显示了堆芯的几何形状。球床内有两个球区,内区(半径为 0.35～1.05 m)包含燃料球,外区(半径为 1.05～1.25 m)包含惰性石墨球。石墨球反射体的主要功能是衰减外部固体石墨反射体处的快中子通量,从而将外部反射体的寿命延长至整个电厂寿命。所得设计是体积为 10.4 m³ 的活性堆芯和体积为 4.8 m³ 的石墨球。

MK1 PB - FHR 型球床设计的环形几何结构通过缩短从燃料层到冷却剂的热传递路径长度,降低了球床中球体的峰值和平均燃料温度,从而增加了瞬态事故行为的安全裕量。

2) 燃料管理

在 MK1 设计中,燃料球从球床底部注入,燃料球以缓慢速率持续在堆芯球床内向上流动,从球床顶部移出,速率为 0.2 个/秒,如此循环。燃料球由 4 个内通道注入,增殖球由 4 个外通道注入。燃料球依靠在冷却盐中的浮力向上穿过堆芯,并以塞状流形态通过活性区。在堆芯顶部,燃料球通过一个汇聚至两台卸料机的环形槽口流出堆芯。

3) 卸料燃耗

燃料中铀的富集度为 19.9%(质量分数),从平衡堆芯获得的卸料铀燃耗为 180 GW·d/t。球体大约会在堆芯中循环 8 次,单次循环平均停留时间为 2.1 个月,相应的球体停留时间为 1.4 个有效满功率年(EFPY)。峰值功率密度为 80 W/cm³,而床层平均功率密度为 20 W/cm³。位于中心石墨反射体周边的 8 个控制棒中的 3 个可以在冷态零功率条件下保持反应堆次临界。同样地,8 个停堆插塞中的 4 个在插入球床时可提供足够的停堆裕量。

4) 反应性温度系数

表 2 - 5 为 MK1 PB - FHR 堆芯的温度反应性系数。MK1 PB - FHR 具有负的燃料、慢化剂和冷却剂温度反应性系数。而中心和外部石墨反射体温度反应性系数均为正,但较小,因此总温度反应性系数仍然为负。由于反射体温度将强烈依赖于冷却剂温度,因此当石墨反射体温度与冷却剂温度平衡时,冷却剂温度均匀增加产生的净反应性效应预计接近零。

表 2 - 5 MK1 PB - FHR 的温度反应性系数

组 件	温度反应性系数($\times 10^{-5}$ K^{-1})
燃料	-3.8
冷却剂	-1.8
内石墨反射体	0.9
石墨慢化剂	-0.7
外石墨反射体	0.9

5）反应性控制

MK1 PB - FHR 设计采用浮力控制棒系统进行正常的反应性控制,同时该系统还具备被动停堆功能,因为如果反应堆冷却剂温度超过浮力稳定极限,浮力控制棒将自动插入。该设计还使用了可直接插入球床的停堆叶片作为备用停堆手段。图 2 - 18 所示为采用 MCNP5 模拟的不同数量控制棒插入中心反射体时 MK1 PB - FHR 在冷态零功率状态下的反应性价值。随着越来越多的控制棒插入堆芯,堆芯增殖因子降低到次临界水平,每根控制棒的反应性价值由于干涉效应随之减小。

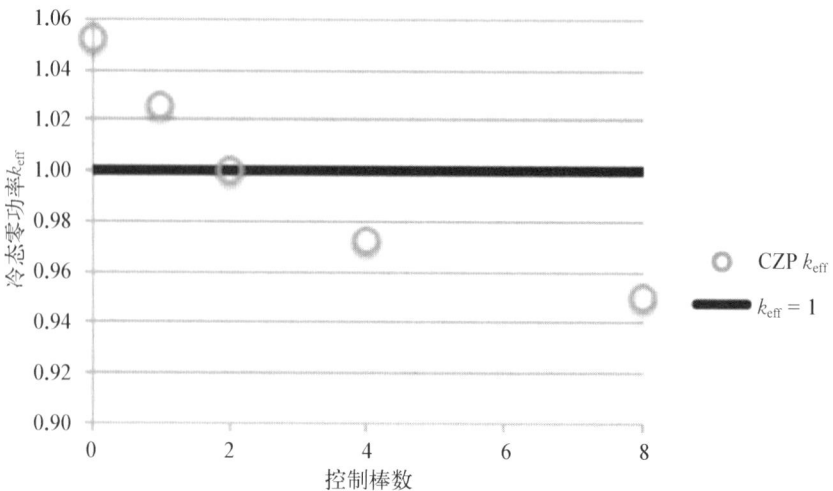

图 2 - 18 1、2、4 和全部 8 根控制棒组合价值

MK1 PB-FHR采用8个停堆叶片作为备用停堆系统,这些叶片直接穿过上中心石墨反射体插入球床中。叶片的几何形状如图2-19所示。叶片的厚度小于球的半径,这样球体就不会进入叶片伸出的十字形通道。叶片尖端的设计是为了在叶片进入床层时,使球体水平远离叶片移动,而不是向下移

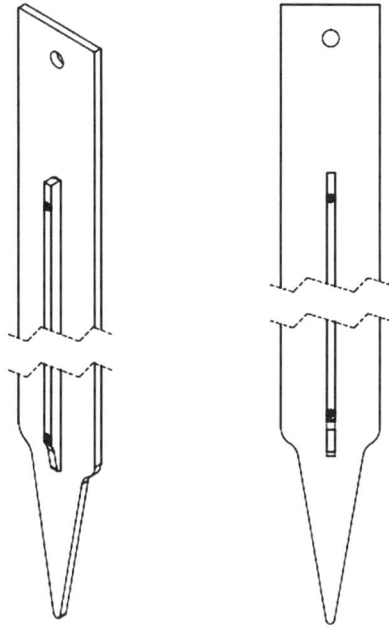

图 2-19　停堆叶片示意图

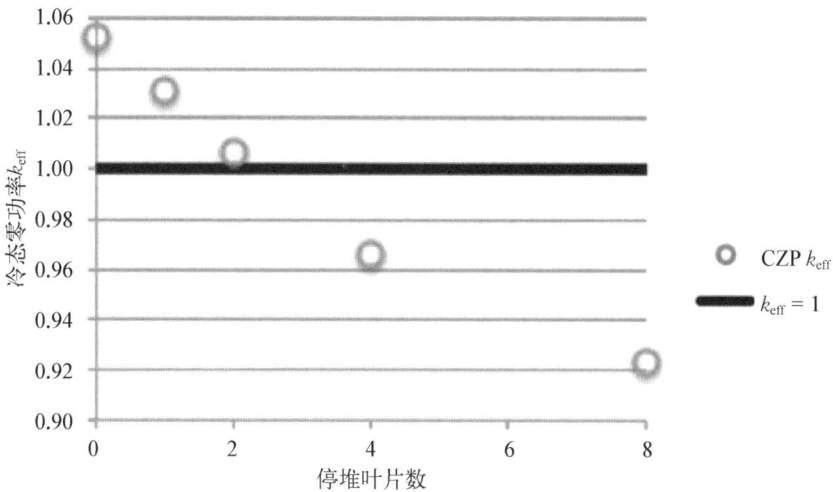

图 2-20　1、2、4 和全部 8 个备用停堆叶片组合价值

动。对按比例缩小的叶片进行的测试表明,插入力非常低。叶片两侧的加强筋只有半个球体直径高,因此在叶片插入的情况下卸料时,它们不会阻挡球体在叶片上的流动。图 2 - 20 所示为采用 MCNP5 计算的插入不同数量停堆叶片时的冷态零功率反应性价值。

6) 石墨辐照寿命

中心石墨反射层的辐照损伤约为 2.1 dpa①/EFPY,假设石墨辐照损伤上限位为 20 dpa,则其使用寿命约 10 EFPY。外部固体石墨反射层的辐照损伤约为 0.03 dpa/EFPY,寿期间无须更换该反射体。

2.5.2　热工流体力学特性

在 MK1 的热工水力设计中,熔盐冷却剂的流动特性、传热效率及压力损失控制是决定堆芯热工流体力学特性的核心要素。由于熔盐兼具高热容、低蒸气压及高温稳定性,其流动路径需平衡传热强化与流阻最小化之间的矛盾,同时需适应固态燃料与石墨慢化剂的热物理耦合效应。热工水力设计的核心目标包括通过优化流道几何降低主回路压降,确保自然循环余热排出能力以及抑制熔盐冻堵风险。此外,由堆芯旁路流动、温度梯度所引发的热应力以及熔盐与结构材料的相容性要求对流场分布与热工参数进行优化。下面将以 MK1 PB - FHR 反应堆为例,系统阐述其主冷却剂系统的设计策略,包括流量分配、压力损失控制及热膨胀补偿机制,为理解固态燃料熔盐堆的热工水力特性提供理论基础。

1) 主冷却剂系统

MK1 PB - FHR 设计上考虑将压力损失最小化,以简化气隙隔离方法的实施。MK1 PB - FHR 设计中的名义冷却剂流量为 0.54 m³/s。为了保持动压头相对较低,维持名义流速约为 $u=2.0$ m/s[动压头 $u^2/(2g)=0.20$ m]。

MK1 PB - FHR 设计使用约 47 m³(91 970 kg)的氟化盐作为主回路熔盐,即每千瓦电力使用 0.047 m³ 氟化盐。这大约是 2008 年 UCB 热功率为 900 MW 模块化 PB - AHTR 设计每千瓦电力所用盐体积的 5 倍,并且大约是 2012 年 ORNL AHTR 设计每千瓦电力所用盐体积的 0.45 倍。

主回路熔盐的主要成分铍和锂的成本分别约为 770 美元/kg 和 63 美元/kg,氟化盐的成本为 79 美元/kg。富集锂的成本尚不确定。由于天然锂中锂-7 的

① "dpa"指原子离位率(displacement per atom),业内常用于表示材料辐照损伤的单位。

质量分数为 92.41%,且尾料测定值为 85%(尾料基本上可以按购买天然锂的相同价格出售),因此生产 99.995% 富集锂-7 的分离功为 0.97 分离工作单元(SWU)/千克氟化盐。作为可能的成本指标,2010 年全球铀富集的价格范围为40~160 美元/SWU。锂比铀更容易富集,但必须投资相应的费用来开发相关基础设施。如果锂富集的成本为 100 美元/SWU,则氟化盐的总成本将使 MK1 PB-FHR 的成本增加约 200 美元/kW。MK1 PB-FHR 设计采用了一个相对简单的设计规则,即保持流动区域足够大,以使熔盐流速保持在 2.0 m/s 以下。详细设计、计算流体动力学建模和流体动力学缩比实验的目标之一是在保持系统压力损失在可接受范围内尽可能低的同时,减少反应堆中的熔盐存量。

图 2-21 分别显示了正常功率和停机冷却运行下的主冷却剂流动路径,以及在自然循环驱动的衰变热排出模式下的主冷却剂流动路径。较粗的线条表示正常功率运行和停机冷却操作下的主冷却剂流动路径,较细的线条表示自然循环驱动下的余热排出过程中的主冷却剂流动路径。为了简化,图中未显示旁通流动,但这些旁通流动需要量化,因为它们对主冷却剂回路和结构材料的行为有重大影响。

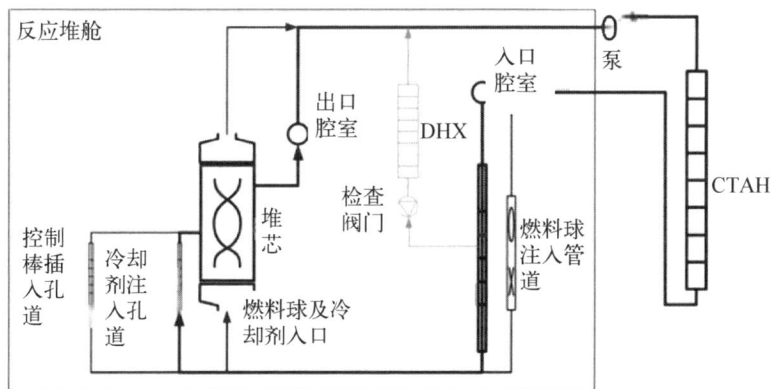

图 2-21　不同情况下的主冷却剂流动路径

2) 入口流量分配腔

冷熔盐通过两条横穿至反应堆容器的冷管段进入反应堆腔室。然后,熔盐流从冷管喷嘴流入下降管,该下降管通过一个集成在反应堆内部结构上部的圆形孔流入流量分配腔,该分配腔可将冷却剂沿圆周方向分配。与所有一回路子系统一样,设计目标之一是使此流量分配腔的压降尽可能低。

随后熔盐在堆芯筒和反应堆容器之间的 3 cm 环形间隙中向下流动。在下降管沿线,燃料球通过具有高流动阻力和最小流量的球注入管线注入。从下降管中,一部分冷却剂(在基线设计中为30%)直接注入堆芯底部,其余部分则注入中心反射体,在那里被分配到冷却剂注入通道(中心反射体流量的74%)和控制棒插入通道(中心反射体流量的26%)中。

中心石墨反射体如图2-22所示。冷却剂在冷却剂注入孔道和控制棒插入通道之间分配。从冷却剂注入通道和控制棒插入通道,流量通过直径为1 cm的注入孔分配到堆芯中。9 mm宽的注入孔槽也允许来自冷却剂注入通道的流量进入堆芯。这些结构的设计旨在允许环形堆芯内的大部分交叉流动,与完全轴向流动相比,这降低了堆芯的压降,从而减少了主熔盐泵运行时的总熔盐液位膨胀,并在自然循环驱动的余热排出过程中最小化了堆芯的流动阻力。

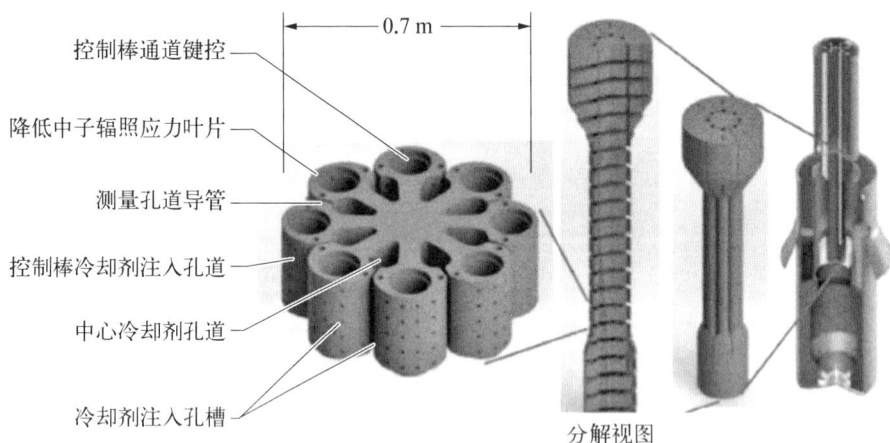

图 2-22 可更换中心石墨反射层

在基线设计中,30%的流量由下降管从堆芯底部注入,导致球形堆芯内主要为轴向流动,而70%的流量则从中心反射体通道注入,主要为交叉流动。其设计目标是限制堆芯的压降,并有效冷却燃料球。为此,从中心反射体注入的冷却剂将冷熔盐导向堆芯最热的区域,从而提高热传递效率,而较低的压降则减少了泵送功率和相关的电力消耗。

上部外反射体块中的吸入口为冷却剂提供了从堆芯流出并收集到圆形出口分配腔的流动路径,如图2-23所示。流量从该出口分配腔流出进入热管,然后流出反应堆容器和腔室。设置圆形出口分配腔的目的是在堆芯周围提供一个均匀的出口压力边界条件,从而实现堆芯周围的均匀流量分布。

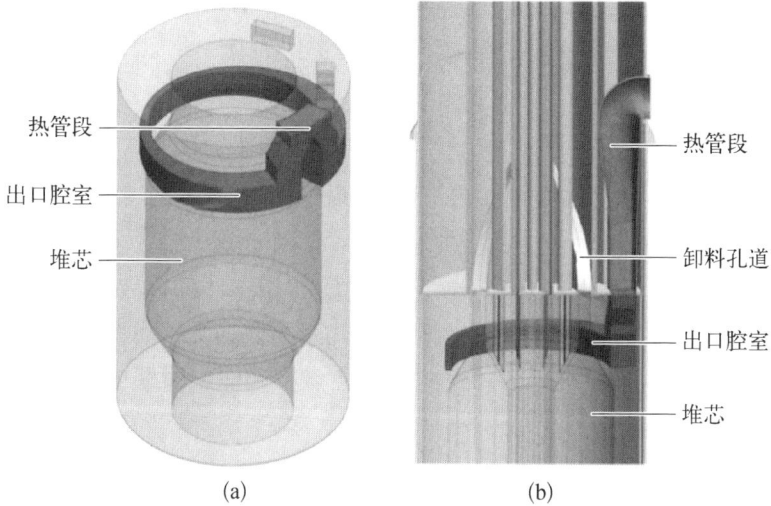

图 2‑23　外径向石墨反射体中的出口收集腔室

(a) 顶视图;(b) 侧视图

3)堆芯旁路

必须识别出若干预期和非预期的旁路流动路径,这些路径要么能够保护反应堆中的部分结构材料,要么会对工厂部件的结构完整性和整体经济性产生不利影响。

从冷管到堆芯上部区域的小环形槽的冷管旁路流量有助于保持堆芯上部结构与下降管有相同的温度。这股小旁路将流入热管,并需要限制堆芯上部区域的温度梯度,这些梯度的存在可能导致部件失效。冷管的其他旁路将流入与热管相对的球床入口管。

外径向反射体石墨块之间的间隙为冷却剂提供了一个非预期的旁路路径,即外反射体块旁路。为了限制这种旁路流量,连续的石墨块层在方位角上相互错开,以便当石墨块因热膨胀而产生间隙时,通过裂缝的旁路流量会被阻挡。

4)液面膨胀

与主冷却剂流动路径相关的一个重要问题是,由于盐的热膨胀和主盐泵的运行而产生的液面膨胀量。为了适应这种影响,反应堆容器向上延伸至热管液面以上至少 2 m,并且主冷却剂流动路径的设计旨在保持主回路中的总压头损失在 2 m 以下。

5)主回路中的压力损失

最小化主回路中的冷管和热管之间的压力损失是一个重要的设计目标,

旨在限制由于盐的热膨胀和主泵的运行而引起的液面膨胀,从而限制所需的主泵功率,并降低由自然循环衰变热移除的流动阻力。

在当前 MK1 设计中,正常运行时,下降管中的压降约为 3.34 kPa,假设总主流量的 70% 通过中心反射体,则中心反射体的压降为 2.03 kPa。对于 600 ℃ 的熔盐,下降管和中心反射体的总压降为 5.4 kPa,即 0.28 m 的液柱高度。

中心反射体是唯一一个在增加流动面积以降低压力损失方面灵活性较小的部件。在主冷却剂流动路径的所有其他部分,除了绝对必要的情况外,均可以通过确保流动路径上部件具有合适的几何形状以避免显著的形阻来降低压力损失。因此,其余主冷却剂回路的设计应旨在确保主回路中的总压头损失在 2 m 以下。

2.5.3 安全特性

核能系统的安全性始终是反应堆设计的核心准则。自福岛核事故以来,全球核能界对反应堆安全性的要求从传统的"纵深防御"原则进一步升级为"固有安全"与"非能动安全"的双重保障。在第四代核能系统中,FHR 因其独特的热工水力特性与燃料设计,被视为兼具高能量密度与固有安全潜力的先进堆型。相较于传统轻水堆,FHR 的突出优势在于其运行压力接近常压,彻底消除了高压蒸汽爆炸的风险;同时,其采用的氟化锂铍熔盐(FLiBe)兼具高热容与化学稳定性,可在 700~1 000 ℃ 范围内高效传热,且对关键裂变产物(如铯、碘)具有强化学吸附溶解能力,进一步降低了放射性释放的风险。此外,FHR 采用 TRISO 燃料,通过多层碳化硅(SiC)与热解碳(PyC)涂层的物理屏障,将裂变产物禁锢于燃料颗粒内,即使在极端事故工况下也能实现放射性核素的"源头控制"。

因此,从安全设计逻辑上看,FHR 的安全特性建立在三个维度上:限制放射性核素释放、控制散热和控制反应性。包括事故期间燃料最高温度与燃料损坏温度之间极大的热裕量、关键裂变产物(尤其是铯)在其冷却剂中的高溶解度以及固有的低运行压力。MK1 设有衰变热移除辅助冷却系统(DRACS),可以实现正常停堆冷却以及用于紧急衰变热移除。设计有两套独立的不同原理的反应性控制系统。

(1)限制放射性核素释放。MK1 使用的 TRISO 燃料能够限制放射性核素释放。这种方法是从源头控制放射性核素,使之密封在 TRISO 涂层内的铀碳氧化物颗粒燃料内。另外,FLiBe 熔盐也可作为防裂变产物释放附加的固有屏障,因为它对可能从燃料球中逸出的几种裂变产物有很强的化学亲和力,如关键裂变产物铯- 137、碘- 131 等。

(2) 反应堆直接辅助冷却系统(DRACS)。MK1 型增殖比燃料高温堆(PB - FHR)采用三个模块化、各占 50% 容量的直接反应堆辅助冷却系统(DRACS)环路,以在紧急情况下(即正常停机冷却系统失效时)移除衰变热。每个 DRACS 环路的设计能力为移除 1% 的额定功率(2.36 MW)。DRACS 为被动系统,依靠自然循环运行。其功能是将冷却剂峰值温度维持在反应堆结构材料的安全限值以下。由于 MK1 型 PB - FHR 不使用含有不同盐类的中间环路,为了进一步降低因热交换器泄漏而导致主盐被其他盐污染的概率,DRACS 环路使用与主环路相同的富集氟化锂铍盐(FLiBe)。这也使得 DRACS 环路能够使用与主系统相同或相似的化学控制方法。如图 2 - 24 所示,早期的熔盐增殖反应堆(MSBR)设计也使用了自然循环的 FLiBe 盐环路来从燃料盐排放罐中移除热量,这与 FHR 的 DRACS 环路类似。热量通过二次热交换器(TCHX)管子的热辐射传递给充满水的热虹吸管,水在其中沸腾并将热量传递到自然通风的风冷冷凝器。采用中间水热虹吸管环路是为了即使在外部环境温度非常低的情况下,也能够避免 DRACS 环路中的冷却剂冻结,MK1 型 DRACS 设计也采用了这种方法。

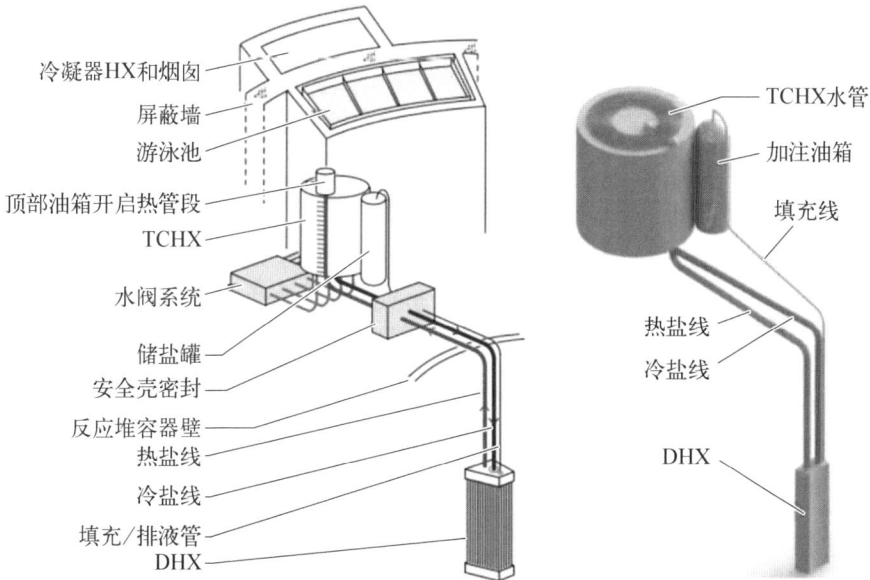

图 2 - 24　模块化 DRACS 的示意图

（3）事故安全分析。由于浮力控制棒子系统和停堆刀片子系统均具有高可靠性，若它们在散热器丧失（LOHS）和强制循环丧失（LOFC）事件后同时发生故障无法运行，这被视为超设计基准事件（BDBE）。然而，由于 MK1 型燃料的运行温度相对较低，因此预计 MK1 堆芯对超温超压事故（ATWS）的响应并不会导致燃料或结构的损坏。

MK1 燃料、冷却剂和石墨慢化剂的温度反应性系数均为负值，而反射体的温度反应性系数虽然为正，但数值很小。燃料的温度反应性系数明显大于冷却剂和石墨慢化剂的反应性系数。分析表明，在仅依靠自然循环的情况下，ATWS 期间 MK1 堆芯出口的最大冷却剂温度将达到约 722 ℃。图 2-25 显示了 MK1 堆芯在功率运行下的 COMSOL 模拟结果，包括流量分布、冷却剂整体温度和燃料温度。同样，平均燃料温度低于 800 ℃，这表明 ATWS 事件不会达到足以对 PB-FHR 主系统中的金属结构造成损坏的温度。

MK1 型 PB-FHR 的安全设计体现了第四代核能系统"预防—缓解—包容"的纵深防御理念。在放射性释放控制方面，TRISO 燃料的四层包覆结构（多孔碳缓冲层、内致密 PyC 层、碳化硅屏障层与外致密 PyC 层）可将裂变产物释放率降低至 10^{-6} 量级，而 FLiBe 熔盐对铯（Cs）的高溶解度（大于 1×10^{-3} mol/m^3）可进一步捕获可能逃逸的核素，形成双重物理-化学屏障。在衰变热管理方面，三个容量为 50% 的模块化 DRACS 环路通过自然循环实现非能动余热导出，其设计借鉴了早期熔盐增殖堆（MSBR）的热虹吸管技术，利用中间水环路避免熔盐冻堵，同时通过辐射换热与风冷冷凝器将热量最终散入环境空气，确保即使在厂外电源全失（SBO）情况下仍能维持堆芯温度低于结构材料的安全限值（如 Hastelloy-N 合金的长期服役温度上限为 800 ℃）。在反应性控制层面，MK1 堆芯的负温度反馈机制与两套独立反应性控制系统（浮力控制棒与停堆刀片）共同作用，可在超设计基准事故（如 ATWS）中抑制功率瞬变，将冷却剂峰值温度限制在安全限值以下。

此外，MK1 的设计通过精细化热工水力分析（如 COMSOL 多物理场模拟）验证了堆芯流量分布与温度场的均匀性，确保在自然循环模式下衰变热导出功率密度低于 10 kW/m^3。其外反射体石墨块的错位布局与旁路流动控制（旁通流量小于 5%）进一步降低了非预期热应力与腐蚀风险。总体而言，MK1 型 PB-FHR 通过整合 TRISO 燃料的物理屏障、熔盐冷却剂的化学吸附与非能动安全系统的热工优势，构建了一套覆盖设计基准事故（DBA）与

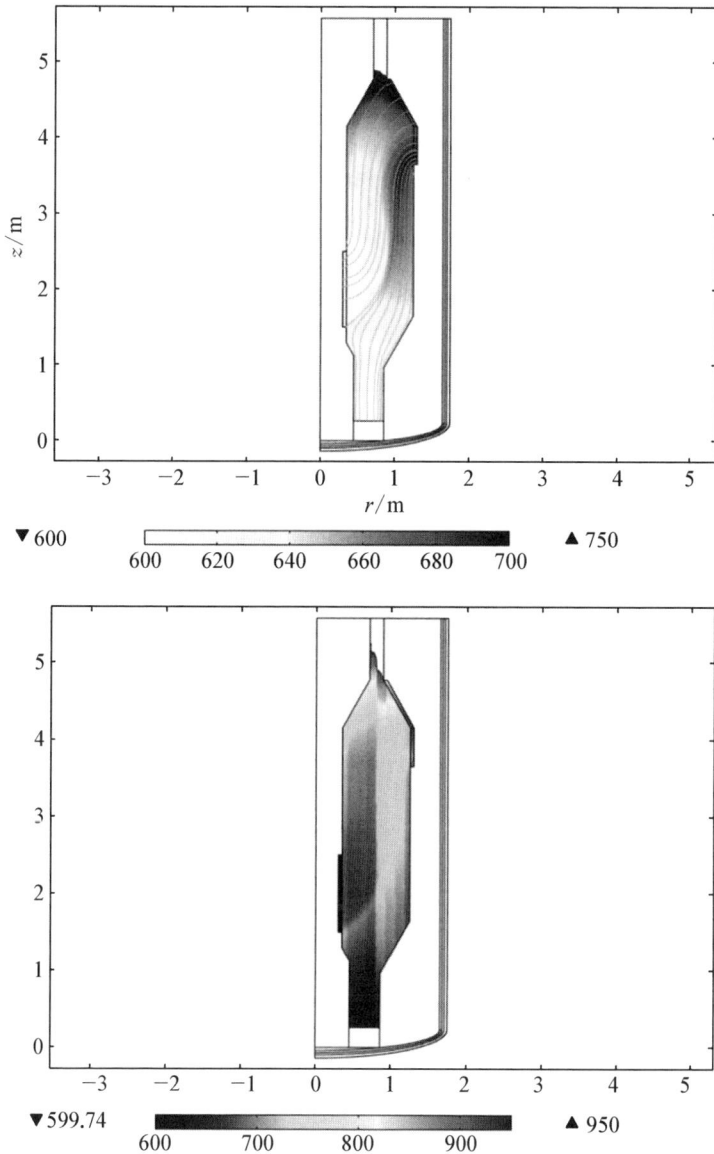

图 2-25　冷却剂整体温度分布(上图)和燃料颗粒温度分布(下图)

超设计基准事故(BDBE)的完整安全体系,为氟盐高温堆的商业化推广奠定了技术基础。未来,仍须通过全尺寸试验(如熔盐腐蚀寿命测试、DRACS 热工验证)与长期运行数据积累,进一步验证其安全裕量与经济性,推动第四代核能系统从理论设计向工程实践迈进。

参考文献

[1] 蔡翔舟,戴志敏,徐洪杰.钍基熔盐堆核能系统[J].物理,2016,45(9)：578-590.

[2] Jiang D Q, Zhang D L, Li X Y, et al. Fluoride-salt-cooled high-temperature reactors: review of historical milestones, research status, challenges, and outlook [J]. Renewable and Sustainable Energy Reviews, 2022, 161: 112345.

[3] Thoma R E. Chemical aspects of MSRE operations[R]. Oak Ridge: Oak Ridge National Laboratory, 1971.

[4] Lin J, Zhu T B, Zhang H Q, et al. Performance of coated particle fuel in a thorium molten salt reactor with solid fuel[C]//Proceedings of the HTR-2014, 2014.

[5] Forsberg C, Hu L W, Peterson P, et al. Fluoride-salt-cooled high-temperature reactor (FHR) for power and process heat[R]. Cambridge: Massachusetts Institute of Technology, 2014.

[6] Jordan W H, Cromer S J, Miller A J. Aircraft nuclear propulsion project quarterly progress report for period ending March 31, 1957[R]. Oak Ridge: Oak Ridge National Laboratory, 1962.

[7] McCoy H E. The INOR-8 story[J]. Oak Ridge National Laboratory Review, 1969, 3(2): 35-48.

[8] McCoy H E, Weir J R. Materials development for molten-salt breeder reactors[R]. Oak Ridge: Oak Ridge National Laboratory, 1962.

[9] McCoy H E, McNabb B. Intergranular cracking of INOR-8 in the MSRE[R]. Oak Ridge: Oak Ridge National Laboratory, 1972.

[10] 徐世江,康飞宇.核工程中的炭和石墨材料[M].北京：清华大学出版社,2010.

[11] Burchell T. Experimental plan and final design report for HFIR high temperature graphite irradiation capsules HTV-1 and -2[R]. Oak Ridge: Oak Ridge National Laboratory, 2006.

[12] Ishihara M. An explication of design data of the graphite structural design code for core components of high temperature engineering test reactor[R]. Tokyo: Japan Atomic Energy Research Institute, 1991.

[13] Lommers L, Honma G. NGNP high temperature materials white paper[R]. Idaho: Idaho National Laboratory, 2012.

[14] Robertson R C. MSRE design & operations report part 1 description of reactor design[R]. Oak Ridge: Oak Ridge National Laboratory, 1965.

[15] Dolan T J, Kutsch J. Global progress on molten salt reactors: a companion to Dolan's molten salt reactors and thorium energy[M]. Amsterdam: Elsevier, 2024.

[16] Dolan T J, Pázsit I, Rykhlevskii A, et al. Molten salt reactors and thorium energy [M]. 2nd ed. Cambridge: Woodhead Publishing, 2024: 835-845.

[17] Zohuri B. Molten salt Reactors and integrated molten salt reactors. Cambridge: Academic Press, 2021: 59-84.

[18] Sorensen K. Liquid-fluoride thorium reactor development strategy[C]//Thorium Energy for the World. Cham: Springer International Publishing, 2016.

[19] Tan M L, Zhu G F, Zhang Z D, et al. Burnup optimization of once-through molten salt reactors using enriched uranium and thorium[J]. Nuclear Science and Techniques, 2022, 33(1): 5.

[20] Engel J R, Bauman H F, Dearing J F, et al. Conceptual design characteristics of a denatured molten-salt reactor with once-through fueling[R]. Oak Ridge: Oak Ridge National Laboratory, 1980.

[21] Bulmer J, Gift E, Holl R, et al. Reactor design and feasibility study: fused salt fast breeder[R]. Oak Ridge: Oak Ridge School of Reactor Technology, 1956.

[22] Smith J, Simmons W, Reed D. An assessment of a 2500 MW(e) molten chloride salt fast reactor[J]. Technical Assessments and Studies Division, Atomic Energy Establishment, Winfrith, 1974, 956: 1-50.

[23] Taube M, Mielcarski M, Poturaj-Gutniak S, et al. New boiling salt fast breeder reactor concepts[J]. Nuclear Engineering and Design, 1967, 5(2): 109-112.

[24] Nelson P A, Butler D K, Chasanov M G, et al. Fuel properties and nuclear performance of fast reactors fueled with molten chlorides[J]. Nuclear Applications, 1967, 3: 540-547.

[25] Taube M. Fast reactors using molten chloride salts as fuel[R]. Geneva: International Nuclear Fuel Cycle Evaluation, 1978.

[26] Taube M, Ligou J. Molten plutonium chlorides fast breeder reactor cooled by molten uranium chloride[J]. Annals of Nuclear Science and Engineering, 1974, 1(4): 277-281.

[27] Ignatiev V, Surenkov A. Alloys compatibility in molten salt fluorides: Kurchatov Institute related experience[J]. Journal of Nuclear Materials, 2013, 441: 592-603.

[28] Merle L E, Heuer D, Allibert M, et al. Optimization and simplification of the concept of non-moderated thorium molten salt reactor[C]//Proceedings of PHYSOR 2008 International Conference, 2008.

[29] Merle L E, Heuer D, Allibert M, et al. Optimizing the burning efficiency and the deployment capacities of the molten salt fast reactor[C]//Proceedings of the International Conference Global 2009, 2009.

[30] Merle L E, Heuer D, Allibert M, et al. Launching the thorium fuel cycle with the Molten Salt Fast Reactor[C]//Proceedings of the International Conference ICAPP 2011, 2011, Nice, France.

[31] Fiorina C, Aufiero M, Cammi A, et al. Investigation of the MSFR core physics and fuel cycle characteristics[J]. Progress in Nuclear Energy, 2013, 68: 153-168.

[32] Rouch H, Geoffroy O, Rubiolo P, et al. Preliminary thermal-hydraulic core design of the molten salt fast reactor (MSFR)[J]. Annals of Nuclear Energy, 2014, 64: 449-456.

[33] Degtyarev A, Myasnikov A, Ponomarev L, et al. Molten salt fast reactor with U-Pu fuel cycle[J]. Progress in Nuclear Energy, 2015, 82: 33-36.

[34] Fiorina C, Lathouwers D, Aufiero M, et al. Modelling and analysis of the MSFR

transient behaviour[J]. Annals of Nuclear Energy, 2014, 64: 485 - 498.

[35] Brovchenko M, Merle-Lucotte E, Rouch H, et al. Optimization of the pre-conceptual design of the MSFR[R]. Oak Ridge: Oak Ridge National Laboratory, 2014.

[36] Ingersoll D T, Forsberg C W, Ott L J, et al. Status of preconceptual design of the advanced high-temperature reactor (AHTR)[R]. Oak Ridge: Oak Ridge National Laboratory, 2004.

[37] Ingersoll D T, Gehin J, Carbajo J J, et al. Status of physics and safety analyses for the liquid-salt-cooled very high-temperature reactor (LS - VHTR)[R]. Oak Ridge: Oak Ridge National Laboratory, 2005.

[38] Ingersoll D T, Forsberg C W, MacDonald P E, et al. Trade studies for the liquid-salt-cooled very high-temperature reactor: fiscal year 2006 progress report[R]. Oak Ridge: Oak Ridge National Laboratory, 2006.

[39] Charles C W, Peterson P F, Kochendarfer R A. Design options for the advanced high-temperature reactor[R]. Oak Ridge: Oak Ridge National Laboratory, 2008.

[40] Hong R, Huber K, Lee P, et al. Reactor safety and mechanical design for the annular pebble-bed advanced high temperature reactor[R]. Berkeley: University of California, 2009.

[41] Ilas D, Holcomb D E, Varma V K. Advanced high-temperature reactor neutronic core design[R]. Oak Ridge: Oak Ridge National Laboratory, 2012.

[42] Greene S R, Gehin J C, Holcomb D E, et al. Pre-conceptual design of a fluoride-salt-cooled small modular advanced high temperature reactor (SmAHTR)[R]. Oak Ridge: Oak Ridge National Laboratory, 2011.

[43] Romatoski R, Richard J, Short M P, et al. Preliminary fluoride salt-cooled high temperature reactor (FHR) subsystem definition, functional requirement definition and licensing basis event (LBE) identification white paper[R]. Berkeley: University of California, 2012.

[44] Peterson P F, Chavali R, Shirvan K, et al. Preliminary FHR methods and experiment program white paper[R]. Berkeley: University of California, 2012.

[45] Peterson P F, Youchison D, Scarlat R O, et al. Preliminary FHR material and components white paper[R]. Berkeley: University of California, 2012.

[46] Peterson P F, Scarlat R O, Youchison D L, et al. Preliminary FHR development roadmap and test reactor requirements white paper[R]. Berkeley: University of California, 2012.

第 3 章

熔盐堆用结构材料技术

　　用于制造熔盐堆压力容器、热交换器、一回路泵、控制棒套管/组件、反射体和慢化体等部件的结构材料,是熔盐堆建设的基石(见图 3-1)。结构材料在反应堆中的服役行为是影响反应堆安全和效率的核心因素。熔盐堆的工况与现有压水堆及其他先进堆型有很大差异,如熔盐堆工作温度高、堆芯中子通量高、堆构件与熔盐直接接触等,要求熔盐堆结构材料具备良好的耐高温、耐辐照及与熔盐相容性能。因此,熔盐堆结构材料的选择依据、评价方式及研发思路都与传统反应堆材料有所不同。从 20 世纪 50 年代至今,国内外研究人员对可能用于熔盐堆的镍基合金、不锈钢、核石墨、碳基复合材料等结构材料开展了大量的筛选、研发及性能评价工作。本章详细介绍了熔盐堆用合金及碳基材料的性能需求、研发历史、面临问题及发展趋势,并对这些材料在高温力学、辐照、熔盐相容性等服役性能方面的评价要素及预测方法进行了全面介绍。

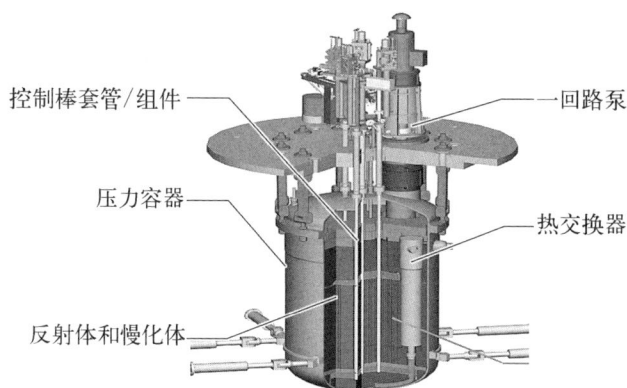

控制棒套管/组件　　　　　　　　一回路泵

压力容器

热交换器

反射体和慢化体

图 3-1　钍基熔盐堆堆本体结构示意图

3.1 合金结构材料

熔盐堆是一种使用熔盐作为冷却剂和燃料溶剂的核反应堆,其合金结构材料需在高温、强中子辐照和熔盐腐蚀环境下保持长期稳定。由于传统核反应堆用合金材料(如奥氏体不锈钢、镍基合金等)的耐熔盐腐蚀性难以满足要求,在熔盐堆的研发初期,专用合金材料的开发就得到了重点关注。研究人员从合金成分设计、微观组织调控、制备工艺优化等多个方面入手,开发出适用于熔盐堆工况的合金材料。本节介绍熔盐堆用合金材料的特性要求与性能需求,以及我国在熔盐堆用合金材料研发方面的进展,并探讨熔盐堆用新型镍基合金的研发趋势,为未来熔盐堆合金材料的筛选和研发提供思路和方向。

3.1.1 熔盐堆用合金材料的特性及需求

熔盐堆使用液态燃料是其区别于现役、在建及其他先进堆型的最大特点。在熔盐堆运行过程中,携带核燃料的高温熔融态氟盐在反应堆堆芯和热交换器组成的一回路管道中持续循环流动,不断地将裂变产生的热量从反应堆内输送到堆外。因此,堆芯构件均与高温熔融氟盐、核燃料及熔盐中的裂变产物直接接触,堆芯构件制备材料同时处于中子辐照、高温、受力、熔盐腐蚀、与裂变产物相互作用等多重极端环境中。这就要求熔盐堆结构材料必须具备耐中子辐照和耐熔盐腐蚀特性,并具有良好的高温强度以及优异的可加工性能。

熔盐堆所用冷却剂(氟盐)的沸点超过 1 400 ℃,这使得熔盐堆理论上具有在超 1 000 ℃高温、常压工况下长期稳定运行的潜力。然而,目前尚未出现能在如此高温熔盐环境下长期工作的候选合金结构材料。现阶段的研究目标是开发能在 700 ℃高温熔盐环境下长期稳定工作的合金材料。即便如此,对于需要在多重极端环境下长期稳定运行的熔盐堆关键构件(包括压力容器、回路管道、热交换器等),这仍是一个重大挑战。由于很难找到一种完全满足要求的成熟工程材料,结构材料的研发成了熔盐堆发展过程中一个突出的技术难题。

20 世纪 50—60 年代,美国橡树岭国家实验室(ORNL)为核动力飞机和熔盐实验堆(MSRE)项目专门研发了一种镍基合金。这种合金至今仍是唯一在熔盐堆中实际服役过的合金结构材料——UNS N10003 合金[已被美国机械工程师协会(ASME)标准收录为高温压力容器材料,ORNL 授权美国哈氏合金(Haynes)公司生产的商用名为 Hastelloy N 合金]。当采用氟盐作为冷却剂及燃料时,材料与氟盐的兼容性是结构材料选择的关键标准。1951—1952年,ORNL 对大量金属材料进行了氟盐静态腐蚀实验。实验发现,不锈钢材料制备的回路容易发生堵塞,而当时成熟的 Inconel 600 和 Hastelloy B 等合金也无法满足全部要求。随后,ORNL 开始基于 Ni - Mo 体系设计新型合金。到 1956 年,ORNL 最终确定了以 Ni - 17Mo - 7Cr 为主要成分的 Hastelloy N 合金。从 1961 年开始,随着 MSRE 项目的深入,Hastelloy N 合金的研发工作主要集中在对其耐熔盐腐蚀和力学性能的评价。Hastelloy N 合金具备优异的耐高温熔盐腐蚀性能(在 MSRE 燃料盐中浸泡超过 2 万小时后腐蚀深度小于 20 μm)、良好的高温力学性能及抗中子辐照特性[1]。该合金的综合性能基本达到实验堆结构材料 30 年的设计寿命要求。从 1965 年 MSRE 达到临界到 1969 年停止运行期间,Hastelloy N 合金为 MSRE 的成功运行做出了重要贡献[2]。然而,在对在线服役元件和辐照试样进行检测后,ORNL 发现该合金存在两个主要问题,这两个问题严重限制了更大功率熔盐增殖堆(MSBR)的发展。

第一个问题是氦脆。在核反应堆中,快中子轰击造成的合金材料离位原子损伤会在材料内部引入大量点缺陷(间隙原子和空位)。这些点缺陷大部分会复合湮灭或被位错线等缺陷阱捕获而消失,但存活的点缺陷会聚集形成位错环、团簇空洞等,从而阻碍位错线的移动,导致合金硬化/脆化,影响反应堆的长期安全运行。在熔盐堆系统中,氦脆是合金辐照损伤的主要问题。由于合金主元素镍(Ni)会通过嬗变反应生成氦(He)粒子并形成氦泡,同时合金中的杂质元素硼(B)也易与中子反应形成氦原子,进而形成氦泡。氦泡不仅能通过移动钉扎位错线的导致合金硬化/脆化,还会在晶界大量聚集长大,降低晶粒间结合力,直接导致合金脆化[3]。高温环境加剧了这一问题,因为氦原子在高温下更易扩散,促进氦泡长大,造成更严重的氦脆现象。因此熔盐堆用镍基合金的氦脆将严重制约堆芯镍基合金构件在更高温熔盐堆中的使用。

第二个问题是沿晶开裂。对大多数使用固态燃料的反应堆而言,核燃料应被封装在燃料包壳内以防止裂变产物泄漏,因此主要关注燃料包壳材料与裂变产物的相互作用。而在液态燃料熔盐堆中,裂变产物会在堆芯及第一回路管道中流动,直接接触大多数堆芯构件和堆容器。ORNL 在检测 MSRE 辐照监督样品及服役构件时,发现了 Hastelloy N 合金的沿晶开裂问题,后通过实验分析确定是熔盐中的裂变产物碲(Te)导致了合金的脆化开裂[4]。碲沿晶界扩散进入合金内部,降低晶界结合力,进而使合金在受力状态下产生沿晶开裂。碲脆化现象成为制约熔盐堆用合金材料发展的重要因素之一。熔盐实验堆在较低功率运行时,碲的产量较少,碲对合金的损伤可通过增加壁厚来解决。但随着熔盐堆向商业应用发展,功率的提升必将导致裂变产物的大量产出,碲的损伤效应将无法忽视。特别是对于换热器管道等薄壁构件,其使用寿命将缩短,安全性也将面临严峻挑战。因此,熔盐堆用合金的抗碲脆性能也亟待改善。

尽管镍基合金具有更优异的性能,但因其价格昂贵且大多未被收录进 ASME 核用材料标准,所以近年来不锈钢重新进入人们的视野。奥氏体不锈钢具有良好的高温力学性能和经济性,同时已获得 ASME 高温堆核用材料资质,因此成为熔盐堆重要的备选结构材料。然而,高温熔盐对材料的腐蚀是不锈钢应用于熔盐系统必须解决的关键问题,如果能通过熔盐净化、氧化还原性调控等技术降低不锈钢在熔盐中的腐蚀速率,或采取小型模块化设计实现关键结构件的定期可更换,那么选用不锈钢作为熔盐堆的合金结构材料也不失为一种合理的材料解决方案。目前,美国卡伊洛斯电力公司(Kairos Power)、丹麦哥本哈根原子公司(Copenhagen Atomics)正在尝试使用 316 不锈钢作为结构合金建造熔盐堆。

3.1.2 国产熔盐堆用镍基合金的研发状况

长期以来,UNS N10003 合金仅由美国 Haynes 公司进行全球垄断性商业化生产,且被美国政府列为核管制材料,需经许可才能出口。为确保我国核能发展的自主可控,中国科学院钍基熔盐堆核能系统(TMSR)先导专项在启动之初就开展了耐熔盐腐蚀合金的基础研究工作。自 2011 年起,在 TMSR 专项支持下,国内科研单位(中国科学院上海应用物理研究所、金属研究所)与制造企业紧密合作,在 UNS N10003 合金基础上,优化了合金中元素[如碳(C)和硅(Si)]含量,确定了均质化、加工窗口、焊接和热处理等关键工艺技术条件,最终实现了 GH3535 合金(国产 UNS N10003 合金)的规模化生产,主要研发及应用思路描述如下。

1) 合金成分的设计及优化

GH3535 合金以具有耐熔盐腐蚀性能的镍(Ni)元素为基体,主要添加元素包括钼(Mo)、铬(Cr)、铁(Fe)、碳(C)及硅(Si),各元素的作用如下。

钼原子主要固溶于合金的 γ 基体中。由于钼原子半径比镍、钴和铁大 $9\%\sim12\%$,能显著增大镍固溶体晶格常数,增大长程弹性应力场,从而增加阻碍位错运动的阻力并降低层错能,使屈服强度明显提高。同时,钼的加入促使

合金中形成大量 M_6C 型碳化物,这些细小弥散的碳化物也起到强化作用。此外,钼还能细化奥氏体晶粒,进一步提高屈服强度。研究表明,钼质量分数低于 15% 时合金高温强度不足,高于 22% 时合金显著脆化,因此确定最佳钼质量分数范围为 15%～18%。

铬在合金中的一个重要作用是抗氧化。在高温条件下,铬能促使合金表面形成一层 Cr_2O_3 型氧化物膜,赋予合金部件良好的抗氧化性能。虽然这种氧化膜无法在氟化物熔盐中稳定存在,且铬含量的提高会降低合金的耐熔盐腐蚀性,但保持合金的抗氧化性仍然必不可少。此外,铬溶于合金基体中也具有固溶强化作用,同时能降低固溶体堆垛层错能,显著提高高温持久强度。因此,优化合金中的铬含量,使合金既具有良好的抗氧化性,又具有优异的耐熔盐腐蚀性能,是非常必要的。研究发现,当铬质量分数在 6%～8% 范围内时,合金表现出最佳的抗氧化及耐熔盐腐蚀综合性能。

铁的添加不仅可以降低成本,它与镍的晶格常数相差 3% 所产生的晶格膨胀还能引起长程应力场,阻碍位错运动。同时,铁也能降低镍基奥氏体的堆垛层错能,有利于提高屈服强度,起到固溶强化作用。当铁质量分数低于 6% 时,对合金的物理性能影响可以忽略,因此最终确定铁质量分数范围为 3%～4.5%。

碳元素在合金中主要以碳化物形式存在。一次块状碳化物在液相凝固过程中析出,主要分布于晶界或枝晶间;二次碳化物则在时效过程或使用期间析出。晶界上析出的颗粒状不连续,二次碳化物能够阻碍晶界滑动和裂纹扩展,提高合金的持久寿命和延展性。碳含量对持久性能的影响最为显著,研究表明,当碳质量分数从 0.01% 增加到 0.03% 时,持久时间可提高到原先的 2～3 倍。

硅元素显著影响合金中碳元素的扩散行为,进而影响碳化物的形成及稳定性。然而,硅含量过高时会在晶界和晶内析出片状相,成为裂纹产生和扩展的通道。硅能提高合金中碳化物的稳定性,当热处理温度高于 1 180 ℃ 时,无硅的合金中碳化物会溶入基体,而含硅的合金中碳化物则保持稳定。此外,硅的含量还会影响合金中碳化物的类型,从而影响合金的组织和性能。硅的增加会抑制 M_2C 型碳化物的形成,同时促进 M_6C 型碳化物的析出。

2) 合金材料制备与成型技术

GH3535 合金是一种镍基固溶强化合金,其典型组织特征为奥氏体组织加碳化物。由于含有大量钼和相对较低的铬,该合金具有较高的强度和较低的耐氧化性,在加工过程中容易出现开裂,且裂纹扩展迅速。

GH3535 合金采用真空感应熔炼＋真空自耗双联冶炼工艺。均质化热处理是 GH3535 合金生产过程中的必要步骤。在试制过程中,铸锭中析出大量一次碳化物,导致成品型材中出现严重的链状碳化物。为改善碳化物的形貌和尺寸,提高合金的冷热加工性能,需要对铸锭进行扩散退火工艺研究。均质化热处理能有效改变碳化物的形态,使其从层片状转变为近球状。

由于 GH3535 合金中含有大量的脆性碳化物相,其热加工和冷加工都面临一定困难。常用的热加工方式包括锻造、热轧,冷加工方式包括冷轧、冷拔,这些加工过程都容易产生开裂。因此,热加工时需要将加热温度提高到比不锈钢更高的水平,以改善其热加工性能;冷加工时则采用小道次加工量的方式。当出现加工硬化导致加工难以进行时,通过回炉再次加热的方式恢复材料塑性。

熔盐堆用主容器筒节通常采用高精度环轧工艺制造,以提高材料的成材率并节约成本。主要工序包括开孔、扩孔、环轧、机加工等。由于合金锭型的限制,无法采用传统锻造工艺制造。基于同样的目的,为节约材料,封头采用板材热冲压成型工艺制造,其制造过程包括宽厚板制造、热冲压、整形与表面处理等步骤。制造过程遵循多火次制造工艺,当单次变形量无法达到设计尺寸时,需采用多次成型方式,各火次之间都需进行固溶热处理。

通过大量的基础研究及工业化实践,已经完成了 GH3535 合金板材、棒材、锻件、无缝管、环轧件等各类型材的规模生产与应用,一些典型的 GH3535 合金型材如图 3 - 2 所示。

图 3 - 2　典型的 GH3535 合金型材

3) 合金材料焊接成型技术

焊接是一种通过加热或加压方式将金属或其他材料连接起来的制造工艺。GH3535 合金主要采用钨极气体保护焊(GTAW)进行焊接,可采用手工或自动焊接方式,并使用高纯(纯度为 99.99%)氩气作为保护气体。

根据工件厚度的不同,需要选择相应的坡口形式:薄板(3~8 mm)采用双 V 形坡口;而较厚板材(8 mm 以上)在手工焊接时使用双 V 形坡口,自动焊接时则选用窄间隙双 U 形坡口。焊接前需要对工件表面进行严格的清理和检查,确保焊接区域清洁、无缺陷。

在焊接过程中,需要重点控制以下几个关键参数。

(1) 环境条件:保持车间清洁,环境温度不低于 5 ℃,相对湿度低于 90%;

(2) 焊接工艺:单层焊道厚度控制在 2 mm 以内,且尽量一次性完成;

(3) 温度控制:层间温度维持在 93 ℃以下,可使用风冷但避免液体冷却;

(4) 保护措施:需要充分的气体保护,确保焊缝质量。

焊接完成后,通常需要进行焊后热处理。热处理可采用热处理炉或电红外加热等方式,目的是改善焊接接头的性能。热处理过程要严格控制温度和时间,确保焊件均匀受热,处理范围应覆盖焊缝区、熔合区、热影响区及其附近母材。

通过合理的焊接工艺和严格的过程控制,可以确保 GH3535 合金焊接接头的质量和性能满足熔盐堆苛刻的服役要求。

3.1.3 熔盐堆用新型镍基合金的研发趋势

随着新一代高温熔盐反应堆技术的深入发展,其建设目标瞄准了能效更高、满足多能融合需求的新一代熔盐堆。为实现高温制氢等高效率能源转换过程,熔盐堆需要在 800 ℃以上运行,这对合金材料的耐高温性能提出了更为严峻的挑战。因此,在 UNS N10003 合金的基础上开发能在更高温度下长期服役的新型熔盐堆用合金,已成为我国熔盐堆技术发展的关键领域之一。

提升熔盐堆用合金耐高温性能主要有两种技术路线:一是在 UNS N10003 中引入 γ' 相(Ni$_3$Al)等第二强化相;二是优化固溶元素的种类和含量。以单晶高温合金为代表的时效沉淀强化型镍基合金虽然能满足 850 ℃的服役要求,但其中的第二相在长期高温服役过程中会发生粗化而失效。考虑到熔盐堆用结构材料的服役周期通常需要 10 年以上,采用沉淀强化相的方案并不适合熔盐堆系统。因此,采用单一固溶强化机制,以钨元素替代钼作为主要固溶强化元素,从而提升合金的高温服役性能,是很有希望的新型镍基合金研发策略。Ni-W-Cr 新型合金成分的确定综合考虑了熔盐腐蚀、高温力学性能和中子辐照三个关键因素。

(1) 从熔盐腐蚀性能考虑,通过吉布斯自由能可以分析发现,钨的氟化物具有较高的吉布斯自由能,表明其比钼和镍具有更优异的耐熔盐腐蚀性能。从扩散动力学角度看,如图 3-3 所示,钨在镍基体中的扩散速率仅为钼的 1/10 左右[5],而铬则是扩散最快的元素。综合吉布斯自由能和扩散动力学分析表明,钨的耐熔盐腐蚀性能应显著优于钼。

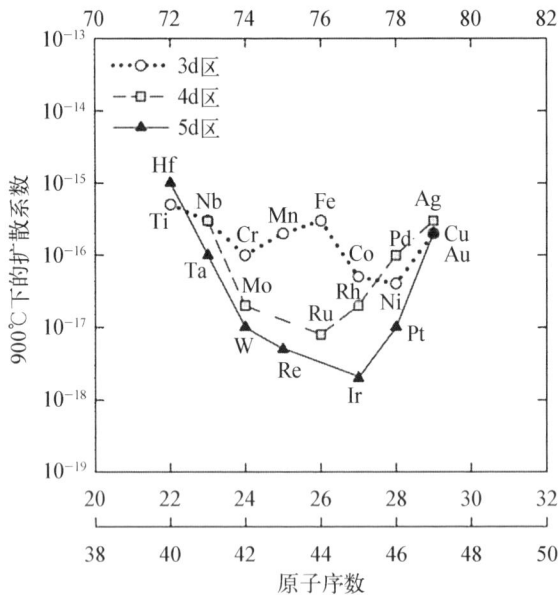

图 3-3　900 ℃过渡族元素在镍基体中的扩散系数

(2) 从高温力学性能角度分析,钨掺杂的 γ/γ′ 晶界断裂能高于钼掺杂体系,这意味着钨对镍基合金具有更显著的强化效果[6]。研究表明,Ni-Cr-W 合金的高温蠕变强度随钨含量增加而提高,这与材料高温蠕变性能与扩散激活能正相关的理论相符。较高的扩散激活能意味着更慢的元素扩散速率,从而带来更优异的高温蠕变性能。然而,作为固溶强化型合金,还需考虑钨在镍基体中的固溶极限。当铬质量分数为 6% 时,钨的固溶极限约为 34.66%,这为新型合金的钨含量设定了上限。虽然在固溶范围内可通过提高钨含量来改善合金的高温力学性能,但需要权衡钨含量增加对合金加工性能和焊接性能的潜在影响。

(3) 从抗辐照性能角度看,钨由于具有较大的原子质量和较低的扩散速率,表现出比钼更高的离位能。这一特性已在聚变堆第一壁材料的选择中得到验证,其中钨及钨合金被认为是理想的候选材料。合金中钛等元素形成的弥散细小 MC 型碳化物是抑制辐照氦脆的关键因素。研究发现[7],钨的掺入能促进形成更细小且分布更均匀的 MC 型碳化物。从热力学角度分析,(Mo、W、Ti)C 碳化物较(Mo,Ti)C 碳化物更容易形成。此外,WC/Fe 界面的化学界面能低于 TiC/Fe 和 MoC/Fe 体系,这一趋势在镍基体系中可能同样适用[8]。根据奥斯瓦尔德(Ostwald)熟化理论,结合钨较低的扩散系数,(W,Ti)C碳化物将表现出优于 TiC 碳化物的热稳定性,有效抑制碳化物的粗化行为。

在确定 Ni-W-Cr 作为新型合金体系后,TMSR 团队通过系统的实验研究对合金成分进行了优化,并对优化后合金的综合性能进行了全面评估。如图 3-4 所示,Ni-W-Cr 合金的拉伸性能随钨含量增加而提升,其中钨的质量分数为 26% 的合金表现出优于 Hastelloy N 的拉伸性能,且在各测试温度下均显示出显著优越的持久寿命。基于这些结果,确定了以 Ni-26W-6Cr 为基础成分的 GH3539 合金。该合金具有均匀的组织结构,晶粒尺寸控制在 $20\sim30~\mu m$ 范围,主要析出相为(Ni、W、Mo)$_6$C 型碳化物。在温度为 800 ℃和 850 ℃下的熔盐腐蚀试验结果表明[9-10],GH3539 合金的耐腐蚀性能优于 Hastelloy N。初步辐照实验显示[11],在 3 dpa 的辐照损伤下,新型合金的辐照硬化率仅为 Hastelloy N 的一半,充分证明了 GH3539 合金作为 850 ℃熔盐堆结构材料的应用潜力。目前 GH3539 合金已实现吨级铸锭及相应型材的规模化制备,后续研发工作将重点关注钛(Ti)、铌(Nb)等微量元素含量的优化以及长期服役性能的系统评估。

为了进一步提高镍基合金的耐高温力学性能和抗辐照性能,除了研发以钨元素替代钼的 GH3539 合金外,还可以在镍基合金中加入弥散强化纳米颗粒。这包括通过添加 Y_2O_3 纳米颗粒制造氧化物弥散强化(ODS)镍基合金,或添加 SiC 纳米颗粒制造碳化物弥散强化(CDS)镍基合金。这些新型弥散强化镍基合金需要重点评估高温力学性能、抗辐照性能及耐熔盐腐蚀三个关键特性。

(1) 从高温力学性能的角度分析,弥散强化是通过在合金基体中添加均

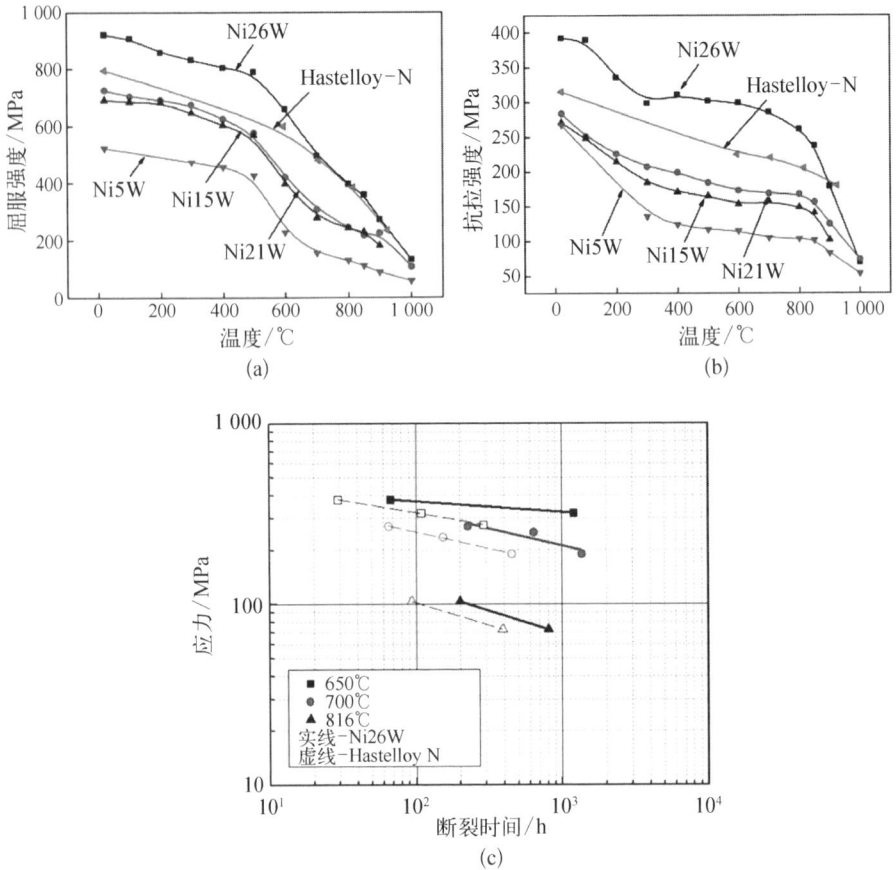

图 3-4 Ni-xW-6Cr 合金在不同温度下的综合性能评估

(a) 屈服强度;(b) 抗拉强度;(c) 持久寿命比较

匀分布的大量第二相颗粒来实现的。这些颗粒能够有效钉扎位错移动和限制晶界滑移,从而增强基体的力学性能。在外力作用下,位错向晶界移动时会受到弥散颗粒的阻碍而被钉扎在晶粒内部。只有当外力增大到足够程度时,位错才能通过绕行或剪切方式继续向晶界移动。当第二相颗粒在基体晶粒内均匀分布且尺寸较小时,不仅能显著提高合金的力学强度,还能保持良好的塑性和韧性。实验证明,在弥散纳米颗粒的作用下,ODS 镍基合金和 CDS 镍基合金在室温和高温下的强度较 GH3535 合金提升了 20%,同时保持了良好的塑性[12-14]。

(2) 从抗辐照性能角度考虑,中子辐照嬗变产物氦引起的镍基合金高温辐照脆化是一个重要问题。抑制镍基合金的高温氦致肿胀是 ODS 镍基合金和 CDS 镍基合金研发中的重点考虑因素。由于这些合金中纳米颗粒与镍基体的界面处于较低的能态,这些界面能够有效捕捉氦原子,从而减少氦泡生长所需的氦原子,抑制氦泡的长大[12,14]。氦离子(He$^+$)辐照实验结果显示,在每平方厘米 5×10^{16} 个氦离子辐照剂量下,ODS 镍基合金的氦致肿胀率比 GH3535 合金降低了 70%[13],充分证明了 ODS 镍基合金优异的抗氦致肿胀性能。

(3) 从耐熔盐腐蚀性能来看,CDS 镍基合金中添加的耐熔盐腐蚀 SiC 纳米颗粒对其整体耐熔盐腐蚀性能影响不大,与 GH3535 合金相近。考虑到热力学变化 $[Y_2O_3 + 6HF(g) \Longrightarrow 2YF_3 + 3H_2O(g)$,$\Delta G^\theta = -276.1$ kJ/mol$(650\ ℃)]$,添加的 Y_2O_3 可能被熔盐选择性溶解,这使得 ODS 镍基合金的耐熔盐腐蚀性能尤为重要。评估结果表明,该合金在纯熔盐腐蚀环境下的性能与 GH3535 合金相当。更值得注意的是,在 He$^+$ 离子辐照腐蚀环境下,ODS 镍基合金展现出更优越的耐辐照腐蚀性能。这种优势源于合金中 Y_2O_3 纳米颗粒和基体界面能够捕获从基体向外扩散的铬,形成含铬氧化物,有效阻止了铬的进一步溶解。此外,由于 ODS 镍基合金在 He$^+$ 辐照后产生的氦气泡体积分数较低,这也减轻了氦气泡引起的腐蚀效应。

这些研究结果都表明弥散强化镍基合金作为未来熔盐堆用结构材料具有广阔的应用前景。新型弥散强化镍基合金的后续研发工作将重点通过改进和优化制备工艺,实现百千克级高塑性合金及控制棒套管的制备,并对合金的长期服役性能进行系统评估。

3.2　碳基材料

碳基材料具有优异的性能,在核反应堆中有悠久的应用历史。其中核石墨是优良的中子慢化体材料,C/C 复合材料以及 SiC/SiC 复合材料具有良好的强度、高温性能,在熔盐堆中具有非常良好的应用潜力。熔盐堆对碳基材料性能的需求与别的反应堆不同,需重点关注抗熔盐浸渗、腐蚀等问题,因此对碳基材料的制备工艺提出了新的要求。

3.2.1　熔盐堆用核石墨特性及需求

石墨具有化学性质稳定、可加工性强、耐高温、导热性好等优点,同时有较高的中子散射截面和极低的中子吸收截面,使其成为中子慢化和反射的理想材料,在核反应堆的发展历史中扮演着重要角色[15]。核石墨材料广泛用于各种实验堆、生产堆以及核电站中,其中 Magnox,AGR 等石墨堆型在英国的核电市场占主要份额,俄罗斯及东欧地区也广泛采用 RBMK 这种石墨堆电站。在第四代反应堆的六种堆型中,高温气冷堆和熔盐堆这两种堆型均采用核石墨作为中子慢化体和反射体材料。在熔盐堆中,核石墨作为反应堆的中子慢化体和反射体,同时也构成了燃料熔盐的通道以及控制棒通道,是一种至关重要的材料。熔盐堆对核石墨的要求与其他类型的反应堆有共性也有特性。共性方面包括常规性能和辐照行为等要求,特性方面主要是与熔盐相容性相关的问题。

1) 核石墨的常规性能要求

核石墨的常规性能是其重要指标,对核石墨常规性能的要求与其在反应堆中所扮演的角色是分不开的。对核石墨的常规性能要求可总结为四高三低,即密度高、纯度高、强度高、热导率高,热膨胀率低、模量低以及各向异性系数低。其中密度高可以减小慢化体的体积,一般要求核石墨的密度高于 $1.75~\mathrm{g/cm^3}$。纯度高是为了减少石墨中的杂质吸收中子,以提高反应堆的中子经济性,同时降低核石墨退役时的放射性活度。热导率高是为减小石墨中的温度梯度,从而减小热应力,同时较高热导率的核石墨也被证明有较好的石墨化度。高强度、低模量以及低热膨胀率都是为提高石墨堆芯结构的稳定性而提出的要求。低的各向异性系数既针对核石墨的力学、热学性能,也针对核石墨的辐照行为,低的各向异性系数可以提高石墨堆芯的结构稳定性,降低石墨堆芯的设计难度。

在核石墨的常规性能要求中,除了对这些性能数值的优异性有要求外,还要求确保核石墨的性能稳定。由于生产工艺的原因,核石墨的常规性能有一定的波动,这些性能的波动对其在堆芯中的应用影响比较大。例如,由于力学强度的不均匀性,导致石墨堆芯的失效位置往往难以准确预测。特别是近些年来,反应堆的安全性评估要求对石墨堆芯进行力学分析,而核石墨性能的不均性以及不一致性,使得堆芯的力学分析变得异常困难。为了提高核石墨性能的均匀性与一致性,目前已经形成了一套完整的方法来评价核石墨的均匀性和一致性。

2) 核石墨的辐照尺寸稳定性要求

在一般情况下,反应堆的核石墨堆芯难以更换,即使可更换,更换成本也较高。因此核石墨堆芯的寿命通常决定了反应堆的寿命。为提高反应堆的经济性,反应堆对核石墨除了常规性能的要求以外,还对核石墨的辐照稳定性提出了较高的要求,特别是在熔盐堆有较高的功率密度的情况下。核石墨在反应堆中的快中子辐照下,其尺寸、力学性能、热学性能都会发生较大的变化,典型变化规律如图 3-5 所示。辐照尺寸变化对反应堆堆芯的整体结构影响较大,是堆芯中应力的主要来源。同时,核石墨的其他性能变化也与其辐照尺寸变化密切相关。因此,石墨的辐照尺寸稳定性成为核石墨辐照行为受关注的重点[16-19]。

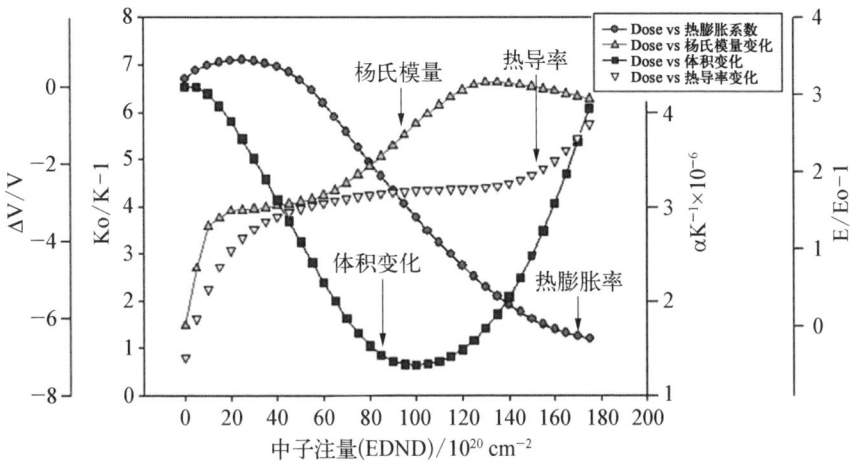

图 3-5　英国 Gilsoncarbon 核石墨中子辐照行为曲线

3) 熔盐堆对核石墨的特殊要求

除了反应堆对核石墨的共性要求,熔盐堆对核石墨也有特殊要求。由于生产工艺的原因,核石墨具有大量的孔隙。在服役过程中,核石墨和液态燃料熔盐直接接触,熔盐可能会浸渗进入核石墨中,对反应堆产生诸多影响。其一,由于熔盐堆中堆芯石墨占总体积很大,而石墨孔隙占石墨体积为 10%～20%,能浸渗到石墨中的熔盐体积是非常大的,这很可能会影响熔盐堆的燃料装载量。其二,熔盐在石墨中的浸渗过程是伴随石墨孔中气体的扩散进行的,会是一个缓慢的过程,这对反应堆的控制是非常不利的。其三,燃料熔盐浸渗到石墨的孔中,并发生裂变,其高能裂变碎片将对石墨产生非常严重的辐照效应;同时,由于通过浸渗进入石墨微孔中的熔盐流动性很差,燃料盐裂变产生的能量不容易被带走,会使石墨的局部温度升高,从而加剧辐照的影响。最后,熔盐浸渗后的石墨性能也会有较大的改变。核石墨在熔盐堆中服役时还有一个问题是熔盐中的气体可能扩散到石墨孔隙中,这些气体包括高温下各种气态的裂变产物,比如 Xe、I 等,以及各种气态的化合物,特别是氟化物。其中,Xe 在石墨中的扩散可能影响反应堆的中子经济性。

由于这些原因,熔盐堆对核石墨提出了高致密、细孔径的要求,一方面阻隔熔盐的浸渗,另一方面还希望可以减少气态物质的扩散。这个要求在其他反应堆中是没有的。目前大部分的核石墨材料都是为高温气冷堆发展出来的,其表面孔径较大,难以阻隔熔盐的浸渗,在 2 atm(1 atm=1.01×10^5 Pa)的压强下熔盐在典型气冷堆核石墨中的分布如图 3-6 所示。由图可以看到在这个压强下大量熔盐浸入核石墨的孔隙中。因此气冷堆核石墨并不适合作为熔盐堆的慢化体石墨材料[20]。

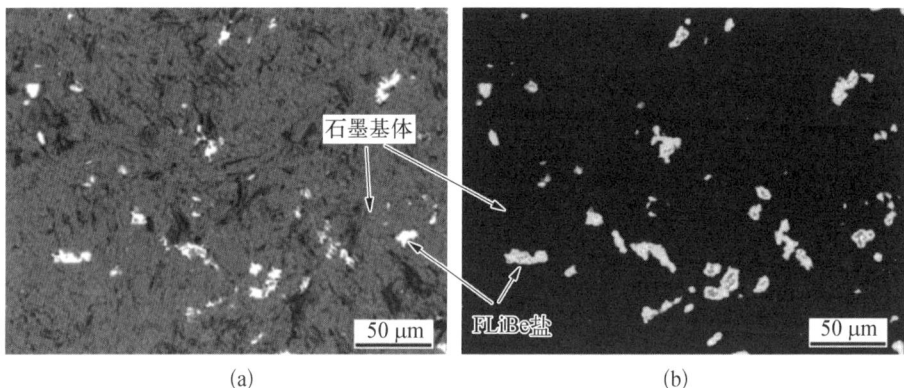

图 3-6 FLiBe 盐在气冷堆石墨中的分布

实验证明,石墨与熔盐是非浸润体系,只要石墨的孔径足够小,其毛细管压力便可以阻隔熔盐浸入核石墨材料中。因为石墨生产工艺过程中在焙烧等工艺步骤中产生的大量气体需要从石墨的孔隙中排出。所以孔径越小的石墨生产越难,成本越高。因此,熔盐堆的核石墨不能要求孔径过小,否则在生产过程中会遇到很大困难。为了确定多大孔径的石墨可以满足在熔盐堆条件下阻隔熔盐的要求,需要开展熔盐在核石墨中的浸渗实验。从典型的熔盐在核石墨中的浸渗曲线与压汞浸渗曲线的对比结果(见图 3-7)[20]中可以看出,熔盐在核石墨中的浸渗与汞在核石墨中的浸渗存在一定的关联。大量数据表明,熔盐浸渗曲线乘以一个系数后可以大致与汞在石墨中的浸渗曲线重合,这为初步筛选满足阻隔熔盐浸渗的石墨提供了便利。实验表明,当核石墨的孔径小于 0.9 μm 时,可以阻隔压强大于 5 atm 的 FLiBe 熔盐浸渗。

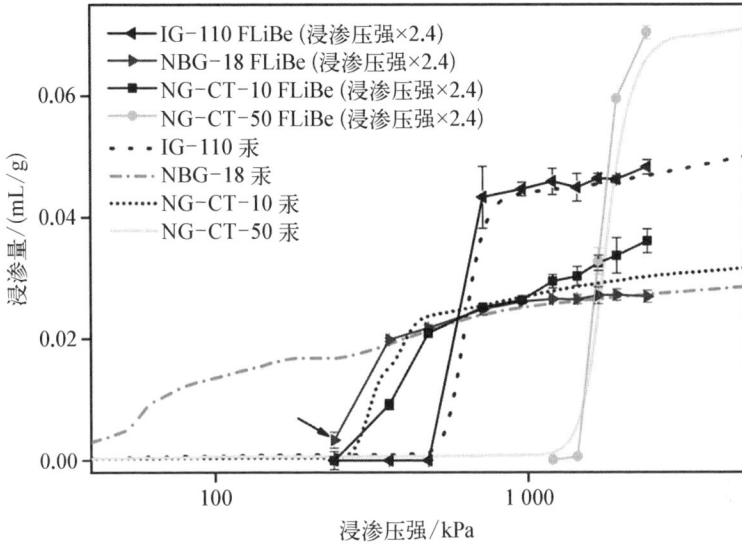

图 3 - 7　典型核石墨在 FLiBe 熔盐中的浸渗曲线与压汞浸渗曲线的对比

4）熔盐堆核石墨尚需研究的问题

核石墨在熔盐堆中的服役行为目前研究还较少,还有许多问题尚待研究,比如熔盐中成分在核石墨中的扩散问题。美国在 MSRE 的研究中便观察到熔盐中的成分会以气体的方式扩散到石墨中去,但扩散的深度较浅、扩散的量比较少,被认为只可能影响核石墨退役时的放射性活度水平[21],但这些扩散行为的规律还有待进一步研究,以满足目前的相关法规。其他问题,比如裂变碎片的辐照对核石墨中的裂纹扩展行为的影响,快速流动的熔盐对核石墨的冲蚀等也可能是熔盐堆核石墨进一步发展所需要关注的问题。

3.2.2　高致密核石墨的研发

传统核石墨不能满足熔盐堆对石墨阻止熔盐和裂变产物扩散的要求。美国橡树岭国家实验室熔盐实验堆 MSRE 慢化体石墨为 CGB 核石墨,该石墨采用煤沥青作为黏结剂,石油焦作为骨料,挤出成型工艺制备,生产过程中采用了多次浸渍以实现较低的熔盐渗透性[22]。CGB 核石墨的平均孔径小于 $0.5~\mu m$,满足 MSRE 对核石墨的基本要求,坯料尺寸为 63.5 mm×63.5 mm×1 828.8 mm,其性能见表 3 - 1[23]。石墨本身表面存在裂纹,较强的各向异性也无法满足商用反应堆辐照寿命的要求,20 世纪 70 年代后该型号石墨停产。

表 3-1　美国橡树岭 MSRE 中堆芯核石墨 CGB 的性能

物理性能		体积密度/(g/cm³)		1.83~1.89
物理性能	孔隙率	开孔率/%		7.9
物理性能	孔隙率	闭孔率/%		9.8
物理性能	孔隙率	总孔隙率/%		17.7
物理性能	热导率,W/mK	WG(20℃)		201
物理性能	热导率,W/mK	AG(20℃)		109
物理性能	热膨胀率,10^{-6}/℃	WG(20℃)		1.01
物理性能	热膨胀率,10^{-6}/℃	AG(20℃)		3.06
物理性能	对 He 的渗透系数(21℃)/(cm²/s)			3×10^{-4}
物理性能	1MPa 吸盐量/vol%			0.20
力学性能(20℃)	拉伸强度/MPa	WG		30.3
力学性能(20℃)	拉伸强度/MPa	AG		22.1
力学性能(20℃)	弯曲强度/MPa	WG		31.7
力学性能(20℃)	弯曲强度/MPa	AG		23.4
力学性能(20℃)	弹性模量/GPa	WG		20.68
力学性能(20℃)	弹性模量/GPa	AG		10.34
力学性能(20℃)	抗压强度/MPa			59.3

注：WG(with grain),样品长轴方向；AG(against grain),样品短轴方向。

　　2 MW TMSR 实验堆对石墨的基本要求是最概然孔径不大于 0.9 μm,但目前国外在售的孔径不大于 0.9 μm 的石墨为严格管制材料,主要有日本东洋炭素有限公司的 HPG-510,德国西格里集团 R8710 和美国 POCO 公司的 AXF-5Q,ZXF-5Q 等。如表 3-2 所示,小孔径石墨性能优异,但 AXF-5Q 可提供石墨最大规格 100 mm×300 mm×1 000 mm,其他厂家石墨坯料至少一个方向规格低于 190 mm,无法满足熔盐堆设计需求。

表 3-2　美国 POCO 小孔径石墨的主要性能参数[24]

性 能 参 数	ZXF-5Q	AXF-5Q
原料粒径/μm	1	5
平均孔径/μm	0.3	0.8
孔隙率/%	20	20
密度/(g/cm^3)	1.78	1.78
抗压强度/(N/mm^2)	175	138
抗弯强度/(N/mm^2)	112	86
热膨胀系数/(10^{-6}℃$^{-1}$)	8.1	7.9
热导率/[W/(m·K)]	70	95
最大供货尺寸/(mm×mm×mm)	50×200×610	100×300×1 000

　　在 TMSR 先导专项的支持下,中国科学院联合国内企业,共同开展了熔盐堆高性能核石墨研发和工程放大,最终实现了国产亚微米孔核石墨 NG-CT-50 的批量生产供货。成都方大炭炭复合材料股份有限公司完成了 350 mm×600 mm×1 400 mm 规格核级石墨批量制备及工艺固化,其性能如表 3-3 所示。图 3-8 为 350 mm×600 mm×1 400 mm 规格亚微米孔石墨坯料、构件及熔盐仿真堆预组装件。

表 3-3　NG-CT-50 大规格制品性能检测结果

序号	性 能 指 标	单 位	平均值	标准差
1	密度	g/cm^3	1.798	0.005 9
2	最概然孔径	μm	0.726	0.065
3	平均孔径	μm	0.118	0.009
4	抗拉强度	MPa	26.75	1.86
5	抗压强度	MPa	81.29	4.00

（续表）

序号	性 能 指 标	单 位	平均值	标准差
6	抗弯强度	MPa	38.87	2.63
7	弹性模量	GPa	10.78	0.34
8	断裂韧性 K_{IC}	MPa·m$^{1/2}$	0.75	0.016
9	抗拉强度两参数威布尔分布形状因子 $m_{95\%}$[①]	—	14.57	
10	抗拉强度两参数威布尔分布特征强度 $S_{C,95\%}$[②]	MPa	27.26	
11	热膨胀系数(室温到600℃)	$10^{-6}℃^{-1}$	3.282	0.118
12	热膨胀系数各向异性系数	—	1.056	—
13	室温热导率	W/(m·K)	95.10	2.40

图3-8　350 mm×600 mm×1 400 mm 规格亚微米孔石墨及熔盐仿真堆组装件

---

① $m_{95\%}$ 表示95%置信水平的威布尔分布形状因子。

② $S_{C,95\%}$ 表示95%置信水平的威布尔分布特征强度。

针对传统小孔径石墨多次浸渍-碳化造成的坯料内外结构性能不均匀、易掉粉、生产周期长、成本高和耐辐照性差等缺点,采取液相混合工艺实现焦粉和填料均匀混合,不需要多次浸渍,利用坯料体积收缩达到细化孔径和提高致密度的目的,在国内率先研发成功性能优异的熔盐堆用不浸渍亚微米孔石墨产品,河南五星新材料科技有限公司完成了 200 mm×400 mm×1 000 mm 规格中试产品试制生产和性能评估,各项性能指标满足熔盐堆要求,部分数据如图 3-9 和表 3-4 所示,并将开展 400 mm×600 mm×2 000 mm 规格不浸渍石墨工程化放大试制工作。

表 3-4 不浸渍石墨关键性能与 IG-110 核石墨的比较

序号	性 能	单 位	IG-110	不浸渍石墨
1	密度	g/cm³	1.78	1.78
2	最概然孔径大小	mm	1.84	0.89
3	抗压强度	MPa	78	112.3
4	抗弯强度	MPa	39.2	69.7
5	热膨胀系数(室温到 600 ℃)	$10^{-6}℃^{-1}$	4.5	5.2
6	各向异性度 α_{AG}/α_{WG}	—	1.08	1.03
7	热导率	W/(m·K)	116	106.8

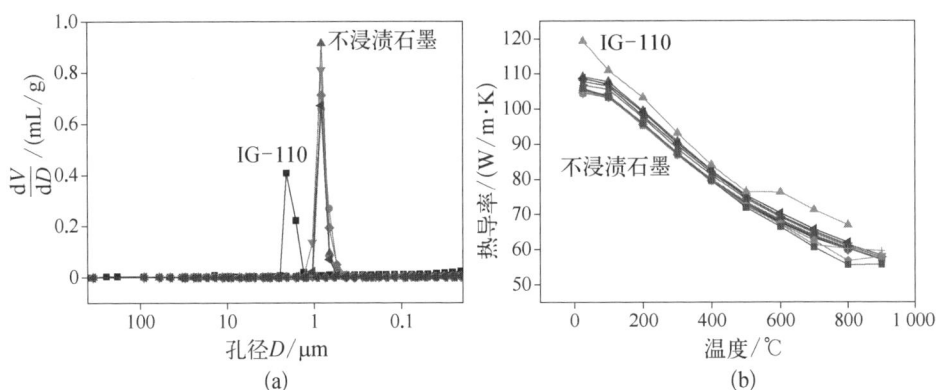

图 3-9 不浸渍亚微米孔石墨孔径分布及热导率

(a) 孔径分布;(b) 热导率

气体裂变产物如氙、氪等扩散进入石墨同样会引起局部过热,产生裂纹,降低反应堆慢化体寿命、功率密度和中子利用率。MSRE 运行后期,最重要的裂变产物氙毒的去除成为石墨研究和研发的核心内容,其中以石墨表面涂层工艺研究为主。根据 ORNL 等机构研究,要实现熔盐堆增殖,石墨气体扩散系数(氦气)应该低于 $10^{-8}\,\text{cm}^2/\text{s}$。中国科学院对石墨表面涂层也进行了系统的研究工作,图 3-10 为石墨表面热解炭涂层,表 3-5 列出了涂层石墨的关键技术指标。经不断改进和放大,热解炭涂层整体性好,各向异性热解炭涂层(A-PyC)体积密度约为 $1.90\,\text{g}/\text{cm}^3$,结构致密,开孔率仅为 1.2%,远低于传统核石墨 IG-110 开孔率的 18.4%,可以完全阻隔熔盐浸渗,降低气体渗透至 $10^{-8}\,\text{cm}^2/\text{s}^{[25]}$。

图 3-10　石墨表面各向异性热解炭涂层(左)与各向同性热解炭涂层(右)

表 3-5　ISO-PyC、A-PyC 与 IG-110 石墨的性能比较

性能指标	单　位	ISO-PyC	A-PyC	IG-110
体积密度	g/cm^3	1.78	1.90	1.77
气体渗透率	cm^2/s	10^{-7}	10^{-8}	10^{-2}

（续表）

性能指标	单　　位	ISO - PyC	A - PyC	IG - 110
开孔率	%	3.9	1.2	18.4
未纯化灰分	10^{-6}	50	20	≥600

　　经过十余年的发展,熔盐堆核石墨"从无到有""从小到大""从实验室试制到规模生产",初步满足了熔盐堆对核石墨材料的基本需求。但是熔盐堆专用亚微米孔石墨与传统核石墨存在较大差异。骨料粒径降低、多次浸渍和孔径减小造成的内外结构性能不均匀、断裂韧性低、易掉粉、辐照稳定性降低、生产周期长、成品率低、成本高等问题,以及缺乏针对熔盐堆亚微米孔石墨的专有评估测试标准规范,是熔盐堆石墨商业堆应用将面临的巨大挑战。针对上述问题,未来需加快不浸渍石墨、表面致密化石墨和无黏结剂均质纳米孔石墨等新型石墨的研发改进和工程放大,开展熔盐堆专用亚微米孔核石墨的辐照筛选、服役性能评估及标准规范体系建立等工作。

3.2.3　熔盐堆用新型碳基复合材料的研发

　　碳基复合材料在比强度、中子吸收截面及熔盐相容性方面都呈现出优异的性能,是熔盐堆重要的候选结构材料。当前适用于熔盐堆的碳基复合材料主要有两种: C/C 复合材料和 SiC/SiC 复合材料。C/C 复合材料和 SiC/SiC 复合材料分别以碳或 SiC 纤维及其织物为增强材料,以碳或 SiC 为基体,通过加工/碳化处理制成碳基复合材料。在复合材料的研发过程中,需要建立预制体结构、制备工艺、微观结构、材料性能之间的本构关系,确定复合材料的设计,最终通过工艺优化迭代研制复合材料堆芯构件,实现复合材料在熔盐堆中的应用。

　　1) C/C 复合材料

　　C/C 复合材料是以碳(或石墨)纤维及其织物为增强材料,以碳(或石墨)为基体,通过加工处理和碳化处理制成的全碳质复合材料,是一种具有重要战略意义的结构和功能一体化材料。在核用领域方面,C/C 复合材料因具有优异的热力学性能、特别低的中子激活、低原子序数以及很高的熔点和升华温度(>3 500 ℃)等特点,而特别适合应用于核聚变反应堆,西方国家也很早开展了碳纤维在核用领域的工程应用研究[26]。美国 ORNL 在 21 世纪初向美国能源部提交了"第四代核能系统集成材料技术项目计划",将 C/C 复合材料作为一种新型的核材料列入其中[27];劳伦斯利弗莫尔国家实验室(LLNL)和洛斯阿拉莫斯国家实验室(LANL)也预示了未来 C/C 复合材料在熔盐堆中的应用;ORNL 和桑迪亚国家实验室(SNL)对其应用于熔盐堆的前景开展了系列研究,如热交换器[见图 3-11(a)、(b)]、控制棒套管[见图 3-11(c)]等组件[28]。中国科学院上海应用物理研究所也针对 GH3535 合金控制棒套管中子经济性及抗辐照能力不足的问题,开展了熔盐堆用 C/C 复合材料控制棒套管原理样件的研制,解决了大长径比 C/C 复合材料构建制备的关键技术难题,并获得材料的常规性能数据、气密性、熔盐浸渗特性和连接性能。

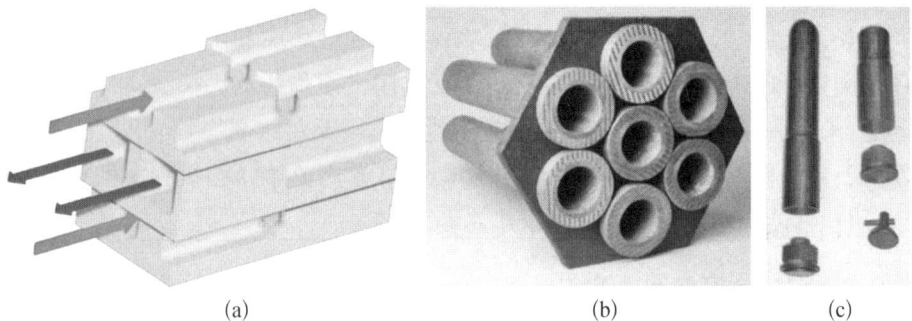

(a)   (b)   (c)

图 3-11 C/C 复合材料部件研发

(a) 平板式热交换器;(b) 管状热交换器;(c) 控制棒套管

C/C 复合材料的制备工艺流程主要有,增强碳纤维的选择、C/C 复合材料预制体的成型和预制体的致密化等。针对 C/C 复合材料在核能领域方面的研究表明,以下四个方面的关键要素在核用 C/C 复合材料开发中需要重点关注。

(1) 碳纤维遴选与开发:碳纤维的性能将一定程度上决定 C/C 复合材料的综合性能,因此遴选和开发更耐辐照的碳纤维至关重要。研究发现,中子辐照后的碳纤维沿其长度方向发生收缩,而纤维直径先收缩后膨胀[29-30]。当前针对不同的应用场景可以根据需要选择相应的碳纤维,而目前并没有针对核反应堆专用的碳纤维,因此在熔盐堆用复合材料构件研发过程中,碳纤维的遴选过程至关重要。

(2) 预制体成型:需要根据具体应用的构件特点及要求,综合考虑纤维的排布、排列方式、均匀性和纤维的体积含量。

(3) 致密化处理:通常采用化学气相沉积(CVI)和液相浸渍(LPI)工艺相

结合,可显著提高 C/C 复合材料密度。

(4) 表面封孔:表面封孔处理可以显著减小 C/C 复合材料表面微孔孔径尺寸及通孔比例,以降低熔盐在复合材料中的浸渗。

将 C/C 复合材料应用于控制棒套管等熔盐堆关键部件的制备,还面临设备尺寸限制和材料性能可能不均等问题,需综合考虑纤维选择、工艺优化和尺寸控制,特别是关注抗辐照性能优异的增强纤维,采用多向增强结构以提高套管的各向同性,并通过基体增密工艺提升材料致密性。此外,还需要对 C/C 复合材料的抗辐照肿胀性能进行评估,确认 C/C 复合材料在高温、辐照、熔盐腐蚀等服役环境下的力学性能演化,并明确 C/C 复合材料在服役生命周期内的腐蚀状态,确保腐蚀后的综合性能依然符合设计要求。

2) SiC/SiC 复合材料

SiC/SiC 复合材料是连续 SiC 纤维增强碳化硅基复合材料,由 SiC 纤维、界面层和 SiC 基体组成。SiC 纤维是主要的承力部分,主要发挥增强、增韧的作用。界面位于纤维与 SiC 基体之间,具有保护纤维(在制备过程中抑制或防止物理和化学作用对陶瓷纤维的损伤)、缓解残余热用力、传递载荷(当复合材料受到外部载荷时,通过基体将载荷传递给纤维)的作用。SiC/SiC 复合材料的化学物质为 SiC,其中碳和硅元素在周期表中属于 ⅣA 族,碳和硅原子通过结合 sp^3 杂化轨道的方式形成 SiC_4 和 CSi_4 四面体结构。SiC 材料有多种同质异构体,已发现的碳化硅同素异构体有 250 种以上,按照构型主要分为 α - SiC 和 β - SiC。β - SiC 只有一种构型,为立方体结构 SiC,通常也称为 3C - SiC,是闪锌矿结构。其余的六方(H)和斜方(R)型结构的碳化硅为 α - SiC,如:2H - SiC、4H - SiC、6H - SiC、15R - SiC 等。图 3 - 12 所示是 SiC 的几种常见晶型结构。当制备温度低于 1 600 ℃时,SiC 主要以 β - SiC 的形式存在;当制备温度高于 1 600 ℃时,β - SiC 会缓慢转变为 α - SiC;当温度高于 2 100 ℃时,大部分会转变为 15R 和 6H SiC。在 SiC 中,共价键占 88%,离子键占 12%。

SiC/SiC 复合材料具有优异的抗辐照稳定性,在聚变堆、超高温反应堆、液态金属反应堆、高温气冷堆、熔盐堆和水堆中具有广泛的应用前景,可以被用于燃料包壳、控制棒导管、热交换器等,图 3 - 13 为超高温堆型中 SiC/SiC 控制棒套管原型件。日本福岛核事故之后,日本及国际各研究机构开始研究采用 SiC/SiC 复合材料燃料包壳的可行性。随后,日本、美国、法国等国家均开始研究 SiC/SiC 复合材料在燃料包壳、控制棒套管和热交换器等结构部件中应用的相关问题。目前,我国也在积极地部署 SiC/SiC 复合材料压水堆燃料包壳

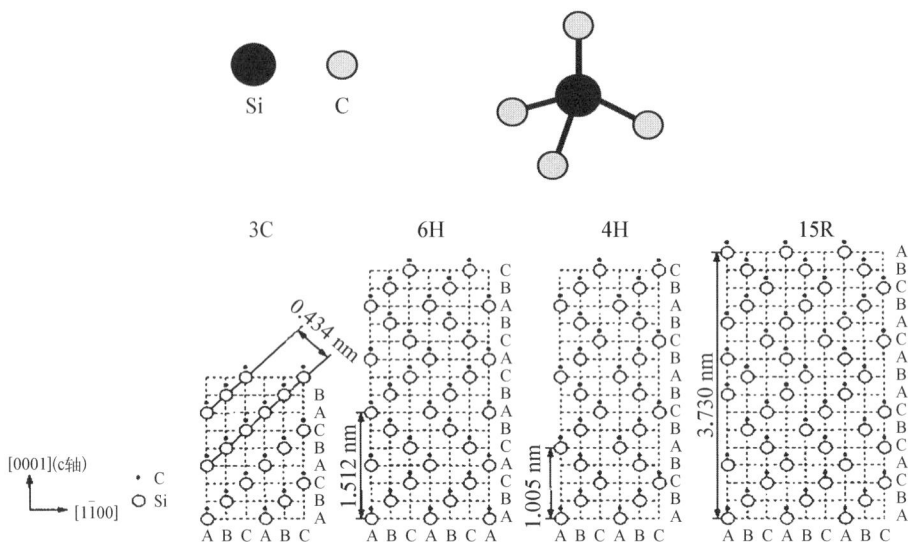

图 3‑12　SiC 的几种常见晶型结构示意图

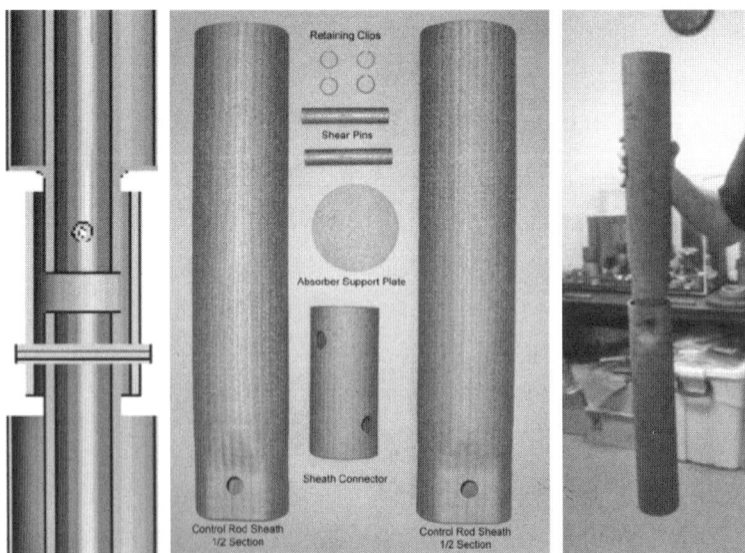

图 3‑13　超高温堆用 SiC/SiC 控制棒套管原型件

和熔盐堆用管状样件的研发。

　　随着 SiC 纤维技术的发展和工艺的进步,核用 SiC/SiC 复合材料的发展也逐渐成熟,其编制体的原材料目前使用的是三代 SiC 纤维(高强度、高纯度、高密度),采用热解碳界面或热解碳与 SiC 的复合界面,利用 CVI 工艺制备

SiC 基体。其关键要素有如下 4 个方面。

（1）SiC 纤维的质量控制与开发：目前第三代的 SiC 纤维实际上依然是针对航空发动机的高温需求而特别开发的，依然需要努力控制 SiC 纤维中的杂质，使其纯度、晶体结构和性能都同步达到对核用纤维材料的需求。因此，需要更多的力量来研发适合核用体系的 SiC 纤维。

（2）预制体成型：根据具体应用的构件功能需求，综合考虑纤维的排布、排列方式、均匀性和纤维的体积含量。

（3）CVI 工艺开发：实现材料均匀渗透，虽然工艺复杂且效率较低，但是其制备材料的结晶性好，是核用 SiC/SiC 复合材料最为认可的制备工艺。

（4）涂层改性：通过 SiC 等涂层进一步提升其抗熔盐腐蚀能力。

SiC/SiC 复合材料在中子辐照条件下表现出优异的尺寸稳定性和低膨胀性，其辐照稳定性随结晶度和纯度的提升而显著提高。早在 1969 年，就有研究发现在 630～1 020 ℃高温下中子辐照对 β 型 CVD SiC 断裂强度影响较小或几乎没有影响[31]。2011 年的一项研究表明，Hi - Nicalon Type S SiC/SiC 复合材料在约 41 dpa 的中子辐照后，材料的弯曲强度、杨氏模量和比例极限应力没有受到明显影响[32]。基于当前大量的中子辐照数据，可以认为在熔盐堆的运行温度（650 ℃）进行中子辐照不会明显影响 SiC/SiC 复合材料的结构和力学性能。然而，在熔盐堆中存在的高温氟化物熔盐对 SiC/SiC 复合材料具有一定的腐蚀性。研究发现，影响 SiC 腐蚀的主要因素包括熔盐中的杂质、熔盐中的金属材料及其腐蚀产物。中国科学院上海应用物理研究所的研究表明，通过调控熔盐腐蚀性以及应用防腐涂层可以显著减缓 SiC/SiC 复合材料在熔盐中的腐蚀行为。

总体来说，核用碳基复合材料研发面临材料制备复杂性、大尺寸构件加工能力不足以及服役数据匮乏等挑战。其中，增密技术需优化以提升液密性和气密性，现有技术主要针对实验室小尺寸碳基复合材料样件，缺乏核领域工程规模的制造能力。同时，在疲劳、蠕变、磨损、热学性能、腐蚀（与冷却剂和燃料盐相容性）、辐照损伤及在多场耦合服役环境中使役行为等方面缺少可靠数据。未来需要从核用碳基复合材料的纤维、界面相、基体和涂层等多组元构性调控出发，开发满足构件尺寸与结构设计需求的成型、加工和连接技术，推动碳基复合材料力学性能、热学性能、腐蚀性能、辐照损伤行为和在多场耦合服役环境中的使役行为评价，形成完整的研究体系链条，并建立从材料级到构件级的性能数据库。针对 TMSR 诸多应用场景，核用碳基复合材料展现出了巨大潜力,通过持续优化制备工艺、提升性能并积累服役数据,C/C 复合材料与 SiC/SiC 复合材料有望在实际工程中实现应用,为未来核能系统的发展提供可靠支撑。

3.3 材料服役性能评价及预测技术

熔盐堆用结构材料的服役行为直接关系到熔盐堆的安全和效率。材料在熔盐堆服役过程中同时面临高温、强中子辐照与熔盐腐蚀等多因素耦合作用,因此对其服役性能的评价与预测将面临非常大的挑战。本节从高温力学性能、辐照性能、熔盐相容性等方面介绍熔盐堆结构材料服役性能评价所关心的问题、影响因素、实验方法及理论预测方法,为熔盐堆的选材及材料设计提供参考。

3.3.1 材料高温力学性能评价

在熔盐堆构件的设计和安全校核中,对合金和核石墨材料的高温力学性能进行全面评价是至关重要的。合金的高温力学行为受多种因素影响,包括温度、应力状态以及合金的微观结构等;核石墨的高温力学性能受到温度、浸渗时间和样品尺寸等因素的影响,其中熔盐浸渗的影响显著。关于熔盐堆典型合金及核石墨材料高温力学性能评价方法及评价结果的具体介绍如下:

1) 合金力学性能

参照 ASME 锅炉及压力容器规范(BPVC)第Ⅲ卷《核设施部件构造规则》第 1 册 NH 分卷《高温使用的 1 级部件(ASME NH)卷》,以及熔盐堆设计与金属结构力学评定的要求,需要评定合金材料的高温力学性能,不仅包括常温和高温短时力学性能,还包括材料的高温长期时效稳定性及高温阶段的蠕变疲劳性能。高温力学性能评定可为堆设计提供必要的材料参数,也为 UNS N10003 合金材料进入 NH 卷数据库提供必要的数据支撑。

(1) 拉伸性能:合金拉伸性能对材料化学成分、组织结构、晶粒度、加工状态十分敏感。基于评估合金能否长期安全服役的角度,需要开展 UNS N10003 镍基合金的室温拉伸试验及高温拉伸试验,并获得其力学性能数据。一般依据美国材料与试验学会(ASTM)E8、E21 对多批次 UNS N10003 合金进行拉伸性能测试。参照 ASME BPVC-ⅡD 篇有关材料高温最小规定强度的计算方法,计算出 UNS N10003 合金的高温段的最小规定抗拉强度(S_u)、屈服强度

(S_y)值,见表 3-6 和表 3-7,该最小规定强度值一般可用于 UNS N10003 合金的验收。

表 3-6　不同温度下 UNS N10003 合金的最小规定抗拉强度(S_u)

温度/℃	S_u/MPa	温度/℃	S_u/MPa	温度/℃	S_u/MPa
-30~40	690	300	610	425	600
100	660	325	608	450	595
150	640	350	607	475	589
200	625	375	605	500	581
250	615	400	603	525	572
550	560	625	512	700	445
575	545	650	490	725	425
600	530	675	470	750	402

表 3-7　不同温度下 UNS N10003 合金的最小规定屈服强度(S_y)

温度/℃	S_y/MPa	温度/℃	S_y/MPa	温度/℃	S_y/MPa
-30~40	280	375	230	575	203
100	270	400	226	600	200
150	263	425	223	625	198
200	255	450	219	650	195
250	250	475	216	675	194
300	241	500	213	700	190
325	237	525	210	725	189
350	234	550	206	750	188

（2）冲击性能：合金的冲击性能也是评定材料在冲击载荷下韧性的重

要手段之一。合金材料需具有一定的韧性,即在一定条件下受到冲击载荷时,在断裂过程中吸收足够能量的能力,以保证金属构件及零件的安全性。根据 ASME 中 NB-2311 的规定,非铁基材料不需要进行冲击性能评估,因此从评估合金韧脆转变温度的角度来看,UNS N10003 镍基合金无须进行夏比冲击性能评估,但可以通过冲击性能评价不同批次合金的工艺质量。参照 ASTM E23 标准进行国产 UNS N10003(GH3535)板材、棒材、环件及美国进口 UNS N10003 合金(Hastelloy N)的冲击性能评估,如图 3-14 所示,可以看出各种型材的冲击稳定性较好,高温 650 ℃时冲击功均在 120 J以上。

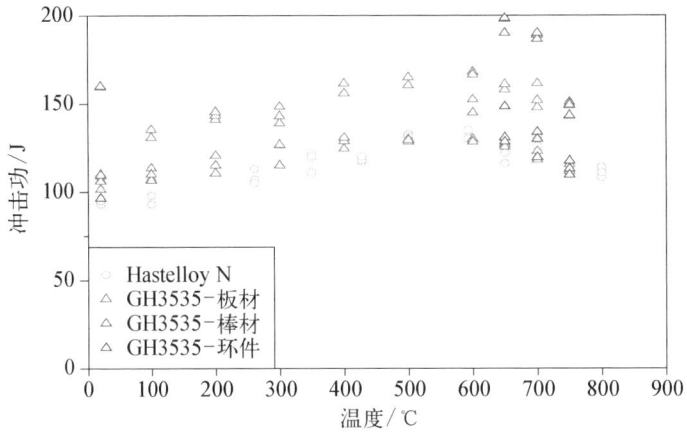

图 3-14　Hastelloy N 合金与 GH3535 合金型材的冲击性能比较

(3) 蠕变性能:在高温和恒定应力作用下,材料的变形会随着时间的增长而缓慢增大,这一现象称为蠕变现象。金属材料在低温下(小于 0.3 倍熔点)的蠕变现象不明显,但在高温下材料蠕变现象较为明显,蠕变变形不能忽视。根据 ASME NH 卷的规定,对于在高温下长期承受负载的合金材料,仅仅评估其在常温和高温下的短期力学性能是不够的,还必须考虑时间因素对力学性能的影响。

对于压水堆而言,由于反应堆工作温度较低,堆芯金属材料蠕变速率较低,工程设计中可以不考虑金属材料的蠕变效应。对于其他高温堆,如熔盐堆、高温气冷堆等,由于工作温度较高,反应堆工程设计及运行中合金材料的蠕变效应将成为重点考虑的重要参数。对熔盐堆而言,ORNL 在 1965 年对商业 Hastelloy N 合金的三炉次热轧板进行了蠕变性能评估,测试温度包括

593 ℃、650 ℃、704 ℃和 816 ℃，测试周期在 10 000 h 以内（见图 3 - 15）[33]。在 MSRE 辐照监督试验期间，也测试了 650 ℃下的蠕变性能，但测试周期仅为 1 000 h。TMSR 团队根据 ASME 的高温设计要求，开展了 650～750 ℃的长期蠕变持久试验，以获得熔盐堆工程设计所需的基本材料力学性能参数，包括蠕变极限、持久寿命、许用应力限值以及平均等时应力-应变曲线等。这些试验旨在弥补美国 Hastelloy N 合金长期力学性能数据的不足，并推动国产 GH3535 合金的研发，为熔盐堆的安全运行提供科学依据。

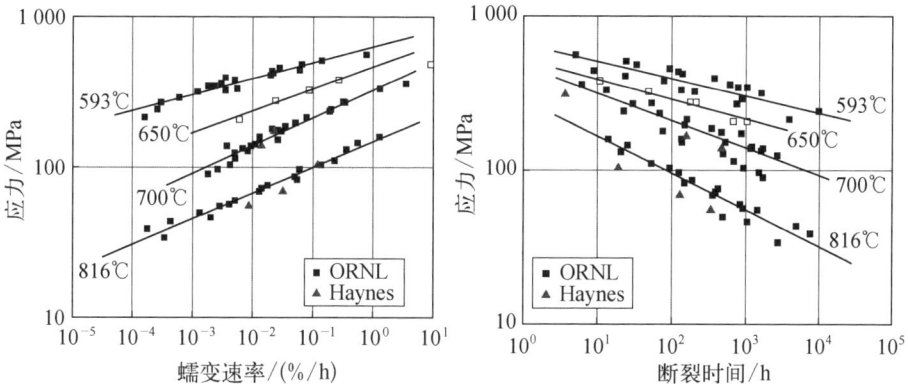

图 3 - 15 Hastelloy N 合金的蠕变持久数据

（a）蠕变速率；（b）断裂寿命

（4）疲劳性能：疲劳是金属构件在服役过程中常见的损伤行为。在交变载荷的作用下，金属构件会在远低于材料抗拉强度的载荷下被破坏。在反应堆运行过程中，由于功率变化、停堆等原因，压力容器回路管道的温度会发生变化，导致构件材料承受交变载荷，从而可能产生疲劳损伤。堆用构件的疲劳损伤主要来源于以下几个方面[34]：

① 在正常工况下，反应堆功率变化引起的温度变化所产生的交变载荷；

② 在启停堆过程中，温度变化导致的交变载荷；

③ 由泵、堆芯起落架等构件的机械运动引起的交变载荷；

④ 由地震等外力引起的交变载荷。

堆内构件的疲劳行为因其结构和工况而较为复杂。然而金属的疲劳破坏可归结为三个过程，即疲劳裂纹萌生、疲劳裂纹扩展和失稳断裂。疲劳裂纹萌生往往是由塑性应变引起的。疲劳裂纹经常在金属表面萌生，其原因包括：构件的表面应力往往比内部高，表面上往往留有加工痕迹或划伤，以及表面晶粒的约束较少等。疲劳裂纹扩展阶段除了与材料的微观结构有关,也与受力情况有关。构件在经历了裂纹萌生及稳态扩展后,会发生迅速破坏断裂,即失稳断裂。构件的使用寿期包括裂纹萌生及裂纹稳态扩展阶段。

TMSR 团队采用轴向疲劳试验方法,对多个批次的熔盐堆主要结构材料 UNS N10003 合金进行了测试,这些材料包括国产的 GH3535 合金和进口的 UNS N10003 合金。依据 ASTM E606 标准进行的疲劳试验在 650 ℃、700 ℃下进行,应变范围为 0.01~0.004,材料的寿命范围为 100~100 000 次(部分结果见图 3-16)。这些数据为熔盐堆构件的疲劳安全校核提供了参考依据。

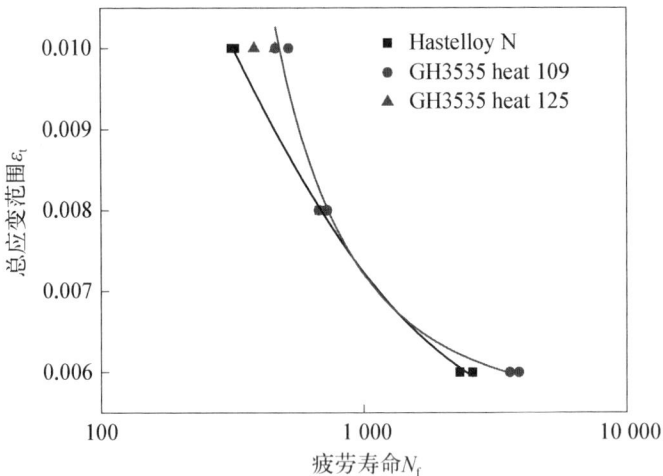

图 3-16 UNS N10003 合金轴向疲劳行为

(5) 高温长期时效:高温长期时效性能也是判定材料高温力学性能的一个重要指标。在高温条件下,大多数镍基高温合金的主要碳源是碳化物。在热处理和服役期间,碳化物会缓慢分解,产生的碳会源源不断地渗入合金,从而引起很多重要的反应,甚至导致性能的改变。UNS N10003 合金是熔盐堆的关键合金结构材料,将在高温下长期服役超过 20 a。因此,考察该合金长期时效后的组织和性能演变机理,对熔盐堆的安全和设计至关重要。已有的运行和评估数据表明,UNS N10003 合金具有较好的高温热稳定性,在 700 ℃保温 20 000 h 以上,合金的拉伸性能并未降低。

2) 核石墨力学性能

石墨在高温下晶粒受热膨胀的部分填满了它们的间隙,颗粒间的微裂缝因膨胀而愈合,且高温塑性增加,使应力集中缓和,增加了石墨材料的高温强度,如图 3 - 17 所示,成都炭素有限责任公司生产的细颗粒核石墨 NG - CT - 10 的抗压强度、抗拉强度等力学性能,也随温度升高而增强。

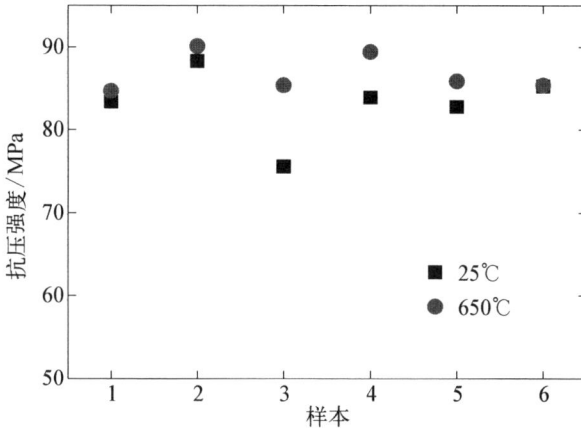

图 3 - 17 高温对 NG - CT - 10 石墨材料抗压强度的影响

石墨为非均质材料,且大多数采用多次浸渍工艺制备,石墨表面和内部力学性能存在差异。除了根据 ASME 要求,完成石墨基本力学性能测试,还需要开展材料可靠性评价,获取石墨力学均匀性数据。表 3 - 8 为成都方大炭炭复合材料股份有限公司生产的超细颗粒石墨 NG - CT - 50 的抗拉强度实验数据,通过韦伯尔分布计算,得到修正后石墨形状因子和特征强度。采用修正后的形状因子和特征强度值,计算不同失效概率下的许用应力,用于石墨可靠性评价。

表 3 - 8 NG - CT - 50 石墨抗拉强度实验数据表

项　　目	数　　值
平均值 μ/MPa	25.91
最小值/MPa	21.03
最大值/MPa	28.88
方差	3.2

（续表）

项　目	数　值
标准差 σ	1.8
样本数 n/个	103

在 95% 的置信水平、99% 的可靠度下，石墨规定的最小强度如下：$S_u = \mu - (2.326 + 1.645/\sqrt{n})\sigma$，其中 μ 为平均值，σ 是标准差，n 是有效样本数，求得最小强度为 21.46。韦伯（Weibull）分布中，m 为形状因子；S_c 为特征强度值，可由线性方程，最小二乘法回归并经修正得到形状因子 $m_{95\%}^* = 17.045$，特征强度 $S_{c,95\%}^* = 26.73$。

相较于常规力学性能研究，针对石墨在经历熔盐浸渗后其高温力学性能所发生的变化，目前的研究不多。ORNL 采用的 CGB 石墨可以阻止熔盐渗透，没有研究熔盐浸渗后石墨的力学性能。熔盐浸渗后力学性能涉及堆芯安全，因此需要研究熔盐对石墨高温力学性能的变化规律。TMSR 团队研究了进口 IG-110 核石墨和国产 NG-CT-10 核石墨熔盐浸渗后力学性能变化，实验采取不同浸渗压强，获得不同熔盐浸渗量，最大浸渗压力为 10 atm，熔盐成分为 FLiNaK。熔盐浸渗后，核石墨力学性能变化规律如图 3-18 所示。

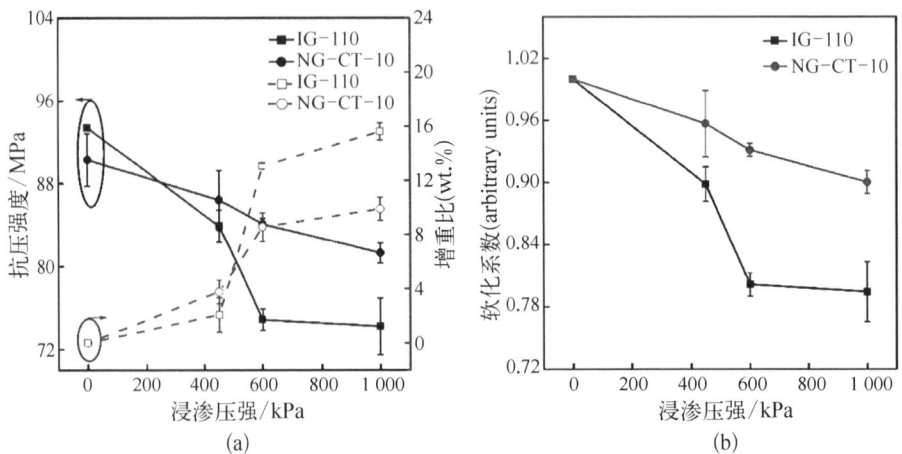

图 3-18　熔盐浸渗 NG-CT-10 和 IG110 的力学性能变化

（a）抗压强度及熔盐浸渗量随浸渗压强的变化；（b）抗压强度软化系数随浸渗压强的变化

随着浸渗压强增加,两款石墨的熔盐浸渗量都有增加,它们的熔盐浸渗后高温抗压强度也都有降低。在 10 个大气压的浸渗压力下,IG - 110 石墨的熔盐浸渗量大于 NG - CT - 10 石墨,因此 IG - 110 石墨抗压强度的降低程度也比 NG - CT - 10 石墨更加显著。熔盐浸渗后,固液循环变化对石墨结构性能产生更大破坏。熔盐堆运行工况下,石墨允许的熔盐浸渗量不超过 0.5%(体积分数)。

3.3.2 材料辐照性能评价

熔盐堆用镍基合金和石墨材料在高温中子辐照环境中服役,辐照损伤是堆芯结构材料性能劣化的主要原因之一。中子辐照可以在材料中产生晶格离位损伤,一般用原子离位率(dpa)来衡量。辐照缺陷不断迁移演化,将改变材料的微观结构,进而导致宏观性能的变化。对于合金来说,另外一个辐照损伤的机制来源于中子嬗变反应。尤其是嬗变氦,可以迁移团聚形成氦泡,使得材料脆化。下面将分别对镍基合金和石墨的辐照效应进行介绍。

1) UNS N10003 合金辐照效应

UNS N10003 合金作为主要的结构材料在美国 ORNL 建设的 MSRE 实验堆中服役了近五年的时间(1965—1969),是唯一真正经受过熔盐堆辐照考验的合金。在 MSRE 实验堆建堆前,ORNL 的科研人员就利用 ETR(Engineering Test Reactor - Idaho)和 ORR(Oak - Ridge Research Reactor)等研究堆对 UNS N10003(Hastelloy N)合金及其焊缝的辐照性能进行了测试与评估[35]。在 MSRE 运行期间,ORNL 也针对该合金开展了四个批次的随堆辐照实验,并与之前在 ORR 的测试结果进行了对比[36-39]。中国科学院上海应用物理研究所在 TMSR - LF1 的建设过程中也开展了镍基合金 UNS N10003 中子辐照考验和数据验证。在中国核动力研究设计院的高通量工程试验堆(HFETR)开展 UNS N10003(Hastelloy N)合金母材的辐照考验;在中国工程物理研究院的中国绵阳研究堆 CMRR 开展了国产 UNS N10003(Hastelloy N,GH3535)合金母材和焊缝的室温中子辐照考验,取得了室温中子辐照验证数据。

图 3 - 19 所示为 UNS N10003 合金辐照后的拉伸数据[39]。图中的剂量为热中子($E<0.876$ eV)剂量,时间为样品在熔盐堆燃料盐中的时长。由图可见,中子辐照对屈服强度的影响很小,抗拉强度随着辐照剂量的增加而呈现逐步下降的趋势。辐照后,延伸率大幅下降,且随着辐照剂量的增加而逐渐降

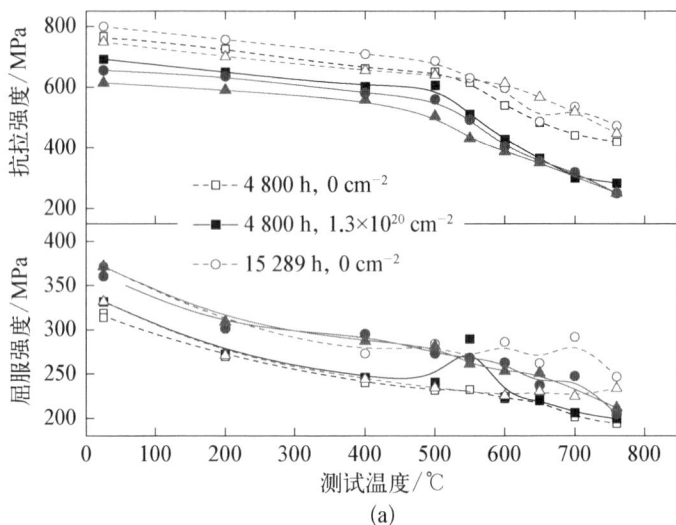

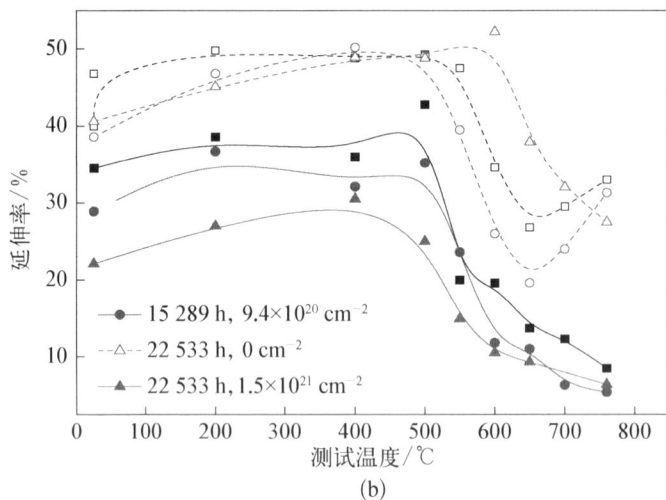

图 3-19 辐照对 UNS N10003 合金拉伸性能的影响(辐照温度为 650 ℃,
中子能量小于 0.876 eV,拉伸速率为 0.05 min⁻¹)

低。图 3-20 所示为 UNS N10003 合金辐照后的蠕变和持久数据[39]。由图可见,中子辐照对合金的蠕变速率没有明显的影响,但是会导致持久寿命显著下降。

基于上述实验结果,中子辐照对合金性能的影响主要表现为韧性(延伸率)和持久寿命的下降。研究表明,UNS N10003 合金的辐照脆化是其长期服役过程中性能劣化的主要原因,也是影响其在堆内安全应用的主要因素。目

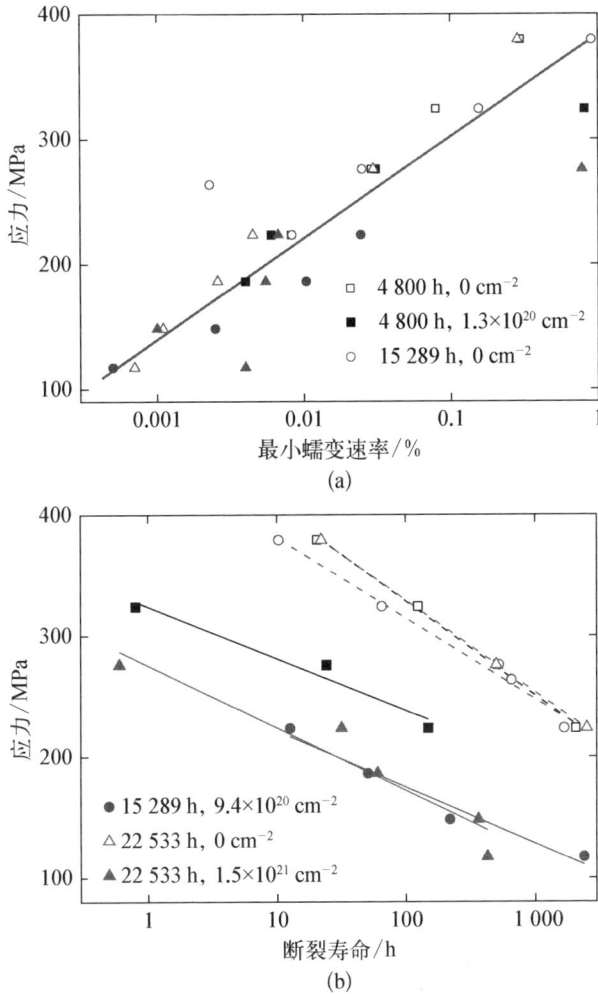

图 3 - 20　辐照对 Hastelloy N 合金蠕变和持久性能的影响(辐照和测试温度为 650 ℃ , 中子能量＜0. 876 eV)

前认为 UNS N10003 合金辐照脆化主要是由嬗变氦引起的。嬗变氦的来源可以分为两个方面。一方面, 镍- 59 具有非常高的(n, α)反应截面。镍- 59 不是镍的天然核素, 在中子辐照环境中由镍- 58 的(n, γ)反应产生。随着中子辐照的进行, 镍- 59 逐渐累积。在中子剂量达到约 10^{21} cm^{-2} 之后, 镍- 59 的(n, α)反应将成为镍基合金中嬗变氦的主要来源。另一方面, 在辐照初期, 热中子与合金中的硼- 10 杂质发生(n, α)反应也是氦产生的重要来源之一。这些氦原子极易聚集在晶界周围形成氦泡或空洞, 引起晶间断裂, 显著降低合金韧性和持久寿命,导致合金发生氢脆。此外,反应堆内的快中子将通过级联碰撞的方式引起合金的离位损伤,并在合金的内部形成辐照诱导缺陷团簇,这些缺陷团簇将强烈阻碍位错运动,造成合金均匀伸长率减小,降低合金的断裂韧性,导致合金的硬化脆化。

2) 核石墨辐照效应

高纯核石墨材料不存在嬗变氢累积的问题,其辐照效应的微观机制就是原子离位损伤。根据碳元素的中子反应截面数据,石墨的离位损伤绝大部分来自碳原子与快中子的碰撞反应,其余中子反应的贡献非常小。中子辐照会改变核石墨的尺寸、热学性质和力学性质等,是决定反应堆中石墨结构使用寿命的关键因素。

历史上的核石墨主要用于气冷堆,石墨的辐照考验主要是伴随着气冷堆的研发而进行的。石墨晶体是各向异性的,在石墨基面内碳原子之间为 sp^2 杂化的强共价键,石墨基面之间的碳原子只有很弱的范德瓦耳斯力。研究表明,中子辐照将导致石墨晶体在基面内收缩,在 c 轴方向上膨胀。所以早期各向异性石墨材料在辐照过程中会发生显著的各向异性尺寸变化,限制了石墨的服役寿命。正是因为这一点,人们才研发了宏观上近各向同性的核石墨产品。

由于块体石墨材料制备的特点,石墨成品中依然保留着原料颗粒度和结构的特征信息。所以,石墨的原料来源以及制备工艺都对石墨的辐照行为具有重要影响。不过,基于历史辐照数据,典型的近各向同性核石墨的辐照行为呈现相近的规律。关于核石墨的辐照行为,已有较全面的综述文献[40-41],在这里仅作简要介绍。

石墨的尺寸在辐照过程中先收缩后膨胀。核石墨包含大量石墨晶粒,也存在许多裂纹和孔隙。在辐照初期,裂纹和孔隙为 c 轴膨胀提供了空间,所以核石墨在宏观上表现为收缩。随着辐照剂量的增加,裂纹逐渐闭合,失去对 c 轴膨胀的调和能力。在宏观上,核石墨的尺寸将越过一个转折点,由收缩转变为相对更为迅速的膨胀。辐照温度越高,裂纹闭合越快,转折点剂量就越小。石墨的辐照寿命一般定义为石墨尺寸恢复到原始尺寸时的辐照剂量。

随着辐照剂量的增加,核石墨的热膨胀系数先有小量增加,然后降低到比原值小得多的水平。辐照初期热膨胀系数的增加也是微裂纹关闭的结果。中子辐照破坏石墨的晶体结构,使石墨的热导率迅速降低,并在很低的剂量点就达到饱和值。中子辐照使石墨弹性模量先增加后降低。最初(< 1 dpa),石墨晶粒内间隙原子的钉扎(pinning)效应使石墨的宏观杨氏模量有一个迅速的增加,但很快饱和;之后,随着石墨中微裂纹的关闭,弹性模量继续缓慢地增加;中子剂量进一步增加时,微裂纹和孔隙的产生又使杨氏模量从增加转变为降低。石墨的强度和弹性模量遵循相似的演化规律。

除此之外,另外一个重要的石墨辐照效应就是辐照蠕变。已知石墨在反应堆运行的温度范围内不会发生热蠕变,但是在辐照环境中石墨可以发生明显的蠕变,即辐照蠕变。辐照蠕变有利于释放石墨结构中的应力,因而是石墨应力分析和寿命评估中必须考虑的关键因素。

在历史上,熔盐堆用石墨的研究和评价工作主要由美国橡树岭国家实验室开展。20 世纪 60 年代 ORNL 建造和运行的熔盐实验堆 MSRE 采用的是各向异性石墨 CGB。由于运行时间短,整个寿期内累积的辐照剂量都不高。然而在 MSRE 运行过程中,ORNL 针对石墨与燃料盐在辐照环境中的相容性开展了大量研究;在 MSRE 退役后又在堆芯中取出慢化体石墨进行了表征。结果表明,堆芯石墨结构尺寸没有明显变化,表面标记清晰,充分说明石墨与燃料盐在辐照环境中具有良好的相容性[42]。

值得一提的是,MSRE 堆建成之后,ORNL 没有停下石墨研究的步伐。为了给下一步熔盐增殖堆提供高辐照寿命核石墨,ORNL 开展了大规模的石墨研制和辐照考验,并在其技术报告中进行了总结[43],获取了许多宝贵的经验。

3.3.3　材料熔盐相容性评价

材料在熔盐堆服役过程中面临与高温氟化物熔盐的物理、化学复杂相互作用,可能导致材料结构变化及性能劣化,影响其服役安全性。因此,在熔盐堆的选材和设计阶段都需要系统性地评价材料的熔盐相容性。合金和核石墨这两种熔盐堆主要结构材料熔盐相容性评价的关注点有所不同。合金主要关注熔盐组分及其中溶解的杂质、裂变产物的化学腐蚀作用,而核石墨主要关注熔盐浸渗、冲蚀、裂变产物扩散等物理作用,下面将分别进行介绍。

1) 合金材料的熔盐腐蚀

在传统高温介质环境中(如超临界水、熔融硫酸盐等),耐热合金(一般为铁、镍基合金)自身可通过表面形成致密的氧化物薄膜来抵抗或缓解介质的腐蚀。因此传统耐热合金一般是通过添加铬、铝、硅等元素,依靠这些元素在合金表面形成稳定而致密的氧化物钝化膜[见图 3 - 21(a)]来提高其抗腐蚀性能。然而,上述三种元素的氧化物在熔融氟盐中是极不稳定的,因而无法通过在合金表面形成保护性的钝化膜来抑制氟化物熔盐的腐蚀。因此,合金在氟化物熔盐中遭受的主要腐蚀损伤,表现为那些具有较低氟化物形成能的活性元素会优先选择性溶解于熔盐之中[44]。

一般耐热合金中主要元素在氟化物熔盐中的易溶解顺序为 $Al>Cr>Fe>Ni>Mo$,这也是熔盐堆优先选用低铬含量的镍基合金的主要依据。铬等活性元素的溶解将在合金表面附近产生空位缺陷,并引起内部的活性元素向表面扩散。在高温下,空位会聚集长大成腐蚀孔洞[见图 3 - 21(b)],并且这些孔洞的尺寸和数量会随着腐蚀反应的进行而逐渐增加,进而影响合金的力学性能。对于高铬合金,如 316 不锈钢(铬质量分数为 18%),Hastelloy X 合金(铬质量分数为 22%)等,腐蚀孔洞之间会相互连通贯穿形成熔盐通路从而进一步加速腐蚀;而对于低铬合金,如 UNS N10003 合金(铬质量分数为 7%),孔洞之间一般并不互相贯通,腐蚀速率受铬在合金中的固相扩散速率限制,因而表现出优异的耐蚀性[45-46]。

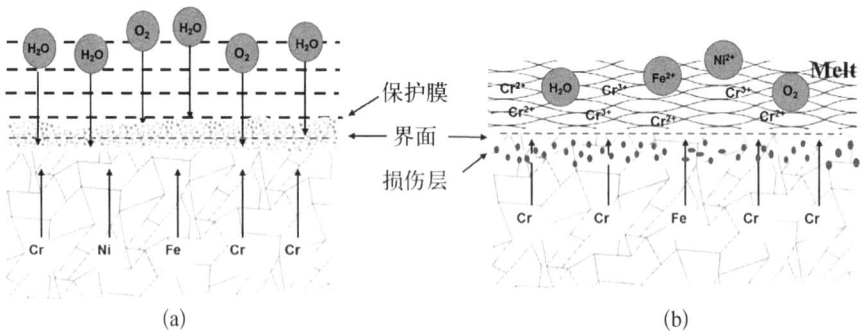

(a)　　　　　　　　　　　　(b)

图 3 - 21　合金在高温氧化环境和氟化物熔盐中的腐蚀损伤机理示意图
(a) 高温氧化环境;(b) 氟化物熔盐

对于实际熔盐堆工况而言,熔盐的组分、杂质、裂变产物,堆内的温度场、流场、应力场等都通过不同机制作用于腐蚀过程,因此合金腐蚀评价的重点是量化这些因素对腐蚀的影响,主要可归为以下几个方面。

(1) 本征腐蚀:熔盐自身组分与合金元素氟化物之间的吉布斯自由能差值是熔盐腐蚀的根本驱动力。熔盐堆冷却盐一般由碱金属或碱土金属氟化物混合组成(如 NaF - BeF_2、LiF - BeF_2 等)。这些碱金属(或碱土金属)氟化物相对于合金元素氟化物(如 CrF_2、FeF_2、NiF_2 等)有着更低的吉布斯自由能。因此,这些熔盐组分本身不会和合金元素反应,在不含杂质的冷却熔盐中的本征腐蚀几乎不可能发生。

在燃料盐中,UF_4 的标准吉布斯自由能高于 LiF、BeF_2、ZrF_4、ThF_4,会通过下面反应式(3-1)对合金中的铬元素产生轻微的腐蚀,其腐蚀程度受熔盐的氧化还原性影响,而这种氧化还原性质可以通过测量熔盐中 UF_4 与 UF_3 含量的比值来反映。同时,核裂变反应会使得燃料盐的氧化还原势持续上升,因而在液态燃料熔盐堆运行过程中,通过添加还原性物质调控维持燃料盐的氧化还原势对于腐蚀控制必不可少。

$$2UF_4 + Cr \Longleftrightarrow 2UF_3 + CrF_2 \tag{3-1}$$

(2) 杂质腐蚀:虽然熔盐的本征腐蚀相对微弱,但当熔盐中存在氧化性杂质(H_2O、HF、NiF_2、FeF_2、金属氧化物、含氧酸根离子等)时,其与合金元素的腐蚀反应能够降低系统的总吉布斯自由能,因此倾向于通过反应式(3-2)~式(3-7)来腐蚀合金。熔盐中的杂质是最主要的腐蚀诱因,会造成腐蚀初期的快速腐蚀。当熔盐中含有较多杂质时,合金会发生严重腐蚀,耐蚀性较好的惰性合金元素(如镍、钼)也会被某些杂质侵蚀。因此,通过熔盐净化的方式尽可能地去除盐中的腐蚀性杂质,是熔盐堆腐蚀控制的关键。

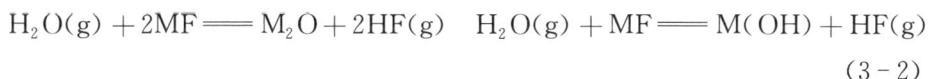

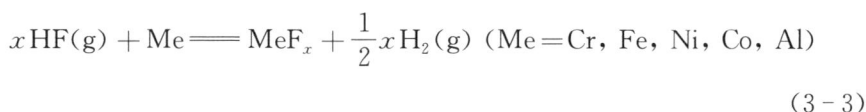

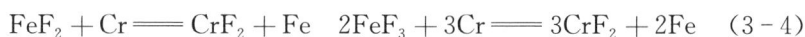

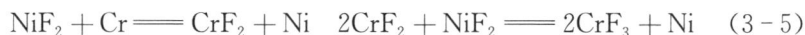

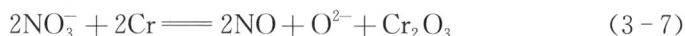

$$H_2O(g) + 2MF \Longrightarrow M_2O + 2HF(g) \quad H_2O(g) + MF \Longrightarrow M(OH) + HF(g) \tag{3-2}$$

$$x HF(g) + Me \Longrightarrow MeF_x + \frac{1}{2}x H_2(g) \quad (Me = Cr,\ Fe,\ Ni,\ Co,\ Al) \tag{3-3}$$

$$FeF_2 + Cr \Longrightarrow CrF_2 + Fe \quad 2FeF_3 + 3Cr \Longrightarrow 3CrF_2 + 2Fe \tag{3-4}$$

$$NiF_2 + Cr \Longrightarrow CrF_2 + Ni \quad 2CrF_2 + NiF_2 \Longrightarrow 2CrF_3 + Ni \tag{3-5}$$

$$SO_4^{2-} + 2Cr \Longrightarrow S + O^{2-} + Cr_2O_3 \tag{3-6}$$

$$2NO_3^- + 2Cr \Longrightarrow 2NO + O^{2-} + Cr_2O_3 \tag{3-7}$$

(3) 裂变产物腐蚀:对于液态燃料熔盐堆,除了氟化物熔盐本身及杂质之外,堆运行过程中产生的裂变产物也会随着一回路燃料盐的流动而接触到合

金材料,某些特定的裂变产物也会对合金产生腐蚀作用。MSRE 的运行经验
显示,裂变产物碲会造成 Hastelloy N 合金的晶界脆化,并导致其在应力作用
下发生沿晶开裂。对于液态燃料熔盐堆而言,对一回路的熔盐氧化还原势进
行调控,以及选用添加少量铌或稀土元素的改性 UNS N10003 合金,可能是解
决碲致腐蚀开裂问题的较好方法。

(4)温差驱动腐蚀:合金元素在氟化物熔盐中的腐蚀反应平衡浓度是
随温度变化的。例如温度从 600 ℃升至 800 ℃,铬在 FLiBe - 1.5 mol%UF$_4$
燃料盐中的平衡浓度由 $1\,470\times10^{-6}$ 增加到 $2\,260\times10^{-6}$[47]。因此,当体系
中存在温差时,腐蚀将导致体系高温端合金中的铬持续溶解,而在低温端
则通过腐蚀反应的逆反应发生持续沉积,造成腐蚀产物由高温端向低温
端质量迁移。不过,对于熔盐堆常用的低铬镍基合金而言,控制腐蚀速率
的是铬元素从合金内部向表面的扩散过程。因为铬在合金中的扩散速率
极慢,质量迁移对于低铬镍基合金构成的熔盐回路并不明显。但是对于
不锈钢构成的熔盐回路,需要注意通过腐蚀控制来避免温差腐蚀带来的
沉积堵塞。

(5)异质材料驱动腐蚀:当熔盐体系中存在异质材料时,元素在不同材料
中的化学势差也会引起质量迁移,并可能加速腐蚀反应的速率并加剧其程度。
研究表明,熔盐中异质材料间的质量迁移可以在非电导通的情况下发生,但电
导通情况下可能通过电偶效应加速腐蚀和迁移。因此,熔盐堆中最好选用同
质合金材料来避免加速腐蚀及质量迁移。在热中子熔盐堆中虽然存在合金与
石墨的异质材料组合,但已有研究证明在 700 ℃ 或更低温度下,这两种材料间
的质量迁移并不明显,可以通过控制熔盐的纯度来消除石墨对合金的腐蚀促
进效果。

(6)力学化学协同损伤:反应堆合金材料在服役过程中,在受到介质腐蚀
作用的同时往往还承受机械/热应力的作用。合金材料的受力变形与腐蚀有
时会相互影响,甚至通过协同效应加速材料的损伤、失效。例如在水堆中,合
金材料的应力腐蚀开裂就是一种常见的腐蚀失效方式。对于熔盐堆,关于力
学化学协同损伤的研究还比较少。ORNL 曾对比过 Hastelloy N 合金在燃料
盐环境和大气环境下的蠕变性能变化,结果显示与大气环境相比,该合金在熔
盐环境下的蠕变性能并未下降,也没有出现应力腐蚀开裂现象[48]。但是,当盐
中存在特定杂质和裂变产物时,力化协同损伤可能不容忽视,是后续熔盐堆材
料研发、评价过程中需要重点关注的问题。

2) 核石墨与熔盐的相容性

核石墨在熔盐堆中作为慢化体材料,其不仅作为中子的慢化体,还扮演着熔盐流道、控制棒通道等作用。在目前的熔盐堆设计中,核石墨不仅直接与熔盐相接触,而且被部署于反应堆内中子通量最高、温度最高及可能熔盐流速最快的区域。因此,核石墨与熔盐的相容性是熔盐堆发展关注的重点。

(1) 熔盐在核石墨中的浸渗:熔盐堆中的石墨堆芯与燃料盐直接接触,而且石墨中有大量的孔隙,其孔隙率介于 $10\%\sim20\%$。如果液态的燃料盐进入石墨孔隙中,会导致反应堆的燃料装载量发生巨大变化,燃料在石墨的孔隙中发生裂变反应也会产生局部热点,从而对石墨的结构产生破坏,因此阻隔熔盐浸渗是熔盐堆用核石墨的基本要求。目前国内外成熟的核石墨主要是针对气冷堆研发,孔径较大,因而发展高致密、细孔径核石墨并评价其熔盐浸渗行为对熔盐堆的发展非常关键。

(2) 核石墨在熔盐流中的冲蚀:核石墨在熔盐堆中面对着流动熔盐的冲蚀。石墨是一种比较脆的材料,在流体的冲蚀下比较容易失重。虽然 ORNL 在 MSRE 运行过程中以及在建堆前的强制对流回路中都没有观察到核石墨的失重,但是这些条件中流体的流速都比较慢[49]。未来的熔盐堆向小型化、模块化发展,作为冷却剂的熔盐将有较快的流速。但目前尚不知道核石墨可以承受多大的熔盐流速,或者什么样的核石墨能够经受得住熔盐的冲蚀,未来需要开展更多的相关研究。

(3) 熔盐中成分在核石墨中的扩散:由于核石墨有较大的孔隙率,熔盐中的成分,比如基盐的蒸气(ZrF_4、BeF_2 等)、裂变产物(氙、碘、铯等)、燃料(UF_4,ThF_4 等),可能扩散到核石墨中去。中子吸收截面较大的核素扩散到石墨中之后,可能对反应堆的中子经济性产生影响;放射性较强的核素扩散到石墨中之后,不仅会使堆芯的维护变得更困难,也会使石墨的退役成本更高。因此,获取不同成分在核石墨中的扩散数据,对未来熔盐堆的设计、运行、维护都至关重要。

(4) 石墨与燃料盐中元素的化学反应:虽然石墨在纯净的燃料盐中能保持惰性,碱金属以及氟元素在石墨中的插层反应在熔盐堆运行的条件下都不大可能发生,但燃料盐在反应堆长期运行后会包含大量的杂质,如合金腐蚀产生的腐蚀产物(铬、铁等元素)、裂变产物(钼、铌等元素),这些元素在特定条件下可能与石墨发生反应生成碳化物沉积在石墨的表面。当燃料盐的氧化还原势过低时,钾元素也可能被还原并与石墨反应生成碳化物沉积于石墨表面。

这些都是后续核石墨熔盐相容性评价需要考虑的问题。

3.3.4 材料服役性能理论预测

　　熔盐堆在高温、强辐射和强腐蚀性熔盐等极端环境下运行,对材料性能提出了极高的要求。为确保熔盐堆的安全运行,必须准确掌握材料在长期服役中的行为规律。然而,目前全球范围内熔盐实验堆的运行时间较短,现有材料测试数据尚不足以支撑未来更大功率、更长运行周期的反应堆需求。因此,深入研究材料的长期服役行为至关重要。传统实验方法在研究熔盐堆材料时存在成本高、周期长、难以实时观测等局限性。在此背景下,理论模拟计算作为一种高效的研究手段,为突破这些瓶颈提供了新的解决方案。

　　理论模拟计算在材料研究中具有显著优势[50],借助于多尺度模拟方法与大规模并行计算,可以实现对电子结构、分子、团簇、晶体结构的精确计算。针对熔盐堆材料服役性能预测的多尺度模拟方法如图 3-22 所示,包括密度泛函理论(DFT)、分子动力学(MD)、动力学蒙特卡罗(MC)、结构动力学以及有限元模拟等。这些方法不仅在时间尺度上跨越了从飞秒到年,在空间尺度上也从纳米延伸到米的量级,直观地呈现了实际实验中很难观察到的微观现象,解释了现象发生的机制,使之与实验接轨。

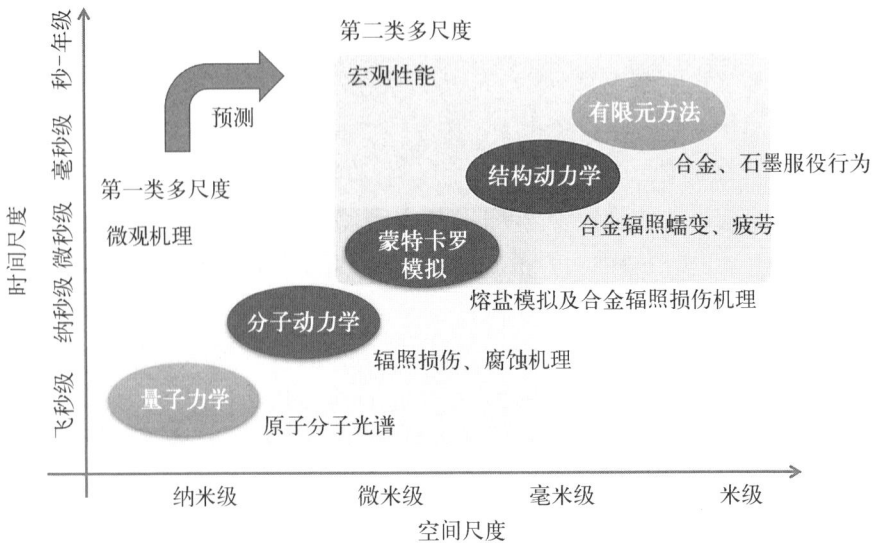

图 3-22　熔盐堆材料服役预测的多尺度模拟方法

DFT 的第一性原理方法可以帮助理解原子、分子、晶体材料电子结构及表面性质。通过采用这些手段研究熔盐堆结构材料结构、缺陷及物性等，并结合电子结构分析来解释其物性行为规律，从电子、原子及分子尺度上为材料的宏观性能进行预测；运用 MD 方法可以揭示微纳尺度上缺陷和杂质的运动规律，并对堆结构材料的结构特性、缺陷行为的动力学规律进行计算分析，例如堆材料在辐照环境下的初始辐照级联效应及其后期的缺陷结构演化；MC 方法可以揭示较大缺陷团簇和杂质原子的运动演化，位错动力学方法可以模拟材料硬化效应、损伤累积与疲劳过程、塑性不稳定性现象、断裂早期孕育过程等问题，在 MD 研究结果基础上进一步观测较大时间和空间尺度上的缺陷团簇、杂质原子位错等成分的动力学行为规律；结构动力学和有限元方法可以直接预测材料的宏观行为，例如对堆芯燃料球行为、堆芯石墨的机械性能、熔盐浸渗行为进行数值模拟，可以直观地对熔盐堆材料及构件性能进行预测及评定。

目前，熔盐堆材料模拟预测主要关注以下几个关键问题：

（1）辐照损伤：熔盐堆材料长期暴露于高能中子辐照下，会产生空位、间隙原子、位错环等缺陷，导致材料肿胀、脆化、蠕变等性能退化。模拟预测辐照损伤的演化过程及其对材料性能的影响至关重要。理论模拟计算在熔盐堆材料辐射损伤研究中具有不可替代的作用，能够从微观层面揭示高能粒子辐照下材料的动态响应与失效机制[51]。例如，通过 MD 模拟，研究者可以精确复现中子或离子轰击镍基合金的级联碰撞过程，动态追踪原子离位产生的空位、间隙原子等缺陷的时空分布，模拟高温下缺陷优先沿晶界聚集并诱发位错环的形成，有助于理解实验观测的辐照硬化现象的产生机制。基于 DFT 计算可进一步量化合金中溶质原子（如钼、钛）与辐照缺陷的相互作用能，预测特定元素对空位团簇迁移的抑制作用，为优化合金成分（如添加铝增强缺陷复合效率）提供理论指导。此外，结合 MC 与相场模拟，能够模拟熔盐堆在服役环境中辐照缺陷与熔盐渗透的协同效应，揭示晶界处缺陷富集加速氟离子腐蚀的微观机制，指导抗辐照-耐腐蚀复合涂层的设计。多尺度模拟方法不仅降低了高放射性环境下原位实验的难度，还为材料抗辐照性能的跨尺度调控与寿命预测提供了高效工具。

（2）腐蚀行为：熔盐堆中使用的氟化物熔盐具有强腐蚀性，会与结构材料发生化学反应，导致材料腐蚀、开裂。模拟预测熔盐与材料的相互作用机制，以及腐蚀产物的形成和演化，对于材料选择和腐蚀防护至关重要。理论模拟计算在熔盐堆材料腐蚀研究中发挥了关键作用,能够从原子尺度揭示腐蚀机制并指导材料优化设计。例如,通过分子动力学模拟(MD),研究者可以动态追踪熔融氟盐(如 FLiBe)中金属合金(如 Hastelloy - N)表面原子与腐蚀性离子的相互作用过程,考察铬元素的选择性溶解对于腐蚀的影响。同时,基于 DFT 的第一性原理计算可精确量化合金表面钝化膜(如 Cr_2O_3)与熔盐介质的界面结合能,预测不同温度下氧化膜的稳定性,为开发抗腐蚀涂层材料提供理论依据。此外,相场模拟能够耦合热力学与动力学参数,重现熔盐环境中材料微观结构(如析出相分布)对局部腐蚀演化的影响规律,显著降低传统试错法研发新型耐蚀合金的成本。这些多尺度模拟方法协同互补,加速了熔盐堆结构材料服役寿命的预测与性能优化。

(3) 热力学性能:熔盐堆运行温度高,材料的热力学性能(如热膨胀系数、热导率、比热容等)直接影响反应堆的安全性和经济性。模拟预测材料的热力学性能,可以为反应堆设计和优化提供重要依据。理论模拟计算在熔盐堆材料热物性研究中具有重要作用,能够高效预测在极端工况下材料的热力学行为并指导性能优化。例如,通过 DFT 计算,研究者可精确计算熔盐(如 FLiNaK)的晶格振动特性与声子谱,揭示其在高温下热导率显著降低的微观机制。结合 MD 模拟,可动态追踪镍基高温合金(如 GH3535)在熔盐环境中的热膨胀行为。模拟显示,合金表面氧化膜(如 Al_2O_3)因与熔盐热膨胀系数失配而产生周期性微裂纹,这一结果解释了实验中观察到的循环热应力失效现象。此外,基于机器学习势函数的 MC 模拟,能够高效筛选含钼、铌等元素的候选材料,预测其热导率与熔盐相容性的协同优化效果,大幅降低传统高温实验的试错成本。多尺度模拟方法通过跨原子-介观尺度的耦合分析,为熔盐堆材料热-力-化学多场耦合下的服役性能评估提供了理论工具。

(4) 力学性能:熔盐堆材料在高温、强辐照环境下,其力学性能(如强度、韧性、蠕变性能等)会发生显著变化。模拟预测材料的力学性能演化,对于评估材料的使用寿命和安全性至关重要。理论模拟计算在熔盐堆材料力学性能研究中具有重要作用,能够从微观机制到宏观行为的多尺度关联中揭示材料力学响应规律,并指导性能优化。例如,通过 MD 模拟高温熔盐(如 FLiBe)环境中镍基合金(如 Hastelloy - N)的蠕变行为,可动态追踪晶界处原子扩散与位错滑移的协同作用,从而预测高温拉伸试验的应力-应变曲线变化。结合 DFT 计算,可量化合金中碳化物析出相(如 NbC)与基体界面的键合强度,预测纳米级析出相通过钉扎位错显著提升材料屈服强度的微观机制,为调控析出相尺寸分布提供理论依据。此外,基于相场模拟的裂纹扩展模型,能够耦合辐照缺陷(如空洞、位错环)与熔盐腐蚀的协同效应,重现多场耦合下材料断裂韧性退化的动态过程,揭示晶界处空洞富集区优先萌生微裂纹的规律,指导抗辐照-耐蚀复合涂层的界面设计。这些多尺度模拟方法不仅降低了在极端工况下原位力学测试的难度,更通过"机理预测-结构优化"的闭环加速了高强韧熔盐堆材料的研发进程。

熔盐堆材料模拟预测研究在过去几十年取得了显著进展,为熔盐堆的开发和优化提供了重要支撑。通过多尺度模拟、机器学习辅助设计和材料基因组工程等先进方法,研究人员能够更准确地预测材料在极端环境下的性能,大大加速了新材料的开发进程。然而,熔盐堆材料模拟预测仍面临诸多挑战,如何进一步提高模拟精度、如何有效整合多源数据、如何实现材料设计与工艺优化的协同等。

未来,随着计算能力的不断提升和新算法的不断涌现,熔盐堆材料模拟预测将朝着更精确、更高效的方向发展。同时,实验技术与模拟方法的深度融合也将为材料性能研究提供新的机遇。此外,材料数据库的建设和共享将成为推动熔盐堆材料研究的重要基础。相信在不久的将来,通过模拟预测指导的材料设计将为熔盐堆的工程化应用提供更可靠的材料解决方案。

经过七十余年的发展,熔盐堆结构材料已经从无到有,积累了大量宝贵经验及技术。目前,耐熔盐腐蚀镍基 UNS N10003 合金,能够阻止熔盐浸渗的细孔径核石墨的性能、生产能力及工程数据积累,已经能充分满足 700 ℃以下运行的小功率熔盐实验堆的建设。过去十多年间,我国在熔盐堆结构材料的研发、规模化生产及服役性能评估方面开展了大量工作,走在了世界的前列。然而,针对未来熔盐堆示范化、商业化过程中对反应堆功率、运行温度、寿命要求的持续提升,熔盐堆结构材料还面临着大量的挑战。合金的超高温力学强度问题、裂变产物腐蚀脆化问题、中子辐照产生的氦脆问题,细孔径核石墨的辐照稳定性问题、耐裂变气体扩散问题等仍然是制约熔盐堆技术发展的瓶颈。解决这些问题,既需要从提升材料性能的角度入手,研发更耐高温、辐照、腐蚀的新型镍基合金,研发更均匀的不浸渍核石墨、裂变气体阻挡涂层,研发综合性能更好的 C/C、SiC/SiC 复合材料;也需要加强对熔盐堆材料服役性能评价及预测的能力,完善多环境耦合条件下的服役行为研究方法,持续积累关键服役行为数据,建立熔盐堆材料的评价、设计标准及失效判据,全方位地支撑未来熔盐堆技术的实用化。

参考文献

[1] Jordan W H, Cromer S J, Miller A J. Aircraft nuclear propulsion project quarterly progress report for period ending march 31, 1957 (ORNL‑2274)[R]. Tennessee: Oak Ridge National Laboratory, 1962.

[2] McCoy H E. The INOR‑8 story[J]. Oak Ridge National Laboratory Review, 1969, 3(2): 35‑48.

[3] McCoy H E, Weir J R. Materials development for molten-salt breeder reactors (ORNL‑TM‑1854)[R]. Tennessee: Oak Ridge National Laboratory, 1962.

[4] McCoy H E, McNabb B. Intergranular cracking of INOR‑8 in the MSRE (ORNL‑4829)[R]. Tennessee: Oak Ridge National Laboratory, 1972.

[5] Reed R C, Tao T, Warnken N. Alloys-By-Design: Application to nickel-based single crystal superalloys[J]. Acta Materialia, 2009, 57(19): 5898‑5913.

[6] Gong X, Yang G, Fu Y, et al. Solute diffusion in the γ' phase of Ni based alloys [J]. Computational Materials Science, 2009, 47(1): 232‑236.

[7] Murata Y, Suga K, Yukawa N. Effect of transition elements on the properties of MC carbides in IN‑100 nickel-based superalloy[J]. Journal of Materials Science, 1986, 21(10): 3653‑3660.

[8] Jang J H, Lee C H, Heo Y U, et al. Stability of (Ti, M)C (M=Nb, V, Mo and W) carbide in steels using first-principles calculations[J]. Acta Materialia, 2012, 60 (1): 208‑217.

[9] Ai H, Ye X, Jiang L, et al. On the possibility of severe corrosion of a Ni‑W‑Cr alloy in fluoride molten salts at high temperature[J]. Corrosion Science, 2019, 149: 218‑225.

[10] Ai H, Liu S, Ye X, et al. Metallic impurities induced corrosion of a Ni‑26W‑6Cr alloy in molten fluoride salts at 850 ℃[J]. Corrosion Science, 2021, 178: 109079.

[11] Chen H, Hai Y, Liu R, et al. The irradiation hardening of Ni‑Mo‑Cr and Ni‑W‑Cr alloy under Xe^{26+} ion irradiation[J]. Nuclear Instruments and Methods in Physics Research Section B: Beam Interactions with Materials and Atoms, 2018, 421: 50‑58.

[12] Li C, Lei G, Liu J, et al. A potential candidate structural material for molten salt reactor: ODS nickel-based alloy[J]. Journal of Materials Science & Technology, 2022, 109: 129‑139.

[13] Yang C, Muransky O, Zhu H L, et al. The effect of milling time on the microstructure characteristics and strengthening mechanisms of NiMo‑SiC Alloys prepared via powder metallurgy[J]. Materials, 2017, 10(4): 389.

[14] Li C, Lei G, Zhu Z, et al. Effects of Y_2O_3 nanoparticles/Ni matrix interface on the mechanical properties and helium swelling resistance in NiMoCr‑Y_2O_3 alloys[J].

Journal of Nuclear Materials，2024，589：154854.

［15］ 徐世江，康飞宇. 核工程中的炭和石墨材料［M］. 北京：清华大学出版社，2010.

［16］ Burchell T. Experimental plan and final design report for HFIR high temperature graphite irradiation capsules HTV－1 and－2（ORNL－GEN4/LTR－06－019）［R］. Tennessee：Oak Ridge National Laboratory，2006.

［17］ Ishihara M. An explication of design data of the graphite structural design code for core components of high temperature engineering test reactor（JAERI－M 91－153）［R］. Tokyo：JAERI，1991.

［18］ Lommers L，Honma G. NGNP high temperature materials white paper（INL－EXT－09－17187）［R］. Idaho：Idaho National Laboratory，2012.

［19］ Kelly B T，Marsden B J，Hall K. Irradiation damage in graphite due to fast neutrons in fission and fusion systems（IAEA－TECDOC－1154）［R］. Vienna：IAEA，2000.

［20］ Tang H，Qi W，He Z T，et al. Infiltration of graphite by molten $2LiF-BeF_2$ salt ［J］. Journal of Materials Science，2017，52：11346－11359.

［21］ Rosenthal M W，Briggs R B，Kasten P R. Molten-slat reactor program semiannual progress report for period ending August 31（ORNL－4191）［R］. Tennessee：Oak Ridge National Laboratory，1967.

［22］ Song J，Zhao Y，Zhang W，et al. Helium permeability of different structure pyrolytic carbon coatings on graphite prepared at low temperature and atmosphere pressure［J］. Journal of Nuclear Materials，2016，468：31－36.

［23］ Robertson R C. MSRE design and operations report，part Ⅰ，description of reactor design（ORNL－TM－0728）［R］. Tennessee：Oak Ridge National Laboratory，1965.

［24］ Industrial Graphite Grades. Industrial Graphite Post Processing［M/OL］. https://poco. entegris. com/en/home/products/premium-graphite/industrial-grades.

［25］ Rosenthal M W，Haubenreich P N，Briggs R B. The development status of molten-salt breeder reactors（ORNL－4812）［R］. Tennessee：Oak Ridge National Laboratory，1972.

［26］ Gray W J. Neutron irradiation effects on carbon and graphite cloths and fibers［J］. Nuclear Technology，1978，40(2)：194－207.

［27］ Corwin W R，Burchell T D，Halsey W，et al. Updated generation Ⅳ reactors integrated materials technology program plan，revision 2（ORNL/TM－2005/556）［R］. Tennessee：Oak Ridge National Laboratory，2005.

［28］ Peterson P F. Development of liquid-silicon-impregnated C/C－SiC composites for high-temperature heat transport（UCBTH－03－001）［R］. Albuquerque：Sandia National Laboratory，2003.

［29］ Snead L L，Burchell T D，Katoh Y. Swelling of nuclear graphite and high quality carbon fiber composite under very high irradiation temperature［J］. Journal of Nuclear Materials，2008，381(1/2)：55－61.

［30］ Feng S，Yang Y，Xia H，et al. Irradiation effects of fiber and matrix induced by

He$^+$ ion for high-performance C/C composites[J]. ACS Applied Nano Materials, 2019, 2(5): 2926 - 2933.

[31] Koyanagi T, Nozawa T, Katoh Y, et al. Mechanical property degradation of high crystalline SiC fiber-reinforced SiC matrix composite neutron irradiated to ～100 displacements per atom[J]. Journal of the European Ceramic Society, 2018, 38(4): 1087 - 1094.

[32] Katoh Y, Snead L L. Silicon carbide and its composites for nuclear applications-Historical overview[J]. Journal of Nuclear Materials, 2019, 526: 151849.

[33] Venard J T. Tensile and creep properties of INOR - 8 for the molten-salt reactor experiment (ORNL - TM - 1017)[R]. Tennessee: Oak Ridge National Laboratory, 1965.

[34] Shi S W, Hai Y, Cui J P, et al. Impact of dynamic strain aging on multiaxial low cycle fatigue behavior of nickel-based alloy 690 at 350 ℃[J]. International Journal of Fatigue, 2023, 170(107547): 1 - 18.

[35] McCoy H E, Gehlbach R E. Influence of irradiation temperature on the creep-rupture properties of Hastelloy-N[J]. Nuclear Technology, 1971, 11: 45 - 60.

[36] McCoy H E. An Evaluation of the Molten Salt Reactor Experiment Hastelloy N Survellance Specimens-First Group (ORNL - TM - 1997)[R]. Tennessee: Oak Ridge National Laboratory, 1967.

[37] McCoy H E. An Evaluation of the Molten Salt Reactor Experiment Hastelloy N Survellance Specimens-Second Group (ORNL - TM - 2359)[R]. Tennessee: Oak Ridge National Laboratory, 1969.

[38] McCoy H E. An evaluation of the molten salt reactor experiment Hastelloy N survellance specimens-third group (ORNL - TM - 2647)[R]. Tennessee: Oak Ridge National Laboratory, 1970.

[39] McCoy H E. An evaluation of the molten salt reactor experiment Hastelloy N survellance specimens-fourth group (ORNL - TM - 3063)[R]. Tennessee: Oak Ridge National Laboratory, 1971.

[40] Campbell A A, Burchell T D. Comprehensive nuclear materials, Chapter 3.11 Radiation effects in graphite[M]. 2nd ed. Amsterdam: Elsevier, 2020: 398 - 436.

[41] 徐世江. 核工程中的石墨和炭素材料(第四讲)[J]. 炭素技术, 2000(4): 58 - 62.

[42] McCoy H E, McNabb B. Postirradiation examination of materials from the MSRE (ORNL - TM - 4174)[R]. Tennessee: Oak Ridge National Laboratory, 1972.

[43] Rosenthal M W, Briggs R B, Haubenreich P N. Molten salt reactor program semiannual progress report for period ending august 31, 1971 (ORNL - 4728)[R]. Tennessee: Oak Ridge National Laboratory, 1971.

[44] Guo S, Zhang J, Wu W, et al. Corrosion in the molten fluoride and chloride salts and materials development for nuclear applications[J]. Progress in Materials Science, 2018, 97: 448 - 487.

[45] 邱杰. 含 Cr 的镍基合金在熔盐环境中的腐蚀机理研究[D]. 北京: 中国科学院大

学,2015.

[46] Zheng G. Corrosion behavior of alloys in molten fluoride salts[D]. Madison: University of Wisconsin-Madison, 2015.

[47] Williams D F, Toth L M, Clarno K T. Assessment of candidate molten salt coolants for the advanced high-temperature reactor (AHTR) (ORNL/TM - 2006/12)[R]. Tennessee: Oak Ridge National Laboratory, 2006.

[48] Swindeman R W. The mechanical properties of INOR - 8 (ORNL - 2780)[R]. Tennessee: Oak Ridge National Laboratory, 1961.

[49] Schulze R C, Cook W H, Evans R B, et al. INOR - 8 - graphite-fused salt compatibility test (ORNL - 3124)[R]. Tennessee: Oak Ridge National Laboratory, 1961.

[50] Curtin W A, Miller R E. Atomistic/continuum coupling in computational materials science[J]. Modelling and Simulation in Materials Science and Engineering, 2003, 11(3): R33 - R68.

[51] Nordlund K, Zinkle S J, Sand A E, et al. Primary radiation damage: A review of current understanding and models[J]. Journal of Nuclear Materials, 2018, 512: 450 - 479.

第 4 章
熔盐冷却剂技术

熔盐冷却剂技术是在核能及其他能源领域具有广泛应用前景的先进技术。熔盐冷却剂的基本概念及其在能源系统中的关键作用为理解其特性和应用奠定了理论基础。为满足熔盐堆和其他能源应用的特定需求,科学的设计方法和针对性的配方开发确保了熔盐在不同应用场景中的适应性。

质量控制是确保熔盐性能稳定和可靠的关键,通过建立严格的质量指标和先进的分析与检测方法,不断提升熔盐的质量。熔盐的制备与安全防护措施是技术实现的重要保障,优化制备工艺和工程放大技术不仅提高了生产效率,还确保了实际应用中的安全性和可操作性。

熔盐冷却剂在储能领域的应用展示了其多样化应用前景及在能源转型中的重要作用。本章全面阐述了熔盐冷却剂技术研发与应用的各个环节,深入理解其科学逻辑和发展脉络,为未来研究和应用提供了坚实基础。

4.1 熔盐冷却剂概述

熔盐是在常温、常压下呈现固态,而在高温下融化成离子熔体的盐。按照与金属结合的官能团不同,熔盐可分为氟化物熔盐、氯化物熔盐、氧化物熔盐、碳酸盐、硫酸盐、硝酸盐等;按照使用温度不同,熔盐可分为高温熔盐($\geqslant 600\ ℃$)、中温熔盐($350\sim <600\ ℃$)、低温熔盐($100\sim <350\ ℃$)和室温熔盐($<100\ ℃$)等[1]。

我国古代即有与熔盐相关的记载,明朝的李时珍在《本草纲目》一书中提到,硝石(硝酸钾)受热会融化成液体。19 世纪之初,英国化学家戴维(Davy)用熔盐电解法制备金属,该方法发展至今已经成为制取多种活泼金属的主要方法,用冰晶石-氧化铝熔盐电解冶炼铝、用含氯化镁的氯化物熔盐电解冶炼镁等工艺,都早已在工业领域得到大规模应用[2]。

近几十年来,熔盐作为一类新型介质和功能材料,在能源、材料制备、化学合成等领域,都展现了广阔的应用前景[3]。

在能源领域,特别是核能方面,熔盐是很好的冷却剂候选材料。采用熔盐作为冷却剂的核反应堆,称为"熔盐堆"。通常,堆用熔盐从种类上讲有氟化物熔盐和氯化物熔盐,从功能上讲有燃料盐(一回路熔盐)和冷却盐(二回路熔盐),本章主要聚焦氟化物熔盐(氟盐)。

美国橡树岭国家实验室(ORNL)于 1963 年建成了 8 MW 熔盐试验堆(MSRE),采用氟盐作为冷却剂,实验结果证实其具有非常好的性能[4]。20 世纪 70 年代我国科研人员开展了反应堆用氟盐的研究,于 1971 年在中国科学院上海应用物理研究所嘉定园区内建成国内第一座零功率熔盐实验堆。中国科学院在 2011 年启动实施了"战略性先导专项'未来先进核裂变能——钍基熔盐核能系统'(TMSR)",基于我国钍资源丰富的国情,提出的一种新型熔盐堆。TMSR 也采用氟盐作为冷却剂,因为它不仅适合溶解铀-233,还适合溶解钍-232。

氟化物熔盐是两种或多种氟化盐按一定比例混合、熔融而形成的混合物。这类熔盐主要为碱金属、碱土金属及其他金属的氟化物混合形成的二元或三元体系,具有高温稳定性好、热导率高、比热容大、电化学窗口宽、饱和蒸气压低和中子吸收截面小等优点,适合用作反应堆冷却剂。典型的堆用氟盐冷却剂有 $LiF-NaF-KF$、$LiF-BeF_2$、$NaF-BeF_2$ 等。

不同用途的氟盐,必须满足相关的要求。本章重点介绍堆用氟盐的一些要求和规范,并简要介绍储能用熔盐的一些概况。

4.2 熔盐特性要求

熔盐的特性主要表现在以下几个方面:① 电导率高。熔盐最大特征是由阴、阳离子组成,导电率比电解质溶液高 1 个数量级。② 使用温度范围广。熔盐从室温到 1 000 ℃范围均具有良好的热稳定性。③ 黏度低。该特性能够促进离子迁移,提高离子扩散速度。④ 蒸气压低。熔盐具有较低的蒸气压,混合熔盐蒸气压更低。⑤ 物理化学性质稳定,不易分解。⑥ 溶解能力高。具有能溶解氧化物、氮化物、硫化物、碳化物和其他盐等特性。由于以上特征,熔盐被广泛用于反应堆冷却剂、太阳能热发电储热介质以及电池储能电解质等方面。本节主要介绍熔盐应用于不同领域的物化特性要求。

4.2.1　熔盐堆用冷却剂特性要求

液态燃料通过溶解于熔盐,并在堆芯处发生裂变反应释放热量,回路系统中的一回路熔盐除了溶解燃料还需要带出堆芯热能,而二回路则将一回路熔盐热量进一步传递给第三个氦气回路,推动氦气轮机做功发电。因此,使用熔盐作为反应堆一回路和二回路冷却剂的要求不同。二回路冷却剂要求温度在800 ℃以上时表现出化学稳定性和低的挥发性,且在使用温度范围内与高温合金和石墨具有良好的相容性。而一回路冷却剂除了具有二回路冷却剂的特性外,还必须具有可溶解大多数铀和钍核材料、低的中子吸收截面(<1 b)以及在强辐射下抵抗化学分解的能力。

有些电负性较小的元素所形成的卤化物与高温合金具有良好的热力学相容性,这些元素为碱金属(锂、钠、钾、铷等),碱土金属(铍、镁、钙等),稀土金属(钪、钇、铟、镧、铈等),以及硼、锆和铝。由于一回路冷却剂要求元素的中子吸收截面小,且必须形成低熔点混合物,因此,一回路冷却剂可以选择下列三种盐类:碱金属氟化物、碱金属氟化物和 BeF_2 混合盐、碱金属氟化物和 ZrF_4 的混合盐。而二回路冷却剂的选择和组合范围更广,包括氯化物、氟硼酸盐、氟化物均可以使用,此外,阳离子可供选择和考虑的范围也更广。

熔盐作为冷却剂使用时,还需要考虑其热化学性质(熔点、蒸气压、密度和热容量)和传输特性(黏度和导热性)。冷却剂熔盐在800 ℃时需要具有非常低的蒸气压(约0.2 kPa 或更低)以方便简化设备设计和覆盖气体系统,且熔盐在使用过程中不会通过覆盖气排放而损失。因此,选择 ZrF_4 混合盐作为冷却剂使用时,要求其有效成分范围控制在 ZrF_4 小于 40%,具体的含量还取决于冷却剂熔盐的温度和熔盐混合物中碱金属氟化物的特性。采用含有 BeF_2 的熔盐作为冷却剂使用时,需要考虑熔盐的黏度。这是由于 BeF_2 熔盐易形成极黏稠的混合物,因此 BeF_2 的含量也需要控制到小于 45%。由于密度 ρ,热容 C_p 和导热系数 k 都遵循基于盐的重量公式,在具有相似成分的盐中,含有较重元素的盐密度增加,而热容和热导率随着这些较重的盐而降低。体积热容随盐中元素含量的增加而减小。因此一般来说,组成元素较轻的盐具有更好的传热性能。熔盐作为冷却剂的使用与熔融盐的传热能力有关,图 4 - 1 比较几种冷却剂在强制对流(forced convection turbulent)方面的优点,结果显示氟化物熔盐强制对流的品质因数(figure of merit,FOM)介于水和钠之间。

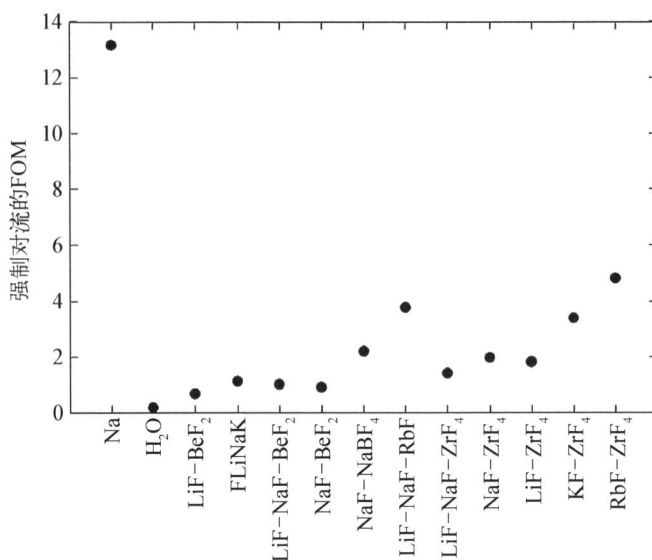

图 4-1 不同氟熔盐的强制对流优点

4.2.2 熔盐在能源领域其他应用的特性要求

熔盐作为一种高性能的材料,在能源领域具有广泛的应用前景,特别是用作能源存储介质或电解质。由于应用场景的多样性,其特性要求有所差异。

首先,作为太阳能储热介质,熔盐需要具备良好的热稳定性,能够承受高温和热膨胀等热应力而不易分解。同时,熔盐的密度需适中,熔点要低,以便于快速地进行放热和储热。这些特性使得熔盐成为太阳能热发电电站中显热储存的理想选择。例如,质量分数为60%的硝酸钠和40%的硝酸钾的"太阳盐",其液相温度约为240 ℃,热稳定性极限约为550 ℃,非常适合用于太阳能储热。"太阳盐"及其他常用无机盐混合物的热物性见表4-1。

表 4-1 常用无机盐混合物的热物性(按阴离子和熔点排序)

熔盐体系及质量分数/%	熔点/℃	分解温度/℃	熔化焓/(J/g)	比热容/[J/(g·K)]	密度/(g/cm³)	体积能量密度/[J/(cm³·K)]
KNO₂ - KNO₃ - LiNO₃ - NaNO₂ - NaNO₃(46 - 2 - 36 - 15 - 1)	75	—	—	—	—	—

(续表)

熔盐体系及质量分数/%	熔点/℃	分解温度/℃	熔化焓/(J/g)	比热容/[J/(g·K)]	密度/(g/cm³)	体积能量密度/[J/(cm³·K)]
$KNO_3 - LiNO_3 - NaNO_3$ (53 - 29 - 18)	120	435～540	—	1.64	1.78	2.92
$Ca(NO_3)_2 - KNO_3 - NaNO_3$ (42 - 43 - 15)	140	460～500	—	1.43	1.91	2.73
$KNO_3 - NaNO_2 - NaNO_3$ (53 - 40 - 7)	142	450～540	60	1.54	1.79	2.76
$LiNO_3 - NaNO_3$ (49 - 51)	194	—	265	1.85	1.77	3.27
$KNO_3 - NaNO_3$ (eu) (54 - 46)	222	550	101	1.52	1.84	2.80
$KNO_3 - NaNO_3$ (solar) (40 - 60)	240	530～565	113	1.55	1.84	2.85
$NaNO_3$	306	520	178	1.66	1.85	3.07
$K_2CO_3 - Li_2CO_3 - Na_2CO_3$ (35 - 32 - 33)	397	>650	273	1.85	1.98	3.66
$KCl - LiCl$ (55 - 45)	355	>700	236	1.20	1.65	1.98
$KCl - MgCl_2$ (61 - 39)	426	>700	355	1.15	1.92	2.22
$NaF - NaBF_4$ (3 - 97)	385	700	—	1.51	1.75	2.65
$KF - ZrF_4$ (32 - 68)	390	>700	—	1.05	2.80	2.94
$KF - LiF - NaF$ (59 - 29 - 12)	454	>700	400	1.89	2.02	3.82

　　此外,熔盐作为电解质时,要求其在存储时为不导电的固体,使用时能迅速熔融成为离子导体。熔盐电解质可以在较高的温度环境下工作,具有极高的比功率和比能量,以及高能量密度和高功率输出的能力。这些特性使得熔盐电解质适用于需要瞬时大功率放电的场合,如国防和石油领域。在国防领域,熔盐电解质的使用温度区间大多为 380～486 ℃,其中 KCl - LiCl 共晶混合物由于其高离子电导率而被广泛应用。其他候选卤化物电解

质见表 4-2。而在石油领域,则需要使用熔点更低的电解质,如基于碱性硝酸盐的低熔点电解质,以适应井眼内较低的温度环境。其他低温熔盐电解质候选卤化物盐见表 4-3。

表 4-2　熔盐电解质候选卤化物电解质

电解质种类	摩尔组成	熔点/℃	相对电导率/$(\Omega \cdot cm)^{-1}$	熔化焓/(J/g)
LiCl-KCl	58%-42%	352	1.0	235.6
LiF-LiCl-LiBr	22%-31%-47%	436	1.89	294.8
LiF-LiBr-KBr	2.5%-63.5%-34%	313	0.86	
LiCl-LiBr-KBr	25%-37%-38%	321	1.25	134.4

表 4-3　低温熔盐电解质候选卤化物盐

电解质种类	配　比	熔　点
LiBr-RbBr	42%-58%	271
LiBr-CsCl	42%-58%	262
LiI-KI	40%-60%	260
LiBr-CsBr	59%-41%	259
LiCl-KCl-CsCl	57.5%-13.3%-20.2%	265
LiCl-KCl-RbCl-CsCl	55.5%-18.7%-1.4%-24.3%	258
LiBr-KBr-CsBr	56.1%-18.1%-25.3%	228
LiBr-LiI-KI-CsI	9.6%-54.3%-16.2%-19.9%	189
LiCl-LiBr-LiI-KI-CsI	3.5%-9.2%-52.4%-15.7%-19.2%	184,151
KNO₃-LiNO₃	60%-40%	124.5

无论是作为太阳能储热介质还是电解质,熔盐的特性要求都与其应用场景密切相关。在选择熔盐时,需要综合考虑其热稳定性、熔点、密度、离子导电

能力等因素,以确保其在特定应用中的性能和稳定性。同时,随着科技的不断发展,对熔盐材料的研究也将不断深入,以拓展其在能源领域的应用范围和提高其性能表现。

4.3 熔盐配方设计

熔盐配方设计是指根据不同应用场景中熔盐的特性要求,通过精确的成分筛选和比例优化,筛选出合适的熔盐组分;同时兼顾成本效益和环境友好性,确保经济性与可持续性。熔盐配方设计主要基于理论计算、实验验证和数据评估。通过理论计算预测潜在成分组合和比例,再经实验验证和数据评估优化,最终获得最佳配方。

4.3.1 熔盐配方设计方法

熔盐相图是研究熔盐体系在热力学平衡状态下相变行为的重要工具,它通过图形化方式展示熔盐体系随温度、压力和组分等变量的变化规律,对基础科学研究和实际应用具有重要指导意义。例如,熔盐堆用一回路燃料盐(如 $LiF - BeF_2 - ThF_4 - UF_4$ 或 $LiF - BeF_2 - ZrF_4 - UF_4$)配比的设计,需根据堆用熔盐相图设计出合理的配方组分比例。多种天然(如盐湖盐、海盐等)或人工合成的熔盐(硅酸盐,如陶瓷、水泥等),大多为多相系统,其开发、设计与利用都需参考熔盐的相平衡知识。

1) 相平衡原理

熔盐体系在相平衡状态下,各相具有相同的温度和压力,且各组分的化学势相等,此时体系的吉布斯自由能最低。相平衡主要包括固-气、液-气和固-液平衡,其中固-液平衡是研究的重点。熔盐体系的相平衡遵循吉布斯相律。

$$f + \Phi = C + n \qquad (4-1)$$

其中,f 为自由度,Φ 为相数,C 为独立组分数,n 为能够影响体系相平衡的个数,如温度、压力、磁场、重力场等。对于大多数熔盐体系,可仅考虑温度和压力的影响,则相律简化为:

$$f + \Phi = C + 2 \qquad (4-2)$$

在一般熔盐体系中,压力对相平衡的影响可忽略,此时相律进一步简

化为,

$$f^* + \varPhi = C + 1 \qquad\qquad (4-3)$$

f^* 为条件自由度。从式(4-3)可以得到,自由度数随着独立组分数的增加而增加,而随着相数的增加而减少。若自由度数为3,表示在 $p\text{-}T\text{-}x$ 空间中有三个参量可独立变化,称为三变平衡;若自由度数为2,表示在 $p\text{-}T\text{-}x$ 空间中只有两个参量可独立变化,故称为双变平衡;若自由度数为1和0,分别称为单变平衡和零变平衡。

2) 熔盐相图分类

二元熔盐体系可经历熔融、转熔、液相分层、析晶、生成化合物等多种过程,一个复杂的多元熔盐体系由几个基本二元相图组合而成。二元相图不仅是研究多元熔盐相图的重要基础,也是研究其热力学与热化学性质的重要理论工具。

常见的二元相图类型包括均晶相图、共晶相图、包晶相图、偏晶相图、具有中间相的相图等。例如,LiF - BeF$_2$ 为偏晶体系,如图 4 - 2 所示,一个液相分解为一个新的液相和固相,偏晶反应为 $L_1 \leftrightarrow L_2 + \alpha$。该类液相的液相不完全互溶,具有一定程度的液相分层现象。ThF$_4$ - UF$_4$ 为均晶体系,如图 4 - 3 所示,两个组元的液相与固相都完全互溶,并形成全温度范围内的置换固溶体。

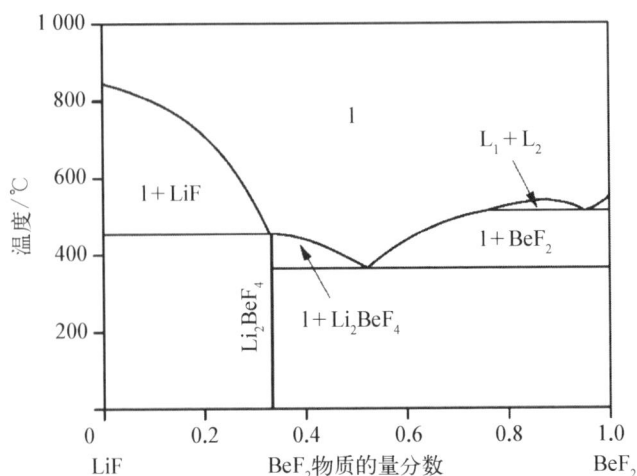

图 4 - 2 LiF - BeF$_2$ 二元熔盐相图

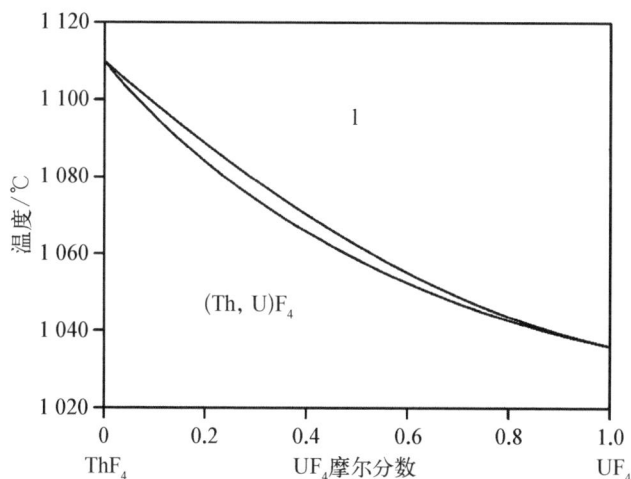

图 4-3　ThF₄-UF₄ 二元熔盐相图

3）熔盐相图研究方法

（1）实验测定。熔盐相图主要是依靠实验数据绘制出来的，分为静态法和动态法。静态法是将熔盐体系在特定的实验条件下达到热力学平衡，采用高温显微镜、高温 X 射线衍射仪等研究相的组成，以确定相图的相区，或采用淬冷的方式冷却到室温，采用相关实验仪器表征样品的相成分、相结构及相性能。动态法以热分析为主，研究样品在加热和冷却过程中产生的热效应与温度间的关系。如果体系在加热和冷却过程中产生热效应，则在温度-时间曲线上出现转折或水平现象，根据这些特点确定相边界，图 4-4 为形成共晶反应的冷却曲线和相图。

由于熔盐易吸湿的特性，在实验测定熔盐相图时，必须严格控制实验环

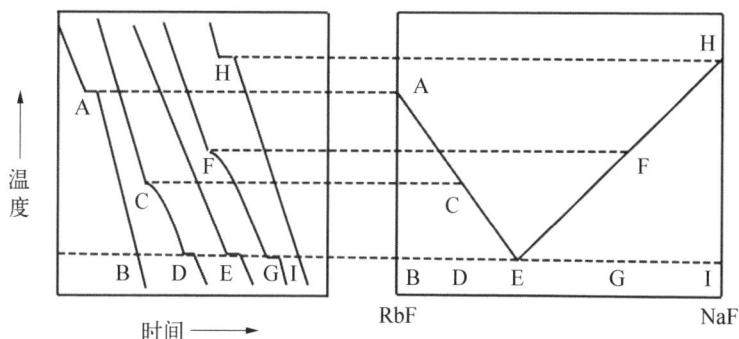

图 4-4　冷却曲线和对应的相图

境,避免水氧进入熔盐体系,以免影响其化学性质,进而干扰相图测定的准确性。通常,实验在高纯惰性气氛手套箱或真空环境中进行,以隔绝外界污染。相图测定是一项复杂且关键的工作,需结合静态法(如高温显微镜、X射线衍射)和动态法(如热分析)等多种方法,才能获得可靠的结果。

（2）相图计算。尽管科研人员持续开展熔盐相图的实验测定,但其工作量巨大,尤其是四元及以上体系的相图测定更为复杂,难以满足实际需求。因此,计算相图的研究显得尤为重要。通过建立热力学与相图的关系,基于少量精确的实验数据,结合合适的热力学模型,可以计算出全范围内的相图结果。相图计算是一门关键学科,其一般流程包括,首先查阅并评估相平衡与热化学数据,其次根据熔盐特性选择合适的热力学模型,然后建立各相的热力学函数与相图的关联,最后通过迭代计算使结果与实验值吻合。图4-5展示了相图计算的典型流程。

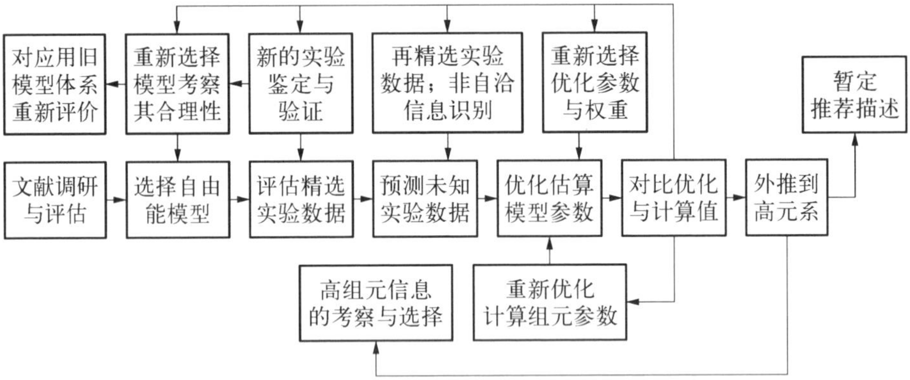

图4-5 相图计算的一般流程

4.3.2 堆用熔盐冷却剂配方设计

在核反应堆领域,熔盐不仅作为核燃料载体,还承担着堆芯核反应热传递的重要功能。堆用熔盐需要在高温、高辐射等极端环境下保持稳定,因此必须具备优异的热稳定性、核燃料相容性和抗辐射性能。

氟化物熔盐因其优异的高温稳定性、高热导率、大比热容、宽电化学窗口、低饱和蒸气压和小中子吸收截面等特性,在核能领域得到广泛应用。ORNL在该领域进行了开创性研究:1954年建成基于 $NaF-ZrF_4$ 熔盐的 2.5 MW 空间动力试验堆(ARE);1966年成功运行以 $LiF-BeF_2$ 为燃料载体的 10 MW 熔

盐实验堆(MSRE);20 世纪 70 年代设计了采用 LiF - BeF$_2$ 燃料盐和 NaF -
NaBF$_4$ 冷却剂的熔盐增值堆(MSBR)。2011 年,中国科学院启动钍基熔盐堆
核能系统研究计划,采用 FLiBe 为核燃料载体、FLiNaK 为二回路冷却盐的钍
基熔盐实验堆(TMSR)。

表 4-4　液态熔盐反应堆的燃料盐组成

反应堆	时　期	燃料盐摩尔组成(%)
ARE	20 世纪 50 年代	53NaF - 41ZrF$_4$ - 6UF$_4$
MSRE	20 世纪 60 年代	65.0LiF - 29.1BeF$_2$ - 5.0ZrF$_4$ - 0.9UF$_4$
MSBR	20 世纪 60—70 年代	71.7LiF - 16.0BeF$_2$ - 12.0ThF$_4$ - 0.3UF$_4$
TMSR	2011 年至今	LiF - BeF$_2$ - ZrF$_4$ - ThF$_4$ - UF$_4$(配方未见公开报道)

　　FLiBe 熔盐作为高温熔盐反应堆的核心燃料载体,在核能领域具有不可
替代的重要作用。FLiBe 共晶熔盐具有以下关键特性:其熔点为 459 ℃,沸点
高达 1 430 ℃,兼具优异的导热性和热稳定性,可实现热能的高效传递;同时,
其低蒸气压特性确保了反应堆运行的安全性。此外,FLiBe 熔盐对钍、铀等核
燃料具有良好的溶解性,能够较好地维持反应堆临界状态,并具备出色的辐射
稳定性和低中子吸收能力,从而显著延长反应堆材料的使用寿命。MSRE 项
目实验充分验证了 FLiBe 熔盐的可靠性,其在高温、长时间辐射环境下表现出
卓越性能,与金属结构材料具有良好的兼容性。值得注意的是,FLiBe 熔盐通
常采用纯净的锂-7,以避免锂-6 产生氚的问题。

　　在二回路冷却系统方面,由于冷却盐不直接接触核燃料,从经济性考虑通常
采用不含锂的熔盐体系。常用方案包括 ZrF$_4$ - NaF - KF、ZrF$_4$ - KF、NaF - BeF$_2$
等共晶盐,以及 FLiNaK 熔盐。其中,FLiNaK 熔盐(熔点为 454 ℃,沸点大于
1 400 ℃)因其高稳定性、低熔点、低毒性和低黏度等优势,成为二回路冷却盐的
首选方案。与含 BeF$_2$ 熔盐相比,FLiNaK 具有更好的操作安全性;相较于含 ZrF$_4$
熔盐,其高温稳定性更为突出。因此,FLiNaK 是熔盐堆二回路最佳选择之一。

4.3.3　能源领域其他应用的熔盐配方设计

　　熔盐,作为一种高性能的能源材料,在能源储存和电解质领域具有广泛的

应用前景。其配方设计需综合考虑多项关键性能指标,以满足不同应用场景的需求。

在储能领域,熔盐凭借其出色的热容量和热导率,成为一种广泛应用的热能储存介质。储能用熔盐的配方设计过程中,需要着重考虑储能密度、循环稳定性以及安全性等关键指标。常见储能熔盐的熔点和热分解温度等热力学性质见表4-5和表4-6。具体而言,需要对多个热性能和输运性能参数进行综合评估,如:比热容,它决定了单位质量材料在温度升高时能够储存的热量;熔点,它对系统运行和维护成本有着直接影响;热分解温度,它界定了材料的最高工作温度;导热系数,它关系到热传导的效率;黏度,它影响着泵送过程中的能耗;密度,它决定了单位体积的储能能力。举例来说,太阳盐在集中式太阳能发电(CSP)系统中是最常用的储能材料,其优势在于成本低、安全性好、材料相容性好,然而,它的工作温度范围相对有限,且在高温条件下容易发生分解。为了进一步提升熔盐的储热性能,研究者们探索了在熔盐材料中添加可溶性添加剂或纳米材料颗粒的方法。

表4-5 常见储能熔盐的熔点和热分解温度

熔盐热储能材料	组分及质量分数/%	熔点/℃	热分解温度/℃
硝酸盐			
太阳盐	$60NaNO_3 - 40KNO_3$	240	565
Hitec	$7NaNO_3 - 53KNO_3 - 40NaNO_2$	142	450
Hitec XL	$15NaNO_3 - 43KNO_3 - 42Ca(NO_3)_2$	130	450
LiNaKNO$_3$	$30LiNO_3 - 18NaNO_3 - 52KNO_3$	118	550
LiNaKCaNO$_3$	$15.5LiNO_3 - 8.2NaNO_3 - 54.3KNO_3 - 22Ca(NO_3)_2$	93	450
LiNaKNO$_3$ NO$_2$	$9LiNO_3 - 42.3NaNO_3 - 33.6KNO_3 - 15.1KNO_2$	97	450
氯盐			
KMgCl	$62.5KCl - 37.5MgCl_2$	430	>700
NaKMgCl	$20.5NaCl - 30.9KCl - 48.6MgCl_2$	383	>700

（续表）

熔盐热储能材料	组分及质量分数/%	熔点/℃	热分解温度/℃
NaMgCaCl	39.6NaCl－39MgCl₂－21.4CaCl₂	407	650
NaKZnCl	7.5NaCl－23.9KCl－68.6ZnCl₂	204	＞700
KMgZnCl	49.4KCl－15.5MgCl₂－35.1ZnCl₂	356	＞700
氟盐			
LiNaKF	29.2LiF－11.7NaF－59.1KF	454	＞700
NaBF	3NaF－97NaBF₄	385	＞700
KBF	13KF－87KBF₄	460	＞700
KZrF	32.5KF－67.5ZrF₄	420	＞700
碳酸盐			
LiNaKCO₃	32.1Li₂CO₃－33.4Na₂CO₃－34.5K₂CO₃	397	670

表 4-6　常见储能熔盐的密度和比热容

熔盐热储能材料	密度随温度变化的表达式/(kg/m³)	比热容随温度变化的表达式/[J/(kg·℃)]
硝酸盐		
太阳盐	$2\,090-0.636T$	$1\,443+0.172T$
Hitec	$1\,938-0.732T$	$1\,560-0.001T$
Hitec XL	$2\,240-0.827T$	$1\,542.3-0.322T$
LiNaKNO₃	$2\,088-0.612T$	$1\,580$
LiNaKCaNO₃	$1\,993-0.700T$	$1\,518$
LiNaKNO₃NO₂	$2\,074-0.720T$	$1\,135.3+0.071T$
氯盐		
KMgCl	$2\,125.1-0.474T$	999
NaKMgCl	$1\,899.2-0.425\,3T$	$1\,023.8$

（续表）

熔盐热储能材料	密度随温度变化的表达式/(kg/m³)	比热容随温度变化的表达式/[J/(kg·℃)]
NaMgCaCl	$4\,020.57-2.769\,7T$	$12\,382.2+0.040\,568T^2-42.78T$
NaKZnCl	$2\,625.44-0.926T$	$911.4-0.022\,7T$
KMgZnCl	$2\,169.6-0.592\,6T$	866.4
氟盐		
LiNaKF	$2\,530-0.73T$	$976.78+1.063\,4T$
NaBF	$2\,252.1-0.711T$	$1\,506.0$
KBF	$2\,258-0.802\,6T$	$1\,305.4$
KZrF	$3\,041.3-0.645\,3T$	$1\,000$
碳酸盐		
LiNaKCO₃	$2\,270-0.434T$	$1\,610$

  熔盐用作电解质时,要求具备较低的密度、黏度、熔点和蒸气压,以及较高的离子导电能力和分解电压。同时,良好的正负极材料兼容性、优异的热稳定性和热管理性能也是不可或缺的。熔盐电解质可以在较高的温度环境下工作,具有极高的比功率和比能量,以及高能量密度和高功率输出的能力,适用于需要瞬时大功率放电的场合。例如,在国防领域,KCl-LiCl 共晶混合物由于其高离子电导率而被广泛用作理想电解质;而在与石油和天然气钻井相关的井眼中,则需要使用熔点更低的电解质,如 KNO₃-LiNO₃ 共晶盐或 LiBr-KBr-CsBr 共晶盐等。

  值得注意的是,尽管储能用熔盐和熔盐电解质在配方设计和应用需求上存在差异,但某些熔盐体系(如氯化物熔盐)在两者中均展现出巨大的潜力。氯化物熔盐因其优异的高温热稳定性和较低的成本,被视为极具潜力的热能储存与热传递流体材料。同时,在熔盐电解质领域,氯化物熔盐也展现出良好的离子导电性和热稳定性。然而,无论是储能用熔盐还是熔盐电解质,都需要在实际应用中解决材料相容性、腐蚀性和泵送效率等问题。

  综上所述,熔盐配方设计及其在能源储存与电解质领域的应用探索是一个复杂而系统的过程。通过综合考虑熔盐的各项性能指标和应用需求，可以设计出更加高效、稳定、安全的熔盐体系，为能源领域的可持续发展做出贡献。

4.4　熔盐质量控制

　　熔盐的物理和化学性质，包括熔点、密度、黏度、导热性、腐蚀性、辐照稳定性、对核燃料的溶解能力等，是否满足冷却剂的应用要求，很大程度上取决于其配方和纯度。熔盐配方通常应根据应用场景的不同，综合考虑其性能要求和经济效应等因素确定；熔盐纯度则与原料的来源、制备过程和应用要求等息息相关。在充分了解杂质来源及其可能导致的危害基础上，确定各种主要杂质在熔盐中的最大允许水平，即建立堆用熔盐质量指标并确定各指标对应的分析检测方法，是熔盐质量控制工作的核心。

4.4.1　堆用熔盐质量指标

　　堆用熔盐与结构材料（包括容器、回路管道和热交换器等）直接接触，与结构材料的相容性是熔盐质量控制首先关注的问题。研究表明，结构材料在熔盐中的腐蚀本质上是材料的活性元素向熔盐中溶解的过程，因此，深入理解材料在熔盐中的腐蚀行为，既要考虑材料的组成元素、化学形态、微观结构等因素，又要考虑熔盐的本征腐蚀性及其含有的腐蚀性杂质的影响[5]。水氧（包括自由水与结晶水、氧气）、酸根离子（包括 SO_4^{2-} 和 PO_4^{3-} 等）、氧化性金属离子等是熔盐中的主要腐蚀性杂质[6]，也是关键的冷却剂质量指标。水汽的存在，一方面会对容器管道产生压力，导致管道裂纹；另一方面会因生成 HF 或 HCl 而加速材料腐蚀。NASA 计算结果表明，熔盐中初始水汽质量分数控制在 $100\ \mu g/g$ 以内时，不会对熔盐管道产生较大压力[7]。氧气主要来源于原料的物理吸附，高温下氧溶解到熔盐中，与合金中的活泼金属发生反应导致腐蚀。SO_4^{2-} 高温下会与合金发生氧化还原反应生成游离态的硫，并进一步与合金发生硫化腐蚀，MSRE 项目要求氟化物熔盐中硫的质量分数不高于 $5\ \mu g/g$[8]。作为堆用冷却剂时，燃料盐流经反应堆堆芯，要求其具备极低的中子吸收和活化特性，这就要求控制中子吸收截面较大的杂质如锂-6、钆、硼、钐、镉等的含量，降低冷却剂的当量硼含量，提高堆芯中子效率。除此之外，根据 ORNL 工程经验和钍铀化学性质，还必须严格控制燃料盐中的氧含量[9]，以防止钍铀发生沉淀现象,进而避免可能引发的堆芯局部过热等安全隐患,确保反应堆的安全稳定运行。

综上所述,作为传热与蓄热介质的熔盐冷却剂,其质量指标的制定需全面考虑国产氟盐原料质量和熔盐制备纯化工艺水平等因素,确保其满足良好的热化学性质和材料相容性等要求。而作为核燃料载体时,还需满足堆物理设计和核材料溶解度的需求,从而最终明确技术指标,并确定指标限值。

4.4.2 熔盐冷却剂质量分析与检测

熔盐应用环境多种多样,冷却剂的质量也不完全一致,根据分析对象的特性和含量水平,选择或建立合适的分析方法是熔盐冷却剂质量分析与检测的核心。分析方法选择的原则如下:① 权威性,优先选用标准分析方法,尤其是 ISO 国际标准方法;② 灵敏性,分析方法应能满足分析项目指标的准确定量要求;③ 可靠性,保证分析结果的可重复性、再现性,能够使各种试样得到相近的准确度和精密度;④ 选择性,分析方法的抗干扰能力要强;⑤ 实用性,分析方法所使用的试剂和仪器易得,操作方法尽量简便快捷,并应尽可能地采用国内外的新技术和新方法。

权威的标准分析方法是开展熔盐质量分析与检测的前提。反应堆、储能或熔盐电解质用熔盐通常为两种或多种氟化盐、氯化盐和硝酸盐的混合物,目前仅针对 $NaNO_3$ - KNO_3 和 $NaNO_3$ - KNO_3 - $NaNO_2$ 发布了国家标准(GB/T 36376—2018),多元氯盐和氟盐均缺乏相应的国内外标准。20 世纪 60 年代以前,分析化学主要以经典的化学法为主,早期 ORNL 在 ARE 和 MSRE 项目研发期间对 FLiBe、FLiBeZrU 和其他碱金属燃料盐的质量分析采用了重量法、滴定法、比色法等传统化学方法[10]。20 世纪 70 年代后,随着大规模化探扫面工作的开展,仪器分析逐步取代了化学分析,用于大量样品中多组分尤其是痕量、超痕量级定量分析。20 世纪 90 年代以来,分析化学获取物质定性、定量、形态、形貌、结构、表面微区等各方面信息的能力得到极大增强。高精度、高灵敏度、自动化和智能化的多元素同时分析技术已成为无机元素分析方法系统的主流。电感耦合等离子体原子发射光谱(ICP-OES)、电感耦合等离子体质谱(ICP-MS)和 X 射线荧光光谱(XRF)等技术成为先进的多元素同时分析主流技术,可实现主量、痕量及超痕量元素的定量分析。选用上述技术建立合适的分析方法是熔盐分析与检测工作的核心。

4.4.2.1　主量元素分析

熔盐主量成分比例对其理化性质有决定性影响。高温下熔盐自身的升华、不同熔盐与结构材料相互作用的差异以及回路载气吹扫等原因,运行期间熔盐冷却剂的组分会随时间发生变化,影响其热传输性质,进而对冷却剂换热效率等产生不利影响。定期分析熔盐的组成比例对反应堆、储能设施和熔盐电解质的长期安全运行和使用非常重要。ICP - OES 技术分析熔盐中的主量元素时需要进行大量稀释,引入的测量误差较大,但测量快速,可用于生产过程的质量控制;化学分析法(包括重量分析法和滴定分析法等)准确度高,但操作较为繁琐,分析周期较长,可用于熔盐质量的例行分析。

4.4.2.2　杂质元素分析

熔盐杂质分析是熔盐质量控制的关键,杂质分析的数据不仅可以评判熔盐制备和净化的工艺水平,还能明确工艺优化方向,并为判定净化后的熔盐质量提供决策依据。根据质量指标,熔盐杂质分析的对象大致可以分为总氧、含氧酸根、腐蚀性金属离子和中子毒物。熔盐中的总氧是指水氧、氧化物、含氧酸根等各种杂质形态氧的总含量。总氧分析方法主要有氢氟化法[11]、氟溴酸钾($KBrF_4$)法[12]、脉冲熔融法[13]、电化学法[14]、光谱法[15]等。脉冲熔融法又称碳热还原法,受钢铁、冶金等行业应用需求的推动,目前测氧用红外检测器的检测范围和精度满足熔盐总氧含量分析需求。该方法在测定无机氟化盐总氧量上有许多成功经验,应用最广的是测定冰晶石(Na_3AlF_6)和萤石(CaF_2)中的总氧量[16]。TMSR 项目通过大量实验参数的摸索,也已经形成适用于堆用熔盐总氧含量的分析方法规范。电化学法通过线性扫描伏安法或溶出伏安法分析熔盐中的微量氧,是唯一可能实现在线测氧的技术,但该方法目前尚不成熟,非常有必要开展专题研究。熔盐中的含氧酸根离子主要是指硫酸根、硝酸根和磷酸根离子,是关键的腐蚀性杂质之一。离子色谱对水溶液中含氧酸根离子的分析灵敏度很高,且平均分析时间较短。[17]2014 年利用离子色谱测定无机化工产品中杂质阴离子的国家标准 GB/T 31197—2014 发布。熔盐体系中含氧酸根的色谱峰会被基体的氟/氯/硝酸峰所遮蔽,严重干扰分析结果。TMSR 项目针对不同样品研究了相应的样品前处理方法,解决了含氧酸根杂质分析中基体对杂质离子干扰的关键问题。腐蚀性金属离子和中子毒物的测量可归纳为熔盐中的痕量元素分析。ICP 法具有溶液进样分析方法的稳定性和测量精度,同时采用标准物质进行校正,具有可溯源性,被 ISO 列为标准分析方法。单元盐相关国家标准也采用 ICP 法对金属杂质进行分析[18],国内主要厂商也陆续采用 ICP 技术对其产品进行质量进行分析[19]。2014 年 12 月无机化工产品杂质元素测定的两项国家标准 GB/T 30902—2014 和 GB/T 30903—2014 发布实施,标志着 ICP‑OES 和 ICP‑MS 分析技术正式成为无机化工样品成分分析的权威方法。ICP‑OES 具有线性范围宽、耐基体性强及样品间无干扰等特点,可用于基体含量较高的熔盐样品中腐蚀性金属杂质的分析;ICP‑MS 由于其极低的检出限和同位素丰度分析能力,可用于熔盐样品中 Cd 和稀土元素等含量极低的中子毒物及同位素丰度的检测。

4.4.3　未来发展

现阶段熔盐冷却剂质量分析与检测采用在线取样‑离线分析的方式开展,分析结果存在较大时间滞后,可能与服役熔盐真实质量偏离,研发高温强腐蚀极端环境下的非接触式高温熔盐在线测量技术是熔盐质量控制的未来发展方向之一。

激光诱导击穿光谱(LIBS)是最有望实现在线应用的高温熔盐分析技术之一。作为非接触式原子发射光谱分析技术,LIBS 适用于固、液、气任何对象的测量,既不受限于测量距离的长短,也不受限于对象温度和表面规则程度。基于 LIBS 技术的熔态金属成分在线分析技术已成为一个研究热点,目前可实现现场连续在线分析铝液、钢液、铁液等冶金熔体关键成分[20]。LIBS 在核能相关高温熔盐中的应用报道最早可追溯至 2014 年,爱达荷和洛斯阿拉莫斯国家实验室使用该技术对核燃料电解精炼炉内 LiCl‑KCl 体系中的铈、铕和镨进行在线分析[21]。2018 年弗吉尼亚联邦大学 Phongikaroon 等[22]利用熔盐气溶胶‑LIBS 系统实现了 UCl_3‑LiCl‑KCl 中铀含量的定量。2022 年 ORNL 利用三维 LIBS 数据探索了 FLiNaK 和 FLiBe 熔盐与核级石墨的相互作用[23]。

发展 LIBS 等非接触式高温熔盐质量在线分析技术,实现连续规模化生产过程和服役熔盐质量的实时监测,是熔盐冷却剂质量控制未来发展的核心。

4.5　熔盐制备与安全防护

堆用氟盐通常是两种或多种氟化物按一定比例混合、熔融制备的混合物。多元熔盐制备是熔盐应用的基础,根据熔盐的成分、特性与应用规模,需选择适用的制备工艺,以确保生产质量的稳定性以及产品的性能满足应用要求。

4.5.1　熔盐制备方法概述

自 20 世纪 50 年代起,为了满足各种熔盐需求,人们探索了多种氟化物熔盐的制备和净化方法。这些方法主要包括直接熔融法、减压熔融法、三氟化氮法、氟化氢铵氟化法、H_2 - HF 气液鼓泡法,以及固体氧化物膜(solid oxide membrane,SOM)电解法[24]。

4.5.1.1　直接熔融法

直接熔融法的工艺流程如下: 将各种单组分无机盐按照所需比例进行混合,然后加热至共晶点以上的温度,使各组分充分熔融,最终形成共晶熔盐。这个工艺过程较为简便,对工艺设备的投入要求较低,是制备一般熔盐(如太阳盐)的首选方案。

然而,这种方法的缺点在于其不具备净化功能。由于无法去除单组分氟化盐中的结合水,所以它并不适用于制备核纯级氟盐。此外,如果氟化盐直接升温熔融,其内部所含的水会与 F^- 反应,生成 O^{2-}。这会导致氟盐的化学兼容性较差。例如,铀会与氧结合,生成不溶于氟盐的 UO_2,这使得该方法无法应用于液态钍基熔盐堆核能系统的一回路。

4.5.1.2　减压熔融法

针对直接熔融法的不足,减压熔融法进行了改进。该方法将固态单组分氟化盐按照一定比例混合,然后在约 10 Pa 的近真空环境中进行升温熔融。通过控制升温程序,可以避免熔盐水解。尽管这种方法能够去除大部分的结合水,但对于熔盐中残余的微量水和 O^{2-} 仍无法彻底去除。因此,熔盐对合金结构材料仍具有较强的腐蚀性,无法满足熔盐进堆的要求。

4.5.1.3　三氟化氮法

氢氟酸(HF)是一种有毒性和腐蚀性的气体,会严重威胁人体健康。由于其具有极高的反应性,氢氟酸能与某些金属发生化学反应,产生有毒气体或具有爆炸性的氢气。因此,对氢氟酸的防护和处理至关重要。

相比之下,NF_3 的毒性较弱,被视为相对安全。只有在高温和特定物理条件下,NF_3 才具备反应性。美国能源部的研究人员探讨了利用 NF_3 代替 HF 制备纯净氟盐的方法。

然而,这种方法无法去除酸根离子和金属离子,因而不适用于制备核纯级氟盐。

4.5.1.4 氟化氢铵氟化法

氟化氢铵氟化法是制备稀土氟化物的方法之一,它是将氟化物与氟化氢铵(NH_4HF_2)混合,高温下 NH_4HF_2 与氧化物或氧氟化物反应,使氧元素转化成气态水。由于这种方法具有反应流程短,引入杂质少,氟化物中的氧含量低,反应温度低,操作安全等优点,受到国内外稀土科研生产工作者的重视。

氟化氢铵氟化法最早用于碱土金属氟化物的制取,反应方程式如下:

$$2NH_4HF_2 + BeO \Longrightarrow (NH_4)_2BeF_4 + H_2O\uparrow \qquad (4-4)$$

$$(NH_4)_2BeF_4 \Longrightarrow BeF_2 + 2NH_3\uparrow + 2HF\uparrow \qquad (4-5)$$

用这种方法获得氟化物进而制出金属,从而在碱土金属的冶炼方面形成一种独特的工艺路线。

氟化氢铵氟化法制备稀土氟化物的反应机理为

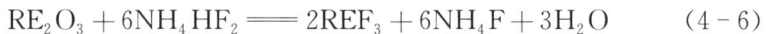

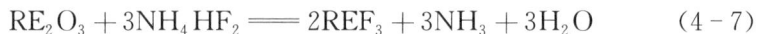

$$RE_2O_3 + 6NH_4HF_2 \Longrightarrow 2REF_3 + 6NH_4F + 3H_2O \qquad (4-6)$$

$$RE_2O_3 + 3NH_4HF_2 \Longrightarrow 2REF_3 + 3NH_3 + 3H_2O \qquad (4-7)$$

式中,"RE"代表稀土元素。

4.5.1.5 H_2 - HF 气液鼓泡法

Shaffer 等研究人员阐述了 H_2 - HF 气液鼓泡法去除氧化物的原理,这一方法通过让氧化物与氟化氢(HF)发生反应,将氧化物转化为水和氟离子(式 4-8),从而实现氧化物的去除[25]。在反应过程中,氟化氢部分溶解在熔盐中,部分则存在于气泡中。无论是溶解态还是气态的氟化氢,都有机会与氧化物发生反应。然而,氟化氢也具有腐蚀性,尤其是对金属容器,如镍制容器,主要腐蚀产物是氟化镍(NiF_2):

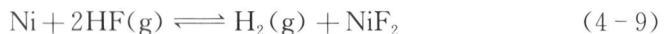

$$O^{2-} + 2HF \Longrightarrow 2F^- + H_2O \qquad (4-8)$$

$$Ni + 2HF(g) \Longrightarrow H_2(g) + NiF_2 \qquad (4-9)$$

为了减轻氟化氢对容器的腐蚀作用,采取了在通入氟化氢的同时通入氢气(H_2)的方法。H_2 与 HF 的比例控制在大约 $10:1$,这样可以在一定程度上减弱 HF 的腐蚀作用。在 H_2/HF 混合气反应阶段结束后,改为通入纯氢气。利用 NiF_2 与氢气的化学反应,可以将 NiF_2 转化为单质金属镍。镍金属颗粒的粒径一般在 $50~\mu m$ 左右,且密度远高于熔盐,因此可以通过沉降的方式进行去除。此外,也可以采用过滤的方法进行去除。适当升高温度可以提升氢气与 NiF_2 的反应效率,并且高温下熔盐的流动性更好,有利于镍颗粒的沉降。

因此,在结构材料容许的工作温度内,宜选择更高的反应温度,最佳的沉降温度为 700 ℃。

$$H_2(g) + NiF_2 \Longrightarrow Ni + 2HF(g) \qquad (4-10)$$

除了去除氟化镍外,氢气还具有其他作用。它可以与熔盐中由原料引入的 NO_3^-、NO_2^- 反应,生成氮气和水,随气体排出,从而降低熔盐中 NO_3^-、NO_2^- 的含量。此外,氢气还可以去除熔盐中的 SO_4^{2-} 和 PO_4^{3-} 等杂质。具体来说,氢气将 SO_4^{2-} 还原为 H_2S,而 PO_4^{3-} 则被转化为 PH_3,H_2S 和 PH_3 随混合气体排出。

根据 MSRE 项目的经验,H_2－HF 气液鼓泡法处理氧化物的极限是(60 ± 15)$\times 10^{-6}$[8]。该方法的优点是技术成熟度高,但缺点是净化工艺中使用了易燃易爆的氢气和有毒的氟化氢,对安全防护和环境保护要求较高。

4.5.1.6　固体氧化物膜电解法

电解法利用电势差驱动具有电活性的杂质粒子在两个电极之间移动,并将它们沉积在电极表面。对于熔盐除氧,日本国立核聚变科学研究所(National Institute for Fusion Science,NIFS)提出采用固体氧化物膜电解法[26]。装置如图 4-6 所示。

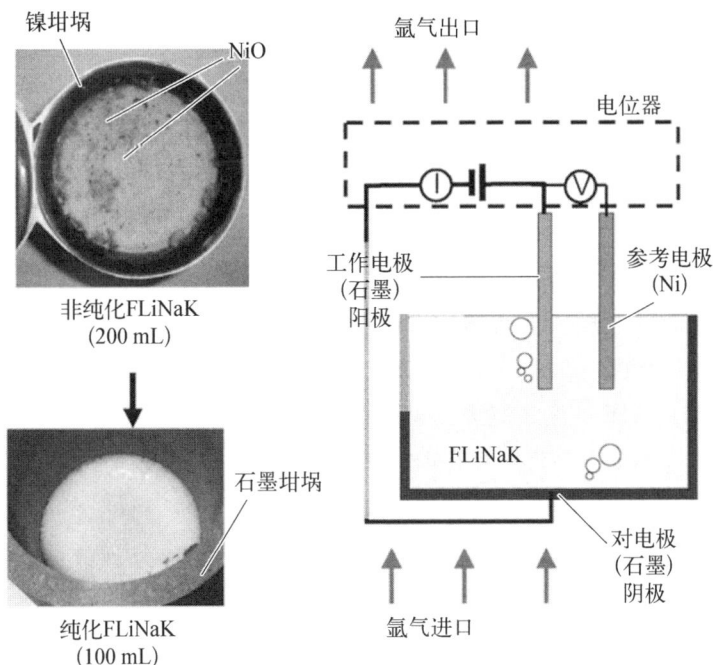

图 4-6　FLiNaK 熔盐电化学法净化系统示意图

在 600 ℃ 的熔盐中实施电解反应。工作电极和对电极都采用石墨材料。工作电极是一根石墨棒,而对电极则是一个石墨坩埚。在 2.35 V 的恒定电压下,持续反应 3 h。在这一过程中,熔盐中的水和氧离子在阴极和阳极反应,生成氧气和氢气。

为了提高反应效率,研究人员从反应器的底部通入气体,这有助于杂质离子快速地扩散到电极表面,同时也有助于稀释和移除反应产生的氧气和氢气。

该方法的优势在于反应条件温和,不需要使用有毒、易燃或易爆的试剂。因此,对安全防护的要求相对较低。然而,该技术目前还处在实验室研究阶段,尚未完全成熟。在大规模生产中,由于惰性阳极材料的使用寿命问题,该方法的应用受到限制。此外,其脱水脱氧的能力也有一定的极限,难以满足深度净化的要求。

4.5.1.7 熔盐制备方法评估

依据熔盐堆核纯级氟盐的特点,研究者从工艺的限度、效率、规模化可行性以及经济性等多个角度对现有的制备和净化技术进行综合分析,明确了现有方法的优缺点和存在的问题。

(1) 直接熔融法:工艺过程简单,设备投入要求较低,但无法去除氟化盐的结合水,因而无法满足核纯级氟盐制备对净化深度的要求。

(2) 减压熔融法:可以去除大部分的结合水,但对于残余微量水、O^{2-} 仍然无法彻底去除,这些残留的杂质仍对合金结构材料具有较强的腐蚀性。

(3) 三氟化氮法:采用 NF_3 去除水分与氧化物,但难以去除酸根离子、金属离子等。

(4) 氟化氢铵氟化法:操作简便、反应温和、时间短、成本低,但除氧的效果有限,且 NH_4HF_2 与产品混合熔融,在大规模生产中难以彻底去除,使其成为残留的腐蚀性杂质。

(5) H_2-HF 气液鼓泡法:可以去除氧化物、硫酸根、磷酸根、硝酸根等杂质,但使用易燃易爆的氢气和有毒的氟化氢,安全防护和环境保护要求较高。

(6) 固体氧化物膜电解法:条件温和,不使用有毒、易燃、易爆的试剂,安全防护要求不高,但还处在实验室研究阶段,技术还有待成熟,脱水脱氧深度有限,难以达到核纯级氟盐制备要求。

根据上述分析比较,氟化氢铵氟化法和 H_2-HF 气液鼓泡法是较佳的备选方案。

4.5.2　熔盐制备工艺比选与高效化设计

为了在氟化氢铵氟化法和 H_2 - HF 气液鼓泡法两者之间选出较优的熔盐堆氟化盐制备工艺,研究者选取了与熔盐堆氟化盐特性相近的 FLiNaK 进行制备试验;同时为了测试产品对熔盐堆结构材料哈氏 N 合金的腐蚀性,进行了腐蚀性测试实验;进而利用差示扫描量热法(DSC)测量了产品在加热或冷却过程中吸收或释放的热量,确保产品达到共晶状态且熔点与文献值相符;此外,还通过惰气熔融法测定了总氧含量,并采用离子色谱法测量了含氧酸根离子的含量。这些表征都是为了确保 FLiNaK 产品的纯度和性能符合要求。

1) 氟化氢铵氟化法

氟化氢铵氟化法是利用氟化氢铵(NH_4HF_2)在高温下分解产生的 HF 去除熔盐中的氧化物杂质,从而达到净化的目的。然而,不同文献报道的制备和净化熔盐的工艺条件存在较大差异,如温度和时间等存在较大的差异。因此,有必要对氟化氢铵氟化法进行深入研究。

氟化氢铵氟化法的制备工艺主要包括干燥与混料、真空除水、加热熔融和转移存储等步骤,如图 4-7 所示。在制备过程中,需要严格控制原料的干燥、混合比例以及熔融温度和时间等条件。

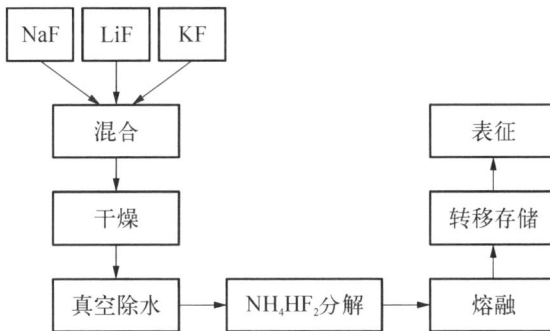

图 4-7　FLiNaK 熔盐制备工艺流程

研究表明,在制备过程中,主要原料氟化氢铵未经过液化阶段而直接升华,不仅未参与反应,反而在炉腔和出气管等低温部位凝结,造成出气管的堵塞。此外,尽管制备出的 FLiNaK 样品中氧和酸根离子含量较低,但仍有部分 NH_4HF_2 残留,这使得产品腐蚀性较强。在熔盐反应堆的使用环境下进行腐蚀性测试表明,该产品对结构材料有明显的腐蚀,其腐蚀性不能满足要求。

根据研究结果推测,在大规模生产中,氟化氢铵氟化法可能会遇到管道堵塞和腐蚀性问题。必须对工艺条件进一步优化,以解决这些潜在问题。

2) H_2 - HF 气液鼓泡法

H_2 - HF 气液鼓泡法的工艺是一种制备高纯氟化盐的方法,主要步骤包括原料干燥、混合、真空除水、制备净化、转移存储等。将高纯氟化锂、氟化钠、氟化钾原料,简单干燥后按一定比例混合,置于鼓泡反应器内。在氩气气氛下,先保温去除原料中的大部分自由水和结合水,再加热至 $550\sim600\ ℃$,通入 H_2 和 HF 的混合气,最后用氩气吹扫出残留的 H_2 和 HF。反应结束后,取出熔盐样品进行分析和备用。制备的熔盐总氧体积分数为 100×10^{-6} 左右,对堆用材料哈氏 N 合金腐蚀低于 $2\ \mu m/a$,满足熔盐堆的需求。

虽然在 H_2 - HF 反应阶段,H_2 的稀释保护作用可以减少 HF 对容器壁的腐蚀,但仍然有一部分金属氟化物(MF_2)以金属离子的形式溶解在熔盐中。这些问题可以通过后续的 H_2 还原步骤来解决。

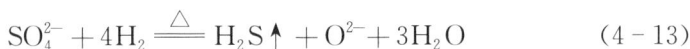

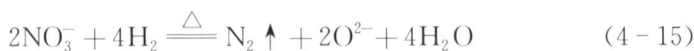

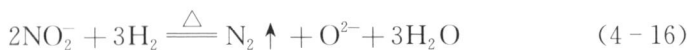

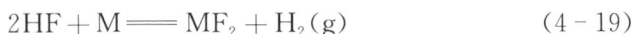

$$O^{2-} + 2HF \Longrightarrow 2F^- + H_2O \tag{4-11}$$

$$H_2O + HF \Longrightarrow HF \cdot H_2O\uparrow \tag{4-12}$$

$$SO_4^{2-} + 4H_2 \xrightarrow{\triangle} H_2S\uparrow + O^{2-} + 3H_2O \tag{4-13}$$

$$2PO_4^{3-} + 8H_2 \xrightarrow{\triangle} 2PH_3\uparrow + 3O^{2-} + 5H_2O \tag{4-14}$$

$$2NO_3^- + 4H_2 \xrightarrow{\triangle} N_2\uparrow + 2O^{2-} + 4H_2O \tag{4-15}$$

$$2NO_2^- + 3H_2 \xrightarrow{\triangle} N_2\uparrow + O^{2-} + 3H_2O \tag{4-16}$$

$$MO_x + xH_2 \xrightarrow{\triangle} xH_2O + M \tag{4-17}$$

$$H_2O + HF \Longrightarrow HF \cdot H_2O\uparrow \tag{4-18}$$

$$2HF + M \Longrightarrow MF_2 + H_2(g) \tag{4-19}$$

$$MF_2 + H_2(g) \Longrightarrow M + 2HF \tag{4-20}$$

具体实验过程如图 4-8 所示。

首先,以高纯氟化锂(LiF)、氟化钠(NaF)、氟化钾(KF)(99.99%)为原料,在真空干燥箱中 $300\sim400\ ℃$ 下干燥 4 h 除水。然后按 LiF - NaF - KF 的摩尔分数比例(46.5% - 11.5% - 42%)称重、密封、混匀。

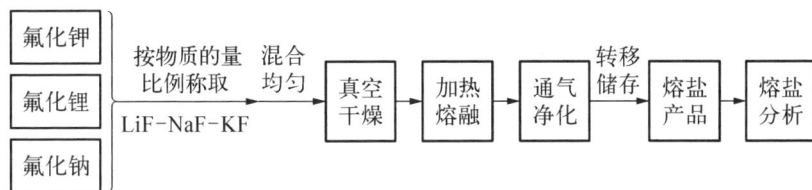

图 4-8 H$_2$-HF 气液鼓泡法制备工艺流程

接下来,将混匀的氟化盐转移至鼓泡反应器内,在密闭的氩气气氛下,在 350~400 ℃下保温以去除原料中大部分的自由水与结合水。然后,加热至 550~600 ℃,通入 HF 与 H$_2$ 混合气,最后用干燥的氩气吹扫出液态熔盐中残留的 H$_2$ 和 HF。

反应结束后,关闭加热,自然冷却至室温后,取出熔盐,进行分析及备用。经过上述过程制备的熔盐总氧体积分数不大于 $100×10^{-6}$。腐蚀研究表明,熔盐对堆用材料哈氏 N 合金腐蚀低于 2 μm/a,满足熔盐堆的需求。

总的来说,H$_2$-HF 气液鼓泡法是一种有效的熔盐净化工艺,但在实际应用过程中,由于我国工业基础相对薄弱,无法完全照搬国外标准,因此,需要对该工艺进行探索、改进、细化。通过对原料的选择、干燥、混合、真空除水、制备净化、转移存储等环节的优化,可以制备出满足熔盐堆需求的净化熔盐。同时,也需要对 HF 腐蚀问题进行深入研究,以降低其对设备的影响。

4.5.2.1 熔盐制备方案比选小结

氟化氢铵氟化法与 H$_2$-HF 气液鼓泡法都是制备净化氟化盐的常用方法。通过研究发现,氟化氢铵氟化法无法有效去除熔盐中的关键杂质,如含氧酸根离子和氧化性金属离子。这些杂质的存在会影响熔盐的纯度,进而影响其在核反应堆应用中的性能。并且,残留在熔盐中的氟化氢铵含量不稳定,这会加剧熔盐对结构材料的腐蚀,对设备造成损害。另外,随着反应器温度和压力的改变,氟化氢铵的迁移与相态变化非常容易导致管道堵塞,影响生产效率。

由 H$_2$-HF 气液鼓泡法工艺得到的产品的总氧含量、腐蚀性都符合熔盐堆要求。研究发现,H$_2$-HF 气液鼓泡法工艺的影响因素较复杂,HF 的含水量、反应器的结构材料等因素对工艺效率和产品质量具有明显的影响。因此,有必要深入研究以优化工艺条件,从而实现高效、稳定的熔盐制备。

4.5.2.2 熔盐制备高效化设计

在制备含氟化锆熔盐的过程中,由于国产原料含氧量偏高,物料熔融期间

ZrF_4 与氧反应，迅速形成结构稳定的固态 ZrO_2。HF 与固态 ZrO_2 反应速率较慢，明显延长了 $HF - H_2$ 鼓泡脱氧反应时间。为了提升气液鼓泡反应的效率，必须实现气液和气液固脱氧净化反应的速率最大化。因此，对气液鼓泡反应器进行高效化设计是必要的。

通常采取的改进措施是，在鼓泡反应器中通过气体鼓泡实现反应器尺度的 H_2O 与 O^{2-} 的混合。然而，这种返混虽然可以达到宏观上的混合，使得液相浓度在空间上均一，但同时也会使反应物 O^{2-} 的浓度迅速下降，相应降低了反应的推动力。

与全混流鼓泡反应器(CSTR)对应的是活塞流反应器(PFR)，在活塞流反应器中，由进口到出口，反应物浓度是逐渐降低的。因此，对所有正级数反应，在反应器的进口段具有较高的反应速率，随着反应物的消耗，反应速率逐渐下降，如图 4 - 9 中的曲线为反应物初始浓度和反应物速率之比 $c_{A_0}/(-r_A)$ 与转化率 x_A 之间关系，曲线下的阴影面积则为达到规定出口转化率 x_{A_f} 所需的停留时间，$\tau = c_{A_0} \int_0^{x_{A_f}} \dfrac{\mathrm{d}x_A}{-r_A}$。而在鼓泡塔或全混釜中，反应物的浓度处处相等，均等于活塞流反应器的出口浓度。可见，由于新鲜进料一进入反应器即和反应器中原有的物料混合，在鼓泡塔或全混釜中反应物的高浓度区域消失，反应器中任何位置的反应速率均等于活塞流反应器出口位置的反应速率，为达到规定的转化率 x_{A_f} 所需的停留时间为，$\tau = \dfrac{c_{A_0} x_f}{-r}$，如图 4 - 9 中矩形的面积。可见，为达到相同的转化率，全混反应器所需的停留时间比活塞流反应器大得多。

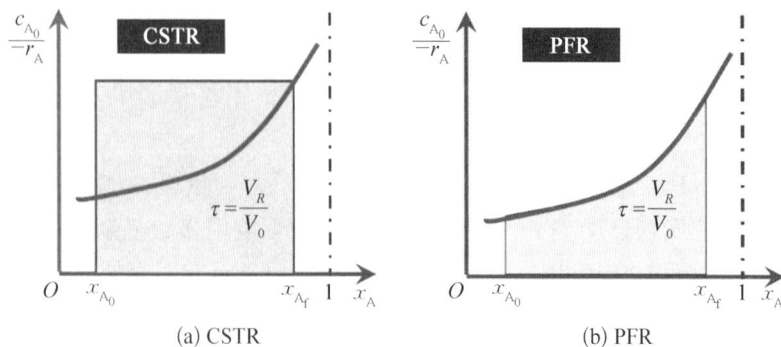

(a) CSTR   (b) PFR

图 4 - 9　反应物初始浓度和反应速率之比 $\dfrac{c_{A_0}}{-r_A}$ 与转化率 x_A 的关系曲线

若将若干全混釜串联,如图 4 - 10 所示,其效果趋近于活塞流反应器,其停留时间如图 4 - 11 所示。从图 4 - 11 可知经全混釜多级串联后,停留时间比单独一个反应器所需时间短,其效果更趋近于平推流反应器,即全混流反应器经串联后,其效率提高。

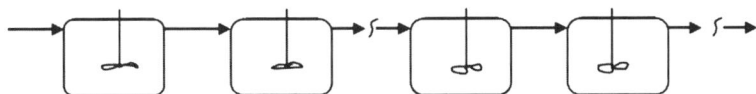

图 4 - 10　多级全混釜串联

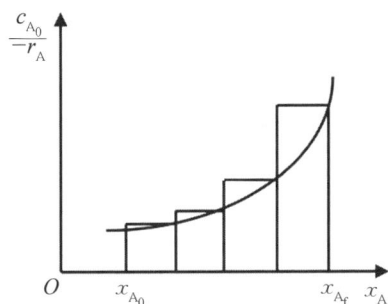

图 4 - 11　多级串联全混釜反应物初始浓度和反应速率之比

$\dfrac{c_{A_0}}{-r_A}$ 与转化率 x_A 之间关系曲线

当采用多级全混釜串联模型进行反应器计算时,可对每一级鼓泡塔写出如下的物料衡算以及能量衡算方程:

$$q_V(c_{A,i-1}-c_{Ai})-\frac{V_R}{N_s}k(T)c_{A_i}^n=0 \quad (i=1,2,\cdots,N_s) \quad (4-21)$$

$$q_V\rho c_p(T_{i-1}-T_i)+(-\Delta H)\left(\frac{V_R}{N_s}\right)k(T)c_{A_i}^n$$

$$+U\left(\frac{A_R}{N_s}\right)(T_{ci}-T_i)=0 \quad (i=1,2,\cdots,N_s) \quad (4-22)$$

式中,下标 i 表示全混釜的级号。上述方程写成量纲为一的形式:

$$(1-f_i)=\frac{Da_i}{N_s}\exp\left[\varepsilon\left(1-\frac{1}{\theta_i}\right)\right]f_i^n \quad (i=1,2,\cdots,N_s)$$

$$(4-23)$$

$$-(1-\theta_i) = \beta \frac{Da_i}{N_s} \exp\left[\varepsilon\left(1-\frac{1}{\theta_i}\right)\right] f_i^n + \frac{N}{N_s}(\theta_{ci}-\theta_i) \quad (i=1,2,\cdots,N_s)$$

$$(4-24)$$

多级全混釜串联模型的计算可以通过联立求解上述 $2N_s$ 个代数方程,可以通过迭代计算求解。对于一级反应,当反应器等温,且物料在反应过程中密度恒定时,由第 i 釜的物料衡算可得:

$$\tau_i = \frac{c_{A_{i-1}} - c_{A_i}}{kc_{A_i}}$$

$$(4-25)$$

已知 $i-1$ 级的出口的浓度,利用式(4-25)可根据规定的 i 级出口浓度 c_{A_i} 计算该级的平均停留时间 τ_i,或根据 i 级的平均停留时间计算该级的出口浓度 c_{A_i},利用式(4-25)可以得到

$$c_{AN_s} = \frac{c_{A_0}}{\left(1+\dfrac{k\tau}{N_s}\right)^{N_s}}$$

$$(4-26)$$

以上计算表明单个全混流反应器经多级串联可以实现平推流反应器的实际效果,从而极大地提高了制备效率。

以上公式所涉符号说明如下。

q_v	进料体积流量
ρ	密度
C_p	定压比热容
T_i	i 级全混釜温度
ΔH	反应热
V_R	反应器总体积
N_s	等容全混釜串联数量
$k(T)$	温度 T 时反应的速率常数
C_A	反应物 A 的浓度

（续表）

A_R	反应器总传热面积
U	总传热面积
T_C	冷却（或加热）介质温度
τ	反应器平均停留时间
D_{aI}	Damkohler 第一准数，物理意义是总反应时间和特征反应时间之比
β	无因次绝热温升，$\beta = \dfrac{(-\Delta H)V_R C_{A_0}}{mC_p T_0}$
f	无因次量，$f = \dfrac{C_A}{C_{A_0}}$
θ	无因次量，$\theta = \dfrac{T}{T_0}$
θ_c	无因次量，$\theta = \dfrac{T_c}{T_0}$
ε	无因次量，$\varepsilon = \dfrac{E}{RT_0}$

4.5.3　熔盐制备复杂工况的工程放大技术

H_2-HF 气液鼓泡法非均相高温反应工艺以其对氟化物熔盐中氧化物杂质优异的净化效果而被认为是高端氟化物熔盐的制备与净化的首选工艺。该工艺涉及高温可靠性、HF 腐蚀性、氢气安全性等耦合的复杂工况，其放大的关键问题是上述复杂工况下的系统集成，目前工业界还没有相关工程示范案例和相关标准可以直接应用，因此高端氟化物熔盐制备和净化工艺的工程化存在一定的技术挑战。

针对这些挑战，TMSR 团队深入研究了熔盐制备复杂工况的工程放大技术，重点关注了两个核心问题：一是耐高温、抗腐蚀气液鼓泡反应器的设计研制，二是高温、强腐蚀、慢反应工况下气液反应系统的集成设计。

4.5.3.1　耐高温、抗腐蚀气液鼓泡反应器的设计研制

熔盐制备系统除了要解决高温反应器问题以外，辅助设施的自动化设计

也是工程化推广的技术门槛之一。熔盐制备与纯化技术中需要针对工艺进行特殊设计的辅助设施主要包括物料控制设施、在线取样设施、熔盐转运设施。

1）物料控制设施

投料设施的功能是将不同的粉末状原料按照一定的比例混合后，进行干燥处理，然后将经过干燥的混合物输送入高温反应设施内部。熔盐制备系统中物料控制设施主要包括手套箱、料仓和粉体螺杆输送设备。单组分无机盐通过手套箱内电子秤称量，经聚丙烯材质密封盒混合，混合后的原料进入料仓，手套箱料仓下部连接有两套粉体螺杆输送装置，通过螺杆输送，粉体进入熔融预处理反应器。

2）在线取样设施

在高纯熔盐制备过程中，需要对产品进行质量控制，以稳定制备工艺，判断产品合格与否。合格的产品直接进入储存罐备用，不合格的产品则进入回流罐返回反应罐重新纯化。而质量控制的方法是在线取样-离线分析，在线取样能否反映系统内部样品的真实情况是质量控制的一个关键环节之一，因此全自动在线取样器是该环节中的重要设备。

在线取样器具备一键式自动取样功能，同时具备手动操作维护的能力。熔盐转运阀具有在熔盐转运管道对接与拆卸过程中始终保持系统与外界环境相互隔离的功能。

3）熔盐转运设施

合格熔盐进入储存罐以后，需要通过熔盐转运与装载进入用户端设备内。在熔盐转运装载过程中，涉及转运管道的对接与拆卸，如果没有特殊设备保障，将极容易对产品造成污染，因此熔盐转运阀是该环节中的重要设备。

熔盐转运阀由高温阀门、抽密封件和纯镍熔盐管道组成，其作用是在管道对接过程中使得熔盐系统与环境隔离。熔盐转运阀具有截断熔盐系统与环境的气体交换的功能，而非截断熔盐流动的特点。其主要特征为，标准高温阀的阀芯孔径大于熔盐管道。熔盐活动管道两端的石墨密封圈通过密封圈罩固定在其上，确保拆卸时石墨密封圈不脱落在阀芯内。熔盐管道穿过阀芯密闭，同时向阀芯充入气体，保证阀芯压力高于熔盐管道压力，确保阀芯不接触熔盐。

4.5.3.2 气液反应系统集成设计研究

H_2-HF气液鼓泡法的净化工艺是一个复杂但高效的过程，主要包括原料预干燥、熔盐预处理、气液鼓泡反应、产品取样与转运等关键环节。这一流程始于单组分粉末状原料的混合预干燥，通过传输系统送入预处理反应器进行熔融,转变为高温液态共晶盐。随后,这些液态共晶盐经过多级气液鼓泡反应进行净化,利用在线取样和离线分析技术检验产品质量,合格产品通过转运系统储存,而不合格产品通过回流罐再处理,直至达到质量标准。

工艺放大是一项化学工艺由实验室走向工业化的必经之路,其主要研究的对象不是该项化学工艺本身的原理,而是该项工艺的物料量级由实验室级放大到工业级后,反应物料和生成物料在反应过程中的传质、传热、动量传递和反应热力学及动力学的相互关系。工艺放大关注的对象不再是化学反应的可能性问题,而是该化学反应在工程放大后的安全性、环保性和经济性的问题。

氟化物熔盐制备工艺涉及气液非均相反应体系,其中,气泡在液相中的停留时间和相际接触面积是影响单元反应器反应效率的关键因素。在工艺放大过程中,单元反应器的尺度变化会直接影响气泡停留时间(τ)和相际接触面积(S),因此,需要深入分析反应器尺度变化与这些参数之间的变化关系。具体的研究路线为,通过冷模试验和数值模拟相结合的方法,研究 τ、S 与持液量的关系,进而选定一种结构的模型反应器进行热态实验,验证上述关系,并建立适合 H_2/HF 气液鼓泡纯化工艺的单元反应器结构放大模型。

在熔盐制备过程中,鼓泡塔是熔盐净化的主要设备。由于反应速率小于传质速率,整个反应过程受反应控制,阻力主要集中在液膜侧,因此可以忽略气膜侧的传质。在放大过程中,液相传质变化是主要考虑因素,为确保放大效果,按照等 k_1a 值原则进行放大。通过借鉴 Akita 和 Yoshida 等人[27]在鼓泡塔中进行单根进气管鼓泡的研究成果,可以确定 k_1a 值的计算关联式,并据此优化鼓泡塔的设计。

$$\frac{k_1 a D^2}{D_1} = 0.6\left(\frac{D^2 \rho_1 g}{\sigma}\right)^{0.62}\left(\frac{D^3 \rho_1^2 g}{\mu_1^2}\right)^{0.31}\left(\frac{\mu_1}{\rho_1 D_1}\right)^{0.5}\varepsilon_G^{1.1} \qquad (4-27)$$

$$\frac{\varepsilon_G}{(1-\varepsilon_G)^4} = 0.25\left(\frac{D^2 \rho_1 g}{\sigma}\right)^{1/8}\left(\frac{D^3 \rho_1^2 g}{\mu_1^2}\right)^{1/12}\left(\frac{U_G}{\sqrt{gD}}\right) \qquad (4-28)$$

以上公式中符号说明见下。

k_1	液相传质系数
a	比相界面积
D	鼓泡塔塔径

(续表)

D_l	液相扩散系数
ρ_l	液相密度
ρ_g	气相密度
g	重力加速度
σ	表面张力
μ_l	液体黏度
ε_G	平均气含率
U_G	空塔气速

值得注意的是,根据 Akita 和 Yoshida 等人的研究结果,喷嘴直径对 k_La 值、气含率以及气泡直径没有影响,这表明在稳定状态下,鼓泡塔内气泡直径与喷嘴直径无关。因此,在设计百千克级熔盐制备系统的气液鼓泡塔时,熔盐气液反应传质过程仅需考虑空塔气速的影响,无须特殊强化和过多考虑鼓泡塔的特殊设计。

综上所述,通过对 H_2 - HF 气液鼓泡法的净化工艺和熔盐制备技术的深入研究,成功解决了两项工程难题。在反应器设计方面,成功解决了高温反应器及辅助设施的设计难题,包括物料控制、在线取样、熔盐转运等关键环节的特殊设计。同时,在系统集成设计方面,优化了原料预干燥、熔盐预处理、气液鼓泡反应、产品取样与转运等关键环节,确保了工艺流程的高效稳定运行。

基于研究成果,成功实现了高端氟化物熔盐制备与净化工艺的工程放大,提升了熔盐制备的效率和质量,为工业化应用奠定了坚实基础。

4.5.4 熔盐安全防护与处理技术

熔盐堆使用熔融氟化盐作为冷却剂,主要包括氟化铍、氟化锂、氟化锆、氟化钠、氟化钾等,这些氟化合物均具有较强的化学毒性,属于危险化学品分类中的毒害品。特别是氟化铍,其半数致死量(median lethal dose,LD_{50})是 98 mg/kg,属于高毒化学品,国际癌症研究机构(IARC)在 1993 年就将铍及其化合物划分为第一类致癌物质,而铍也被称为"最毒的非放射性元素"[28]。

鉴于此,我国对含铍、氟化合物废气、废水的排放浓度以及在工作场所的接触浓度限值设定了严格的国家标准:

(1) 废气[29]:铍及其化合物最高允许排放浓度为 12 $\mu g/m^3$,无组织排放浓度限值为 0.8 $\mu g/m^3$;氟化物最高允许排放浓度为 9～90 mg/m^3,无组织排放浓度限值为 0.02 mg/m^3;

(2) 废水[30]:总铍排放浓度限值为 5 $\mu g/L$;氟化物排放浓度限值为 10 mg/L;

(3) 工作场所接触限值[31]:铍及其化合物的职业接触限值(OELs)时间加权平均容许浓度(PC - TWA)为 0.5 $\mu g/m^3$,短时间接触容许浓度(PC - STEL)为 1 $\mu g/m^3$;氟化物的职业接触限值(OELs)时间加权平均容许浓度(PC - TWA)为 2 mg/m^3。

因此在原料输运、熔盐制备、质量检测、堆运行维护和回收处理过程中必须研发熔盐的安全防护与治理技术,确保其使用的全寿期都符合国家的相关排放标准和职业健康规定,保障环境和人员的安全。

4.5.4.1　含熔盐三废的来源

在熔盐堆关键技术探索、熔盐制备以及堆的调试运行等过程中,都有可能产生含熔盐的废气、废液和废固,同时实验人员在工作场所环境中也可能接触到铍、氟化合物,根据风险等级及处理技术的不同,将其来源分为以下三类。

(1) 涉及熔盐的实验产生的废气、废液和废固:涉及的熔盐都是千克级的。涉铍的实验按照要求须在手套箱内进行,因此废气主要来自手套箱和分析设备的尾气;废液一般来自分析溶液和尾气处理的吸收液;废固则是沾染熔盐的实验耗材和设备。

(2) 熔盐制备产生的废气、废液和废固:涉及的熔盐是上百千克级的。废气主要来自工艺尾气和手套箱尾气;废液来自尾气处理中的吸收液;废固来自原料包装、熔盐沾污耗材和设备。

(3) 熔盐堆调试和运行期间产生的废气、废液和废固:反应堆中熔盐废气的主要来源为覆盖气载带出来的熔盐颗粒,以及在熔盐相关实验过程中产生的含铍、氟的废液和废固。

4.5.4.2　含熔盐三废的处理技术

由于熔盐对人体的主要危害是吸入毒性,因此我们主要关注废气处理,而对于废液和废固,由于体量较小且处理技术较成熟,目前的处理原则是统一收集、暂存后交由有资质的废物处置公司。对应 4.5.4.1 的分类,按照使用量和

排放量的不同,处理措施也会有相应的改变,主要分为以下几个方面:

(1) 对于实验室级别的含熔盐废气,通过管道汇集后,使用超声增湿＋泡沫捕捉技术[32],去除废气中的熔盐颗粒后达标排放;

(2) 对于熔盐制备产生的废气,使用缓冲沉降＋碱液吸收技术,既去除了其中的熔盐颗粒,也使氟化氢和氢气达标排放;

(3) 对于反应堆产生的覆盖气中的熔盐颗粒,通过尾气处理系统设置的多级过滤器对其进行去除,达标后通过烟囱高空排放。

4.5.4.3 熔盐的安全防护

针对熔盐的吸入毒性制定对应的安全防护措施,主要从个人防护、设备安全以及环境安全三个方面展开。

(1) 个人防护:将涉及熔盐的操作控制在密闭环境中,如手套箱、热室等。实验操作人员需经过专业培训方能上岗,并建立个人职业健康档案;接触熔盐的操作必须穿戴专业的防护服、手套、护目镜和呼吸器等个人防护用品,以防止熔盐直接与皮肤、眼睛或呼吸系统接触。

(2) 设备安全:使用耐腐蚀、耐高温的材料制造与熔盐接触的设备;定期检查设备的完整性,及时修复或更换受损部件,以防止熔盐泄漏;设立紧急停机和排盐系统,以便进行应急处理。

(3) 环境安全:对熔盐原料及使用场所进行统一管理,并和其他区域进行区分隔离;人员和设备的出入需进行控制管理;对涉及熔盐使用的场所进行定期的空气浓度和表面污染水平监测。

4.5.4.4 熔盐的应急处理

为保障工作人员和周边环境的安全,熔盐的使用一般控制在密闭环境中,需要进行应急处理的情况主要分为以下几种。

(1) 液体熔盐泄漏:尽可能切断泄漏源、电源和气源,并关闭公共排风系统;对已泄漏的熔盐进行降温隔离处理;按照危化品应急预案进行操作。

(2) 固体熔盐洒落:关闭公共排风系统;在进行安全防护的前提下,对洒落的固体熔盐进行有效收集;严格按照流程进行表面清污。

(3) 实验室表面污染超标:关闭实验室,严格按照流程进行表面清污,经评估合格后方能再次开启。

基于熔盐的化学毒性,在使用过程中需要注意其安全性,但在配备处理设施、定期安全监测以及做好防护措施的前提下,工作人员和周边环境的安全是可以得到有效保障的。事实证明,在整个熔盐堆关键技术研发和反应堆调试运行的全寿期中,三废排放和环境浓度均符合国标限值要求,亦未发生和熔盐相关的安全事故。

4.6　熔盐在储能中的应用

凭借熔盐高效的热能储存与转换能力,除了在核能中的应用,熔盐在热能储存领域也有大规模的应用。

4.6.1　熔盐储热形式

目前热能储存分为 3 种方式,分别为显热储存、潜热储存和化学反应储存。其中,显热高温蓄热材料性能比较稳定、价格相对低廉,但装置体积相对较大;潜热高温蓄热材料存在价格高、高温腐蚀等问题,但具备蓄热密度高、蓄热装置结构简单紧凑的特点,所以应用较为广泛[33]。储热技术的关键与核心是储热材料。表 4-7 为不同传蓄热材料的优缺点比较,从表 4-7 可以得出,熔盐具有传/储热性能好,使用温度高,系统压力小等优点,既可以作为聚光式太阳能热发电站(CSP)的传/储热介质,也可以利用固、液相变时吸热和放热特点作为相变储热介质。

表 4-7　不同传蓄热材料的优缺点比较

材　料	优　点	缺　点
水蒸气	经济方便,可直接带动汽轮机,省去中间换热环节	系统压力大(>10 MPa),蒸汽传热能力差,容易发生烧毁事故
导热油	流动性好,凝固点低,传热性能较好	价格贵,寿命短(3～5 年),使用温度低,泄漏易着火有污染,压力高(约 1 MPa)
液态金属	流动性好,传热性能强,使用温度高,适用温度范围广	价格昂贵,腐蚀性强,易泄漏,易着火甚至爆炸,安全性能差
热空气	经济方便,能够直接带动空气轮机,使用温度可达 1 000 ℃以上	传热能力差,比热容小,散热造成温度快速下降,高温难以维持
熔盐	传热均匀稳定,系统压力小,使用温度较高,价格低,安全可靠	熔点偏高,易发生管路冻堵

自 20 世纪 80 年代起,西班牙的 Cesa‑1(电功率为 1 MW)和美国的 Msee/Cat B(电功率为 1 MW)项目,以及 20 世纪 90 年代美国 Solar two(电功率为 10 MW)塔式太阳能电站,均采用熔融硝酸盐作为传热或储热介质。我国于 2016 年 8 月,由青海中控太阳能发电有限公司(后文简称"青海中控")在青海省德令哈市建成的电功率为 10 MW 的塔式太阳能电站,也采用硝酸盐作为传热储热介质,储热时间为 2 h,并实现并网发电,电站实景如图 4‑12 所示。随后由中国广核集团有限公司建成的电功率为 50 MW 的塔式太阳能热发电站也采用熔融硝酸盐作为储热介质。熔盐储热基本原理分别如下。

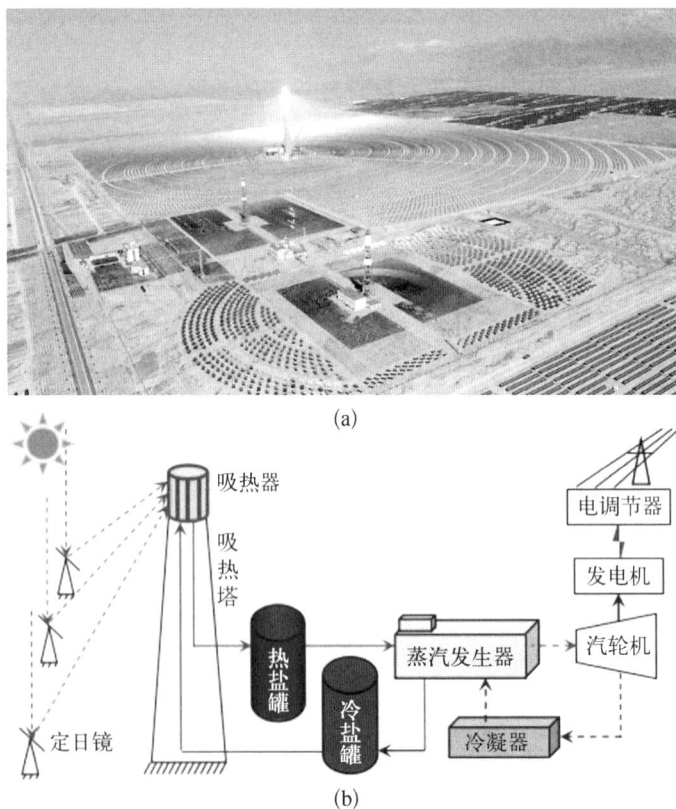

(a)

(b)

图 4‑12 塔式太阳能热发电站实景照片及原理示意图

(a)青海中控塔式电站实景图;(b)原理示意图

(1) 熔盐显热储热技术:熔盐显热储热主要利用熔盐的温度变化来实现热量的吸收、储存和释放。目前 CSP 系统均利用熔盐显热储热形式,且该储热熔盐也一般作为传热介质。

假设忽略熔融盐质量随温度的变化,流量为 $m(\mathrm{kg/s})$ 的熔盐系统,每秒钟传输或储存的热量值 $Q(\mathrm{J/s})$ 表示如下:

$$Q = m \cdot \int_{T_1}^{T_2} C_p(T) \mathrm{d}T \tag{4-29}$$

式中,T_1 和 T_2 分别是熔盐加热前后的温度(即进入吸热器前后的温度),可以近似用冷盐罐和热盐罐温度代替,K;$C_p(T)$ 是该熔融盐在 $T_1 \sim T_2$ 间比热容,J/(kg·K)。

(2) 熔盐相变储热技术:熔盐发生相变时伴随着热量的吸收与释放,利用该原理进行储热的技术称为熔盐相变储热技术。

在恒温恒压条件下,熔盐相变储热介质储存的热量只与储热介质质量 $M(\mathrm{kg})$、熔化潜热(或凝固潜热)$L(\mathrm{J/kg})$ 有关。质量为 M 的相变储热介质,储存的热量 $Q_L(\mathrm{J})$ 表示如下:

$$Q_L = M \cdot L \tag{4-30}$$

熔盐相变储热技术不仅具有储热和放热恒温特点,而且储热密度比显热储热大,但熔盐热导率低,储热和放热缓慢。

4.6.2　常用的储热熔盐

储热熔盐按成分可以分为硝酸盐、碳酸盐、氯化盐、氟化盐和混合盐熔盐体系等。通常根据不同的应用要求,对熔盐体系的选取各不相同,而且有时即使选取相同的熔盐体系,熔盐的配比也会有所不同。

硝酸盐价格低、腐蚀性小、具有优良的传热和流动特性,作为一种优异的传蓄热介质在 CSP、储能等领域具有广泛的应用。当前国内外 CSP 电站使用的硝酸盐体系主要为太阳盐($40\ KNO_3$ - $60\ NaNO_3$)和 Hitec 熔盐($7\ NaNO_3$ - $53\ KNO_3$ - $40\ NaNO_2$),Solar Salt 和 Hitec 盐的熔点分别为 220 ℃和 142 ℃,其最高工作温度分别为 565 ℃和 450 ℃。硝酸盐的缺点主要为使用温度偏低(最高使用温度不超过 600 ℃),相变潜热较小($20 \sim 30\ kcal/kg$,$1\ kcal = 4.186\ kJ$),且热导率低[$0.7\ kcal/(m \cdot h \cdot ℃)$],使用时易发生局部过热。为进一步降低硝酸熔盐的熔点,提高其最高使用温度,以达到提高效率、降低成本的目的,研究者开展了大量的研究工作。表 4-8 列出了目前常用及候选储热熔融硝酸盐的物性参数。未来随着 CSP 和储能技术的不断发展和推进,研究人员希望获得更低熔点和更高分解温度的混合盐配方,以进一步提高系统热效率,降低成本。

表4-8 目前常用及候选储热熔融硝酸盐物性参数

序号	名称(熔盐成分及质量分数/%)	熔点/℃	比热容/(kJ/kg·K)	黏度/cP	使用温度/(空气中,℃)上限	热导率/[W/(m·K)]	成本/(元/kg)	工程应用	管道选材及合金腐蚀(温度,速率,气氛)
1	Solar Salt(NaNO₃-40 KNO₃)	221	1.50(300℃)	3.26(300℃)	600	0.33(300℃)	3.5~9.5	美国Solar Two、西班牙Solar Tres和Andasol,中国青海中控10 MW和50 MW	碳钢:A516(310℃,11 μm/a,空气);低铬钢:P91、T11、T22;不锈钢:304、316、321、347(500℃,7.1 μm/a,空气);镍基合金:In625等
2	Hitec(NaNO₂-7NaNO₃-53 KNO₃)	142	1.56(300℃)	3.16(300℃)	535	~0.2(300℃)	5.0~12.1	意大利Eurelios,西班牙CESA-1等	
3	Hitec XL[NaNO₃-43 KNO₃-42 Ca(NO₃)₂]	120	1.45	6.37(300℃)	500	0.52(300℃)	7.8	意大利CSP-ORC PLUS	304,316(570℃:6~10 μm/a,Ar)
4	NaNO₃-52 KNO₃-20 LiNO₃	130	1.09	0.03(300℃)	600		~7.8		
5	KNO₃-(0~25)LiNO₃-(10~45)Ca(NO₃)₂	<80		~4.0(190℃)	~500	0.43	4.3~5.7		
6	Sandia Mix[NaNO₃-(40~52)KNO₃-(13~21)LiNO₃-(20~27)Ca(NO₃)₂]	<95	1.16~1.44(247℃)	5~7(300℃)	500	0.654(300℃)	4.4~5.8		
7	Halotechnics SS-500[NaNO₃-23 KNO₃-8 LiNO₃-44 CsNO₃-19 Ca(NO₃)₂]	65	1.22		500				

碳酸盐价格较低、相变潜热高、腐蚀性小、比热和密度大,并且能够提供一种高温、无水和无氧的反应环境,满足太阳能热发电高温传蓄热和生物废料热解的要求。碳酸盐用作高温燃料电池的电解质,不必使用贵金属催化剂,可采用的燃料种类多,发电效率和热效率高。Bischoff 的研究表明,熔融碳酸盐燃料电池的发电效率高达 47%,如应用该系统产热,总效率可达 80%。在 400~850 ℃ 的高温段,碳酸盐具有很大的优势,但是碳酸盐的熔点较高且黏度较大,有些碳酸盐容易分解,一定程度上限制了其规模化应用。

氯化盐种类繁多,价格低廉,因其高比热容、导热系数、低黏度、广泛使用温度范围、良好稳定性和低成本等特性,成为 CSP 和聚光太阳能热化学利用的理想传蓄热介质[34]。作为一种性能较好的传蓄热工作介质,其已成为光热电站实现长时间稳定发电的体系基础。2017 年美国能源部在太阳能热发电示范工程路线图中正式提出发展超高温太阳能热发电系统,并定义其为第三代 CSP,其中采用氯化盐作为传蓄热介质的高温熔盐蓄热储能技术是三代 CSP 的关键。

目前,研究主要集中在氯化钠和氯化镁的二元或三元熔盐体系,例如 $NaCl$ - $MgCl_2$、$NaCl$ - $MgCl_2$ 和 $NaCl$ - KCl - $MgCl_2$ 体系。华北电力大学和中国科学院上海应用物理研究所等对六种氯化盐体系的热物性进行了系统研究,为氯化盐应用提供了技术指导与支持。华南理工大学等通过研究构建了多元氯化物体系,确定了多元体系的低共熔点和最佳配比。随着研究的深入,学者们开始重视熔盐组分的功能性,以实现降低熔点、增加离子液体中自由离子含量、提高熔盐活性及溶解度等目的。

4.6.3　太阳能电站中的储热系统

在太阳能光热电站中,常用的储热系统可分为单罐储热系统和双罐储热系统。图 4-13 分别给出了配备不同储热系统的太阳能电站。

单罐储热系统也叫斜温层储热系统,其原理是将冷、热介质存在同一罐内,利用冷热介质间温差和密度差形成的斜温层将其隔离开。在储热或放热过程中,将冷/热流体通过泵从储热罐抽出流经换热器后注入储热罐的顶/底部。随着储热/放热过程的进行引起斜温层的上下移动。该系统只存在一个储热罐,减小了系统的投资成本。目前,太阳能电站中应用最多的仍为双罐储热系统,该系统将冷热储热介质分别存放在两个储热罐中。储热时,冷流体被泵抽出,经系统加热后注入高温储热罐中,实现储热。当太阳光较弱或者缺乏

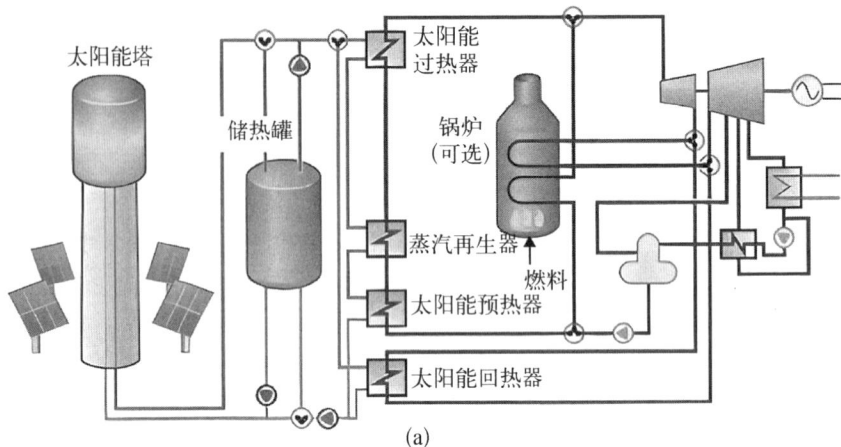

(a)

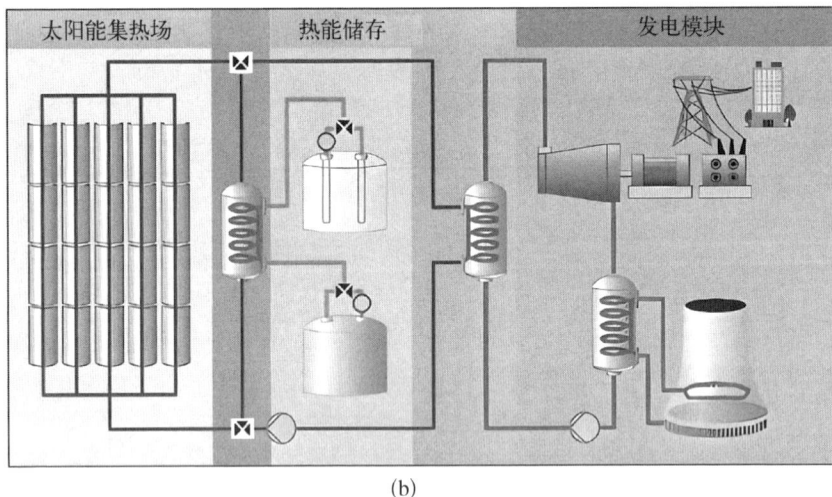

(b)

图 4 - 13　配备储热系统的太阳能光热电站

(a) 单罐储热系统；(b) 双罐储热系统

时,高温储热罐内的流体经泵抽出,进行放热以维持系统的稳定运行,最后被
注入低温储热罐中,完成储热和放热的循环。

太阳能热发电技术按照太阳能采集的方式可以划分为四种,分别为槽式
太阳能热发电站、塔式太阳能热发电站、碟式太阳能热发电站、线性菲涅尔式
热发电站。

在太阳能电站储热系统中,熔盐发挥着重要的作用。特别是在双罐储热
系统中,熔盐常被用作热载体,通过吸收和储存太阳能,实现冷热储热介质的

分离与循环。在储热阶段,冷流体被加热成熔盐后注入高温储热罐;在放热阶段,高温熔盐释放热量维持系统稳定运行,随后被注入低温储热罐,完成循环。熔盐用于塔式太阳能热发电站的典型案例可以追溯到 1990 年,美国在建成的太阳能热发电站的储热介质中运用了熔盐作为热载体,选取了热传导性好的 KNO_3、$NaCl$、$NaNO_3$ 的混合物,不过因为混合熔盐的凝固点相对来说较高,达 120~140 ℃,所以在运行前要对其进行预热。在我国,熔盐在线性菲涅尔式太阳能热发电站的主要应用案例有,兰州大成敦煌菲涅尔熔盐光热电站(50 MW)和华强兆阳张家口光热电站(15 MW)。

光热发电站大多采用太阳盐,该混合熔盐在 221 ℃开始熔化,在 565 ℃以下热稳定性较好,成本也较低。有研究表明,当 $NaCl$、KCl、$MgCl_2$ 3 种盐的质量比为 1∶7∶2 时,其蓄热成本最低、经济性最好。

4.6.4　熔盐储能的意义

熔盐作为重要的传热和蓄热介质,在太阳能热发电领域起到了重要的作用。配置熔盐蓄热储能的太阳能热发电系统与光伏、风电相比更具有竞争优势。直接利用熔盐吸热、传热、储热是降低光热发电全生命周期成本(LCOE)的重要途径,熔盐塔式技术已经开始通过大规模实例来证明这一点,未来将可以看到更多配置熔盐传蓄热系统的光热电站投入运行。

国家政策大力支持熔盐蓄热储能,相关政策也反映出监管层对于通过发展熔盐蓄热储能解决现有新能源发展难题、促进清洁能源发展这一思路的认可。未来,随着可再生能源发电成本的快速下降,熔盐蓄热储能有望在我国推进"清洁能源战略"过程中扮演举足轻重的地位。光热、光伏、风电等新能源是未来能源发展的重要方向,具备广阔的市场空间。熔盐热能存储技术的发展,可解决我国大范围弃风、弃光问题,大力促进我国可再生能源大规模、可持续性发展。同时推动相关技术的产业化,提升在可再生能源储能在发电领域的占比,满足国家能源结构变革和"双碳"战略目标的重大需求。

熔盐是金属阳离子和非金属阴离子所组成的熔融体,在常温常压下呈现固态,在高温下熔化成离子熔体。熔盐因其高电导率、使用温度范围广、低黏度、低蒸气压、稳定的物理化学性质以及高溶解能力等特性,在核能、热能储存、材料制备和化学合成等多个领域得到了广泛的应用。熔盐的特性要求都与其应用场景密切相关。本章主要围绕核反应堆用氟化物熔盐和太阳能储热用熔盐展开介绍。通过综合考虑其配方体系、杂质含量控制、安全防护要求等,保障熔盐应用中的性能稳定和服役安全。

参考文献

[1] 谢刚. 熔融盐理论与应用[M]. 北京: 冶金工业出版社,1998.

[2] 张明杰,王兆文. 熔盐电化学原理与应用[M]. 北京: 化学工业出版社,2006.

[3] 张士宪,赵晓萍,李运刚. 高温熔盐体系的应用及研究进展[J]. 电镀与精饰,2016, 38 (9): 22 - 27.

[4] Williams D F, Toth L M, Clarno K T. Assessment of candidate molten salt coolants for the advanced high-temperature reactor (AHTR)[R]. ORNL/TM - 2006/ 12, 2006.

[5] Devan H, Evans R B. Corrosion behavior of reactor materials in fluoride salt mixtures[R]. ORNL - TM - 328, 1962.

[6] Ouyang F Y, Chang C H, You B C, et al. Effect of moisture on corrosion of Ni-based alloys in molten alkali fluoride FLiNaK salt environments[J]. Journal of Nuclear Materials, 2013, 437: 201 - 207.

[7] Misra A, Whittenberger J. Fluoride salts and container materials for thermal energy storage applications in the temperature range 973 to 1400 K[R]. NASA Lewis Technical Memorandum 89913, 1987.

[8] Shaffer J H. Preparation and handling of salt mixtures for the molten salt reactor experiment[R]. ORNL - 4616, 1971.

[9] Thoma R E. Chemical aspects of MSRE operations[R]. ORNL - 4658, 1971.

[10] Jordan W H, CrQrner S J, Strough R I, et al. Aircraft nuclear propulsion project quarterly progress report[R]. ORNL - 1771, 1954.

[11] Grimes W. Chemical research and development for molten-salt breeder reactors[R]. ORNL - TM - 1853, 1967.

[12] Goldberg G, Meyer A S, White J C. Determination of oxides in fluoride salts by high-temperature fluorination with potassium bromotetrafluoride[J]. Analytical Chemistry, 1960, 32: 314 - 317.

[13] Briggs R B. MSR program semiannual progress report[R]. ORNL - 3078, 1964.

[14] Bjerrum N J, Berg R W, Chistensen E, et al. Use of vibrational spectroscopy to determine oxide content of alkali metal fluoride-tantalum melts[J]. Analytical Chemistry, 1995, 67: 2129 - 2135.

[15] Polyakova L P, Polyakov E G, Bjerrum N J. Voltammetric oxygen assay in fluoride melts[J]. Russian Journal of Electrochemistry, 1997, 33: 1339 - 1342.

[16] Tarcy G P, Rolseth S, Thonstad J. Light metals 1993[C]//The Metallurgical Society: Warrendale, PA, 1993: 227 - 229.

[17] 蒋文捷. 离子色谱法对纯水中痕量阴离子测定的研究[J]. 宝钢技术,2000(2):

32 - 35.

[18] 中华人民共和国国家质量监督检验检疫总局,中国国家标准化管理委员会. 无水氟化钾分析方法：GB/T 27813—2011[S]. 北京：中国标准出版社,2011.

[19] 丁灵,叶文豪,王琪. 电感耦合等离子体光谱法测定高纯氟化锂中微量元素[J]. 广州化工,2013, 41(10)：154 - 155.

[20] Noll R, Bette H, Brysch A, et al. Laser-induced breakdown spectrometry applications for production control and quality assurance in the steel industry[J]. Spectrochimica Acta Part B: Atomic Spectroscopy, 2001, 56：637 - 649.

[21] Weisberg A, Lakis R E, Simpson M F, et al. Measuring Lanthanide concentrations in molten salt using laser-induced breakdown spectroscopy (LIBS)[J]. Applied Spectroscopy, 2014, 68(9)：937 - 948.

[22] Williams A, Phongikaroon S. Laser-induced breakdown spectroscopy (LIBS) measurement of Uranium in molten salt[J]. Applied Spectroscopy, 2018, 7：1029 - 1039.

[23] Myhre K G, Andrews H B, Sulejmanovic D, et al. Approach to using 3D laser-induced breakdown spectroscopy (LIBS) data to explore the interaction of FLiNaK and FLiBe molten salts with nuclear-grade graphite[J]. Journal of Analytical Atomic Spectrometry, 2022, 8：1629 - 1641.

[24] Shaffer J H. Preparation of MSRE fuel, coolant, and flush salts, in molten-salt reactor program semiannual progress report for period ending July 31, 1964[R]. ORNL - 3708, 1964：288 - 303.

[25] Grimes W R. Chemical reaearch and development for molten-salt breeder reactors [R]. ORNL - TM - 1853, 1967.

[26] Kissinger P T, Heineman W R. Laboratory techniques in electroanalytical chemistry [M]. Boca Raton：CRC press, 1996.

[27] Akita. K, Yoshida. F. Gas holdup and volumetic mass transfer coefficient in bubble columns [J]. Industrial and Engineering Chemistry Process Design and Development, 1973, 12(1)：76 - 80.

[28] Dominik N, Nagnus R B, Georg B, et al. Off the beaten track — A hitchhiker's guide to Beryllium chemistry[J]. Angewandte Chemie International Edition, 2016, 55：10562 - 10576.

[29] 国家环境保护总局. 大气污染物综合排放标准：GB 16297—1996[S]. 北京：中国标准出版社,1996.

[30] 国家环境保护总局. 污水综合排放标准：GB 8978—1996[S]. 北京：中国标准出版社,1996.

[31] 国家卫生健康委员会. 工作场所有害因素职业接触限值第 1 部分：化学有害因素：GBZ 2.1—2019[S]. 北京：中国标准出版社,2019.

[32] 凡思军,吴磊,刘忠英,等. 超声波增湿撞击流泡沫捕捉塔处理含铍废气研究[J]. 核技术,2016, 39(1)：1 - 8.

[33] 高博,卢卫青,罗亚桥,等. 光伏与光热发电发展前景对比分析[J]. 电源技术,2017,

41(7): 1104 - 1106.

[34] Guo L L, Liu Q, Yin H Q, et al. Excellent corrosion resistance of 316 stainless steel in purified NaCl - MgCl₂ eutectic salt at high temperature[J]. Corrosion Science, 2020, 166: 108473.

第 5 章
熔盐堆燃料技术

在反应堆中,核燃料既要承载核裂变产生的巨大能量,也要将这些能量安全、高效地传递给冷却剂,使之得以应用。核燃料既可指铀、钍、钚等易裂变或可转变为易裂变核素的核燃料材料本身,也可表示由这些材料与其他材料共同构成、满足核反应堆要求的燃料元件及组件。

对于不同类型的核反应堆,都要有与之性能相适配的核燃料形式,因而需要结合核反应堆的特点,开展核燃料的设计、制造和性能评价研究。熔盐堆是以熔融盐为冷却剂或核燃料的反应堆,是唯——种同时具有液态燃料和固态燃料两种技术路线的反应堆系统。核燃料在堆内运行过程中还伴随着核材料(铀、钍等)的消耗和产生,根据国家对核材料的管理规定,需对其产生和消耗量进行衡算,以满足监管要求。

本章将分别介绍液态燃料熔盐堆、固态燃料熔盐堆燃料的设计、基本物性与合成技术,以及熔盐堆的核材料监管技术。

5.1 熔盐堆燃料概述

在液态燃料熔盐堆中,铀/钍/钚盐融于基体盐形成燃料盐,燃料盐既是核燃料,也是冷却剂,可实现在线装卸料,也易于进行熔盐干法后处理。熔盐堆液态燃料具有以下特点[1-2]。

(1)液态燃料允许在运行过程中在线加入或排出燃料,无须像传统固态燃料反应堆那样定期更换燃料组件。液态燃料简化了反应堆结构,可以使燃耗更加均匀,并具有在线后处理的潜能。

(2)液态燃料具有更高的安全性。液态燃料熔盐具有高热容量和热导率,可以有效地传递和散发热量;由于核燃料和冷却剂是一体的,避免了冷却剂丢失或泄漏导致过热或爆炸的风险,也无须复杂的控制棒或紧急注水系统来控制核燃料的流动或者停止核反应。

(3)钍基熔盐堆具有更高的增殖比,能够实现钍铀燃料的闭式循环,从而提高燃料的利用率。

固态燃料熔盐堆是21世纪初从传统熔盐堆衍生出来的新型反应堆。它以熔盐为冷却剂,核燃料采用基于包覆燃料颗粒(tri-structural iso-tropic, TRISO)的燃料元件。TRISO作为一种公认具备卓越安全性能的核燃料,不仅受到高温气冷堆的青睐,也引起了熔盐堆和小型模块化水堆等多种先进堆型的广泛关注。在熔盐堆中,固态燃料具有以下特点。

(1)熔盐的热力学性能比氦气更为优异,这使得固态燃料熔盐堆的功率密度比高温气冷堆高得多,燃料元件内的温度梯度将大大高于高温气冷堆。

(2)燃料元件与熔盐接触时,不仅要求其基体材料与熔盐具有良好的相容性和传热性能,还要求熔盐不在基体中浸渗。

(3)固态燃料熔盐堆有流动堆芯和固定堆芯两种类型,在流动堆芯中,通常采用球形燃料元件,它的密度与熔盐冷却剂的密度决定了球床的装卸料和运行模式。

以下两节将分别介绍熔盐堆液态燃料与固态燃料的发展历史、主要特性及其生产工艺等内容。

5.2 熔盐堆液态燃料

在ARE和MSRE项目中,美国橡树岭国家实验室(ORNL)从液态燃料的核性质(主要成分和痕量成分的中子截面等)、热力学性质(导热性能、熔点、黏度、蒸气压等)、化学性质(如典型裂变核素的溶解度、化学稳定性、热稳定性、辐照稳定性、结构材料相容性、化学毒性)等方面,开展了较系统的研究。第四代核能系统概念提出后,国内外研究机构根据熔盐热堆、快堆等不同应用场景,在氟盐和氯盐方面也做了相关的理论和实验研究,如不同燃料盐的成分、物性和相图等[1-4]。

在充分分析ORNL液态燃料的基础上,TMSR先导专项针对我国特点和实验堆的实际情况,对液态燃料研发开展了系统布局。

(1)为满足钍铀循环对高纯钍燃料的需求,TMSR研发了一套包括含钍原料分离、纯化以及高纯钍制备的工艺流程。该工艺具备了5N级高纯钍的小规模试验生产能力(单批次处理量达千克级),所生产的高纯钍已成功用于实验堆的加钍试验。

(2)根据我国的原料特性以及实验堆的工艺特点,突破了 ORNL 的铀添加盐和燃料盐的制备工艺限制,通过反应器内强化传质设计与优化,高温-强腐蚀复杂工况系统集成设计和在线胶囊取样-制备装置等系统布局,实现了制备装置设计的紧凑性,并具备了百千克级燃料盐的制备能力。

(3)建立了系统的燃料盐检测分析方法,尤其是燃料盐中的钍、铀等主要成分含量的准确测量方法,填补了相关领域空白,并形成了内部测试标准,有助于制定熔盐堆液态燃料的标准。

(4)探索了基于六氟化铀直接与燃料盐反应的燃料盐重构工艺,以及铀价态控制新方法。

5.2.1　液态燃料的选择与特性

熔盐的选择受到核性质、化学性质以及物理性质等多方面的限制。此外,经济性也是一个不可忽视的重要因素[1, 5-9]。

由于熔盐长期处于高中子通量条件下,因此,首先要考虑熔盐组分的中子捕获能力,需采用中子吸收截面极低的元素作为核燃料的辅助成分。对热中子和中能中子反应堆而言,因为其中子吸收截面太高等因素,氯盐的可行性被排除,只有氟盐成为可选项(见表 5-1)。

表 5-1　可能用于高温反应堆燃料的元素或核素

核　　素	吸收截面/b	核　　素	吸收截面/b
^{15}N	0.000 024	Zr	0.18
O	0.000 2	P	0.21
D	0.000 51	Al	0.23
C	0.003 3	H	0.33
F	0.009	Ca	0.43
Be	0.01	S	0.49
Bi	0.032	Na	0.53

（续表）

核　素	吸收截面/b	核　素	吸收截面/b
Li	0.033	^{37}Cl	0.56
B	0.05	Sn	0.6
Mg	0.063	Ce	0.7
Si	0.13	Ru	0.7
Pb	0.17		

　　另外,需要考虑中子捕获导致新核素的生成以及新核素衰变后生成对辐射防护或环境化学上不可取的物质。例如,天然 LiF 在中子辐照条件下会生成氚,因此,采用 LiF 时,需要先进行同位素分离,以获得低中子吸收截面的高纯锂-7。又如,中子通量较高的氯-35 吸收中子生成长寿命的氯-36(半衰期为 300 000 年),而大多数氯盐溶于水,因此很难避免氯-36 进入环境中。因此,如果采用氯盐,将有可能需要使用同位素分离以得到氯-37。相反,氟-19 具有极低的中子吸收截面,因此基本不会活化而产生放射性废物。此外,大部分氟盐具有不溶于水的特性。

　　熔盐具有良好的热稳定性,部分氟盐的生成自由能见表 5-2,第一和第二主族的氟盐都是非常稳定的。锕系元素和裂变产物在熔盐中必须具有高溶解度。ORNL 研究表明,四价锕系元素最好的溶剂是 ^{7}LiF - BeF$_2$ 混合物。但是,^{7}LiF - BeF$_2$ 混合物对三价锕系元素(AnF$_3$)的溶解度相对较低,AnF$_3$ 的溶解度会随着溶剂中 BeF$_2$ 比例的增加而下降,随着 NaF 比例的增加而上升。

表5-2　用于高温反应堆氟化物的相对稳定性[10]

化 合 物	单个氟原子生成自由能 (1 000 K)/kcal①	熔点/℃	金属的热中子 吸收截面/b
结构金属氟化物			
CrF$_2$	−74	1 100	3.1
FeF$_2$	−66.5	930	2.5

---

① 1 kcal＝4.186 kJ

（续表）

化 合 物	单个氟原子生成自由能 （1 000 K）/kcal	熔点/℃	金属的热中子 吸收截面/b
NiF_2	−58	1 330	4.6
氟化物稀释剂			
CaF_2	−125	1 330	0.43
^7LiF	−125	848	0.033
BaF_2	−124	1 280	1.17
SrF_2	−123	1 400	1.16
CeF_3	−118	1 430	0.7
YF_3	−113	1 144	1.27
MgF_2	−113	1 270	0.063
RbF	−112	792	0.7
NaF	−112	995	0.53
KF	−109	856	1.97
BeF_2	−104	548	0.01
ZrF_4	−94	903	0.18
AlF_3	−90	1 404	0.23
SnF_2	−62	213	0.6
PbF_2	−62	850	0.17
BiF_3	−50	727	0.032
裂变元素氟化物			
ThF_4	−101	1 111	—
UF_4	−95.3	1 035	—
UF_3	−100.4	1 495	—

研究表明,高温氟熔盐在电离辐照条件下不会发生辐解,因而不会产生氟气。ORNL 的研究表明,氟盐固体在降至一定温度后会有一定程度的辐解,这对于乏燃料盐的长期储存来说是一个潜在的问题。另外,研究还表明,通过在线调控氧化还原电位可以控制氟盐对镍基结构金属材料的腐蚀,从而解决潜在的结构材料相容性问题[7]。

氟盐化合物的熔点较高,为了达到满足熔盐堆运行所需的流体性能,一般选用二元或多元氟熔盐体系,例如 Li_2BeF_4 的熔点是 457 ℃,而纯 LiF 和纯 BeF_2 的熔点分别是 847 ℃ 和 544 ℃。三元熔盐如 $^7LiF - BeF_2 - NaF$,或可能的四元熔盐,其熔点有可能降低到 350 ℃[12]。燃料熔盐及冷却剂还需达到合适的黏度,对于 $LiF - BeF_2$ 体系,提高 BeF_2 的含量会降低熔点,但同时也会显著提高熔盐的黏性,因此需谨慎设定 BeF_2 的含量。表 5-3 列出了典型熔盐的物理性质。

表 5-3　部分熔盐的物理性质[10]

熔盐（摩尔含量）/%	熔点/℃	密度随温度变化的表达式/(g/cm³),(T/℃)	700 ℃热熔/[cal/(g·℃)]	黏度随温度变化的表达式/cP,(T/K)	热导率/[W/(cm·K)]
LiF - NaF - KF (46.5%-11.5%-42%)	454	$2.53 - 7.3 \times 10^{-4}T$	0.45	$0.04e^{\frac{4170}{T}}$	0.006~0.01
LiF - RbF (43%-57%)	475	$3.30 - 6.9 \times 10^{-4}T$	0.284	$0.021e^{\frac{4678}{T}}$	~0.06
LiF - BeF₂ (57%-43%)	458	$2.28 - 4.884 \times 10^{-4}T$	0.57	$0.116e^{\frac{3755}{T}}$	0.011
NaF - BeF₂ (57%-43%)	360	$2.27 - 3.7 \times 10^{-4}T$	0.52	$0.034e^{\frac{5164}{T}}$	~0.01
NaF - ZrF₄ (57%-43%)	510	$3.79 - 9.3 \times 10^{-4}T$	0.28	$0.071e^{\frac{4168}{T}}$	~0.01
NaF - KF - ZrF₄ (10%-48%-42%)	385	$3.45 - 8.9 \times 10^{-4}T$	0.26	$0.061e^{\frac{3171}{T}}$	~0.01
LiF - NaF - ZrF₄ (42%-29%-29%)	460	$3.37 - 8.3 \times 10^{-4}T$	0.35	$0.0585e^{\frac{4647}{T}}$	~0.01

（续表）

熔盐 (摩尔含量)/%	熔点/ ℃	密度随温度变化的 表达式/(g/cm³), (T/℃)	700 ℃热熔/ [cal/(g· ℃)]	黏度随温度 变化的表达式/ cP,(T/K)	热导率/ [W/(cm· K)]
NaF - NaBF$_4$ (8% - 92%)	385	$2.252 - 7.11 \times 10^{-4} T$	0.36	$0.0877 e^{\frac{2240}{T}}$	~0.005
KF - KBF$_4$ (57% - 43%)	460	$2.258 - 8.02 \times 10^{-4} T$	> 0.32	$0.0946 e^{\frac{2280}{T}}$	~0.005
RbF - RbBF$_4$ (31% - 69%)	442	$2.494 - 8.7 \times 10^{-4} T$	—	—	—
NaBF$_4$	408	$2.263 - 7.51 \times 10^{-4} T$	0.36	$0.0832 e^{\frac{2360}{T}}$	~0.005
KBF$_4$	570	$2.228 - 8.15 \times 10^{-4} T$	0.32	$0.0787 e^{\frac{2406}{T}}$	~0.005
KBF$_4$	582	$2.795 - 10.4 \times 10^{-4} T$	—	—	~0.005

综合以上各种考虑,并根据不同反应堆的要求或目标,有多种可选的熔盐载体。

对于用钍的热中子增殖堆而言,采用^{7}LiF - BeF$_2$ 最适合。^{7}LiF - BeF$_2$ 既具有很小的中子吸收截面,又有最佳的四价锕系元素溶解度。钍增殖堆燃料盐的组分最好是^{7}LiF、BeF$_2$、ThF$_4$ 和 UF$_4$ 的混合物。对于快中子增殖堆而言,可以采用氟盐或氯盐体系。一些候选的液态燃料详见表 5 - 4 和表 5 - 5[9]。

表 5 - 4　一些候选的快中子堆氟盐液态燃料组成[9]

类　　别	摩尔组成/%
^{233}U - F	LiF - ThF$_4$ -^{233}UF$_4$(77.5 - 20.0 - 2.5)
TRU - F	LiF - ThF$_4$ - TRUF$_4$(77.5 - 16.1 - 6.4)
TRU/U^{enr} - F	LiF - ThF$_4$ -^{233}UF$_4$ - TRUF$_4$(77.5 - 6.6 - 12.3 - 3.6)

注：TRU—超铀核素；U^{enr}—富集铀。

表 5-5 一些候选的快中子堆氯盐液态燃料组成[9]

类　别	摩尔组成/%
^{233}U-Cl	$NaCl-ThCl_4-^{233}UCl_3(50-42.3-7.7)$
TRU-Cl	$NaCl-ThCl_4-TRUCl_3(50-37.5-12.5)$
TRU/U^{enr}-Cl	$NaCl-ThCl_4-^{233}UCl_3-TRUCl_3(50-20.8-21-8.2)$

注：TRU—超铀核素；U^{enr}—富集铀。

5.2.2 四氟化钍纯化技术

高纯钍化合物的制备是熔盐堆利用钍燃料的重要基础。在工业生产中，通常采用溶剂萃取工艺从稀土精矿中回收并富集钍，使其纯度达到 99%。目前，用于钍及稀土元素萃取的萃取剂主要包括中性萃取剂、酸性膦类萃取剂、羧酸类萃取剂、含硫萃取剂、胺类萃取剂和协同萃取剂等几大类。其中，中性萃取剂是应用最早的稀土萃取剂类型。磷酸三丁酯（TBP）是一种广泛应用的萃取剂，具有化学性质稳定、耐硝酸氧化的优点，且对钍与稀土杂质的分离系数较高，能够以较少的萃取步骤实现高效的钍提纯，因此在全球范围内被广泛采用。TBP 的缺点在于其在水中的溶解度较高，导致工艺过程中试剂消耗量较大。

为了克服 TBP 的上述局限性，中国科学院长春应用化学研究所于 20 世纪 70 年代研究了两种新型萃取剂：一种是萃取能力优于 TBP 的中性萃取剂甲基膦酸二甲庚酯（P350），另一种是在硫酸体系中表现优异的胺类萃取剂伯胺 N1923。其中，N1923 在工业规模下对钍的萃取收率可达 99%，纯度超过 99%，后续仅需通过 TBP 进一步纯化即可获得高纯硝酸钍产品。近年来，长春应用化学研究所又筛选出了一种新型特效萃钍试剂 N501，具有极佳的钍元素萃取和分离效果。

为提高钍的分离纯化效率和产品纯度，通常采用多级串联的混合澄清槽或离心萃取器进行工业生产。萃取级数的选择主要取决于萃取剂的性能。在前期工作的基础上，长春应用化学研究所廖伍平团队以四川氟碳铈矿稀土生产过程中提取出的 99% 纯度钍样品为原料，以 N501 为萃取剂，通过串级模拟试验进行验证和优化，制得了纯度大于 99.99% 的高纯钍产品；该团队进一步将多台串联的离心萃取器引入高纯钍的分离纯化工艺，利用离心萃取设备占用空间小、滞液量小、相分离快、级停留时间短、有机相利用率高以及同等条件下具有更高的处理能力等优点,达到了钍的高效快速纯化目的。

　　同时,廖伍平团队进一步考察和研究了中子吸收截面大的元素的引入途径及其在分离过程中的分布、迁移和控制规律,为提出控制其含量的合理技术方案提供了科学依据。他们在相关研究的基础上,提出了二次离心萃取的方案(见图5-1);经过二次萃取纯化后,成功制得纯度高于99.999%的超高纯钍样品。掌握了千克级批量制备技术,制备了总计数十千克纯度高于99.999%的硝酸钍、二氧化钍和四氟化钍产品。整个离心萃取工艺路线具有全封闭的物料输送、转移及更易实现自动化控制的特点,可有效防止钍的泄漏及对操作人员的放射性危害。

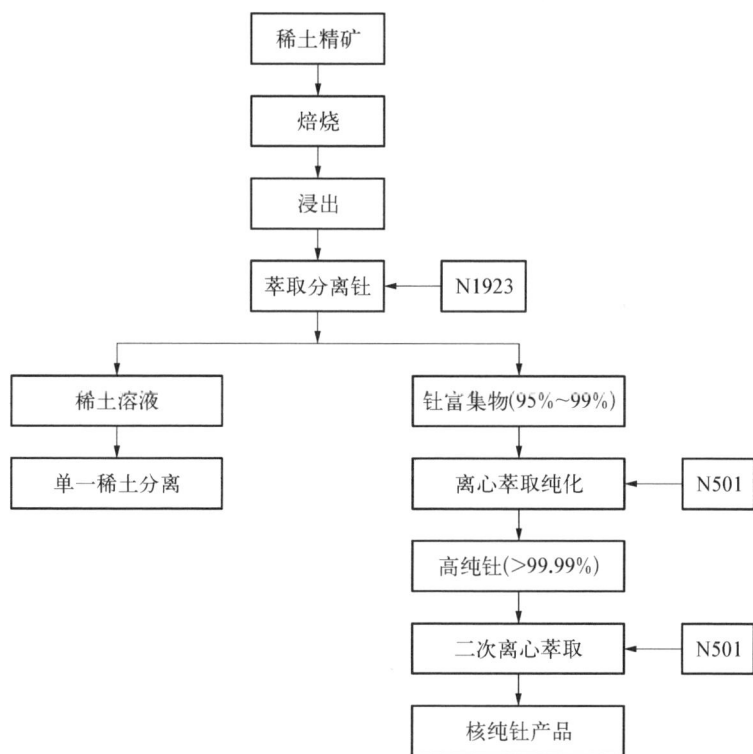

图 5-1　核纯级钍制备工艺流程图

5.2.3　氟盐燃料纯化技术

　　氟化物在入堆之前,需要先混合、熔融、纯化得到可以满足入堆要求的熔盐。氟化物熔盐的纯化方法一般与其组成无关，只是各工艺段的温度和时间可能有一定的差异。以 LiF、UF$_4$ 为原料制备 LiF - UF$_4$ 添加盐的工艺，主要包括原料预处理、氟化物共熔、化学除杂等三个步骤。总的处理时间约为一周，当所有氟盐原料都是核纯级时，整个工艺的关键是去除氧、硫以及腐蚀产物。氧和硫的去除采用 H$_2$/HF 混合气体，金属腐蚀产物的去除采用 H$_2$ 还原法[6-7]。

通过沉淀法制备的 ^{7}LiF 原料通常密度较低（通常低于 0.6 g/cm^3），从而使共熔加料的过程更为复杂。ORNL 采用热处理的方法来提升 LiF 的致密度。在无水 HF 和氦气混合气氛吹扫下，将 LiF 原料加热到 400 ℃ 以转化其中的 LiOH，这些 LiOH 来源于原料或者由 LiF 水解产生。之后，将其加热到 650 ℃，制备出能自由流动的粒状 LiF。如果直接将 LiF 原料加热到 650 ℃，会导致 LiOH 和 LiF 共熔，而除去 LiOH - LiF 共熔物中的氧极其困难。

将 LiF 和 UF$_4$ 加热到 LiF 的熔点（850 ℃）以上，LiF 首先熔化；熔化的 LiF 溶解固体 UF$_4$，形成 LiF - UF$_4$ 共熔物。由于共熔物的熔点（约 500 ℃）低于其单一组分的熔点，降低了后续工艺对加热设备功率和容器高温适用性的要求。

混合氟化物中的氧化物来自原材料中的含氧杂质。尽管氧化物杂质本身可能无害，但其在熔融的氟盐中可能生成固体颗粒或片层沉淀，由此改变反应堆组件的热传导属性，甚至产生堆芯局部热源。通过无水 HF 对熔盐吹扫可以将氧化物转化成水，其反应式为

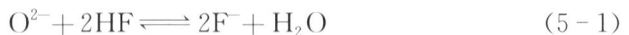

$$O^{2-} + 2HF \Longleftrightarrow 2F^- + H_2O \tag{5-1}$$

实验表明，低温对该反应更为有利。在实际的生产工艺中，应采用 HF - H$_2$ 混合气体。其原因是，反应容器的金属结构材料容易被 HF 腐蚀，其反应为

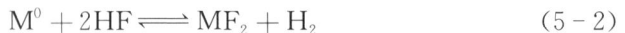

$$M^0 + 2HF \Longleftrightarrow MF_2 + H_2 \tag{5-2}$$

研究表明，通过控制 HF 和 H$_2$ 混合比例，可以在去除氧化物的同时，确保不会显著腐蚀反应容器。

由于硫会在较高温度下侵蚀镍基合金，如果原料中含有较高的硫，熔融氟盐产物中的硫杂质必须加以限制（<10^{-5}）。这些杂质主要以硫酸盐物形式存在，是极难除去的杂质。根据 ORNL 的研究，硫酸盐必须首先还原为硫离子，再与 HF 反应产生 H$_2$S，以气体形式除去。相应的反应方程式为

$$SO_4^{2-} + 4Be \Longrightarrow 4BeO + S^{2-} \tag{5-3}$$

$$2HF(g) + S^{2-} \Longrightarrow H_2S(g) + 2F^- \tag{5-4}$$

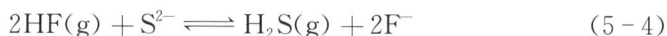

根据工艺设备材料类型,结构金属杂质一般只考虑铬、镍和铁。此类金属氟化物可能以杂质的形式存在于氟化物原材料中,或因工艺设备在运行操作中受到腐蚀而引入。通常采用氢气还原结构金属,再用过滤的方法加以去除。在通常的工艺温度下,氟化镍容易还原,氟化铁较难还原,氟化铬则基本上不反应。因此,氢气还原工艺不适用于去除铬杂质,若铬离子含量较高,可以采用活性金属如铍进行还原。

5.2.4　液态燃料重构和制备新技术

在传统核电行业中,UF_4 并不是常规的核燃料产品。制备压水堆核燃料元件的铀原料是天然铀的浓缩产物 UF_6,通过氟化挥发方法从乏燃料盐中回收得到的铀也以 UF_6 形式存在。

美国 ORNL 曾经在 20 世纪六七十年代对 UF_6 与载体盐的重构进行了实验研究[6]。实验采用的工艺是,先用含 UF_4 的燃料盐吸收气态 UF_6 得到 UF_5,之后在另一个容器中将 UF_5 用氢气还原成 UF_4。主要反应为

$$UF_6(g) + UF_4 \Longrightarrow 2UF_5 \tag{5-5}$$

$$UF_5 + 1/2H_2(g) \longrightarrow UF_4 + HF(g) \tag{5-6}$$

过量的 UF_6 和 HF 在进入尾气排空系统之前被 NaF 捕获。这种方法具有工艺简单、快速的优点。但是,该法的中间产物 UF_5 具有强氧化性,对管道和容器具有强腐蚀作用。如果采用金材质或镀金防护,将导致设备成本很高。

TMSR 先导项目研究团队提出了钍基燃料盐干法后处理产物(UF_6、载体盐和金属钍)的重构工艺流程,它在载体盐中同时实现 UF_6 气体的还原和钍金属的氧化,"一锅煮"式地将 UF_6、载体盐和金属钍三者重构生成燃料盐 $LiF - BeF_2 - UF_4 - ThF_4$。

UF_6 和钍分别具有强氧化性和强还原性,它们按化学计量反应可以转化得到 UF_4 和 ThF_4,总反应为

$$2UF_6(g) + Th \longrightarrow 2UF_4 + ThF_4 \tag{5-7}$$

但是,UF_6 和钍分别是气体和固体,二者直接作用的反应速率难以保证。

TMSR 研究团队提出的燃料盐重构工艺主要流程和反应原理可以概述如下：

（1）先用热氩气将含有一定量 UF_4 的载体盐（LiF - BeF_2 - UF_4 熔盐）从进料罐中压入预装有金属钍的氧化还原反应釜，金属钍在反应釜中被氧化，其主要反应如下：

$$4UF_4 + Th \longrightarrow 4UF_3 + ThF_4 \qquad\qquad (5-8)$$

由于铀元素可以有 0、+3、+4 等变价，体系中可能还会发生次要反应，例如：

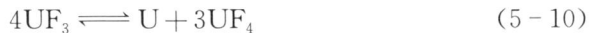

$$4UF_3 + 3Th \Longleftrightarrow 4U + 3ThF_4 \qquad\qquad (5-9)$$

$$4UF_3 \Longleftrightarrow U + 3UF_4 \qquad\qquad (5-10)$$

最终生成的熔盐体系为 LiF - BeF_2 - UF_3/UF_4 - ThF_4，而钍金属也只是部分被氧化，导致该体系具有很低的氧化还原电位，因此，在这一阶段可以完全抑制金属容器的高温氧化腐蚀。

（2）用热氩气将 UF_6 气体载带通入氧化还原反应釜，在反应釜中发生氧化还原反应。主要反应有

$$UF_6 + 2UF_3 \longrightarrow 3UF_4 \qquad\qquad (5-11)$$

$$4UF_4 + Th \longrightarrow 4UF_3 + ThF_4 \qquad\qquad (5-12)$$

另外还有不少次要反应，例如：

$$UF_6 + UF_4 \longrightarrow 2UF_5 \qquad\qquad (5-13)$$

$$UF_5 + UF_3 \longrightarrow 2UF_4 \qquad\qquad (5-14)$$

$$2UF_6 + Th \longrightarrow 2UF_4 + ThF_4 \qquad\qquad (5-15)$$

由反应方程式可见，UF_6 消耗 UF_3 生成 UF_4，UF_4 又不断与 Th 反应生成 UF_3，从而 UF_6 还原和 Th 氧化均得以持续较快地进行。如果 UF_3 的生成速度小于其消耗速度，可以减小 UF_6 的通入速度以降低 UF_3 的消耗速度，甚至暂时中断 UF_6 气体通入，待 UF_4 与 Th 充分反应之后再重新通入 UF_6 气体。这就要求对熔盐中的 UF_3/UF_4 比例和尾气中的 UF_6 进行监测，以监控整个反应进程。

在整个反应过程中，应尽量使 UF_6 气体在容器中完全反应，少量未反应的 UF_6 气体通过 NaF 吸附柱和冷阱加以回收。

在上述工艺过程中,未添加氟、锂、铍、钍、铀以外的其他元素,无须特别复杂的操作和设备,整个工艺流程比较简单。该工艺既可以用于回堆燃料的重构,也可以用于新燃料的制备,从而不必将 UF_6 转化为 UF_4 粉末。

5.3　熔盐堆固态燃料

固态燃料熔盐堆采用基于包覆燃料颗粒的燃料元件,为适应熔盐堆高能量密度的特点,固态燃料的设计、制造和服役性能评价具有自身的特点。研发重点主要围绕提高燃料元件的重金属(铀和钍)密度、增强与冷却熔盐的相容性两个方面进行。

提高燃料元件的重金属(钍/铀)密度主要有两种途径。其一,改进燃料核芯的材料,使用氮化铀、碳氧化铀等具有更高重金属密度且可抑制阿米巴效应(核芯迁移)的化合物。例如,氮化铀的重金属密度比氧化铀提高 40%,而碳氧化铀在高温度梯度下几乎不发生阿米巴效应。其二,提高燃料元件中包覆燃料颗粒的体积占比,需使其体积比提高到 30% 以上。

为了增强燃料元件与冷却熔盐的相容性,可以对基体材料进行改性,以实现燃料元件密度和熔盐浸渗性能的调控。目前,经工艺改进的基体材料的孔径小于 0.5 μm、抗熔盐浸渗压强高于 0.65 MPa。

5.3.1　钍铀化合物与燃料核芯

目前国内外研发的氧化物燃料核芯主要是 ThO_2、UO_2、$(Th，U)O_2$ 和 $(Th，Pu)O_2$ 等。所用制造工艺包括粉末冶金工艺、浸渍工艺、包衣团聚物造粒工艺(coated agglomerate pelletization,CAP)、共沉淀工艺和溶胶-凝胶工艺等。其中,溶胶-凝胶工艺不仅可以得到元素分布粒径均匀的燃料,而且其溶液体系有利于实现远程操作,降低了辐射防护的难度,是较为理想的工艺方法,也是目前制备燃料核芯颗粒的最常用方法[2, 11]。

1) 溶胶凝胶法

溶胶-凝胶工艺的基本流程如下:制备钍、铀、钚等单元素或混合元素的溶液/溶胶;溶液/溶胶以液滴形式分散,在胶凝后硬化成球;凝胶球经过洗涤、干燥、煅烧、烧结制成高密度燃料微球。与传统的粉末制粒工艺相比,溶胶-凝胶工艺具有以下优势:前期配料为溶胶/溶液,后期为微球,避免了直接处理含有铀、钚的放射性粉末;液体的转移相对燃料材料粉末的转移简单,特别是在远程的设备中。此外,它可以直接使用来自后处理厂的锕系元素硝酸溶液作为原料,这就进一步简化了工艺流程。溶胶-凝胶工艺的主要缺点是会产生较多的液体废物。溶胶-凝胶流程制备核燃料的具体工艺又可以分为溶胶脱水工艺、外胶凝工艺、内胶凝工艺和全胶凝工艺等[11]。

溶胶脱水工艺是美国橡树岭国家实验室(ORNL)在 20 世纪 60 年代开发的。整个流程分成三步:① 溶胶制备;② 溶胶通过滴落方式分散到 2-乙基-1-己醇中,液体中的水被萃取到有机相实现脱水;③ 在控制条件下进行干燥和烧结。该工艺曾被用于制备 UO_2、ThO_2、$(U,Th)O_2$ 和 $(U,Pu)O_2$ 的微球,已成功地扩大到中试规模。但它有几个明显的缺点:需要将 U(VI)还原为 U(IV),而 U(IV)并不稳定,会在空气中被氧化为 U(VI);液体脱水需要较长的接触时间,而且由于铀、钚、钍等在体系中的化学行为不同,导致整个脱水过程难以控制,较难获得高质量的微球。

外胶凝工艺最早是由意大利科研人员开发的一种支撑沉淀流程,称为SNAM 工艺。该流程在将硝酸溶液制成微球的过程中,无须将 U(VI)还原为 U(IV)。如果液滴仅包含 $UO_2(NO_3)_2$,并使其与氨直接接触的话,生成的凝胶球会非常易碎,无法进行随后的处理。在 SNAM 工艺中,硝酸铀酰的水溶液中加入了有机高分子,从而促进溶胶的形成。通过进一步添加有机高分子为凝胶球提供牢固的结构支撑,溶胶液滴通过一个填充氨气、氨水的反应柱后,可以形成凝胶球。在通过氨气时,溶胶液滴表面形成硬质的外壳,防止其在落入氨水时发生形变。该方法在制备铀溶胶时不需要进行任何预处理。若需制备混合氧化物如 $(U,Th)O_2$ 和 $(U,Pu)O_2$,只要在制备溶胶时加入混合硝酸盐即可。

内胶凝流程最初是在荷兰 KEMA 实验室开发的 UO_2 微球制备流程。硝酸铀酰通过加入均相沉淀剂(六亚甲基四胺,也称乌洛托品,hexamethylene tetraamine,HMTA)转化为三氧化铀。HMTA 会与溶液中的 U(VI)快速反应生成沉淀,通过加入尿素与铀(VI)络合可以避免沉淀的发生。由于六亚甲基四胺在高温高酸度下不稳定,需要保持较低的溶液温度(273 K)和较低酸度(pH 约为 3)。在该条件下,UO_2^{2+} 发生水解。

溶胶液滴通过接触热的(60~90 ℃)不互溶的液体介质(如液体石蜡)完成胶凝。用 CCl_4 清洗凝胶球以除去硅油,用稀氨水洗涤除去 HMTA、尿素和硝酸铵;将清洗后的微球在 150 ℃空气中干燥后,经煅烧、还原、烧结后可以得到99%理论密度(TD)的微球。内凝胶工艺的优点是较容易控制最终产品的尺寸和球形度。

概言之,外胶凝工艺通过氨在凝胶球中扩散发生胶凝,总体上是一个传质过程,而内胶凝通过温度升高分解 HMTA 达到胶凝,总体上是一个传热过程。外胶凝工艺和内胶凝工艺胶凝原理的不同,会导致燃料微球微结构及性能的差异。

清华大学结合外胶凝工艺和内胶凝工艺的一些特征,发展了全胶凝工艺(TGP),用于生产 HTR‑10 反应堆燃料核芯,取得了良好效果。全胶凝流程所遵循的主要是外胶凝工艺的程序,以硝酸铀酰作为原料,并以外胶凝中使用的试剂(尿素、聚乙烯醇、四氢糠醇)和内胶凝中使用的试剂(六亚甲基四胺)作为添加剂。外部的氨环境和六亚甲基四胺分解产生的氨共同发生胶凝作用。溶胶中铀酰的浓度达到 1.26 mol/L,远高于一般外胶凝工艺的铀酰浓度,大大减小了胶凝过程中的球体体积,提高了球形度。干燥过程使用真空环境,可以产生一定的开孔孔隙,有利于后续的热处理操作[12]。

2) 碳化物和碳氧化物[2]

氧化物燃料核芯热导率较低,这容易在元件内部形成陡峭的温度梯度,从而导致破裂、肿胀及裂变气体释放以及由于重金属(钍、铀)密度低所带来的固有缺陷。碳氧化铀(UC_xO_{1-x})作为一种新型的燃料材料,因其优良的热稳定性和化学稳定性,在高温堆中展现出了巨大的应用潜力。UC_xO_{1-x} 核芯是由铀、氧和碳组成的复合陶瓷材料,相较于传统的 UO_2 核芯,UC_xO_{1-x} 燃料核芯在高温堆中具有以下优点:

碳氧化铀具有较高的热导率,有助于将反应堆产生的热量有效地传递给冷却剂,从而提高反应堆的热效率。在高温和辐射环境下,碳氧化铀能够保持良好的化学稳定性,不易发生腐蚀或变形,从而延长反应堆的使用寿命。碳氧化铀具有优异的抗辐照性能,能够在高剂量的辐射下保持其结构稳定,不易发生裂变产物的释放。这些特性使得 UC_xO_{1-x} 核芯在高温环境下的热管理更为有效,同时可以增加可裂变核素的装载量,降低换料频率。

UC_xO_{1-x} 燃料核芯的制备也采用溶胶‑凝胶工艺,主要包括以下几个步骤。

(1) 制备含有铀的原料溶液。这一步骤通常涉及铀的提取、纯化和溶解等过程。

(2) 配置好前驱体溶液后,加入有机或无机形式的碳源,如果糖、蔗糖、石墨粉等,然后通过凝胶化技术,将含碳铀溶胶转化为凝胶球。这一步骤可以采用内胶凝或外胶凝的方法,具体选择取决于制备工艺的需求。

(3)将凝胶球在高温下进行烧结,以形成致密的碳氧化铀燃料核芯。这一步骤是制备工艺中的关键,直接影响到燃料核芯的性能。

(4)对烧结后的燃料核芯进行筛选,去除不符合规格的产品,并进行质量控制分析,以确保燃料核芯符合设计要求。

为了提高燃料核芯的性能并降低成本,研究者们不断探索新的制备工艺和技术。例如,通过改进凝胶化方法、优化烧结参数等手段,可以制备出性能更加优异的碳氧化铀燃料核芯。为了深入了解碳氧化铀燃料核芯的性能特点,研究者采用各种先进的表征手段对其进行研究。例如,通过扫描电子显微镜(SEM)、透射电子显微镜(TEM)等观察燃料核芯的微观结构;通过 X 射线衍射(XRD)分析燃料核芯的化学成分等。这些研究为优化燃料核芯的设计提供了重要的依据。在反应堆应用方面,研究者们关注碳氧化铀燃料核芯在高温气冷反应堆中的表现。例如,通过研究燃料核芯在反应堆中的热行为、辐照行为以及裂变产物的释放等行为,评估其在实际应用中的可行性和安全性。

3)氮化铀

UN 燃料,即氮化铀燃料,是另一种具有高理论密度的核燃料,可达 $13.5 \sim 14.3 \ g/cm^3$。UN 燃料的高密度使得在相同的反应堆体积内,可以装载更多的铀元素,从而提高了反应堆的功率密度和燃料效率。由于 TRISO 燃料颗粒具有多层结构,可以有效阻止裂变产物的释放,降低了放射性泄漏的风险。此外,氮化铀的化学性质相对稳定,不易与反应堆中的其他材料发生反应,进一步提高了燃料的安全性。早期的辐照测试结果表明,氮化铀 TRISO 燃料颗粒在反应堆中具有良好的稳定性和耐久性,其辐射稳定性远高于传统的氧化物燃料,且裂变产物的释放行为也得到了有效的控制。此外,燃料颗粒的热导率也相对较高,有利于反应堆的散热和温度控制。UN 燃料可以适用于多种反应堆类型,包括高温气冷反应堆(HTGRs)、轻水反应堆(LWRs)、模块化反应堆以及熔盐堆等。氮化铀燃料的应用还有助于推动核燃料的循环利用。通过回收和处理反应堆中产生的乏燃料,可以提取出其中的铀和钚等有用元素,再制成新的燃料使用。这不仅可以提高资源的利用率,还可以降低核废料的处理成本和环境影响。

综上所述,作为一种高性能、高安全性的核燃料,氮化铀燃料在核能领域具有广阔的应用前景和重要的战略意义。理论上,氮化铀燃料核芯也可以采用溶胶-凝胶工艺制备。但到目前为止国内外尚未得到完全合格的氮化铀燃料核芯,因而需要在未来开展更多研究工作。

5.3.2　包覆燃料颗粒

包覆燃料颗粒(见图 5 - 2)由高
温流化床化学气相沉积装置(fluidized
bed chemical vapor deposition, FB -
CVD,简称包覆层制备装置)制备。
该装置同时利用流化床技术和化学
气相沉积技术,通过流化床技术使
燃料核芯处于流化状态,流化气体
在高温下裂解,依次在包覆颗粒表
面均匀地沉积多层包覆层[2]。

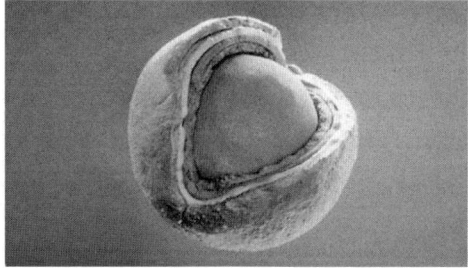

图 5 - 2　包覆燃料颗粒示意图

早在 20 世纪七八十年代,德国就生产出了高质量的包覆燃料颗粒。美国
也开展了燃料包覆研究,但生产的包覆燃料颗粒在品质上要逊色于德国的产
品[13]。此外,南非、日本和韩国也开展过包覆颗粒制备的相关研究[14-15]。清
华大学核能与新能源技术研究院在 20 世纪 70 年代中期就开始了包覆颗粒制
备的研究工作,20 世纪 90 年代中期在德国技术的基础上研制出性能良好的包
覆颗粒,并在 2000 年初为 HTR - 10 生产了 2 万余颗首炉燃料[16]。中国科学
院上海应用物理研究所自 2012 年开展包覆燃料颗粒的研制,获得了性能优异
的碳化硅包覆燃料颗粒,并研制了多种新型包覆颗粒[17-19]。

在包覆颗粒的制备过程中,流化床内颗粒流型的控制是核心环节。然而,
高温流化床中的颗粒流型无法直接观察,且随着包覆过程的进行(颗粒直径增
大、床层高度不断增加、颗粒密度降低),颗粒流型会发生动态变化[20]。流化床
内的最小流化速度(U_{ms})是反映流化床操作状态的一个关键参数(见图 5 - 3),
U_{ms} 不仅与流体和固体颗粒的特性有关,也与流化床的几何结构有一定关系。

中国科学院上海应用物理研究所科研团队研究了反应温度、颗粒直径、颗
粒密度、锥体角度及静态床高度对 U_{ms} 值的影响规律,得到 U_{ms} 值与温度、颗
粒直径、颗粒密度、锥体角度及静态床层高度的关系表达式如下[21]:

$$U_{ms} = 3.30 \times 10^8 \cdot (d_p)^{1.63} \cdot (\rho_p)^{0.57} \cdot \left(\tan\frac{\gamma}{2}\right)^{1.18} \cdot \left(\frac{H_0}{D_C}\right)^{1.45} \cdot (T)^{-1.44}$$

$$(5 - 16)$$

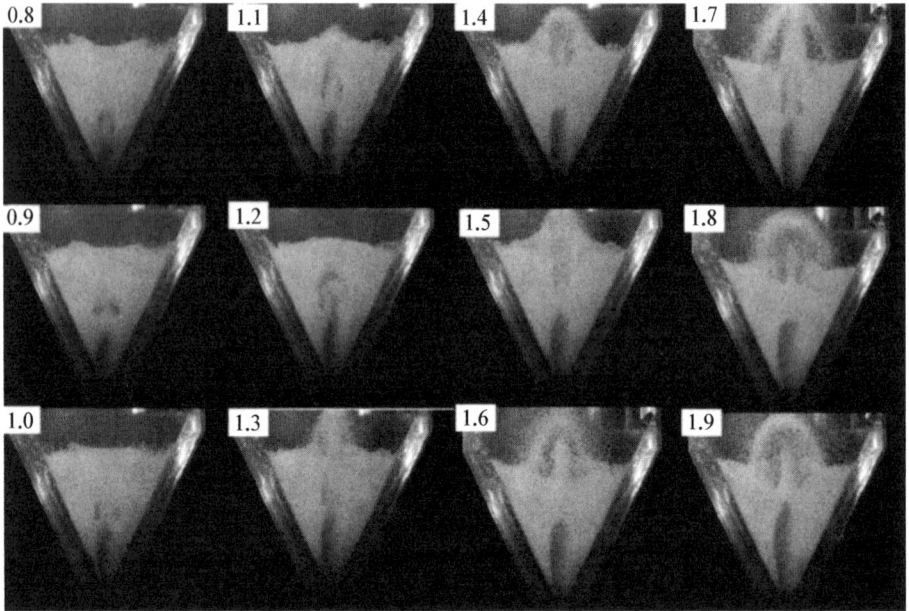

图 5-3　颗粒流化流型随气体流量($0.8\,U_{ms}$～$1.9\,U_{ms}$)的变化

将所得关系式与周建东[22]和 Shahab Golshan 等[23]的研究结果进行对比,进一步验证了该表达式的正确性(见图 5-4),这为高温床体的结构设计和工艺参数设定奠定了基础。

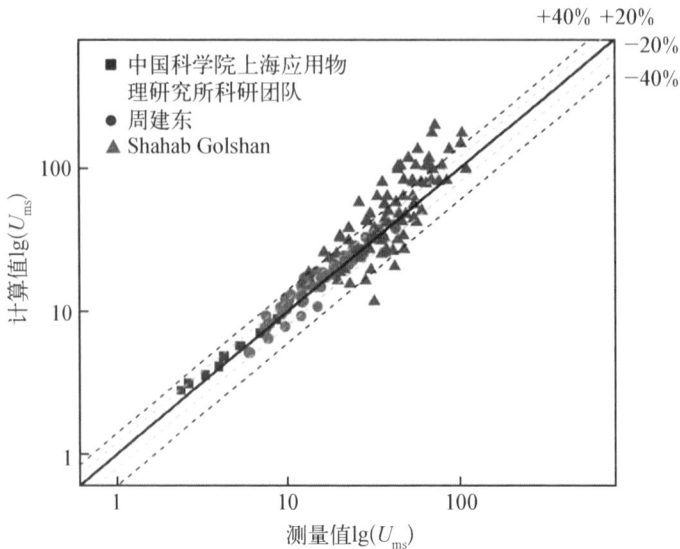

图 5-4　U_{ms} 关系式的验证及比较

为了进一步反映颗粒的流化特性,通过分析频域信号中的功率谱密度 (PSD)函数来研究流化过程。在 PSD 函数中,采用主频的大小和强度来描述颗粒的流化状态。主频的大小代表气泡的产生速率,而主频的强度则反映气泡的尺寸[24]。因此,床体内气泡尺寸及其产生速率的变化是影响颗粒流化质量的主要因素。

如图 5-5 所示,在不同温度和气体流量下,PSD 函数的变化趋势反映了流化区和环隙区的振动特征。当主频小于 20 Hz 时,表示流化区振动;大于 20 Hz 时,表示环隙区振动。随着气体流量的增加,环隙区主频强度逐渐降低,而流化区强度增加,表明气泡尺寸增大。同时,主频逐渐右移,表明气泡产生频率略有上升。与低温条件相比,高温下频谱峰展宽。基于这些现象,提出温度对颗粒流化的影响机理:低温下,主频峰值尖锐,强度高,气泡尺寸均一且较大;而高温下,主频峰展宽,强度降低,气泡尺寸不均一且较小。随着温度升高,气泡从均一的大气泡转变为不均一的小气泡。因此,颗粒的流化均匀性在下降,但是,喷射区颗粒的比例分数在增加,包覆效率在提高。

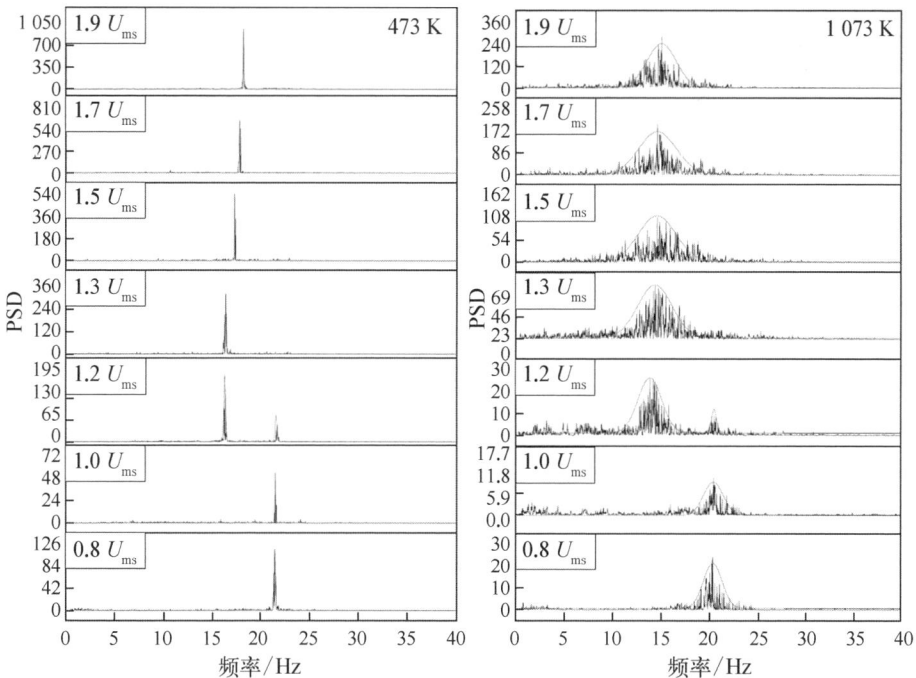

图 5-5　不同温度及气体流量下 PSD 函数变化规律

流化床中的气固两相流动比单相流动更为复杂,且形式多样。单一实验和半经验、半理论的研究方法已无法深入揭示其流动机理。计算流体力学(CFD)数值模拟已成为研究流化床气固流动和反应过程的有效手段[24],其主要优势在于可在不干扰流动的情况下获取多个气固流动特征参数。

由于流化床实际反应温度可达1 200 ℃且床体不透明,直接观测高温下颗粒流化状态十分困难。此外,颗粒的直径和密度随着包覆层的增加而变化。基于拟流体模型,研究者计算分析了核燃料包覆过程中不同时间节点的颗粒特性,研究了床体结构和颗粒性质(如直径、密度)对气固流动特性的影响。

如图5-6所示,在锥角小于135°的流化床中,射流床层在颗粒床内形成一个迅速穿过床层中心并向上运动的稀相气固流栓(喷射区)。而在锥角大于135°的流化床中,颗粒床层则呈现堆积床状态(内流化状态)。在静止床层高度相同的条件下,浅床流化床的喷泉高度随着锥角增大逐渐减小。

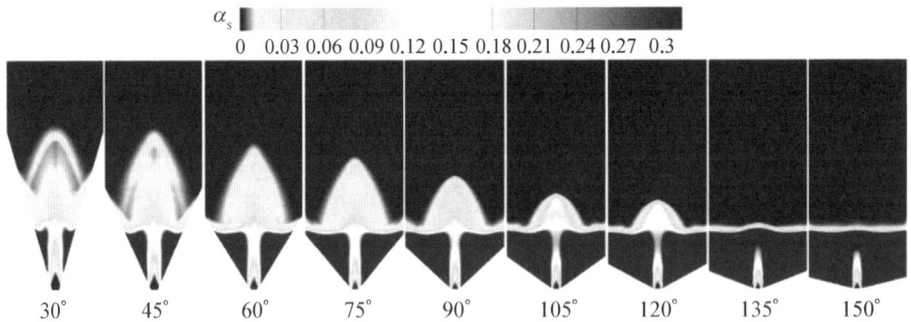

图 5-6　锥角角度对颗粒空间分布的影响

在实际包覆过程中,颗粒直径逐渐增大,密度逐步降低。特别是在缓冲层包覆阶段,颗粒的直径和密度变化最为显著。研究表明,缓冲层包覆过程中颗粒性质的变化会影响气固流动特性。如图5-7所示,随着缓冲层包覆的进行,喷泉高度(即流化高度与喷射区高度之差)逐渐降低。

颗粒在喷射区包覆后,在环隙区退火。图5-8显示了喷射区中轴线颗粒体积分数随时间和高度的变化趋势。随着气体进入床体并形成气泡,气泡卷吸环隙区颗粒并将其夹带进入喷射区,导致喷射区颗粒体积分数随高度增加。随着包覆过程中颗粒尺寸和密度变化,喷射区高度大于0.05 m时,颗粒体积分数增加;而小于0.05 m时略有减少。当颗粒直径从500 μm 增加到690 μm

时,颗粒体积增大为原先的 2.6 倍。因此喷射区内颗粒数量减少,体积分数增加,主要是由于颗粒自身体积的增大。

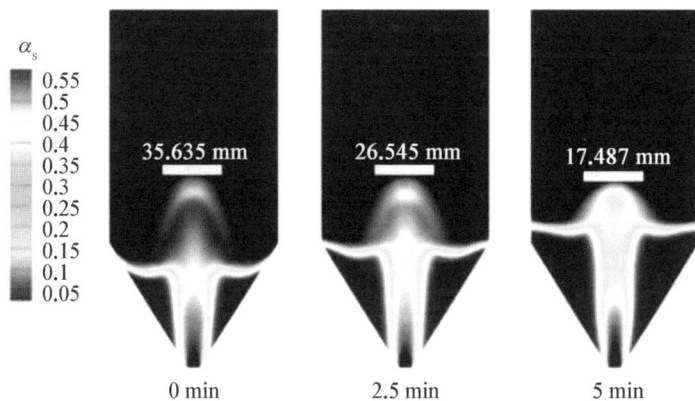

图 5-7　颗粒空间分布

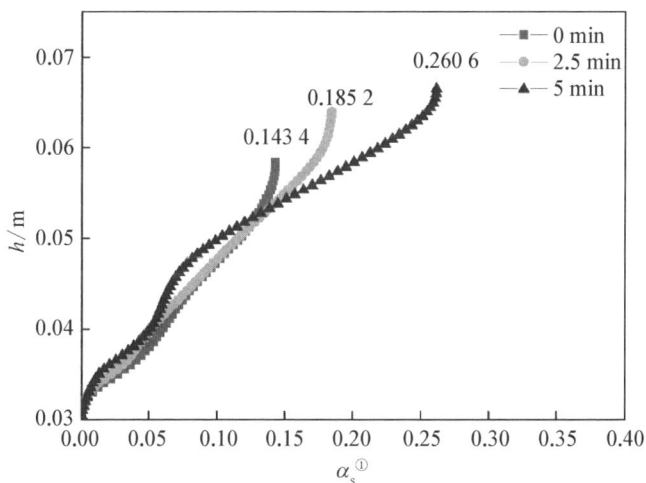

图 5-8　喷射区中轴线上的颗粒体积分数分布

5.3.3　固态燃料元件

熔盐堆固态燃料元件是将 TRISO 颗粒与基体石墨混合后经高压压制和高温处理而成的陶瓷复合体系,具有在高温环境下运行的固有安全性,已在高温气

---

①　颗粒体积分数(α_s)表示固体颗粒在喷动床或流化床中的体积占比,为无量纲参数。

冷堆中得到广泛的应用[25-27]。为满足燃料元件在熔盐堆中的性能要求和服役条件,从燃料核芯到包覆颗粒,再到燃料元件,均需要进行相应的改进和升级。

球床型固态燃料熔盐堆的高效换热模式要求燃料元件具有较高的功率密度,燃料元件内重金属核芯装载量大幅提升;与气冷堆使用的球形燃料元件相比,球床型熔盐堆的燃料元件浸泡在熔盐冷却剂中,需要燃料元件基体材料具备一定的阻隔熔盐浸渗能力;球床熔盐堆装卸燃料时,燃料元件从堆芯底部进入,从堆芯顶部排出,在线装卸料模式要求燃料元件体积密度设计必须合理,要使其能够浮在冷却剂熔盐中,燃料元件各层结构和功能需要重新设计和研制。因此,以熔盐堆燃料元件服役特点为依据,设计并制备功率密度高、高度致密化以抵抗冷却剂浸渗、热力学性能优异的燃料元件,是熔盐堆固态燃料元件研究的焦点。开展燃料元件的研究,对于理解燃料元件在熔盐堆内随温度变化的热力学性能、与熔盐的相容性和耐辐照性能,具有重要的科学价值。掌握固态熔盐堆燃料元件的设计、制备和性能评估方法,将为熔盐堆用燃料元件的生产工艺和质量控制提供重要的试验数据和技术支撑。

中国科学院上海应用物理研究所科研团队在传统球形燃料元件结构的基础上,研制了适用于熔盐堆的原型球形燃料元件,其结构由内而外依次是同心的无燃料区、燃料层和外壳层。其中,无燃料区为低密度石墨球芯,用于调节燃料元件的体密度。致密化改性后的基体石墨室温热导率,热膨胀系数,各向异性度等元件指标参数均满足熔盐堆对固态燃料的技术要求,但堆内服役行为还有待验证和评估[28-30]。

国际上熔盐堆燃料研制主要由美国主导,其中球床型熔盐堆具有在线装卸料的优点,研究较多。美国针对固态燃料熔盐堆"先进高温堆-AHTR"(ORNL)和"氟盐冷却高温堆-FHR"(MIT)设计了球形、板型等多种固态燃料元件,尚未投入使用[31-32],但已部署固态燃料球床型熔盐反应堆,并建造了具有一定规模的TRISO核燃料工厂,为熔盐堆固态燃料提供燃料保障。

熔盐堆石墨基固态燃料可根据堆芯设计压制成球形、平板形和圆柱形等结构形式,石墨具有结构材料、导热材料和中子慢化剂的作用。此类燃料元件已有50多年的发展历史,已在三座实验堆和两座原型堆中实际使用过,积累了大量的制造、性能评价和使用经验。但在熔盐堆中还是首次尝试,其面临的主要问题如下:

(1)燃料核芯需采用氮化铀、碳氧化铀等具有更高重金属密度、可抑制阿米巴效应(核芯迁移)的材料,钍铀装载量应满足堆功率设计要求;

（2）包覆颗粒惰性包覆层需具有更耐高温和更高包容裂变产物扩散的能力；

（3）基体石墨作为慢化剂材料，对快中子有足够的慢化能力，同时具备耐辐照、抗腐蚀和高温热稳定性好等性能；

（4）元件设计满足热工水力条件，能够漂浮在熔盐冷却剂中，便于实现堆内运行和连续装卸料等操作；

（5）燃料元件的最外层石墨应满足致密性要求，能有效阻隔冷却剂熔盐向基体材料中的浸渗，同时具有一定滞留裂变产物的能力。

固态球形燃料元件的制备采用准等静压工艺，包括原料混捏、挤条切粒、破碎筛分、初压成型、终压成型、热处理和切削加工等工艺流程，燃料元件的制备工艺流程如图 5-9 所示。

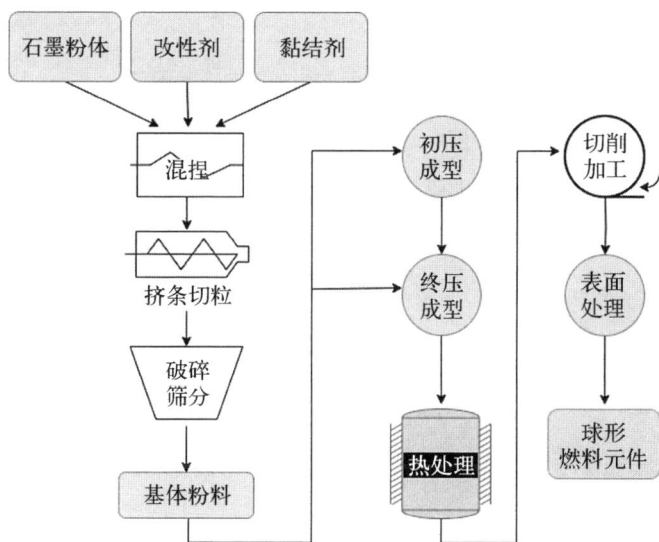

图 5-9　燃料元件的制备工艺流程

基体石墨 A3-3 的原料为质量百分数为 64％天然鳞片石墨、16％人造石墨和 20％黏结剂酚醛树脂。将原料进行混合混捏，再经挤条切粒、干燥、破碎和筛分得到"树脂化"的基体石墨粉。

采用穿衣机对包覆颗粒进行裹粉"穿衣"。包覆颗粒"穿衣"采用的粉体为上述"树脂化"的基体石墨粉。在穿衣机内旋转包覆颗粒和石墨粉的混合料，同时喷淋酒精，将包覆颗粒表面包裹上具有一定厚度的石墨粉。包覆颗粒"穿衣"的目的是防止后续燃料压制时，颗粒距离太近，在压力作用下导致包覆颗粒的涂层破损。

按一定质量分数称量石墨粉和"穿衣"后的包覆颗粒,充分混合后放入特制的硅胶模具内(松装填充),在初压机上压制得到无外壳的球形燃料坯体(燃料区)。再采用基体石墨粉将初压得到的燃料球坯包埋于另一较大腔体的硅胶模具内,在终压机上经较高压力(250 MPa)压制后,得到球形石墨基燃料球坯体。制备流程如图5-10所示。

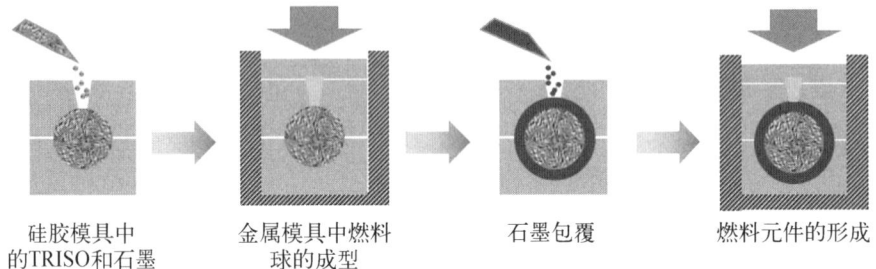

| 硅胶模具中 | 金属模具中燃料 | 石墨包覆 | 燃料元件的形成 |
| 的TRISO和石墨 | 球的成型 | | |

图5-10　燃料元件制备工艺流程图

经准等静压成型的燃料球坯体球形度较低,需结合热处理前后球体的体积收缩进行机加工,得到球形度较好的球坯。

图5-11　球形石墨基燃料元件

将制得的球形石墨基燃料球坯体置于炭化炉中,在氩气中通过设定的升温程序升温至800 ℃,并在终温下保持2 h,完成炭化处理。将炭化后的样品放入石墨化炉恒温区内,在氩气气氛下以10 ℃/min的升温速率升温至1 950 ℃,恒温处理2 h,完成纯化处理,得到球形石墨基燃料元件,如图5-11所示。在热处理过程中,600~1 200 ℃是材料收缩最大的温度段,当热处理高于1 200 ℃后,体积收缩率缓慢增加。在热处理过程中,样品的线收缩率表现出与体积收缩率相似的规律。模压法制备的样品径向和轴向的收缩不同步,具有各向异性。采用准等静压制备的球形元件基体石墨径向和轴向收缩同步,具有较好的各向同性。

TMSR熔盐堆拟采用的燃料元件是以石墨为基体,直径为60 mm的球体,其芯部为弥散在石墨基体中的包覆燃料颗粒,外壳层为厚度约5 mm的石墨。其中,石墨作为燃料元件的导热材料、中子慢化材料和结构支撑材料。与高温气冷堆不同,熔盐堆的冷却剂是高温液态熔盐,而不是氦气,即熔盐堆中的燃料元件直接浸泡在约 700 ℃ 的 FLiBe 等氟盐冷却剂中。因此,其燃料元件基体石墨必须具有优异的熔盐相容性和良好的机械性能,能承受来自熔盐冲刷和浸渗、循环输送中的摩擦碰撞和堆积自重等方面的载荷。另外,在反应堆运行过程中,燃料元件中的热应力和辐照产生的应力是复杂交变的,其基体石墨必须具有较好的各向同性和耐辐照性。由此可见,与其他核石墨不同,燃料元件基体石墨内部包裹核燃料,外部浸泡在高温熔盐中,可谓“腹背受敌”。研发高密度、各向同性、耐熔盐浸渗和耐辐照的燃料元件基体石墨,是目前熔盐堆用燃料元件研发中亟待解决的关键问题。

对现有基体石墨进行增密处理,是解决其耐熔盐浸渗问题较为经济便捷的手段。一般而言,主要的增密技术包括化学气相沉积、化学液相浸渍和固相增密。可以预见,对直径为 60 mm 的球形燃料元件进行化学气相沉积增密和化学液相增密,其缺点是沉积增密不均匀,且每批次处理数量有限。而采用微纳米碳素颗粒对基体石墨进行固相增密,可在原料制备过程中解决致密化问题,增密均匀,不受批次限制,成本较低。

常用的增密剂有碳纳米管、碳纤维、炭黑和中间相炭微球等微纳米碳质材料。其中,中间相炭微球(MCMB)的形态呈球形(10 μm 以下呈不规则形状),具有一定的颗粒分布,在压制过程中易形成三维随机紧密堆积,适用于填充孔隙。作为多种先进功能材料的优秀母体,中间相炭微球表面含有适量的 β 组分(toluene insoluble-quinoline soluble fraction),具有无黏结剂自烧结的特性。基于单相中间相炭微球可制备高密度、高强度的各向同性的石墨材料[29]。另外,中间相炭微球具有较好的化学稳定性和热稳定性、优良的导电和导热性能、碳产率高、易石墨化和可加工性强等优点。

炭黑(CB)是一种由天然气、燃料油、乙炔或熔炉制成的准结晶碳粉。亚微米级的炭黑颗粒易于填充 A3-3 石墨的微米级大孔隙。此外,炭黑与 A3-3 基体石墨的密度相近,这使得炭黑更容易与 A3-3 混合,更容易按比例调整制备参数。与 MCMB 相比,炭黑容易获得,价格低廉,制备工艺成熟。因此,采用炭黑作为 A3-3 基体石墨的致密化剂,并通过调节 A3-3 中添加炭黑的质量分数可以改善基体石墨的致密化效果[33]。

在传统基体石墨 A3-3 的基础上,分别加入不同粒径的 MCMB 对基体石墨进行致密化改性,研究发现,采用平均粒径为 3 μm、10 μm 和 16 μm 的 MCMB 对基体石墨 A3-3 增密后,中值孔径由 924 nm 分别降至 530 nm、573 nm 和 644 nm。增密剂 MCMB 粒径越接近基体石墨的孔径,增密后基体石墨的平均孔径越小,孔隙率越低,压汞测试下的进汞临界压强越高,即致密化效果越好。粒径约 3 μm 的 MCMB 对基体石墨改性效果最好。用粒径为 3 μm,不同质量百分数的 MCMBs 对基体石墨改性,研究结果如图 5-12 和图 5-13 所示,质量百分数为 5% 时增密效果最佳[34]。

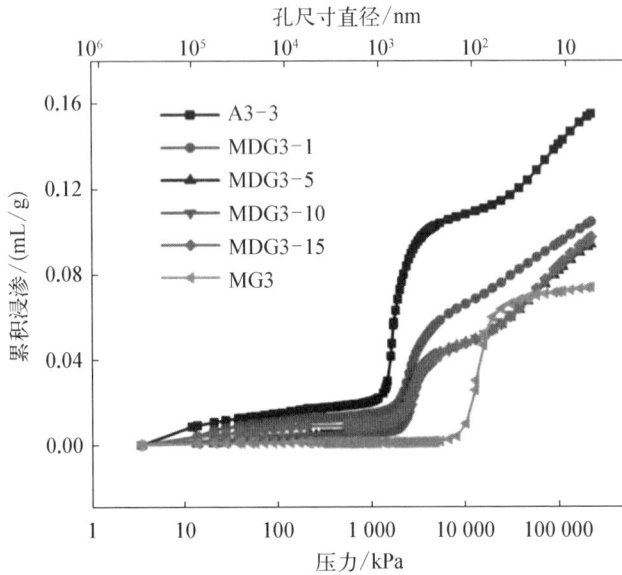

图 5-12 汞对 A3-3、MDG3 系列和 MG3 石墨的累积浸渗曲线[34]

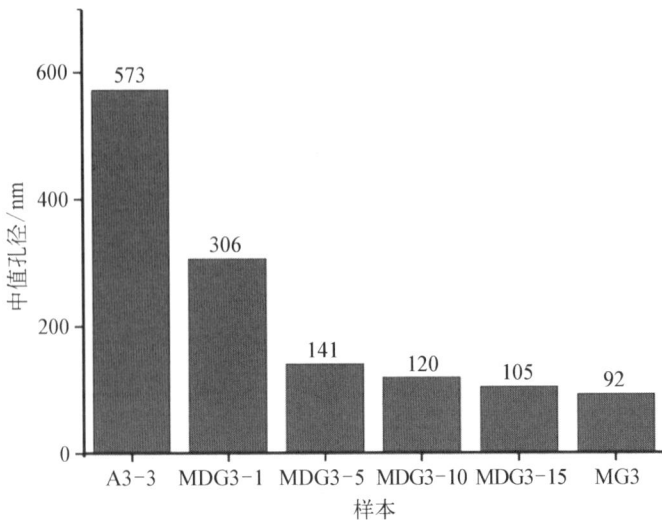

图 5-13 压汞法测得基体石墨改性前后的中值孔径[34]

添加少量 MCMB 可以有效填充 A3-3 中的孔隙,但当 MCMB 的质量分比达到 5% 时,这种作用趋于饱和。从微观增密机制上分析(见图 5-14),由于 MCMB 的自烧结热收缩特性,且 MCMB 的平均粒径(3 μm)比天然鳞片石墨(16.32 μm)和人造石墨(17.59 μm)的平均粒径小得多,所以 MCMB 更容易在这两种大骨料颗粒的空隙处(即基体石墨的孔隙处)而非连接处聚集。随着 MCMB 聚集的增多,基体石墨的整体孔径减小、表观密度增大、阈值压强也增大。但是 MCMB 增多到一定程度,基体石墨孔隙的填充会逐渐达到饱和,使其平均孔径、表观密度和阈值压强的变化幅度也逐渐减小。研究表明,改性前基体石墨 A3-3 样品在 700 ℃ 的 FLiBe 熔盐中(1 MPa 气压)入渗 20 h 后重量增加约 11.6%,而致密化改性后基体石墨 MDG3-1 在相同条件下重量增加仅 2.1%。

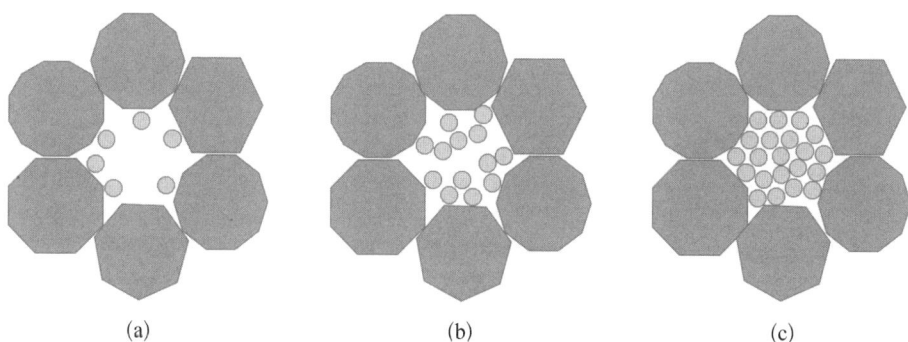

(a) (b) (c)

图 5-14　MDG3 系列石墨中孔隙随 MCMB 添加量增大演化的示意图[33]

为满足熔盐堆在线装卸料的特性,中国科学院上海应用物理研究所基于准等静压成型工艺和基体固相增密原理,通过对球形元件结构的重新设计、基体材料的开发和制备工艺的摸索,设计和研制了适用于球床型熔盐堆的三层原型球形燃料元件,其球芯为低密度石墨,次外层为燃料层,最外层为高密度基体石墨,如图 5-15 所示。低密度多孔石墨芯球可以容纳堆运行过程中产生的大量裂变气体,保证燃料球在整个寿期内的完整性。采用这种结构的另一种好处是更加有利于燃料内热量的

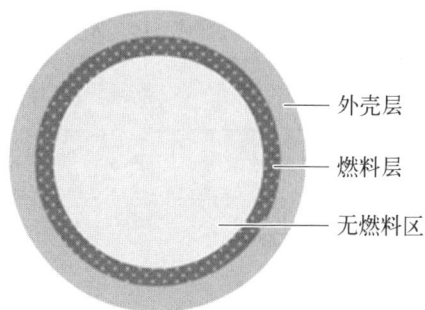

—— 外壳层

—— 燃料层

—— 无燃料区

图 5-15　低密度球形燃料元件示意图

导出,由于燃料球中心没有燃料颗粒,燃料球内的温度曲线会比较平坦,球内的最高温度和平均温度的比值小一些,从而可以避免燃料中心的温度过高。石墨球形燃料元件整体密度不大于 $1.8~g/cm^3$,由内到外密度可控;固相增密基体石墨室温热导率不小于 30 W/(m·K);热膨胀系数不大于 $5.5 \times 10^{-6}~K^{-1}$(室温~1 000 ℃);各向异性度不大于 1.3。与熔盐冷却剂接触的最外层基体石墨平均孔径小于 500 nm,在 0.5 MPa 下熔盐浸渗增重小于 1%。

美国研究人员针对 FHR 设计了新型球形燃料元件[29]。该燃料元件由低密度石墨芯、燃料环形区和高密度石墨外壳构成三层同心结构,其结构如图 5‐16 所示,其设计参数如表 5‐6 所示。基于现有技术的成熟度考虑,该燃料元件设计是商业 FHR 的首选燃料设计。与高温气冷堆相比,FHR 球形燃料在燃料结构、外形尺寸和球体密度等方面有明显不同。球形燃料元件的直径由 60 mm 减小到 30 或 40 mm,直径越小,反应堆堆芯单位体积的球形燃料与

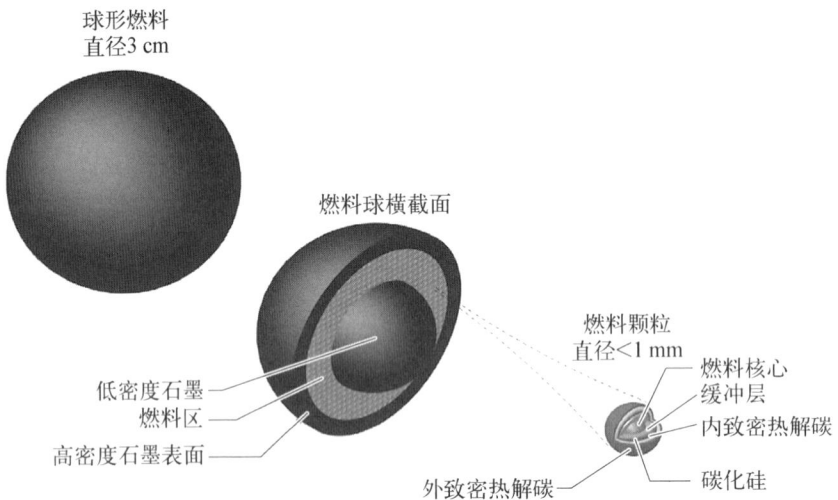

图 5‐16 美国 FHR 设计的燃料结构示意图[29]

表 5‐6 美国 FHR 低密度燃料元件的结构设计参数[29]

燃料元件结构	半径尺寸/mm	材　　料	密度/(g/cm³)
低密度石墨球芯	12.5	多孔石墨	1.59
燃料层区	14.0	包覆颗粒/基体石墨	—
球壳层	15.0	致密化石墨	1.74

熔盐的接触面积更大,更有利于提高热传递效率,提高功率密度,减小反应堆尺寸。低密度芯球可以有效降低燃料元件的密度,确保燃料元件在熔盐堆内始终保持漂浮状态,便于实现不停堆在线装卸料。

与高温气冷堆中的冷却介质氦气相比,熔盐具有更高的体积热容和更高的热导率,国内外研究人员通过减小燃料元件尺寸和优化包覆颗粒在燃料中的分布,为提高熔盐堆功率密度提供了可能。与其他几何形状的燃料设计相比,这种设计具有以下优势:① 由于几何形状规则,其制造成本更低;② 能够在不停堆的情况下,实现在线装卸料;③ 能够采用设计更简单、成本更经济的装卸料系统;④ 该设计可以实现在线燃耗检测,因此可以通过持续装卸料来改善中子经济型,获得更大的燃耗。尽管高温气冷堆球形燃料元件制备技术相对成熟,但由于燃料元件的结构和材料等都发生了改变,因此探索制备熔盐堆固态燃料的技术途径和燃料元件在堆内的安全性评估是固态燃料熔盐堆相关研究中的重要课题。

5.4 熔盐堆核材料监管技术

核材料的安全与管控是国家安全的重要组成部分,也是核燃料应用的前提条件之一。熔盐堆作为一种新堆型,对核材料监管技术方面提出了新的挑战。

HAF 501《中华人民共和国核材料管制条例》第九条规定"持有核材料的数量累计的调入量或生产量大于或等于 0.01 有效千克的铀、含铀材料和制品(以铀的有效千克量计),必须申请核材料许可证"。第十一条规定"许可证持有单位必须建立核材料衡算制度和分析测量系统,应用批准的分析测量方法和标准,达到规定的衡算误差要求,保持核材料收支平衡"[35]。从国家的法规出发,铀(铀-235、铀-233)是受国家管控的核材料,核安保和核安全法规均对其衡算体系有明确要求,以实现"一件不少,一克不丢"的管制目标。

液态燃料钍基熔盐实验堆(TMSR-LF1)是国内首个添加钍作为核燃料的反应堆设施,其核材料流动兼具燃料厂、反应堆、乏燃料厂三种核设施的特点。由于使用钍作为燃料,钍-232 在反应堆内由钍铀循环转化为铀-233,而铀-233 作为核材料也需要衡算监管。

5.4.1 监管技术面临的挑战

钍铀循环中核材料的检测和定量是熔盐堆核材料衡算的关键技术。国内外针对液态燃料和钍基燃料监管技术的研究尚处于空白。液态燃料形式、钍铀循环模式及其在线运行和动态变化的特征,为核材料精准定量测量与管制带来巨大挑战。

(1)燃料运行方式带来的挑战。燃料盐为液态,处于动态运行的状态,除了在堆芯内,还会流出堆芯,其产生和消耗的计算和采样、测量方法均未完善,尚需进行大量的理论研究和实验验证。同时,核燃料的动态流动也为测量点的划分带来困难,目前缺少相应的划分原则和评估方法。

(2)精准测量^{233}U的挑战。钍基熔盐堆中可能同时存在^{233}U、^{235}U和^{239}Pu,能谱测量的信号更加复杂,^{232}U的衰变子体产生的强γ射线也增加了能谱分析的困难,对精准测量带来巨大挑战。高辐射水平对取样或测量造成困难,需要建立相应分析条件[35-37]。

(3)液态燃料管道滞留。目前液态燃料在生产工艺管道中分布和滞留情况未知,生产设备的加热保温层影响滞留量测量,对于液态燃料核设施滞留量的测量也缺少标准和方法。

(4)标准体系。钍基熔盐堆及核燃料循环设施的核燃料生产、运行及乏燃料处理是一个全新体系,没有现成的制造和分析标准可参考,对于核材料不明材料量(material unaccounted for,MUF)也没有标准和限值进行评价。

TMSR-LF1初步建立了核材料衡算监管体系,取得了核材料许可证。考虑到熔盐堆核材料流动的特点与核材料管制要求,核材料管制与衡算包括核材料在整个工艺过程的变化形态、核材料平衡区划分、关键测量点设置、测量和测量质量控制、核材料账目和报告系统、核材料实物盘存、核材料闭合衡算评价以及核材料控制技术、核材料衡算系统有效性评价等要素。下面对TMSR-LF1核材料的管制与衡算进行简单介绍[38]。

5.4.2　熔盐实验堆的核材料监管技术

平衡区是设施内部或者外部的一个区域,进出该区域的核材料量是可以测量的,并且在该区域内可按照规定的程序确定核材料的实物存量。液态熔盐堆平衡区划分关系到核材料结算MUF的不确定度,在划分平衡区时需要考虑材料衡算要求以及便于核材料封隔、监视措施的采用等因素。针对TMSR-LF1设置了三个平衡区。第一平衡区为核材料库房区,该区内核材料以容器形式装载,可视为件料。第二平衡区为添加盐/燃料盐制备区,该区将UF_4预处理转化为添加盐,核材料视为散料。第三平衡区为反应堆区,添加盐进入堆内运行,整个反应堆系统可视为件料。这种划分方法可使 MUF 集中在第二个平衡区,使得平衡区整体设置更为合理,图 5-17 为液态熔盐堆核材料平衡区划分图。

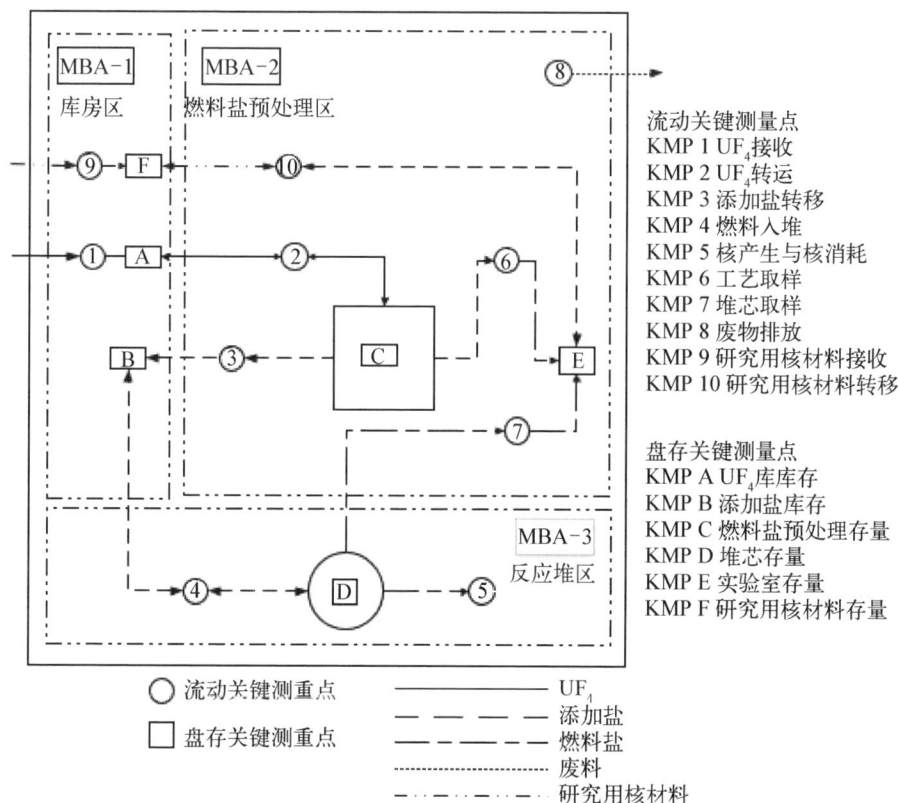

图 5-17　核材料衡算平衡区划分图

1) 核材料衡算测量方法

对于来自供货商的新燃料 UF₄ 总量的测量,采用人工计罐核实与称重测量,确认封记完整且认可罐内燃料数量。对于新燃料中核素的量,每批 UF₄ 样品留样,抽样样品铀质量百分数采用滴定法[参照《二氧化铀粉末和芯块中铀的测定硫酸亚铁还原-重铬酸钾氧化滴定法》(GB/T 11841—1989)]进行核实。采用热电离质谱(TIMS)分析对铀富集度进行核实,或采用燃料厂的富集度测量数据。

对储存在库房内的添加盐,通过统计数目、检查封记的焊接密封完整性,即可确认罐内燃料数量,该测量方法不存在误差;对尚未入库的添加盐,需对核材料含量进行实测。添加盐测量通过总体测量(称重)确定添加盐总量,通过取样分析确定添加盐中总铀的质量百分数,两者计算获得添加盐中的铀含量。添加盐胶囊的燃料盐装载量由总体测量(称重)确定,铀含量通过测量铀的浓度计算获得,铀的浓度通过取样后电位滴定法测量。为测量工艺管道中核材料的滞留量,研制了基于 γ 放射性检测技术的滞留量测量系统。

入堆燃料盐铀含量通过差重法确定,即先测量(称重)转运罐在装料前的重量,再测量装料后的总重量,两者之差便可用于确定燃料总量及其盐铀含量。

熔盐堆中核材料量的计算包含两大步骤:先确定平均燃耗值,再从这一平均燃耗值出发,根据预先研究得到的燃料燃耗与关键核素含量的关系,计算出核材料量。燃耗计算过程中考虑堆的能谱、燃料经历的功率历史等数据。这一关系以数据插值表的形式给出,固化于衡算分析软件中,供软件根据统计出的燃耗值计算关键核素含量。

熔盐堆中核材料主要废物的来源如下:燃料盐预处理工艺尾气处理中产生的含铀废液;取样分析产生的固体废物与废液;核材料操作和分析过程中产生的手套、滤纸、擦拭布等固体废弃物。针对固体废物,通过称重和无损方法测量其中的铀含量。针对废液,通过收集和取样分析确定铀的含量。

为满足国家主管部门以及核材料管制办公室对核材料的监管要求,维持材料衡算与控制管理体系的有效性,及时了解核材料核料状态信息,TMSR-LF1 根据国家要求建立了核材料衡算账目与报告制度,研制并使用了配套的核材料账目管理系统。

2) 不明材料量(MUF)的计算

不明材料量(MUF),是指账面存量和实物存量之差,计算公式如下:

$$MUF = PB + X - Y - PE \qquad (5-17)$$

式中,PB 为平衡周期的期初核材料存量;X 为平衡周期中所有核材料的增加量;Y 为平衡周期中所有核材料的减少量;PE 为平衡周期的期末核材料实物存量。PB$+X-Y$ 为账面存量,PE 为实物存量。

MUF 值的计算既可用于元素量,也可用于同位素量。

MUF 的评估需满足:① 衡算期内各项数据均为实测值;② 各种测量方法的误差数据齐全。

在此基础上进行系统评估,以 $2\sigma(\mathrm{MUF})$ 为系统设计的极限 MUF 值。当 $\mathrm{MUF} \leqslant 2\sigma(\mathrm{MUF})$ 时,表明生产工艺系统满足核材料衡算要求。当 MUF 大于其标准误差的 2 倍时,认为核材料未达到闭合平衡。如果 MUF 超过允许值,应对账面存量和实际存量进行调整,追查原因,从而评估核材料衡算系统。目前液态熔盐堆处于实验堆阶段,其 MUF 的标准偏差 $\sigma(\mathrm{MUF})$ 尚未确定。对于首次装料液态熔盐堆,核材料衡算重点为 $^{235}\mathrm{U}$,当铀富集度在生产流动过程中不变或富集度检测数据不进入衡算时,$^{235}\mathrm{U}$ 的 MUF 及 $\sigma(\mathrm{MUF})$ 可用铀元素的 MUF 和 $\sigma(\mathrm{MUF})$ 来评价。对于首堆装入的钍材料,其 MUF 评价还需进一步研究。

熔盐堆燃料的发展与熔盐堆的发展息息相关,因而也是未来熔盐堆研发的一项重点工作。

液态燃料种类繁多,尽管已经有较多的理论研究,但在热力学性质的实验研究方面仍有待加强。对于采用锂和氯的液态燃料,研发降低同位素分离成本的技术至关重要。针对不同反应堆和燃料类型,需要深入研究裂变过程对堆内燃料盐氧化还原性的影响及其调控方法。在达到高燃耗时,液态燃料的组分发生较大变化,需要研究其对液态燃料物性和反应堆运行安全性的影响。

在固态燃料方面,设计和制备功率密度高、高度致密化以抵抗冷却剂浸渗、热力学性能优异的燃料元件,是未来熔盐堆固态燃料元件研究的焦点。掌握燃料元件在熔盐堆内的变温热力学性能、熔盐相容性和耐辐照性能,具有重要的科学研究价值,将为制定和建立科学合理的熔盐堆用燃料元件的生产工艺和技术要求,提供重要的实验数据和技术支撑。近年来,增材制造技术的飞速发展为燃料元件的制备工艺提供了新的可能,可按需实现特定的无燃料区和燃料区设计制备,提升成型速度,降低成本,提高利用率,增强燃料元件热力学性能。与传统燃料元件成型工艺相比,增材制造技术具有设计灵活、工艺简单、加工成本低、原材料利用率高和生产技术绿色环保等优点,同时可实现制件的结构设计与制造一体成型,可以反复通过数字化修模与打印制件验证。

参考文献

［1］ Dolan T J. Molten salt reactors and thorium energy［M］. 2nd ed. Cambridge: Woodhead Publishing,2024.

［2］ Konings R J M, Stoller R E. Comprehensive nuclear materials, Volume 5［M］.

Oxford: Elsevier, 2020.

[3] Rosenthal M W, Kasten P R, Briggs R B. Molten-salt reactors—history, status, and potential[J]. Nuclear Applications and Technology, 1970, 8(2): 107 – 117.

[4] Braunstein J, Mamantov G, Smith G P. Advances in molten salt chemistry: Volume 3[M]. Boston: Springer, 1975.

[5] Beneš O, Souček P. 6-Molten salt reactor fuels[M]. Advances in nuclear fuel chemistry. Cambridge: Woodhead Publishing, 2020, 249 – 271.

[6] Thoma R E. Chemical aspects of MSRE operations[R]. Oak Ridge, TN: Oak Ridge National Lab, 1971.

[7] Shaffer J H. Preparation and handling of salt mixtures for the molten salt reactor experiment[R]. TN: Oak Ridge National Lab, Oak Ridge, 1971.

[8] Gehin J C, Holcomb D E, Flanagan G F, et al. Fast Spectrum Molten Salt Reactor Options[R]. Oak Ridge, TN: Oak Ridge National Lab, 2011.

[9] Aghili N M, Zolfaghari A, Akbari R, et al. Neutronic and fuel cycle performance analysis of fluoride and chloride fuels in Molten Salt Fast Reactor (MSFR)[J]. Nuclear Engineering and Design, 2023, 413: 112506.

[10] Forsberg C W. Reactors with molten salts: options and missions[J]. Frederick Joliot & Otto Hahn Summer School on Nuclear Reactors, Physics and Fuels Systems, Cadarache, France, 2004.

[11] Sood D D. The role sol-gel process for nuclear fuels-an overview[J]. Journal of Sol-Gel Science and Technology, 2011, 59(3): 404 – 416.

[12] Fu X, Liang T, Tang Y, et al. Preparation of UO_2 kernel for HTR – 10 fuel element [J]. Journal of Nuclear Science and Technology, 2004, 41(9): 943 – 948.

[13] Petti D A, Buongiorno J, Maki J T, et al. Key differences in the fabrication, irradiation and high temperature accident testing of US and German TRISO-coated particle fuel, and their implications on fuel performance[J]. Nuclear Engineering and Design, 2003, 222(2 – 3): 281 – 297.

[14] Cromarty R. Practical experiences with spouted-bed chemical vapour deposition [C]//FSA 2011, Industrial Fluidization South Africa: 325 – 338. Edited by A. Luckos & P. den Hoed Johannesburg: Southern African Institute of Mining and Metallurgy, 2011.

[15] Lee Y W, Park J Y, Kim Y K, et al. Development of HTGR-coated particle fuel technology in Korea[J]. Nuclear Engineering and Design, 2008, 238(11): 2842 – 2853.

[16] Liu M. Coating technology of nuclear fuel kernels: a multiscale view[J]. Modern Surface Engineering Treatments, 2013: 159 – 184.

[17] Yang X, Guo L, Zhang F, et al. Microstructure and mechanical properties evolution of thermal-treated SiC layer with fine grain size in TRISO particles[J]. Materials Science and Engineering: B, 2023, 287: 116096.

[18] Yang X, Zhang F, You Y, et al. Growth process and mechanism of SiC layer

deposited by CVD method at normal atmosphere[J]. Journal of the European Ceramic Society, 2019, 39(15): 4495 - 4500.

[19] Yang X, Zhang F, Guo M, et al. Preparation of SiC layer with sub-micro grain structure in TRISO particles by spouted bed CVD[J]. Journal of the European Ceramic Society, 2019, 39(9): 2839 - 2845.

[20] Marshall D W. Spouted bed design considerations for coated nuclear fuel particles[J]. Powder Technology, 2017, 316: 421 - 425.

[21] Guo L, Wang G, Zhang F, et al. Effect of temperature on the minimum spouting velocity of heavy particles in conical spouted bed used for nuclear fuel coating[J]. Experimental Thermal and Fluid Science, 2023, 144: 110876.

[22] Pannala S, Daw C S, Finney C E A, et al. Simulating the dynamics of spouted-bed nuclear fuel coaters[J]. Chemical Vapor Deposition, 2007, 13(9): 481 - 490.

[23] Kirchhofer R, Hunn J D, Demkowicz P A, et al. Microstructure of TRISO coated particles from the AGR - 1 experiment: SiC grain size and grain boundary character [J]. Journal of Nuclear Materials, 2013, 432(1/2/3): 127 - 134.

[24] Tan L, Allen T R, Hunn J D, et al. EBSD for microstructure and property characterization of the SiC - coating in TRISO fuel particles [J]. Journal of Nuclear Materials, 2008, 372(2/3): 400 - 404.

[25] Guo M S, Yang X, Zhang F, et al. Supervised dictionary learning supported classifier with feature fusion scheme to noninvasively detect TRISO-particle defects [J]. Journal of Nuclear Materials, 2019, 523: 43 - 50.

[26] Guo M S, Yang X, Zhang F, et al. A novel method to inspect coating thickness of tristructural isotropic fuel particles[J]. International Journal of Energy Research, 2019, 43(6): 2391 - 2401.

[27] 唐春和. 高温气冷堆燃料元件[M]. 北京: 化学工业出版社, 2007.

[28] He Z, Zhao H, Song J, et al. Densification of matrix graphite for spherical fuel elements used in molten salt reactor via addition of green pitch coke[J]. Nuclear Engineering and Technology, 2022, 54(4): 1161 - 1166.

[29] Zhong Y, Zhang J, Lin J, et al. Mesocarbon microbead based graphite for spherical fuel element to inhibit the infiltration of liquid fluoride salt in molten salt reactor[J]. Journal of Nuclear Materials, 2017, 490: 34 - 40.

[30] Wang H, Xu L, Zhong Y, et al. Mesocarbon microbead densified matrix graphite A3 - 3 for fuel elements in molten salt reactors[J]. Nuclear Engineering and Technology, 2021, 53(5): 1569 - 1579.

[31] Zhang D, Rahnema F. Integrated approach to fluoride high temperature reactor technology and licensing challenges (FHR - IRP)[R]. Atlanta, GA: Georgia Institute of Technology, 2019.

[32] Forsberg C W, Peterson P F, Sridharan K, et al. Integrated FHR technology development: Tritium management, materials testing, salt chemistry control, thermal hydraulics and neutronics, associated benchmarking and commercial basis

[R]. Cambridge：MA：Massachusetts Institute of Technology（MIT），2018.

[33] Wang H，Guo L，Zhang Y，et al. Carbon black densified matrix graphite to enhance its antiinfiltration capability against molten salt[J]. Carbon，2025，233：119844.

[34] Wang H，Xu L，Zhong Y，et al. Densification of A3 - 3 matrix graphite to inhibit the infiltration of liquid FliBe salt in molten salt reactors[J]. Materials Today Communication，2021，27：102242.

[35] 中华人民共和国国务院. 中华人民共和国核材料管制条例[Z]. 1987.

[36] Bathke C G. An assessment of the attractiveness of material associated with thorium fuel cycles[J]. Transactions of the American Nuclear Society，2014，111：383 - 386.

[37] International Atomic Energy Agency. Nuclear Security Recommendations on Physical Protection of Nuclear Material and Nuclear Facilities：INFCIRC/225/ Revision 5[R]. Vienna：IAEA，2011.

[38] 核动力厂核材料衡算. 核安全导则 HAD501/07[S]. 2008.

第6章
熔盐堆关键系统和设备技术

熔盐堆的关键系统包括了堆本体系统和回路系统,分别保障核裂变热能的产生和传输。高温力学则直接关系熔盐堆关键系统和设备运行的安全。在本章中,分别对堆本体系统和回路系统,以及与这两个系统密切相关的高温结构力学进行了介绍。

6.1 堆本体系统

堆本体系统保障核热的产生,是反应堆的核心结构,以下将针对系统、关键设备等介绍功能、设计要求与标准规范、结构与技术特点、国内外研究现状等。

6.1.1 堆本体

本节主要介绍堆本体系统功能组成及国内外研究现状。

6.1.1.1 堆本体系统功能和组成

堆本体范围涵盖用于形成堆芯的堆内构件、用于包容堆芯和燃料盐的堆容器及其支承结构、用于控制反应性和启停堆的停堆系统、用于提高反应堆启动时中子注量率水平的中子源装置和用于测量中子能谱与通量的堆内实验样品输送装置等。

熔盐堆堆本体的主要功能包括:使核燃料在堆芯中能按照反应堆核设计要求实现自持链式裂变反应;核裂变释放出的热量能按照反应堆热工设计的要求有效导出;反应堆内全部结构部件在满功率工作寿期内,应保持良好的功能,即使在事故情况下,仍能保证反应堆结构的完整性和安全性;为各种测量、监测系统,甚至主泵和熔盐-熔盐换热器(一体式反应堆)等提供合理的通道及支承、定位。

6.1.1.2　国内外研究现状

液态燃料熔盐堆堆本体与固态燃料熔盐堆堆本体在其结构设计上略有不同。以下介绍典型的液态燃料和固态燃料熔盐堆堆本体的研究与发展现状。

1) 液态燃料熔盐堆堆本体

1954 年，ORNL 建成用于军用飞行器核动力实验反应堆（ARE），其立面结构如图 6-1(a)所示，采用氧化铍（BeO）作为慢化剂[六棱柱，堆叠后的实物见图 6-1(b)]和反射体；堆芯高度为 90.93 cm，直径为 84.60 cm，堆芯内部设置蛇形的燃料盐管道，压力容器采用 5 cm 厚的 INCONEL 制造[1]。

20 世纪 60 年代，ORNL 启动了熔盐反应堆（MSRE）的建造与研究工作。MSRE 反应堆结构如图 6-2 所示，采用石墨作为慢化剂（四棱柱），堆芯（石墨）高度为 170.2 cm，直径为 140.3 cm，堆芯石墨内部设置有燃料盐流道。除石墨材料外，压力容器、管道及内部金属构件的主要材料为 INOR-8 镍基合金（后称为哈氏合金-N）。MSRE 压力容器内径为 1 473 mm，高约为 2 388 mm，设计压力为 0.35 MPa，设计温度为 704 ℃，筒体部分壁厚为 14 mm。在反应堆容器筒体顶部设置燃料盐入口管及流量分配器，通过筒体壁面的孔道流入容器内部，随后熔盐螺旋式通过堆容器与堆芯吊篮之间的下降环腔，流经防涡流叶片后从底部进入堆芯，向上流经石墨再从顶部的熔盐出口流出堆容器[2]。

20 世纪 70 年代，ORNL 发布了熔盐反应堆 MSBR（molten salt breeder reactor）的概念设计。MSBR 反应堆本体二维立面结构如图 6-3 所示，采用石墨作为慢化剂（四棱柱），堆芯单元石墨高度约为 457.2 cm，堆芯石墨内部设置有燃料盐流道。石墨堆内构件分为反射层石墨（侧反、顶反和底反）以及堆芯石墨（石墨慢化单元）。MSRE 压力容器内径约为 6 766 mm，中心处高约为 6 096 mm，设计压力 0.517 MPa，设计温度为 499 ℃，筒体壁厚为 50.8 mm。MSBR 反应堆的堆芯石墨为设计为每 4 年更换一次，由压力容器盖带着顶反射层石墨、堆芯石墨以及底反射层石墨一同更换[3]。

1980 年以来，日本在橡树岭 MSRE 和 MSBR 的研究基础上提出了 FUJI 反应堆结构（见图 6-4），压力容器焊接密封，没有大法兰和燃料装卸机，在整个寿命期内不拆卸。压力容器内主要是石墨慢化棒和石墨反射层。石墨慢化棒为六边形结构，每根石墨棒的中心有一个圆柱形通道供燃料盐流动，每根石墨棒与周围其他石墨棒相接触的平面处都有一个细小的缝隙供燃料盐通过[4]。

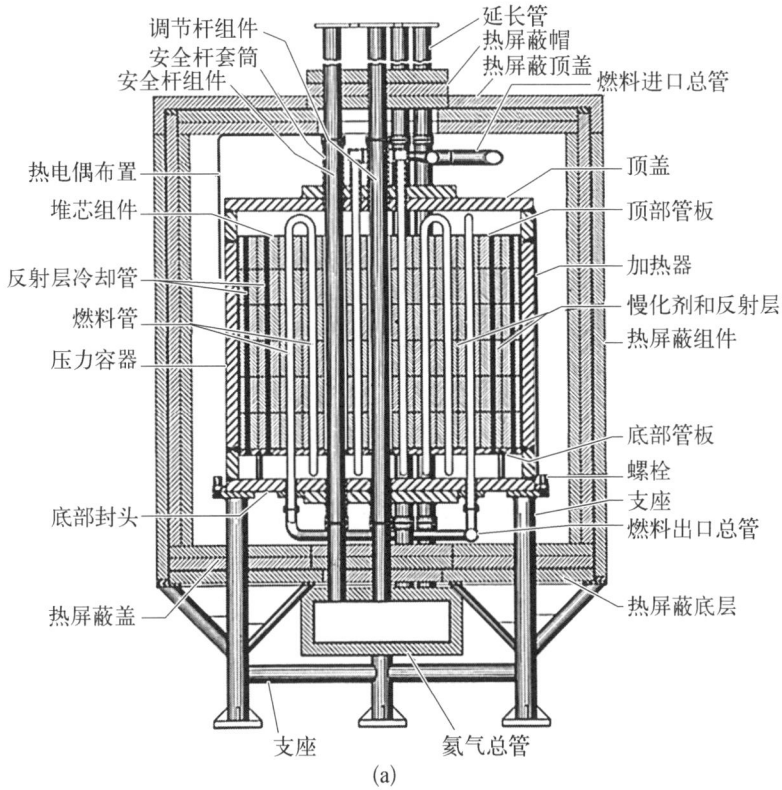

图 6-1　ARE 反应堆示意图[1]

(a) ARE 反应堆本体立面图;(b) 堆叠的 BeO 慢化块图

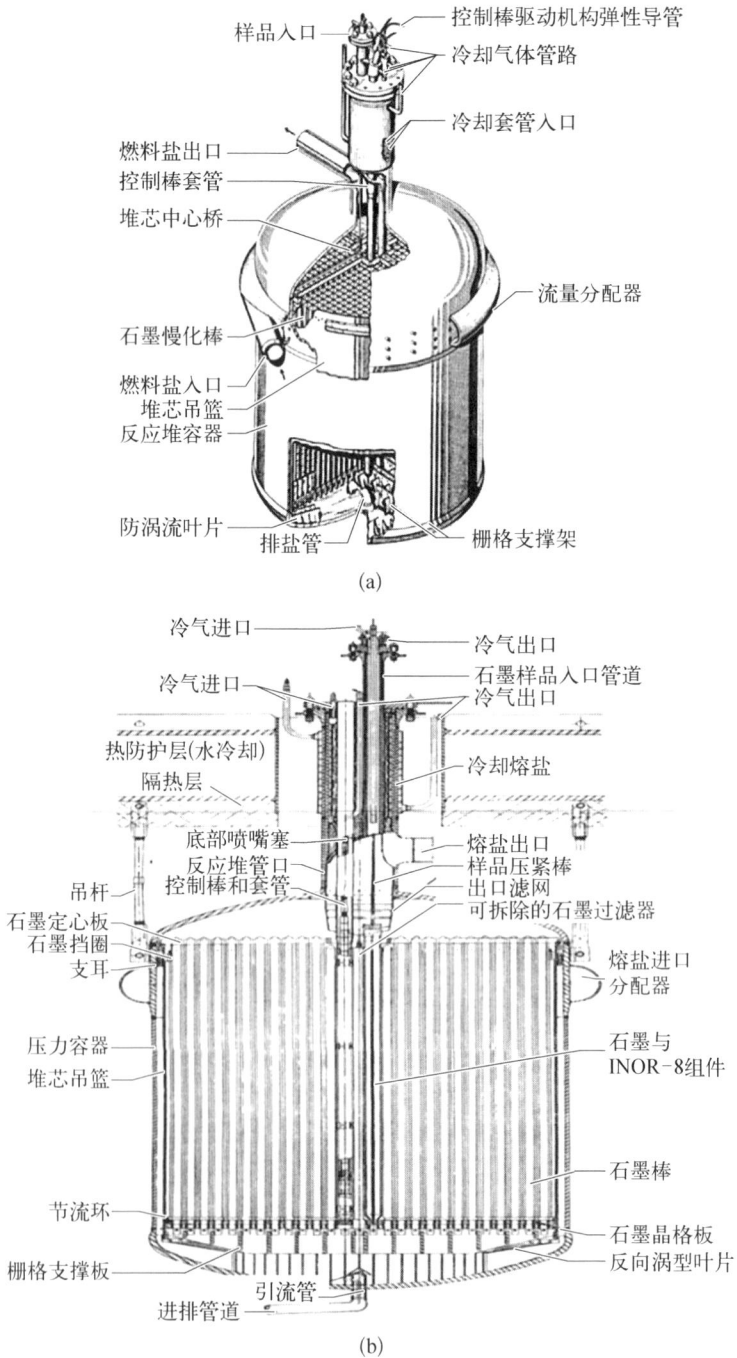

样品入口
控制棒驱动机构弹性导管
冷却气体管路
冷却套管入口
燃料盐出口
控制棒套管
堆芯中心桥
流量分配器
石墨慢化棒
燃料盐入口
堆芯吊篮
反应堆容器
防涡流叶片
排盐管
栅格支撑架

(a)

冷气进口
冷气出口
石墨样品入口管道
冷气进口
冷气出口
热防护层(水冷却)
冷却熔盐
隔热层
底部喷嘴塞
熔盐出口
反应堆管口
样品压紧棒
控制棒和套管
出口滤网
吊杆
可拆除的石墨过滤器
石墨定心板
石墨挡圈
支耳
熔盐进口
分配器
压力容器
堆芯吊篮
石墨与
INOR-8组件
石墨棒
节流环
石墨晶格板
栅格支撑板
反向涡型叶片
进排管道
引流管

(b)

图 6 - 2 MSRE 反应堆示意图[2]

(a) MSRE 反应堆本体示意图;(b) MSRE 反应堆本体二维立面图

压力容器盖

压力容器

控制棒

石墨反射层

熔盐到泵
(共4处)

石墨反射层

石墨慢化单元

石墨固定环

间隙空间

石墨反射层

从热交换器出来
的熔盐(共4处)

熔盐排出

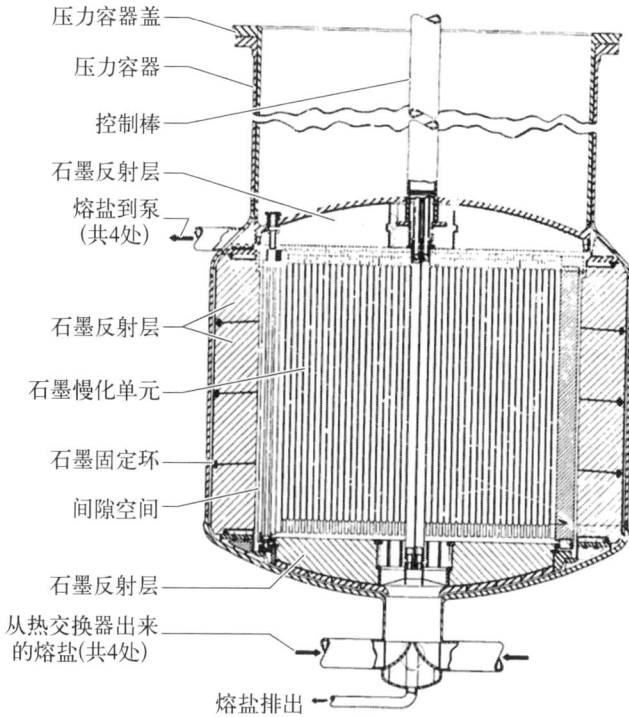

图 6-3　MSBR 反应堆本体二维图[3]

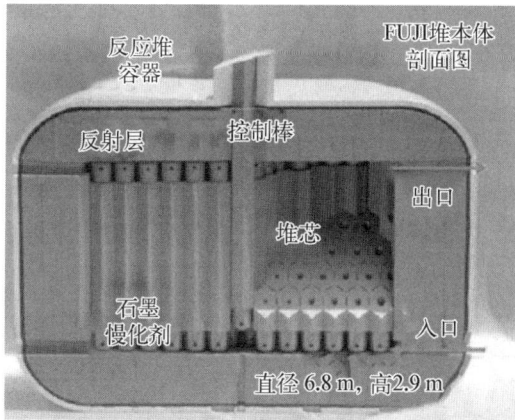

反应堆
容器

FUJI堆本体
剖面图

反射层

控制棒

堆芯

出口

石墨
慢化剂

入口

直径 6.8 m, 高 2.9 m

图 6-4　日本 FUJI 堆本体结构示意图[4]

自 2005 年开始,俄罗斯和法国分别提出了熔盐快堆 MOSART 和 MSRF 概念设计。MOSART 反应堆结构如图 6-5 所示,它的堆芯是均匀的圆柱形(直径 3.4 m,高 3.6 m),石墨反射层厚约 0.2 m。主回路燃料盐的最低温度为

600 ℃,最高温度不超过 720 ℃。如图 6 - 6 所示,MSFR 反应堆堆芯是一个直径与高度相同的圆柱体,其内部充满了液态的熔盐,中间不采用任何固态慢化剂及结构单元。

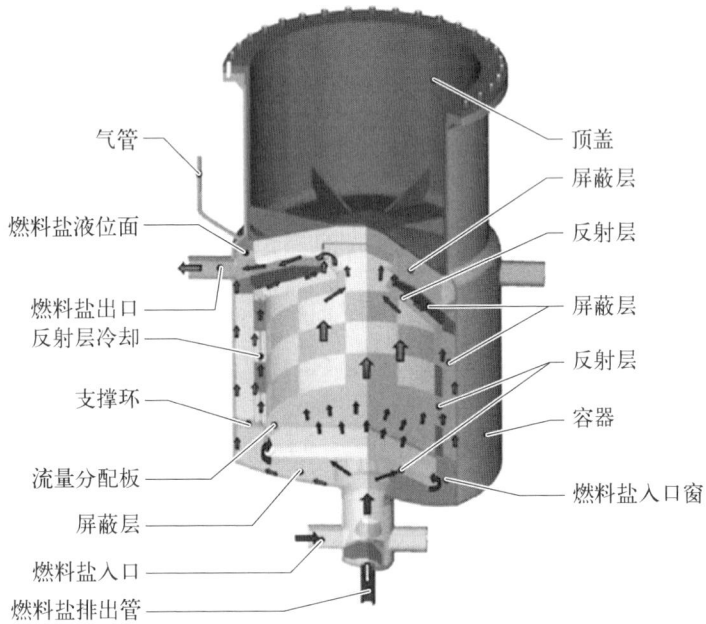

图 6 - 5   MOSART 堆本体结构示意图[5]

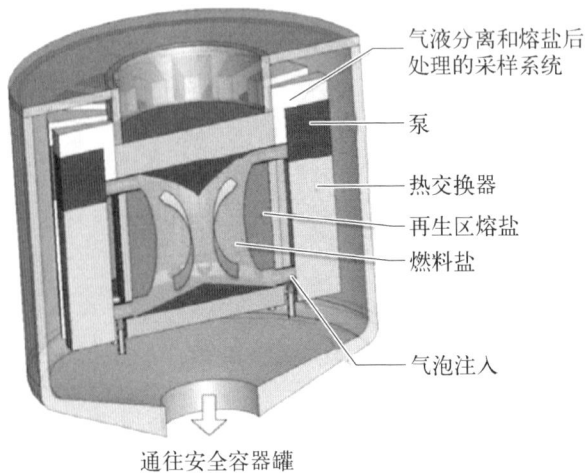

图 6 - 6   MSRF 堆本体结构示意图[6]

2) 固体燃料熔盐堆本体

板状先进高温堆(AHTR)的结构如图 6-7(a)所示,采用石墨作为慢化剂和反射层,堆芯高度(包括轴向反射层)为 6.0 m,堆芯直径(包括径向反射层)为 9.56 m。采用六边形的燃料组件,堆芯共有 252 组,在燃料组件中放置包覆颗粒(TRISO)燃料。每六个月更换一半的燃料组件。可更换的反射层石墨与燃料组件相邻放置,永久性的石墨反射层则置于堆芯外围边界处。压力容器外径为 10.5 m,高度为 19.1 m,悬挂在上法兰上。

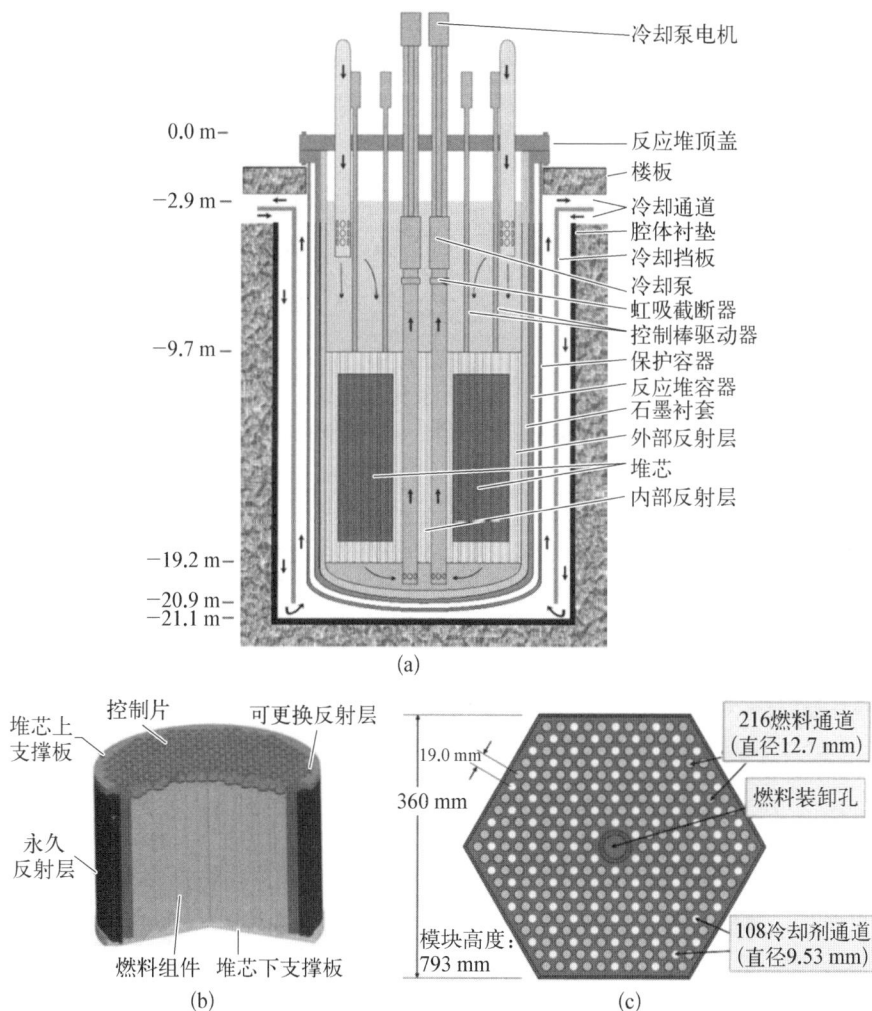

(a)

(b)

(c)

图 6-7　AHTR 堆示意图[7]

(a) AHTR 堆本体结构示意图;(b) AHTR 堆堆芯示意图;(c) AHTR 堆燃料组件示意图

SmAHTR 反应堆堆本体采用一体化设计,将堆芯、主换热器和主循环泵(两者耦合)、余热排出系统等都置于反应堆容器内部,如图 6-8(a)所示。采用石墨作为慢化剂和反射层。采用铀氧化碳(UCO)颗粒燃料,燃料颗粒嵌入石墨材料中形成燃料压块,可以与冷却剂直接接触。堆芯寿命约为 4 年。堆芯直径约为 2.2 m,高度约为 4 m。堆容器高约为 9 m,直径约为 3.5 m。反应堆本体采用模块化结构设计,模块划分如图 6-8(b)所示。

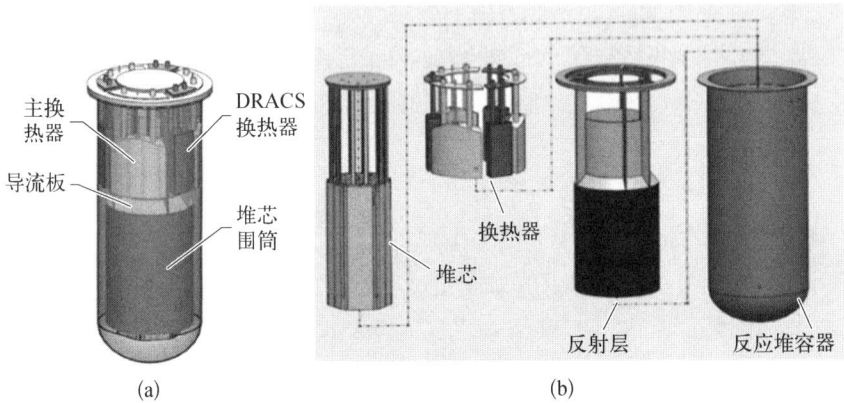

图 6-8 SmAHTR 堆示意图[8]

(a) SmAHTR 堆本体结构示意图;(b) SmAHTR 堆模块化分割示意

Kairos Power 提出的 Hermes Non-Power Reactor 反应堆本体结构如图 6-9 所示,燃料使用 TRISO 颗粒,采用石墨作为慢化剂和反射层。堆容器由

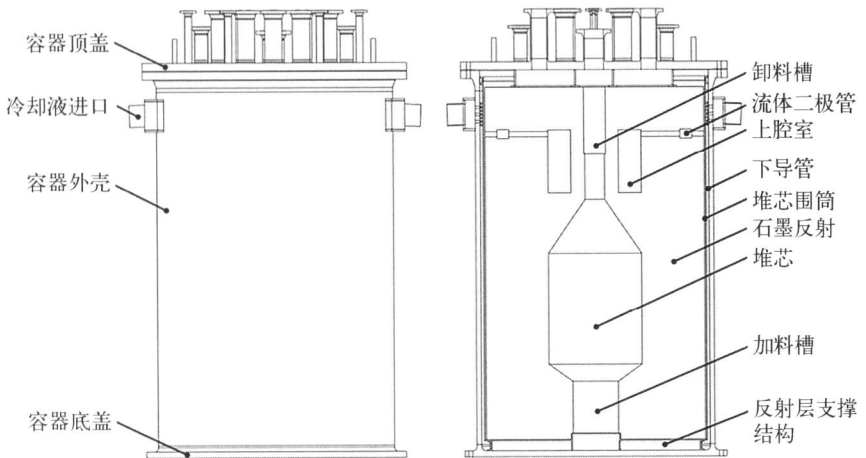

图 6-9 Hermes Non-Power Reactor 堆本体结构示意图[9]

316H不锈钢(SS)焊接而成,堆容器上下均为平板封头。在容器顶部设置有燃料球处理与存储系统。

6.1.2　堆容器

堆容器是堆本体系统中的关键静态设备之一,以下从功能、设计要求与规范、结构与技术特点、国内外研究现状等几个方面进行阐述。

6.1.2.1　主要功能

堆容器是反应堆冷却剂压力边界屏障中的一个重要设备。其主要功能如下:作为反应堆冷却剂系统的承压部件,容纳反应堆冷却剂和裂变产物;支撑堆内构件和堆芯,引导反应堆冷却剂流经堆芯,带走堆芯产生的热量;为堆内构件提供定位和对中;为控制棒驱动机构、堆芯测量装置和堆顶设备提供支撑和对中。

6.1.2.2　设计要求和标准规范

主要设计要求:

(1) 应根据确定的设计规范要求进行设计;

(2) 设计应保证在反应堆寿期内结构的完整性并考虑足够的安全裕度;

(3) 应选择合适的材料,使其能承受内外介质的作用(应力、腐蚀及中子辐照损伤等)并留有裕量;

(4) 应满足相关部件的接口和定位要求;

(5) 设计理论上应允许定期检查和试验,以评价其结构完整性和密封性。

标准规范:

许多发达国家都建立了相应的符合自己国情的堆容器设计标准。例如:美国的 ASME 第Ⅲ卷、法国的 RCC-M、俄罗斯的 PNAE G-7 等,以美国的 ASME 标准最为通用。熔盐堆堆容器的设计建造依据 ASME 第Ⅲ卷,并借助其他卷,包括第Ⅱ卷、第Ⅴ卷、第Ⅸ卷、第Ⅺ卷中给出的材料、焊接、无损检测、在役检查等技术要求。

6.1.2.3　结构与技术特点

堆容器基本结构是一个封闭的壳体,多由容器外壳和内件组成。容器外壳又有圆柱形筒体、球壳、椭球壳等;封头有球形封头、椭圆形封头、碟形封头、球冠形封头、锥形封头、平封头,再加上法兰、支座、接管、密封元件、安全附件,构成一台完整的设备。熔盐堆堆容器设计和建造的技术特点包括材料选择、结构设计、力学分析与评定、无损检测技术等方面。

1）材料选择

熔盐堆堆容器结构材料需承受高温和耐熔盐腐蚀两大考验,选用GH3535合金材料。该合金以高的镍、钼含量获得优异的高温力学性能,并以低铬含量获得优异的耐熔盐腐蚀性能。

2）结构设计

堆容器的结构设计内容包含强度设计、法兰设计、密封设计、实际结构与理想几何形状的偏差处理,以及高温带来的需要特别注意的问题。

承压元件设计对象包括内压圆筒、锥壳、各种类型封头、外压圆筒、锥壳、各类封头、外加强圈、开孔补强等,需根据结构特点、受力形式不同,分别有针对性地对其设计。法兰设计的基本要求是确定法兰、螺栓结构的安全尺寸,同时使整个系统达到规定密封度的要求,具体包括两方面。① 保证结构完整性:整个结构的机械、热应力、应变必须在材料允许范围内;② 保证连接紧密性:密封圈应力使整个接头的泄漏率在允许范围内。合理的密封结构可以保证在高温下的可靠密封,如采用双道密封结构提供额外的密封保障,在两道密封环之间设引漏结构接到泄漏收集和检测系统,如有泄漏,可及时报警和处理。

对实际结构与理想几何形状的偏差处理,规定制造允差,如不圆度、直线度、焊缝余高等。在高温堆容器的设计中,要特别注意对热应力问题的处理,并避免出现应力集中问题。

3）力学分析与评定

堆容器在高温下长期运行,为保障承压设备和支承结构的安全性,需在设备结构设计后采用分析法对设备在多种工况下进行力学分析,并对堆容器的完整性进行评定。力学分析包括设计工况、正常运行工况（工况Ⅰ）、预计运行事件（工况Ⅱ）、稀有事故工况（工况Ⅲ）、极限事故工况（工况Ⅳ）和试验工况下的多种载荷组合,并按照 ASME-Ⅲ-5-HBB 规范对其进行应力评定、高温应变与变形评定、蠕变-疲劳损伤评定、屈曲与失稳评定。

4）无损检测技术

根据待检部位特点和不同无损检测技术的优缺点,采用多种无损检测技术的组合,包括超声检测、射线检测、磁粉检测、渗透检测等,可以更准确地检测出设备的微小缺陷,如裂纹、气孔等,为高温主容器的质量控制和安全评估提供更可靠的依据,及时发现潜在的安全隐患。

6.1.2.4 国内外研究现状

欧美等发达国家在堆容器领域起步早,技术成熟度高。像美国西屋电气

(Westinghouse Electric)、法国法马通(Framatome,原 Areva)等公司,在压水堆、沸水堆等堆容器设计与制造方面有深厚技术积累。

我国在堆容器领域发展迅速,中国一重、上海电气、东方电气等企业在引进吸收国外先进技术的基础上,实现了自主创新。例如在"国和一号""华龙一号"等核电项目中,堆容器的国产化率不断提高。目前国内外研究发展趋势集中在研发高性能材料、先进制造技术、先进检测技术、数字化设计技术和安全评估这些方面[10-12]。

6.1.3　堆内构件

堆内构件是堆本体中的核心静态设备,以下从主要功能、设计要求与标准规范、结构与技术特点、国内外研究现状等几个方面进行阐述。

6.1.3.1　主要功能

熔盐堆堆内构件可以分为金属堆内构件与石墨堆内构件两类。石墨堆内构件负责构筑反应堆堆芯,执行中子慢化并提供堆芯反射层,为熔盐提供合理的流道,为热工测量、液位测量、控制棒运行和其他需求提供功能孔道等。金属堆内构件的主要功能为支撑固定堆芯并提供合理的冷却剂通道,把各种工况下所承受的作用力传递到主容器上,为控制棒套管组件提供通道、限位和导向,为堆芯测量仪表套管组件提供通道和导向等。

6.1.3.2　设计要求和标准规范

堆内构件设计要求是多方面的,包括材料选择、功能完整性设计、力学分析与评定,具体如下。

(1) 材料选择:石墨作为构件材料是一种多孔性的脆性材料,需要满足颗粒度、灰分、力学性能、热学性能、化学性能与辐照性能、抗熔盐浸渗等要求。金属构件结构材料需承受高温和耐熔盐腐蚀两大考验。

(2) 功能完整性设计:石墨和金属堆内构件的整体性结构设计,需要应对石墨、金属热膨胀差异、材料强度差异、辐照性能差异、熔盐浮力与流体冲击等因素影响,保证结构功能完整性。堆内构件的变形应小于变形限制,以保证控制棒能够执行运动功能;石墨构件的形状与结构尺寸设计,应保证冷却与流量需求,在紧凑空间中实现高效换热流道规划,保障反应堆中的热工水力性能。

(3) 力学分析与评定:石墨堆内构件的力学分析分为构件和组件的分析。构件力学分析主要分析单个构件在温度、辐照、内压和浮力等载荷作用下产生的应力。组件的力学分析主要分析石墨堆芯整体在地震动下的动态响应,得到地震载荷作用下构件之间的碰撞力,为构件的力学分析提供地震载荷。金属构件在高温下长期运行,需在设备结构设计后采用分析法对设备在多种工况下进行力学分析和完整性评定。

石墨堆内构件设计规范主要有《KTA3232 高温气冷堆内石墨构件设计规范》和 *ASME Ⅲ Devision 5 Subsection HH - Class A Non - Metallic Core Support Structures* 等。金属堆内构件的设计规范主要有 ASME - Ⅲ - 5 - HGB、ASME - Ⅲ - 5 - HBB 等。

6.1.3.3 结构与技术特点

熔盐堆的堆内构件在结构设计上,通常需要考虑以下几个关键因素。

(1) 金属与石墨构件热膨胀系数差异造成的影响。石墨堆内构件和金属堆内构件在冷态与热态条件下,相互之间的定位与约束结构设计上要具有可适应性。

(2) 石墨构件辐照变形造成的影响。石墨构件材料在辐照环境条件下,会产生径向与轴向的收缩、膨胀。

(3) 熔盐浮力、流体冲击力造成的影响。确保散体石墨构件在熔盐环境和地震载荷作用下的结构完整性,是一个相对复杂的问题。

6.1.3.4 国内外研究现状

除了早期的 ARE 反应堆本体采用氧化铍(BeO)作为慢化剂[13]和反射体材料外,后续的熔盐堆堆本体的设计大多采用石墨作为慢化剂和反射体材料。在材料选择上,熔盐堆用石墨正朝着高致密性(抗熔盐浸渗)和各向同性(利于结构设计)等方面发展。石墨构件结构主要有棱柱状(四棱柱和六棱柱)和块状石墨两大类型设计。图 6 - 10 是 MSRE 反应堆石墨堆内构件实物组装图和四棱石墨柱的结构设计示意图,MSRE 的堆芯由 513 根石墨柱组成,每根石墨柱截面为 50.8 mm×50.8 mm,单根最大长度约为 1.93 m,每根石墨柱的四个面上加工出半通道,装配后形成尺寸为 10.2 mm×30.5 mm 的流道。在 MSBR 反应堆概念设计中,则设计了细长比更大的四棱石墨柱[截面外形尺寸 109.27 mm×109.27 mm,总长约 4 495.8 mm,见图 6 - 11(b)][14],MSBR 堆芯结构的截面布局如图 6 - 11(a)所示,除了堆芯石墨采用柱状外,其外围的侧反射层石墨采用了尺寸较大的块状结构。径向反射层石墨在整个寿命周期内无须更换(约 30 年),而堆芯石墨使用寿命约为 4 年,需要定期更换[15]。除了上述的柱状石墨堆内构件设计,其他熔盐堆设计中,有的采用块状石墨,有的则结合使用柱状和块状石墨。

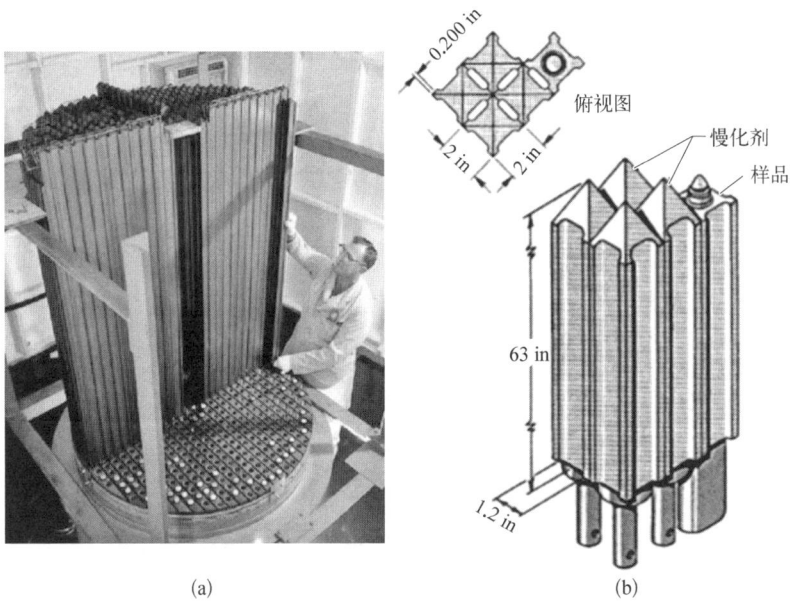

图 6-10　MSRE 石墨构件图[14]

(a) MSRE 石墨构件实物组装图；(b) MSRE 柱状石墨构件结构示意图

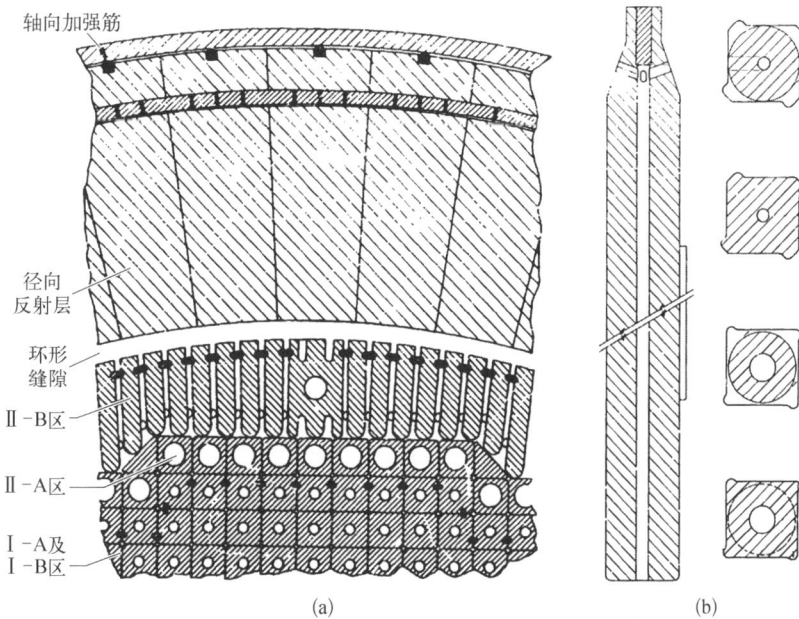

图 6-11　MSBR 堆示意图[15]

(a) MSBR 堆芯结构截面；(b) MSBR 堆柱状石墨构件结构[14]

6.1.4　停堆系统

停堆系统作为堆本体系统中的核心能动设备,本节将从功能、设计要求与规范、结构与技术特点以及国内外研究现状等几个方面进行阐述。

6.1.4.1　主要功能

停堆系统是熔盐堆正常启动、功率调节、反应性补偿以及安全停堆的关键能动设备。为满足反应堆停堆多样性的要求,反应堆中通常配置两种基于不同原理的停堆系统。在熔盐堆中,可以考虑采用排盐方式作为第二或备用的停堆系统,通过排盐来中止链式反应,实现更深的次临界度。本小节主要介绍非排盐方式的停堆系统。

6.1.4.2　设计要求和标准规范

停堆系统在总体上应具有按照指令提升、下插、保持和断电释放控制棒组件的功能,以达到反应堆启动、调节功率、保持功率、正常停堆和安全停堆的要求。主要的设计要求如下:

控制棒落棒时间应满足反应堆总体设计要求;控制棒驱动机构应具有足够的提升力,确保即便在最大允许偏心和假设最大允许的导管弯曲情况下,控制棒的提升仍能有效进行;控制棒驱动机构的棒位探测器部件应能准确探测到控制棒组件在堆芯内的位置;控制棒驱动机构运行应正确无误,在正常工况下,控制棒驱动机构应能准确到达和保持控制棒组件在给定位置。失去电源时应能释放控制棒组件,使控制棒插入堆芯;控制棒驱动机构应有可靠的缓冲制动系统;承压零件的密封设计应安全可靠;所选用的电气产品,应符合有关标准、使用环境的要求等。

结构设计及力学分析的各类应力限值及变形应在 ASME Ⅲ - 5 - HBB 相关规定的限值内。抗震鉴定试验可参照 HAF.J0053。

6.1.4.3　结构与技术特点

熔盐堆的停堆系统多设计为在一回路压力边界外运行,属于非承压的运动机构,不与熔盐介质直接接触,且通常需要考虑对控制棒组件进行冷却处理。此外,高温环境也使得停堆系统面临高温落棒限速与缓冲等相关技术难题。

在 TMSR - LF1 实验堆上,采用了两种不同机械传动原理的停堆系统,分别为:链轮链条型驱动机构带动单根直棒的第一停堆系统以及钢丝绳卷筒型驱动机构带动多节柔性棒的第二停堆系统。

6.1.4.4　国内外研究现状

在熔盐反应堆中,MSRE 采用链轮链条型驱动机构[16]。如图 6 - 12 所示,控制棒由一个伺服驱动马达通过一个制动器、齿轮减速器、离合器以及一个链轮传动装置来带动,两个位置传输同步器以及位置显示计被固定在齿轮箱的上面和外部,用于实时输出控制棒的位置;紧急情况下通过切断电磁离合器的电流实现控制棒下落。在 Kairos Power 的 Hermes 反应堆上,采用配重式卷扬机驱动机构来驱动控制棒组件。该设计包括三个停堆元件和四个控制元件,如图 6 - 13 所示。控制元件用于控制反应堆正常运行以及计划内的正常启动、停堆和功率变化时的反应性,停堆元件用于紧急停堆。在假定的事故情况下,停堆元件与控制元件将共同作用,实现反应堆的停堆。

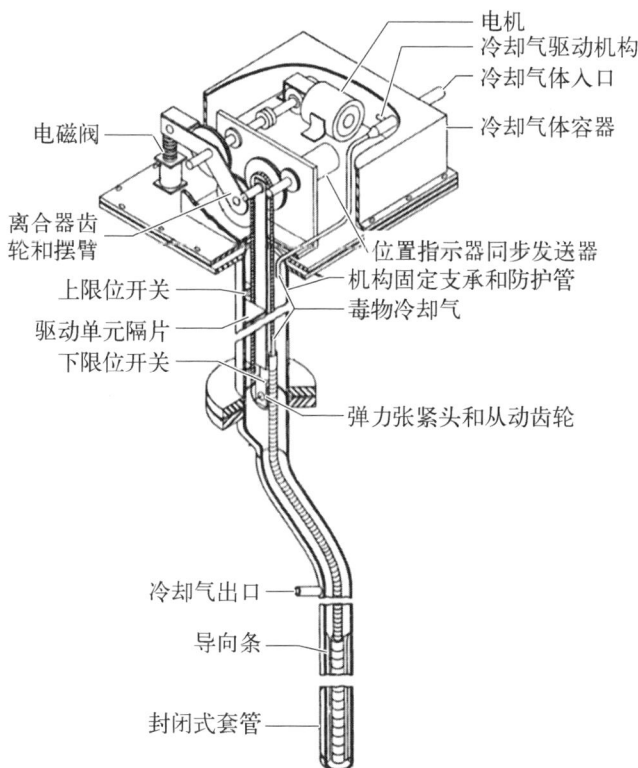

图 6 - 12　MSRE 控制棒驱动机构简图[16]

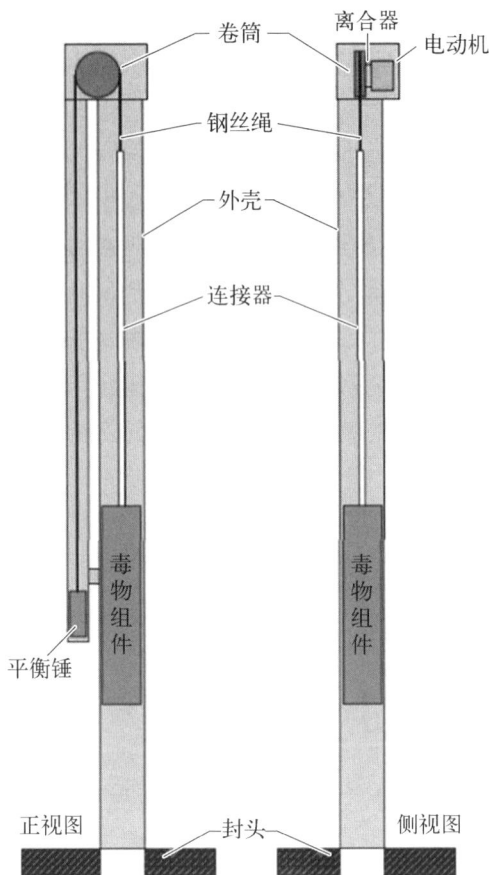

图 6‑13　Hermes 配重式卷扬机驱动机构

在其他堆型上,停堆系统的应用相关情况如下:国内外压水堆停堆系统普遍采用磁力驱动型控制棒驱动机构,如我国"华龙一号"(HPR1000)和"国和一号"(CAP1400)均采用国内自主研发的磁力驱动型控制棒驱动机构,其设计寿命可以达到 60 年,热态寿命试验步数超过 1 500 万步[17];高温气冷堆,如清华大学 HTR‑10[18]、石岛湾示范堆均采用链轮链条机构[19],美国 Fort St. Vrain 工业示范堆采用钢丝绳卷筒机构[20];在钠冷快堆中,中核示范快堆采用齿轮齿条型,铅铋快堆采用齿轮齿条型驱动机构[21];此外,还有利用重力、自然循环等实现停堆功能的诸多非能动停堆系统,如熔断型停堆系统[22]、吸收球停堆系统[23]、液体悬浮式停堆系统[24]等。

6.2 熔盐回路系统

典型的熔盐堆为液态燃料盐循环系统,系统组成及流程如图 6‒14 所示,主要由反应堆堆芯、熔盐回路、透平发电系统等组成。熔盐堆的燃料和冷却剂为流动的高温熔融盐,其物理、化学和工程特性,完全不同于其他固体燃料反应堆,是一种全新的核反应堆技术[25]。

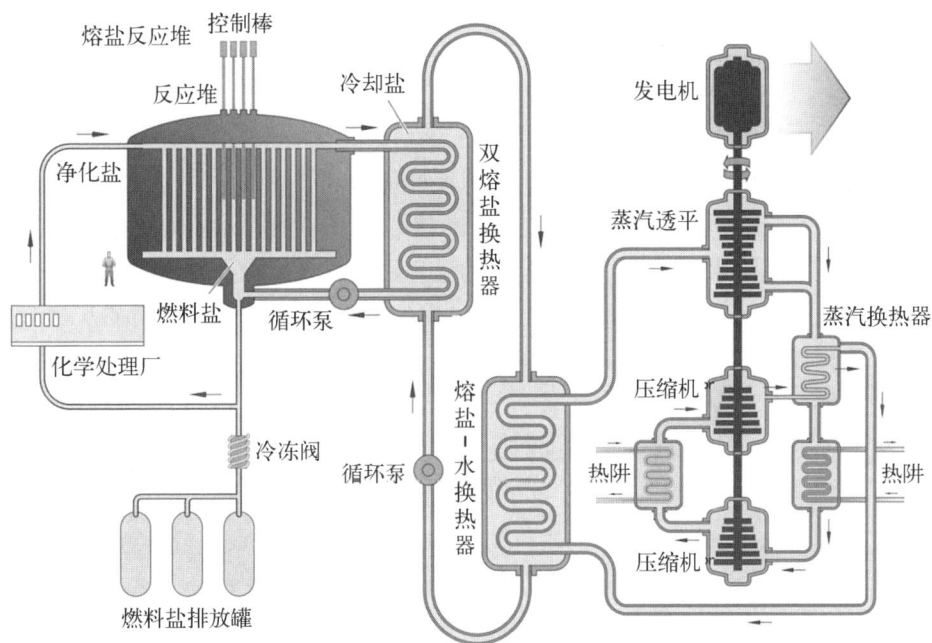

图 6‒14 液态燃料熔盐堆结构示意图

6.2.1 熔盐回路系统概述

熔盐堆回路系统主要功能是在正常运行或停堆阶段,通过驱动燃料盐和冷却盐循环,将堆芯热量依次从燃料盐回路转移至冷却盐回路和环境热阱或功率转换系统。此外,它还可充当防止放射性产物泄漏的屏障。

6.2.1.1 熔盐回路系统功能和组成

液态燃料熔盐堆回路系统包括燃料熔盐回路和冷却熔盐回路,是钍基熔盐堆核能系统的核心组成部分之一。通过驱动燃料盐及冷却盐的循环及对流换热，将堆芯中的裂变能最终传递给透平发电系统。其主要由熔盐泵、熔盐换热器、熔盐阀等关键设备组成。同时，为实现回路运行，还需要熔盐储罐、回路管道及加热保温等相关设备。

回路系统的功能主要包括以下几个方面：在反应堆正常运行阶段，该系统通过熔盐泵循环，将堆芯热量经熔盐/介质换热器传递给后端发电或核能综合利用系统；在正常停堆且未排盐阶段，通过熔盐的自然循环继续冷却反应堆堆芯，并将反应堆堆芯的衰变热有效传递至环境热阱中。此外，燃料盐回路系统还作为防止放射性产物泄漏的屏障，需要保证压力边界的完整性。

6.2.1.2 熔盐回路系统工作流程

回路系统的运行主要通过以下步骤实现：系统预热及水氧含量控制、回路系统充盐及启动、系统功率运行、系统停堆备用、系统排盐和停运等。

（1）系统预热及水氧含量控制：该阶段包括系统运行前所需要进行的回路系统预热及除水氧操作。在室温及升温过程中通过多次抽真空及氩气置换交替进行的方式将回路系统及熔盐储罐中的空气氛围排空并降低其水氧含量。在将回路设备及管道从室温逐步升温至550 ℃过程中，每个温度下尾气中的水氧含量测量值均应该满足设计要求。燃料盐回路系统的上述预热和除水氧操作与冷却盐回路系统预热及除水氧操作同步进行。

（2）回路系统充盐及启动：在回路系统中，熔盐装载主要采用气压加料的方式进行。利用熔盐储罐与回路之间的压力差，将储罐内的熔盐逐步加载到回路系统中。熔盐装载完成后，关闭熔盐阀，从而将回路系统与熔盐储罐隔离。随后，启动熔盐泵运行，确保回路系统实现等温启动运行。

（3）系统功率运行：通过提升控制棒及调节后端发电系统功率，逐步将反应堆功率提升至100%功率。在这一过程中，燃料盐回路和冷却盐回路系统平均温度由550 ℃逐渐提升至设计值。在此状态下，燃料盐回路和冷却盐回路熔盐泵均保持在100%额定流量工况。

（4）系统停堆备用：通过调低冷却盐回路负荷并调节控制棒落棒水平，将反应堆功率逐步降低。堆芯核热转移通过回路系统和非能动余热排出系统实现，核功率较低时启用电加热系统维持堆本体和回路系统温度。

（5）系统排盐和停运：通过气压方式或依靠熔盐自重将熔盐卸载到熔盐储罐中进行保存。上述过程中，回路设备及管道的预加热装置应保持开启，保证不会发生熔盐冻堵的情况。冷却盐与燃料盐排放同步进行。最后实现回路系统的停运。

6.2.2　熔盐泵

熔盐泵是熔盐堆的心脏设备,用于驱动反应堆回路冷却剂持续循环运行,是将堆芯热量传输及利用的核心设备,其功能涵盖了驱动液态燃料循环、堆芯热能传递、保障系统压力边界完整等多个方面。

6.2.2.1　主要功能

熔盐堆熔盐泵其主要功能包括核安全功能与非核安全功能两方面。

1）核安全功能

作为反应堆熔盐回路的覆盖气体边界和熔盐介质边界,熔盐泵的安全功能在于防止熔盐及放射性物质不可控地释放,并确保在设计基准事故下冷却剂边界的完整性。

2）非核安全功能

热量传输：在反应堆系统正常运行期间,熔盐作为液态燃料载体,在流经堆芯时可实现核燃料的持续反应和核热释放;通过熔盐泵高效地驱动熔盐循环流动,持续地将热量从反应堆堆芯输送到热交换器,进而传递至冷却盐回路系统,再由冷却盐回路熔盐泵驱动冷却盐循环,将热量最终输送至下游,实现核能的综合利用。

维持热平衡：熔盐堆主泵的稳定运行能够有效防止堆芯熔化事故的发生。通过熔盐循环流动实现堆芯流量的合理分配,有助于维持反应堆系统中的温度分布均匀,防止局部过热或过冷,确保反应堆的安全稳定运行。同时通过调节主泵熔盐的流量,调节反应堆堆芯温度水平,防止堆芯温度过高。

在线燃料处理支持：液态燃料熔盐堆的一个显著特点是能够实现在线燃料处理。主泵在驱动熔盐循环的过程中,通过在线燃料处理系统,可以将燃料中的裂变产物和杂质实时分离和净化。通过循环流动和在线处理,有助于维持燃料的质量和纯度,延长燃料的使用寿命。

6.2.2.2　设计要求和标准规范

1）设计要求

熔盐堆熔盐泵的设计应立足国内外成熟技术、材料与工业基础,具有较高的可靠性、可维修性和安全性。材料的选择需耐受熔盐堆工况的高温和熔盐腐蚀，能够在熔盐的工作温度下保持良好的机械性能和化学稳定性。承压零件能够通过 ASME‐Ⅲ‐5 HBB、ASME‐Ⅲ‐NB 高温力学完整性评定，确保在极端条件下的安全性。熔盐泵的密封系统应高度可靠，以防止高温熔盐及放射性物质的泄漏。同时，应设计合理严格的气体密封系统，保证熔盐堆气体边界的完整性。轴承设计应能适应熔盐堆的高温辐照环境。设计可靠的辐射及热屏蔽结构，保证泵各部件温度维持在可接受范围。叶轮等旋转部件应进行动平衡试验，以确保泵在运行时的平稳性。流量、扬程等性能参数满足设计要求，并在规定的偏差范围内。泵的流量、扬程特性曲线（Q‐H 曲线）应变化平稳且单调上升。熔盐泵设置健康监测系统，对温度、振动、电流、频率等信号进行监测，实时监控泵的运行状态，及时发现并处理潜在问题。

2）标准及规范

由于熔盐堆为新型的四代堆型，其设计制造工作要遵循核安全法规的要求而开展，同时由于该堆型的前沿性，没有单一的标准或规范框架能覆盖设备设计。因此熔盐堆熔盐泵设计制造标准要参照多个标准体系，主要参照 ASME 和 API 610、GB 755 旋转电机定额和性能、GB/T 3214 水泵流量的测定方法、GB/T 3216 回转式动力泵水力性能验收试验等。

6.2.2.3 结构与技术特点

熔盐泵是熔盐堆主回路唯一连续运行的动设备，由于熔盐堆具有高温、强辐射环境，使得设备维护极为困难。为保持高可靠性，最大限度避免液下动静干涉，主回路熔盐泵采用立式悬臂泵结构，一套完整的熔盐泵主要由泵芯、泵壳、电机、联轴器、密封及其辅助系统、状态监测传感器等组成。泵芯安装于泵壳中，主要由主轴、主轴承、热屏蔽结构、水力部件等组成，可整体抽出维修维护；电机采用高温耐辐照电机，用于驱动泵芯转动，保证熔盐泵的可运行性；泵壳主要承担熔盐压力边界完整性，同时兼顾液位监测和调节、覆盖气压力监测等功能；水力部件由叶轮、导叶、导叶盖板、口环等组成；热屏蔽结构用于阻隔高温熔盐热损伤及放射性辐射损伤泵的转子组件及密封件；密封及其辅助系统保障熔盐堆密封性及气体边界完整性。

主要技术特点如下：采用立式悬臂结构，可靠性高；耐高温结构设计，可适应最高达 700 ℃ 的熔盐介质温度；可靠轴封，采用干气密封为轴封，为非接触密封，严格的密封性能且使用寿命长；可变频运行，可满足反应堆不同的运行工况调节需求；抗积渣熔盐水力结构，保证熔盐高效的水力及抗卡轴能力。

6.2.2.4　国内外研究现状

由于熔盐堆熔盐泵工况恶劣、性能要求高,属于特种熔盐泵,常规化工、有色金属冶炼、光热等行业的熔盐泵在工作温度、密封要求和耐辐照性能等方面无法满足要求。

针对熔盐泵在高温熔盐介质工况下的设计,可以借鉴钠堆主泵的一些经验,因为钠堆主泵也是以高温液态金属为介质运行,钠冷快堆(SFR)和 ORNL 的熔盐堆(MSR)主泵结构如图 6-15 所示。其结构均为立式机械离心泵,核心部件为高温密封和轴承[26]。

图 6-15(a)为哈拉姆核电设施(HNPF)主循环钠泵。该泵采用机械密封为轴封,在轴环面上设计螺旋迷宫槽,阻挡轴承润滑油进入泵罐或者泄漏到大气中。图 6-15(b)为实验增殖反应堆-2(EBR-2)主循环泵,该泵为屏蔽电机泵,电机和转子作为一个整体,电机下方设计迷宫密封,同时通氩气吹扫防止钠蒸气冻堵在轴环面间隙和电机中。图 6-15(c)为恩里科·费米反应堆(Enrico Fermi reactor)主循环泵,其轴封采用双端面机械密封防止轴承润滑油泄漏进入泵罐。图 6-15(d)为法国建立的 10 MW Rapsodie 反应堆主循环钠泵,轴承下方采用机械密封进行油封,并设计迷宫密封结构同氩气进行轴间隙的吹扫实现辅助密封。洛斯阿拉莫斯科学实验室的 2 000 kW 钠试验设施中的主循环钠泵如图 6-15(e)所示,轴油封采用双端面机械密封。美国原子能委员会(USAEC)研制的大流量钠泵同样采用双端面机械密封进行轴封润滑油和钠池覆盖气的密封,详见图 6-15(h)。

钠冷实验反应堆(sodium reactor experiment,SRE)主循环泵采用液钠自身的物理性能进行冷冻密封,通过在密封部件附近设置气道,通冷却气和热气进行密封控制。同时轴承润滑采用脂润滑来减少碳氢化合物泄漏到钠池中,详见图 6-15(i)。

20 世纪 60 年代,ORNL 在熔盐堆研究过程中研制了多款高温熔盐泵,包括含长轴的液下泵及短轴的悬臂泵,其轴密封均采用单端面机械密封,辅以润滑油对轴承进行润滑。同时在轴环面设计迷宫密封结构并引入吹扫气以向下抑制熔盐蒸气和向上排出机械密封泄漏油。为保证泵管压力边界的可靠性,法兰密封均采用耐高温的椭圆垫密封,如图 6-15(f)~(g)所示,并应用于 MSRE 成功运行。后因熔盐堆项目停止,该熔盐泵技术研究也随之停止。

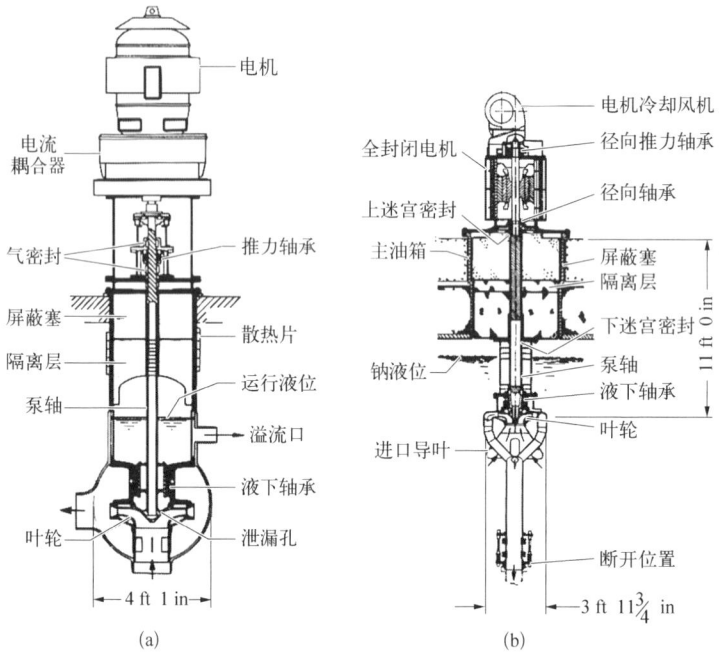

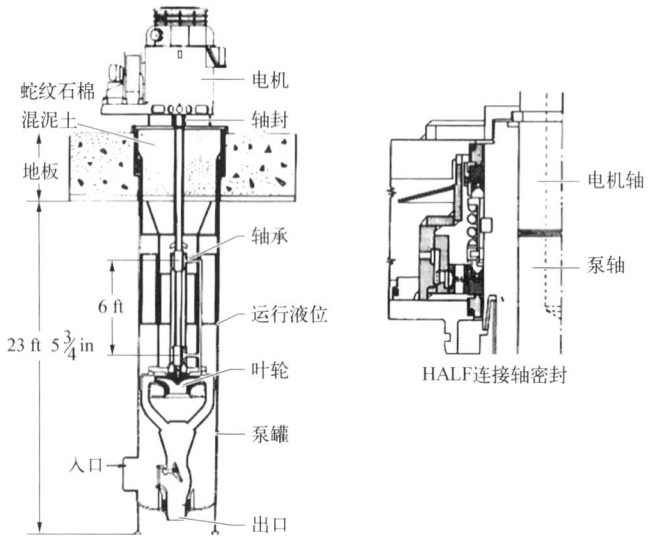

（a）

（b）

（c）

HALF连接轴密封

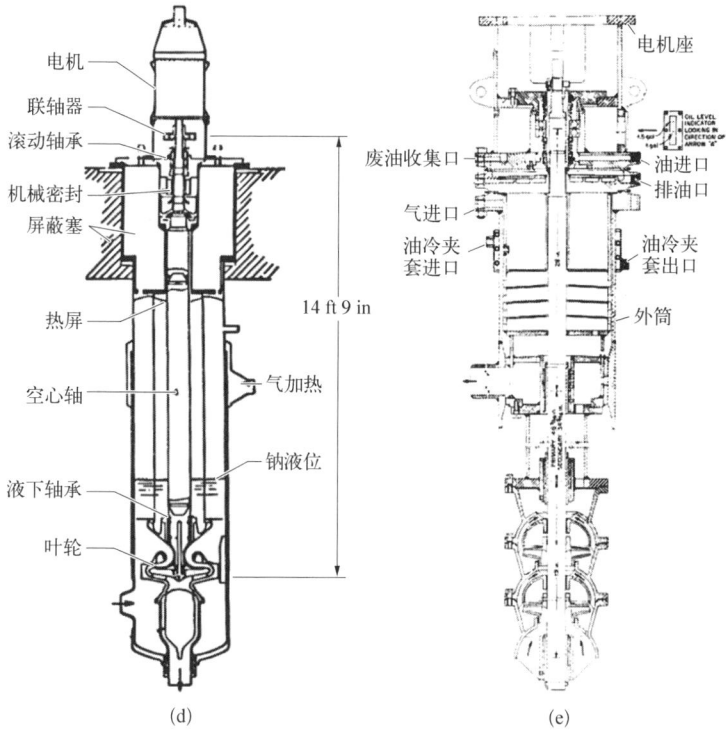

电机

联轴器

滚动轴承

机械密封

屏蔽塞

热屏

空心轴

液下轴承

叶轮

14 ft 9 in

气加热

钠液位

(d)

电机座

废油收集口

气进口

油冷夹
套进口

油进口

排油口

油冷夹
套出口

外筒

(e)

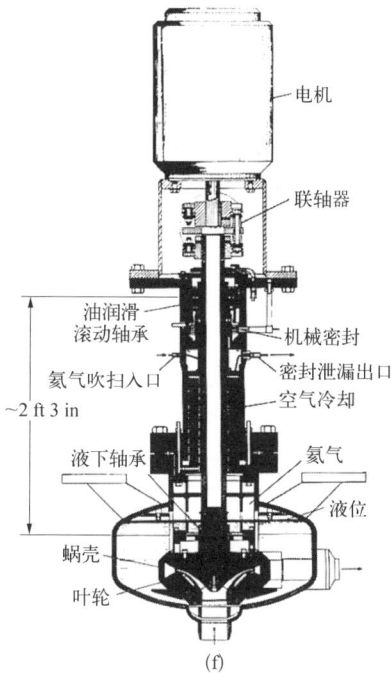

电机

联轴器

油润滑
滚动轴承

机械密封

密封泄漏出口

空气冷却

氦气吹扫入口

~2 ft 3 in

液下轴承

氦气

液位

蜗壳

叶轮

(f)

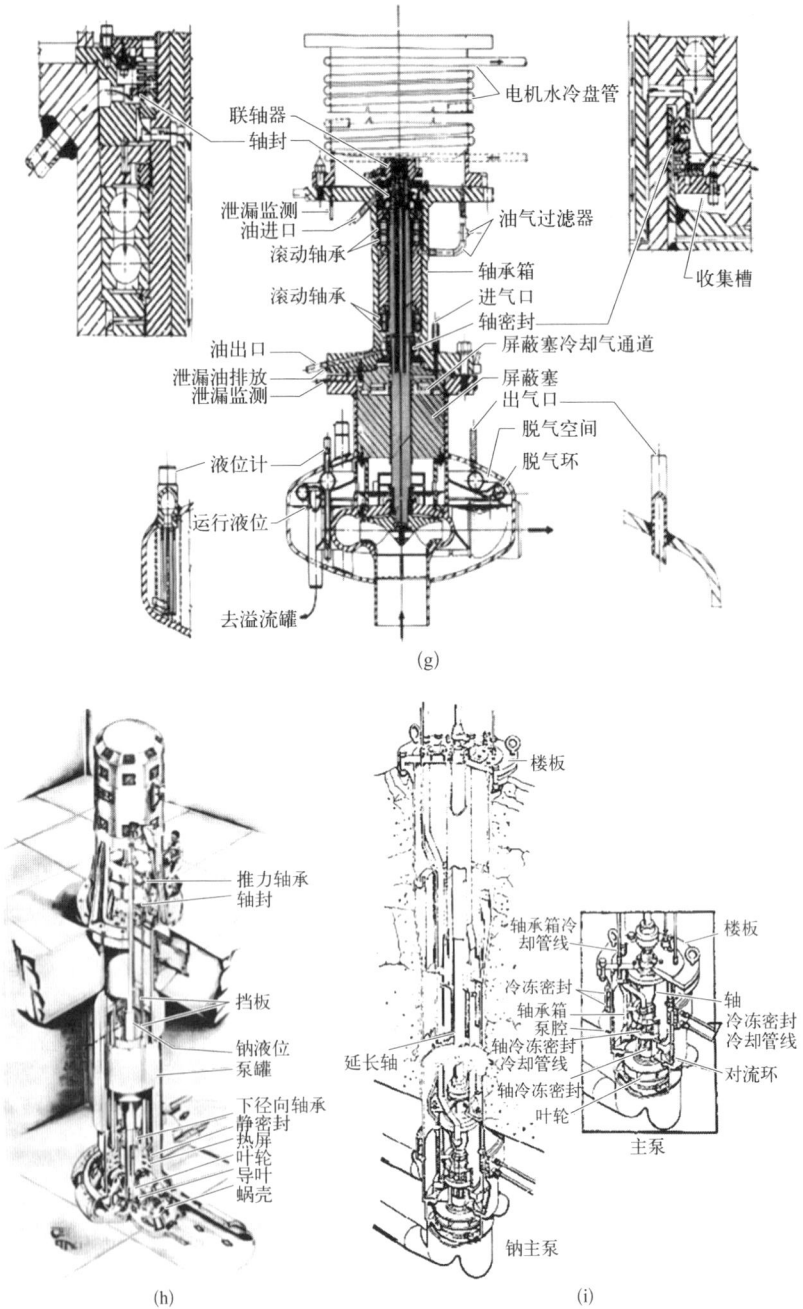

图 6－15　钠冷快堆和熔盐堆主循环泵结构

（a）HNPF 主循环钠泵；（b）EBR－2 主循环钠泵；（c）EFR 主循环泵；（d）Rapsodie
Reactor 主循环钠泵；（e）LASL 主循环钠泵；（f）ORNL 熔盐泵；（g）MSRE 熔盐泵；
（h）USAEC 研制的大流量钠泵；（i）SRE 主循环泵

　　2011 年中国科学院先导专项"钍基熔盐核能系统"启动时,面对国外技术断层,国内技术空白的现状,中国科学院上海应用物理研究所科研团队启动了熔盐泵的自主研发。其整体结构设计为立式悬臂机械离心泵型式,以降低液下动静干涉发生概率,专项研发了高温干气密封作为主泵轴封,可以成功应用于熔盐堆复杂的工况环境。2012—2022 年 TMSR 团队先后研发了 FLiNaK 高温熔盐泵原理样机、工程样机、仿真堆主循环泵等系列工程级回路熔盐泵,如图 6‐16,攻克了高温抗积渣熔盐水力技术、高温热屏蔽技术、高温悬臂轴系稳定性设计、高温轴密封技术、熔盐蒸气抑制技术等关键技术难题,并形成自主知识产权。

(a)　　　　　　　　　　　　　　　　(b)

(c)

图 6‐16　TMSR 熔盐泵

(a) 仿真堆主循环泵;(b) 实验堆燃料盐泵;(c) 实验堆冷却盐泵

　　另外,随着熔盐堆堆型多样化以及新应用场景要求的变化,对熔盐泵提出了长寿命、免维护、零泄漏等新要求。TMSR 项目开展了磁悬浮屏蔽熔盐泵的研发,该泵采用磁悬浮轴承支撑和屏蔽电机驱动,保持了立式液下悬臂结构,采用单级离心叶轮、小径向力水力模型设计,叶轮置于泵轴的悬臂最下端。轴系为三点式支承结构,由两组支撑转子的径向磁悬浮轴承和一组轴向止推轴承组成。屏蔽电机置于中间两轴承之间,并靠近下部屏蔽塞。屏蔽塞位于液位面之上,主要用于热屏蔽。磁悬浮轴承的定子线圈、电机定子线圈由定子屏蔽套整体屏蔽,用于隔离熔盐蒸气的腐蚀。这种设计具有免维护、无泄漏的技术特点,同时设备结构紧凑,振动低、使用寿命长。

6.2.3 熔盐换热器

热交换器是将某种流体的热量以一定的传热方式传递给另一种流体的设备。而熔盐换热器是通过熔盐作为传热介质,实现高温条件下将热量从热源传递给需要加热的物料或系统的高效热传递设备,是有效利用能源的关键设备。

熔盐换热器在多个行业中都有广泛的应用,在太阳能光热发电系统中,熔盐作为传热蓄热介质,通过熔盐换热器将太阳能转化为热能并储存起来,同时也通过熔盐换热器将熔盐中的热量再次转换利用。由于熔盐的使用温度高、蒸气压低且热容量大,因此可以作为化工行业特定装置的换热介质,具有巨大的应用潜力。在火电调峰方面,熔盐储能技术可以与火电机组耦合,实现削峰填谷,提高机组深度调峰和提供高温蒸气的能力。熔盐储能也是解决新能源间歇性和不稳定性问题的有效手段,有助于实现绿电消纳。此外,在新型电力系统方面,随着新能源技术的发展,熔盐反应堆和熔盐储能技术在新型电力系统中的应用也日益增多。例如,熔盐堆和熔盐储能可以与新型动力循环耦合,以提高系统的整体效率。

6.2.3.1 主要功能

熔盐堆常采用多环路结构,熔盐换热器作为实现热量转换和传递的关键设备,其功能主要在于实现堆芯热量的及时有效向外传输,同时燃料盐回路熔盐换热器往往还承担着维护反应堆熔盐回路压力边界完整性的核安全功能。

6.2.3.2 设计要求和标准规范

在工业生产中,热交换器扮演着至关重要的角色,因此其设计和性能需满足多方面的要求,具体包括如下几个方面。

(1) 工艺适应性和效率:热交换器应具备高效的热交换能力,确保在给定的平均温差下实现最大的热量传递,同时使热损失最小,以满足特定的工艺流程需求。

（2）结构强度与经济性：设备的设计和制造必须考虑到能够承受预期的温度和压力条件，保证结构的完整性和耐用性，同时便于组装和维护。此外，热交换器的设计还应兼顾成本效益，确保经济合理性及长期运行的可靠性。

（3）紧凑性与适用性：对于发电、特殊应用场景等，热交换器的体积和重量是重要的考量因素。紧凑型设计不仅节省空间，还有助于提高系统的整体效率和灵活性。

（4）流动阻力最小化：为了减少能量消耗并优化系统性能，热交换器的设计应满足较低的流动阻力特性，以减少对泵送或风扇等辅助设备的动力需求。

（5）特殊介质兼容性：针对熔盐换热器等特殊类型的热交换器，材料选择至关重要。所选材料不仅要与高温熔盐相容，避免化学反应导致的损害，还需具备抵抗熔盐腐蚀的能力。同时，考虑到熔盐在低温下可能凝固造成堵塞的问题，设计时还需采取措施防止冻堵现象的发生。

综上所述，一个理想的熔盐热交换器应当综合考量工艺需求、结构稳定性、经济效益、尺寸限制、动力消耗以及特殊介质的处理能力等多个方面，以确保其在各种应用环境中都能高效、稳定地运行。

管壳式换热器因其广泛的操作温度与压力范围、较低的制造成本以及可靠的工作性能，是反应堆及多种工业过程中热量传递的首选设备。由于其悠久的使用历史和简单的结构设计，管壳式换热器在全球范围内被普遍采用，并在设计、制造、安装、检修及管理等方面积累了丰富的经验。基于这些经验，不同国家制定了各自的标准和规范，如美国的 TEMA 标准、日本的 JIS B8249 标准、英国的 BS5500 标准以及德国的 AD 规范等。在国内，管壳式热交换器正在执行的是 GB/T 151—2014《热交换器》国家标准。同时熔盐堆用换热器还需要参照 ASME 等相关规范。

6.2.3.3 结构与技术特点

熔盐换热器通常根据多个方面进行分类，包括结构、传热过程、传热面的紧凑程度、所用材料、流动形态、分程情况、流体的相态和传热机理等。以下将详细介绍管壳式换热器在这些方面的分类情况。

（1）按传热面的特征分类：根据管壳式换热器内传热管表面的形状，可以细分为螺纹管换热器、波纹管换热器、异形管换热器、表面多孔管换热器、螺旋扁管换热器、螺旋槽管换热器、环槽管换热器、纵槽管换热器、翅管换热器、螺旋绕管式换热器、翅片管换热器、内插物换热器和锯齿管换热器等多种类型。

每种设计都有其特定的应用场景和优势。

（2）按流体流动形式分类：根据管壳式换热器内流体的流动形式，可以分为单程和多程两种。单程指的是流体一次性通过换热器完成热交换；而多程则意味着流体需要经过两次或多次循环才能流经换热器的全程。

（3）按流体在换热器内流动的基本方式分类：基于流体在换热器内部的相对流向，可以分为并流、逆流和错流三种基本形式。其中，逆流配置因其能有效提高平均温差、减少壁面热应力而在实际应用中被优先考虑。

（4）按结构特点分类：根据换热器的具体结构设计，管壳式换热器可以分为固定管板式、浮头式、U形管式、填料函式、滑动管板式、双管板式和薄管板式等多种类型。每种结构都有其独特的适用条件和维护要求。

综上所述，管壳式换热器的分类体现了其在工业生产中的广泛应用和高度的适应性，不同类型的换热器可根据具体的工艺需求和操作条件进行选择和优化。

6.2.3.4　国内外研究现状

熔盐换热器作为一种高效的热能转换设备，国内外对其进行了广泛的研究。根据熔盐换热器功能不同，分为两类，熔盐-熔盐换热器与熔盐-气体换热器。

1）熔盐-熔盐换热器

在国内，中国科学院上海应用物理研究所首次建造并成功运行了 2 MW 熔盐-熔盐换热器。其核心功能有两方面：① 通过强迫对流换热，将堆芯中的热量经燃料盐传递给冷却盐系统，并最终传递至环境热阱或功率转换系统；② 作为燃料盐回路系统的压力边界之一，需防止燃料盐内漏至反应堆容器内造成系统失流，影响换热效率或换热管破裂后放射性燃料盐泄漏至冷却盐循环系统。2 MW 熔盐-熔盐换热器如图 6 - 17(a)所示，采用立式 U 形管壳式结构，其中燃料盐走壳程，冷却盐走管程。在国际上，美国橡树岭国家实验室[27-28]根据熔盐堆项目的需求，设计并建造了系列熔盐换热器，包括 MSRE 和 MSBR 换热器。MSRE 换热器采用卧式 U 形管壳式结构，如图 6 - 17(b)所示。燃料熔盐经过热交换器的壳侧，将热量传递给 U 形管侧的冷却熔盐。热交换器中每根 U 形管外径约为 0.012 7 m，平均管长约为 4.267 2 m，管道个数为 163 根，有效换热面积约为 24.06 m²。壳侧的内径约为 0.41 m，长度约为 2.44 m。而美国 MSBR 换热器采用立式管壳式结构，如图 6 - 17(c)所示。

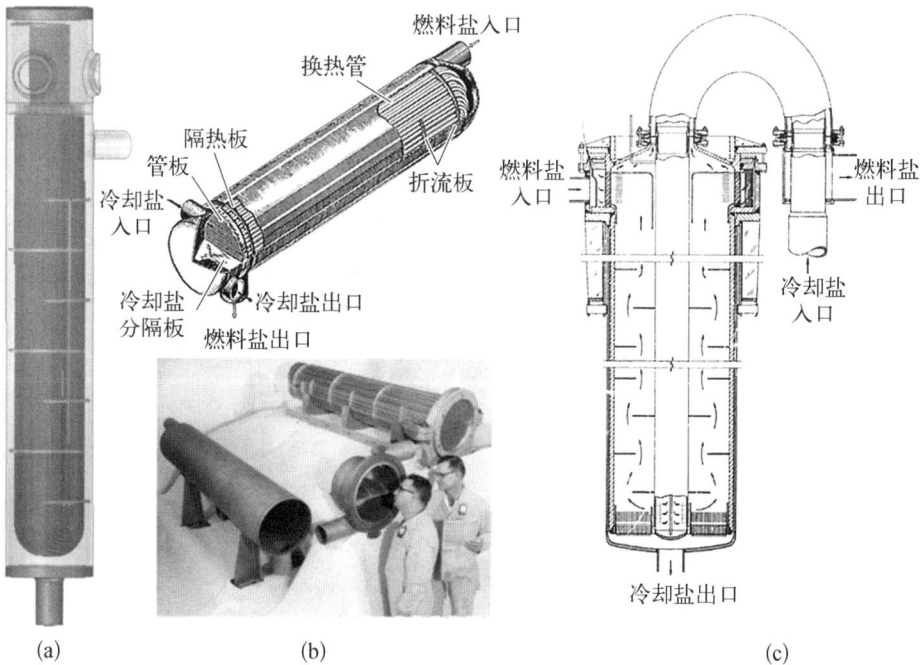

图 6-17 熔盐-熔盐换热器

(a) TMSR-LF1；(b) MSRE[27-28]；(c) MSBR[27-28]

2) 熔盐-气体换热器

在国内,中国科学院上海应用物理研究所首次建造并成功运行了 2 MW 熔盐-气体换热器。该熔盐-气体换热器承担调节反应堆功率水平的核心功能,主要通过调节风机风量实现变功率的调节,其结构如图 6-18(a)。在国际上,美国橡树岭国家实验室[29] 和日本福井大学[30] 分别针对熔盐堆与增殖堆项目的需求,设计并建造了熔盐-气体换热器。日本开发的熔盐-气体换热器采用了翅片管式空冷器的设计。通过对 50 MW 级的熔盐-气体换热器进行实验研究,成功获取了换热器性能参数,为熔盐换热器的精确设计提供了关键指导。美国 MSRE 熔盐-气体换热器结构如图 6-18(b),其包含有 120 根散热管,每根管道的内径约为 0.019 m,换热管的平均长度约为 9.144 m。空气垂直于散热管束流动,空气流速可以靠风门的开合来控制。图 6-19 给出了 MSRE 安装和高温运行中的熔盐-气体换热器状态。

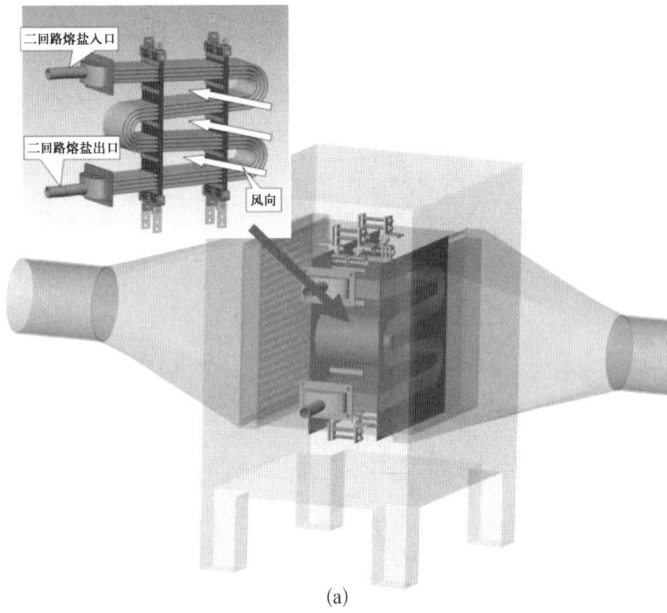

(a)

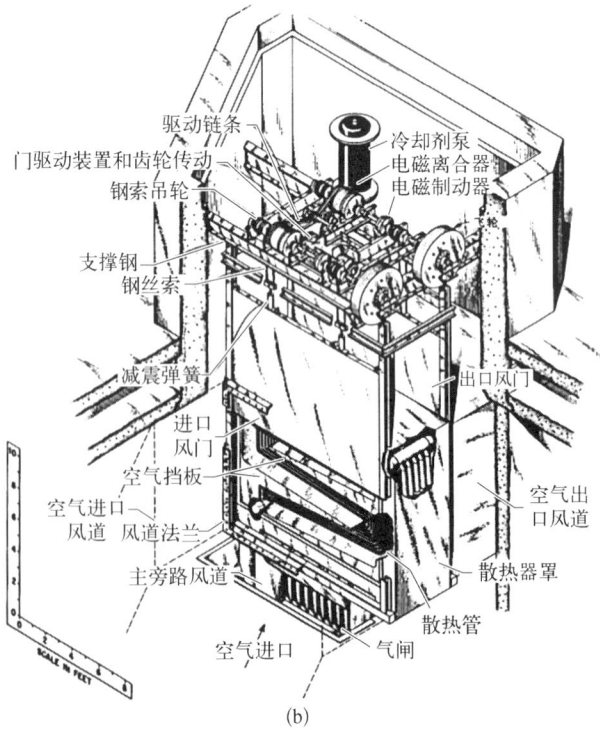

(b)

图 6 - 18　熔盐-气体换热器(散热器)结构设计示意图

(a) TMSR - LF1;(b) MSRE[28]

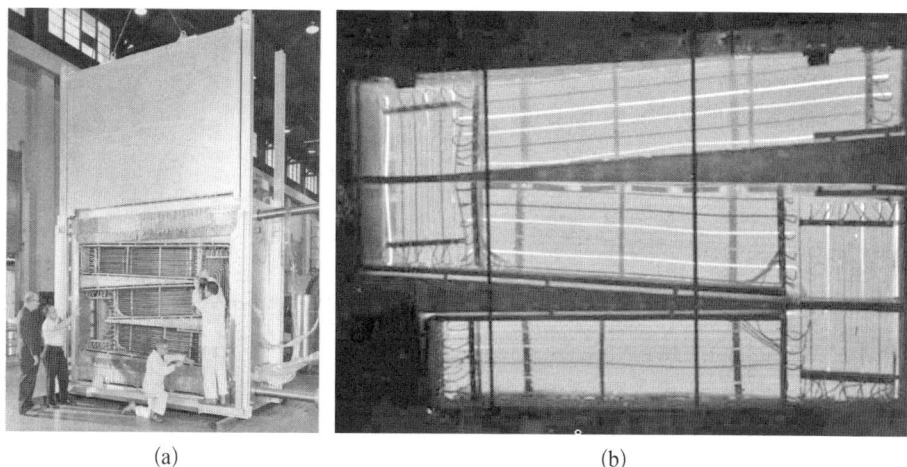

(a) (b)

图 6‑19　MSRE 熔盐‑气体换热器

（a）安装 MSRE 熔盐‑气体换热器；（b）高温运行中的 MSRE 熔盐‑气体换热器

6.2.4　熔盐阀

熔盐回路采用熔盐作为流体介质,熔盐阀设置于熔盐管路中,主要实现对熔盐管路的通断控制、流量调节或流向控制等功能。

6.2.4.1　主要功能

根据所起的功能,熔盐阀主要分为开关式熔盐阀、流量调节式熔盐阀、流向控制式熔盐阀。

开关式熔盐阀在熔盐管路中起到管路开关控制的作用,以控制管路中是否允许介质流通。流量调节式熔盐阀在熔盐管路中起到流量调节的作用,通过调节阀门中阻力件来改变熔盐阀所在管路的阻力特性,进而实现管路流量的调节。流向控制式熔盐阀在熔盐管路中起到只允许熔盐沿单方向流动的作用,不允许反方向流动或者反方向只能保持小流量式的流动。

6.2.4.2　设计要求和标准规范

在熔盐阀的设计中,需要考虑到熔盐阀应用场景的特殊性,这使熔盐阀面临许多新的技术难点和挑战,具体包括如下几方面。

（1）阀门内部泄漏:熔盐介质长期通过阀门流道,长期运行会对阀门密封面造成冲蚀损伤,产生内部泄漏。

（2）阀门外部泄漏:阀门长期处于高低温交替工况,紧固件预紧力受工况影响发生变化,使法兰处密封失效,产生外漏。

（3）阀门无法正常启闭：由于受温度过高或介质凝固等影响，阀门的启闭转矩大大增加，甚至直接处于卡涩状态而无法启闭，当阀杆的实际扭应力超出阀杆最大许用扭应力时，造成阀杆严重扭曲或无法正常启闭。

针对上述可能的故障类型，熔盐阀设计中需要重点围绕外密封和内密封、高温结构完整性、驱动机构等进行针对性设计。尤其是要具备耐高温、防凝、高密封等性能。

熔盐阀设计的标准规范方面，主要参照常规阀门的相关标准规范，包括NB/T 47044《电站阀门》、GB/T 17213《工业过程控制阀》、JB/T 13927《工业阀门　压力试验》和GB/T 26480《阀门的检验和试验》等。

6.2.4.3　结构与技术特点

熔盐堆的运行工况苛刻，要求长期高温运行，熔盐阀的可靠性应足够高，其主要结构与技术特点如下：

阀门总体结构选型时，优先选用无运动部件式结构方案，以实现完好的外密封性能与高温结构完整性。对于有运动式部件的熔盐阀，其外密封一般要设计2种以上的不同方案，以确保外密封性能足够可靠。

阀门内部应设计为排盐后无熔盐残留的结构，以防熔盐凝固后对密封面造成损害。熔盐阀与管道连接方式均采用焊接连接，尽量减少密封件的使用。

熔盐阀须配置防凝系统，确保阀门内与熔盐接触部位的温度保持在熔盐熔点以上。阀门应配置泄漏监测点，并配置报警系统。

6.2.4.4　国内外研究现状

20世纪60年代初，美国橡树岭国家实验室（ORNL）研制的熔盐实验堆由于缺乏足够可靠的机械式熔盐阀，采用了无运动部件的"冷冻阀"[31]（见图6-

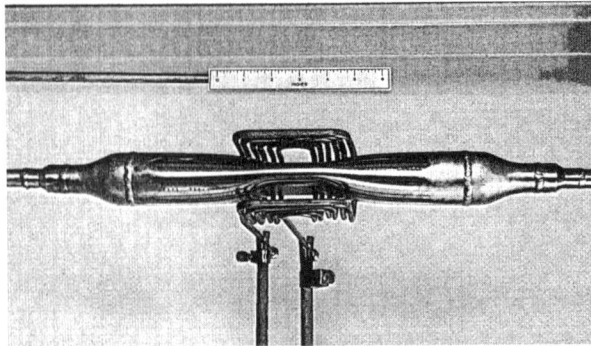

图6-20　MSRE冷冻阀

20),利用熔盐的"凝固-熔化"特性来开关阀门。中国科学院上海应用物理研究所钍基熔盐堆研发团队,对冷冻阀也进行了相关研究,并成功将该阀门技术应用于 LF1 冷却盐回路上。

6.2.5 回路其他设备

为支撑熔盐回路系统运行,除了熔盐泵、熔盐换热器、熔盐阀等关键设备,还包括熔盐回路管道及支承结构、熔盐储罐和加热保温等关键设备。其中熔盐回路管道及支承用于连接回路各关键设备,并组成熔盐循环系统;熔盐储罐用于回路系统运行前后的熔盐存储;加热保温设备用于对回路系统进行预热和伴热,防止熔盐装卸载及回路运行过程中发生冻结堵塞等状况。

6.2.5.1 回路管道及支承

回路管道作为连接和熔盐传输关键组成部分,在系统运行期间保证回路管道的完整性是确保系统运行安全稳定的重要目标。管道附件还包括支承件和阻尼器。其中回路管道支承件确保高温熔盐回路管道应力保持在允许范围内,并满足管道所连设备对接口推力(力矩)的限制要求,改善管道的应力分布和对管道支承的作用力,保障管道系统安全运行。阻尼器的主要功能是在管道承受地震载荷下控制管道振动位移,确保管道系统安全运行。回路管道及支承布置应使回路系统的管道、支承及所有与之相连的设备接管载荷满足规范 ASME-Ⅲ-5-HCB 中对于高温结构力学的限制要求。回路管道及支承布置如图 6-21 所示[32]。

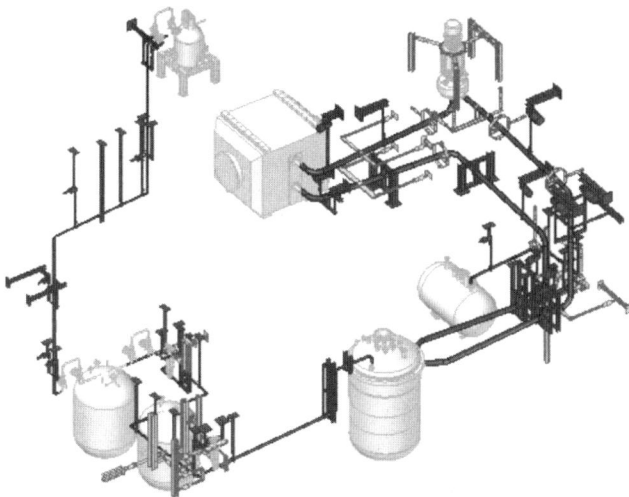

图 6-21 TMSR-LF1 回路管道及支承总体布置[32]

回路管道的设计参数,包括管径、布置角度、直管段长度等,需满足回路系统功能需求,如系统流量、装排盐工艺、温度与流量测量(热电偶、流量计布置)等。回路管道结构应满足壁厚强度要求,通过采用弯管补偿、增加转弯半径或在熔盐环境下采用桥接管等柔性设计方式,以降低管道热应力。

回路管道支承件结构主要由管部(高温管夹)、连接件、功能件(恒力吊架、弹簧吊架、刚性吊架等)以及根部(膨胀螺栓、基板等)组成。支承件的管部属于高温部件,为减少对管道散热的影响,并降低管夹外部螺栓及连接件(一般为碳钢材质)温度,应选择具有隔热效果且确保一定刚度和厚度的材料作为隔热部件。

阻尼器的布置应在保证管道系统抗震性能满足地震工况下应力允许范围内,尽可能减少阻尼器的布点数量;通过优化阻尼支承件连接件结构、设置屏蔽等方式,降低阻尼器功能部件的工作温度和辐照剂量以保证功能部件的寿命及使用效果。在制造阶段还应对阻尼器进行耐高温、耐辐照和抗震鉴定试验。

6.2.5.2 熔盐储罐

熔盐储罐用于熔盐存储,是回路系统中的关键组成之一。储罐结构型式主要分为立式储罐和卧式储罐两种。立式储罐常见的有圆柱形和球形两种,占地面积小,结构稳定,适用于大规模熔盐储热。高温熔盐储能中利用熔盐作为载热体,其中高温熔盐储罐作为高温熔盐的储存载体,用于存储温度高于700 ℃的高温熔盐。高温储罐采用立式焊接罐结构,是超高温熔盐储能中的重要构成设备。高温熔盐储能中的熔盐储罐主要由罐顶、罐壁和罐底三部分组成,其中罐顶是由拱形罐顶、蝶形封头以及各接管组件三部分组成;罐壁由多层不同壁厚的罐壁筒节组成,其形状为从下至上逐级减薄的阶梯形;罐底包括设边缘板和不设边缘板两种结构形式。

卧式储罐通常为圆柱形,更适用于熔盐体积量相对较小的熔盐堆回路系统熔盐存储。在熔盐堆回路系统中,熔盐储罐的主要作用为在系统启动前,将内部存储的熔盐熔化并向回路系统添加熔盐,在系统停止后,收集由回路系统排出的熔盐并存储。熔盐储罐采用卧式结构,主要包括筒体组件、封头组件、鞍座组件。其中筒体组件由筒体和接管组成,封头组件通常为两个由板材冲压而成的标准椭圆封头,鞍座组件由 2 个鞍座组成,具体包括垫板、腹板、筋板、底板、地脚螺栓、螺母、垫圈及隔热层等。

熔盐储罐的常规设计主要包含以下 4 点:厚度计算(筒体、椭圆封头)、开孔补强(筒体上的开孔)、支撑装置(鞍座支撑及滚动端底座)、接口法兰及螺栓紧固件强度计算。涉及的规范标准包括 GB/T 150《压力容器》、NB/T 47042《卧式容器》、NB/T 47065《容器支座》、GB/T 25198《压力容器封头》等。

6.2.5.3　加热保温

熔盐堆中的工作介质为高温熔盐,其熔点通常在 450 ℃ 以上,在熔盐装载前,需通过加热器将设备预热到熔盐熔点以上,并通过保温来减小系统散热,即为熔盐堆设备配置防凝措施。在运行过程中,当出现局部温度低点导致熔盐凝固后,也需要通过加热保温装置将熔盐熔化。

加热保温的设计要求主要包括:主要设计参数应能满足熔盐堆的防凝要求;加热器功率应能满足系统升温速率要求;隔热效果应能满足国家相关标准规范要求;加热保温设备应具备可维修性,尤其是在放射性的场合,应考虑其特殊性;加热保温设备应具有足够的可靠性。在选择具体方案时需考虑加热保温设备高温运行和维护需求,优先选用能够经受长期高温且易于维护的技术方案。同时加热保温设备的结构尽可能简单,易于维修,维修时间尽可能短。加热保温设备应配置温度监测点,并配置控制、报警系统,相关操作越简单越好。

由于保温结构的故障率极低,应重点考虑如何提高加热器的可靠性。

防凝工作温度达到 550 ℃ 以上。常规工业中没有如此高温的防凝需求,针对熔盐堆的加热保温,目前无专用的标准规范。主要参考常规加热、绝热的相关标准规范,主要包括,GB 5959—2005《电热装置的安全》、GB/T 10067—2005《电热装置基本技术条件》、GB 3797—2005《电气控制设备》、GB/T 8175—2008《设备及管道绝热设计导则》、GB 50264—2013《工业设备及管道绝热工程设计规范》、NB/T 20343—2015《压水堆核电厂反应堆压力容器及反应堆冷却剂系统管道和设备保温层设计制造规范》等。针对熔盐堆用加热保温设备,设计的重点在于研发长寿命的加热器和高效绝热材料,提高加热保温设备的工艺性能。

6.3　高温结构力学

高温结构力学是熔盐堆工程的关键技术,也是熔盐堆系统和设备设计研发的有力工具,为熔盐堆建设提供全周期技术服务与支撑。

6.3.1 概述

高温结构力学主要研究熔盐堆设备、构件及系统管道等在载荷作用下结构中的应变与变形,验证结构是否满足设计准则对强度、刚度、稳定性、完整性和动力响应等要求,以防止结构出现损伤失效,并为结构设计提供依据。

熔盐堆结构力学是熔盐堆设计研究的重要组成部分,也是反应堆结构力学领域研究的重要分支,它直接关系到熔盐堆系统和设备运行的安全。本书结合熔盐堆的工艺特点及 2 MW 液态燃料钍基熔盐堆(TMSR‐LF1)的建造经验,从熔盐堆结构力学的分析与评价方法、测试方法等几方面对熔盐堆设计建造中涉及结构力学的主要问题进行简单介绍。

6.3.1.1 熔盐堆结构力学的发展现状

熔盐堆主回路管道与设备在 $600\sim700$ ℃高温、热循环、地震动等载荷下服役,开展反应堆系统与设备的抗震设计与高温结构力学分析在保障反应堆正常运行以及设备的结构安全中发挥着重要作用。作为核反应堆,厂房构筑物、反应堆系统与设备的抗震设计和高温结构力学性能必须满足核安全法规与设计规范要求,因此系统抗震与高温结构力学分析主要依据抗震设计与分析法设计规范,采用数值仿真与测试方法,在反应堆设计、建造、调试、运行的各阶段提供技术支撑。随着 TMSR‐LF1 的设计和建造,我国熔盐堆结构力学专业取得了很大的发展,初步形成了熔盐堆结构力学的学科特点。

1) 熔盐堆结构力学分析方法

熔盐堆工程结构复杂且设计要求高,主要依赖有限元软件进行数值仿真分析,其中非弹性分析方法对处理高温蠕变效应显著的部件尤为重要。在分析过程中,弹性分析方法虽然是一种传统且常用的手段,但对于熔盐堆中服役温度超过材料蠕变温度的部件来说,弹性分析方法无法准确描述结构蠕变应变及损伤变化,其适用性受到了限制。因此,熔盐堆结构力学领域发展并成功应用了非弹性分析及评价方法,从而更精确地评估结构的安全性和可靠性。

2) 熔盐堆抗震分析技术

在实验堆的设计中,主要掌握了部件的抗震试验技术及理论分析和数值模拟技术,包括,厂房构筑物的抗震分析技术、堆本体结构的抗震分析技术、石墨堆芯抗震分析方法、熔盐-熔盐换热器抗震分析技术、高温管道回路系统的抗震分析技术等,能够评估设备及部件在地震作用下的稳定性和安全性。但对于熔盐堆隔震以及减震技术领域的其他研究工作开展得较少,还需要进一步研究的内容主要包括熔盐堆核电厂隔震减震技术、熔盐堆设备减振技术研究等。这些研究工作的深入进行,将有助于进一步提升熔盐堆的抗震性能,确保其在极端条件下的安全运行。

3) 高温结构完整性评定技术

熔盐堆的主要承载特点是高温、低压,因此由高温下材料性能弱化引起的热疲劳、热棘轮、蠕变、辐照等问题是熔盐堆结构力学面对的最主要且独特的问题。在实验堆的支持下,已经展开了主容器蠕变问题的研究,包括蠕变分析以及蠕变-疲劳交互作用的理论研究和数值模拟、蠕变屈曲分析技术、蠕变裂纹扩展分析技术研究等。对于设备的高温蠕变失效行为及机理等问题,尚缺少必要的试验支持,目前已列在长期规划中。

6.3.1.2 熔盐堆结构力学的研究内容

熔盐堆结构力学的研究对象涵盖熔盐堆中所有的工程结构,下面从几个方面介绍熔盐堆结构力学的主要研究内容。

(1) 熔盐堆抗震分析,包括地震动输入参数、抗震分析方法、楼层反应谱、系统与设备抗震分析技术等问题。熔盐堆抗震分析主要依据建筑以及核电抗震设计规范计算厂房构筑物、反应堆系统与设备在地震动下的抗震性能。

(2) 高温结构分析法设计,按设备类型分别介绍熔盐堆承压设备、承压管道、堆内构件和支承件的应力分析及评定方法,包括高温堆设计规范、设计准则与高温结构完整性评定方法等。

(3) 高温结构力学测试,主要包括静力学测试和动力学测试技术。熔盐堆静力学测试技术主要包括高温热应变测试和热位移测试;动力学测试技术主要包括设备及管道的模态测试、振动测试、抗震试验等。

6.3.2 熔盐堆抗震分析

熔盐堆体系复杂,其抗震问题涉及范围广、结构复杂且高温下设备应力要求严格,因此对不同抗震等级的单体结构,需要考虑各个部件、设备和流体之间的耦合作用,同时还需避免采用过于简化保守的分析方法,以进行合理、有效而准确的分析。

6.3.2.1 设计规范与分析方法

熔盐堆厂房构筑物按《建筑抗震设计规范》[33]进行抗震设计与分析,安全级设备及管道按照《核电抗震设计规范》[34]的抗震要求进行设计与分析。

对熔盐堆设备,根据其具体结构和相关安全法规的规定采用适用的抗震分析方法,包括等效静力法、反应谱法以及时程动力法。

等效静力法在系统抗震分析中运用的条件如下:该系统可由一简单的模型表示,且能求得保守的响应。当系统在某一方向上的第一阶频率超过 33 Hz 时,可以认为该系统在该方向上是刚性的。此时,在进行该系统在该方向上的抗震计算时,适用的抗震计算方法即是等效静力法。

等效静力法不适用时,需采用动力法进行详细分析。动力分析应充分考虑被分析对象的刚度、质量以及约束等要素在空间的分布,因此,在一般情况下,应采用三维模型。在动力模型中应包含足够数量的节点或自由度,以确定设备部件和系统的响应。如果在模型原有的基础上增加自由度数量所引起的响应变化不大于 10%,则认为节点或自由度的数量是足够的。自由度数量也可取为低于 33 Hz 的固有振型数的 2 倍。在动力计算中,应采用足够数量的振型数,以确保所有重要的振型参与动力计算。充分性的准则是附加振型的加入不会导致响应出现大于 10% 的增量。

当采用反应谱法进行抗震分析时,由地震运动所引起的最大结构响应应该由地震运动三个分量中的每个分量在某一特定点上引起的最大的同方向响应,按平方和的平方根法(SRSS)组合而成。

当采用时间历程分析法时,由地震运动所引起的最大结构反应可按 SRSS 方法合成,也可按如下方法得到:求得地震运动三个分量中每个分量的历程响应,并取它们在每一时间步长上的代数和,然后由组合的时程响应来求得最大响应。

当动力计算中的模型可以视为处于线弹性范围时,通常采用模态叠加法进行动力分析,此时,应根据结构特征及相关法规规定,比如《核电厂抗震设计规范》(GB 50267—1997)确定动力分析中的模态阻尼比。当在动力计算中必须考虑非线性因素时,则应采用直接积分法进行动力分析。此时,有多种方法可以用来确定系统的阻尼。一种常规做法是按照 ASCE4 - 98 的规定求取结构的比例阻尼矩阵(Rayleigh 阻尼矩阵),该矩阵由结构质量矩阵与刚度矩阵组合而成,根据结构的某两阶振动频率确定。

6.3.2.2 地震动输入

抗震设防的依据为设计基准地震动,熔盐堆抗震设计基准按照 II 类研究堆制定[35]。对于熔盐堆厂房,按民用建筑抗震设计规范进行抗震设计,地震力按本地区基本地震作用加 1 度取值,按本地区基本烈度加 1 度采取抗震措施,具体取值为按 50 年超越概率 63％地震作用的两倍进行弹性设计,按 50 年超越概率 2％～3％地震作用进行局部非线性弹塑性验算,按 50 年超越概率 2％地震作用的两倍进行不倒塌弹塑性验算。

对熔盐堆设备按照中震弹性设计,并进行鉴定。具体取值按照第一抗震设防基准进行抗震设计,并按照第二抗震设防基准进行校核。第一设防水准地震动为熔盐堆工程场地基本地震动,是指熔盐堆工程场地 50 年超越概率 10％的地震动。第二设防水准地震动为熔盐堆工程场地罕遇地震动,是指熔盐堆工程场地 50 年超越概率 2％的地震动。

设计基准地震动参数由中国地震局地质研究所通过对熔盐堆场地工程地震条件勘察和现有资料收集来推导。设计基准地震动参数包括两个水平、一个竖向的设计反应谱和与设计反应谱相容的加速度时程。鉴于场地地震危险主要来自场地所在的背景源及近源,从保守角度考虑,建议竖直方向设计地震动加速度反应谱与水平方向设计地震动加速度反应谱之比为 1。

6.3.2.3　楼层反应谱

厂房楼层谱分析考虑两个地震动工况,第一设防水准地震动和第二设防水准地震动。以熔盐堆场地反应谱为目标,以反应谱匹配和功率谱密度包络为要求,通过迭代使人工反应谱逐步逼近目标反应谱,得到满足规范要求的人工动时程[36]。通过地表目标谱以及人工加速度时程曲线,利用场地地震反应分析理论与一维土柱等效性线性化分析方法,反演计算得到熔盐堆不同场地深度的加速度、速度、位移以及剪应力时程曲线,作为抗震分析的输入条件。

熔盐堆厂房楼层谱采用了考虑土-结构相互作用(SSI)的时程分析法。根据厂房的三维实体结构,建立了熔盐堆的 SSI 有限元模型;该模型主要由厂房结构、土层以及周围的人工边界组成。厂房结构(采用板壳单元与梁单元模拟)与土层(采用实体单元模拟)采用共节点方法进行连接。考虑反应堆容器等主设备及管道的重量,将其质量集中在厂房有限元模型相应的网格节点上进行计算。SSI 有限元模型的四个侧面与底面法向延伸着一层厚度相等的等效三维一致黏弹性边界单元。通过 SSI 有限元分析获得熔盐堆厂房结构各个节点的加速度时程与反应谱后,对同一楼层反应谱进行包络处理;同一楼层反应谱包络后,按照《核电厂抗震设计标准》[34]的要求进行拓宽,取±15％的拓宽幅度,对反应谱峰值进行拓宽处理,最终获得楼层反应谱,如图 6 - 22 所示。

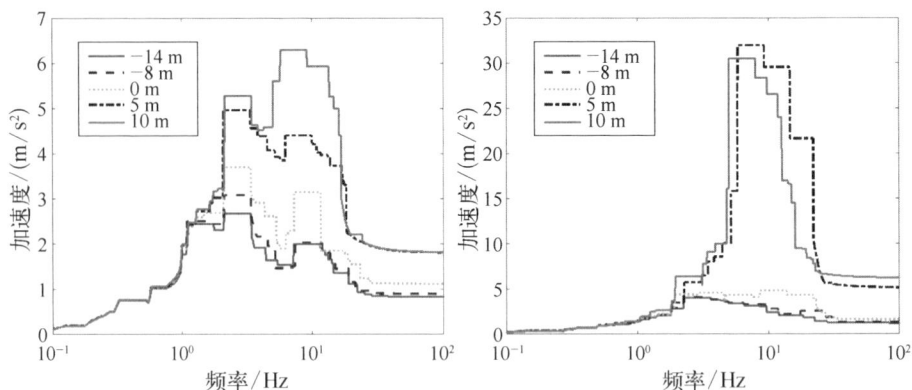

图 6-22 熔盐堆厂房楼层谱分析结果

6.3.2.4 系统与设备抗震分析

对于其功能仅依赖于完整性的设备,熔盐堆采用分析法结合试验法进行抗震鉴定。根据抗震系统解耦原则,以下对"抗震子系统"——回路总体结构系统、堆本体系统、散体石墨堆芯的抗震分析方法进行介绍。

1) 回路总体结构系统抗震分析

熔盐堆回路总体结构系统由堆本体系统和堆回路系统组成。堆本体系统的主要设备及部件包括主容器及支承、堆内构件和控制棒驱动机构、燃料盐泵、熔盐换热器和燃料盐循环回路主管道。堆回路系统由冷却盐回路系统、燃料盐装卸系统和冷却盐装卸系统组成,各分系统均由设备和与其连接的管道组成,如图 6-23 所示。

采用响应谱分析多点激励输入方法对回路总体结构系统进行抗震分析。根据各设备的结构及承载特性,等效为简单的梁、板,质量点,弹簧单元等结构。依据熔盐堆楼层谱计算报告,分析时采用各设备及管道支承安装位置的楼层响应谱作为回路系统抗震分析输入,分析时采用三向反应谱进行响应谱分析,计算总体结构系统在地震下的动力特性,相应分析结果为系统中的相关部件的后续详细应力分析提供地震载荷输入。

2) 堆本体系统抗震分析

堆本体系统抗震分析采用通用有限元软件求解堆本体耦合系统的动力特性,并计算体系及各子系统的时程响应,如图 6-24 所示。堆本体系统构件数量多,计算模型庞大,且存在复杂接触问题和流固耦合效应,因而需要采用集中质量模型对堆本体系统进行简化,各个设备主要使用梁单元,建立构件间的

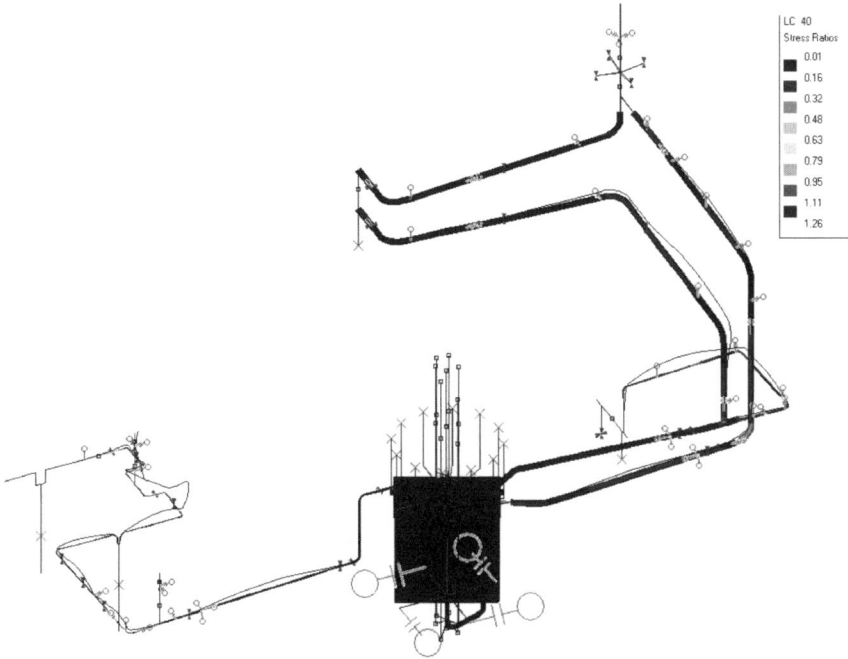

图 6‑23　熔盐堆回路总体结构系统抗震分析结果

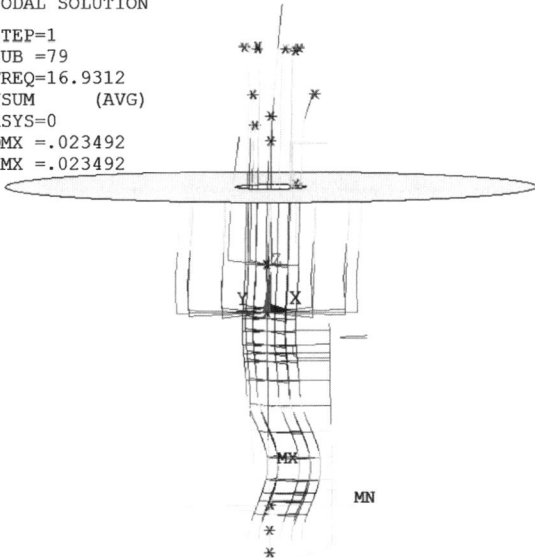

图 6‑24　熔盐堆堆本体系统抗震分析结果

弹簧和耦合自由度连接形式,考虑流固耦合效应,建立堆本体系统抗震分析方法。通过堆本体系统抗震分析,能够获得堆本体系统各部位的地震加速度时程以及内部构件的地震载荷。地震载荷产生的应力与其他载荷组合后的应力按照构件的分析法设计规范进行评估。

3) 石墨堆芯抗震分析

在石墨堆芯的抗震分析中,采用大型通用商业有限元软件,并根据多刚体动力学方法,采用刚体和集中质量模拟石墨构件,同时采用弹簧等效表示接触碰撞过程,建立石墨堆芯的刚体+弹簧模型[37]。石墨堆芯的地震加速度激励由堆本体系统抗震分析结果得到,通过附加质量计算方法考虑流固耦合效应,建立复杂散体结构在熔盐环境下的抗震分析模型,如图 6-25 所示。通过石墨堆抗震分析,能够获得石墨构件不同部位的地震载荷。第一设防水准地震载荷与第二设防水准地震载荷产生的应力与其他载荷组合后的应力按照石墨构件分析法设计规范进行评估。

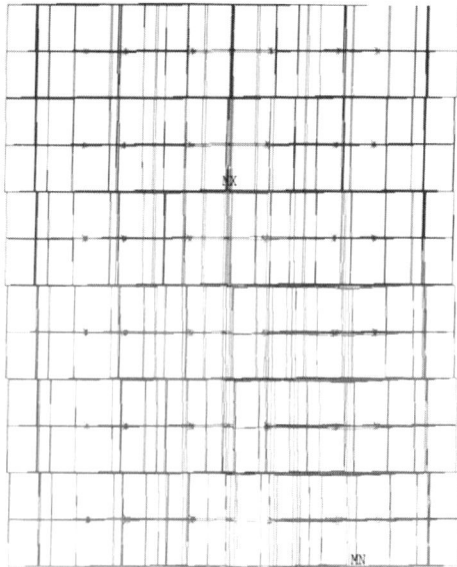

图 6-25　熔盐堆石墨堆芯抗震分析结果

6.3.3　高温结构分析法设计

熔盐堆的运行温度在 600 ℃以上,高温环境对确保堆内各设备的安全性构成了挑战。根据熔盐堆的安全目标和设计要求,需保证熔盐边界和覆盖气边界的完整性,避免放射性物质不可控释放。为保证熔盐边界和覆盖气边界的完整性,依据分析法设计标准,对反应堆设备和管道等在不同载荷组合工况下进行详细的稳态/瞬态应力分析、抗震分析、蠕变分析、屈曲分析等,并利用高温结构完整性评估限值要求,将结构完整性分析综合于高温设备结构优化设计中。

6.3.3.1　设计规范与分析方法

熔盐堆机械设备金属部件按照 ASME‑Ⅲ‑5(高温反应堆)规范[38]进行设计。该规范能够保证承压边界的强度和结构完整性,但是考虑的载荷不包括在使用中可能因腐蚀、辐射效应或材料不稳定而发生的退化。该规范给出了金属承压部件、支承结构、金属堆芯支承构件及非金属构件的分析法设计准则。

对于工作温度低于材料蠕变温度的部件,主要从 6 个方面进行分析,通过提供一定的设计裕度来保证其结构完整性。6 种失效模式如下:

(1) 塑性不稳定引起的失效;

(2) 在单个极限载荷下的结构破坏;

(3) 不依赖时间的短期载荷导致的屈曲;

(4) 在循环载荷下的棘轮效应或结构变形无限制增加;

(5) 循环载荷下的疲劳失效;

(6) 快速断裂。

以上模式中:模式(1)和模式(2)验证结构抵御永久变形的能力,通过对一次应力的限制,保证结构在静平衡状态,应力始终低于屈服强度或抗拉强度;模式(3)指细长部件在压力下的屈曲;模式(4)指在稳态的一次应力上反复叠加二次应力,有可能导致棘轮效应;模式(5)指反复施加一次和二次应力,可能导致疲劳破坏;模式(4)和模式(5)的失效是通过对一次和二次应力的限制来避免;模式(6)是按照 ASME‑Ⅲ卷附录 G 基于线弹性断裂力学的方法来限制。

对于高温部件,蠕变现象会导致材料的强度进一步下降,因此应力不再是评价结构的强度和寿命的唯一判据。由于材料的蠕变,结构会产生与时间相关的变形,这部分变形一方面将消耗部件的延性,造成结构的破断失效;另一方面,当应变累积到一定程度时,结构会产生功能性的失效。因此,必须考虑蠕变、高温疲劳等高温长期效应的影响。高温部件的设计引入了 6 种与时间相关的失效模式:

(1) 在持续机械载荷下的蠕变断裂;

（2）过度蠕变变形导致的功能丧失；

（3）在稳定循环载荷作用下由于蠕变-棘轮作用而产生的总变形；

（4）在循环的一次、二次和峰值应力作用下导致蠕变-疲劳失效；

（5）长期载荷导致的蠕变-屈曲；

（6）蠕变裂纹扩展和非延展性断裂；

熔盐堆机械设备结构力学分析通常采用弹性分析方法，按照第三强度理论计算等效应力。根据 ASME-Ⅲ-5-HBB-T，预计蠕变效应明显的部位，一般要求进行非弹性分析，对变形和应变给出定量评定。因此对于温度梯度大、蠕变效应显著的部件，可采用非弹性分析方法（弹性分析方法过于保守），采用材料的理想弹塑性模型和诺顿（Norton）蠕变模型作为计算模型的本构模型。诺顿蠕变模型（$\dot{\varepsilon} = C_1 \sigma^{C_2} e^{-C_3/T}$）是经典的蠕变模型，能够准确模拟蠕变第二阶段（稳态蠕变）的蠕变行为，也是熔盐堆高温设备非弹性分析最常用的蠕变本构模型之一[39]。

6.3.3.2　工况与载荷组合

熔盐堆高温设备及部件将在设计工况、正常工况（A 级）、预计运行事件（B级）、设计基准事故工况（C 级和 D 级）以及试验工况（若有）下进行分析。A 级使用荷载与熔盐堆正常运行工况Ⅰ相对应；B 级使用荷载与熔盐堆可能发生的中等频率事故（预计运行瞬态工况Ⅱ）相对应；C 级使用荷载与稀有事故工况Ⅲ相对应；D 级使用荷载与极限事故工况Ⅳ相对应。

设计工况将考虑设计温度、设计压力及设计机械载荷的最苛刻组合，而设计机械载荷应对部件同一区域 A 级使用载荷引起的各事件加以规定。

正常运行工况指在规定运行限值和条件范围内的运行，包括启停堆过程、设计功率范围内运行、停堆状态等。在这种工况下将考虑静载（如内压、自重）、稳定的机械振动、温度载荷及第一设防地震动等。其中温度载荷应包括稳态温度场、缓慢升温、降温以及熔盐温度脉动等。

预计运行事件指在寿期内可能出现的一次或数次偏离正常运行的各种运行过程，这些过程并不导致重要物项的损坏及事故工况。这些事件最终表现为熔盐及覆盖气压力边界及其他部件的温度上升（下降）和压力上升的瞬态过程。强度评定将同时考虑上述瞬态过程、第一设防地震载荷及静载作用。

事故工况指以偏离运行状态的形式出现的事故，但放射性物质的释放量被设施限制在可以接受的限值以内。这些事故最终同样表现为熔盐与覆盖气压力边界及其他部件的温度上升（下降）和压力上升的瞬态过程。在事故工况下,对于结构强度,将同时考虑上述瞬态过程及其他静载作用。对于特殊抗震要求类物项并属于 D 级工况的事故,将加入第二设防地震载荷。

6.3.3.3　高温结构完整性评定

高温结构完整性评定的部件包括高温承压部件、承压管道、堆内构件以及支承件等类型。

1)高温承压部件完整性评定

对于熔盐堆高温承压设备,比如堆容器、泵壳、换热器等承压部件需要对结构各处的应力、应变与变形、蠕变-疲劳损伤,以及屈曲-失稳进行全面的安全分析与完整性评估。

(1)应力评定:载荷控制结构应力分析主要采用线弹性材料模型,计算载荷采用第三强度理论(最大剪应力理论)。考虑设计工况、使用工况(包括 A、B、C、D 级)及试验载荷,依据 ASME‑Ⅲ‑5‑HBB‑3000 中的规定选取应力限值。

(2)高温应变与变形评定:限制变形和应变量是为了防止在持续一次载荷下发生过度蠕变变形,以及在稳定的一次载荷和循环的二次载荷作用下导致的蠕变棘轮失效模式。参考 ASME‑Ⅲ‑HBB‑T‑1300,对 A/B/C 级运行工况下温度高于蠕变温度的金属部件进行高温应变与变形评定。在预计经受高温的区域,最大累积非弹性应变应满足下列要求:沿厚度平均的应变不超过 1%;应变沿厚度等效线性分布引起的表面应变不超过 2%;在任何点的局部应变不超过 5%;上述限制适用于所考虑的构件在预计运行寿期内计算得到的累计应变,也适用于某些期间不发生明显瞬态的稳态在寿期末所计算的累积应变。

ASME‑Ⅲ‑5‑HBB 附录 T 提供了弹性和简化非弹性分析的限值要求。当蠕变影响显著时,非弹性应变需要通过详细的非弹性分析获得。

(3)蠕变-疲劳损伤评定:参考 ASME‑Ⅲ‑5‑HBB 附录 T‑1400,对 A/B/C 级运行工况下温度高于蠕变温度,承受循环载荷的金属部件需进行蠕变-疲劳损伤评定。疲劳损伤因子与蠕变损伤因子叠加,总损伤 D 不应超过材料的蠕变-疲劳损伤包络线。

(4)屈曲-失稳评定:参考 ASME‑Ⅲ‑5‑HBB 附录 T‑1500,为了考虑因高温长期载荷作用而引起的蠕变效应,应考虑结构因材料与时间无关和与时间有关的蠕变行为而引起的屈曲和失稳现象。HBB‑T 规定了与时间无关(瞬时)的屈曲以及与时间有关的屈曲系数限值。熔盐堆承受外压的高温薄壁壳体需要考虑与时间有关的蠕变-屈曲失稳行为;承受轴压的细长杆件和承受地震动的承压容器需要考虑与时间无关的屈曲失稳行为。

2) 高温管道结构完整性评定

对于高温管道(>425 ℃),原则上采用 ASME‐Ⅲ‐5‐HCB 来评定,计算载荷应力采用第一强度理论。根据 HCB‐3600 的要求,采用考虑蠕变效应的管道分析准则对结构进行分析与校核。其中焊接处需考虑应力减弱。考虑到 ASME‐Ⅲ‐5‐HCB 是弹性分析方法,过于保守,可参照 ASME‐Ⅲ‐5‐HBB‐T 非弹性分析方法对部分管道进行高温应变与变形评估、蠕变-疲劳损伤评定。

3) 堆内构件结构完整性评定

金属堆内构件参考 ASME‐Ⅲ‐5‐HGB 堆芯支撑结构的分析法设计要求,针对不同载荷组合工况下的结构按照第三强度理论进行力学分析。参考 ASME‐Ⅲ‐5‐HGB 与 ASME‐Ⅲ‐5‐HBB‐T 对其进行应力评定、高温应变与变形评定、蠕变-疲劳评定。

石墨堆内构件应力分析和评价参考 KTA‐3232 规范,该设计准则依据概率论方法判断构件是否满足规范要求。石墨堆内构件在各工况下的地震载荷与运行载荷在组合上需满足 KTA‐3232 规范的失效概率限值要求。

4) 支承件结构完整性评定

由于目前没有针对高温支承结构的规范,熔盐堆高温支承结构设计可参照 ASME‐Ⅲ‐NF 篇,结构应力校核参照高温规范 ASME‐Ⅲ‐5‐HBB 篇,并遵循 HBB‐3227 中对特殊应力(纯剪切)限值要求。

6.3.4 高温结构力学测试

面向熔盐堆工程的结构力学测试技术,是实验力学在高温熔盐设备及部件上的工程应用。结构力学测试的目的在于通过对熔盐堆设备及部件的各类力学参数,如应变、位移、力、加速度等的测量,确定设备的力学特性,为设备的设计、分析提供试验参考和验证。同时,在熔盐堆工程的安装、调试及运行过程中实时监测主设备的力学状态,结合力学分析计算结果,能够判断和评估高温熔盐设备及部件结构状态与安全性。

在熔盐堆的调试运行阶段,由于测试环境及测试对象的温度通常均高于 500 ℃,常规力学传感器的电子元器件难以在此温度下正常或持续工作。同时,为了维持主设备及管道的高温环境,熔盐堆的大量核心设备或部件均包裹在厚重的伴热保温装置中,设备的可达性差,使常规的接触式测量技术面对较大的阻碍。此外,高温熔盐设备调试运行时较大的温度波动特性,以及核岛内部的高放环境,均给熔盐堆设备的结构力学测试带来了挑战。下面分两部分简述熔盐堆的高温结构力学测试技术。

6.3.4.1　静力学测试

结构静力学测试技术主要用于评估工程结构在静态载荷作用下的性能和响应,主要包含应力-应变测试、静载荷作用下的载荷-位移关系测试、结构稳定性测试、材料性能测试等。静力学测试主要使用应变片、力传感器、位移传感器开展工程测量工作。高温应变测试采用焊接式应变和粘贴式应变,主要用于测量反应堆压力容器水压试验时的应变、管道/容器高温运行期间的应变,以及支承结构/支吊架/吊装具等在承载过程中的应变[40]。近年来,由于DIC(digital image correlation,数字图像相关)技术的发展,高温结构的应变测量也在尝试使用这类非接触式全场测量技术,以克服高温应变片测量精度低、误差大的问题,但由于其通视性要求,仍难以应用于工程现场[41]。力传感器主要用于承载结构及支吊架的受力测量。位移传感器主要用于电厂管道系统及其附属支吊架热位移监测,以测量管道因高温热膨胀而出现的变形和位移,进而评估管道系统的工作状态。热位移测试可采用各类测距仪、位移传感器和刻度标记进行试验数据的采集。

6.3.4.2　动力学测试

熔盐堆工程现场存在大量的结构动力学问题,如管道或设备振动、结构抗震等,因此必须进行结构动力学测试,以测量和评估工程结构在自身或外部激励作用下的动力响应特性、结构安全性和功能完整性。

在设备的设计与制造阶段,主要使用动态信号采集系统配合各类传感器及激励装置开展模态、振动疲劳、随机振动、抗震等试验,以研究核设备及部件在动载作用下的振动和功能特性,为设备的减振及抗震设计提供工程参考。在安装及调试运行阶段,主要以设备和管系的振动监测和故障诊断为主。通过加速度传感器建立振动监测系统,对核电厂的主设备、部件及管道系统进行实时监测,获取振动加速度及位移等参数,结合数据特征识别及故障建模,对监测对象进行健康监测与结构安全评价[42]。对于熔盐堆 V1 级管道系统(不需要得到精确的振动结果,允许利用感官来确定振动量级是否可接受),也可采用目视检查方法进行管道振动监测[43]。

在熔盐堆关键系统的介绍中,分别描述了堆本体和回路系统的主要功能和构成设备,并描述了回路系统的工作流程。针对系统及设备,根据不同应用场景,编制了相应的设计要求,选择合适的标准规范。所涉及的设备包括了堆本体的堆内构件、堆容器及其支承结构、停堆系统、中子源装置、堆内实验样品输送装置,以及回路系统的熔盐泵、熔盐换热器、熔盐阀、回路管道及支承、熔盐储罐、加热保温设施。总结了各主要设备的结构与技术特点及国内外研究现状。

在高温结构力学的介绍中,描述了高温结构力学的重要性以及熔盐堆结构力学的发展现状。针对熔盐堆抗震分析、高温结构分析法设计,均介绍了设计规范与分析方法。在熔盐堆抗震分析中还介绍了地震动输入和楼层反应谱等内容。在高温结构分析法设计中,则介绍了工况与载荷组合和高温结构完整性评定等内容。在高温结构力学测试中,分别介绍了静力学测试和动力学测试。

参考文献

[1] Bettis E S, Schroeder R W, Cristy G A, et al. The aircraft reactor experiment-design and construction[J]. Nuclear Science and Engineering, 1957(2): 804 - 825.

[2] Robertson R C. MSRE design and operations report part Ⅰ description of reactor design[R]. Tennessee: Oak Ridge National Laboratory, 1965.

[3] Robertson R C. Conceptual design study of a single-fluid molten-salt breeder reactor[R]. Tennessee: OAK Ridge National Laboratory, 1971.

[4] Furukawa K, Erbay L B, Aykol A. A study on a symbiotic thorium breeding fuel-cycle: THORIMS-NES through FUJI[J]. Energy Conversion and Management, 2012(63): 51 - 54.

[5] 秋穗正,张大林,张成龙,等.熔盐堆[M].西安:西安交通大学出版社,2019.

[6] Allibert M. Chapter 7 - Molten salt fast reactors, Handbook of generation Ⅳ nuclear reactors[M]. Woodhead Publishing Series in Energy, 2015: 157 - 188.

[7] Varma V K, Holcomb D E, Peretz F J, et al. AHTR mechanical, structural, and neutronic preconceptual design[R]. Tennessee: Oak Ridge National Laboratory, 2012.

[8] Greene S R, Gehin J C, Holcomb D E, et al. Pre-conceptual design of a fluoride-salt-cooled small modular advanced high-temperature reactor (SmAHTR)[R]. Tennessee: Oak Ridge National Laboratory, 2010.

[9] Kairos Power, LLC. Hermes non-power reactor preliminary safety analysis report[R]. HER - PSAR - 001 Revision, 2021.

[10] 何勇,陈雨航,何雪溢,等.核领域增材制造技术的研究进展[J].科技视界,2024,14(2): 41 - 46.

［11］ 方浩宇,李庆,宫兆虎,等.数字化反应堆技术在设计阶段的应用研究［J］.核动力工程,2018,39(4)：187－191.

［12］ 董灵健,葛志强,陈杨方,等.电磁辅助驱动爬壁机器人在承压设备无损检测中的应用［J］.中国化工装备,2025,27(1)：34－40.

［13］ Bettis E S, Schroeder R W, Cristy G A, et al. The aircraft reactor experiment-design and construction［J］. Nuclear Science and Engineering, 1957, 2：804－825.

［14］ Robertson R C. MSRE design and operations report part Ⅰ［R］. Tennessee：Oak Ridge National Laboratory, 1965.

［15］ Robertson R C, Bettis E S, Anderson J L, et al. Conceptual design study of a single-fluid molten-salt breeder reactor［R］. Tennessee：Oak Ridge National Laboratory, 1971.

［16］ Robertson R C. MSRE design and operations report part Ⅰ description of reactor design［R］. Tennessee：Oak Ridge National Laboratory, 1965.

［17］ 喻杰.压水堆核电站控制棒驱动机构的现状与发展［J］.科技创新导报,2017 (22)：83－85.

［18］ 胡守印,苏庆善,孙栓樑,等.HTR－10 控制棒控制系统设计［J］.核动力工程,2001(6)：520－522.

［19］ 闫贺,杨磊,张作鹏,等.高温气冷堆控制棒驱动机构冷态落棒试验研究［J］.核科学与工程,2015,35(2)：207－212.

［20］ Olson H G, Brey H L, Swart F E. The Fort St. Vrain high temperature gas-cooled reactor：XI. Control rod drive and orifice assemblies［J］. Nuclear Engineering and Design, 1980, 61(3)：323－329.

［21］ 唐菊梅,朱清,靳峰雷,等.铅铋快堆控制棒驱动机构研究［J］.科技资讯,2001,19(11)：76－79.

［22］ 李政昕,胡文军,张熙司,等.钠冷快堆熔断式非能动停堆系统方案设计［J］.原子能科学技术,2019,53(2)：344－350.

［23］ 胡月东,徐元辉.10 MW 高温气冷实验堆吸收球停堆系统的设计［J］.核动力工程,1998,19(3)：255－259.

［24］ 胡文军,任丽霞,李政昕,等.池式钠冷快堆非能动停堆技术方案研究［J］.核科学与工程,2014,34(1)：23－27.

［25］ Doe U S. Nuclear energy research advisory committee and the generation Ⅳ international forum［J］. A technology Roadmap for Generation Ⅳ Nuclear Energy Systems, 2002.

［26］ Smith P G. Experience with high-temperature centrifugal pumps in nuclear reactors and their application to molten salt thermal breeder reactors［R］. Tennessee：Oak Ridge National Laboratory, 1967.

［27］ Robertson R C. MSRE design and operations report part I description of reacotor design［R］. Tennessee：Oak Ridge National Laboratory, 1965.

［28］ Bettis C E, Braatz R J, Cristy G A, et al. Design study of a heat-exchanger system for one MSBR concept［R］. Tennessee：Oak Ridge National Laboratory, 1967.

[29] Donnelly R G，Slaughter G M. Fabrication of the heat exchanger tube bundle for the molten-salt Reactor Experiment[R]. Tennessee：Oak Ridge National Laboratory，1963.

[30] Hiroyasu M，Masahito T. Heat transfer in heat exchangers of sodium cooled fast reactor systems[J]. Nuclear Engineering and Design，2009，239：295-307.

[31] Richardson M. Development of freeze valve for use in the MSRE[R]. Tennessee：Oak Ridge National Laboratory，1962.

[32] 薛静怡. TMSR-LF1-SINAP-30-JEUBR-DB-0001-C 2MWt 液态燃料钍基熔盐实验堆回路系统管段图册[R]. 上海：中国科学院上海应用物理研究所，2021.

[33] 中华人民共和国住房和城乡建设部. 建筑抗震设计规范：GB 50011—2010[S]. 北京：中国建筑工业出版社，2010.

[34] 中国地震局. 核电厂抗震设计规范：GB 50267—2019[S]. 北京：中国计划出版社，2019.

[35] 刘艺诚，王晓艳，王晓，等. 基于 TMSR-LF1 的Ⅱ类研究堆抗震设计方法研究[J]. 核动力工程，2022，43(5)：223-228.

[36] 何佳，王海涛. 用于窄带叠加人工时程模拟的一种窄带构造算法[J]. 核动力工程，2012，33(3)：69-73.

[37] Cai M，Zhu L，Huang C，et al. A preliminary study on seismic behavior of the graphite reflector in molten salt reactor[J]. Nuclear Engineering and Design，2018，330：282-288.

[38] ASME. ASME boiler and pressure vessel code，section Ⅲ：rules for construction of nuclear facility components：division 5，high temperature reactors：ASME BPVC Ⅲ 5—2017[S]. New York：ASME Boiler and Pressure Vessel Committee on Construction of Nuclear Facility Components，2017.

[39] 王晓艳. UNS N10003 合金高温蠕变理论模型与数值模拟研究及应用[D]. 北京：中国科学院大学，2018.

[40] 吕正芳，王健，逄淑来. 核电高温应变测试技术介绍[J]. 一重技术，2024，(3)：43-45.

[41] Luo Y X，Dong Y L，Yang F Q，et al. Ultraviolet single-camera stereo-digital image correlation for deformation measurement up to 2600 ℃[J]. Experimental Mechanics，2024，64：1343-1355.

[42] 赵岳，何超，徐伟祖，等. 核电厂调试期间核级管道振动测量工作改进[J]. 核动力工程，2015，36(5)：111-113.

[43] 国家能源局. 核电厂管道系统振动试验：NB/T 20242—2013[S]. 北京：核工业标准化研究所，2013.

第 7 章
熔盐堆化学技术

熔盐堆是第四代核能系统国际论坛(Generation Ⅳ International Forum，GIF)所推荐的六种四代堆中唯一的液体堆，它以流动的金属氟盐(如 NaF、LiF 和 BeF_2 等)为燃料载体和冷却剂，具有灵活的燃料循环特性。含有 UF_4 和 ThF_4 的一回路燃料盐通过泵运送到石墨慢化的堆芯，然后通过热交换器将热量传递给第二回路冷却剂熔盐，由第二回路冷却剂熔盐在另一个热交换器中产生蒸汽。这一设计的独特之处在于熔盐堆运行过程中燃料是以液态存在的。这样设计能带来很多好处，最根本的一点是降低了燃料运行成本，便于燃料的在线处理和添加，有利于钍燃料的利用。但也正因如此，熔盐堆给放射化学带来了很多新的机遇和极大的挑战。

一般意义上讲，熔盐堆是均相液体燃料反应堆，核燃料与裂变产物都溶解于燃料盐中。但是事实上，熔盐堆内的化学物质除了液体燃料外还有气体(稀有气体裂变产物、挥发性裂变产物、氚和覆盖氦气等)及固体(贵金属裂变产物和其他可能沉积的锕系和裂变产物元素)。而且，相对于常规固体燃料反应堆的燃料密封在包壳里面，熔盐堆的燃料盐充斥整个堆芯和回路，裂变产物分布于整个燃料回路和其他热工力学相连接的区域(如尾气系统，废料罐等)，其放射性物质的分布范围和所接触对象远多于固体燃料反应堆[1]。由于熔盐堆内各种元素的化学状态和核素原子衰变的这两种特性在反应堆内的耦合作用，这些化学物质的行为既非常复杂又十分关键。因此，在熔盐堆的研制过程中，除了核燃料入堆前和出堆后的化学处理任务外，还存在大量与反应堆本身有关的化学科学问题，它们与熔盐堆运行的安全和控制，燃料处理以及放射性废物管理等方面都密切相关。在这个角度上，熔盐堆也常常被称为"化学反应堆"。由此可见，熔盐堆化学问题的研究和相关技术的研发对钍基熔盐堆核能系统的研制和发展具有重要的科学和技术意义。为了更好地开展熔盐堆的设计和燃料处理技术研发,必须要从化学角度全面了解和掌握熔盐堆内燃料盐及其所包含物质的行为特性。

熔盐堆的化学问题主要包括反应堆中所发生的核化学过程(核裂变和钍铀转化过程中的化学元素变化)和化学过程(熔盐、堆材料和核反应产物之间的化学反应)及其机制,以及这些反应和反应产物对熔盐堆的运行效率和运行安全的影响。例如:燃料盐中铀、钍等锕系元素的浓度变化与核燃料衡算监管和反应堆燃耗直接相关;燃料盐中铀-233和铹-239等增殖核素的浓度与反应堆燃耗和钍铀燃料循环直接相关;燃料盐的 U(Ⅳ)/U(Ⅲ)浓度比与燃料盐的氧化还原性,以及堆内材料的腐蚀和关键元素化学行为等相关;燃料盐中氧和腐蚀产物的浓度与锕系元素沉淀和结构材料腐蚀等行为相关;此外,各种重要裂变产物核素在堆内的分布和存在形态,也都与燃料盐化学性质、材料腐蚀和燃料处理等具有密切联系(见表7-1)。通过对熔盐堆这些化学问题的研究,可以形成对熔盐堆运行性能和运行安全的监测和调控能力,检验和发展钍基熔盐堆核能系统的设计方案和能力,为钍基熔盐堆的商业化推广提供技术支撑和保障。与此同时,熔盐堆化学技术的研究结果也能够为实现钍基熔盐堆可持续运行和钍铀循环的"终极方案"——钍基熔盐堆燃料盐在线处理提供设计思路和理论基础。

表 7-1　熔盐堆主要化学指标及作用

指　　标	目的或用途
总铀、总钍	核燃料物料衡算
^{233}U、铹同位素	燃耗计算
U(Ⅳ)/U(Ⅲ)	氧化还原性、熔盐腐蚀性
O	熔盐含氧量、锕系元素溶解性
Cr、Fe、Ni 和 Mo	材料腐蚀程度、腐蚀速率
^{95}Nb	(1) 裂变产物在熔盐、气体和堆结构材料(合金与石墨)表面的化学形态和沉积规律;
^{131}I、^{133}I、^{135}I	(2) 裂变产物(如铌和碘等相关核素)与熔盐氧化性和材料腐蚀状态的监测;
^{135}Xe、^{137}Xe	(3) 裂变产物浓度(如钐、锝和铕等相关核素)对燃料盐在线处理效率的监测
^{89}Kr、^{91}Kr	

(续表)

指　　标	目的或用途
^{89}Sr、^{90}Sr、^{91}Sr、^{92}Sr	
^{91}Y	
^{95}Zr	
^{99}Mo	
^{99}Tc	
^{103}Ru、^{105}Ru、^{106}Ru	
^{111}Ag	
^{125}Sb	
$^{129\,m}$Te、^{130}Te、^{132}Te	
^{134}Cs、^{137}Cs	
^{140}Ba	
^{141}Ce、^{143}Ce、^{144}Ce	
^{147}Nd	
^{152}Eu、^{154}Eu	
^{152}Sm	

7.1　熔盐堆化学监测技术

熔盐堆内燃料盐的化学监测对熔盐反应堆的成功长期运行是至关重要的。美国核管理委员会(NRC)在 2017 年举行的先进反应堆设计监管流程改革会议中[2]，对熔盐堆燃料盐监测的要求是："提供整个过程(熔盐堆运行)中对燃料盐物理和化学行为的充分理解，从而可以在正常和事故条件下对其进行充分建模，反映燃料盐设计在设施整体安全中的作用。"对燃料盐的化学监测过程直接体现了熔盐堆设计人员是否具有证实所使用的燃料盐满足相关法规的能力。

美国橡树岭国家实验室(ORNL)的报告[3]总结了燃料盐的特性对熔盐堆需要满足的三个基本安全功能的影响,即放射性物质释放限制、反应堆和乏燃料储存散热和整体放射性活度控制。根据燃料盐特性对熔盐堆安全影响的重要程度,研究人员列出了被证明对熔盐堆基本安全功能有重大影响的燃料盐物理化学特性,并建议开发针对这些特性的测量能力,其中包括化学元素组分、核素组分和氧化还原性等化学性质,以及密度、黏度、热容、热导和空泡体积等物理性质。熔盐堆化学监测技术的研发目标就是要掌握针对燃料盐这三个化学性质的在线和离线监测能力。

7.1.1　乏燃料盐化学组分监测

熔盐堆的乏燃料盐中包含多种放射性元素和化学物质,如铀、钍、镎、镅等锕系元素,以及裂变产物如钕、钐、锶、碘等。这些元素和物质的含量和分布不仅影响熔盐堆的运行效率和安全,也与乏燃料后处理工艺的选择和优化、核废料的处置、核设施的安全运行以及环境保护密切相关。熔盐堆内乏燃料的管理及其后处理对于提高核燃料利用率、减少核废料总量以及保障核设施的安全运行具有重要意义。

因此,对乏燃料盐化学组分的准确、实时监测可以为熔盐堆运行和后处理过程提供实时数据支持,有助于优化后处理工艺参数,提高核燃料的回收率和纯度。也可以及时调整后处理工艺条件,避免杂质对乏燃料后处理过程的干扰;对乏燃料盐化学组分的监测还有助于评估核设施的安全性能,及时发现安全隐患,采取相应的措施进行防范和处理,确保核反应堆正常运行,保障工作人员和公众的健康安全。

7.1.1.1　常见分析监测方法

目前应用于乏燃料盐化学组分监测的常见方法,主要包括化学分析法、光谱分析法、质谱分析法以及电化学分析法等。

(1) 化学分析法:化学分析法包含酸碱滴定、沉淀滴定等。该方法主要依据化学反应中物质的量的关系,借助滴定操作来确定待测物质的含量。其优势在于操作相对简便,成本较低,对于常量组分的分析结果较为准确。在对精度要求不高、样品量较大且成分相对单一的情况下,仍有一定的应用空间。不过,化学分析法存在明显的弊端,例如分析速度缓慢,灵敏度有限,难以检测痕量组分。此外,该方法会对样品造成破坏,无法进行在线监测。鉴于这些局限性,化学分析法并不适用于乏燃料盐化学组分的监测。

（2）光谱分析法：光谱分析法主要有原子吸收光谱、X 射线荧光光谱以及激光诱导击穿光谱技术。其中,原子吸收光谱存在诸多问题,例如只能逐个测定元素,对于复杂样品的分析过程繁琐,仪器价格高昂,并且无法实现在线监测。X 射线荧光光谱同样存在不少缺陷,例如对轻元素的检测灵敏度较低,定量分析时需要标准样品,而且只有部分设备能够进行在线监测。而激光诱导击穿光谱技术具备快速、原位、无损分析的特点,可同时检测多种元素,无须复杂的样品前处理,还能实现在线监测,但在定量分析精度方面有待提高,受环境影响较大,对低浓度元素的检测能力也较为有限。

由于乏燃料盐的化学组分极为复杂,包含多种不同的化合物和元素。在光谱分析过程中,不同物质的光谱极易出现重叠现象。比如,某些元素的发射光谱可能会与其他化合物的吸收光谱相互干扰,这极大地增加了光谱解析的难度。研究人员需要耗费大量时间和精力对光谱数据进行复杂处理与分析,即便如此,也难以完全避免因光谱重叠导致的分析误差,从而严重影响分析结果的准确性。综上所述,光谱分析技术虽具有快速、非接触等优点,但在乏燃料盐化学组分监测中存在显著的局限性。

（3）质谱分析法：在质谱分析法中,电感耦合等离子体质谱(ICP - MS)较为常见。该方法能够对元素进行精确的定量分析,但也存在一些不可忽视的问题。其一,质谱仪费用昂贵,一台高性能的质谱仪价格可达数百万甚至上千万元,这对于许多科研机构和企业而言,是一笔巨大的投资。其二,维护和运行成本高昂,需要专业技术人员进行定期维护和校准,同时还会消耗大量昂贵的耗材。其三,样品处理过程复杂,对乏燃料盐样品需要进行严格的前处理,包括消解、分离等步骤,这些操作不仅耗时费力,还容易引入误差。另外,在质谱分析过程中,还存在质谱干扰问题,不同元素的离子可能会产生相同的质荷比,进而影响分析结果的准确性。

（4）电化学分析法：电化学分析法通过构建电化学反应池,利用电极电位、电流及电导等参数的变化,来反映燃料盐中各组分的浓度和状态。在实际应用时,研究人员可根据不同的监测需求,选择合适的电极材料和电解液,以此提高监测的灵敏度和选择性。例如,针对乏燃料盐中的特定杂质,可设计一种对该杂质具有特异性响应的电极,实现对其精准监测。这种方法能够有效评估燃料盐中各组分的动态变化情况,还可实现在线、稳定且高精度的监测。

总体而言,虽然各种监测方法都有其独特优势和适用场景,但化学分析法、原子吸收光谱、电感耦合等离子体质谱均无法实现对乏燃料盐化学组分的在线监测;X射线荧光光谱仅有部分设备能在线监测,存在一定局限性;激光诱导击穿光谱虽可在线监测目标元素,但对低浓度元素检测存在局限,不能完全胜任乏燃料盐的化学组分监测。而电化学分析法凭借其原理和操作简单的特点,在乏燃料盐化学组分监测中展现出更为突出的性能和潜力,且能够实现对乏燃料盐的在线监测,是一种极具前途的分析方法。

7.1.1.2 国内外主要研究进展

在乏燃料盐化学组分监测方面,其他国家开展了大量的研究工作,取得了一系列重要成果。

美国在熔盐堆技术研究方面处于世界领先地位,其对乏燃料盐化学组分监测技术的研究也较为深入。ORNL在熔盐堆实验(MSRE)的基础上,对乏燃料盐中的裂变产物、腐蚀产物以及其他杂质元素的监测技术进行了广泛研究[4-5]。他们采用多种分析技术,如光谱分析、质谱分析和电化学分析等,对燃料盐的化学组分进行了详细的表征和监测。在光谱分析方面,主要利用激光诱导击穿光谱(LIBS)技术,对燃料盐中的金属元素进行了准确测定,该技术具有快速、无损、多元素同时检测等优点,能够在高温、强辐射等恶劣环境下对燃料盐进行在线监测;在质谱分析方面,采用电感耦合等离子体质谱(ICP-MS)技术,实现了对痕量元素的高灵敏度检测;在电化学分析方面,通过开发新型的电化学传感器,对燃料盐的氧化还原电位、离子浓度等参数进行实时监测。

在ORNL的液态盐测试回路(LSTL)中,多电极电化学传感器可以在2天内获取熔盐氧化还原电位和超 $3\,200\times10^{-6}$ OH⁻浓度数据,助力判断熔盐化学状态。借助电化学分析研究离子行为,以OH⁻为例,对比实验获取关键信息支持熔盐体系优化。采用方波伏安法分析模型系统,研究峰电流与频率的关系,建立杂质浓度与电化学信号关联。针对实验数据非理想效应,利用修改后的Krause和Ramaley公式校正,精准测量 O^{2-} 的浓度。2024年,ORNL的FASTR回路监测显示,该传感器可以在70小时内周期性监测盐状态,获取关键信息,显示盐杂质含量低,保障了回路运行安全可靠。因此,在核反应堆的实时监测项目中,采用电化学分析法将有望实现对乏燃料盐中关键组分的不间断监测,为反应堆的安全运行提供有力保障,是一种极具优势的监测手段。

法国和日本在核燃料后处理领域也具有丰富的经验和先进的技术。法国原子能委员会(CEA)针对熔盐堆乏燃料盐的特点,开展了化学组分监测技术的研究。他们重点研究了燃料盐中锕系元素和裂变产物的监测方法,通过改进分离技术和分析方法,提高了监测的准确性和可靠性。而日本主要侧重于开发新型的传感器技术,如基于固体电解质的电化学传感器和基于光纤的光学传感器等,用于实时监测乏燃料盐的化学组分变化。

在国内,随着核电事业的快速发展,中国原子能科学研究院、中国科学院上海应用物理研究所等科研机构在乏燃料后处理领域开展了一系列的研究工作,取得了一定的进展。在乏燃料盐化学组分监测方面,国内研究主要集中在传统分析方法的改进和新型监测技术的探索。通过对传统的原子发射光谱、原子吸收光谱等分析方法进行优化,提高了对乏燃料盐中杂质元素的检测精度;同时,也在积极探索如激光诱导击穿光谱、电感耦合等离子体质谱等新型监测技术在乏燃料盐监测中的应用。

尽管国内外在乏燃料盐化学组分监测方面取得了一定的成果,但仍存在较多的问题和挑战。例如,现有的监测技术在灵敏度、选择性和实时性等方面还不能完全满足乏燃料的在线和放射性环境需求;对于乏燃料盐中一些痕量元素和复杂化合物的监测,仍然存在较大的困难;此外,监测技术与反应堆以及后处理过程的集成度还不够高,难以实现全面、实时监控。因此,开展乏燃料盐化学组分监测技术的研究,具有重要的理论和实际意义。

7.1.2　乏燃料盐核素组分监测

熔盐堆运行时,其燃料盐中存在数百个放射性核素,具体涉及核裂变、钍铀转化链上的中子俘获和衰变产物,或是反应堆结构材料腐蚀后的中子活化反应产物。这些放射性核素就像"基因"一样,携带大量关于熔盐堆运行状态的信息(例如燃料燃耗、熔盐状态和材料腐蚀等)。通过放射化学分析可以识别这些核素和元素,检测它们的含量(例如活度和浓度)、堆内分布及其随时间的变化。根据这些信息就能追溯产生这些核素的核反应或者化学反应,以达到监测熔盐堆运行状态,及时发现可能存在的故障或隐患的目的,为评估、研究和改进熔盐堆研制提供科学依据[6]。综上考虑,熔盐堆乏燃料盐核素检测的重点对象分为钍铀转化核素、裂变产物核素和腐蚀产物核素三大类。

7.1.2.1　钍铀转化核素

钍-232是一个可裂变核素,但不是易裂变核,在热中子反应堆中,钍-232只有转化为易裂变核素^{233}U后才发生裂变而输出能量。钍-232转化成^{233}U的整个过程如图7-1所示:钍-232吸收一个中子后生成钍-233,钍-233经

过一次 β 衰变(半衰期为 22.3 个月)成为镤-233,镤-233 再经过一次 β 衰变(半衰期为 27 天)成为铀-233。为了利用^{232}Th 资源的潜在核能,必须实现钍铀转化或增殖[7]。因此,通过对钍铀转化过程中关键锕系核素(如表 7 - 2 所示)的检测,有助于深入了解熔盐堆内钍铀燃料的转化过程,掌握钍铀转化规律,为实现钍铀燃料循环利用提供极为重要的参考。

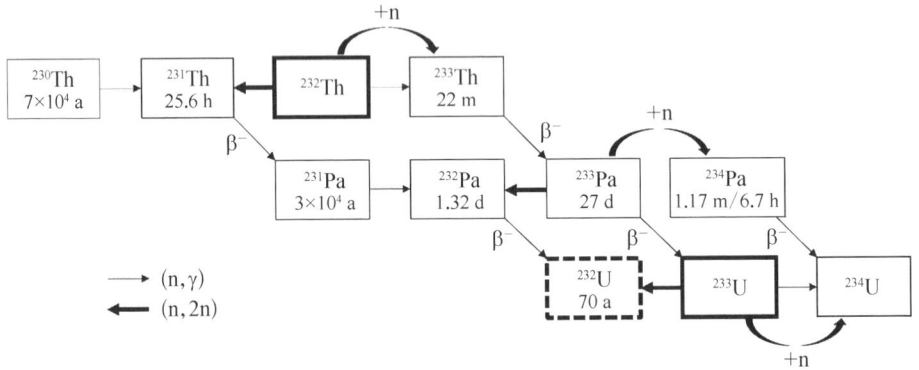

图 7 - 1　钍-镤-铀核反应和转化

表 7 - 2　钍铀转化相关锕系核素

核　素　名　称	拟采用分析方法	研　究　目　的
^{230}Th	α 能谱,ICP - MS	钍铀转化过程
^{233}Th	γ 能谱	钍铀转化过程
^{234}Th	γ 能谱	钍铀转化过程
^{235}Th	γ 能谱	钍铀转化过程
^{232}Pa	γ 能谱	钍铀转化过程
^{233}Pa	γ 能谱	钍铀转化过程
^{234}Pa	γ 能谱	钍铀转化过程
^{232}U	α 能谱	钍铀转化过程
^{233}U	α 能谱	钍铀转化过程,后处理
^{234}U	α 能谱	燃料增殖

（续表）

核 素 名 称	拟采用分析方法	研 究 目 的
^{235}U	ICP - MS	物料衡算，后处理
^{236}U	α能谱	燃耗计算
^{237}Np	α能谱	后处理
^{239}Np	γ能谱	后处理
^{239}Pu	α能谱	后处理
^{240}Pu	α能谱	后处理
^{241}Pu	γ能谱	后处理

7.1.2.2　裂变产物核素

固体燃料堆内所有锕系元素和产生的裂变产物都密封在特制的燃料元件中，反应产物的组成和相对量基本固定（见图 7 - 2）。随着燃耗的加深，其变化也遵循一定规律。熔盐反应堆则复杂得多，由于燃料盐化学状态的影响，部分裂变产物可能从氟化物转化为金属单质、氟氧化物、氧化物和双金属混杂多配位氟化物等，其中有些化合物因受限于溶解度而从燃料盐中析出，它们或凝聚成小颗粒漂浮在熔盐表层，或沉淀在熔盐底部和主回路管道死角。也可能沉积在石墨慢化剂表面或结构合金的内表面上，造成堆内裂变产物局部富集和

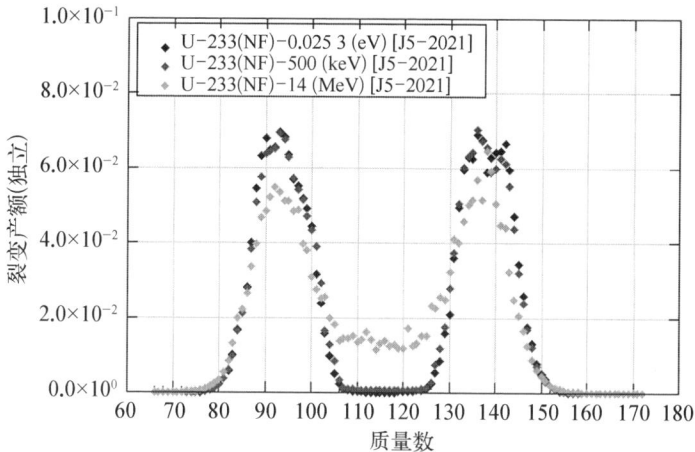

图 7 - 2　不同能量中子轰击下^{233}U 的裂变产额曲线（引自 JAEA 核数据中心）

空间分布的不均匀[8]。

与此同时,轻核反应和重核裂变会产生大量的氚、氪和氙等稀有气体。驱动熔盐在堆内流动的熔盐泵附带除气系统,它将部分气体从熔盐堆内移除。因为大量的氚和中子截面极高的氙-135的去除,大大提高了中子利用率,但同时也带来了一些复杂的影响。一方面,部分缓发中子先驱核本身就是气体或易挥发性元素(例如溴、碘、氪、铷和铯),它们中的一部分将被除气系统从熔盐堆内除去,从而改变缓发中子在堆内的发射份额,其结果可能导致熔盐堆控制能力预留不足。另一方面,氪和氙同位素涉及裂变产物中多个高产额的质量链,它们的去除关联着衰变链上更多衰变子体核素的丢失,从而造成熔盐堆内裂变产物组成改变以及相关含量数据的缺失。

因此,必须实时检测堆内关键核素的活度,监测它们的行踪及其随时间和燃耗的变化。通过大量数据的分析,理清基本规律,为熔盐堆的燃耗计算和燃料管理提供基本数据的支持。同时,还需要研究这些裂变产物核素的化学结构、性质、状态和行为之间的关联性,寻找控制和消除诱发它们在熔盐中析出和凝聚的影响因素,以保证熔盐堆的正常运行,需要关注的重点裂变产物核素如表7-3所示。

表7-3 乏燃料盐中的典型裂变产物核素

核 素 名 称	拟采用分析方法	研 究 目 的
^{95}Nb	γ能谱	行为分布规律与熔盐氧化电位的关联性
^{131}I、^{133}I、^{135}I	γ能谱	行为分布规律与熔盐氧化电位的关联性
^{135}Xe、^{137}Xe	γ能谱	空间分布规律与熔盐堆运行效率的关联
^{89}Kr、^{91}Kr	γ能谱	行为分布规律与熔盐堆运行燃耗的关联
^{89}Sr、^{90}Sr、^{91}Sr、^{92}Sr	γ能谱,液闪	行为分布规律与熔盐堆运行燃耗的关联
^{91}Y	γ能谱	行为与分布规律
^{95}Zr	γ能谱	行为分布规律与熔盐堆运行燃耗的关联
^{99}Mo	γ能谱	行为分布规律与熔盐堆运行状态的关联性
^{99}Tc	γ能谱	行为分布规律与熔盐堆运行状态的关联性
^{103}Ru、^{105}Ru、^{106}Ru	γ能谱	行为分布规律与熔盐堆运行状态的关联性

（续表）

核 素 名 称	拟采用分析方法	研 究 目 的
^{111}Ag	γ 能谱	行为与分布规律
^{125}Sb	γ 能谱	行为与分布规律
^{129m}Te、^{130}Te、^{132}Te	γ 能谱	行为分布规律与熔盐堆运行状态的关联性
^{134}Cs、^{137}Cs	γ 能谱	燃耗计算、反应堆设施环境放射性关联
^{140}Ba	γ 能谱	行为分布规律与熔盐堆运行燃耗的关联
^{141}Ce、^{143}Ce、^{144}Ce	γ 能谱	行为与分布规律
^{147}Nd	γ 能谱	行为与分布规律与乏燃料盐后处理的关联
^{152}Eu、^{154}Eu	γ 能谱	行为分布规律与熔盐堆运行效率的关联性

7.1.2.3　腐蚀产物核素

腐蚀产物是堆内结构材料在中子辐照和高温燃料盐等共同作用下,发生腐蚀时生成的物质。以堆用镍基哈氏 N 合金(Hastelloy N 或 UNS N10003)为例,合金的主要组成元素包括镍,钼,铬,铁,钨,钴等。在腐蚀过程中,合金组成元素腐蚀溶解进入液态燃料盐,生成的腐蚀产物可能以金属氟化物、金属氧化物和络合物等形式存在。同时,燃料盐的氧化还原电位影响结构合金的腐蚀进程[9],燃料盐氧化电位过高导致合金腐蚀加剧,而氧化电位过低则引起贵金属裂变产物沉积。哈氏 N 合金元素本身及其腐蚀产物都可以在中子辐照作用下活化[10],乏燃料中溶解大量的活化后的腐蚀产物,因此需要对堆内的腐蚀产物进行监测,有助于理解它们在堆内的迁移情况,掌握合金的腐蚀程度。利用放射化学技术手段对熔盐中的放射性腐蚀产物进行监测,自然是评估熔盐堆结构合金的腐蚀进程和腐蚀速率的一种最简便、快速、可靠和灵敏的方法,熔盐堆内可能存在的活化产物及其产生过程如表 7-4 所示。

表 7-4　腐蚀产物核素

核 素 名 称	产 生 路 径	拟采用分析方法	研究目的
^{59}Ni	$^{58}Ni(n, \gamma)^{59}Ni$	γ 能谱	腐蚀速率
^{63}Ni	$^{62}Ni(n, \gamma)^{63}Ni$		

核素名称	产生路径	拟采用分析方法	研究目的
^{93}Mo	^{92}Mo(n, γ)^{93}Mo		
^{99}Mo	^{98}Mo(n, γ)^{99}Mo		
^{51}Cr	^{50}Cr(n, γ)^{51}Cr		
^{55}Fe	^{54}Fe(n, γ)^{55}Fe		
^{59}Fe	^{58}Fe(n, γ)^{59}Fe	γ能谱	腐蚀速率
^{181}W	^{180}W(n, γ)^{181}W		
^{185}W	^{184}W(n, γ)^{185}W		
^{187}W	^{186}W(n, γ)^{187}W		
^{60}Co	^{59}Co(n, γ)^{60}Co		

7.1.3 乏燃料盐氧化还原性监测

钍基熔盐堆属于核裂变堆,燃料盐所用组分一般为 LiF - BeF$_2$ - UF$_4$ (- ThF$_4$),铀在熔盐中主要以 UF$_4$ 和 UF$_3$ 的形式存在。因此燃料盐的氧化还原电位由[U(Ⅳ)]/[U(Ⅲ)]的摩尔分数比确定。核燃料裂变产物的产额和价态预期显示:在裂变反应过程中,铀离子转变为两个或多个裂变产物原子(离子),由于裂变产物元素多为+3 或更低价态,整个裂变过程为缺电子反应。为了裂变反应过程的得失电子平衡,部分 UF$_3$ 会转化为 UF$_4$,致使燃料盐的氧化性增强。因此,必须加入 UF$_3$ 或另一种还原剂来维持还原条件。否则,裂变的氧化过程引起的阳离子当量不足将由 UF$_3$ 的氧化和容器的腐蚀来弥补。

除了熔盐堆裂变反应的天然氧化效应外,由于堆运行需求或设备维修等工作时,需要对熔盐堆进行打开操作,此时不可避免地引入少量氧气/水等氧化性组分。由此可见,由于熔盐堆裂变反应的天然特性以及氧化剂不可避免的引入,随着反应堆的运行,研究堆必然会逐渐趋于氧化状态。燃料盐中氧化还原电位的变化会对多个方面产生影响,包括金属的腐蚀、裂变产物存在形式的变化、后处理分离效率的降低、铀的歧化反应以及铀与石墨的相互作用。因此,对燃料盐的氧化还原监测是熔盐堆设计与运行中不可或缺的重要组成部分。

7.1.3.1 燃料盐氧化还原性监测的重要性

燃料盐容器的主要功能之一是安全保存放射性核素,而燃料盐与容器的相互作用主要取决于燃料盐的成分和工作温度。在工作温度下,燃料盐容器合金中的元素处于易还原状态,且在卤化物燃料盐中的非氧化溶解程度极低。当熔盐的氧化还原电位升高时,溶解在熔盐中的结构金属的平衡浓度也会增加。合金组分的平衡浓度在很大程度上受溶剂体系氧化还原电位的影响。因此,燃料盐的氧化还原性是衡量体系腐蚀性强弱的关键指标。燃料盐的氧化性过高时,溶解在燃料盐中的金属离子浓度较高,表明燃料盐的腐蚀性较强,会显著加剧合金的腐蚀程度,反之亦然。当燃料盐处于还原性时,体系的腐蚀性较弱,结构合金元素在盐中的腐蚀程度极低。更为关键的是,燃料盐的氧化还原状态会改变裂变产物的存在形式,进而影响其在燃料盐中的化学行为,并可能引发比均匀腐蚀危害性更大的局部晶间腐蚀。

以裂变产物 Te 为例,当哈氏合金 N 暴露于碲化铬与盐的混合物中时,会将盐的氧化电位控制在还原范围内,这样可以有效缓解晶间脆化现象。在相对还原的熔体中,碲主要以碲化物形式存在,而非游离态碲。控制[U(Ⅳ)]/[U(Ⅲ)]的比率[至少 1.6% 铀处于 U(Ⅲ)状态]对材料的开裂程度具有显著影响[11]。这种控制方法通过调节熔盐中的氧化还原平衡,能够有效降低碲的活性,从而减少其对合金材料的腐蚀和脆化作用。如式(7-1)所示,当[U(Ⅳ)]/[U(Ⅲ)]比率较低时,熔盐体系的还原性增强,有利于将碲稳定在较无害的碲化物形态;相反,比率较高会增强熔盐的氧化性,促使碲以更具腐蚀性的游离态存在,从而诱发合金材料的晶间腐蚀,导致合金的晶间腐蚀开裂问题。

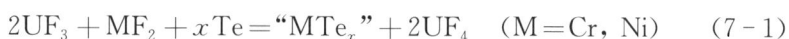

$$2UF_3 + MF_2 + xTe = \text{“} MTe_x \text{”} + 2UF_4 \quad (M = Cr, Ni) \qquad (7-1)$$

如前所述,氧化还原电位过高会影响金属的腐蚀,发生碲致开裂,因此我们应避免高[U(Ⅳ)]/[U(Ⅲ)]比率。然而,如果比率过小,即 U(Ⅲ)含量过高时,也会出现负面作用。例如,在有石墨存在的情况下,高浓度的 U(Ⅲ)还会与石墨发生反应,进而产生 UC。这一反应使得铀以碳化物的形式沉积下来,减少了熔盐中的有效铀含量。与此同时,这种固相产物还有可能堵塞流动通道,对熔盐的正常循环以及热传导效率产生影响。此外,石墨作为中子慢化剂的消耗也会对反应堆的中子经济性造成影响。

7.1.3.2　氧化还原性监测的方法

钍基熔盐堆作为先进的第四代核反应堆候选堆型之一,核心在于以熔盐作为燃料载体和冷却介质。熔盐的氧化还原电位直接关乎燃料的稳定性,以及与结构材料的相容性。[U(Ⅳ)]/[U(Ⅲ)]比例不仅与堆结构合金腐蚀问题紧密相关,还直接影响其物理化学稳定性以及堆芯的安全运行。控制熔盐的氧化还原状态对于熔盐燃料反应堆的运行具有重大技术意义。燃料盐进行氧化还原调控的总体目标如下:通过将氧化还原状态维持在可接受的范围内,确保燃料盐在熔盐堆正常运行和突发事故情况下的性能稳定;通过控制腐蚀性,延长反应堆结构材料的使用寿命;确保燃料盐的氧化还原状态不会对反应堆的核安全造成威胁;通过调整氧化还原状态,优化燃料盐中可裂变物质的利用。

[U(Ⅳ)]/[U(Ⅲ)]比率决定了盐的氧化还原状态,准确测量这一比值对于燃料化学的基本理解至关重要。美国橡树岭国家实验室采用了一种氢化-蒸发法来测定燃料中的U(Ⅲ)[12]。在该方法中,将熔融燃料样品与氢喷射,根据以下反应还原氧化物质:

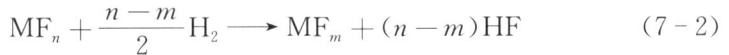

$$MF_n + \frac{n-m}{2}H_2 \longrightarrow MF_m + (n-m)HF \qquad (7-2)$$

其中 MF_n 可以是 UF_5、NiF_2、FeF_2、CrF_2,或 UF_4,按照其观察到的还原电位的顺序。用氢气喷射燃料产生 HF 的速率是[U(Ⅳ)]/[U(Ⅲ)]瞬时比值的函数。由于腐蚀产物也会产生 HF,因此需要扣除腐蚀产物的影响再求解铀比率的关系。虽然在铀-235 运行期间,获得的[U(Ⅳ)]/[U(Ⅲ)]比率与从反应堆装料和运行数据中获得的结果一致,然而,该方法并不适合 ^{233}U 燃料中较低浓度的铀。

随后,美国橡树岭国家实验室发展了电化学方法测量燃料成分[13]。其中,用电位法测定这一比值需要 U(Ⅳ)/U(Ⅲ)偶联的标准电极电位相对于参考偶联的标准电极电位的值。根据原电池 Pt|U(Ⅳ),U(Ⅲ) ‖ Ni(Ⅱ)|Ni 上的电动势测量,计算了假设的单位摩尔分数 Ni/Ni(Ⅱ)电极(任意设置为 0 V)的[U(Ⅳ)]/[U(Ⅲ)]的标准电位。该电池由一个 Ni/Ni(Ⅱ)参比电极和一个浸在含有 U(Ⅲ) 和 U(Ⅳ) 的熔体中的铂丝组成。在 500 ℃ 时,[U(Ⅳ)]/[U(Ⅲ)]偶联的标准电位为(1.48±0.01) V,对应 U(Ⅳ)/U(Ⅲ)比值为 1。

当 U(Ⅳ)>U(Ⅲ)时,可以建立了一种简便的测定[U(Ⅳ)]/[U(Ⅲ)]比值的伏安法[14]。该方法包括测量熔体平衡电位(由浸入熔体中的惰性铂电极测量)与[U(Ⅳ)]/[U(Ⅲ)]对标准电位 $E_{1/2}$ 的伏安当量之间的电位差。假设一个可逆的电偶对,氧化和还原形式都是可溶的,对于固定电极的线性扫描伏安法,极谱半波电位 $E_{1/2}$ 对应伏安图上电流等于峰值电流 85% 下所对应的电位。$E_{1/2}$ 近似等于 E^0。[U(Ⅳ)]/[U(Ⅲ)]的平衡势由下式给出:

$$E_{eq} = E^0 + \frac{2.3RT}{nF}\lg\frac{U(Ⅳ)}{U(Ⅲ)} \qquad (7-3)$$

$$E_{eq} - E_{1/2} = \frac{2.3RT}{nF} \lg \frac{U(\text{IV})}{U(\text{III})} \tag{7-4}$$

式中，E^0 为标准电极电位，n 为转移电子数。

在对[U(IV)]/[U(III)]比值电偶对进行电势和伏安测量的同时，采用分光光度法测定熔盐中的[U(IV)]/[U(III)]。样品保存在石墨池中，凝固后被转移到一台可加热的分光光度计中。整个操作过程均在惰性氩气氛围中完成，以避免燃料盐氧化性的改变。样品在氩气氛围中重新熔化后，测得其光谱。U(IV)的吸光度在 640 nm 处测定，U(III)的吸光度在 360 nm 或 890 nm 处测定。分光光度法和伏安法结果表明[U(IV)]/[U(III)]比值在 7～140 的范围内具有良好的一致性[14]。

测定燃料盐氧化还原性的方法如表 7-5。其中化学分析方法包括直接测定燃料中的 U(III)，和间接测量容器合金中最容易氧化的元素（如铬）的溶解浓度变化来评估氧化还原状态。光谱法可识别不同价态元素的特征峰，进而计算出各价态成分的浓度比。电化学方法能够测量氧化还原依赖的多价元素（通常是铀）的浓度比，可用于原位测量燃料盐中不同价态物质的比例。

表 7-5　燃料盐氧化还原性监测方法

评估手段	监 测 对 象	方法属性	特　　　点
化学	U(III)	离线	受腐蚀产物的影响
化学	铬离子	离线	离线取样
光谱法	[U(IV)]/[U(III)]	离线	熔盐与透光材料的相容性问题
电化学	[U(IV)]/[U(III)]	在线	编程后可自动取样计算

7.1.3.3　氧化还原性监测的进展

关于氧化还原性监测，最早在 MSRE 中采用间接测量技术，通过定期取样和成分测量来跟踪容器合金中最易氧化成分的浓度变化。铬浓度被用作总盐腐蚀性的替代指标。当样品间铬浓度升高时，通过接触金属铍对燃料盐进行氧化还原性调节。

阿贡国家实验室（ANL）近期在 MSR 年度审查会议上展示[4]，为满足 NRC 对先进反应堆腐蚀和临界安全的不断演变的许可要求，ANL 在 FY23 对

ORNL 的液态盐测试回路(LSTL)部署了分布式多电极电化学传感器,用于监测 LSTL 的盐状态,包括盐的氧化还原电位、盐表面液位和杂质浓度。同时,根据其盐和合金组成,为 LSTL 建立了操作范围。根据现场检测数据,LSTL 盐在运行过程中发生显著的氧化。

太平洋西北国家实验室(PNNL)利用谱学工具(如紫外-可见吸收光谱和拉曼光谱等)对熔盐系统中镧系元素、锕系元素以及腐蚀产物等的光谱变化进行在线监测和分析[15]。尽管光谱学是一种相对成熟的技术,但目前光学探针及相关材料的辐射耐受性等性能还需进一步验证和提升,以确保在反应堆实际运行条件下能长期稳定工作。

燃料盐氧化还原监测技术正处于持续发展的阶段,中国科学院上海应用物理研究所在这方面取得了一些重要进展。如图 7-3 所示,采用不同的惰性

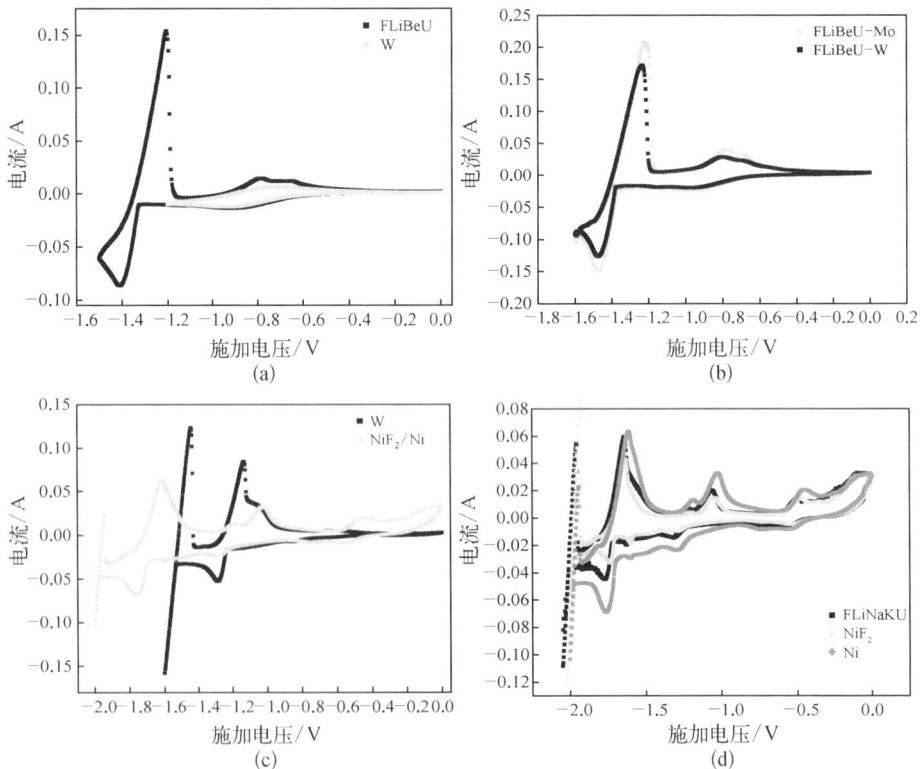

图 7-3 氟化物熔盐氧化还原性监测结果

(a) FLiBeU,W 参比电极;(b) FLiBeU,W/Mo 参比电极;(c) FLiNaKU,W、NiF$_2$/Ni 参比电极;(d) FLiNaKU,NiF$_2$/Ni 参比电极稳定性

电极监测燃料盐的循环伏安曲线,并重点关注 U(Ⅳ)还原为 U(Ⅲ)的特征峰,可据此计算不同氧化态铀的比例。此外,对不同惰性电极在监测过程中的稳定性进行比较,发现在满足开路电位为零的条件下,线性极化法的测试结果表现出良好的稳定性。同时,对比验证了惰性电极与金属/金属氟化物作为参比电极的可行性,以及金属/金属氟化物参比电极在不同时间状态下的稳定性。

　　燃料盐的氧化还原行为是影响核反应堆运行安全性和燃料循环效率的关键因素之一,准确监测燃料盐的氧化还原状态对于核反应堆的安全运行和燃料管理极其重要。未来相关监测技术的发展将集中在以下两个方向:① 参比电极。通过优化电极材料和结构设计,期望能够显著提升参比电极的稳定性、准确性和长期可持续性。对不同类型的参比电极进行系统评估,以确定最适合燃料盐监测的电极类型。② 在线光谱技术。开发适用于燃料盐氧化还原行为监测的在线光谱技术,并将其与电化学方法进行对比验证。通过多技术融合进一步提升监测结果的可靠性和全面性。以上技术的开发可为乏燃料盐的氧化还原性监测提供有力的技术保障,并为其氧化还原性调控提供科学依据。

7.2　熔盐堆化学调控技术

　　在熔盐堆的运行过程中,裂变产物、腐蚀产物和其他污染物会在燃料盐中积累。如果缺乏对燃料盐的化学调控,将无法满足先进熔盐反应堆在材料腐蚀和临界安全等方面所面临的持续安全需求。因此,熔盐堆的设计人员需要建立满足熔盐堆安全运行的燃料盐性质规范,将燃料盐的关键性质(如温度、氧化还原性和氧化物杂质浓度等)指标维持在可控的范围内。在这些性质指标中,燃料盐的氧化还原性主要受熔盐堆运行过程中不断产生的裂变产物和腐蚀产物的影响,以及外部不可避免引入的氧和水分的影响,这些污染物对燃料盐特性的影响程度决定了它们在燃料盐中的允许水平。

　　对燃料盐进行化学调控的目的就是要将因熔盐堆运行而产生的、影响燃料盐物理化学性质的污染物去除,并将燃料盐的关键性质维持在可控的范围内。调控的内容为燃料盐中包含的氧化物、水、腐蚀产物和裂变产物,以及燃料盐的氧化还原性等。

7.2.1　乏燃料盐的氧化还原性调控

　　如 7.1.3 节所述,燃料盐的氧化还原性会随着反应堆的运行不断变化,过高的氧化性会加速合金材料的腐蚀,从而影响反应堆的安全性。高腐蚀性的燃料盐会降低反应堆对放射性核素的包容能力,进而削弱其安全功能。因此,控制燃料盐的腐蚀性是确保熔盐堆良好运行的关键。为此,必须及时调控堆内燃料盐的氧化还原性。

为了保障燃料盐在正常运行及事故状况下的性能,确保燃料盐在全生命周期内的性质达到可接受标准尤为关键。熔盐堆燃料循环化学研讨会[16]建议构建一个操作窗口,在操作温度、氧化还原性和氧化物活性等方面保持其关键特性。当操作窗口内的结果显示燃料盐的性质不符合标准时,需要在熔盐堆运行过程中对燃料盐的成分及氧化还原性进行适当调整,以确保其始终处于安全的操作窗口内。

7.2.1.1 燃料盐氧化还原性调控方法

根据氟化物熔盐的特性,其控制方法主要有三种:一是通入还原性气体(如 H_2/HF 混合气体)进行调节;二是添加还原性金属(如铍或锂);三是添加少量盐类(如 CeF_3/CeF_4)。在 MSRE 项目中,优先考虑使用金属单质进行还原调控。对于还原剂的选择,仅限于那些阳离子是熔融氟化物混合物的主要成分的金属,如锂、铍和锆。这种情况下还原剂的阳离子本身就是混合物的主要成分,因此不会引入新的成分来改变燃料盐的组成。此外,还应考虑金属的物理性质,以及作为添加剂的可行性和操作便利性。考虑到锂的密度低、熔点低,在熔盐中会以液体形式漂浮在表面,不利于对反应的控制。因此,建议使用铍作为 MSRE 冷却剂、冲洗剂和燃料盐的还原剂,而锆作为还原燃料盐中杂质的备选方案。

在 MSRE 开发试验中,研究团队在 600 ℃ 的条件下,向 LiF - BeF_2 熔融混合物中逐步按重量添加铍金属[17]。该熔融混合物最初含有约 12 mmol/kg 的铁元素和 4 mmol/kg 的铬元素。图 7 - 4 展示了每次加入铍和锆后过滤盐样品的分析结果。这些数据清晰地表明,结构金属氟化物能够被铍和锆有效地还原至相当低的浓度水平。

MSRE 总结了反应堆消耗的功率、初始还原当量和还原剂的还原当量,通过统计 $U(\text{III})/\sum U$ 分析值,推测 1 mol 铀裂变时,其中约有 0.76 当量发生了氧化。因此,MSRE 定义裂变氧化当量系数为 0.8,即 1 mol 的铀裂变导致 0.8 mol 的 $U(\text{III})$ 被氧化。在 1966 年至 1969 年运行的 MSRE 中,共进行了 30 多次调控操作。所有通过采样器引入燃料盐系统的还原剂添加情况总结于表 7 - 6 中,包括铍粉、铍棒、铬棒、锆棒、FeF_2 粉末、锆箔和铌箔,其中主要通过

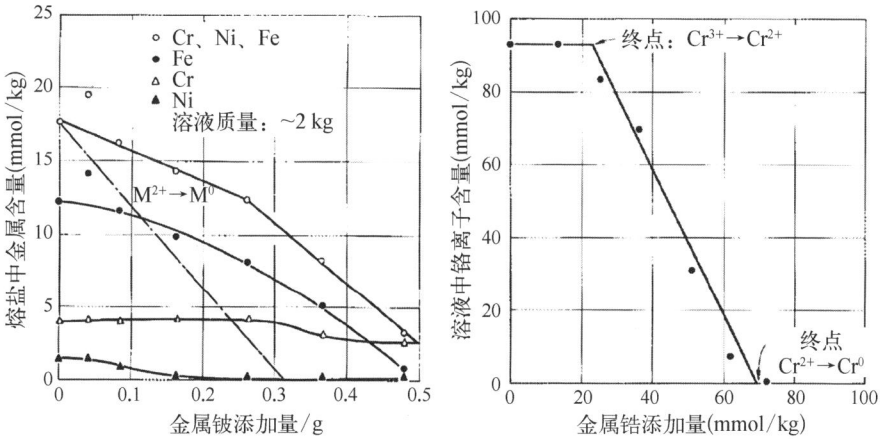

图 7 - 4　铍金属和锆金属在 600 ℃ 下还原 LiF - BeF₂ (66 - 34)
溶液中的结构金属氟化物[17]

铍棒进行调控。为了降低腐蚀程度并减小燃料盐中的[U(Ⅳ)]/[U(Ⅲ)]比值,MSRE 选择了金属铍作为最适合原位还原燃料盐中 U(Ⅳ)的物质。纯铍材料可以方便地与采样器富集装置一起使用,并且提供了每单位质量最大的还原当量。实验室测试结果表明,该金属具有足够的还原性,且便于在短时间内进行暴露处理。

表 7 - 6　MSRE 燃料盐中 U(Ⅲ)/[∑U]的调控总结[18]

时　间	样品编号	加入的还原剂		加入的还原剂当量	U(Ⅲ)/∑U(%)计算值
		形式	质量/g		
2/13/66	Runs 5 - Ⅰ				0.41
1/1/67	FP - 10 - 14	铍粉	3.00	0.67	0.22
1/3/67	FP - 10 - 16	铍粉	1.00	0.89	0.25
1/4/67	FP - 10 - 18	铍棒	1.63	1.25	0.29
1/13/67	FP - 10 - 23	铍棒	10.65	3.61	0.51
2/15/67	FP - 11 - 10	铍棒	11.66	3.2	0.74
4/10/67	FP - 11 - 40	铍棒	8.40	8.06	0.79
6/21/67	FP - 12 - 8	铍棒	7.93	9.82	0.87

（续表）

时　间	样品编号	加入的还原剂		加入的还原剂当量	U(Ⅲ)/∑U(%)计算值
		形式	质量/g		
6/23/67	FP - 12 - 9	铍棒	9.84	12.01	1.12
7/3/67	FP - 12 - 13	铍棒	8.33	13.86	1.3
7/6/67	FP - 12 - 15	铍棒	11.68	16.45	1.59
8/3/67	FP - 12 - 56	铍棒	9.71	18.6	1.72
9/15/68	FP - 15 - 7	铍棒	10.08	2.24	0
10/13/68	FP - 15 - 30	铍棒	8.34	4.09	0
11/15/68	FP - 15 - 62	铍棒	9.38	6.17	0
11/20/68	FP - 15 - 66	铍垫圈	1.00	6.39	0
1/22/69	FP - 17 - 8	铍棒	8.57	8.29	1.19
1/30/69	FP - 17 - 11	铬棒	4.73	8.48	1.19
4/15/69	FP - 18 - 3	锆棒	20.24	9.37	0.65
4/26/69	FP - 18 - 7	锆棒	24.04	10.42	1.19
5/8/69	FP - 18 - 17	FeF_2 粉	30.00	9.78	0.52
5/15/69	FP - 18 - 23	铍棒	5.68	11.04	1.2
5/20/69	FP - 18 - 28	铍棒	3.17	11.74	1.59
9/12/69	FP - 19 - 25,26	锆箔	0.62	11.77	0
9/24/69	FP - 19 - 31 - 4	锆箔	1.20	11.82	0
10/2/69	FP - 19 - 40	铍棒	2.87	12.46	0.99
10/8/69	FP - 19 - 48	铍棒	4.91	13.55	1.61
10/21/69	FP - 19 - 51	铌箔	0.02	13.55	1.37
11/29/69	FP - 20 - 7	铍棒	6.97	15.1	1.16
12/9/69	FP - 20 - 22	铍棒	9.89	17.3	2.49
12/9/69	FP - 20 - 22	铍棒	3.019	17.97	2.95

7.2.1.2　熔盐氧化还原性调控研究进展

熔盐氧化还原性调控在工程应用中取得了显著成效,这一进展吸引了众多学者对相关领域展开深入研究。最初的研究主要关注于316不锈钢在熔融$LiF-BeF_2$热对流回路中的腐蚀速率[19]。结果表明,在熔盐中直接添加金属铍,可以显著降低316型不锈钢的腐蚀速率。在此基础上,通过添加还原性金属,能够对氟化盐的氧化电位实现精准且有效的调控。

随着聚变反应堆研究的不断推进,对铍与氟离子的反应速率进行了深入分析,并指出铍能够有效调控FLiBe的氧化还原状态。借助滴定系统测定HF的中和速率,同时定期采集样品并分析溶解于盐中的杂质浓度,通过建立两者之间的相关性,从而实现对氧化还原反应速率的定量监测,并获得动力学数据[20]。

铍的添加能够促使平衡电位向阴极方向移动,有效降低熔盐的氧化性,同时因其不会引入其他杂质,在工程应用中具备显著的便利性。然而,该方法仍存在局限性:其一,铍在FLiBe熔盐中的溶解度较低,即便在金属添加处能形成适宜的氧化还原条件,其作用效果也难以覆盖整个回路;其二,铍会与316不锈钢试样中的成分发生反应,形成金属间化合物BeNi,甚至可能生成$Be_2(Cr,X)$,这类反应极有可能对合金的力学性能产生负面影响。因此,亟须明确能否通过添加少量铍,在有效调控氧化电位的同时,避免与容器材料形成金属间化合物,从而保障系统的稳定性与材料性能。

金属锂在材料腐蚀控制方面的研究也取得了重要进展。相关研究聚焦于两种氟盐冷却高温堆(FHR)候选合金在熔融FLiNaK中的腐蚀行为[21],结果表明,锂能够极为有效地调控熔盐的氧化还原特性。即使仅添加少量金属锂,也能显著抑制结构材料中活性合金元素(如铬、镍等)的选择性溶解。值得注意的是,还原性金属添加剂在控制腐蚀的同时,会对合金微观组织产生影响。热力学计算与透射电镜分析显示,锂的加入促使合金晶界处析出弥散相,可能导致合金塑性下降。

除了常见的金属还原剂之外,锕系和镧系金属也具有一定的调控作用。如在$LiF-CaF_2$熔盐体系中引入铀板(U(Ⅳ)体系)作为还原剂[22],并采用电化学监测技术,对体系中[U(Ⅳ)]/[U(Ⅲ)]的浓度比值变化进行监测。实验数据表明,调控反应在2.5 h左右基本达到平衡,且熔盐中[U(Ⅳ)]/[U(Ⅲ)]的比值在几天的时间内可进一步降低至1左右。

通过添加还原性金属调控熔盐的氧化还原特性已成为当前研究的焦点。

然而,当体系还原性过强,或在特殊工况下需引入氧化性杂质时,熔盐体系的传质效应会显著增强,进而对材料稳定性造成负面影响。以熔融氟化盐体系为例,向其中添加一定量的金属氟化物时,这些杂质会加速合金在熔融盐环境中的腐蚀。这种腐蚀影响的程度并非固定,而是与金属氟化物杂质的热力学稳定性,以及合金的成分及微观结构密切相关。

在燃料盐氧化还原调控领域,我们取得了重要突破。特别是在 FLiBeU 熔盐体系,通过添加还原剂与氧化剂实现对[U(Ⅳ)]/[U(Ⅲ)]比值的有效控制[见图 7-5(a)]。在 650 ℃条件下,针对氟化铀质量占比 6% 的 FLiBeU 熔盐体系,分阶段开展调控实验:首次连续添加金属铍棒后,熔盐氧化还原电位显著正向偏移,且[U(Ⅳ)]/[U(Ⅲ)]比值从初始的 6.7×10^4 骤降至 3 以下;后续向体系中引入 NiF_2,熔盐氧化还原电位随即逆向移动。实验结果表明,

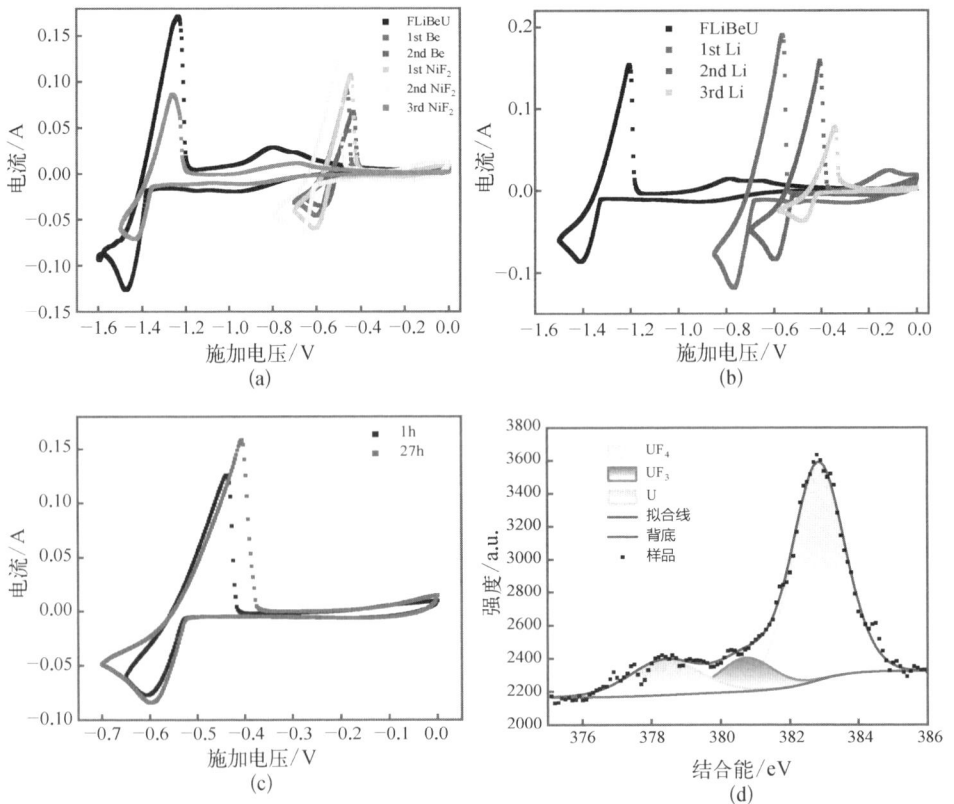

图 7-5　FLiBeU 中添加 Be/Li 及 NiF_2 氧化还原性调控结果
(a) 铍和 NiF_2;(b) 锂;(c) 添加锂 1 h 和 27 h 后的 CV 曲线;(d) 熔盐调控过程 XPS 解析

FLiBeU 熔盐的氧化还原状态对调控剂种类极为敏感。通过合理选择还原剂与氧化剂,可实现熔盐氧化还原电位的动态调控。该发现为熔盐体系氧化还原性能的精准调控提供了新的技术路径。

在该熔盐体系的调控过程中,金属锂的添加也能起到类似的效果,如图 7-5(b) 和图 7-5(c) 所示。由图 7-5(c) 可知,添加锂还原剂 1 h 与 27 h 后的 CV 曲线呈现高度重合特征。这一现象表明,在锂添加后的 1 h 内,体系内氧化还原反应已基本完成,后续延长反应时间对体系电化学行为无显著影响。此外,研究团队采用 X 射线光电子能谱(XPS)对调控过程中的离子价态进行光电子能谱分析,并与在线的电化学 CV 方法进行交叉验证(见图 7-5(d))。这种多技术联用的分析策略,有效弥补了单一检测手段的局限性,显著提升了熔盐氧化还原状态检测的准确性与可靠性,为深入理解熔盐体系反应机制提供了更全面的依据。

在熔盐堆的后续研究进程中,围绕燃料盐氧化还原调控这一核心问题还需系统开展以下工作:① 不同氧化还原剂的调控效能。针对铍、锂、钠、NiF_2 和 FeF_2 等典型的氧化剂或还原剂,研究它们在熔盐氧化还原状态调控中的作用机制,筛选并确定合适的调控剂组合;② 多样化的调控剂添加方式。重点对连续添加、分批次添加等不同策略进行模拟与实验验证,优化添加工艺参数与流程,提升调控过程的效率与稳定性,降低操作风险与成本;③ 动态环境下的调控效果验证。依托模拟运行工况的动态回路实验平台,对优化后的调控方法进行长期、多场景测试,验证其在复杂动态条件下的有效性与可靠性,确保理论成果能够切实转化为工程应用。通过这些系统性的研究,完善熔盐堆燃料盐氧化还原性的调控工艺,为实现熔盐堆的安全高效运行提供技术方案,推动熔盐堆化学技术的发展与应用。

7.2.2　乏燃料盐中的杂质调控

乏燃料盐中存在的水氧杂质、腐蚀产物以及镧系裂变产物,不仅会影响熔盐与合金材料的相容性,进而威胁反应堆结构完整性,还对反应堆中子经济性产生重要影响,降低其运行效率与可持续性。因此,在乏燃料盐回堆使用前,必须针对上述杂质开展净化处理与调控。

7.2.2.1　水/氧杂质

熔盐堆燃料盐中的水、氧杂质是威胁反应堆安全运行的重要因素。一方面,水、氧杂质会加剧熔盐中核燃料的沉淀聚集风险,可能引发局部反应性异常升高,甚至导致功率失控;另一方面,杂质与结构材料发生化学反应,加速腐蚀进程,严重威胁反应堆结构完整性,缩短设备使用寿命。深入解析水、氧杂质的理化特性及其与燃料盐、结构材料的交互作用机制,不仅是优化熔盐反应堆设计的理论基础,更是实现其安全、高效运行的核心保障。

首先,UO_2 在 $LiF-BeF_2$ 熔盐体系中的极低溶解度(溶解度约为 $2.37 \times 10^{-3} mol/kg$,$600\ ℃$[23]),意味着在熔盐中 UO_2 的存在是受到严格限制的。当燃料盐中 O^{2-} 含量增高时,原本均匀分散的 UF_4 燃料会慢慢聚集形成 UO_2,可能出现局部过临界和过热现象,这种情况不仅会影响整体热分布,也将对反应堆的安全造成直接影响,包括结构材料的熔化、失效和进一步的反应堆故障,这无疑是严重的安全隐患。因此,控制燃料盐中的氧含量是确保反应堆长期安全运行的重要内容。

其次,随着燃料盐中 O^{2-} 浓度升高,结构材料的腐蚀电位将会降低,也就是说,材料的抗蚀能力大幅下降。这一现象加重了反应堆中结构材料的长期疲劳和损伤风险,尤其是在高温下,材料可能会因持续侵蚀而提前失效。这种情况不仅会影响反应堆的稳定性,而且可能会给后期检修带来巨大的经济损失和安全隐患。与此同时,其他含氧酸根离子,如 NO_3^-、SO_4^{2-} 和 PO_4^{3-} 等在熔盐中浓度过高,也会进一步加剧熔盐对设备器壁和管线的腐蚀。其中,SO_4^{2-} 的腐蚀效应尤其显著[24],能够侵蚀金属表面并导致材料失效。

此外,水在高温氟盐体系中的水解反应,可以产生 O^{2-} 及腐蚀性极强的 HF 气体,直接导致对结构材料的进一步腐蚀。HF 气体的生成和释放不仅会影响反应堆的化学平衡,还会对维护人员产生潜在的安全威胁。因此,在燃料盐的制备和运行过程中,严格控制水和氧的含量至关重要。通过建立完善的水氧杂质监测与净化机制,将其浓度维持在安全阈值内,不仅能够有效降低设备腐蚀风险,保障反应堆运行安全,还能显著提升系统的整体可靠性与运行效率。

在燃料盐的制备过程中,广泛采用 $HF-H_2$ 鼓泡处理工艺,以去除水、氧及含氧酸根。通过对这些含氧杂质在高温下的氧化还原性能以及不同元素价态之间的变化规律的深入研究,科研人员能够找到最佳的氟化反应条件,从而在有效去除这些杂质的同时,使硫和磷元素的浓度低于 10×10^{-6},总氧水平低于 100×10^{-6} 的净化标准[25]。这种净化处理显著提升了熔盐品质,为后续燃料的高效利用奠定了坚实基础。然而值得注意的是,尽管该工艺在杂质去除方面成效显著,但受制于反应动力学限制与设备传质效率,其处理效率与反应周期仍需要进一步优化完善。

在燃料盐的运行过程中,由
于外界空气环境中水和氧气的渗
透,熔盐中的氧含量可能会随时
间的推移而增加,造成超出安全
控制指标(如 200 ppm, 1 ppm=
10^{-6})的风险。因此,需要在运
行过程中进行实时监控和干
预。然而,由于传统的 HF-H_2
鼓泡处理反应时间较长(通常在
100 h 以上),并且 HF 原料的毒
性和腐蚀性较强,难以适用于燃
料盐的在线脱氧处理。针对这

图 7-6　熔盐体系氢电极示意图

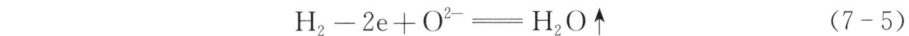

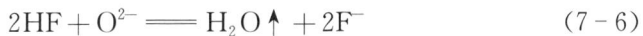

一问题,我们正在研发一种基于电化学的高效脱氧新方法[25]。该方法的核心
是阳极脱氧反应,通过氢电极的工作(见图 7-6),能够将 H_2 在熔盐-电极界
面氧化为 H^+,随后与熔盐中的过量 O^{2-} 反应生成 H_2O,从而实现有效的脱氧
过程[见式(7-5)及式(7-6)]。这一新方法的关键在于避免 HF 的直接引入,
从而减少了化学反应中可能出现的问题,例如 HF 在高温熔盐中的溶解与脱
除过程缓慢,导致操作时间长(>100 h)[25],而新方法则能够在几小时内完成
熔盐的脱氧净化处理[26]。

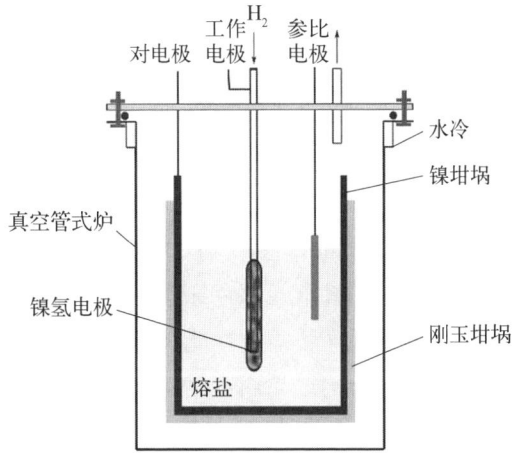

$$H_2 - 2e + O^{2-} =\!=\!= H_2O \uparrow \tag{7-5}$$

$$2HF + O^{2-} =\!=\!= H_2O \uparrow + 2F^- \tag{7-6}$$

新方法的优势还体现在阴极反应中。例如,HF-H_2 化学法对铁、镍等过
渡金属离子的去除主要通过氢气还原去除[见式(7-7)]。而新方法中过渡金
属离子既可被 H_2 还原去除,又可在阴极通过电化学还原去除[见式(7-8)],
因此去除效率应该更高。这种双重净化效应对于 SO_4^{2-} 杂质的还原去除同样
有效。

$$M^{n+} + H_2 \longrightarrow 2H^+ + M(M=Ni, Fe\cdots) \tag{7-7}$$

$$M^{n+} + ne \longrightarrow M(M=Ni, Fe\cdots) \tag{7-8}$$

另外,氢电极熔盐净化法的适用范围可以覆盖包括燃料盐在内的各种氟

盐或氯盐[26]。由于脱氧净化反应发生在阳极,该方法还有望与活性电极联用,脱氧的同时在阴极上对镧系裂变产物进行选择性还原分离[27]。目前,该方法在 FLiNaK、FLiBe、MgCl$_2$ - NaCl - KCl 熔盐体系得到实验验证,后续需要进一步考察该方法在 FLiBeZr、FLiBeThU 等体系中的净化效果。这些研究将为熔盐堆的长期稳定运行提供重要的技术支持。

7.2.2.2 腐蚀产物杂质

燃料盐中的腐蚀产物,如 Cr(Ⅱ),是需要关注的另外一项重要指标。Cr(Ⅱ)含量的高低可以用于评估与燃料盐接触的结构材料腐蚀情况。另外,与传统的腐蚀产物需要净化去除的观点不同,最新研究成果认为 Cr(Ⅱ)的存在是腐蚀行为的结果而不是腐蚀发生的原因。熔盐体系 Cr(Ⅱ)含量越高,合金腐蚀行为越被抑制。有研究表明熔盐中主动引入 Cr(Ⅱ)有助于提高结构材料的耐腐蚀性能[28],其主要作用机制是 Cr(Ⅱ)的存在实际提高了合金材料(如 316HSS、GH3535 等)的腐蚀电位,从而提高其耐腐蚀特性。另外,Cr(Ⅲ)/Cr(Ⅱ)也可作为熔盐电位控制的缓冲离子对,低浓度比的 Cr(Ⅲ)/Cr(Ⅱ)可降低熔盐电位进而抑制合金腐蚀。例如,计算表明,973 K 下 Cr(Ⅱ)浓度由 10^{-6} 提升至 10^{-4} 水平时,合金腐蚀电位提升 193 mV[见式(7 - 9)]。

$$\Delta E = \frac{RT}{2F} \ln\left(\frac{10^{-4}}{10^{-6}}\right) = 0.193 \text{ V} \qquad (7 - 9)$$

例如,在 NaF - BeF$_2$ - Cr(Ⅲ/Ⅱ)体系中,通过电化学伏安法结合电位分析可以获得 Cr(Ⅲ)/Cr(Ⅱ)和 Cr(Ⅱ)/Cr 的表观标准电极电位(见表 7 - 7),并通过热力学分析建立该体系中 316H 不锈钢材料腐蚀控制的临界条件[见式(7 - 10)~式(7 - 14)及图 7 - 7][28]。当熔盐体系 Cr(Ⅱ)与 Cr(Ⅲ)浓度满足式(7 - 10)时,316H 不锈钢的腐蚀可以得到抑制。这一评估结果适用于类似的合金材料与氟盐体系。

表 7 - 7 氟盐体系 Cr(Ⅲ)/Cr(Ⅱ)及 Cr(Ⅱ)/Cr 电化学特性小结(873 K)

	E^0	E^*	$D/(\text{cm}^2/\text{s})$	γ	$\gamma_{Cr(Ⅲ)}/\gamma_{Cr(Ⅱ)}$
	V(相对于 BeF$_2$/Be)				
Cr(Ⅲ),Cr(Ⅲ)/Cr(Ⅱ)	1.549	1.457	6.04×10^{-5}	0.247	0.293
Cr(Ⅱ),Cr(Ⅱ)/Cr	1.492	1.486	5.03×10^{-5}	0.841	

$$E_{\text{salt}} \leqslant E_{\text{eq,Cr(II)/Cr}_{316}} \tag{7-10}$$

$$E_{\text{salt}} = E_{\text{eq,Cr(III)/Cr(II)}} = E^{*}_{\text{Cr(III)/Cr(II)}} + \frac{RT}{F}\ln\frac{C_{\text{Cr(III)}}}{C_{\text{Cr(II)}}} \tag{7-11}$$

$$E_{\text{eq,Cr(II)/Cr}_{316}} = E^{*}_{\text{Cr(II)/Cr}} + \frac{RT}{2F}\ln\frac{C_{\text{Cr(II)}}}{\alpha_{\text{Cr,316}}} \tag{7-12}$$

$$1.457 + \frac{8.314 \times 873}{96\,485}\ln\frac{C_{\text{Cr(III)}}}{C_{\text{Cr(II)}}} \leqslant 1.486 + \frac{8.314 \times 873}{2 \times 96\,485}\ln\frac{C_{\text{Cr(II)}}}{0.17}$$

$$\tag{7-13}$$

$$C_{\text{Cr(II)}} \geqslant 0.429 C_{\text{Cr(III)}}^{2/3} \quad (@873\ \text{K}) \tag{7-14}$$

式中,R 为理想气体常数[8.314 J/(mol·K)],T 为温度(K),F 为法拉第常数(96 485 C/mol),E^0 为标准电极电位,E_{eq} 为平衡电极电位,E^{*} 为表观电极电位,n 为转移电子数,D 为扩散系数,α 为活度,γ 为活度系数。

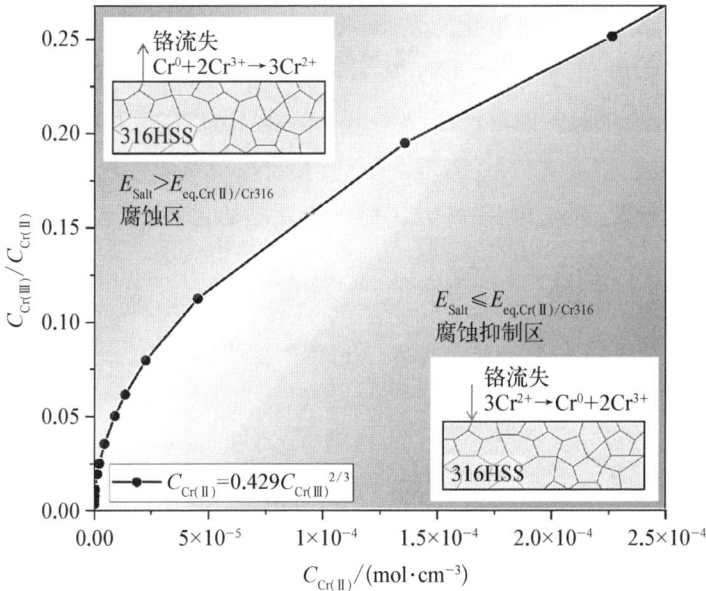

图 7-7　FNaBe-Cr(Ⅲ/Ⅱ)熔盐体系 316H
不锈钢腐蚀控制的临界条件[28]

燃料盐体系通过氧化还原缓冲离子对[如 U(Ⅳ)/U(Ⅲ)]将熔盐电位控制在较低水平时,Cr(Ⅱ)离子将以金属态形式沉积于合金材料表面(见图 7-7),

这些金属铬的存在可以作为熔盐体系结构材料的"腐蚀储备"。即当熔盐环境不利于合金时(如空气、水、氧浸渗,熔盐电位升高等异常工况),这些表面储备的铬金属可以优先"牺牲"并保护结构材料。当熔盐工况回归正常以后,这些牺牲的铬可以随着熔盐电位调控重新回到合金表面,继续执行腐蚀防护任务。因此,Cr(Ⅱ)在燃料盐体系的可控沉积问题值得开展后续的评估考察,并进行相关工程条件下的技术验证。

7.2.3 乏燃料盐中的裂变产物调控

熔盐堆裂变产物主要以三种形态存在: ① 气体裂变产物,如氪、氙等; ② 不溶惰性金属裂变产物(NM),如钼、锝、铌等; ③ 可溶裂变产物以氟盐形式溶解于燃料盐中,如镧系元素、碱金属、碱土金属元素等。其中镧系裂变产物的热中子吸收截面大,是燃料盐裂变产物调控的主要对象。由于镧系元素的电负性低、离子化学稳定性高,因此难以从含铍熔盐体系中化学分离。目前,针对(钍基)熔盐堆的燃料处理,国际上的主流研究主要倾向于"燃料重构"技术路线,即通过氟化挥发(回收铀)、电解沉积(回收铀和钍)和减压蒸馏(回收载体盐 2LiF - BeF$_2$,FLiBe)等离线分离技术回收燃料盐中的有用组分再重新合成燃料盐回堆使用(见图 7-8),以实现燃料处理、钍铀循环和增殖[29]。"燃料重构"技术路线本质上仍然是传统反应堆燃料元件的离线后处理模式,并未充分发挥熔盐堆允许对燃料在线处理的优势,且存在技术复杂、成

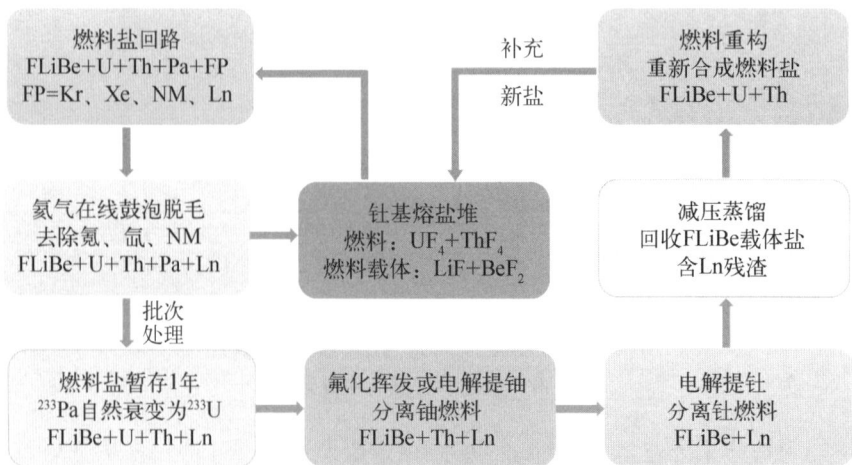

图 7-8 熔盐堆"燃料重构"技术路线示意图

本高昂等问题。燃料处理问题是制约熔盐堆技术经济性和成熟度的关键问题[30]。

7.2.3.1 电化学活性电极分离调控

通过电化学技术直接对镧系裂变产物进行分离是熔盐堆燃料处理领域研究的前沿课题,这一技术类似于医疗领域的"血液透析",因此称之为"透析"路线(见图 7 - 9)。由于铍的特殊电化学属性(即还原电位远高于镧系元素)以及化学毒性,国际上对含铍熔盐体系的镧系分离研究非常少,目前仅有个别从 FLiBe 熔盐体系分离钆和钐的研究报道[31],其通过镍活性电极从 FLiBe 熔盐中成功还原提取钆元素,但未能观察到钐元素在镍电极上的富集,也并未对上述现象的机理进行分析。中国科学院上海应用物理研究所近期的研究结果发现,镧系元素能否从 FLiBe 熔盐体系成功还原分离取决于该元素与活性电极材料形成的金属间化合物的稳定性。通过选择合适的活性电极材料,使镧系元素与活性电极材料形成稳定性高的贫镧金属间化合物,可大幅提高镧系元素的还原电位(见图 7 - 10),从而实现 FLiBe 熔盐体系几乎所有镧系裂变产物的电化学直接还原分离(见图 7 - 11)[27]。

例如,研究发现,在 FNaBe - Eu(Ⅲ/Ⅱ)体系中铝活性电极可以对铕进行选择性电沉积从而实现铕的电解提取[32]。在铝电极上施加恒定的电解电位(约 $0.1 \sim 0.3$ V, vs BeF_2/Be)铕均可以从 FNaBe - Eu(Ⅲ/Ⅱ)体系沉积分离。根据这一研究结果,图 7 - 12 给出了 3 种铕的提取方式,不同电位下铕可以 Al_4Eu 或 $Be_{13}Eu$ 的形式得到分离。作为还原电位最低(-0.799 V, vs $E^0_{BeF_2/Be}$)的镧系裂变产物,铕的成功分离预示其他镧系元素均有望通过这一方法从 FNaBe 或 FLiBe 体系分离。

直接对镧系裂变产物进行电化学还原提取分离的"透析"路线相较于繁杂的"燃料重构"路线具有显著的技术优势,但要最终实现熔盐堆燃料在线处理,还需要克服钍、铀等核燃料元素对镧系裂变产物电化学还原提取的干扰。即除了解决铍的还原电位限制以外,还需进一步解决镧系/锕系元素电化学分离的问题。已有研究结果表明,活性电极材料对镧系和钍、铀存在着竞争性金属间化合作用,竞争的结果直接决定镧系/锕系元素电化学分离的可行性。未来需要进一步深入研究贫镧金属间化合物形成的热力学和动力学条件,重点关注镧系元素和钍、铀在活性电极材料上的电化学分离行为,研究结果将有助于熔盐堆燃料在线处理技术路线的制订和优化。

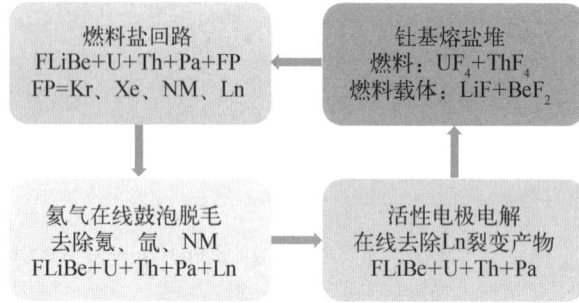

图 7 - 9   基于镧系裂变产物直接分离的"透析"路线示意图

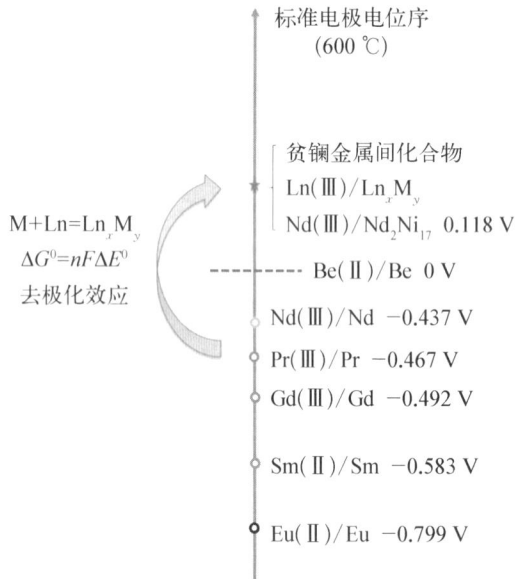

图 7 - 10   贫镧金属间化合物对镧系元素去极化效应示意图

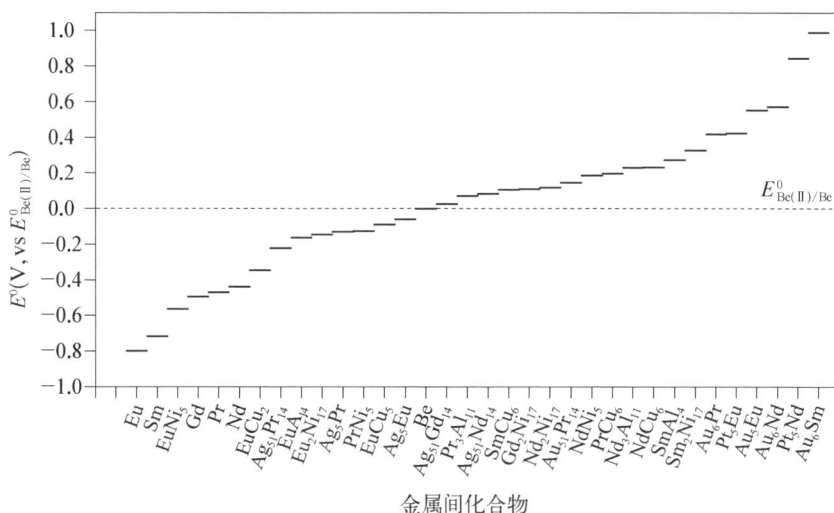

图 7-11　镧系裂变产物典型贫镧金属间化合物标准电极电势[27]

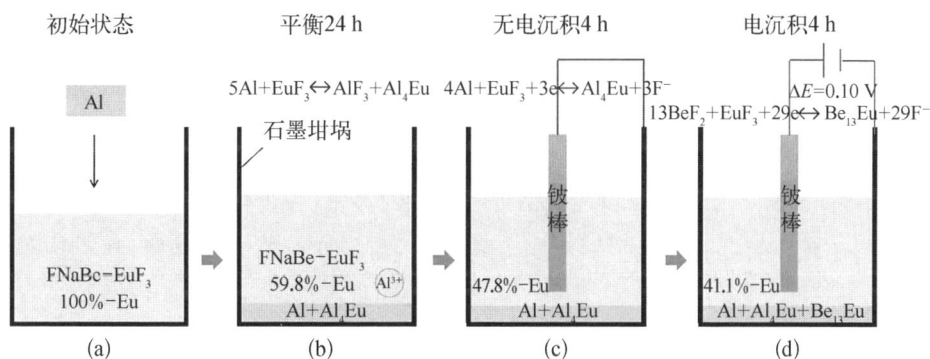

图 7-12　873 K 下铕的电解提取分离[32]

(a) 盐和铝电极的初始状态；(b) 铝与熔盐平衡 24 h；(c) Al-Be 非电沉积 4 h；(d) Al-Be 恒电位(-0.10 V，vs BeF$_2$/Be)沉积 4 h；石墨坩埚尺寸为 Ø40 mm×50 mm，铍棒规格为 Ø3 mm×100 mm(10 mm 浸入熔盐)，初始浓度 C_{Eu}=1.50×10^{-4} mol/cm^3

7.2.3.2　电化学共沉积分离调控

　　活性电极对镧系(Ln)元素的还原提取主要是基于其可以与镧系元素形成稳定电位高的贫镧金属间化合物。当活性电极表面被贫镧金属间化合物覆盖以后，提取效率将大大降低，需要频繁更换活性电极材料。共沉积分离的概念可能是解决该问题的技术选择，即在电化学分离过程中将活性电极材料的金属离子优先沉积于活性或惰性电极表面，然后持续对镧系元素起去极化还原作用，并共沉积形成金属间化合物，从而达到持续分离的目的。

共沉积分离方法是以活性电极分离镧系元素的原理为基础,但在某些方面优于活性电极分离的方法。某些对镧系元素具有强去极化效应的元素,但不适合采用活性电极模式的,可以考虑采用共沉积分离方法[33]。例如,锌和硅可以与 Ln 形成贫镧金属间化合物(如 $Zn_{11}Pr$、Si_2Nd),对 Ln 的还原具有很强的去极化效应,但由于锌的熔点很低(419.5 ℃),而硅的导电性存在问题(半导体),不宜直接作为活性电极使用,则可能通过与 Zn(Ⅱ)或 Si(Ⅳ)离子共沉积的方式实现镧系裂变产物的分离提取。因此,共沉积方法可将不适合直接作为活性电极材料的很多金属离子用于镧系元素的共沉积分离,从而进一步扩大铍盐体系镧系裂变产物分离的活性材料范围。

7.2.3.3 乏燃料盐后处理简介

由于熔盐堆的氟化物燃料盐水溶性差,现有的常规水法后处理技术难以实施,非水体系的干法后处理技术适用于此类型燃料的处理。迄今为止,处在已经进行过实验或者在原理上验证可行的氟盐体系燃料干法分离技术主要有氟化挥发、金属还原萃取、熔盐电化学和减压蒸馏等。在以上干法技术的基础上,世界各国均开展了针对熔盐堆燃料处理流程的设计。

美国橡树岭国家实验室于 20 世纪 60 年代末,进行了热功率为 1 000 MW 的燃料增殖反应堆(MSBR)的概念设计,并提出增殖系数为 1.07 的干法处理流程概念设计[13],该流程将燃料盐干法处理工艺划分为铀分离、镤分离与衰变、熔盐载体与镤和稀土裂变产物分离、氯盐与裂变产物分离、燃料盐重构等五个主要的工艺包(见图 7 - 13)。该流程设计难点如下:为了实现增殖系数达到 1.07,整堆燃料盐的处理周期短于 10 天,相当于每天需要处理近 4 000 L 的燃料盐;由于其使用高温液态熔盐氟化挥发和多级高温液态金属还原萃取工艺,流程复杂、设备制造要求高,操作难度也极高;此外,为了防止对原料盐中锂-7 同位素的污染,必须使用昂贵的金属锂-7 同位素作为萃取剂,工艺材料的成本较高。

进入 21 世纪,国际上重新掀起熔盐堆的研究热潮,法国国家科学中心(CNRS)提出了实现钍基熔盐堆自持的简化处理模式——"懒汉式"后处理方案(见图 7 - 14)[34]。该方案跳过镤分离这一环节,使熔盐反应堆燃料熔盐处理周期大大延长(长达 6 个月,甚至 1 年),将整个处理流程放缓。没有了严苛的时间限制,各处理环节可通过简单高效的方式实现,从而达到简化熔盐反应堆后处理工艺流程的目的。该方案没有提出具体的工艺和技术改进,着重于对工艺流程的调整,以降低增殖率为代价,很大程度上降低了后处理流程对工

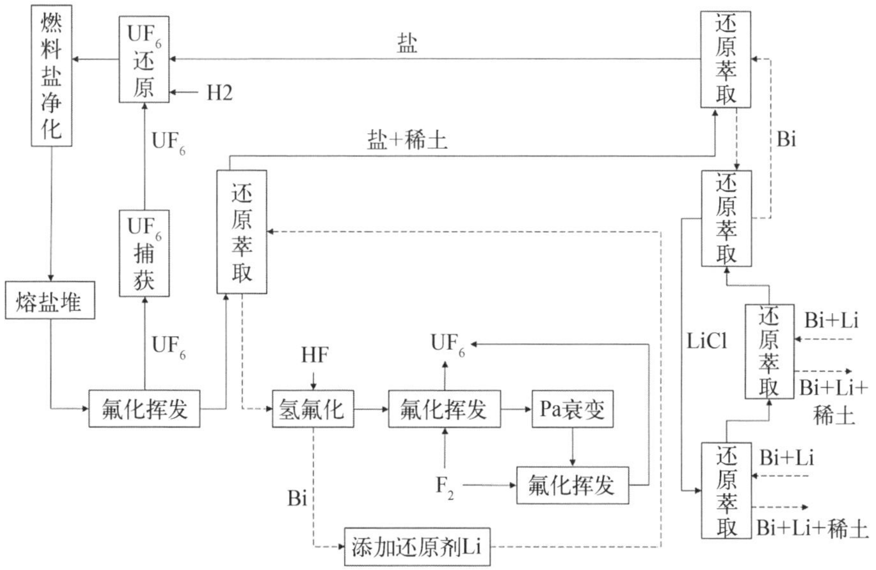

图 7-13　MSBR 在线干法处理流程

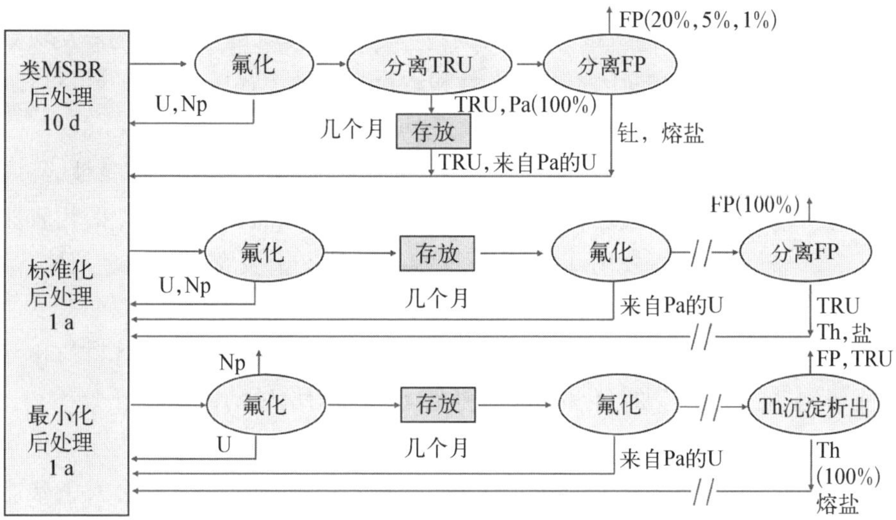

图 7-14　法国提出的简化后处理流程示意图

艺、技术等的要求,不失为一种很好的设计理念,为干法在线处理相关研究与方案设计带来了很好的启发。

此外,捷克提出了针对双回路(two-fluid)体系熔盐增殖反应堆的处理方案[35]。由于熔盐堆的双回路设计,裂变回路后处理流程只需处理载体熔盐、裂

变材料 UF_4 和裂变产物,而增殖回路后处理流程则只需待钍-232 增殖的镤-233 衰变为铀-233 后再进行铀的分离即可。该方案降低了待处理熔盐组成的复杂性,简化了后处理流程的处理要求,降低了后处理流程的难度,但代价是增加了反应堆堆芯设计与反应堆建造的难度。

在中国科学院 TMSR 先导专项中,上海应用物理研究所钍铀循环化学研究团队围绕钍基燃料循环利用的目标,充分考虑燃料盐中裂变产物种类繁多、性质不一、含量低的特性,通过不同的技术组合形式,提出了以氟化挥发法分离铀、以电解沉积法分离钍、以减压蒸馏法回收载体盐和以气液固三相反应进行燃料盐重构的钍基熔盐堆后处理流程。该流程在实现工业化应用前还需要攻克一些技术难题,包括设备的腐蚀、装置的远程可操控性、工艺实时监控及工艺尾气处理等。

在 20 世纪 60 年代美国的 MSRE 和目前中国的 TMSR-LF1 两个实验堆的基础上,熔盐堆所使用的燃料和设备的研发及应用是相对完善和成体系的。相对而言,熔盐堆化学技术则是不成熟且零散的,目前国际上对其认识还处于不断深入理解和探索的阶段,还需要通过一系列熔盐堆的不断运行来发现更多真正的问题,并通过新的熔盐堆设计和运行来验证上述相关技术的可行性,最后方能应用于商业化熔盐堆的设计和建设上。

熔盐堆化学技术的未来发展将聚焦于提升熔盐堆的安全性、高效性、经济性和可持续性,同时突破现有技术瓶颈,重点围绕堆用材料与燃料盐的相容性提升、核燃料循环的高效化,以及化学监控系统的安全及智能化等多领域,具体如下。

(1) 乏燃料盐与材料的界面化学研究:深入理解乏燃料盐与材料的相互作用机制,减少杂质(如氧化物、水分和裂变产物)对腐蚀的催化作用。

(2) 化学监测技术及其数字化、智能化:开发耐高温、耐辐射的在线化学传感器,实时监测熔盐成分(如裂变产物浓度、氧化还原电位);结合人工智能(AI)预测乏燃料盐化学状态,优化反应堆控制策略;利用分子动力学(MD)和热力学计算工具,模拟乏燃料盐在极端条件下的化学行为,指导实验设计。

(3) 乏燃料盐化学调控技术:研究添加调控剂或缓蚀剂,控制乏燃料盐的氧化还原性,以抑制乏燃料盐对材料的腐蚀;解决核燃料在乏燃料盐中的溶解性及长期辐照下的化学稳定性问题。

(4) 燃料循环与分离技术:实现裂变产物的高效在线分离(如电化学分

离、气体鼓泡等），减少中子毒物积累；开发快速、连续的乏燃料盐净化工艺，延长燃料盐使用寿命。

（5）标准化与商业化：推动乏燃料盐组分监测、燃料循环流程的标准建立。

参考文献

［1］ Compere E L, Bohlmann E G, Kirslis S S, et al. Fission product behavior in the molten salt reactor experiment, ORNL‐4865［R］. Tennessee：Oak Ridge National Laboratory, 1975.

［2］ US Nuclear Regulatory Commission. Presentations for public meeting on improvements for advanced reactors［R］. Washington, D. C.：Nuclear Regulatory Commission, 2017.

［3］ Holcomb D E, Poore W, Flanagan G F. Fuel qualification for molten salt reactors, NUREG/CR‐7299, ORNL/TM‐2022/2754［R］. Tennessee：Oak Ridge National Laboratory, 2022.

［4］ Hoyt N, Guo J, Sheheen N. Distributed salt monitoring and corrosion control［C］// Annual MSR Campaign Review Meeting, April 16‐18, 2024.

［5］ Zirakparvar N A, Manard B, Hexel C, et al. Faraday detector uranium isotope ratio measurement：Insights from solution- and laser ablation-based sampling methodologies on the Neoma MC‐ICP‐MS［J］. International Journal of Mass Spectrometry, 2023, 492：117114.

［6］ 李文新, 李晴暖. 熔盐反应堆：放射化学创新发展的新源泉［J］. 核化学与放射化学, 2016, 38(6)：327‐336.

［7］ Auger T, Barreau G, Chevalier J, et al. The CNRS research program on the thorium cycle and the molten salt reactors［R］. Paris：National Centre for Scientific Research, 2008.

［8］ Kedl R J. The migration of a class of fission products (noble metals) in the molten-salt reactor experiment, ORNL‐TM‐3884［R］. Tennessee：Oak Ridge National Laboratory, 1975.

［9］ Zhang J S, Forsberg C W, Simpson M F, et al. Redox potential control in molten salt systems for corrosion mitigation［J］. Corrosion Science, 2018, 144：44‐53.

［10］ De Soete D, Gijbels R, Hoste J. Neutron activation analysis［M］. London：Wiley-Interscience, 1972.

［11］ Mccoy H E. Status of materials development for molten salt reactors, ORNL/TM‐5920［R］. Tennessee：Oak Ridge National Laboratory, 1978.

［12］ Rosenthal M W, Briggs R B, Kasten P R. Molten-salt reactor program：semiannual progress report for period ending February 28, ORNL‐4119［R］. Tennessee：Oak Ridge National Laboratory, 1967.

[13]　Rosenthal M W, Haubenreich P N, Briggs R B. The development status of molten-salt breeder reactors, ORNL － 4812 [R]. Tennessee: Oak Ridge National Laboratory, 1972.

[14]　Rosenthal M W, Briggs R B, Kasten P R. Molten-salt reactor program semiannual progress report for period ending February 28, 1969, ORNL－4396[R]. Tennessee: Oak Ridge National Laboratory, 1969.

[15]　Lines A M, Branch S D, Felmy H M, et al. On-line optical spectroscopy to characterize chemistry of the transuranic elements in molten salts[R]. Washington, D. C.: US Department of Energy, 2019.

[16]　Rose M A, Ezell D. Molten salt reactor fuel cycle chemistry workshop [R]. Washington, D. C.: US Department of Energy, 2023.

[17]　Shaffer J H. Preparation and handling of salt mixtures for the molten salt reactor experiment, ORNL－4616[R]. Tennessee: Oak Ridge National Laboratory, 1971.

[18]　Thoma R E. Chemical aspects of MSRE operations, ORNL－4658[R]. Tennessee: Oak Ridge National Laboratory, 1969.

[19]　Keiser J R, Devan J H, Manning D L. The corrosion resistance of type 316 stainless steel to Li_2BeF_4, ORNL/TM － 5782 [R]. Tennessee: Oak Ridge National Laboratory, 1977.

[20]　Calderoni P, Sharpe P, Nishimura H, et al. Control of molten salt corrosion of fusion structural materials by metallic beryllium[J]. Journal of Nuclear Materials, 2009(386/387/388): 1102－1106.

[21]　Sankar K M, Singh P M. Effects of reducing impurity addition on corrosion and mechanical properties of structural materials in molten LiF－NaF－KF[J]. Corrosion Science, 2024 (2): 111702.

[22]　Gibilaro M, Massot L, Chamelot P. A way to limit the corrosion in the molten salt reactor concept: the salt redox potential control[J]. Electrochimica Acta, 2015(4): 209－213.

[23]　Peng H, Huang W, Xie L, et al. Solubility and precipitation investigations of UO_2 in LiF－BeF_2 molten salt[J]. Journal of Nuclear Materials, 2020 (4): 152004.

[24]　Qiu J, Leng B, Liu H, et al. Effect of SO_4^{2-} on the corrosion of 316L stainless steel in molten FLiNaK salt[J]. Corrosion Science, 2018 (12): 224－229.

[25]　左勇,汪洋,汤睿,赵素芳,苏兴治,侯娟,谢雷东. 一种 FLiNaK 熔盐及其制备方法、反应器和制备装置: CN108376570B[P]. 2019－12－10.

[26]　Zuo Y, Song Y L, Tang R, et al. A novel purification method for fluoride or chloride molten salts based on the redox of hydrogen on a nickel electrode[J]. RSC Advances, 2021, 11(56): 35069－35076.

[27]　Zuo Y, She C F, Jiang F, et al. Evaluation of noble metals as reactive electrodes for separation of lanthanides from molten LiF－BeF_2[J]. Green Chemistry, 2023, 25 (13): 5160－5171.

[28]　Zuo Y, Peng W, Huang W, et al. Assessing the viability of chromium (Ⅱ) as a

corrosion inhibitor for 316H stainless steel in NaF – BeF$_2$ molten salt[J]. Journal of Electroanalytical Chemistry, 2024, 971: 118567.

[29]　Zou C Y, Wu J H, Yu C G, et al. Influence of reprocessing efficiency on fuel cycle performances for molten salt reactor [J]. Nuclear Techniques, 2021, 44 (10): 100602.

[30]　Baron P, Cornet S M, Collins E D, et al. A review of separation processes proposed for advanced fuel cycles based on technology readiness level assessments [J]. Progress in Nuclear Energy, 2019, 117: 103091.

[31]　Straka M, Szatmáry L. Electrochemistry of Selected Lanthanides in FLiBe and Possibilities of their Recovery on Reactive Electrode[J]. Procedia Chemistry, 2012, 7: 804 – 813.

[32]　Zuo Y, She C F, Liu X Y, et al. Electrochemical reduction and extraction of Eu from NaF – BeF$_2$ – Eu(Ⅲ/Ⅱ) melt[J]. Separation and Purification Technology, 2025, 361: 131572.

[33]　Zuo Y, She C F, Ji N, et al. Formation of Be$_{13}$Ln intermetallics by codeposition of Be and Ln from molten NaF – BeF$_2$ – LnF$_3$(Ln＝Pr, Nd, Gd)[J]. Separation and Purification Technology, 2025, 353: 128433.

[34]　Mathieu L, Heuer D, Brissot R, et al. The thorium molten salt reactor: moving on from the MSBR[J]. Progress in Nuclear Energy, 2006, 48(7): 664 – 679.

[35]　Uhlir J. Reprocessing of molten-salt reactor fuel[J]. Transactions of the American Nuclear Society, 2009, 100: 501 – 502.

第 8 章

熔盐堆安全技术

核安全是核能发展的生命线,保障安全是核能事业发展的前提。随着《中华人民共和国核安全法》的颁布实施[1],我国建立健全了更加严格科学的核安全监督管理体系。熔盐堆属于第四代先进反应堆,其安全技术具有自身特点。

8.1 熔盐堆场址选择

根据国家核设施安全许可制度相关规定,核设施选址、建造、运行、退役等活动应当向国务院核安全监督管理部门申请许可,获得许可后才能开展相应阶段的活动[2]。场址选择主要是保证所选场址与熔盐堆之间的适宜性,保护公众和环境免受放射性释放引起的过量辐射影响。熔盐堆场址选择应结合熔盐堆的特点完成场址的安全评估论证,对地质、地震、气象、水文、环境和人口分布等因素进行科学评估,在满足核安全技术评价要求前提下,向国家核安全局提交场址选择审查申请书和选址安全分析报告,经审查符合核安全要求后,取得场址选择审查意见书。

熔盐堆采用无水冷却的方式,且具有近常压运行、较大的负反应性温度系数、燃料盐可滞留裂变产物、可布置于地下等安全特性,这使得熔盐堆场址具有广泛的适宜性,可以选址于内陆干旱、非基岩等场址环境。场址的适宜性应在场址评价过程中确认。场址评价主要评价那些与场址有关的而且必须考虑的因素,以保证在整个寿期内不会因场址原因对人或环境构成不可接受的风险[3]。在场址安全评价过程中,必须调查和评价可能影响熔盐堆安全的场址特征;必须根据影响安全的外部自然事件和人为事件的发生频率和严重程度及其可能的组合,对候选场址的安全性进行审查;必须利用基于外部事件危险性分析得到的发生频率和严重程度等信息来确定设计基准,并合理考虑其中的不确定性;必须确定可能影响核事故应急预案可实施性的场址特征。熔盐堆场址选择主要有以下影响因素。

(1) 地质条件:地质条件是熔盐堆场址选择的首要考虑因素。场址应位于地质结构稳定、地震活动少的地区,以降低地震等自然灾害对反应堆安全的影响。同时,场址的地基条件应能够承受反应堆及其附属设施的重量。因此,场址安全评价过程中必须对场址区域和近区域关键的地质与地震问题做出评价。首先对场址区域的地壳稳定性进行评价,调查分析场址区域和近区域的地质构造和地球物理特征,包括区域大地构造单元、地质构造图、新构造运动、区域地球物理场和区域断裂构造以及近区域地貌与地质和断裂活动性等;调查分析场址区域和近区域的地震活动性特征,包括地震目录及其完整性可靠性分析、地震(破坏性地震和小震)震中分布图、地震活动的时空特征、震源机制和历史地震烈度资料分析等。其次对影响场址适宜性的发震构造等关键问题做出评价,调查分析场址区域和近区域地震构造特征,包括地震构造图和地震构造环境分析等。随后,确定场址地震动参数,采用概率论方法计算场址地震动参数,包括确定合适的地震动参数衰减关系、地震区带划分、潜在震源区划分、地震活动性参数确定和地震危险性分析计算,进行土层地震反应分析,得到场址地表峰值加速度及相应的反应谱。最后,分析评价场址区域和近区域范围内火山活动与地震地质灾害的影响。

(2) 气象条件与大气扩散:气象条件对熔盐堆的安全运行和环境评价有重要影响。场址应选择在气象条件相对稳定、极端天气事件发生概率低的地区。此外,还需要考虑风向、风速等因素对放射性物质扩散的影响。需要充分调查场址区域的气候特征,并调查和确定相关的大气弥散特征参数。在场址查勘阶段,可以先根据气候特征相关性分析结果,确定一个代表性气象站,并以此代表性气象站的长期实测气象参数确定场址的大气弥散特征参数。在场址评定阶段,需要在场址所在地建立一个符合气象观测要求的气象站,开展至少一整年的场址气象观测,为气载途径辐射影响计算提供必需的大气弥散特征参数。

(3) 人口分布:人口分布是场址选择的重要社会因素。场址应尽量远离人口稠密区,以减少潜在事故对公众的影响。同时,还需要考虑场址与周边社区的协调发展。需要对以反应堆为中心,半径一定范围内的场址人口分布特征进行分析评价,基于资料给出场址人口分布特征。收集评价区域内的人口发展规划及当地政府人口自然增长率预测或评价模式,给出反应堆运行第一年以及反应堆寿期内以后每隔十年的预期人口分布情况。收集和调查评价区域内<1岁、1~<7岁、7~<18岁及≥18岁四个年龄组的年龄结构比例,及每个年龄组的生活习性和典型食谱。收集以反应堆为中心,半径一定范围内的学校、医院、养老院、监狱等特殊地点人群的分布情况及流动人口分布特征,并开展人口分布对熔盐堆影响的评价分析。

(4) 外部人为事件:必须充分调查场址附近爆炸和有毒、有害气体危险源的情况,并参照核安全导则推荐的准则和分析方法,确立场址地区潜在的设计基准人为外部事件源。调查场址地区机场和飞行航线的分布情况,并分析、评定其潜在危险影响。必须分析证明所有与核安全相关的构筑物,可以完全抵御设计基准人为外部事件影响,包括抵御飞机坠毁破坏。确保所有设施均不会发生大量放射性物质释放事故,否则场址将不能成立。对于场址地区的军事设施,需要由省军区以上的军事主管部门提供相关的批准文件,证明所有军事设施内的活动均不会对场址内的核安全相关设施构成不可接受的危害。

(5) 环境保护:环境保护是熔盐堆场址选择必须考虑的重要因素。场址应选择在生态环境敏感度较低的地区,并采取有效措施保护周边环境。同时,还需要考虑放射性废物的处理和处置问题。

(6) 土地利用和水土保持:提供场址附近的土地利用现状和发展规划,分析评价项目建设与地区发展规划的相容性,主要包括:当地的主要工业、企业分布现状及发展规划;当地的矿产资源分布情况及开采利用价值;农林牧渔生产现状及发展规划;当地旅游资源和保护文物资源分布情况及发展规划;当地自然保护区、生态保护区的分布情况、保护现状及发展规划;场址附近的水土保护现状和要求;当地水土保护现状及地方政府对水土保护的相关规定和要求,详细分析和评价场址地区水土流失造成的影响,提出相应水土保持的保护和监测方案,并给出水土保护方案的效果评价。

在熔盐堆场址选择过程中,合理的选址专题设置和实施是熔盐堆场址获得技术审查通过的重要保障。首先根据现有核设施法规标准分析熔盐堆选址准则,在符合选址准则要求的情况下,方可制定出有效且合理的专题内容。再结合熔盐堆的设计特点及场址特征进行选址专题研究,从而确定熔盐堆选址需要开展的专题类别及专题工作范围和深度,确保选址专题成果能够满足熔盐堆技术审查及设计的需求。

8.2 熔盐堆环境影响评价

按照国家核安全相关法律法规要求,需要对熔盐堆在选址、建造、运行、退役等阶段可能对环境产生的影响进行评估,并提出相应的环境保护措施,确保熔盐堆的安全运行。由于熔盐堆采用熔融氟盐作为燃料及冷却剂,放射性流出物以气态为主。熔盐堆环境影响评价主要内容如下:

(1)放射性释放源项分析,包括正常运行期间气态流出物释放量的分析以及事故工况下气态放射性释放量的分析。

(2)放射性在环境中的迁移特性分析,主要是气态放射性物质释放进入大气后的弥散和沉积的分析。

(3)照射途径分析,包括对正常运行期间气态流出物以及事故工况下放射性释放物经环境大气弥散后对人体造成的辐射影响分析。

(4)环境辐射剂量分析,包括正常运行和事故工况下通过各种照射途径对公众产生的剂量当量评估。分析过程中,应调查和收集各种必要的输入参数,尤其是与人的生活习性有关的特征数据。

选址阶段的环境影响评价主要根据资料调研、实地调查或实验的手段,获得场址所在区域和可能受影响区域的环境特征资料,特别是关于场址地理位置、周围区域人口分布、土地利用与资源概况、水体利用与资源概况、气象、水文,以及地形地貌等环境资料,评估熔盐堆的潜在环境影响。这个阶段评价的重点是从保护环境的角度,通过分析与场址所在区域的发展规划、环境保护规划、环境功能区规划、生态功能区规划、水功能区规划和土地利用规划等相容性,判定所选场址的适宜性,并对熔盐堆的工程设计提出环境保护方面的要求。

建造阶段的环境影响评价主要根据实地调查和实验的手段,获得场址所在区域和可能受影响地区的环境特征资料,并根据熔盐堆的设计资料、气态流出物的设计排放量、放射性固体废物的设计产生量,以及环境保护设施的设计资料,评估熔盐堆对环境的潜在影响。这个阶段的评价重点是论证熔盐堆的工程设计能否满足环境保护的要求,从设计上保证落实环境保护设施。

运行阶段的环境影响评价主要根据现场调查和实验的手段,获得场址所在区域和可能受影响地区的环境特征资料,并根据熔盐堆的工程设计,特别是关于环境保护设施的性能,评估熔盐堆对环境的潜在影响。按照监测技术规范,制定完整详细的流出物监测和环境监测计划。提供熔盐堆运行前的环境调查结果,重点是辐射环境本底(现状)的调查结果。这个阶段的评价重点是实现流出物年排放量申请值的优化,检验熔盐堆建设和环境保护措施是否符合国家和地方的有关规定和要求。

退役阶段的环境影响评价主要根据场址环境特征和项目特点,从自然环境、社会环境、环境质量等方面进行环境质量现状调查与评价。环境质量现状调查的深度应满足环境影响评价中相关评价参数的要求。区域自然与社会环境调查一般采用收集资料法和现场调查法。资料应尽可能反映出最新时期、较长时段的调查结果,应符合时效性要求,并能够充分反映评价范围内的环境特征。环境影响评价文件中给出的资料,应复核后使用,并说明资料来源。对于能够收集到场址近三年的辐射环境监测数据的退役项目,且辐射环境监测数据能够说明退役场址周围环境状况的,可不进行现场监测,只需收集场址周围近三年辐射环境监测数据进行分析和评价;否则需要根据退役项目特征,开展周围辐射环境调查和评价工作。

熔盐堆环境影响评价的方法包括现场调查、模型模拟、风险评估等。现场调查用于收集基础环境数据,模型模拟用于预测潜在环境影响,风险评估用于评估环境风险的可接受性。这些方法可以单独或组合使用,以提高评价的准确性和可靠性。环境影响评价的程序通常包括以下几个步骤:确定评价范围和内容、收集和分析基础数据、预测和评估环境影响、制定减缓措施、编写环境影响报告书、公众参与和技术审评。针对识别出的潜在环境影响制定相应的减缓措施,这些措施可能包括改进反应堆设计以降低放射性物质释放、建立完善的放射性废物处理系统等。同时,还需要制定应急预案,以应对可能发生的事故情况。

由于熔盐堆放射性流出物以气态为主,环境影响评价的计算模式和参数主要考虑大气弥散影响:

(1) 在大气弥散计算中考虑风摆效应、静风的分配、大气稳定度、混合层高度、建筑物尾流以及不同地形特征的修正等因素;同时根据排放口的特征对排放源类型进行分类考虑,包括高架排放、地面排放、混合排放以及面源排放;计算出评价区内各子区的大气弥散因子和核素浓度。在剂量估算中,进行多源排放的剂量估算,对放射性核素衰变及地表沉积、清除和转移进行考虑,并根据食谱、生活习性以及剂量转换因子的不同对各年龄组进行分别考虑,计算空气浸没外照射、地面沉积外照射、吸入空气内照射和食入农牧产品内照射等途径的辐射剂量。

（2）在计算气态流出物在大气中迁移和弥散时，使用风向、风速、稳定度、雨况四维联合频率，扩散参数采用核安全导则中推荐的 Pasquill - Gifford（P - G）曲线，根据 P - G 曲线拟合得到 P - G 大气扩散参数。在计算运行状态下气态流出物对公众的辐射剂量中，所使用的参数主要取自《电离辐射防护与辐射源安全基本标准》（GB 18871—2002）[4]、美国联邦导则 12 号报告《空气、水和土壤中核素导致的外照射》[5]、IAEA 安全丛书 19 号报告[6]等。

8.3　熔盐堆安全分析

安全分析是评估反应堆安全的重要手段，也是我国新型反应堆研发过程中的核安全监管必要内容。通过安全分析，论证反应堆在各类状态下的安全性。与传统轻水堆及其他先进反应堆相比，熔盐堆具有不同的设计理念和系统设计特点，其分为液态燃料熔盐堆（LF - MSR）和固态燃料熔盐堆（SF - MSR）两种类型。前者以高温熔融态熔盐作为燃料载体和堆芯冷却剂，后者以高温熔融态熔盐仅作为堆芯冷却剂，但使用基于 TRISO 颗粒的固态燃料元件。两种类型的熔盐堆堆芯均近常压运行，且熔盐对绝大部分裂变产物具有滞留作用。此外，LF - MSR 工程上可实现紧急排盐系统设计和堆芯覆盖气连续吹扫处理系统设计，以分别实现备用紧急停堆和最小化堆芯放射性释放事故源项。SF - MSR 以具有较高失效温度的 TRISO 颗粒包覆层作为裂变产物释放的天然屏障，对放射性物质进行有效包容，并在技术上可实现大规模早期放射性释放消除。

由于上述创新性设计特点，熔盐堆典型事故场景与其他反应堆不完全相同。又因为研究和运行经验有限，所以熔盐堆安全分析面临新的挑战。

8.3.1　熔盐堆典型事故简介

与传统轻水堆不同，熔盐堆典型事故和事故发展进程呈现新的特点。以下是熔盐堆部分典型事故的简要介绍。

（1）燃料盐泵意外停转：LF - MSR 在正常运行过程中，部分缓发中子先驱核随燃料盐流动流出堆芯活性区。发生燃料盐泵意外停转时，燃料盐流量迅速降低，堆芯缓发中子短时内增加并引入正反应性，同时堆芯核热无法及时正常排出,因此威胁反应堆安全。在该事故工况下,依靠保护系统、堆芯较深的温度负反馈机制、非能动堆芯余热排出系统等,反应堆可返回安全状态。

(2) 堆芯覆盖气泄漏:气态裂变产物不易被熔盐滞留,为减少堆芯放射性释放事故的事故源项,LF – MSR 设置堆芯覆盖气连续吹扫处理系统对气态裂变产物和易挥发放射性物质进行收集,并以一定速率进行持续吹扫去除。该系统发生泄漏时,放射性物质存在向环境释放的风险。为缓解事故后果,保护工作人员和公众健康,LF – MSR 通常设置专设安全设施——安全容器,对泄漏的堆芯覆盖气进行包容。

(3) 燃料盐泄漏:燃料盐泄漏是 LF – MSR 特有的事故之一。发生该类事故时核燃料流出堆芯,反应堆自动停堆。随燃料盐泄漏的裂变产物仍被熔盐滞留,不向厂房外释放。但是,堆芯覆盖气可能经泄漏口释放,且泄漏的高温熔盐可能威胁周围设备正常运行或支撑结构有效性。为缓解上述事故后果,LF – MSR 通常在安全容器内设置经安全分析论证的燃料盐收集装置和冷却系统。

(4) 紧急排盐停堆系统换热元件泄漏:排盐停堆是 LF – MSR 可工程实现的可靠备用停堆手段。LF – MSR 堆芯温度异常升高超过某限值时可自动开启(如冷冻阀阀体内冷凝的熔盐因高温融化)紧急排盐停堆系统,并依靠冷却子系统及时排出燃料盐的余热。若冷却子系统采用水作为冷却工质,则换热元件发生泄漏时,存在高温燃料盐与水接触并随水蒸气释放的风险。为缓解放射性后果,LF – MSR 可考虑设置对应的放射性气体收集和处理系统。

(5) 堆芯燃料盐过冷:LF – MSR 设置堆芯加热系统以确保堆芯燃料盐处于熔融状态。在正常停堆期间,若堆芯加热系统出现功能故障未能按要求恢复,且堆芯内燃料盐未能按规程及时排出,则存在堆芯燃料盐过冷风险。发生堆芯燃料盐过冷时,温度负反馈引起堆芯反应性增加,存在再次临界可能。提供足够的停堆深度使燃料盐再临界温度远低于熔点,即可忽略再临界引起的燃料盐融化及由此对堆芯结构完整性产生影响。

(6) 振动密实事故:振动密实是 SF – MSR 重要典型事故之一。受外部振动(如地震)或内部流动不稳定触发,SF – MSR 堆芯内燃料球可能发生位移并重新排列,导致局部或整体堆积密度提高。这种密实化一方面阻碍冷却剂的流动,造成冷却效率下降和局部过热,进而威胁燃料球包壳完整性;另一方面改变中子通量分布,在堆芯引入正反应性并导致功率异常上升。在该事故工况下,依靠温度负反馈和保护系统等可实现 SF – MSR 安全停堆。

8.3.2 熔盐堆安全分析面临的挑战

由于系统设计的创新性以及运行经验的有限性,熔盐堆安全分析面临以下新挑战。

(1) 安全分析标准的建立:熔盐堆因具有优异的安全特征,且与传统轻水冷堆在设计和运行原理上存在显著差异,现有的安全分析标准并不能完全满足熔盐堆安全分析需求,因此需要根据熔盐堆系统设计特点建立适用于熔盐堆的安全分析标准。

(2) 事故后果最佳估算:熔盐堆研发目前在世界范围内尚处于发展初期,其事故分析多采用保守假设。不恰当的保守假设可能导致过度设计,增加熔盐堆不必要的安全系统和成本投入。因此,应对熔盐堆事故后果进行精确评价。运行经验不足、传统轻水堆最佳估算模型不适用、事故场景下熔盐热工水力学行为复杂,均增加了熔盐堆事故后果最佳估算的难度。

(3) 系统安全分析软件开发:系统安全分析软件是熔盐堆重要的事故分析工具。当前,成熟且广泛认可的系统安全分析软件均针对传统轻水堆开发。熔盐堆具有不同的中子物理和热工水力特性,因此需要开发适用的系统安全分析软件。其中,在复杂几何结构条件下,高效且准确的多物理场耦合数学模型和计算方法的建立和模型适宜性评估,是熔盐堆系统安全分析软件开发的关键。

(4) 新型安全评价方法的建立:作为先进反应堆,熔盐堆呈现新的系统设计特点和安全特性,基于确定论模型的传统安全评价方法已无法全面描述其安全性。采用新型安全评价方法是熔盐堆安全评价的未来趋势。其可以为熔盐堆安全设计和安全运行提供重要辅助支撑。

8.3.3 新型安全评价方法及应用

对先进反应堆采用新的安全监管框架,是提倡发展新型核电国家的核安全监管发展方向。采用基于风险指引的新型安全评价方法是该监管框架的重要内容。

风险指引安全评价方法建立在确定论安全分析和概率论安全分析的基础上,提供综合决策支持,可应用于熔盐堆的设计、建造、运维和退役等阶段。在设计阶段,其可用于许可基准事件选取、SSCs安全分级、防御深度充分性评估等。在运行阶段,风险指引安全评价方法可用于技术规格书优化和在役检查优化,在确保反应堆运行安全前提下,提高熔盐堆运行的灵活性,减少人员工作量投入。

8.4　熔盐堆辐射安全

相较于压水堆、重水堆、高温气冷堆和液态金属堆等反应堆,熔盐堆具有无燃料包壳、高温近常压运行、无水冷却、覆盖气在线吹扫等特点。辐射安全主要根据国家相关标准规范要求[4,7],针对熔盐堆特点,通过辐射源项分析、辐射分区、辐射屏蔽和辐射监测等辐射安全措施,确保熔盐堆运行和退役所释放的放射性物质引起的辐射照射低于国家规定的限值要求,保护工作人员、公众与环境免受不当辐射危害。

8.4.1　源项与辐射分区

熔盐堆中的放射性物质主要来源于堆芯核燃料的裂变产物和各种材料的中子活化产物,这些放射性物质通过扩散、迁移等途径进入不同的系统和设备中。堆芯辐射源主要来自核燃料链式裂变反应释放出的中子、γ 射线以及其他次级粒子,裂变产物主要有惰性气体、碘、碱金属等。此外,熔盐燃料中还含有杂质及结构材料的腐蚀产物,这些杂质、腐蚀产物以及熔盐自身受到中子照射后会发生活化反应生成活化产物。这些裂变产物和活化产物大部分留存在熔盐中,但惰性气体、氚、部分碘等气体或挥发性的物质会从熔盐中扩散出来。

熔盐堆通常以覆盖气或保护气的形式使熔盐与空气隔绝,避免引入水氧杂质。从熔盐中扩散出来的气体或挥发性物质会进入覆盖气中,并随覆盖气的流动进入尾气处理系统。尾气处理系统对覆盖气中的放射性物质进行处理,通过吸附、滞留衰变等机理去除和降低放射性核素的活度,使尾气排放满足国家法规要求。

在熔盐堆运行过程中,由于反应堆主容器、尾气处理设备等自身固有的泄漏,部分放射性气体会泄漏出来进入厂房中,这部分放射性气体经厂房通风系统处理,达标后排放。

为了防止放射性污染扩散,预防潜在照射或限制潜在照射的范围,以便于辐射防护管理和职业照射控制,使工作人员的受照剂量保持在可合理达到尽量低的水平,在事故工况下低于可接受限值,需要对熔盐堆工作场所进行分区管理。熔盐堆工作场所分为辐射工作场所和非辐射工作场所,非辐射工作场所内的工作人员进出不受辐射防护管理限制。同时根据厂房布局和辐射源分布情况,将熔盐堆辐射工作场所进一步划分为控制区和监督区。控制区按照预期可能接触到的剂量率、气载放射性活度浓度等以及预期需要居留的时间,可以进一步分成常规工作区、间断工作区、限定工作区等。控制区边界处通常设置不可逾越的实体屏蔽,并在入口处设置更衣室以提供防护用品,出口处设置监测人体表面和工作服污染的监测设备和去污设施。

8.4.2 辐射屏蔽

辐射屏蔽通过选择性能良好、工程实践成熟可靠的屏蔽材料,合理地配置屏蔽结构,确保熔盐堆屏蔽体的稳定性和完整性,以减少工作人员和公众受到的辐射照射。辐射屏蔽应确保工作人员在遵循了专门的管理和控制措施后,有充分的时间进入并停留在各个辐射区内从事预期的运行、维护、检查以及试验等活动,同时所受到的辐射照射低于相应的设计目标值。熔盐堆辐射屏蔽主要包括反应堆主体屏蔽、回路系统屏蔽、尾气处理设备屏蔽、厂房屏蔽等主体屏蔽及厂房通道、通风管道、工艺管道、电缆桥架等贯穿孔洞的局部屏蔽。

熔盐堆辐射屏蔽的对象主要是运行时产生的中子和 γ 射线,以及工艺设备中放射性物质释放的 γ 射线。由于混凝土对中子和 γ 射线屏蔽效果较好,因此屏蔽材料以普通混凝土为主,堆舱内高温强辐射区域采用蛇纹石混凝土,局部屏蔽采用碳钢和铅等屏蔽材料。对于形状不规则的贯穿孔,可以考虑采用高密度硅酮、石英砂袋和聚乙烯等其他屏蔽材料,但在材料选取上应避免采用易被中子活化且活化产物半衰期较长的材料,以减少人员受照剂量和放射性废物的产生量。

8.4.3 辐射监测

辐射监测主要是监测反应堆在正常运行和事故工况下厂区内及周边环境的辐射剂量率水平、放射性核素浓度水平和个人剂量水平等的变化,满足正常运行、检修工况、事故应急的监测需要,以保护工作人员、公众与环境的辐射安全。

熔盐堆辐射监测包括工艺辐射监测、场所辐射监测、控制区出入监测、事故后辐射监测、流出物监测、厂区监测、个人监测、辐射环境监测和辐射监测实验室等,整个系统由设备层、网络层、数据采集层及监控层等组成,采用网络化、数字化方式进行监测数据采集、处理、存储及监控的集成化,安全重要相关的监测数据还通过硬接线方式进入仪控保护系统,如图 8-1 所示。

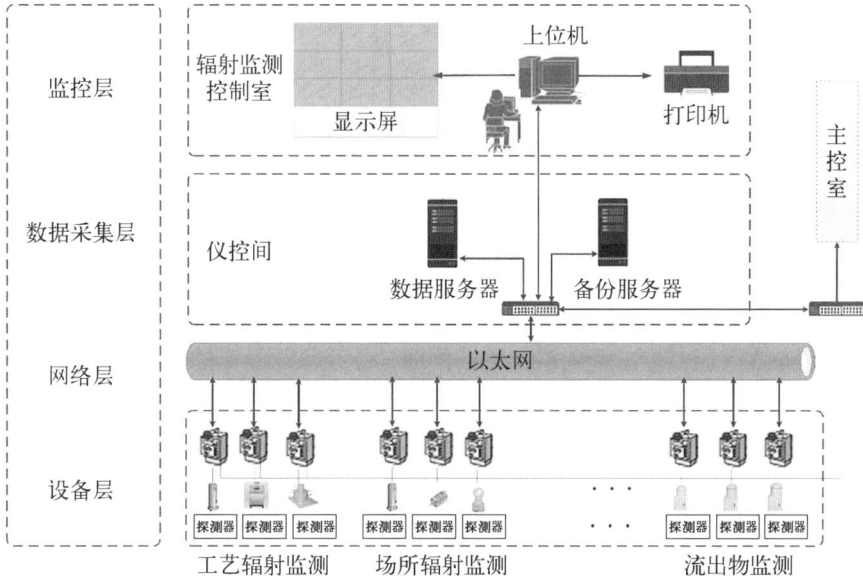

图 8-1　辐射监测系统组成示意图

(1) 工艺辐射监测主要是对熔盐堆各道安全屏障的完整性和有效性以及关键工艺过程的放射性水平进行监测,判断相关工艺系统和设备的运行状态,以满足工艺过程控制的需要,包括堆芯覆盖气边界泄漏监测、尾气处理工艺辐射监测等。堆芯覆盖气边界泄漏监测通过监测安全容器内的放射性水平,判断覆盖气边界是否存在泄漏,监测对象主要为惰性气体。尾气处理工艺辐射监测通过测量尾气处理系统出口管道内的放射性活度浓度,判断气溶胶、碘、惰性气体排放到厂房通风系统时是否满足处理的要求,由气溶胶、碘监测仪、惰性气体监测仪、取样管道、阀门、取样泵等设备组成。

(2) 场所辐射监测主要是对熔盐堆工作场所的放射性水平变化进行监测,在放射性水平超出设定值时发出声光报警信号以提醒现场工作人员,从而防止或及时发现超剂量照射事件的发生,包括区域中子/γ 辐射监测、区域空气监测和表面污染监测等。区域中子/γ 辐射监测用于及时发现工作场所的中子或 γ 辐射水平是否偏离设计要求,以便及时采取应对措施,确保工作人员的辐射安全,探测器将探测到的中子或 γ 辐射转换为数字信息传输给就地处理单元进行处理,实现数据显示及报警灯铃驱动。区域空气监测通过空气取样方式对工作场所气溶胶、碘、惰性气体等进行取样,随后送往辐射监测实验室进行测量分析。表面污染监测通过直接测量法或擦拭取样测量法,对工作场所的工作台面、地面、设备表面、墙壁等进行表面污染测量。

(3) 控制区出入监测主要用于对离开熔盐堆厂房辐射控制区的人员、物品表面污染水平的监测,防止放射性污染向外界扩散,只有在监测满足要求后才允许离开控制区,包括人员监测和物项监测等。人员监测包括全身 γ 污染监测仪(C1 门)、全身表面污染监测仪(C2 门)、手脚衣物表面污染监测仪等,这些监测设备位于卫生通道,具有门禁联锁功能,对离开辐射控制区的人员进行表面污染测量,仅允许测量结果满足要求的人员通过,如果测量不满足要求则需进行去污,直至测量结果满足要求。物项监测通过小件物品污染监测仪,对离开控制区的小件物品、工具进行测量,仅允许测量结果满足要求的物项通过,测量结果不满足要求的物项进行去污,去污后再测量,直至满足要求。

(4) 流出物监测是监测熔盐堆向环境排放流出物的放射性浓度水平,探测和鉴别意外排放,并为环境评价提供监测数据。熔盐堆流出物监测的主要对象是气态流出物。气态流出物监测由气溶胶、碘、惰性气体监测仪(PIG 监测仪)、高量程惰性气体监测仪、氚取样回路、碳-14 取样回路、气溶胶碘取样回路、惰性气体取样回路以及取样管道、阀门、取样泵等组成,系统组成如图 8-2 所示。采用单嘴等速取样技术对气态流出物取样,取样点设置在熔盐堆厂房排放烟囱内,取样点位置处的排放气体混合相对均匀,使得气体样品具有代表性,取样管道连接到流出物监测间,经过流量分配和系统控制后进入各监测回路或取样回路。

(5) 厂区监测是出于放射性物品管控考虑,防止放射性物品未经许可流出厂区或放射性污染扩散,需对出入厂区物品进行放射性监测,包括厂区出入口监测等。

(6) 个人监测包括外照射个人监测和内照射个人监测,主要用于对辐射工作人员的受照情况进行监测,建立个人剂量档案,评价辐射工作人员受到的辐射照射水平。

(7) 辐射环境监测是在熔盐堆厂房周边环境中进行 γ 辐射监测、环境介质监测和气象监测,用于评价反应堆的运行对周边环境的影响。

(8) 辐射监测实验室包括流出物监测实验室及辐射环境监测实验室,主要是对流出物样品和环境介质样品进行分析测量,通过采集样品并在样品处

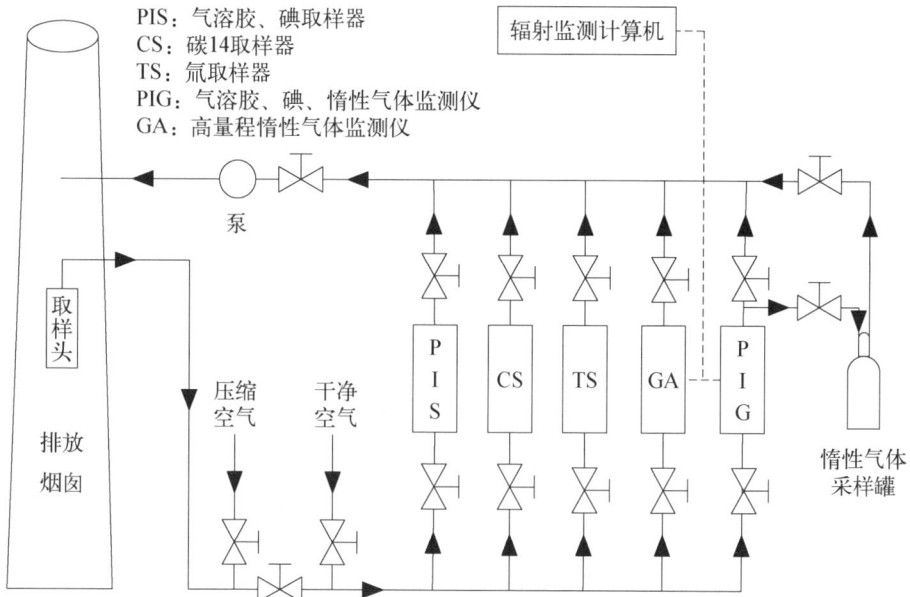

PIS：气溶胶、碘取样器
CS：碳14取样器
TS：氚取样器
PIG：气溶胶、碘、惰性气体监测仪
GA：高量程惰性气体监测仪

辐射监测计算机

图 8-2　气载流出物监测组成示意图

理后进行测量,分析流出物和环境介质中放射性核素成分及其含量,用于评价熔盐堆运行对周围环境和公众的影响。实验室设备通常包括氚碳取样器、氧化炉等样品前处理设备及 γ 能谱测量、总 α/β 测量、液闪测量、个人剂量测量等设备。

8.5　熔盐堆放射性尾气处理

熔盐堆采用液态熔盐作为燃料及冷却剂,与熔盐相接触的界面使用覆盖气进行覆盖,主容器内的覆盖气体由于与燃料盐相接触,熔盐堆运行中产生的放射性气体扩散进入覆盖气中。熔盐中的锂、铍等受中子照射产生氚,高温下氚容易由熔盐和堆结构材料扩散渗透进入环境。因此,放射性尾气处理主要针对熔盐堆燃料盐裂变产生的放射性核素扩散进入覆盖气中,如氪-85、氙-133、碘-131 等气载放射性物质及活化产生的氚、碳-14、氩-41 等放射性核素,通过粒子过滤去除、滞留衰变、吸附去除及氚控制等技术,实现熔盐堆放射性尾气的有效处理,保障熔盐堆的安全运行和环境安全,如图 8-3 所示。

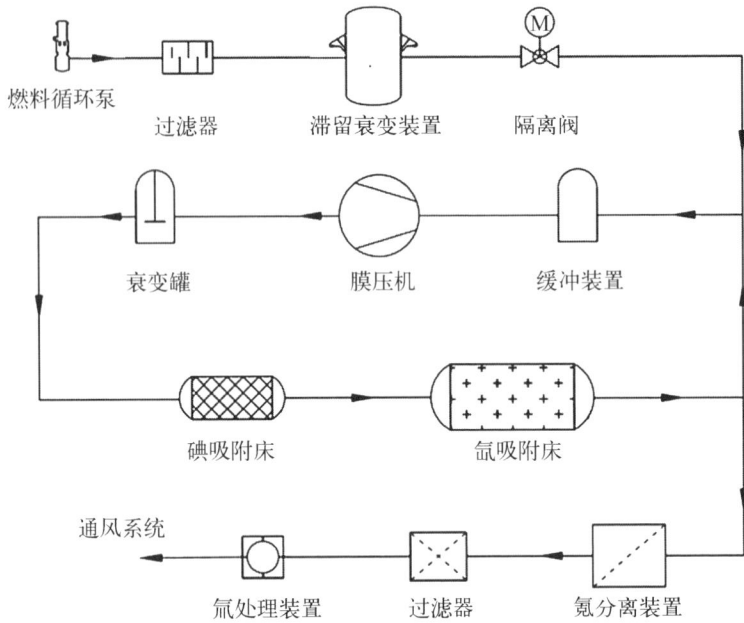

图 8-3　熔盐堆放射性尾气处理流程图

8.5.1　气溶胶粒子过滤处理

熔盐堆运行过程中,高温熔盐随着燃料盐泵的转动会产生气溶胶颗粒物及熔盐蒸气,从而进入覆盖气尾气中,待温度降低后,气溶胶颗粒物固化沉积容易造成尾气管道、阀门等的堵塞。熔盐堆产生的气态裂变产物,在尾气系统中滞留衰变后,会产生衰变子体,这些衰变子体大部分为金属粒子,容易沉积在阀门、管道甚至活性炭吸附床上,导致气路系统发生故障甚至停堆。因此熔盐堆气溶胶及粒子过滤设备对保证尾气处理系统的正常运行有着至关重要的作用。

气溶胶粒子过滤处理分为两个部分。第一部分在熔盐堆尾气入口处,设置颗粒物过滤器,主要去除高温熔盐蒸气和气溶胶颗粒物。根据气溶胶颗粒物的粒径范围,过滤器采用两级过滤,第一级针对较大的颗粒物,兼具降温功能,使颗粒较大的气溶胶粒子沉积下来,减少进入第二级滤芯的颗粒物和衰变热。第二级滤芯主要针对粒径为 1 μm 以下的颗粒物,采用滤芯阵列式设计,小粒径的颗粒物在滤芯过滤区被去除。通过颗粒物过滤器的处理,可以实现对粒径在 0.3 μm 以上的颗粒物的去除效率达 95% 以上,保障尾气处理各设备的正常运行。

放射性惰性气体在滞留衰变过程中产生的衰变子体主要为活度大、半衰期较长的锶-89、锶-90、铯-137 等核素,因此第二部分针对这些粒子的去除,设置了高效粒子过滤器。其主体结构类型为折叠滤料,为波纹状分隔物/支撑物,采用玻璃纤维过滤材料对放射性微粒子进行拦截,但对气流不会形成过大的阻力,对粒径在 0.3 μm 以上的颗粒物去除效率可达 99.99%。

8.5.2　放射性尾气滞留衰变

熔盐尾气中放射性核素主要有氪、氙等裂变产物及被活化的氩,不同的核素半衰期差别很大,处理的方法也不相同。其中短半衰期核素采用滞留衰变系统进行较短时间的衰变处理,中等半衰期核素采用活性炭床进行吸附滞留衰变处理,长半衰期核素(主要是氪-85)则采用低温吸附再生系统进行分离与存储。

滞留衰变系统可以使用滞留盘管或滞留衰变罐,滞留盘管是通过弯制等工艺形成的气体滞留设备,一般为几百米的流气式气体管道。气体从进入滞留盘管到离开,需要经过几个小时,对于短半衰期的气载核素(如氪-87、氙-135 m 等),当气体流通的时间大于核素的几个半衰期,放射性活度就极大地降低,从而达到对放射性尾气初步处理的目的。滞留衰变罐系统一般包括气体缓冲罐、气体膜压机、气体衰变罐,通过气体缓冲、增压,实现放射性气体在储罐中暂存。达到设定的存储时间后,再进入下一级处理设备。

吸附滞留系统主要是活性炭吸附床,用于对尾气中较长半衰期的氪和氙核素的进一步吸附滞留衰变,活性炭吸附床由多级不同直径的吸附床体组成,内部填充椰壳活性炭作为吸附材料,确保衰变热的散热以及气体与活性炭填料的充分接触与吸附。根据尾气中放射性核素的源项,设计规格合适的活性炭吸附床,将主要放射性核素降低到国家允许的排放要求。

对于衰变时间更长且产量较大的氪-85,无法通过短期的滞留衰变去除,因此需要先将其从尾气中分离出来,而后采用单独储存衰变,或进行浓缩后二次利用。由于低温下氪的吸附系数比常温下大很多,更有利于低浓度下气体的吸附分离,因此,为了提高吸附剂对氪的吸附性能,采用低温吸附及再生系统实现氪-85 的分离去除和回收。

8.5.3　碘吸附滞留

放射性碘(碘-129、碘-131、碘-135 等)是熔盐堆运行过程中产生的重要

裂变产物之一,在高温环境下,碘是一种极易扩散的气体,保守估计约有 10%
的碘会进入尾气处理系统中。因此,必须通过尾气处理系统去除碘。

熔盐堆中产生的放射性碘形态主要分为单质碘和甲基碘。对碘的常规
去除方法主要包括液体吸收法和固体吸收法两种。其中,液体吸收法主要
应用于乏燃料后处理厂的除碘工艺,能够将吸收液中的碘转变成稳定的固
态化合物,但吸收过程比较复杂。固体吸附剂具有技术较为完善、可靠性
高、操作简单,吸附速度快以及可循环使用等显著优势,且碘处理后的产物
以固体形式存在,方便后处理。因此,采用固体吸收法处理熔盐堆中的气态
碘,设计内部填充浸渍活性炭的放射性碘吸附床,实现放射性碘的吸附滞留
衰变。

8.5.4　氚控制

在熔盐堆中,氚的来源主要有以下几个方面:① 重核三裂变;② ^{6}Li(n,α)
T 反应;③ ^{7}Li(n,α)T 反应;④ ^{9}Be(n,α)^{6}He 反应以及^{6}He 的衰变;
⑤ ^{19}F(n,^{17}O)T 反应等。其中,锂-6 和锂-7 与中子反应是熔盐堆中氚的主
要来源。

经锂-6 和锂-7 生成的氚,最初以氟化氚(TF)的形式溶于燃料盐中,并在
特定的熔盐氧化还原氛围下转化为氢氚(HT)。熔盐堆中的 TF 和 HT 具有
不同的行为和性质。TF 有很强的腐蚀性,会造成堆结构材料腐蚀,降低其使
用寿命;而 HT 有很强的渗透性,高温下可穿透几乎所有金属材料。在熔盐堆
的运行温度下,HT 容易通过容器壁及管壁向外扩散至厂房及周边环境,因而
需要进行控制。

目前,熔盐堆的氚控制技术尚处于研发阶段。针对具有不同功率及结构
的反应堆,可以灵活采用不同的氚控制技术。总体而言,熔盐堆的氚控制策略
可从以下几个角度考虑:① 降低氚的产生量,通过提升锂-7 的丰度或采用不
含锂的熔盐等方法实现;② 运用特定技术从熔盐中有效提取氚,例如采用鼓
泡脱气及其他高效的气液交换技术;③ 通过调节熔盐中氚的化学形态或使用
阻氚涂层,以达到对氚的定向控制;④ 通过有效措施去除从反应堆渗透出来
的氚,例如合金吸附、催化交换、分子筛吸附等氚去除技术。

氚的控制过程离不开氚的监测,针对不同形态和介质中的氚,氚的监测技
术和方法亦有不同。在熔盐堆环境中,氚主要以气态形式存在,可采用离线采
样和在线监测两种不同的方法。离线采样通过将气体中不同形态的氚转化为

HTO(氚化水),利用低温、鼓泡等方法收集 HTO,最后通过液闪技术测量氚的活度,实现对气体中氚活度的监测。氚在线监测主要是利用正比计数器、气体电离室等监测气体中的氚。其中,电离室和正比计数器具有结构简单、可实时在线测量、氚浓度测量范围宽等优点,但此类型设备本身无法对气氛中不同形态氚进行甄别,因而需要结合不同形态氚甄别技术,以实现对氚的更为精准和全面的在线测量。

8.6 熔盐堆放射性废物管理

熔盐堆可通过"在线后处理＋钍燃料使用"方式提高燃料利用率,使熔盐堆的废料体积相对更小,长寿命锕系核素累积更少。然而在"熔盐堆＋干法后处理"的模式下,熔盐堆产生放射性废物种类多,源项组成复杂,流出物排放控制面临挑战。在整个燃料盐"从生到死"的循环过程中,会产生多种放射性熔盐废物,其中最为关键的是高水平放射性(以下简称"高放")废盐的处理处置。

8.6.1 放射性废物类型

熔盐堆产生的放射性废物可分为以下几种类型[8]:

(1)放射性废盐:包括新燃料制备过程中的含盐废物、反应堆运行过程中的废盐或废盐沾污废物,以及经过干法后处理分离后的高放废盐。高放废盐处理处置是发展熔盐堆技术必须要解决的问题,现有的基于水法后处理的玻璃固化技术不适用于固化高放废盐,高放废盐的固化新技术面临着极大的挑战。

(2)放射性尾气:主要是各种放射性气态裂变产物及活化产物,包括气溶胶粒子、惰性气体(如氙、氪)、碘、氚等。由于熔盐堆没有燃料包壳,放射性物质容易进入覆盖气中,运行过程中有持续的主动式在线吹扫,覆盖气尾气中的气溶胶粒子、惰性气体、碘、氚等气态物质需要在线处理以实现达标排放。

(3)放射性废液:熔盐堆作为无水反应堆,运行过程中产生的放射性废液总量较小。放射性废液主要类型包括洗涤废液、低放废液、中放废液、高放废液和有机废液等。

(4)放射性固体废物:熔盐堆产生的放射性固体废物主要有可压缩低放固体废物、不可压缩废物、中放固体废物、废通风过滤器芯等。此外,熔盐堆放射性尾气处理使用的碘床和活性炭床需定期更换,拆解后会产生大量的活性炭,活性炭处理处置是熔盐堆的放废管理难题。

(5)日常运行放射性废物:包括设备故障更换产生的废物、劳保用品以及沾污容器等。

熔盐堆的燃料利用率高,产生的废料体积相对较小,同时熔盐堆采用无水冷却和干法后处理等设计,产生的放射性废液更少,这些都是熔盐堆在放射性废物方面的优势,但也存在四个方面的挑战:第一是放射性尾气的处理与净化,需发展活性炭吸附、低温分离等技术去除颗粒物、气溶胶和惰性气体等;第二是高放废盐的暂存与固化处理,需发展高放废盐的接收、转运和干式存储技术,研发高放废盐固化技术;第三是复杂放射性废液的深度净化,包括含氟含铍废液的处理、含盐有机废液的处理、浓缩液和泥浆等二次废物的整备技术等;第四是放射性固体废物的减容,包括活性炭废物处理技术、熔盐沾污废物的去污降级以及金属等不可压缩废物的拆解与整备技术等。因此,熔盐堆放射性废物管理既要借鉴行业内现有技术开展匹配性研发,又要基于钍铀燃料循环、产生途径、干法处理、内陆厂址流出物排放控制等特点,研发新型的放射性废物处理技术,实现放射性废物的最小化。

对于中低放射性废液和固体废物的最小化管理,在 TMSR‐LF1 设计、建造和运行中已经有了初步的应用实践,通过优化管理、减少源项、废物的再循环、再利用和减容处理等手段,建立了熔盐堆放射性废物管理体系,构建了放射性废物管理组织机构和管理程序,考虑了放射性废物的源头控制,通过去污等方法尽量实现放射性废物的再循环、再利用,采取了多种处理整备手段对各类放射性废物进行减容。

8.6.2 放射性废气管理

放射性气体废物管理系统用于处理熔盐堆厂房内产生的放射性惰性气体、碘及气溶胶颗粒,将废气的年释放量以及厂区工作人员的受照剂量降低到合理可行且尽量低的水平。

熔盐堆放射性废气中的放射性物质主要包括惰性气体、碘、氚、碳‐14 和气溶胶粒子等,其来源主要是堆芯燃料裂变产物及燃料盐、冷却盐、覆盖气(氩气)和空气的活化产物。这些放射性物质大部分通过吹扫进入尾气处理系统,经处理后进入控制区通风系统,还有一部分则通过扩散或渗透进入厂房控制区通风系统。

因此,熔盐堆产生的放射性废气按来源和特点可分为工艺废气和控制区通风两类。堆芯内燃料盐产生的惰性气体、碘、碳- 14 等,在循环流动时进入熔盐覆盖气,通过气体吹扫进入尾气处理系统,经处理后排入控制区通风系统。控制区放射性废气来源广、种类多,通过合理的气流组织、负压梯度及换气次数,可减少气体回流,降低污染,并对不同来源气体分类净化处理,实现达标排放,如图 8 - 4 所示。

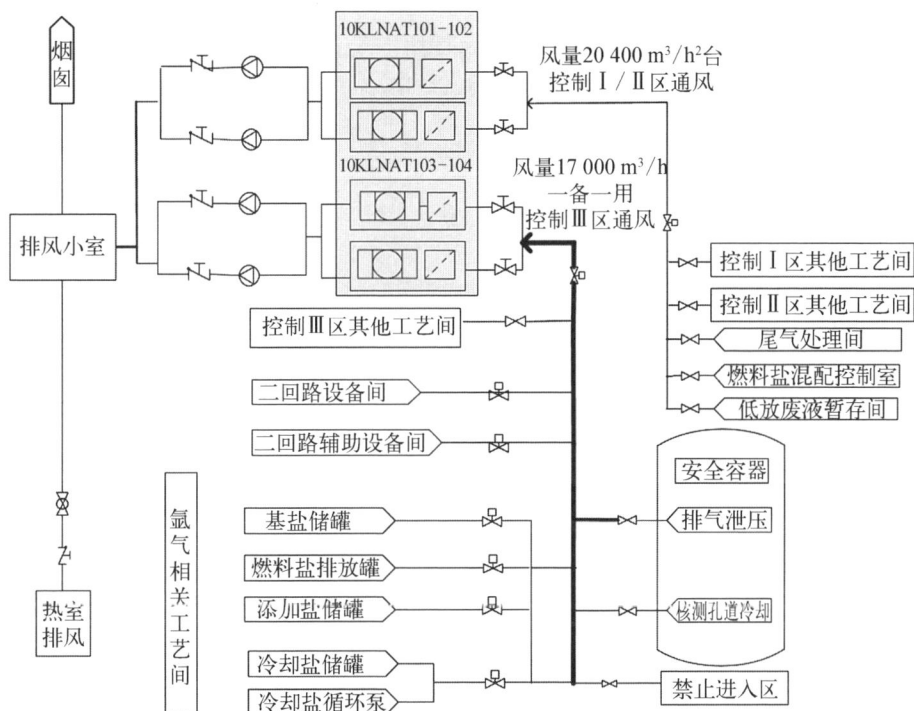

图 8 - 4　熔盐堆厂房放射性气流组织示意图

8.6.3　放射性废液管理

放射性废液管理系统主要用于收集、转运和暂存熔盐堆正常运行及预期运行事件下产生的液体放射性废物。放射性液体废物管理系统用于管理以下几种液体废物:人体去污和洗衣产生的洗涤废液;热室、添加盐混配间和清洗间产生的低放废水;熔盐泵检修过程和设备清洗产生的有机废液;热室内燃料盐分析过程产生的中、高放废液。

根据液体废物的来源、放射性浓度及化学组成等,对废液进行分类收集和处理。所有的放射性液体废物不以液态形式向环境排放。各工艺间及实验室产生的低放废水通过自流方式进入低放废水收集罐,再泵入低放废水暂存罐暂存,暂存一定量的低放废水进入蒸发系统经处理后排入排放水罐,排放水罐中的废液经检测合格后以空气载带方式排放,不合格的重新进入低放废水收集罐再进行处理,直至满足要求。蒸残液则进入蒸残液接收罐通过桶内干燥等方式处理。中放废液经中放废液收集罐收集后,通过屏蔽罐转运到中放残液接收罐,后进行桶内干燥处理。有机废液则收集转运到有机废液暂存罐中暂存。洗涤废水尽可能复用,少量不能复用的洗涤废液进入洗涤废液暂存罐暂存,经检测合格后以空气载带方式排放,检测不合格则采用蒸发方式处理。高放液体废物暂存在临堆分析热室内的专用储存井内,退役时再统一处理。放射性废液管理流程如图8-5所示。

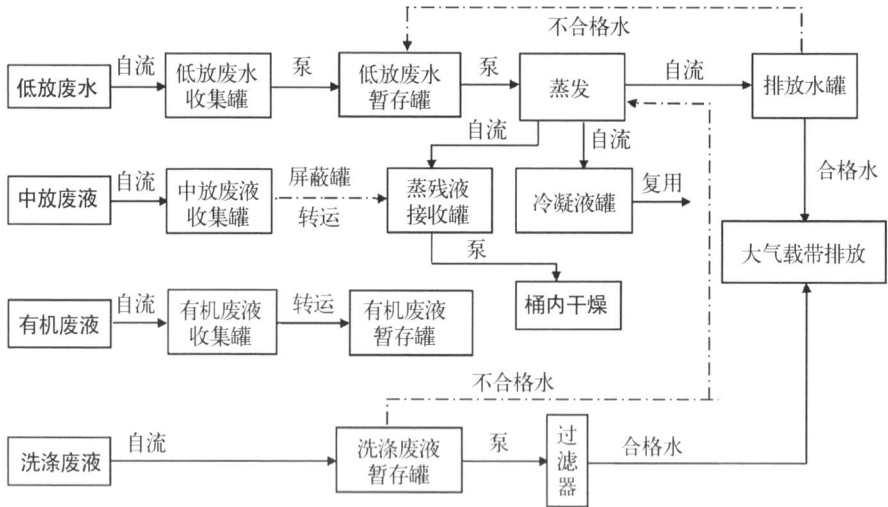

图 8-5　放射性废液管理示意图

8.6.4　放射性固体废物管理

放射性固体废物管理系统用于收集、转运、处理和暂存熔盐堆在正常运行及预期运行事件下产生的放射性固体废物。放射性固体废物管理系统包括固体废物收集转运、废物分拣压缩和固体废物暂存库。

熔盐堆放射性固体废物分为低放固体废物、中放固体废物和高放固体废物。其中,低放废物根据其类型分为低放可压缩废物、低放不可压缩废物和废过滤器滤芯。熔盐堆产生的放射性固体废物主要有:① 可压缩性低放废物,如更换下来的软质非金属设备及部件,运行和检修过程中被放射性沾污的各种纸张、擦拭布、废弃的工作服、手套、口罩、鞋、塑料布等。② 不可压缩性低放废物,主要指废弃的小型金属设备及零部件、废玻璃器皿等杂项废物。③ 废过滤器芯,来自废气处理系统的预过滤器、高效过滤器。④ 中放固体废物,主要是分析热室产生的氟化物盐、废滤芯等。⑤ 高放固体废物,分析热室产生的极少量废熔盐、废滤芯、废锡囊等。

熔盐堆场址园区建有放射性固体废物处理设施用于中低放废物的分类收集、暂存及处理,以满足固体废物的外运要求。可压缩固体废物装桶后进行压缩减容,其他固体干废物装桶整备后暂存。废过滤器芯暂存衰变后清洁解控,不满足清洁解控的则装桶整备后暂存。高放固体废物暂存在热室内的专用储存井内,退役时再统一处理。放射性固体废物管理如图 8-6 所示。

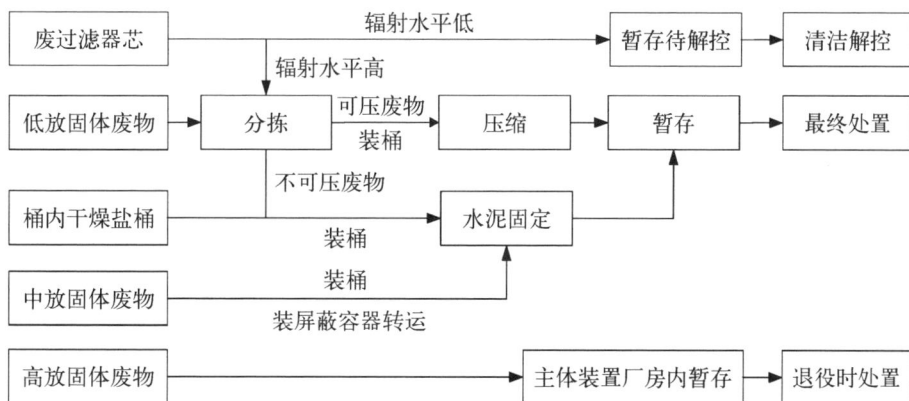

图 8-6　放射性固体废物管理示意图

8.6.5　熔盐废物处理技术研发

熔盐堆干法后处理是以碱和碱土金属为主的氟盐或氯盐混合物组成的载体熔盐作为介质,在高温下采用蒸馏、金属还原萃取、电解以及沉淀等从乏燃料中分离回收铀和钍等,该工艺会产生含卤素化合物的高放废盐。高放废盐大多以块体、粉末、颗粒等形式存在,具有强放射性、腐蚀性、化学稳定性差、易潮解、熔点低等特点,存储过程中可能会辐解生成含氟气体,熔盐堆的氟盐废物中还含有氟化铍等有毒成分,因此熔盐堆高放废盐是一个集放射性、腐蚀性和化学毒性于一体的复杂体系。

为了避免或减少在处置过程中放射性核素向环境的迁移,需要将熔盐废物转化成稳定的固化体形式。由于废盐含有大量的卤素化合物,而卤族元素在硼硅酸盐玻璃中的溶解度很低,导致固化体废物包容率低、稳定性差,所以传统的硼硅酸盐玻璃固化工艺不适用于熔盐废物的处理。目前针对高放废盐主要采用玻璃固化或陶瓷固化,玻璃固化工艺中有包括氧化转化固化和直接固化两条路线,固化体形式主要包括玻璃固化体、陶瓷固化体、玻璃-陶瓷固化体等。

表 8-1 对各种高放废盐固化处理技术进行了对比,对于高放废盐的处理,国内外的研究重心正在逐渐偏向玻璃-陶瓷固化,通过固化体配方、工艺和设备研发,尽早解决高放废盐的最终出路问题,解除熔盐堆发展的"后顾之忧"。

表 8-1 不同类型高放废盐固化技术对比

类型	优 点	缺 点	成 熟 度
玻璃	废物包容量大、射线屏蔽、熔炼温度合理、组分设计容易	化学稳定性有待提高,对设备腐蚀性强,易析晶	采用冷坩埚工艺的磷酸盐玻璃固化可行性待论证
陶瓷	密度高、抗浸出性能好、膨胀率低、热稳定性好	技术要求高,工艺复杂,固化元素单一,成本较高	设备较成熟,工艺和配方都处在试验阶段
玻璃-陶瓷	锕系元素包容量大、浸出率极低、固化体密度高、最终废物量少	成本较高,晶体形成与控制较难,核素在玻璃和陶瓷两相中的分布不明晰	需针对高放废盐开发合适的设备和工艺

8.7 熔盐堆核应急

为了保证熔盐堆在核事故情况下能够及时有效地采取必要和适当的应急响应措施,缓解核事故状态发展,防止或最大限度地减少事故的后果或危害,保障人员和环境安全,制订应急计划和预案、做好应急准备是确保核安全的最后一道屏障。熔盐堆核应急根据国家核应急标准规范要求[9-10],主要包括应急计划区划分、应急状态分级、应急组织建立、应急设施设备准备、应急响应与措施制定等。

8.7.1　应急计划区

应急计划区是指为在熔盐堆发生事故时能及时、有效地采取保护公众的防护行动,制定应急计划并做好应急准备的区域。

应急计划区设置的一般原则是:① 对所考虑的事故及其源项进行分析,估算其场外预期剂量;② 考虑公众安全并权衡风险、代价和利益,尽可能合理地减小事故情况下所受的辐射照射;③ 考虑局部地区条件,例如人口分布、地形和土地利用特征、进出口道路、管辖边界等;④ 符合我国法规相关要求。

应急计划区分为烟羽应急计划区和食入应急计划区。烟羽应急计划区是针对放射性烟羽产生的直接照射、吸入放射性烟羽中放射性核素产生的内照射和沉积在地面的放射性核素产生的外照射。食入应急计划区是针对摄入被事故释放放射性核素污染的食物和水产生的内照射。根据熔盐堆设计特点和事故释放类别,选取具有包络性和代表性的燃料盐覆盖气系统边界泄漏事故和覆盖气尾气处理系统(安全容器外)泄漏事故用于分析应急计划区的事故源项。

8.7.2　应急状态分级

核设施应急状态一般分为应急待命、厂房应急、场区应急和场外应急,分别对应Ⅳ级响应、Ⅲ级响应、Ⅱ级响应和Ⅰ级响应。根据熔盐堆的设计特征、假定的核事故类型、辐射后果的严重程度等来确定所达到的应急状态等级。

(1)应急待命。出现可能危及熔盐堆安全运行的工况或事件,表明安全水平处于不确定或可能有明显降低时,进入应急待命状态。此时可能会出现放射性物质释放或者化学有毒物质释放,但预期内不会出现需要采取厂房应急响应行动的释放。

(2)厂房应急。熔盐堆的安全水平有实际的或潜在的大降低,出现或可能出现少量的放射性物质释放时,进入厂房应急状态,此时事故后果影响范围仅限于厂房和场区局部区域,不会对场内其他区域或场外产生威胁。

(3)场区应急。熔盐堆的安全水平发生重大降低,事故后果扩大到整个场区,除了场区边界附近,场外放射性照射水平不会超过紧急防护行动干预水平。

(4)场外应急。发生或可能发生放射性物质的大量释放,事故后果超越场区边界,导致场外的放射性照射水平超过紧急防护行动干预水平,以至于有必要采取场外防护措施。

8.7.3 应急组织、设施与设备

我国核事故应急实行三级管理,即国家级、地方(省、自治区、直辖市)政府级和核设施营运单位[11],如图 8-7 所示。国家核应急协调委负责组织协调全国核事故应急准备和应急处置工作,日常工作由国家核事故应急办公室承担,必要时,成立国家核事故应急指挥部,统一领导、组织、协调全国的核事故应对工作。省级人民政府根据有关规定和工作需要成立省(自治区、直辖市)核应急委员会,由有关职能部门、相关市县、核设施营运单位组成,负责本行政区域

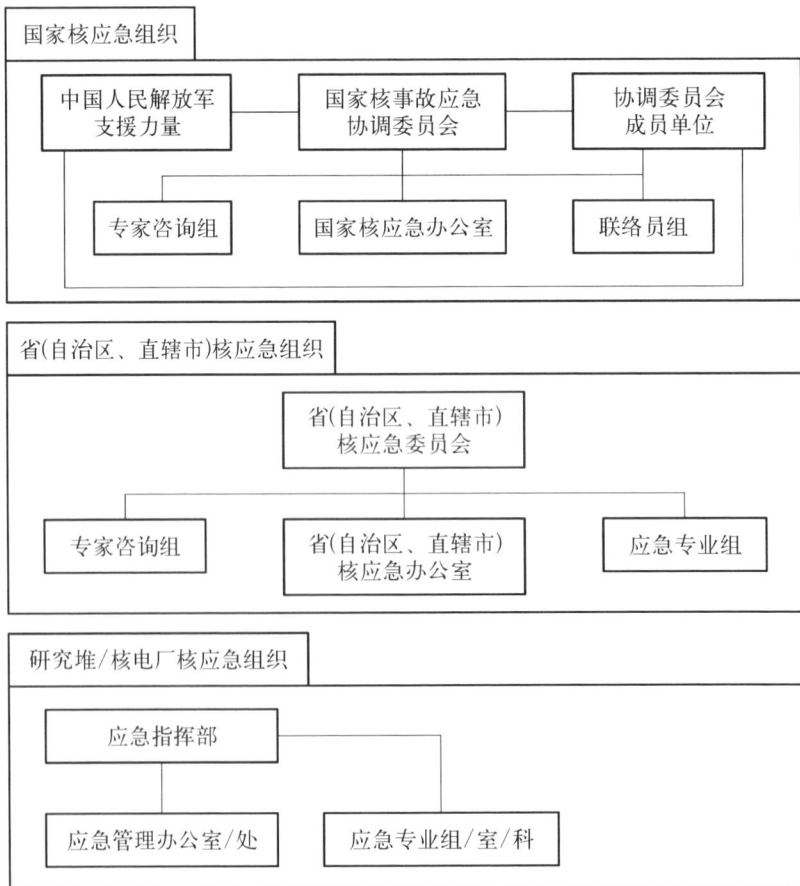

图 8-7 国家核应急组织架构图

核事故应急准备与应急处置工作,统一指挥本行政区域核事故场外应急响应行动,省核应急委设立专家组,提供决策咨询,设立省核事故应急办公室,承担省核应急委员会的日常工作。核设施营运单位负责本单位的核事故应急工作,一般由应急指挥部、应急办公室、应急专业组等组成。

熔盐堆的核应急组织与正常运行组织相互结合、相互兼容,应急办公室为应急工作的归口管理部门,负责组织应急准备工作,事故应急期间转为应急指挥部秘书组。熔盐堆应急响应组织由应急指挥部和应急行动组组成。应急指挥部包括应急总指挥和秘书组,应急行动组包括技术支持与信息提供、后勤支持、应急运行、应急维保和应急监测等各小组。

熔盐堆根据其自身特点和应急响应需要,遵循日常运行和应急响应相互兼容的原则设置应急设施和设备。主要应急设施与设备包括:主控室、远程停堆点、应急指挥中心、备用应急指挥中心、应急撤离路线、应急集合点、应急通信系统、应急监测设备、气象站、事故后果评价系统和应急防护用品等。

8.7.4　应急响应与措施

在事故情况下,核设施营运单位和政府的应急组织立即进入应急响应状态,并迅速做出应急响应。应急响应的目标是采取一切有效措施缓解事故的后果,防止工作人员和公众中出现照射引起的确定性效应,并尽可能减少对公众造成的随机性效应,尽可能限制工作人员和公众的非放射性危害,提供及时救护,处理辐射损伤,尽可能保护环境和财产,为恢复正常社会秩序和经济活动做准备。

熔盐堆发生异常事件或事故时,按照如下流程启动应急状态:

(1) 操作员发现仪器报警或异常信号后立即向当班值长报告,当班值长对操作员的报告进行核实,若核实后发现异常已消除,则按规定和程序将记录备案。

(2) 若值长确认熔盐堆已达到或接近应急行动水平,需及时完成对事态发展的初步判断,判断后迅速上报并通知应急值班人员。如判断事态紧急,则值长应立即联系应急总指挥担当人,向其汇报异常情况,应急总指挥担当人接到值长的报告后作出明确的决断和指示。

(3) 如事态并未快速恶化,则值长向反应堆运行负责人报告异常。运行负责人再次核实事态发展,若核实后发现异常已消除,则按规定和程序记录备案。

（4）若运行负责人确认反应堆已达到或接近应急行动水平，则应立即联系应急总指挥担当人，报告事件或事故情况、初步判断应急状态等级和已经采取的缓解措施。

（5）应急总指挥担当人对运行负责人的报告作出明确的决断和指示。

（6）如果应急总指挥担当人联系不上，运行负责人、值长可直接向应急总指挥替代人报告。

（7）启动应急预案后，应急总指挥批准进入应急状态和启动应急组织。

应急响应和需要采取的措施如下。

（1）反应堆运行控制：检查并确认反应堆已处于安全停堆状态，如仍未停堆则应立即执行手动停堆操作。检查控制棒系统、热传输系统、安全容器、燃料盐回路、冷却盐回路、堆芯覆盖气和尾气处理系统以及上述系统相关监测仪器的状态，排查故障。

（2）应急监测：测定事故造成的辐射水平、污染范围和程度及对人员的危害程度，测量分析释放核素的种类、性质及其迁移行为。

（3）事故后果评价：根据应急监测数据，预测释放的开始时间和释放持续时间，估算释放源项，推测事故的规模和后果，并根据实际监测结果不断修正推测，与监测结果相结合，为应急决策提供技术支持和依据。

（4）应急防护措施：根据紧急防护行动的通用优化干预水平，选取合适的防护行动，主要包括隐蔽、撤离和碘防护等。

熔盐堆采用液态熔盐作为燃料或冷却剂，具有高温近常压运行、较大的负反应性温度系数、燃料盐可滞留裂变产物、可布置在地下等安全特性，使得熔盐堆安全技术不同于压水堆、沸水堆等堆型。本章针对熔盐堆的特点，从场址选择、环境影响评价、安全分析、辐射安全、放射性尾气处理、放射性废物管理及核应急等方面介绍了熔盐堆的安全技术特点、主要内容、系统组成及工艺特点，为读者了解熔盐堆安全相关技术提供基础。

在场址选择方面介绍了熔盐堆场址选择安全评估论证的关注内容、影响因素分析以及选址专题设置要求等。在环境影响评价方面介绍了熔盐堆选址、建造、运行、退役等阶段环境影响评价的主要内容及关注内容。在安全分析方面介绍了熔盐堆典型事故、安全分析面临的技术挑战、新型安全评价方法及应用。在辐射安全方面介绍了熔盐堆源项分析与辐射分区管理、辐射屏蔽及辐射监测等辐射防护措施的用途、主要内容及系统组成。在放射性尾气处理方面介绍了熔盐堆放射性尾气处理流程及关键处理工艺技术。在放射性废物管理方面介绍了熔盐堆放射性废物类型与放射性废液、废气及固体废物处理工艺流程,并分析了熔盐废物处理技术研发。在核应急方面介绍了熔盐堆应急计划区、应急状态分级、应急组织、设施与设备、应急响应与措施等。

参考文献

［1］　中华人民共和国核安全法[Z]. 2017.

［2］　核动力厂、研究堆、核燃料循环设施安全许可程序规定[Z]. 2019.

［3］　核动力厂厂址评价安全规定：HAF 101[Z]. 2023.

［4］　国家质量监督检验检疫总局. 电离辐射防护与辐射源安全基本标准：GB18871—2002[S]. 北京：国家质量监督检验检疫总局,2002.

［5］　Eckerman K F, Jeffrey C R. External exposure to radionuclides in air, water, and soil, federal guidance report No. 12［R］. Washington D. C.：United States Environmental Protection Agency, 1993.

［6］　IAEA. International atomic energy agency, generic models for use in assessing the impact of discharges of radioactive substances to the environment, safety reports series No. 19[R]. Vienna：IAEA, 2001.

［7］　中华人民共和国生态环境部. 核动力厂环境辐射防护规定：GB 6249—2011[S]. 北京：中国环境科学出版社,2011.

［8］　Riley B J, Mcfarlane J, Delcul G D, etc. Identication of potential waste processing and waste form options for molten salt reactors. NTRD‐MSR‐2018‐000379, PNNL‐27723, 2018‐8‐15.

［9］　国家核安全局. 研究堆营运单位的应急准备与应急响应：HAD 002/06—2019[S]. 北京：国家核安全局,2019.

［10］　国家核安全局. 核动力厂营运单位的应急准备和应急响应：HAD 002/01—2019[S]. 北京：国家核安全局,2019.

［11］　岳会国,核事故应急准备与响应手册[M]. 北京：中国环境科学出版社,2012.

第9章

十兆瓦热功率的固态燃料
熔盐堆 TMSR – SF1

中国科学院于 2011 年开始进行钍基熔盐堆 TMSR 战略先导专项研究，该专项的第一个目标是：完成世界上第一个固态燃料钍基熔盐实验堆的设计，达到临界和 10 MW 热功率的指标，通过该堆的设计，建立设计体系，形成熔盐堆的物理设计、热工水力设计、安全系统设计和工程设计等能力。

9.1　TMSR – SF1 设计概述

21 世纪初，美国橡树岭国家实验室（ORNL）、桑地亚国家实验室（SNL）和加利福尼亚大学伯克利分校（UCB）共同发展了 AHTR[1-12] 的概念，AHTR 名称之后更改为 FHR[13-16]。FHR 的核心特点主要有两点：① 使用氟盐进行冷却（熔盐堆）；② 使用包覆颗粒燃料（高温气冷堆、超高温堆）。此外，FHR 还继承和发展了一系列新的概念，如非能动冷却安全系统、超临界水能量循环系统、空气布雷顿循环系统等。由于继承了众多优点和技术基础，评估认为 FHR 具有良好的经济性、安全性、可持续性和防核扩散性，在当前技术基础条件下具有极高的商业化可行性。我国于 2011 年依托中国科学院上海应用物理研究所开始钍基熔盐堆 TMSR 战略先导专项，着手熔盐堆的研发，并根据燃料形态的不同，将熔盐堆重新分为液态和固态两类，其中使用流动燃料的一类称为液态熔盐堆，如 20 世纪的 ARE、MSRE 等[17-21]；先进高温堆或氟盐冷却高温堆这类使用组件燃料的称为固态熔盐堆，如 ACU/NEXT 实验室的 Nature MSR – 1，Kairos Power 的 Hermes 以及中国科学院上海应用物理研究所的固态熔盐实验堆 TMSR – SF1[22]。

TMSR – SF1 的设计目标如下：在保证安全性的情况下完成世界上第一

个固态燃料钍基熔盐实验堆的设计,形成固态燃料钍基熔盐堆的堆物理设计、热工水力设计、安全系统设计和工程设计等设计能力。TMSR-SF1为第一个实验堆,考虑到其建设的可行性和安全特性,在设计时主要考虑的因素包括:尽量考虑利用现有的技术基础和可能的条件;为保证反应堆的安全,各参数留有较大的安全裕量;反应堆的设计要能覆盖掉众多的不确定性,另外只保留必要的实验功能;满足功能的条件下,设计尽量简单可靠。

本章对第一个热功率为 10 MW 的固态燃料钍基熔盐实验堆 TMSR-SF1 的设计研发进行基本阐述,叙述上按照熔盐堆核岛自成体系的系统设备划分原则进行,主要内容包括:① 反应堆设计概述。简要介绍反应堆设计时所考虑的主要条件因素、反应堆的设计目标、总体参数、反应堆的系统构成和主要设备、反应堆厂房布置以及反应堆的安全特性等方面的内容。② 反应堆的核热提供系统。对反应堆的核热产生区域、产生原理以及主设备的结构进行介绍,内容涵盖燃料类型、慢化剂、冷却剂类型、反应堆堆芯设计及核热产生、反应性控制方法、控制棒及驱动机构、反应堆主容器、堆内石墨和金属构件、压紧装置、堆顶结构等。③ 反应堆的热量转移系统。热量转移系统主要功能是将各种工况下堆芯产生的裂变和衰变热量有效地转移至环境中,并保证反应堆安全,承担固态熔盐堆热量转移的主要系统设备包括回路热量转移系统和堆舱热量转移系统,具体有反应堆的一、二回路、主设备、熔盐、热传输路径、余热排出等。④ 反应堆的主要辅助系统。除堆本体及主系统之外熔盐堆还包含多个关键辅助系统,以确保反应堆的安全和有效运行,包括气路系统,用以提供高纯氩气覆盖熔盐液面,防止腐蚀并限制放射性气体的排放;氚控制系统,由于熔盐堆使用 2LiF-BeF$_2$ 冷却剂,在中子的活化下,不可避免地产生氚,氚控系统主要负责监测、储存和后处理放射性氚,包括在线和离线处理以及熔盐中的氚提取和储存系统,确保氚的安全可控;铍控制监测系统,用于保护环境和保障人员安全,包括含铍废水和废气处理;铍泄漏监测;燃料球装载与卸载系统;三废处理系统。⑤ 反应堆的仪控系统。主要包括核测量系统、热工水力测量系统、辐射监测和反应堆控制系统等多个子系统,用于对中子注量率、熔盐回路热工水力参数、辐射场所的剂量、反应堆的启动与运行过程的关键参数测量和监督。⑥ 反应堆的包容体、反应堆厂房与屏蔽,主要对包容体进行定义和界限、反应堆厂房及各个舱室功能布局、辐射分区及屏蔽方法等进行介绍。

9.1.1　TMSR‐SF1 的总体目标和总体参数

　　TMSR‐SF1 固态燃料钍基熔盐实验堆的技术目标是进行系统集成以及关键技术实现,为下一个示范堆的建设提供必要的技术积累及经验,这些目标包括:① 形成固态燃料钍基熔盐堆的堆物理设计、热工水力设计、安全系统设计和工程设计等设计能力。② 实现固态燃料钍基熔盐堆的集成、建造、运行和维护等综合能力。③ 对于固态燃料钍基熔盐堆中的堆物理行为、热工水力行为、堆安全特性进行实验验证。④ 对于固态燃料钍基熔盐堆中的材料、燃料、熔盐、设备等服役行为进行实验验证。TMSR‐SF1 作为第一个实验堆,考虑到其建设的可行性和安全特性,在设计时考虑了一些主要的条件因素:① 尽量利用现有的技术基础和可能的条件。② 为保证反应堆的安全,各参数留有较大的安全裕量。③ 物理设计要能覆盖掉众多的不确定性,另外只保留必要的实验功能。④ 在满足功能的条件下工程设计尽量简单可靠。

　　图 9‐1 为 TMSR‐SF1 总体布局的示意图,表 9‐1 为 TMSR‐SF1 的总体参数。总体方案和主要特征如下。

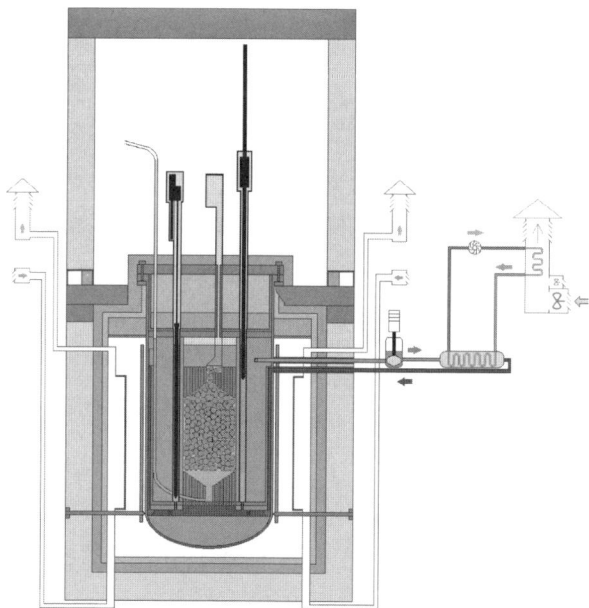

图 9‐1　TMSR‐SF1 总体布局

表 9 - 1 　 TMSR - SF1 总体参数

参 数 名 称	参 数 值
热功率/MW	10
寿命/a	20
堆芯进/出口温度/℃	672/700
堆芯冷却剂质量流量/(kg/s)	150
燃料元件	燃料球,直径 6 cm;^{235}U 富集度为 17.0%
一回路冷却剂	2LiF - BeF$_2$;锂 - 7 原子丰度大于 99.99%
二回路冷却剂及物质的量分数/%	LiF/NaF/KF:46.5/11.5/42.0
反射层	石墨
堆内金属材料	ASME - N10003 合金
反应性控制	控制棒＋排空熔盐
主泵	立式悬臂离心泵
换热器	U 形管熔盐/熔盐换热器、直管熔盐/空气换热器
余热排出	能动＋非能动

（1）反应堆功率：设计热功率为 10 MW。

（2）燃料元件：使用高温气冷堆的 TRISO 包覆颗粒燃料球。在正常运行情况下最高燃料温度限值为 1 200 ℃,满装堆燃料球约 15 000 个。

（3）冷却剂：一回路冷却剂为 2LiF - BeF$_2$ 熔盐,熔盐中锂 - 7 的丰度大于 99.99%。二回路冷却剂为 FLiNaK 熔盐。

（4）堆芯：堆芯包括燃料区及其外围的反射层,堆芯外有围桶。燃料区中燃料球随机排列。堆芯冷却剂入口温度为 600 ℃,出口温度为 650 ℃。

（5）反应性控制：反应性控制采用控制棒实现温度调节、功率调节、燃耗补偿。使用 I 型控制棒作为第一停堆系统,使用 II 型控制棒＋熔盐排空作为备用停堆系统。

（6）堆本体：堆本体由内向外主要由堆芯活性区、反射层、堆芯围筒、堆芯冷却剂下降环腔与上下腔室、反应堆主容器、氩气层、反应堆保护容器、热屏蔽层和隔热层组成。反应性控制系统、堆内相关测量系统、堆芯冷却剂流道等布置在相应的结构件中。堆容器内最大压力小于 5 atm(1 atm＝1.01×10⁵ Pa)。

（7）回路系统：包括一回路、二回路、气路和熔盐检测设施等。

（8）余热排出：正常余热排出利用回路；事故情况下的余热排出由非能动堆舱散热实现。

（9）燃料球装卸：从堆芯下方通道依靠熔盐浮力进球，采用逐球装载方式；从堆芯上方通道卸球。

（10）材料：堆容器、堆内结构和回路材料主要为 ASME‐N10003 合金，反射层材料为核石墨，控制棒套管采用 C/C 复合材料。

（11）安全设施：包括包容体、非能动堆舱散热系统等设施。

9.1.2　TMSR‐SF1 的系统和设备

TMSR‐SF1 包括一系列主要系统和设备，如核热提供系统、热量转移系统及设备、辅助系统、测量和控制系统等。

1）核热提供系统

TMSR‐SF1 的热功率为 10 MW，堆芯进出口温度为 672 ℃/700 ℃。采用包覆颗粒燃料球(TRISO)作为燃料。其核热提供系统的主体是堆本体，由堆芯燃料球、石墨反射层、堆芯支撑机构、石墨反射层压紧机构、堆芯围筒、主容器、保护容器、控制棒及控制棒驱动机构、堆内测量机构等组成。石墨反射层由上下反射层和侧反射层构成，上下反射层中开有竖直方向小孔作为冷却剂流道；堆芯围筒用来承载约束石墨反射层和堆芯活性区，由堆芯圆筒、围筒底板和围筒支撑块等部件组成；主容器为冷却剂压力边界，由筒体组合件、顶盖、密封件等部件组成；保护容器可在主容器发生破裂时容纳冷却剂，主要由保护容器封闭件、保护容器筒体、保护容器下封头等部件组成。控制棒置于反射层中。反应堆采用浮力装载燃料，装载管由主容器上顶盖进入堆芯。卸载时，先排空堆芯冷却剂，燃料球下沉至堆芯底部，从堆芯上部伸入燃料球卸载管，利用负压卸球方式将燃料球从堆芯卸出。

2）热量转移系统及设备

TMSR‐SF1 的热量转移系统包括一回路和二回路。一回路采用 2LiF‐BeF₂ 作为冷却剂，堆芯进出口温度为 672 ℃/700 ℃。二回路采用 FLiNaK 作为冷却剂，二回路进出口温度为 610 ℃/650 ℃。反应堆的热量最终经空气散热器排入大气。

一回路主要由主循环泵、熔盐-熔盐换热器、溢流罐、管路和辅助设备组成。熔盐-熔盐换热器用于一回路/二回路中间的热交换,采用壳-U形管式结构,呈水平放置,二回路侧熔盐压力高于一回路侧熔盐压力。主循环泵位于热端,驱动一回路冷却剂循环采用立式悬臂液下离心泵。二回路主要由循环泵、熔盐-熔盐换热器二回路侧、熔盐-空气换热器、溢流罐、管路和辅助设备组成。熔盐-空气换热器利用空气冷却二回路熔盐,维持一、二回路的热平衡,通过排气烟囱将热量散发到大气中。

3) 主要辅助系统

TMSR-SF1 的主要辅助系统包括:气路系统,熔盐装载及排放辅助系统,燃料操作与换料系统,放射性废物处理和化学废物处理系统,氚的控制,铍的控制。

气路系统含熔盐覆盖气系统、尾气处理系统、气体加热及输送系统、气体冷却系统、工艺动力气系统、安全壳及厂房内的保护气系统等。熔盐装载及排放系统包括熔盐储罐、熔盐处理罐、装载排放管道等。燃料操作与换料系统包括燃料装载系统、燃料卸载系统、新燃料储存系统、乏燃料储存系统。新燃料储存系统和乏燃料储存系统各有 10 个燃料罐,可储存上万个燃料球。

4) 测量和控制系统

测量与控制系统可提供测量与显示手段,监测反应堆各工况下的重要参数和设备状态;提供可靠的控制手段,保证反应堆系统的正常运转,对安全重要的参数和设备状态设置专门的显示和记录手段,可以进行事故后的跟踪。

(1) 核参数测量:包括堆外中子注量率测量、物理启动中子注量率测量、堆内中子注量率测量与能谱测量。

(2) 热工水力参数测量:包括温度测量、流量测量、压力测量与液位测量。

(3) 反应堆控制:主要包括功率控制系统、熔盐回路控制系统、气路系统、辅助控制系统(燃料装卸控制系统、远程维护系统、辐射监测系统等)。

(4) 保护系统:用于探测反应堆偏离可接受状态并发出指令维持安全的反应堆的安全系统,主要完成反应堆异常工况下的紧急停堆,并触发专设安全设施,从而减轻事故后果。系统根据不同参数采用"三取二"或"四取二"的符合逻辑。

(5) 信息系统:用来处理和传递各种信号,主要包括网络系统、反应堆主控制室、大屏幕信息显示系统、数据处理系统和报警系统等。

9.1.3　TMSR－SF1 的厂房布置

反应堆厂房分为控制区和监督区,主要由反应堆厂房、辅助厂房及附属厂构成。为了满足系统设备安装位置的需要,堆本体及回路主要设备均布置在反应堆厂房的一层,厂房以堆本体为中心,其他系统设备用房环绕在堆本体的周围,根据系统和功能进行合理区分和布局,使放射性工作场所和非放射性工作场所严格分开,满足实验堆运行和工艺流程中的安全要求和系统设备运行需求。反应堆厂房包括包容体、回路系统、熔盐净和处理系统、放射性气体处理系统及燃料处理和暂存用房等。辅助厂房包含了主控制室、仪表和控制(I&C)系统、电仪系统、吊装区等。附属厂房包含配电房、公用设施水、电、风、气等配套设施用房、办公用房、门卫、人员和设备通道等。

9.1.4　TMSR－SF1 的安全特性

TMSR－SF1 的安全性体现在如下四个方面。① 固有安全:TRISO 颗粒燃料对放射性产物具有极大包容能力和温度裕量;常压系统,设备承压要求较低,可避免 LOCA 事故;较高的热惯性和较低的功率密度使得事故的进程相对缓慢;具有负反馈特性,可以限制堆芯功率的上升。② 结构设计:一回路在堆芯液面以上呈一定的倾角设计,堆芯冷却剂液面以下无贯穿件,堆芯不会因管道破裂而裸露。③ 非能动余热排出系统:可以在没有外部动力的情况下,长时间排出衰变热,避免堆内构件温度升高失效而引起的事故。④ 放射性的三重实体屏障,包括 TRISO 包覆颗粒燃料的 SiC 包壳、反应堆冷却剂系统压力边界、包容体等。此外,熔盐可包容放射性产物,即使泄漏也会凝固,限制了放射性扩散。

专设安全设施包括以下两个方面。① 主控室应急可居留系统:保障控制室在发生设计基准事故时保护控制人员和设备免受气载放射性物质和火灾的危害,以及事故后主控室的居留期延长,保证人员在主控室对反应堆的操作不受影响。② 非能动堆容器外壳散热系统(RVCS):在正常热量载出失效的情况下,借助热传导、自然对流和热辐射等非能动自然机制,将堆芯余热通过堆本体、保护容器、保温层载出到混凝土腔室,然后通过空气换热器将热量释放到大气热阱。

辐射安全与化学安全设计参考了我国核电厂或反核与辐射安全相关标准、规范以及工作场所对含铍废气、含铍废水等的标准、规范。① 辐射安全设计包括辐射屏蔽、出入控制、辐射监测等,堆屏蔽包括主体屏蔽和局部屏蔽两类。② 化学安全设计包括冷却剂的化学安全防护措施、冷却剂的监测等。

后续章节将依次对反应堆上述系统的设计及特点进行介绍。

9.2 TMSR-SF1 的核热提供系统

TMSR-SF1 反应堆堆本体结构和一回路主管道等构成承压边界,燃料组件和控制棒组件在运行人员的操作下建立和维持连续的裂变反应,并将其中大部分能量传递给冷却剂,按照反应堆热工设计的要求有效地导出,以维持反应堆的正常运行。反应堆本体主要是由堆芯、压力容器、堆内构件和控制棒及其驱动机构、燃料球装卸料机构等组成。堆芯是反应堆产生热能的核心部位。固体燃料球与石墨反射层构成反应堆堆芯结构。堆内构件主要由石墨反射层、堆芯金属构件、压紧装置等结构组成,用以安放和固定整个堆芯,并为冷却剂导流。控制棒驱动机构有两种形式:一种为链轮链条提升机构,另一种为磁力提升机构,位于反应堆压力容器的上封头上。压力容器为一圆柱形容器,用于装容堆芯、堆内构件和控制棒及其驱动机构,包容反应堆冷却剂、堆芯产生的热量和裂变产物,它和一回路主管道、蒸汽发生器等构成承压边界。本节将按照堆本体由内到外的顺序,依次介绍 TMSR-SF1 的燃料、石墨、合金、冷却剂、堆芯设计与核热、反应性控制系统、石墨结构及构件、堆芯围筒及底部、顶部结构以及反应堆主容器。

9.2.1 燃料、石墨、合金、冷却剂

TMSR-SF1 的燃料元件采用球形燃料元件,内含包覆颗粒燃料和石墨基体。燃料球直径为 6.0 cm,燃料为 ^{235}U 富集度为 17.0% 的 UO_2,每个燃料球中铀装载量为 7.0 g。核级石墨构成了燃料元件的基底、包壳以及堆芯反射层。合金按是否与熔盐直接接触分别使用 UNS N10003 合金和奥氏体不锈钢。一回路冷却剂采用 $2LiF-BeF_2$ 熔盐,锂-7 原子丰度大于 99.99%,熔点为 459 ℃,二回路冷却剂采用 LiF-NaF-KF,摩尔比为 46.5%-11.5%-42.0%。

1) 燃料元件

燃料是由包覆颗粒弥散在石墨基体内构成的直径为 60 mm 的球形燃料元件,如图 9-2 所示。其中包覆颗粒弥散在直径约为 50 mm 的燃料区,其外部为厚度约 5 mm 的无燃料区。燃料元件的参数见表 9-2。包覆燃料颗粒是

由多层陶瓷材料(热解碳、碳化硅)包覆在燃料核芯外构成。包覆颗粒的参数见表 9 - 3。

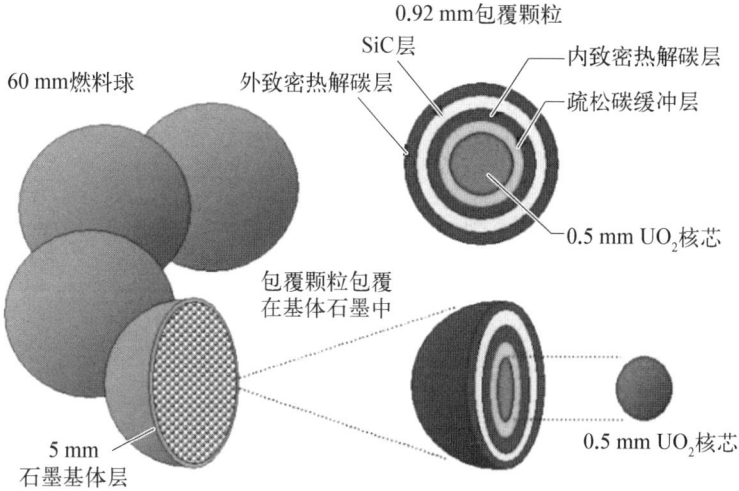

图 9 - 2　球形燃料元件和包覆颗粒的结构

表 9 - 2　TMSR - SF1 球形燃料元件的参数

参　　数	设 计 值
燃料元件直径/mm	60
燃料区直径/mm	50
无燃料区厚度/mm	$\geqslant 4$
密度/(g/cm^3)	$\geqslant 1.70$
落球强度(从 4 m 高处落入球床不破损次数)	$\geqslant 50$
自由铀含量	$\leqslant 3 \times 10^{-4}$

表 9 - 3　TMSR - SF1 包覆燃料颗粒的参数

	化合物	UO$_2$
燃料核芯	富集度	17%
	直径/μm	500 ± 20

包覆层厚度/μm	缓冲层	95±20
	IPyC	40±10
	SiC	35±4
	OPyC	40±10
包覆层密度/(g/cm³)	缓冲层	≤1.10
	IPyC	1.9±0.1
	SiC	≥3.18
	OPyC	1.9±0.1

2) 石墨

TMSR-SF1 的堆芯使用了大量的核级石墨,在核石墨的选取上主要遵循以下基本原则:① 熔盐浸渗量尽量小;② 具有很好的产品成熟度,基本热学、力学性能齐全;③ 具有充分的辐照数据;④ 密度较高;⑤ 通过反应堆的设计建造,可大力推进核石墨的国产化。

3) 合金

TMSR-SF1 中与熔盐直接接触的围桶和堆芯容器以及回路、DRACS 系统、热交换器、循环泵、套管等均为 UNS N10003 合金。该合金包括进口 Hastelloy N 合金及国产 GH3535 合金。Hastelloy N 合金曾经在美国熔盐实验堆 MSRE 上安全运行 4 年,服役数据较全。中国科学院上海应用物理研究所与金属研究所联合研发了 GH3535 合金,该合金与 Hastelloy N 合金同属于 UNS N10003,在组织(微观和宏观)和性能(热物性、拉伸性能、蠕变和持久性能、疲劳和熔盐腐蚀性能)上接近或优于进口 Hastelloy N 合金性能。

4) 冷却剂

根据 TMSR-SF1 设计要求,堆芯及一回路采用 $2LiF-BeF_2$ 作为冷却剂,其中,要求锂-7 同位素丰度需达 99.99% 以上,且对堆用合金材料的腐蚀速率不得高于 2 μm/a。$2LiF-BeF_2$ 熔盐服役条件下的主要性能指标见表 9-4。

表 9 - 4　2LiF－BeF₂ 冷却剂主要性能指标

熔点/K	733
沸点/K	1 673
密度/(g/cm³)	1.938
黏度/(Pa·s)	0.005 6
普朗特数	13.525
比热容[J/(kg·K)]	2 414.17
热导率[W/(m·K)]	1.0

二回路采用 LiF－NaF－KF(FLiNaK，46.5－11.5－42.0 mol%)作为冷却剂,服役条件下的主要性能参数见表 9－5。二回路 FLiNaK 熔盐对堆用合金材料的腐蚀速率也不得高于 2 μm/a。

表 9 - 5　二回路 FLiNaK 熔盐主要性能参数

熔点/℃	454
沸点/℃	1 570
密度/(g/cm³)	2.02
比热容/[J/(kg·K)]	1 890
热导率/[W/(m·K)]	0.6
黏度/(Pa·s)	0.003
普朗特数	6.05

9.2.2　堆芯设计与核热产生

TMSR－SF1 额定热功率 10 MW,采用 2LiF－BeF₂ 作为冷却剂,冷却剂名义流量为 150 kg/s。堆芯采用球形燃料元件(燃料球),内含包覆颗粒燃料和石墨基底,燃料球直径为 6.0 cm,燃料为铀－235 富集度为 17.0% 的 UO₂,每个燃料球中铀装载量为 7.0 g,堆芯满装载时,含约 15 000 个燃料球。TMSR－SF1 堆芯物理设计要求热功率水平 10 MW,且燃耗寿期有 150 个等效满功率天(EFPD)。

TMSR‐SF1 的堆芯如图 9‐3 所示,主要结构参数如表 9‐6 所示。堆芯由球形燃料元件和石墨构件组成。堆芯活性区为燃料球的随机堆积区和熔盐填充区,燃料球间空隙形成熔盐冷却剂随机不规则流道,供冷却剂自下往上流动带走裂变产生的热量;石墨反射层作为中子反射材料,构筑上下圆台、中间圆柱状的活性区,并容纳中子源、停堆系统、实验测量等专用通道。堆芯活性区为堆芯石墨构件围成的上下圆台、中间圆柱状区域,反射层外围形状为圆柱体,在反射层中布置一系列功能孔道:如 16 根控制棒通道、2 个燃料球装载通道、1 个熔盐装卸通道、1 个中子源通道、2 个物理启动用测量通道、7 个中子通量密度测量及能谱测量通道、6 个温度测量通道、3 个随堆监督通道、2 个备用通道。

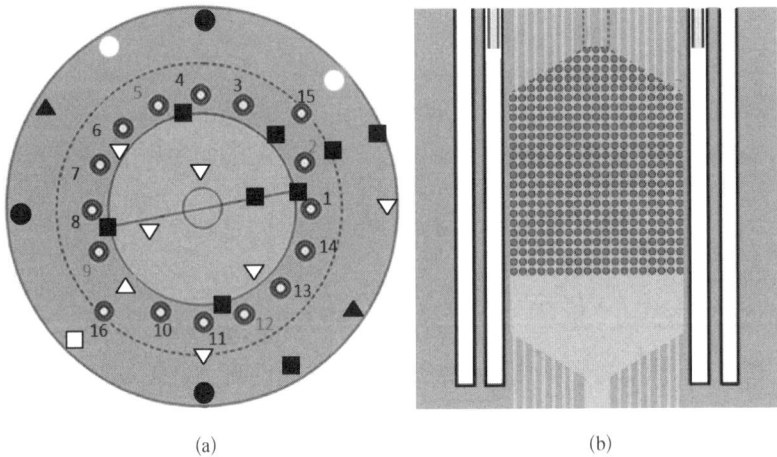

(a)　　　　　　　　　　　　　　(b)

●控制棒,　△中子源,　□熔盐装卸通道,　▲燃料球注入通道,　●随堆监督通道,
○物理启动实验通道,　■中子通量与能谱测量,　▽热工温度测量

图 9‐3　TMSR‐SF1 堆芯横纵截面示意图

(a)堆芯横截面;(b)堆芯纵截面

表 9‐6　TMSR‐SF1 堆芯主要结构参数

燃料球	
直径/cm	6.0
燃料区域直径/cm	5.0
燃料颗粒半径/mm	0.25
包覆层厚度/μm	95/40/35/40

(续表)

活性区	
活性区圆柱直径/cm	135.0
活性区圆柱高度/cm	180.0
燃料球布局	随机堆积
燃料球在堆芯中的堆积因子/%	60
燃料满装载时圆柱高度/cm	180
反射层	
反射层外形/高/直径	圆柱体/306.2 cm/285.0 cm
反射层厚度(上/下/侧)/cm	32.89～63.2/32.89～63.2/75.0
上、下反射层熔盐流道个数/直径	254/4 cm
堆内通道	
控制棒通道内径/外径/cm	13/15
中子源通道内径/外径/cm	8/10
物理启动测量通道内径/外径/cm	13/15
中子、热工测量通道内径/外径/cm	1.1/1.5
熔盐装卸通道内径/外径/cm	6.5/7.5
燃料球注入通道内径/外径/cm	6.5/7.5
随堆监督通道内径/外径/cm	13/15
备用通道内径/外径/cm	8～13/10～15

　　TMSR - SF1 堆芯装载分为临界实验阶段堆芯装载、低功率阶段堆芯装载和满功率阶段堆芯装载。临界实验阶段冷却剂温度为正常冷态 550 ℃,临界装载方案堆芯 k_{eff} 变化范围为 1.000～1.020。低功率阶段是指核功率小于 10% 额定功率,冷却剂出口温度为 600 ℃。满功率阶段堆芯装载的活性区装满,冷却剂出口温度为 700 ℃,反应堆进出口平均温度为 686 ℃。堆芯的冷熔盐通过堆芯进口进入堆芯下降环腔,在下降环腔中旋转下降,之后进入下腔室。熔盐通过堆芯活性区下反射层熔盐孔道上行进入堆芯活性区球床进行加热,经过加热后的热熔盐通过堆芯活性区上反射层熔盐孔道上行进入上腔室。

控制棒通道、堆芯石墨组件缝隙和下降环腔顶端防虹吸孔的旁流冷熔盐与经过堆芯活性球床区加热的热熔盐在堆芯上腔室混合,混合后的热熔盐先通过两个对称的出口出上腔室,然后通过两个管道汇合后,通过一个堆芯出口出堆芯。堆芯中,随着熔盐向上流动,熔盐温度逐渐升高,堆芯活性区顶部出口中心处温度最高,图9-4为堆内冷却剂温度分布,最高温度低于沸点,最低温度高于熔点,出口温度低于结构材料安全限值。

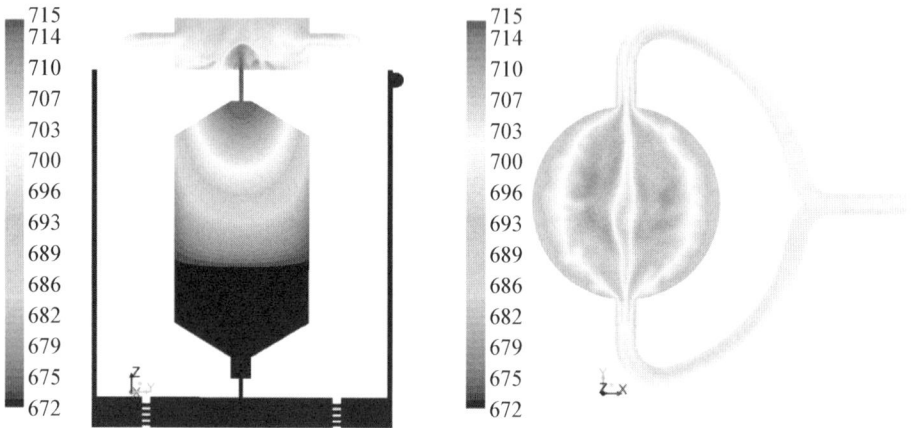

图9-4 堆内冷却剂温度分布

在满功率下,单球的平均功率为683 W,热点燃料球的单球功率为1 024 W。图9-5为满功率下热点燃料球和TRISO颗粒的温度分布情况。

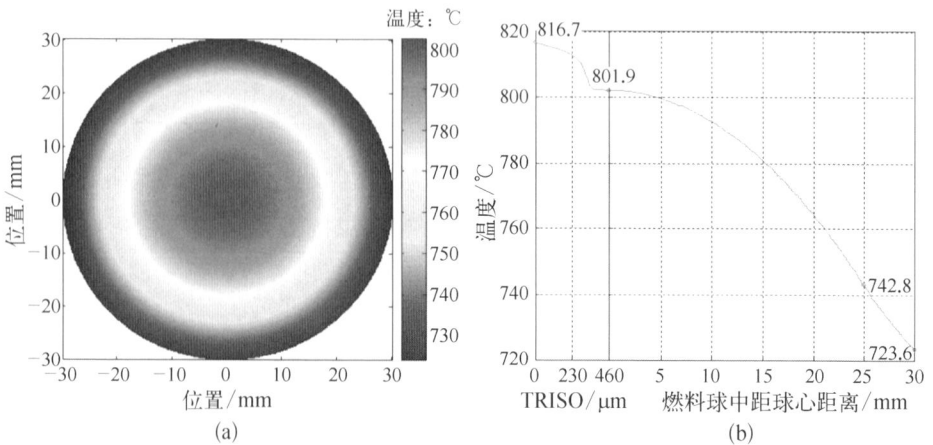

(a)

(b)

图9-5 满功率热点燃料球的温度分布

(a) 燃料球内部温度分布;(b) 燃料球与TRISO的温度分布

9.2.3　反应性控制系统

　　反应性控制系统用于控制堆芯反应性和安全停堆。TMSR－SF1 设计了两套不同原理的、相互独立的反应性控制系统。第一套反应性控制系统由 14 根控制棒组成,完成功率调节、燃耗补偿、温度调节、停堆等功能。第二套反应堆控制系统由 2 根停堆棒组成,在第一停堆系统故障时,执行停堆功能。

　　调节棒、补偿棒以及安全停堆棒为同一种结构,内径为 55 mm,外径为 110 mm,有刚性整体式和柔性分段式两种,从外到内依次为外套管、毒物、内套管,如图 9-6 所示。控制棒棒体从下至上包括底部棒头、由 B_4C 组成的吸收段和引棒三部分,另外,在吸收段的最顶端与外套端盖之间放入压紧弹簧,用来调节毒物的长度制造误差所造成的间隙。棒头位于整个棒体的底部,因整个棒体位于包壳内,不与熔盐接触,底部结构外部设计成锥形,这样在包壳出现稍微扭曲变形时可起到导向作用而利于棒体下落。吸收段

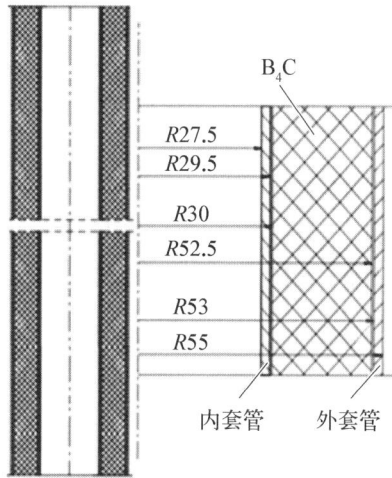

图 9-6　控制棒结构示意图

使用多节 B_4C 毒物组成。引棒起到连接吸收棒体和链条的作用,其底端连接吸收棒体,顶端通过引棒头与链条链板相连,以保证链条上下运动时可带动棒体平稳运行。引棒内部为中空结构,以调节整个棒体的总重。为了使控制棒上下运动顺畅,使用了 C-C 材料套管插入石墨结构的控制棒孔道中,即控制棒在 C-C 材料套管中运行。

　　控制棒驱动机构根据驱动形式不同,分为链轮链条控制棒驱动机构和直线电机控制棒驱动机构,其中链轮链条控制棒驱动机构 12 套,驱动调节棒和补偿棒;直线电机控制棒驱动机构 4 套,驱动安全停堆棒。反应堆正常运行时,控制棒驱动机构以一定的速度拖动控制棒在堆内上下移动,补偿和调节堆芯的后备反应性,实现反应堆的正常启动、运行和停闭。在事故工况下,控制棒靠自重快速插入堆芯,实现紧急停堆。

9.2.4 石墨结构及构件

在 TMSR - SF1 中,石墨既作为慢化剂又作为结构材料,石墨构件包括上反射层、侧反射层和下反射层,如图 9 - 7 所示。上部填充石墨和下部填充石

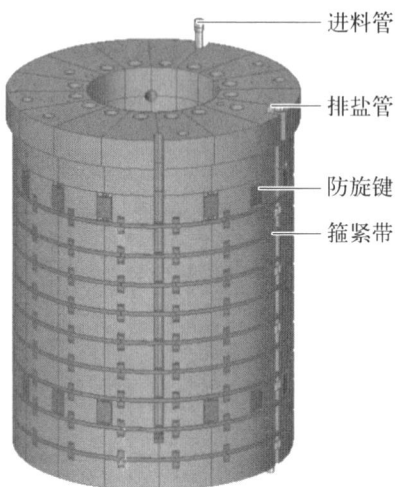

图 9 - 7 堆芯石墨结构

墨主要用来减小熔盐冷却剂的使用量。侧反射层以及上下反射层围成的空间构成了反应堆堆芯活性区,用于装载反应堆燃料球。在石墨反射层中布置控制棒等功能通道。作为堆内结构组成部分,石墨反射层和上部填充石墨的结构设计可以保证堆芯活性区和石墨结构内部各孔道不发生较大形变。

石墨反射层和上部填充石墨结构共 12 层,等分为 16 柱。上部补充石墨共两层石墨,上反射层、下反射层也各分为两层,侧反射层共 6 层。上反射层和下反射层石墨结构比较类似,在两者的中心区域

都设置有熔盐冷却剂流道。冷却剂由下反射层进入,流经堆芯之后,就会进入上部熔盐腔室。上部填充石墨中会设置两个冷却剂的出口通道,这两个通道最终会在出口管嘴附近汇集成一个通道,一起流入出口管嘴。

石墨反射层是由石墨块垒砌而成的结构,具有散体结构特性。整个石墨反射层采用了石墨销、石墨方键、箍紧带、防旋键结构,来保持其完整性。每一块石墨砖的上下表面均设置两个石墨销孔。底层的每个石墨砖都通过定位环定位在堆芯底板上,可以在腰形槽中沿径向移动,而同一柱的上下石墨砖都通过两个石墨销相互定位约束。因此,整个石墨反射层坐落在堆芯围筒的底板上,每一石墨柱都由堆芯底板定位。此外,考虑到运行时的振动或地震的影响,以及堆芯燃料球对石墨块的外挤因素,配合间隙的存在会导致石墨块逐渐往外移动。采用 C - C 材料制成的箍紧带,紧固堆芯,防止石墨反射层向外的位移量过大。

9.2.5 堆芯围筒、底部及顶部结构

TMSR - SF1 堆芯围筒由堆芯圆筒、加强环段、支撑底板、支撑环和支撑块

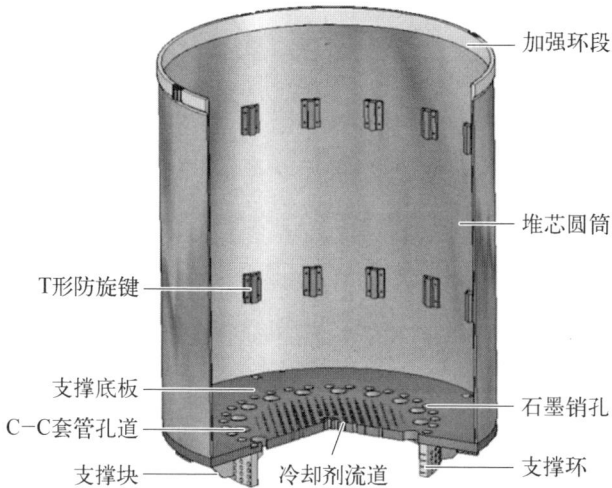

图 9 - 8　堆芯围筒结构

等结构组成。图 9 - 8 所示为堆芯围筒结构,采用哈氏 N 合金制造。

支撑底板厚度较大,且必须有足够的刚度,以防止其形变影响到石墨结构中相关孔道的中心对中,导致石墨砖与石墨销、石墨方键之间产生接触力。堆芯围筒采用坐式,底部坐落在焊接于压力容器下筒体的十二个支撑块上。同时,堆芯围筒的底部与顶部均设置十字交叉的约束方式,采用周向和径向约束定位,可自由热膨胀。围筒底部设有十二个支撑位置沿着堆芯围筒边界按圆周均布,其中四个支撑块上设有用于约束定位的导向平键键槽。堆芯围筒吊装入压力容器后,根据现场需求调整底部导向平键尺寸大小,然后再将调整板插入键槽中。此外,堆芯围筒顶部设置限位结构,将在堆芯围筒吊入压力容器,并且堆芯围筒底部的导向平键调整好后再安装。限位结构主要由 U 形块、凸块以及两个调整块组成。U 形块焊接在压力容器内壁,凸块采用冷装工艺后焊接或用螺栓固定在堆芯围筒上。堆芯围筒上部周向均布四个限位结构。

9.2.6　反应堆主容器

TMSR - SF1 主容器为堆芯冷却剂压力边界,主要用来装载反应堆堆芯、堆内构件和高温、高腐蚀反应堆冷却剂,包容放射性物质;支撑堆内构件和堆芯,引导反应堆冷却剂流经堆芯,带走堆芯产生的热量,保证堆芯的可冷却性;

为堆内构件提供定位和对中；为控制棒驱动机构、燃料球卸料装置、堆芯测量装置提供支撑和对中。主容器设计寿命为 20 a，设计温度为 725 ℃，主要由筒体组合件、顶盖和密封件等组成，如图 9-9 所示。筒体组合件为焊接结构，由板材卷焊，拼接成筒体，并与椭圆形下封头、进出口接管、下法兰等焊接形成。顶盖为上法兰、椭圆形上封头和各支撑管嘴等焊接而成。筒体组合件与顶盖之间采用双道金属加强型 C 形密封圈，并用螺栓连接。

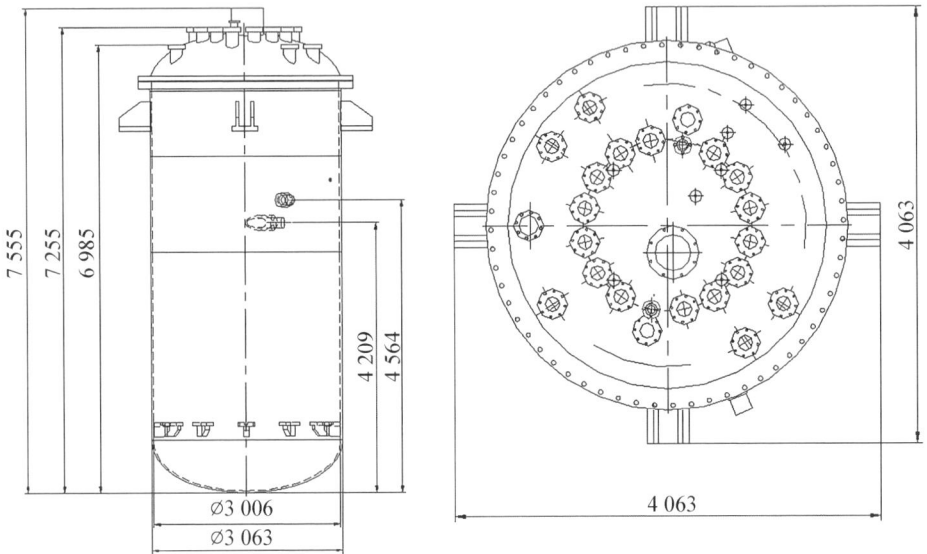

图 9-9　TMSR-SF1 主容器结构

主容器顶盖及筒体组合件上部的内部为填充热屏材料，热屏材料和各导向筒一起，被一金属吊篮包围固定，安装在顶盖法兰上，作为压力容器的附属部件。主体材料为 UNS N10003 合金，主螺栓采用 05Cr17Ni4Cu4Nb。附属结构中保温层材料为硅酸铝纤维，金属构件材料为 UNS N10003。

主容器支撑的是在反应堆堆舱内承受反应堆堆本体及相关设备和介质的重量载荷，以及被支撑设备在各种工况下产生的动载荷以及热应力等。支撑结构将这些载荷和应力传递给混凝土基座，主要由三部分结构来执行其功能：支撑筒体、调整支撑和阻尼器。支撑筒体是整个反应堆压力容器支撑的基础性结构，支撑筒体坐落在堆舱内，其上部固定在预埋于混凝土层的钢板结构上。支撑筒体的主体支撑顶板厚度为 100 mm，圆形筒体段分为两段，上段筒体结构厚度为 80 mm，下段筒体结构厚度为 20 mm。其中支撑压力容器的承力结构焊接在上段筒体上,下段筒体结构为附属结构,整个支撑结构也是实现金属堆舱功能的一个部分。在支撑结构的下部设置四个横向阻尼器,用来限制压力容器由于地震和其他载荷情况下的位移和变形。阻尼器穿过支撑筒体下部,与支撑筒体之间采用波纹管连接。

反应堆运行时,裂变在核热提供系统中产生,热量再经热量转移系统的各种途径进入最终热阱。下一节将对热量传输系统进行介绍。

9.3　TMSR - SF1 的热量转移系统

TMSR - SF1 热量转移系统的主要功能是将各种工况下堆芯产生的裂变和衰变热量有效地转移至环境中,并保证反应堆安全。TMSR - SF1 热量转移主要通过回路热量转移系统和堆舱热量转移系统来实现。其中,回路热量转移系统由一回路、一二回路中间换热器、二回路、熔盐空气散热器等系统与设备组成;堆舱热量转移系统由上、下堆舱及位于下堆舱的非能动余热排出系统组成。在正常运行时,绝大部分的堆芯核裂变能通过燃料球与熔盐冷却剂的强迫循环换热转移至一回路熔盐中,然后通过一二回路中间换热器,热能从一回路熔盐转移到二回路熔盐,此后二回路熔盐中的热量通过熔盐空气散热器转移到大气环境。同时,堆芯少部分核裂变能将分别沿轴向和径向转移至堆舱,最后堆舱内的热量通过堆舱侧壁和堆舱内非能动余热排出系统转移至环境中。

9.3.1　热量传输途径与参数

TMSR - SF1 堆芯热量传输途径有两种,分为回路热量转移和堆舱热量转移,具体传输过程如图 9 - 10 所示。根据反应堆运行工况的不同,热量传输的途径有所不同。

1) 回路热量转移

回路系统完整并且正常运行时,堆芯燃料球产生的热量通过与主冷却剂熔盐的对流换热转移至一回路熔盐中,一回路冷却剂熔盐采用 $2LiF - BeF_2$,流量为 150.0 kg/s,堆芯进/出口冷却剂熔盐的温度为 672 ℃/700 ℃。一回路熔盐中的热量通过一二回路中间熔盐-熔盐换热器(IHX)转移到二回路熔盐,二回路采用 FLiNaK 作为冷却剂,IHX 二回路侧冷却剂进出口温度为 610 ℃/700 ℃,冷却剂流量为 150.0 kg/s。最后,二回路熔盐中的热量通过熔盐空气

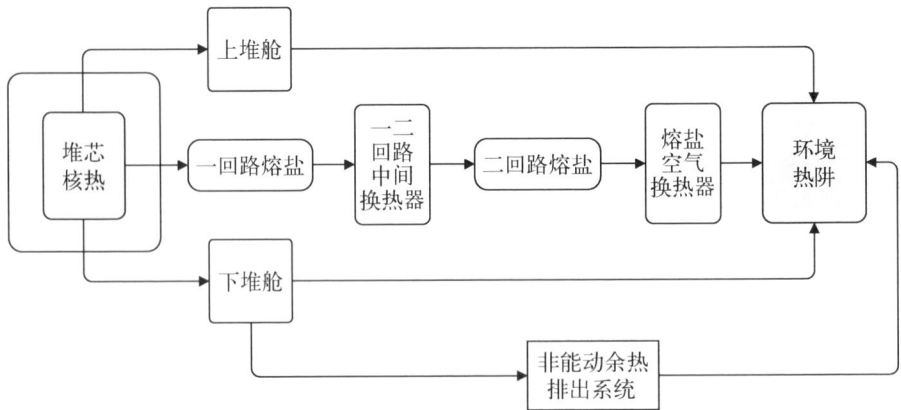

图 9 - 10　TMSR - SF1 堆芯热量传输途径

换热器转移至大气环境中。

2）堆舱热量转移

堆芯燃料球产生的热量通过对流换热、导热及热辐射等方式径向和轴向转移至反应堆容器侧壁和上、下封头，其中上封头热量通过外部保温隔热结构转移至上堆舱中，堆容器侧壁和下封头热量通过容器壁面转移至下堆舱中。上堆舱内的热量直接通过堆舱外墙转移至外部环境中，下堆舱内的热量大部分通过位于堆舱的非能动余热排出系统转移至大气环境中，少部分热量通过下堆舱外墙转移至外部环境中。堆舱非能动余热排出系统的散热能力设计为堆芯额定功率的 2%，即 200 kW。

9.3.2　系统运行

系统运行包括以下 7 个阶段。

1）运行前的准备

系统运行前，需要进行回路系统预热及除水氧操作和熔盐转运装载操作。回路系统预热及除水氧：开启外敷于回路管道及主要设备（包括熔盐热交换器、熔盐泵罐、熔盐存储罐、熔盐排放罐和溢流罐）上的预加热设备，将回路设备及管道从室温升温至 550 ℃，在升温过程中多次进行抽真空及充入高温氩气（至常压）操作，如此循环，直到测得回路系统内水氧含量低于设定值 10×10^{-6}。熔盐转运装载：当回路系统及熔盐存储罐和排放罐均预热至 550 ℃，并且水氧含量达标后，进行熔盐转运操作。一、二回路熔盐存储罐分别通过转运系统与布置于反应堆厂房外的熔盐转运罐（可移动式）相连接。熔融态熔盐从转运罐内分别通过气压方式进入一、二回路储罐中。在转运阶段,一回路 FLiBe 熔盐温度要求不低于 550 ℃;二回路 FLiNaK 熔盐温度要求不低于 550 ℃。待转运完成后,关闭相应的转运阀,移除转运罐及其相应管线。

2）熔盐充注

通过气压方式将一、二回路熔盐存储罐中的熔盐分别压入一、二回路系统中。一、二回路中主循环泵的液位均为各回路的最高液位。反应堆压力容器及主循环泵的泵罐中均设置有液位计进行液位读数。当反应堆压力容器中的液位达到要求值时,对压力容器顶部的氩气空间适当加压,以保证在后续的熔盐充注过程中,反应堆压力容器内的熔盐液位维持不变。当主循环泵泵罐中液位读数达到设计值时,通过调整熔盐存储罐中的气压,停止熔盐充注。熔盐停止流动后,对熔盐充注管线上的冷冻阀进行冷却冻堵。在充注过程中,应缓慢增加一、二回路熔盐存储罐中的覆盖气压力,以避免回路中熔盐液位上升过快,导致局部气体无法排出。在充注过程中,应持续对回路中的氩气进行放气操作,使其压力恒定。然后,在变频泵的最低可调流量下,点动运行一、二回路主循环泵,对回路系统进行赶气操作,将熔盐充注过程中系统的局部积气赶至反应堆压力容器气空间和泵罐气空间。如果在此期间系统中的熔盐液位下降过多,则须停运主循环泵,重复熔盐充注操作,直至主循环泵连续运行时,系统中的熔盐液位才能够维持不变。在上述过程中,通过回路系统的预加热装置,保证一、二回路温度稳定在 550 ℃以上。

3）系统启动

回路系统的预加热装置保持开启状态。启动反应堆,对一回路系统熔盐进行核加热。使得一回路的温度提升至运行温度;通过调节二回路熔盐-空气换热器的通风量,将二回路温度维持在 550～650 ℃的范围内。

4）系统稳态运行

反应堆临界,100％满负载功率。在提升堆功率的过程中,一回路平均温度由 550 ℃提升至 686 ℃（反应堆入口为 672 ℃,出口为 700 ℃）,二回路平均温度控制在 550～630 ℃的范围内。反应堆热移除通过二回路熔盐-空气换热器实现,通过调节其通风量来控制调节机组的热负荷,使其与反应堆功率相匹配。在此状态下,系统的一、二回路主循环泵均通过变频器,将系统流量由低流量工况连续提升至额定流量工况。

5）系统停堆备用

一回路系统熔盐冷却剂保持零负荷运行温度 600 ℃,二回路系统熔盐保持在 550 ℃ 以上。在该阶段,反应堆处于零功率状态或停堆状态,系统的一、二回路主循环泵,均保持在低流量工况下连续运行。调低二回路熔盐-空气换热器的空气侧通风量用以平衡堆芯衰变热,必要时可停闭空气侧的风机,以自然对流的方式散热。若此时堆芯衰变热不足以维持一回路熔盐介质 600 ℃ 的零负荷温度,可适当开启一回路主管道上的预加热装置对系统进行补充加热,以维持冷却剂熔盐温度。

6)系统排盐

在该阶段中,停运一、二回路主循环泵,开启两个冷冻阀。调节二回路熔盐排放罐内的覆盖气压力,使之与二回路主循环泵罐内的覆盖气的压力始终保持一致。二回路熔盐依靠自身重力排回至二回路排放罐中;调节一回路熔盐排放罐及反应堆压力容器内的覆盖气压力,使之与一回路主循环泵罐内的覆盖气的压力保持一致。一回路管道系统中的熔盐在压力容器和泵罐内覆盖气体的作用下,流至反应堆压力容器中,此时依靠增加堆芯中覆盖气气压将堆芯中的熔盐通过排放管压回至一回路储罐中。为保证堆芯及回路中熔盐尽可能排净,在排放过程中及排放结束后可采用氩气持续对堆芯及一、二回路进行吹扫。在排盐过程中,如果主循环泵的溢流罐内存有熔盐,则应通过气路系统对熔盐溢流罐加压,将溢流罐内的熔盐压回主循环泵的泵罐,进而通过回路系统排至熔盐排放罐内。在上述过程中,回路系统的预加热装置应保持开启,以维持回路系统温度,保证不会发生熔盐冻堵的情况。

7)系统停运

在该阶段中,系统一、二回路中的熔盐已完全排出。系统通过常温氩气的吹扫实现回路管道和设备的进一步冷却,直至其温度被冷却至常温。

9.3.3 一回路

TMSR - SF1 一回路主要由主循环泵、中间熔盐-熔盐换热器(IHX)的一次侧、溢流罐、回路管道以及熔盐储罐等辅助设备组成,如图 9 - 11(a)所示,其主要功能是将堆芯燃料盐产生的核热安全有效地转移至一回路冷却剂熔盐中,然后通过熔盐流动转移至一二回路中间换热器。一回路冷却剂采用 $2LiF - BeF_2$(FLiBe)熔盐,质量流量为 150 kg/s,一回路冷却剂循环过程如下:由于一回路熔盐泵的强迫循环,冷却剂进入反应堆容器后,绝大部分在下降环腔中呈螺旋形下降,经过下腔室折流板后直接流向下腔室中心,小部分通过防虹吸孔和环腔顶部缝隙直接流入上腔室。堆芯底部空腔中的冷却剂通过流量分配进入堆芯,冷却剂在堆芯的流动分为并行的几部分,其中大部分的冷却剂会通过堆芯的活性区带走堆芯产生的热量;少部分通过反射层控制棒通道从底部流到上腔室。流经堆芯活性区高温熔盐与其他旁通低温熔盐在上腔室混合后,冷却剂平均温度变为 700 ℃后流出堆容器。从反应堆堆容器流出的冷却剂进入一回路管道,经过熔盐泵进入一二回路中间熔盐-熔盐换热器(IHX)后与二回路熔盐交换热量,温度降为 672 ℃,然后冷却剂经一回路管道再次进入反应堆容器。

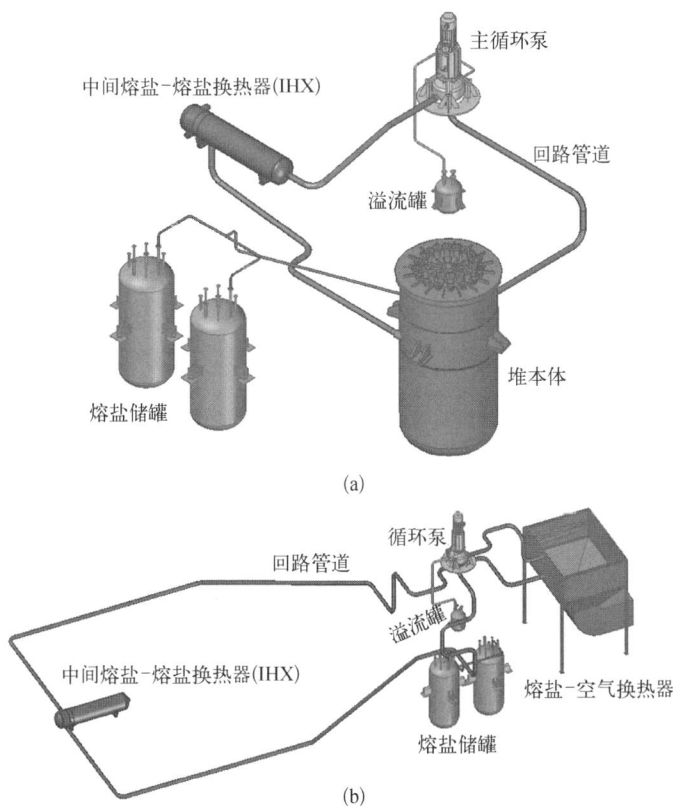

图 9 - 11　TMSR - SF1 一、二回路布局示意图

(a) 一回路布局;(b) 二回路布局

9.3.4　二回路

TMSR - SF1 二回路主要由循环泵、熔盐-熔盐换热器(IHX)二回路侧、熔盐-空气换热器、溢流罐、回路管道以及熔盐储罐等辅助设备组成[见

图 9-11(b)]，其主要功能是将一二回路中间换热器热量安全有效转移至熔盐空气换热器。二回路冷却剂采用 LiF-KF-NaF(FLiNaK)熔盐，质量流量为 150 kg/s。二回路冷却剂循环过程如下：由于二回路熔盐泵的强迫循环，从中间双熔盐热交换器 IHX 出来的温度为 650 ℃ 的冷却剂进入熔盐泵后，继续进入空气熔盐换热器，交换热量后熔盐温度降为 610 ℃，冷熔盐再进入 IHX，如此往复完成热量转移。

9.3.5　关键设备

TMSR-SF1 的热量转移系统关键设备包括一、二回路熔盐-熔盐换热器，主循环泵，熔盐-空气换热器，循环泵，以及堆舱非能动余热排出系统换热装置。

（1）一、二回路熔盐-熔盐换热器：用于一回路/二回路中间的热交换；采用壳-U 形管式全焊结构，换热管为 1 206 根 U 形管；IHX 呈水平放置，通过壳体上支座与地面固定支撑结构进行固定；IHX 二回路侧熔盐压力高于一回路侧熔盐压力。

（2）主循环泵：位于热端，驱动一回路冷却剂循环，另外具有在线检漏、取样、液位测量和溢流等功能，不具有惰转功能；为立式悬臂液下离心泵，采用单级叶轮，液下密封为迷宫密封；轴封以机械密封为主密封，迷宫密封及吹扫气辅助进行组合密封，具有脱气设备。

（3）熔盐-空气换热器：利用空气冷却二回路熔盐，以维持一、二回路熔盐进行热交换的热平衡，高温空气通过一定高度的排气烟囱散于大气中；为列管式结构，换热管为光管；空气出口温度不高于 300 ℃。

（4）循环泵：同主循环泵设计，但不具备脱气功能。

9.3.6　预热与保温

TMSR-SF1 一、二回路冷却剂分别采用 FLiBe 和 FLiNaK 熔盐，熔点温度较高（约 460 ℃），所以反应堆的堆本体、一回路及二回路在熔盐装载前必须预先加热。此外，反应堆中子物理实验要求在两个不同熔盐温度工况下启动反应堆，要求预热系统设计可以实现反应堆本体无核热情况下的升温。因此堆本体预热设计目标如下：在冷却剂熔盐装载之前，堆本体平均温度达到550 ℃；在冷却剂熔盐装载后，可以实现系统温度从 550 ℃ 到 580 ℃ 升温。因此，TMSR-SF1 预热与保温分为堆舱预热与保温、回路及设备预热与保温。

1）堆舱预热与保温

在整个预热过程中，由于风门控制，堆舱非能动余热排出系统漏热量随换热装置内壁温度增加而增加。根据换热装置设计可以得到，当堆容器内温度达到 672 ℃时，堆舱非能动余热排出系统散热量达到 40 kW。考虑到预热效率和工程实现难度，TMSR - SF1 系统预热将采用堆舱内布置电加热预热方案。堆舱设计电加热高温预热的优点有：① 电加热系统比较成熟，加热装置比较容易实现，加热过程比较容易控制；② 由于系统要求温度比较高，高温下通过热辐射可以迅速预热；③ 此外，相对于反应堆本体和其他位置，堆舱内空间相对充足，干涉较少。

堆舱电加热预热方案如下：下堆舱内反应堆容器外围距离容器壁 20 cm 处向上均匀竖直布置 8 根直径电加热棒（每间隔 45°放置一根），电加热棒有效加热长度为 4 m，加热棒布局如图 9 - 12 所示。预热时，考虑到堆舱外保温层设计厚度，加热棒表面最高温度设计为 700 ℃；考虑堆内结构件升温速率小于 30 ℃，设计加热棒温度约 24 h 后，加热棒表面温度从常温升至 700 ℃，然后调节功率使加热棒表面温度保持 700 ℃不变。热量通过辐射、自然对流和热传导等方式传递到堆芯，使堆芯温度升高。

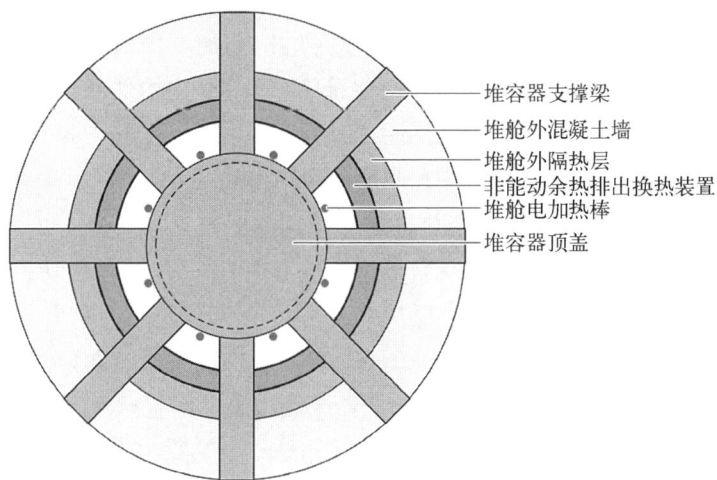

图 9 - 12　堆舱预热电加热棒布局

堆舱隔热保温采用双层隔热材料组合方案，内隔热层温度较高，选用耐高温的硅酸铝纤维，外隔热层温度较低，选用隔热性能更好但耐热温度较低的气凝胶。考虑到预热时，排气塔风门关闭，堆舱预排换热装置内空气温度接近堆容器外壁温度,因此,按照隔热层内壁最高温度 672 ℃(堆芯入口熔盐温度)来设计隔热层的厚度。设计要求混凝土墙内壁温度不超过 70 ℃,混凝土墙和隔热层总厚度不超过 2 m。

2)回路及设备预热与保温

TMSR - SF1 回路及设备加热与保温采用常规包覆式伴热保温方案,在伴热保温目标外部先安装陶瓷或管棒状加热器,然后在加热器外覆盖保温棉,并在保温棉的外部安装不锈钢薄板保护层,结构如图 9 - 13 所示。设计要求保温层外不锈钢薄板表面温度不高于 60 ℃,保温层采用硅酸铝针刺毯材料,保温层厚度不小于 0.15 m。回路管道加热器功率设计为 1.2 kW/m,熔盐泵加热器功率设计为 20 kW/台,熔盐储罐加热器功率设计为 60 kW/台,熔盐阀加热器功率为 1 kW/台。

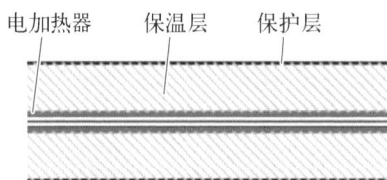

图 9 - 13　回路及设备预热与保温结构

9.3.7　余热排出系统

TMSR - SF1 余热排出系统的功能是在反应堆各种停堆条件下,保证把由反应堆内释放出来的裂变产物的衰变余热,通过能动或非能动余热排出系统全部带走并排入最终环境热阱,从而以一定的冷却速率降低反应堆冷却剂的温度,保持冷却剂温度在规定范围内,保证燃料球、堆内构件及压力容器处于规定的温度限值以下和堆舱的完整性。对应反应堆不同工况,TMSR - SF1 余热排出过程有回路系统余热转移和非能动余热排出两种方式。

在正常停堆时,堆芯衰变余热主要通过回路系统转移至环境中。一开始堆芯余热主要通过一回路和二回路强迫循环带走,随着堆芯余热功率的减少,二回路的熔盐空气换热器逐渐降低功率运行,逐步匹配堆芯的衰变余热排出。

在回路丧失功能等某些特定工况下,衰变余热主要通过非能动余热排出系统转移至环境中。TMSR - SF1 非能动余热排出过程包括两部分,分别是堆本体内热量转移和堆舱热量非能动转移。非能动余热排出系统要求余热转移能力为额定功率的 2%,因此排热能力设计为 200 kW。非能动余热排出系统的工作流程如下:在某些特定事故工况下,反应堆停堆后,堆芯衰变余热首先借助热传导、自然对流换热和热辐射等非能动方式,依次通过堆芯石墨燃料元件、堆芯熔盐冷却剂、石墨反射层、堆芯金属围筒、下降环腔和堆容器,排出到堆舱中;然后绝大部分热量通过堆舱内的余排换热装置以非能动的方式转移至环境中,剩余的小部分热量通过堆舱外围的隔热层和混凝土墙转移到外部环境中。堆舱非能动换热装置通过引入大气环境的冷空气与堆舱换热并冷却堆舱,冷空气进入进风门,通过进风管,然后到余排换热装置吸热后,进入出风管,最后通过排气塔的出风门排入大气。TMSR－SF1 非能动余热排出系统的结构如图 9－14 所示,其换热装置采用环腔结构,共两台(各半个环腔)配 2 个进出风门及进出风管对应的 2 台排气塔。非能动余热排出系统在正常运行时,关闭部分出风门,共带走30 kW 热量。在事故工况下,出风门全开,共带走200 kW 热量。

TMSR－SF1 除了产热、传热等核心系统外,主要辅助系统在核岛中的重要性比常见的压水堆要高,因为其涉及熔盐堆独有的气路、燃料装卸特点,以及对氚、铍等放射性和化学毒物的控制与防护。后续章节将依次对这些内容进行介绍。

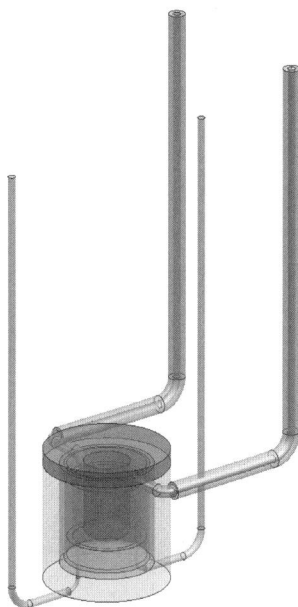

图 9－14　TMSR－SF1 非能动余热排出系统结构

9.4　TMSR－SF1 的关键辅助系统

除了主系统设备外,TMSR－SF1 有多个关键辅助系统,以确保反应堆的安全和有效运行。主要包括气路系统、氚控制系统、铍控制和监测系统、燃料球装载与卸载系统以及三废处理系统。气路系统由供气子系统、尾气处理子系统、气体加热和输送子系统、气体稳压和超压保护子系统组成。主要功能是提供高纯氩气覆盖熔盐液面,防止腐蚀并限制放射性气体的排放,同时为熔盐转运提供气压动力源,执行堆本体的预热作用。氚控制系统负责监测、存储和后处理放射性氚,包括在线和离线处理,以及熔盐中的氚提取和储存系统,确保氚的安全可控。铍控制和监测系统包括含铍废水和废气处理,以及铍泄漏监测,主要目的是保障环境和人员安全。燃料球装载与卸载系统负责燃料球的装载和卸出。三废处理系统设计排放限值符合国家标准,处理气态、液态和固态放射性废物,确保环境安全。这些辅助系统共同保障了反应堆的安全稳定运行和人员、环境辐射安全,是实验堆系统的重要组成部分。

9.4.1 气路系统

TMSR－SF1 中使用熔融态氟化物混合盐作为冷却剂,高温熔盐与空气中的水接触会产生强腐蚀性的有毒有害气体,氧的存在又会加速对金属材料的腐蚀,影响堆的安全。因此在反应堆中,所有与熔盐液面相接触的地方均须使用高纯惰性气体进行覆盖保护。而熔盐在不同设备间的转运也使用高纯惰性气体作为动力源。此外,对反应堆产生的放射性气态产物采用惰性气体载带,进入尾气处理系统进行相关处理以达到安全排放的标准。TMSR－SF1 采用高温气体加热的方法对堆本体进行预热。因此,为满足 TMSR－SF1 的正常运行,设计了相应的气路系统。气路系统分为 4 个子系统:① 供气子系统;② 尾气处理子系统;③ 气体加热和输送子系统;④ 气体稳压和超压保护子系统。

(1) 供气子系统:为气路各支路及设备提供符合要求的气体,气路系统使用氩气作为覆盖气。供气子系统气源由主气源和备用气源组成,主气源满足气路系统 30 d 以上的用气需求,备用气源也可以满足 2 d 的气体用量需求。气源使用纯度为 99.999％ 及以上的氩气。从气源出来的气体经减压后分两路分别进入中压储气罐和高压储气罐。高压储气罐的气体供应熔盐取样器及跑兔系统,其他设备供气由中压储气罐供应。每个气体支路中均设置有气体流量控制器、压力传感器等,实现对气体流量的调节和压力显示,此外还设有手动调节旁路,用于紧急情况下气体的供应和控制。

(2) 尾气处理子系统:用于处理覆盖气载带出来的放射性气体,达到安全排放的标准后送入废气处理系统排放,同时处理渗透到堆芯容器夹层中的氚,以满足氚排放的控制要求。气体首先进入气雾冷凝器,通过冷却聚集并沉降微小颗粒,再进入两级颗粒物过滤器,过滤掉之前未除掉的颗粒,并设置备用过滤器一套。经过过滤器过滤后的气体进入缓冲罐,并由膜压机加压送入气体衰变箱,氩、氙、氪等放射性核素在此衰变,经过一定时间的衰变后取样检测,符合标准后将此气体送入废气处理系统处理排放,不达标的气体则进入离线后处理系统(具体描述见下节氚控制部分)处理后排放。

(3) 气体加热和输送子系统:堆本体采用高温气体直接通入堆芯的预热方案。由气源提供的高纯氩气充入储气罐中暂存,再进入气体加热器加热,加热后的高温气体通过气体输送管道进入堆芯夹层和堆芯底部,通过堆芯结构空隙从下向上流过堆芯,再通过在堆芯上部覆盖气体稳压器或者一回路熔盐出口流出堆芯,并由高温风机送回到气体加热器,形成预热气体回路。

(4) 气体稳压和超压保护子系统:用于调节堆芯容器及泵罐上方覆盖气体的压力,控制冷却剂容量,使之维持在设定的范围内,另外作为堆芯容器和熔盐泵的安全装置,在实验堆异常工况或发生错误操作导致气体压力超过设计值时,能自动泄压,将气体压力降低到正常工作范围内,以保证堆芯容器及熔盐泵的安全。

9.4.2　氚的控制

TMSR - SF1 由于在冷却剂中使用了锂、铍,运行过程中,不可避免地产生了氚。氚在环境中会通过水循环和食物链传播,进入土壤、水和植物中,影响生态平衡。氚的放射性特性会导致生物体内的细胞损伤,进而影响生物的生长和繁殖。氚在生物体内代谢过程中会与水分子结合生成氚水,广泛分布于生物体内,对细胞 DNA 造成损伤,影响细胞的正常功能。长期暴露可能导致细胞突变和癌症风险增加。此外,由于氚的半衰期为 12 年,这意味着它会在环境中持续存在较长时间,对环境和生物造成长期影响。因此必须对熔盐堆中产生的氚等放射性气体进行控制,以满足安全要求。

氚控制系统是 TMSR - SF1 中尾气处理系统中的核心,包括在线和离线处理过程中氚的监测、储存和后处理系统。在线处理中的氚控制系统方案置于整个尾气处理系统中,离线处理系统主要用于衰变罐中的放射性活度超过排放标准情况下放射性气体的处理。处理时首先将衰变罐中的气体通入储氚合金吸收器,为保证吸附器的充分吸附,吸附器出口装有氚监测仪,未被充分吸附的气体将再进入合金吸附器吸附。吸附器出口再经过氧化铜床,将未能吸附的氚氧化去除,尾气则进入三废处理系统。氚的储存采用合金储氚系统,以确保通过堆芯夹层扩散渗透出来的氚,以及熔盐堆尾气中的氚,经过合金储氚系统的吸附处理之后,大部分储存在合金储氚器内,达到氚的在线吸附和离线后处理的目的。尾气在经过氚吸附器之后,设置氧化铜床作为氚的后处理系统,同时作为非正常工况下气体中氚浓度异常升高超过氚吸附器处理能力时的应急装置。将气体中未被储氚合金吸收器捕集的气态氚氧化成氚水,再利用冷阱及分子筛将氚水收集起来。此外,为降低氚扩散水平,在熔盐回路管道外表面以及换热器合金管道外侧可沉积一层低渗透率的涂层材料,以减少氚的扩散。

9.4.3　铍的控制

TMSR - SF1 使用了 $2LiF - BeF_2$ 熔盐冷却剂,高温下熔盐具有一定的挥发性,而铍及其化合物都有剧毒,因此需要关注铍的安全问题。为了有效控制反应堆中的铍,管道系统和包容体的设计及建造要考虑整体密封性,在投入使用前需要按要求进行气密性检验,对于可能产生冷却剂泄漏的点源、面源分别采用不同的防范措施,并建立针对铍安全的出入控制。除此之外,还要建立含铍废水、废气的处理以及铍泄漏监测等措施。

反应堆正常运行时,没有含铍废水产生,但当发生泄漏或者工件维修洗涤时就可能会有,采用氢氧化钙[$Ca(OH)_2$,石灰]沉淀法可有效进行含铍废水的处理。正常运行时,反应堆放射性废气处理的同时能够对废气中微量的 $2LiF - BeF_2$ 熔盐进行有效截留。发生泄漏的情况下,废气先经过喷雾加湿后,进入撞击流泡沫捕捉塔处理掉铍颗粒物,冷却除水后,再汇入放射性废气过滤排放系统进行处置。

除了处置外,铍的环境监测也可以准确、及时、全面地反映冷却剂在环境中的泄漏现状及发展趋势,检验各种防护措施及净化设备的实际使用效果。铍的监测涵盖空气、水体、土壤等样品的采集,以及含铍样品的分析。

9.4.4　燃料球装载与卸载系统

燃料装卸机构是实现和保证反应堆运行的关键系统,其作用为将燃料球按要求装载和卸出,并在装料和卸料的过程中保证燃料球的完整性,防止燃料球破损导致放射性物质释放到周围环境。

进行装料操作时,新燃料元件装入装料手套箱中,靠重力滚入给料管中。堆芯活性区充满熔盐,其密度大于燃料球密度,利用熔盐浮力及燃料球重力的相互关系进行装料。装料机构的运行原理及基本组成如图 9 - 15 所示。

燃料球卸出机构依靠燃料球浮于熔盐中的特性,并利用熔盐浮力结合真空系统实现燃料球的卸出,其原理及主要组成部分如图 9 - 16 所示。卸料操作需要在停堆足够时间之后,打开反应堆上顶盖卸料管上方气密封阀门,利用卸料机将燃料球从堆芯卸出,再利用真空系统将其运输至乏燃料存储站,放置一定时间后再运输至乏燃料池中。

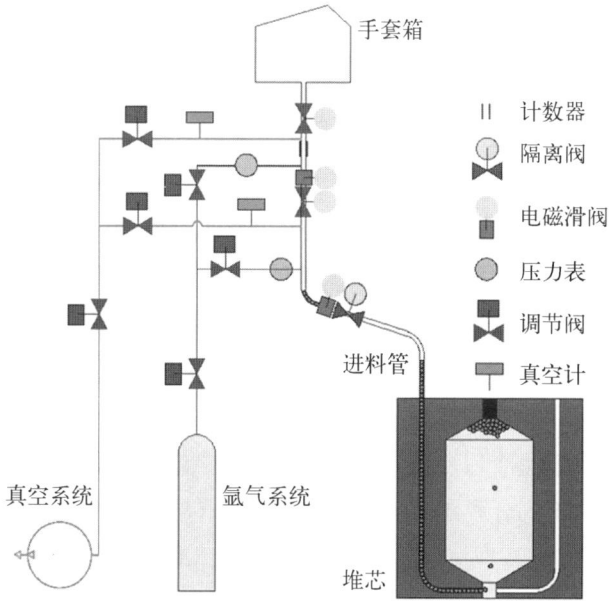

图 9 - 15 装料机构的原理及组成

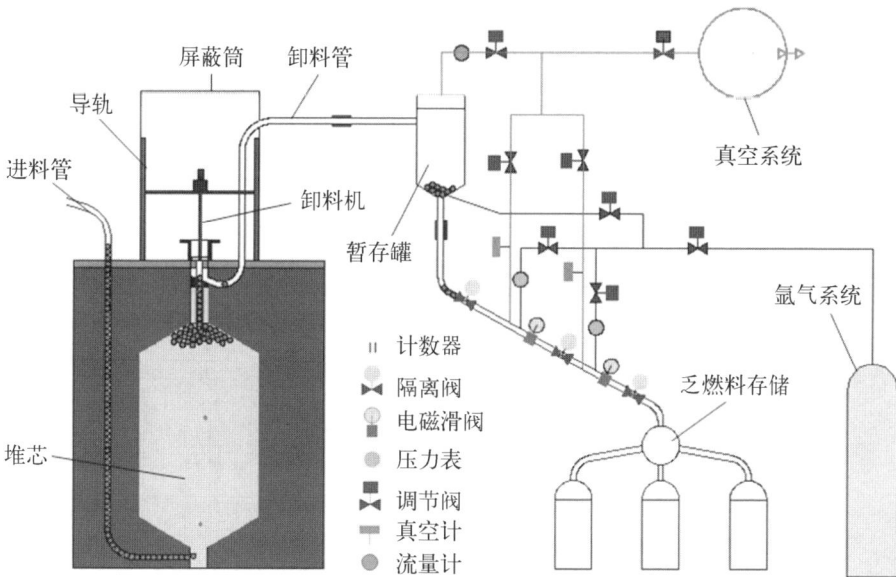

图 9 - 16 堆芯燃料卸出系统

9.4.5 堆芯球床规律研究装置

TMSR－SF1 固态熔盐堆与球床式高温气冷堆类似,燃料球在堆芯随机堆积,燃料球的运动受堆芯结构和装卸料方式等影响,其运动轨迹和着床位置有随机性。球床结构的复杂性造成中子通量分布计算的不确定性,也影响冷却剂流动分布,同时也应避免功率峰值造成燃料损坏。堆芯中燃料球的运动和堆积特性等对反应堆设计有着至关重要的影响,开展反应堆运行过程中堆芯燃料球堆积规律研究,探讨其对反应性和传热换热行为的影响具有重要的学术价值,可为球床式固态熔盐堆的设计优化提供参考。

球循环模拟实验装置(pebble recirculation experiment device,PRED)[23]用于模拟球床式氟盐冷却高温堆的燃料球操作与储存系统,可实现燃料球卸载、装载、传输与检测分离等相关功能,并用于开展球床流动和堆积实验研究。PRED结构如图9－17所示,主要包括主体容器、装料装置、卸料装置、球提升

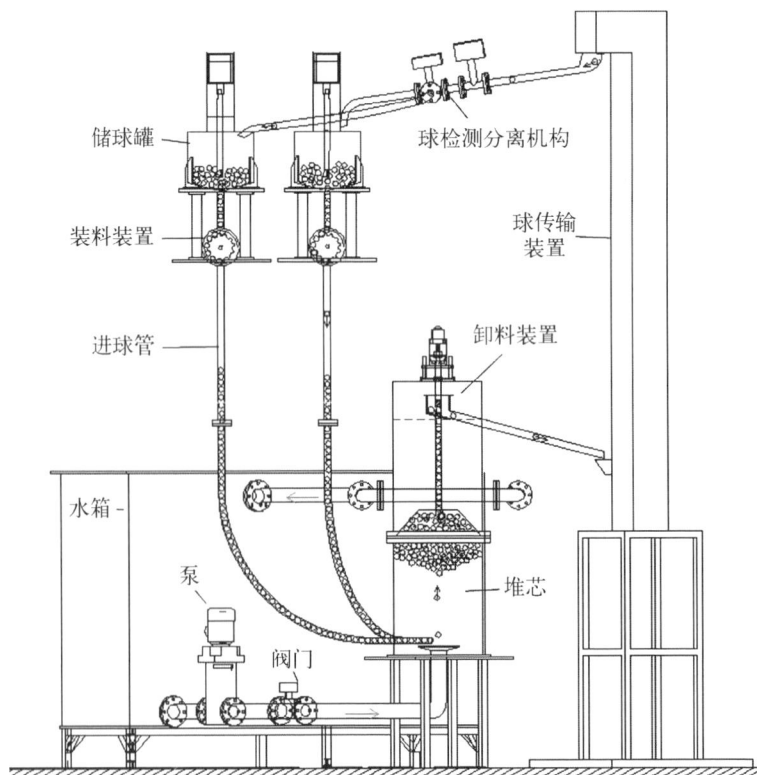

图9－17 球循环模拟实验装置

装置、球检测分离阀、储球罐、进球速度控制转盘、水循环管路及相应仪表等。因开展轴向分区实验要求,分别采用红球和白球模拟不同批次燃料球。球装卸循环过程如下:储球罐→速度控制转盘及进球管路→主体容器→自动卸料装置→球提升装置→球检测分离阀→储球罐。

　　装料装置包括储球罐、进球控制机构、进料管及相应支架等部分,如图 9 - 18 所示。储球罐用于储存燃料球,为一直径 40 cm,高度 30 cm 的圆桶,可储存 400~500 个球。其底部呈 15°倾斜,使球汇入出球口。出球口及下方接管内直径为 4 cm。储球罐内部有搅拌叶片作为破桥机构,经上方电机带动搅拌叶片打破储球罐出球口处的球桥,确保球形元件逐个进入下方进球控制机构。进球控制机构由转盘、围板、挡板、电机和相应管路组成,用于自动进料且能调节进球速度。转盘直径为 200 mm,其外缘环设 12 个均匀分布的凹槽,每个凹槽可容纳一个燃料球;转盘由电机带动,控制电机转速便可以调整进球速度,使球逐个进入堆芯。燃料球单列地落入进料管,当液位以下的球所受浮力和管内球所受重力一致时,进料管内燃料球受力达到平衡,此后,每一个燃料球落入进料管,都会导致一个靠近进料管出口处的燃料球进入堆芯,从而实现装料。

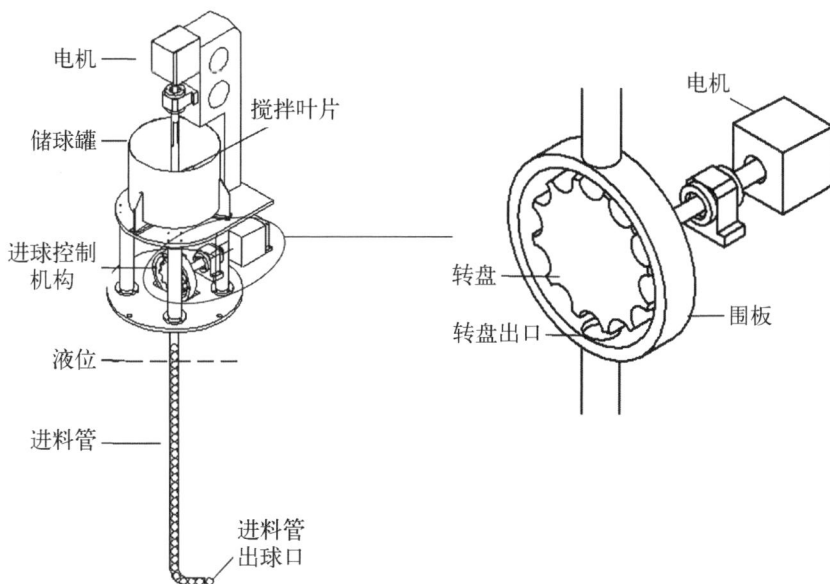

图 9 - 18　装料装置结构示意图

　　由于熔盐密度大于燃料球和石墨球密度,可利用浮力将球排出堆芯,满足熔盐堆停堆和在线换料的卸料需求。卸料装置设计如图 9 - 19 所示,卸料管下端连接卸料弯头,上端延伸入卸料槽,卸料管圆弧形顶端侧面开有略大于球直径的圆形卸料孔。卸料槽底板向下倾斜,最低处侧面开口并连接出球管。电机通过轴承和传动轴带动卸料管和卸料弯头旋转,球受浮力不断上升被逐个排出堆芯。卸料时,根据球密度和流体密度设定液位,确保液位以下球的受力大于液位以上球的重力。开启自动卸料装置,调节电机频率,卸料管不断旋转,球不断上浮排出卸料孔,并逐个排出堆芯进行卸料。

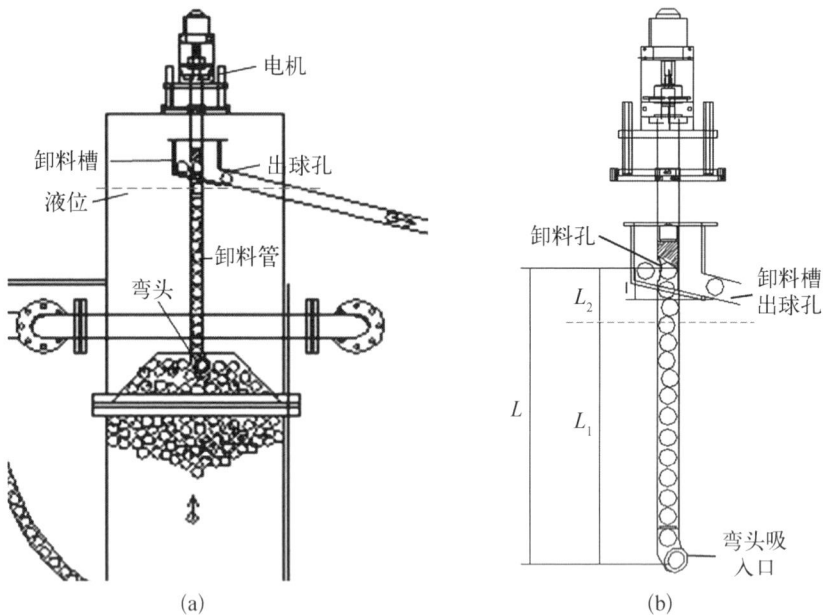

图 9 - 19　卸料装置结构示意图
(a) 卸料过程;(b) 卸料机构

　　由地震或其他外力带来的振动会导致球床密实,从而造成堆芯不稳定。为开展相关研究,搭建了球床密实实验装置(pebble bed dense experiment device,PBDE)。如图 9 - 20 所示,装置包含堆芯模拟容器、外部方形容器、振动台、水回路和测控设备。堆芯模拟容器由圆柱形容器、入口处分流板和上方锥形挡板组成,容器上的刻度用以观察球床堆积高度。为了避免堆芯球床图像采集时圆形容器产生的折射变形,模拟容器外部加方形容器,两者间隙填充水。

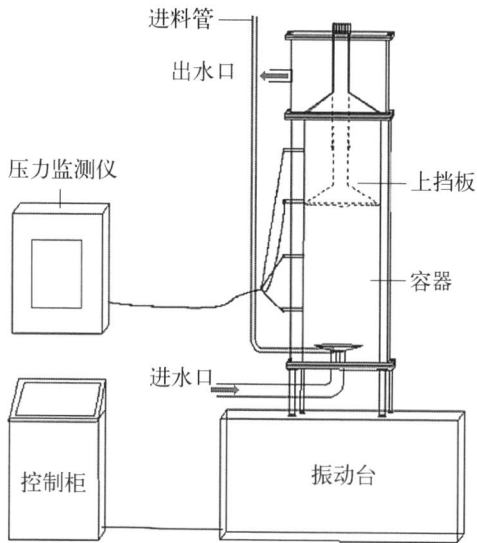

图 9 - 20　PBDE 装置

堆积因子为燃料球体积占堆芯总体积的比值,对热工水力设计和中子物理设计均有重要影响。实验开展进球方式和流速导致的堆积因子和堆积形状规律研究如图 9 - 21 所示,可以获取球床设计的不确定性,以指导设计裕量的预留[15]。

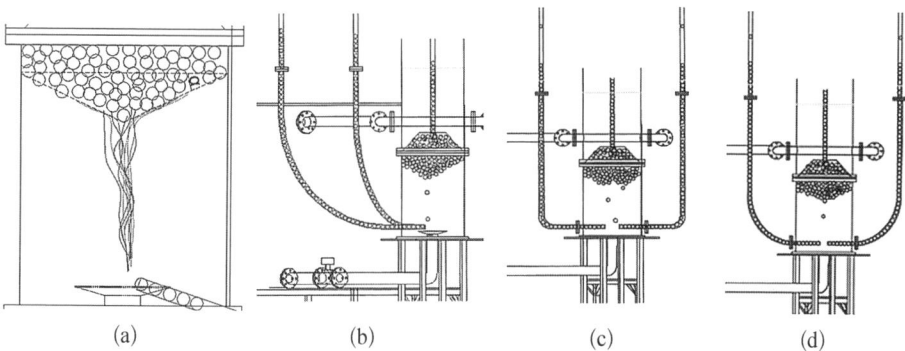

图 9 - 21　球流轨迹与堆积规律实验

(a) 球流速实验;(b) 同侧进球实验;(c) 两侧进球实验;(d) 中心进球实验

除了主要辅助系统外,反应堆的仪控系统也是保障反应堆安全运行的重要系统,是包含了多个监测子系统的集合,TMSR - SF1 的仪控系统遵循了现代核电站的安全设计理念的同时,更注重人因工程的实现。下一节将对

TMSR‐LF1 的仪控系统进行介绍。

9.5 TMSR‐SF1 的仪控系统

TMSR‐SF1 的仪控系统主要包括核测系统、热工水力测量系统、辐射监测和反应堆控制系统等多个子系统。① 核测系统主要包括堆外中子注量率测量、物理启动中子注量率测量、堆内中子注量率测量和能谱测量等,核测系统实时监测反应堆的运行状态,为操作人员提供关键信息。② 热工水力测量系统包括对反应堆熔盐回路的流量、压力、液位和温度等参数的精确测量,以监督热工系统的运行状况。③ 辐射监测系统包括工艺辐射监测和工作场所辐射监测,它对反应堆的安全屏障完整性、关键工艺过程的放射性水平以及工作场所的辐射水平进行监测,确保人员安全和环境控制。④ 反应堆控制系统负责反应堆的启动、功率调节、停堆和紧急安全停堆,以及过程控制,如冷却剂的热量传输过程中的压力、温度、流量等控制。整个仪控系统的设计遵循安全、可用性和人因工程原则,以确保反应堆在所有运行状态下的安全运转,降低意外功率降低或停堆的概率,并考虑人体尺寸、感觉、思维、生理和运动机能的反应能力和限度。通过这些仪控子系统的协同,TMSR‐SF1 的核仪控系统为反应堆的安全、稳定和高效运行提供了强有力的保障。

9.5.1 核测系统

TMSR‐SF1 的核测系统包括堆外中子注量率测量系统、物理启动中子注量率测量系统、堆内中子注量率测量系统、反应性测量系统、能谱测量系统。这些系统作用各不相同,相互配合,实时监测反应堆的运行状态,为操作人员提供重要操作信息。

反应堆启动中子源采用锎‐铍源,半衰期大于 400 a,埋设在反射层中,使源量程探测器在反应堆达到临界前有足够的计数,即中子注量率提高到足够高的起始水平,使源量程探测器能以较好的统计特性测出堆芯内中子注量率水平的变化,确保能够监督反应堆启动时中子增长的全过程,保证反应堆安全。

堆外中子注量率测量系统属于安全级设备。在正常工况下,堆外中子注量率测量系统主要用来监测反应堆的运行功率,通过保护系统向控制系统提供监测信息;同时控制系统根据此信号来调节反应堆功率。若测量得到的堆功率大于整定值,则触发保护系统来紧急停堆。在事故工况时,通过中间量程来监测反应堆内的中子注量率,通过保护系统向操作人员提供反应堆信息。堆外中子注量率测量系统分成三个量程来测量,其中两个源量程孔道(氦 - 3 和 BF₃ 管)、两个中间量程孔道(裂变室)和三个功率量程孔道(裂变室和长电离室),功率量程分为上下两段。

物理启动中子注量率测量系统的作用是监测换料装料、首次临界时的中子注量率测量,并由此推导临界质量、控制棒价值刻度等。在完成物理启动后,会将探测器移出测量孔道,不再需要。物理启动中子测量系统采用 3 套氦 - 3 探测器为计数装置,探测器的高度与堆芯活性区中心的高度持平,可以在通道中移动。

堆内中子注量率测量系统安装在反射层内,主要用来监测堆内轴向、径向中子注量率分布与能谱分布,验证物理计算结果。使用微型裂变室或自给能探测器来监测中子注量率,采用活化片进行能谱测量。

9.5.2　热工水力测量系统

TMSR - SF1 热工仪表对反应堆熔盐回路的流量、压力、液位和温度等过程参量进行准确地测量、显示和记录,从而监督熔盐堆热工系统各个设备的运行状况,保证反应堆安全可靠运行;显示和记录反应堆热工系统运行参数,保证反应堆经济合理地运行;为反应堆功率和热工系统的自动控制系统和安全联锁系统提供信号,并为堆上各实验系统提供数据。

压力测量采用填充钠钾合金的压力变送器,膜片为哈氏 N 合金,以应对熔盐的腐蚀。对于需要超高精度的压力计,选用较薄的哈氏 N 合金膜片;对于需要与熔盐接触的压力计,选用较厚的双层膜片压力计。

流量测量主要考虑高温、高腐蚀性的流体的影响,采用非接触式的外夹式超声波流量计是一种较为理想的解决方案,只需要简单地安装在管道外壁上,不需要接触熔盐,因此避免了腐蚀的风险。

液位测量包含堆内、泵罐、溢流罐等区域,通过测量监控这些设备的运行状况,并为自动控制系统和安全联锁系统提供信号,保证反应堆安全可靠运行。由于熔盐工况环境的特殊性,目前压水堆所采用的液位测量方法不适合在熔盐堆环境下稳定工作,采用雷达液位计可以较好地解决这一问题。

温度是反应堆重要的热工参数,主要用于反应堆监测、控制和保护,控制温度是维持反应堆正常运行和事故后监测的必要手段。TMSR - SF1 的堆芯、回路温度测量选用 K 型(镍铬-镍铝)或哈氏 N 合金材料铠装热电偶,以隔绝熔盐的腐蚀。

9.5.3　辐射监测

辐射监测系统是反应堆安全运行的重要组成部分,它涵盖了工艺辐射监测、工作场所辐射监测、控制区出入监测、流出物监测以及事故工况下的辐射监测等方面。

(1)工艺辐射监测主要关注反应堆各道安全屏障的完整性和有效性,以及关键工艺过程的放射性水平,包括燃料球破损监测、换热器泄漏监测、三废处理系统工艺辐射监测等。燃料球破损监测通过覆盖气体法和取样监测法来实现。换热器泄漏通过 γ 辐射水平方法和取样监测方法来判断是否泄漏。三废处理系统工艺辐射监测则对固化线、压缩线和蒸发浓缩线等工艺进行监测,确保放射性废物的安全处理。

(2)工作场所辐射监测旨在保证工作场所的辐射水平低于辐射防护设计的要求,确保工作人员处于安全环境。这包括区域 n/γ 辐射监测、区域空气监测和表面污染监测。区域 n/γ 辐射监测主要监测控制室、熔盐净化间等关键区域的辐射水平,通过 n/γ 探测器和辐射监测计算机等设备实现。区域空气监测关注气溶胶、碘、惰性气体和氚等放射性物质的浓度,采用连续监测和取样监测相结合的方式。表面污染监测则对工作台面、地面、设备表面等进行监测,采用便携式表面污染监测仪等设备。

(3)控制区出入监测通过设置卫生通道对出入控制区的人员和物品进行管控和监测。人员监测包括进入控制区前的剂量管理系统联网门禁、退出控制区时的 γ 辐射和全身表面 β 污染监测。物项监测则使用抽屉式污染监测仪和便携式辐射监测仪等设备对出入控制区的小件物品和大件物品进行监测。

(4)流出物监测主要用于校验放射性流出物是否符合相关标准。气态排出流监测主要关注烟囱排出流中的气溶胶、碘、碳-14、氚和惰性气体等放射性物质,采用连续监测和取样监测相结合的方式。液态排出流监测则对放射性废液进行槽式取样监测和排放管线连续监测,确保排放前的废液符合相关标准。

在事故工况下,辐射监测系统需要向运行人员提供厂房内及周围环境的辐射水平、惰性气体的释放情况等信息,以支持缓解操作、防护措施和应急防护行动决策。事故后监测系统对包容体内的 γ 和中子辐射水平进行连续监测,并提供气体取样功能。控制室可居留性监测则对控制室的 γ 辐射水平和空气放射性进行连续监测,确保工作人员在事故工况下的安全。

综上所述,TMSR‐SF1 反应堆的辐射监测系统是一个复杂但完善的系统,它涵盖了反应堆运行的全过程,从工艺监测到工作场所监测,再到控制区出入和流出物监测,以及事故工况下的监测,确保了反应堆的安全运行和工作人员的安全健康。

9.5.4　反应堆控制系统

控制系统是确保反应堆安全高效运行的核心组成部分,其作用为实现反应堆控制、过程控制及其他关键过程的综合管理。根据功能可以分为功率控制系统、熔盐回路控制系统、气路与氚系统、燃料装卸控制系统、远程维护系统、辐射监测系统等较多系统。下面主要介绍功率控制系统和回路控制系统。

(1) 功率控制系统主要由功率控制器、控制棒控制单元、位置测量装置及驱动机构构成。功率控制器作为核心,接收来自核功率测量、冷却剂温度监测及散热器功率反馈的多元信号,结合操作员在中控室设定的功率水平参考值,通过先进的 PID 控制算法,计算出必要的反应堆功率调节量,并指示控制棒控制器执行相应的动作,如抽出或插入控制棒,以实现反应堆的启动、功率调节、正常停堆及紧急安全停堆功能。

(2) 熔盐回路控制系统负责维护一回路与二回路设备的正常运行,促进核功率向热功率的高效转换。回路控制系统的主要功能包括:① 在满足设备联锁的条件下,对熔盐回路的气路、预热、加料、回路运行以及回路安全停机进行控制。操作人员可以按熔盐回路的运行要求调整各种设备,使回路运行达到稳定工作状态;② 在联锁系统管理下,实现熔盐回路在上述几个主要控制流程之间的切换,在参数异常时采用声光等方式报警,提示实验、维修人员异常发生位置并给出报警级别。

9.5.5　保护系统

保护系统是确保反应堆安全运行的关键组成部分,其主要功能是在反应堆出现异常工况时紧急停堆,并触发专设安全设施以减轻事故后果。系统的设计严格遵循我国核安全导则,并确保其高度的可靠性和安全性。TMSR‐SF1 保护系统主要考虑了以下停堆功能:① 启动停堆,包括源量程中子通量高保护停堆、中间量程中子通量高保护停堆和功率量程中子通量高保护停堆

(低整定值)及反应堆周期保护停堆;② 超功率停堆,包括功率量程中子通量高保护停堆(高整定值)和反应堆周期保护停堆;③ 堆芯热量导出停堆,包括一回路冷却剂流量低、一回路泵转速低、一回路冷却剂平均温度低、一回路冷却剂出入口温差大和二回路冷却剂出入口温差大的保护停堆;④ 丧失厂外电停堆;⑤ 专设安全设施动作触发停堆;⑥ 手动停堆。

保护系统由过程测量通道、核测量通道、逻辑系列、反应堆停堆断路器、手动驱动电路等部分组成。TMSR - SF1 的保护系统通过系统、结构和部件的多样化设计来降低共模故障的风险:① 数字化保护系统采用功能多样性设计,对保护变量进行合理分组,每个事故的触发事件尽量采用不同测量原理的变量,防止软件共模故障造成的影响;② 每个冗余序列中的逻辑处理部分采用多样化设计的 X、Y 两列分别进行处理;③ 作为自动触发停堆和专设动作命令多样化设计的手动触发系统级命令,完全旁路数字化保护系统,由两个操纵员中间的紧急操作设备上设置的系统级设备产生执行信号,通过固态逻辑或继电器进行扩展,直达每个执行机构的驱动器;④ 保护系统由于共模故障而失效时,由多样性驱动系统执行相关的功能;⑤ 两套独立停堆系统的控制棒驱动机构独立分隔布置,机械结构上没有任何联系,满足独立性要求;驱动机构的主传动系统考虑了避免共因故障及多样性要求。

9.5.6　信息系统

TMSR - SF1 的信息系统设计全面考虑了核电厂控制室的标准要求,旨在确保反应堆在所有运行状态下的安全运行,同时最小化人为错误或仪表控制系统故障导致的功率意外降低,甚至是停堆的风险。设计上遵循人因工程原则,确保控制室布局和功能符合人体工程学,以提升操作员的工作效率和安全性。

主控制室作为信息系统的核心,配备了先进的显示和监控设备。主控制室主要设备包括模拟显示盘、主控制台、值班长台、应急电力监控盘、火灾报警盘,以及 DCS 工程师室、生活间。在主控制室内,有两个操作员站,保护系统有专有的三个序列的操作站和相应的显示屏,在远程停堆站上还有两个操作站,在技术支持中心,设置有应用工程师站和维护工程师站。大屏幕信息显示系统从信息显示内容上分为模拟显示区、报警区以及工业电视显示区等。模拟显示区位于大屏幕显示屏的中央,概要显示反应堆、熔盐回路、热交换器及主要工艺系统的基本运行状态,以主要工艺系统的流程作为静态背景,在相应位置动态显示主要设备的状态。报警区位于大屏幕显示屏的上部,显示异常状态或事故状态；工业电视显示区位于大屏幕显示屏上部的左右两侧，显示反应堆重要区域或设备的实时监视画面。此外，设有备用停堆点，向运行人员提供必要的信息，能使运行人员判断和监督反应堆的安全停闭状态；设有通信设施，以便与就地控制站和其他控制管理中心联络。

人机接口作为信息系统的重要组成部分，涵盖了主控室、远程停堆站、技术指挥中心、就地控制站等的数据显示和处理设备。这些设备通过反应堆报警系统、计算机化的运行与事故处理规程系统以及分散式系统，实现各种运行日志记录、历史记录和软件文档的显示与处理。声响报警系统则在事故发生时，通过声警报网络控制器和控制台，向事故厂房或全厂范围内发出声响报警信号，以指挥人员撤离或进入应急岗位。

除了主系统外，TMSR‐LF1 反应堆的厂房、屏蔽及包容体的设计将在下一节进行介绍。

9.6　TMSR‐SF1 的包容体、反应堆厂房与屏蔽

包容体是 TMSR‐SF1 最核心的区域，也是主屏蔽外的第二层屏蔽设施，主要起到包容保护的功能，其内部包含堆芯、一回路系统、堆芯燃料装入机构、堆芯燃料卸出机构。厂房以包容体为中心，其他系统设备用的建筑物环绕在堆本体厂房的周围，放射性与非放射性的建筑物合理区分和布局，净区和脏区严格分开，满足实验堆运行和工艺流程中的安全要求和系统设备运行需求。TMSR‐SF1 屏蔽主要包括主体屏蔽和局部屏蔽两个部分，其中主体屏蔽根据堆厂房的布局情况分为主屏蔽和包容体，采用普通硅酸盐混凝土材料；局部屏蔽实现对反应堆机械贯穿件、电气贯穿件及贯穿孔洞等的屏蔽，以保证屏蔽性能的完整性。本节先介绍包容体内部的堆仓、内部部件以及回路舱室，再介绍包容体和反应堆厂房，最后介绍辐射分区和屏蔽的计算和分析。

9.6.1　堆舱、内部部件及回路舱室

TMSR‐SF1 堆舱位于主屏蔽以内，堆本体以外，堆舱内设有筒舱直排式非能动余热排出系统，如图 9‐22 所示。反应堆容器外另设置筒舱内墙，二者之间留有一定空隙，充满常压氩气，筒舱内墙外为筒舱内墙隔热层。整个反应堆放置于筒舱中，筒舱内设置筒舱中间墙，形成进气和出气环腔，同时筒舱中间墙外壁有一定厚度的隔热层，采用非能动方式把筒舱内的热量通过与出气环

腔相连的排气塔排入大气中。筒舱外壁隔热层保证混凝土墙保持在安全温度范围内。此外,进气环腔内外壁面和筒舱外壁隔热层内壁面都做防热辐射处理。

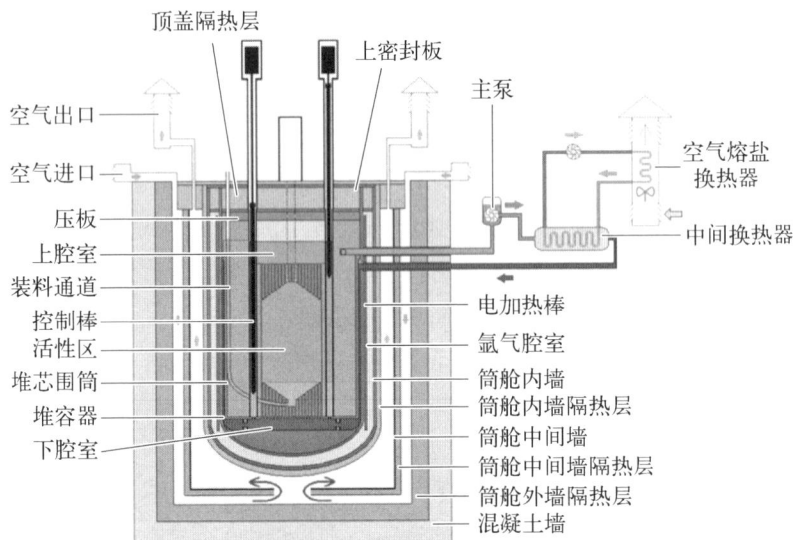

图 9 - 22　筒舱直排式非能动余热排出系统示意图

　　TMSR - SF1 包含一、二两个回路系统,其中一回路系统位于包容体内的一回路舱室内,一回路舱室内主要设备包括主循环泵、熔盐-熔盐换热器、溢流罐、管路和辅助设备。二回路舱室位于包容体外,主要设备包括循环泵、熔盐-熔盐换热器二回路侧、2 个熔盐-空气换热器、溢流罐、管路和辅助设备。

9.6.2　包容体及反应堆厂房

　　包容体是 TMSR - SF1 的最核心区域,采用普通混凝土作为屏蔽材料,是主屏蔽外的第二层屏蔽设施,主要起到包容保护的功能,其内部包含堆芯、一回路系统、燃料装入机构、燃料卸出机构。以包容体为中心,其他系统设备用的建筑物环绕在包容体的周围。

　　TMSR - SF1 的厂房主要由反应堆厂房、辅助厂房及附属厂房组成。整体为钢筋混凝土框架结构,抗震设防类别为特殊设防类,耐火等级为一级,屋面防水为Ⅰ级,设计寿命为 50 年。厂房以包容体(堆本体)为中心,其他系统设备用的建筑物环绕在堆本体厂房的周围,放射性与非放射性的建筑物合理区分和布局,使净区和脏区严格分开,满足实验堆运行和工艺流程中的安全要求和系统设备运行需求。厂房地下部分主要布置有堆本体、一回路、二回路、卸料系统。一层主要布置有供气系统、熔盐净化、乏燃料暂存、尾气处理、放射性气体处理、污染设备清洗、铍应急处理,以及电气设备及控制等辅助设施,并设置主入口、卫生通过间及主要物流出入口。二层主要布置有燃料存储和装料、核测量、取样间、放射性气体处理、主控制室、应急支持系统,以及配电、空调送风等设施。三层设置有放射性气体处理和排风机房。主入口设在建筑物正立面,主要供主控室操作人员、参观人员及其他工作人员进出;厂房主要工作人员入口设在卫生通过间口,经更衣、淋浴、监测等辐射防护手段控制人员进出;人员疏散可利用 2 个备用出口。新燃料、熔盐、乏燃料、放射性废物均设专门物流通道,避免交叉污染;核岛设备等大件(宗)设备材料进出设 2 个专门出入口。厂房一层的总体布局如图 9－23 所示。

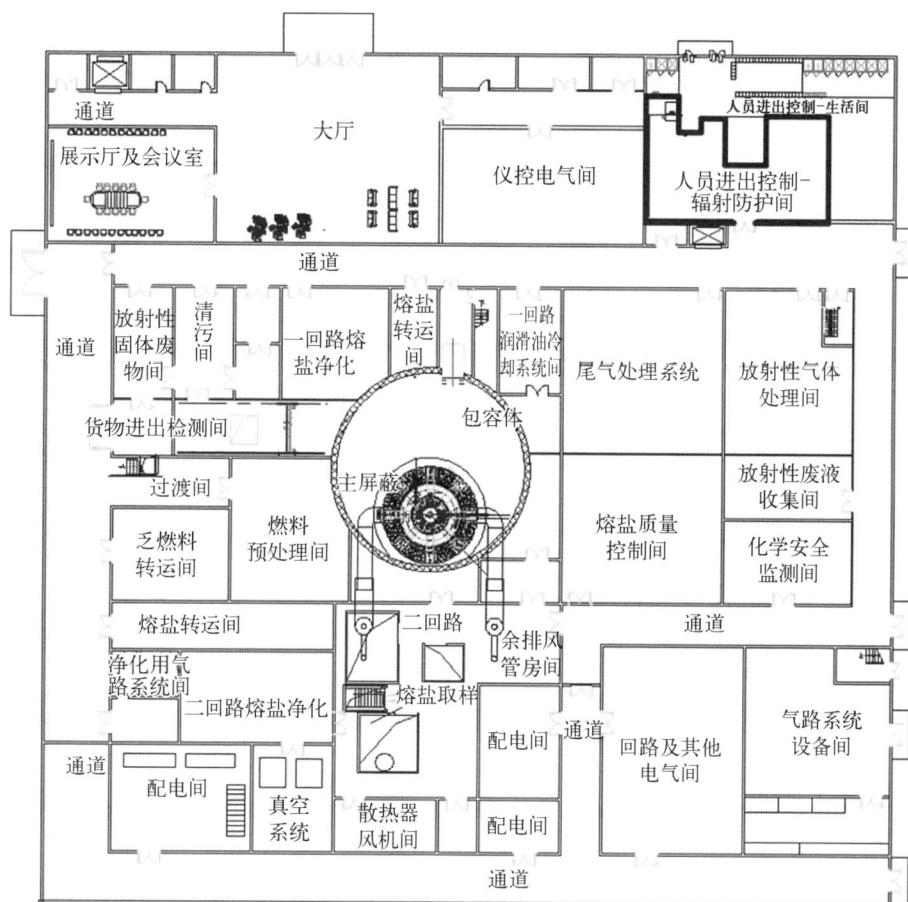

图 9－23 反应堆厂房总体平面(一层)示意图

9.6.3 辐射分区及屏蔽

TMSR-SF1 厂房分为辐射工作场所和非辐射工作场所,辐射工作场所在正常运行时和停堆后又分成了控制区和监督区。在非辐射工作场所区域内的工作人员进出不受辐射防护管理限制,该区域人员一年内预期所接受的剂量不超过 1 mSv,监督区内工作人员一年内预期所接受的剂量不超过 5 mSv。控制区按照预期可能接触到的场剂量率、气载放射性活度浓度等放射性强度以及预计需要居留的时间进一步分成了常规工作区、间断工作区、限定工作区,其中常规工作区工作人员每年工作时间为 2 000 h,间断工作区工作人员每年工作时间为 200 h。

根据辐射分区设计情况,需要采取不同的措施和手段对不同的区域内进行管理,以确保工作人员的辐射安全。① 监督区:对工作人员无特别限制,定期在区域内开展放射性污染水平和辐射剂量水平的检测;② 常规工作区:工作人员需要通过人员卫生通道才能进出,进入时还需要通过门禁授权管理、更换工作服和穿戴辐射防护用品等,出来时需要进行放射性污染的检测,检测合格之后才能允许通过,否则需进行去污处理,进入常规工作区不应当穿过间断工作区和限定工作区;③ 间断工作区:进出间断工作区及在此区的停留需要按照严格的规定管理进行审批,必须得到辐射防护管理人员的批准,并且对工作时间进行控制,在存在放射性污染的情况下还需要穿额外的防护服;④ 限定工作区:进出限定工作区及在此区的停留需要按照严格的规定管理进行审批,必须得到辐射防护管理人员的批准,并且严格控制工作时间,必要时可要求穿戴特殊的防护服和辐射监测设备;⑤ 过渡区:在过渡区内活动的人员与物品需要得到辐射防护管理人员的批准,并且在辐射防护人员监管下进行,不能随意进入控制区的范围内。

TMSR-SF1 屏蔽主要包括主体屏蔽和局部屏蔽两个部分,其中主体屏蔽根据堆厂房的布局情况分为主屏蔽和包容体,采用普通硅酸盐混凝土材料;局部屏蔽实现对反应堆机械贯穿件、电气贯穿件及贯穿孔洞等的屏蔽,以保证屏蔽性能的完整性。通过对主屏蔽外的热中子注量率、辐射剂量率及包容体外的辐射剂量率计算来确定反应堆侧面主屏蔽体的混凝土厚度、堆顶部活动旋塞厚度,包容体顶部厚度。TMSR-SF1 主体屏蔽布局如图 9-24 所示。

我国于 2011 年依托中国科学院上海应用物理研究所开始实施钍基熔盐

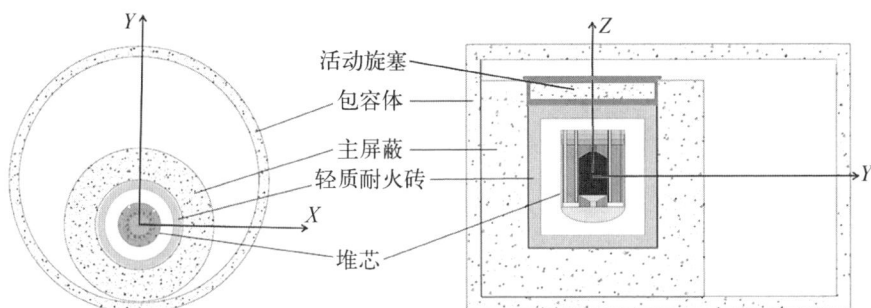

图 9－24　反应堆屏蔽体布局示意图

堆 TMSR 战略先导专项,着手熔盐堆的研发,并根据燃料形态的不同,将熔盐堆重新定义为液态和固态两类,其中使用流动燃料的一类称为液态熔盐堆,如 20 世纪的 ARE、MSRE 等;将先进高温堆或氟盐冷却高温堆这类使用组件燃料的一类称为固态熔盐堆,如近年来 ACU/NEXT 实验室的 Nature MSR－1、Kairos Power 的 Hermes 等。固态熔盐堆被国际上广泛认为是可以在短期内达到商业化的堆型,因此各核大国纷纷投入力量进行设计,并融入当今最热门的模块化设计理念。中国科学院上海应用物理研究所研发的固态熔盐实验堆 TMSR－SF1 已经完成了核岛常规岛所有系统的全面设计,并不断研究攻关关键问题和迭代优化设计,各专业设计已经达到了施工图设计深度,具备了在合适条件下进行工程建造的可行性。未来,还将在此基础上,进一步获取数据成果,进行规模放大,为固态熔盐堆的商业化进程注入强力。

参考文献

[1] Forsberg C W, Pickard P S, Peterson P. The advanced high-temperature reactor [J]. Nuclear News, 2003, 46(585): 30-32.

[2] Forsberg C W. The advanced high-temperature reactor: high-temperature fuel, liquid salt coolant, liquid-metal-reactor plant[J]. Progress in Nuclear Energy, 2005, 47: 32-43.

[3] Clamo K T, Forsberg C W, Gehin J C. Physics analysis of coolant voiding in the advanced high-temperature reactor (AHTR)[J]. Transactions of the American nuclear society, 2005, 93: 977-980.

[4] Williams D F, Toth L M, Clarno K T. Assessment of candidate molten salt coolants for the advanced high temperature reactor (AHTR)[R]. Office of Scientific & Technical Information Technical Reports, ORNL, 2006.

[5] Peterson P F, Haihua Z. A flexible baseline design for the advanced high temperature reactor using metallic internals (AHTR－MI)[R]. New York:

American Nuclear Society Ans La Grange Park, 2006.

[6] Avigni P, Petrovic B. Fuel element and full core thermal-hydraulic analysis of the AHTR for the evaluation of the LOFC transient[J]. Annals of Nuclear Energy, 2014, 64: 499 - 510.

[7] Fratoni M. Development and applications of methodologies for the neutronic design of the pebble bed advanced high temperature reactor (PB - AHTR)[D]. Berkeley: University of California, 2008.

[8] Scarla R O, Peterson P F. The current status of fluoride salt cooled high temperature reactor (FHR) technology and its overlap with HIF target chamber concepts[J]. Nuclear Instruments and Methods in Physics Research A, 2014, 733: 57 - 64.

[9] Holcomb D E, Has D, Quails A L, et al. Current status of the advanced high temperature reactor[C]//International congress on advances in nuclear power plants 2012, vol. 2: International congress on advances in nuclear power plants (ICAPP 2012), 24 - 28 June 2012, Chicago, Illinois, USA. 2012.

[10] Avigni P, Petrovic B. Thermal hydraulics modeling of On-line refueling for the advanced high temperature reactor (AHTR)[J]. Nuclear Engineering and Design, 2020, 358: 1 - 13.

[11] Tian J. A new ordered bed modular reactor concept[J]. Annals of Nuclear Energy, 2007, 34(4): 297 - 306.

[12] Ramey K M, Petrovic B. On excess reactivity control of the advanced high temperature reactor (AHTR)[J]. Annals of Nuclear Energy, 2024, 207: 110726.

[13] Preliminary fluoride salt-cooled high temperature reactor (FHR) subsystem definition, functional requirement definition and licensing basis event (LBE) identification white paper[R]. Berkeley: University of California, 2012.

[14] Fratoni M, Greenspan E. Neutronic feasibility assessment of liquid salt-cooled pebble bed reactors[J]. Nuclear Science and Engineering, 2011, 168(1): 1 - 22.

[15] Yan R, Yu S, Zou Y, et al. Study on neutronics design of ordered-pebble-bed fluoride-salt-cooled high-temperature experimental reactor [J]. Nuclear Science Techniques, 2018, 29(6): 81.

[16] Fratoni M, Greenspan E. Neutronic feasibility assessment of liquid salt-cooled pebble bed reactors[J]. Nuclear Science and Engineering, 2011, 168(1): 1 - 22.

[17] ORNL - 1845, Operation of the Aircraft Reactor Experiment[R]. ORNL, 1955.

[18] Rosenthal M W, Kasten P R, Briggs R B. Molten-salt reactor: History, status, and potential[J]. Nuclear Applications and Technology, 1970, 8: 107 - 117.

[19] Haubenreich P N, Engel J R. Experience with the molten-salt reactor experiment nuclear applications and technology[J]. Nuclear Applications and Technology, 1970, 8(2): 118 - 136.

[20] Susskind H, Winsche W E, Becker W. Ordered packed-bed fuel elements[J]. Nuclear Applications and Technology, 1965, 1(5): 405 - 411.

［21］ Liu Y，Yan R，Zou Y，et al. Neutron flux distribution and conversion ratio of Critical Experiment Device for molten salt reactor research［J］. Annals of Nuclear Energy，2019，133：707‐717.

［22］ 严睿,于世和,周波,等. 10 MW 固态燃料钍基熔盐实验堆工程设计‐堆芯核设计报告［R］.上海：中国科学院上海应用物理研究所,2015.

［23］ Chen X W，Dai Y，Yan R，et al. Experimental study on the vibration behavior of the pebble bed in PB‐FHR［J］. Annals of Nuclear Energy，2020，139：107193.

第 10 章
缩比仿真堆 TMSR‒SF0

TMSR 缩比仿真堆(TMSR‒SF0)是以 10 MW 固态燃料钍基熔盐实验堆(TMSR‒SF1)为原型建造的仿真堆,通过模化分析,可模拟 TMSR‒SF1 的运行工况。仿真堆不存在放射性,具有更好的人员和设备的可操作性,可以开展实验堆上不允许的实验。在 TMSR‒SF0 上可以获得比实验堆更全面详细的热工水力参数,对完善、发展和验证熔盐堆热工水力设计和设计分析程序,特别是在验证系统整体分析软件方面具有重要意义,为实验堆许可证的获取提供实验依据。

10.1 概述

TMSR‒SF0 是以 TMSR‒SF1 为原型进行 1∶3 缩比的实验装置,使用电加热器模拟反应堆核裂变热源,主要用于开展与实验堆相关的设计、安全、技术、设备的设计分析验证与研究,包括热工水力设计与安全验证实验研究、设计分析方法与程序验证、关键设备设计验证、关键材料考验与性能研究、反应堆系统仿真与调试运行等。通过开展这些实验研究,能够为实验堆的设计研发、系统安全分析程序验证、安全评审与许可证申请提供重要的依据与支撑,为实验堆的建设、调试、运行提供工程经验,还可作为钍基熔盐堆的实验研究平台。

以模化分析方法[1-8]为基础,建设整体仿真实验平台,对实验堆热工水力方案设计和设计分析程序进行实验验证,为实验堆许可证的获取提供实验依据,完成反应堆热功转换系统的总体功能验证。通过建缩比仿真堆,最终掌握关键设备的设计、建造、验证能力。从钍基核能系统发展长期规划来看,通过 TMSR‒SF0 的技术积累可以为固态燃料钍基熔盐实验堆和示范堆设计提供技术支持,促进第四代裂变反应堆的发展步伐,为升级新一代更先进的核电产业夯实基础。

TMSR - SF0 的建设目标包括如下 4 个方面：

（1）建成熔盐堆综合研究平台，用于研究熔盐堆整体或局部的热工水力特性和安全特性、高温结构力学特性，以及熔盐堆设计和安全分析工具的实验验证等；

（2）实验堆设计验证，开展实验堆关键设计的实验验证，为实验堆设计优化、安全审评和许可证申请提供技术支持；

（3）为实验堆建设积累工程经验，通过关键材料的大规模制备、关键设备的设计、制造和工程应用，打造实验堆材料和设备的供应链；通过仿真堆的安装和调试，锻炼设备安装和调试队伍；

（4）为熔盐堆调试运行积累经验，作为无核实体仿真堆开展实验堆的全过程模拟，包括调试运行、控制逻辑、各运行和事故工况等，同时也作为操作培训平台，对反应堆操作人员进行培训。

TMSR - SF0 的主要建设内容包括堆芯加热系统，堆本体系统，回路系统，熔盐转运、采样、检测系统，堆舱及非能动余热排出系统，气路系统，仪控系统，辅助工艺系统等。

10.2　总体方案

TMSR - SF0 主要用于开展与 TMSR - SF1 相关的设计、安全、技术和设备设计分析验证等实验，包括热工水力研究、安全验证、程序验证、现象验证、设备设计分析验证、仿真机验证等。具体的实验内容如下。

（1）整体实验（热工水力与安全，第一优先级）：包括运行工况整体实验，非能动余热排出整体验证实验，一、二回路自然循环整体验证实验，综合水力验证实验，失去强迫循环系统瞬态特性验证实验等；

（2）单项实验：包括上堆舱散热及上封头温度场验证实验，上下封头错动量测量与验证实验，覆盖气体出堆管口处的熔盐蒸汽凝结验证实验，控制棒散热验证实验等；

（3）设备设计分析验证：相关设备包括熔盐取样系统，脱气装置，泵，阀，热交换器等；

（4）仿真机验证：调试运行过程仿真，物理逻辑仿真，控制系统验证，保护系统验证，操纵员培训平台。

仿真堆可以为 TMSR - SF1 的设计、安全审评及研究提供有力的支撑，创造必要的条件,还可作为系列熔盐堆的实验和热能综合应用研究平台。

基于上述目标,缩比仿真堆在总体设计上考虑如下几点:

(1) 满足上述实验功能需求;

(2) 与 TMSR - SF1 的总体方案和系统、功率密度、运行温度区间、覆盖气体压力等类似;

(3) 关键系统的几何比例、运行/实验工况点参数经过模化分析(scaling analysis)得出;

(4) 一回路工作介质使用 FLiNaK 熔盐;

(5) 运行维护尽量简单可靠,为实验功能考虑,部分系统采用灵活设计;

(6) 考虑与 TMSR 部分实验台架功能互为补充,通过控制系统实现联动,如控制棒台架、装卸料机构等。

主要技术指标如下。

(1) 最高运行温度:650 ℃。

(2) 功率:370 kW。

(3) 介质:FLiNaK 盐。

(4) 一回路额定流量:8.0 kg/s。

(5) 功能实现:基于实验装置实现熔盐堆的仿真。

(6) 控制系统:熔盐堆控制系统主要功能模拟。

(7) 保护系统:熔盐堆保护系统主要功能模拟。

(8) 测量系统:熔盐堆测量仪表的应用。

基于实验目标和工程因素,缩比仿真堆与 TMSR - SF1 在系统方案和关键设备上的主要不同点有以下几方面。

(1) 采用带套管的管束式加热方案作为堆芯加热系统;

(2) 一回路增加熔盐脱气实验装置,增加备用实验分支回路;

(3) 增加回路中压力调节阻力件的使用;

(4) 采用灵活设计,堆舱主选方案为钢结构+钢板+保温层模式;

(5) 未装备燃料球装卸系统,可与单独的燃料球装卸料装置通过控制系统联用;

(6) 未装备控制棒系统,可与单独的控制棒台架通过控制系统联用;

(7) 未装备中子屏蔽层。

根据上述考虑,在综合考虑各种技术目标的基础上,缩比仿真堆采用了如下基本设计方案:

（1）使用管束型电加热棒加热，加热功率为 0～400 kW；

（2）一、二回路工作介质为 FLiNaK 熔盐；

（3）与熔盐接触的主要金属结构采用 GH3535 合金，上法兰使用 304LN 不锈钢（仿 TMSR - SF1），堆内石墨构件使用抗熔盐渗透的超细颗粒高密度石墨；

（4）堆本体由内向外主要由堆芯加热区、反射层、堆芯围筒、堆芯冷却剂下降环腔与上下腔室、覆盖气体层（上腔室）、保温层、反应堆主容器等组成，堆内温度测量系统、堆芯冷却剂流道等布置在相应的结构件中。

（5）反应堆容器和回路工作压力近常压且不超过 5 个大气压，覆盖气体压力约 0.05 MPa，从而降低机械应力，提高安全性。

缩比仿真堆的系统如图 10 - 1 所示，其由如下系统构成：堆芯加热系统，堆本体系统，回路系统（一、二回路），熔盐取样、净化与处理系统，堆舱及非能动余热排出系统，气路系统，仪控系统，其他辅助系统等。缩比仿真堆的主要设计参数见表 10 - 1，基于总体方案和运行/实验工况的需求提出，主要运行工况参数见表 10 - 2，还应考虑覆盖不确定度的需求、设备的工程可行性需求等。缩比仿真堆的系统和设备布局图如图 10 - 2 所示，主要包括堆本体、一回路和二回路及散热器、堆舱、辅助设施、厂房等。缩比仿真堆的总体尺寸参数见表 10 - 3。

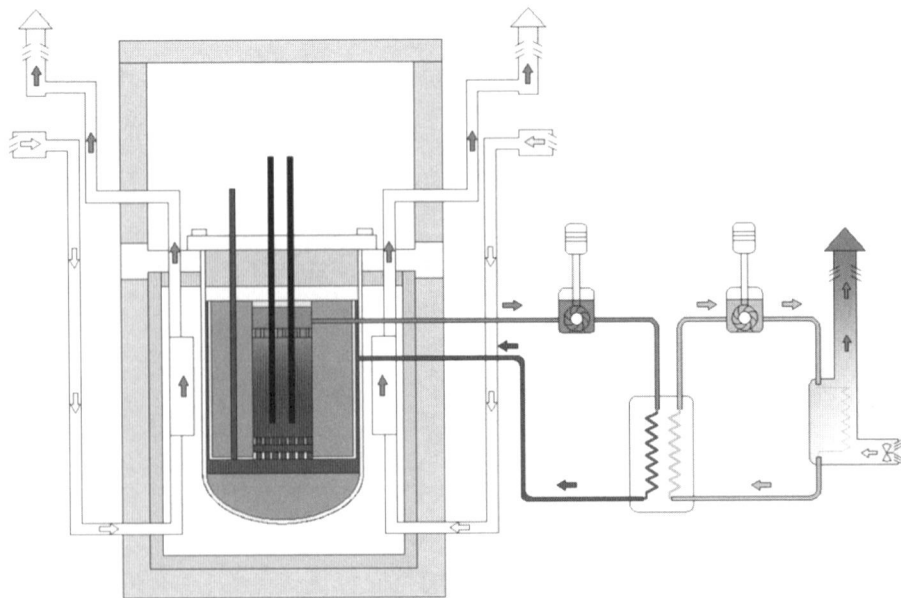

图 10 - 1　TMSR - SF0 物理方案示意图

表 10‑1　TMSR‑SF0 主要设计参数

参　数	数　值	参　数	数　值
堆芯加热功率/kW	0~400	主容器及一回路设计温度/℃	700
模拟堆熔盐入口温度/℃	600(参考值)	模拟堆熔盐出口温度/℃	650(参考值)
二回路 IHX 熔盐入口温度/℃	520(参考值)	二回路 IHX 熔盐出口温度/℃	536(参考值)
空气换热器空气入口温度/℃	40(参考值)	空气换热器空气出口温度/℃	180(参考值)
一回路冷却剂熔盐	FLiNaK	二回路冷却剂熔盐	FLiNaK
一回路熔盐质量流量/(kg/s)	0~10.0	二回路熔盐质量流量/(kg/s)	0~12.2
空气换热器空气流量/(kg/s)	0~3.0	非能动余热排出系统额定功率/kW	12.8
合金材料	GH3535 304LN 不锈钢	石墨	超细颗粒高密度石墨
回路主管道直径	DN50(sch40)		

表 10‑2　TMSR‑SF0 正常运行工况参数

参　数	数　值	参　数	数　值
堆芯加热功率/kW	370	一回路覆盖气体压力/MPa	0.05
模拟堆熔盐入口温度/℃	600	模拟堆熔盐出口温度/℃	650
二回路 IHX 熔盐入口温度/℃	520	二回路 IHX 熔盐出口温度/℃	553
空气换热器空气入口温度/℃	40	空气换热器空气出口温度/℃	180
一回路冷却剂熔盐	FLiNaK	二回路冷却剂熔盐	FLiNaK
一回路熔盐质量流量/(kg/s)	3.9	二回路熔盐质量流量/(kg/s)	12.2

（续表）

参　数	数　值	参　数	数　值
空气换热器空气流量/(kg/s)	2.6	非能动余热排出系统额定功率/kW	12.8
下堆舱空气流域温度/℃	≤650	上堆舱混凝土接触空气温度/℃	≤70
顶盖温度/℃	≤320	堆本体预热温度/℃	550

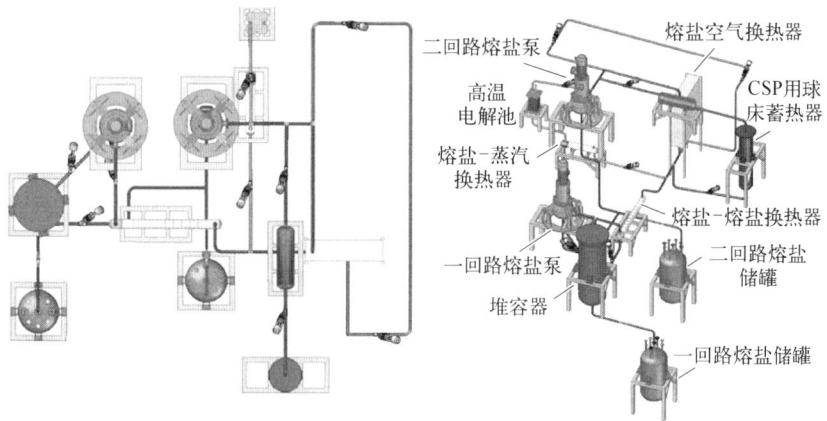

图 10 - 2　TMSR - SF0 系统布局示意图

表 10 - 3　TMSR - SF0 主要尺寸参数

参　数	数　值	参　数	数　值
加热区高度/mm	1 000	加热区外径/mm	450
石墨反射层高度/mm	1 200	外石墨反射层内径/外径/mm	450/880
围筒高度/mm	1 240	围筒内径/外径/厚度/mm	880/920/20
下降环腔厚度/mm	20	主容器内径/外径/厚度/mm	960/1 020/30
主容器高度/mm	3 800	堆芯进出口管道	DN50(sch40)
下堆舱高度/mm	3 800	下堆舱内径/mm	2 700
上堆舱高度/mm	3 000～5 000（可移动）	上堆舱内径/mm	2 700

10.3　模化分析

由于试验条件、场地限制等诸多因素,无法按照 1∶1 的尺寸建立整体试验台架。依据 TMSR-SF0 建设目标,为了支撑实验堆的堆设计、安全审评、关键技术发展、未来发展等多项工作,需要从实验堆设计出发对系统进行模化,综合考虑工程因素和模化分析失真度,提出 TMSR-SF0 的堆芯和一、二回路主要结构参数和比例,保证 TMSR-SF0 开展的整体试验可以通过模化扩展应用到实验堆的设计中。

10.3.1　非能动余热排出系统模化分析

在事故停堆或者全厂停电情况下,通过非能动余热排出系统可将堆芯余热排出,并将热量最终转移至热阱,从而以一定的冷却速率降低反应堆冷却剂的温度,并将冷却剂温度保持在规定的范围内,保证堆芯温度在规定的安全限值内。

TMSR-SF1 非能动余热排出系统设计要求[9-10]:在一、二回路主冷却系统都不能工作的事故工况下,非能动余热排出系统必须能及时地将反应堆的余热载出反应堆舱室,保证堆内构件及压力容器的温度低于规定限值;采用堆本体外壁散热非能动方式从堆芯向堆本体外转移 2% 额定功率,堆舱内热量转移不采用水冷方式。

非能动余热排出系统属于专设安全系统,是核电站最重要的安全系统。根据 TMSR-SF1 非能动余热排出系统设计流程中的设计目标、设计准则和设计内容,需要对非能动余热排出系统的工程设计和加工工艺的合理性、可靠性、准确性进行验证试验[11]。

目前,TMSR-SF1 非能动余热排出系统主要包括堆本体散热系统和堆舱冷却系统。设计要求在任何事故工况下,反应堆的余热能够通过热传导、自然对流换热、热辐射和自然循环等非能动方式载出,热量经堆芯石墨燃料元件、石墨反射层、堆芯金属围筒、下降环腔和堆容器等结构件导出至堆舱中,然后通过布置在堆舱中的余排换热装置最终转移到大气环境中。因此,得到 TMSR-SF1 非能动余热排出系统现象识别和试验分解(见表 10-4)。

表 10 - 4　TMSR - SF1 非能动余热排出系统现象识别和试验分解

	子系统	组成	现　　象	重要性	试验分解	
非能动余热排出系统	堆芯	燃料球	(1) 固体燃料球本身的热传导 (2) 相邻固体燃料球表面发生物理接触产生的热传导 (3) 相邻固体燃料球表面间的热辐射	H	堆芯球床等效导热系数试验	非能动余热排出系统整体验证试验
		冷却剂	(1) 冷却剂的热传导 (2) 冷却剂在活性区内的自然对流	H		
		石墨反射层	石墨反射层的热传导	L		
		下降环腔	(1) 冷却剂在滞止情况下的热传导 (2) 冷却剂在下降环腔中的自然对流 (3) 下降环腔内外壁面间的辐射	M		
		堆容器	堆容器的热传导	L		
	堆舱	堆舱	(1) 堆舱内空气的热传导 (2) 堆舱内空气的自然对流 (3) 堆容器、余排换热装置和隔热层三者之间的热辐射	H	非能动余热排出系统排热能力试验	
		余排换热装置和排气塔	余排换热装置冷侧空气的自然循环散热	H		
	堆舱外围	隔热层	隔热层的热传导	L		
		混凝土墙	(1) 混凝土墙的热传导 (2) 混凝土墙与大气环境之间的自然对流	L		

堆舱非能动余热排出系统分级如图 10 - 3 所示。

根据堆容器、余排换热装置、隔热层和混凝土墙的能量方程和边界条件，通过定义无量纲化参数，给出守恒方程无量纲化及特征数，得到相似准则数如表 10 - 5 所示。

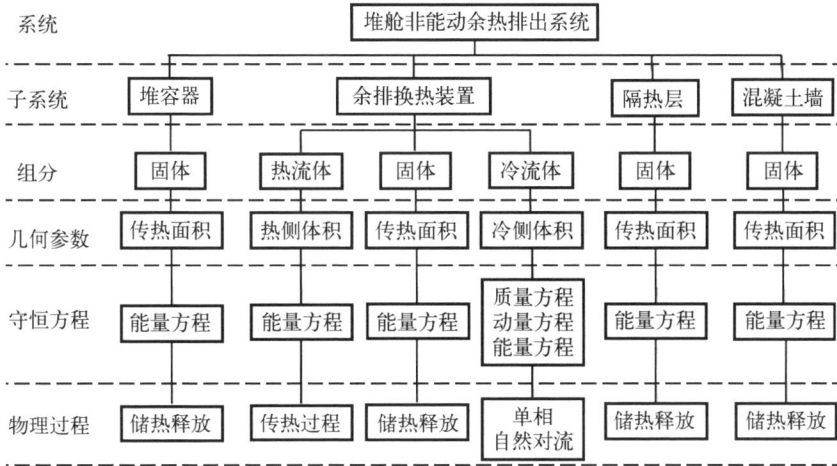

图 10‑3　堆舱非能动余热排出系统分级

表 10‑5　相似准则数

序号	名　称	准　则　数	意　义
1	理查森数	$R_i = \dfrac{g\beta\Delta T_0 l_0}{u_0^2}$	表征浮升力与惯性力之间的相对大小
2	阻力数	$F_i = \left(\dfrac{fl}{d} + K\right)_i$	表征循环回路的摩擦和形阻
3	斯坦顿数	热流体： $St_{rv,hf,i} = \dfrac{h_{rv,hf} l_0 \xi_{rv,hf}}{\rho_{hf} c_{p,hf} u_0 a_{rv,hf}}$ $St_{HE,hf,i} = \dfrac{h_{HE,hf} l_0 \xi_{HE,hf}}{\rho_{hf} c_{p,hf} u_0 a_{HE,hf}}$ $St_{ins,hf,i} = \dfrac{h_{ins,hf} l_0 \xi_{ins,hf}}{\rho_{hf} c_{p,hf} u_0 a_{ins,hf}}$ 冷流体： $St_{HE,cf,i} = \dfrac{h_{HE,cf} l_0 \xi_{HE,cf}}{\rho_{cf} c_{p,cf} u_0 a_{HE,cf}}$	表征流体实际的换热热流密度与流体传热传递最大热流密度之比；其中，对流换热系数由流体特性、流动工况和几何结构等因素确定
4	时间比例数	堆容器： $T^*_{rv,i} = \dfrac{\lambda_{rv} l_0}{\rho_{rv} c_{p,rv} u_0 \delta_0^2}$ 余排换热装置： $T^*_{HE,i} = \dfrac{\lambda_{HE} l_0}{\rho_{HE} c_{p,HE} u_0 \delta_0^2}$	表征固体非稳态过程的无量纲时间，表征过程进行的深度

序号	名 称	准 则 数	意 义
		隔热层: $$T_{\text{ins,i}}^* = \frac{\lambda_{\text{ins}} l_0}{\rho_{\text{ins}} c_{\text{p,ins}} u_0 \delta_0^2}$$ 混凝土墙: $$T_{\text{hnt,i}}^* = \frac{\lambda_{\text{hnt}} l_0}{\rho_{\text{hnt}} c_{\text{p,hnt}} u_0 \delta_0^2}$$	
5	毕渥数	堆容器: $$Bi_{\text{rv,hf}} = \frac{h_{\text{rv,hf}} \delta_0}{\lambda_{\text{rv}}}$$ 余排换热装置: $$Bi_{\text{HE,hf}} = \frac{h_{\text{HE,hf}} \delta_0}{\lambda_{\text{HE}}}$$ $$Bi_{\text{HE,cf}} = \frac{h_{\text{HE,cf}} \delta_0}{\lambda_{\text{HE}}}$$ 隔热层: $$Bi_{\text{ins,hf}} = \frac{h_{\text{ins,hf}} \delta_0}{\lambda_{\text{ins}}}$$ 混凝土墙: $Bi_{\text{hnt}} = \dfrac{h_{\text{hnt}} \delta_0}{\lambda_{\text{hnt}}}$	表征固体内部导热热阻与其界面上换热热阻之比
6	辐射对流参数	堆容器: $$R\varepsilon_{\text{rv,HE}} = \frac{\varepsilon_1 \sigma \Delta T_0^3 \delta_0}{\lambda_{\text{rv}}}$$ 余排换热装置: $$R\varepsilon_{\text{HE,rv}} = \frac{\varepsilon_1 \sigma \Delta T_0^3 \delta_0}{\lambda_{\text{HE}}}$$ 隔热层: $$R\varepsilon_{\text{rv,ins}} = \frac{\varepsilon_2 \sigma \Delta T_0^3 \delta_0}{\lambda_{\text{ins}}}$$	表征辐射效应对换热的影响
7	热源数	$$Q_{\text{rv,i}} = \frac{\dot{q}_{\text{rv}} l_0}{\rho_{\text{rv}} c_{\text{p,rv}} u_0 \Delta T_0}$$	表征加热功率与轴向能量变化之间的相对大小

10.3.2 整体水力模化分析

针对 TMSR - SF1 的水力试验进行模化分析,模型和原型保证流动相似,单值条件应该满足:几何相似、物理条件、边界条件和初始条件相似。因此,需要获取 TMSR - SF1 的控制方程无量纲化和相似准则数。

1）几何条件

所有具体现象都发生在一定的几何空间内,因此,参与过程的物体的几何形状和大小,应该给出单值条件。例如:流体在管道内流动,应该给出管径 d 和管长 l 的具体数值。

2）物理条件

所有具体现象,都是由具有一定物理性质的介质参加进行的。因此,参与过程的介质的物理性质,也是单值条件。例如:不可压缩黏性流体在等温工况下运行,应该给出介质密度和黏度等物理性质具体数值。如果流动是不等温可压缩的黏性流体,则应该给出状态方程式及物理参数随温度变化的函数。另外,如果流动和密度、重力加速度有关,即重力加速度是随着密度出现的一个物理量,重力加速度也属于单值条件。

3）边界条件

所有具体现象必然受到与其直接相邻的周围情况的影响。因此,发生在边界的情况也属于单值条件。例如:管道内流体的流动现象直接受到进口、出口、壁面处流速的大小及其分布的影响。因此,应该给出进口或者出口流速的平均值以及进出口处流速的分布规律,无须专门给出壁面处的流速,因为壁面处的流体皆附着于壁面,所以壁面处的流体流速皆为零。另外,也应该给出进口或出口处压力的平均值以及进口与出口处压力的分布规律。如果流动的是不等温流体,还应该给出进口或者出口处温度的平均数值及分布规律以及壁面处的流体温度(等于壁温),即 $t = t_{\infty}$。

4）初始条件

任何过程的发展都直接受到初始状态的影响,即流速、温度等流体的物理性质于开始时刻在整个系统内的分布,将直接影响到以后的发展过程和结果。因此,初始条件也属于单值条件。对于稳态过程,则不存在此条件。所要研究的实际问题,一般都属于稳态过程。

根据非可压缩流体(熔盐)的质量守恒和动量守恒方程可以获得熔盐的无量纲参数,通过定义无量纲参数,可以得到相似准则数,如表 10 - 6 所示。

在堆芯和一、二回路不同区域位置,特征尺寸 $d_{p,R}$ (模型/原型)的选取也有所区别,分别如下所示。

(1)堆芯:特征尺寸 $d_{p,R}$ 为燃料球直径比值;

表 10 - 6　仿真堆整体水力试验相似准则数

准 则 数	意　义
$St = \dfrac{UT}{L}$	斯特劳哈尔数,表示位变惯性力和时变惯性力的比值,用以度量流体运动时的不稳定程度,不稳定流动过程中流体的速度场随着时间变化情况相似程度
$Fr = \dfrac{U}{\sqrt{gL}}$	弗劳德数,表示位变惯性力和重力的比值
$Re = \dfrac{UL}{\gamma}$	雷诺数,表示位变惯性力和黏性力的比值,用以度量黏性力对流动的影响
$Eu = \dfrac{p}{\rho\upsilon^2}$	欧拉数,表示位压力差值和位变惯性力的比值,用以度量压力对流动的影响

（2）下腔环腔：特征尺寸 $d_{p,R}$ 为下降环腔熔盐间隙比值；

（3）上/下腔室：特征尺寸 $d_{p,R}$ 为上/下腔室直径比值；

（4）上/下石墨熔盐通道：特征尺寸 $d_{p,R}$ 为上/下石墨熔盐通道平均直径比值；

（5）一、二回路管道：特征尺寸 $d_{p,R}$ 为管道直径比值；

（6）一、二回路熔盐泵：特征尺寸 $d_{p,R}$ 为叶轮出口处叶片宽度比值；

（7）一、二回路换热器：特征尺寸 $d_{p,R}$ 为换热器管道直径比值。

10.3.3　失真分析

　　为保证 TMSR - SF0 的非能动余热排出系统,从堆容器到余排换热装置,再到最终热阱的传热过程与 TMSR - SF1 完全相同,则需要保证所有准则数相似,只能采取 1：1 的比例。然而,在缩比仿真堆非能动余热排出系统排热能力实验中,重点关注的是堆舱非能动余热排出系统的排热能力,在堆容器向余排换热装置的传热中,辐射散热占了约 95% 的传热量。热量大部分通过冷空气的自然循环排出。因此,需要优先保证准则数 R_i、F_i、$St_{HE,cf,i}$、$Re_{rv,HE}$ 和 $Q_{rv,i}$ 与原型一致。

　　特征数的相对失真程度公式为

$$F_D = (1 - \Pi_R) \times 100\% \tag{10-1}$$

其中,F_D 表示相对失真程度,Π_R 表示模型中的特征数与原型中的特征数之比。

　　不同几何比例下的失真度分析见表 10 - 7。

表 10 - 7　不同几何比例下的失真度($d_R = l_R$,等压、等温和等物性)

准则数	公式	$l_R = 1/5$		$l_R = 1/4$		$l_R = 1/3$		$l_R = 1/2$		$l_R = 1$	
		比值	失真/%	比值	失真/%	比值	失真/%	比值	失真/%	比值	失真/%
R_i	$\dfrac{l_0}{u_0^2}$	1	0	1	0	1	0	1	0	1	0
$St_{cf,i}$	$\dfrac{l_0 l_{HE}}{u_0 d_{HE}^2}$	1	0	1	0	1	0	1	0	1	0
$Re_{rv,HE}$	$\epsilon_1 \delta_0$	1	0	1	0	1	0	1	0	1	0
$Q_{rv,i}$	$\dfrac{\dot{q}_{rv} l_0}{u_0}$	1	0	1	0	1	0	1	0	1	0
$St_{hf,i}$	$\dfrac{d_{HE}^{-1.4} l_0}{u_0}$	4.257	325.7	3.482	248.2	2.688	168.8	1.866	86.6	1	0
T_i^*	$\dfrac{l_0}{u_0 \delta_0^2}$	0.447	55.3	0.5	50	0.577	42.3	0.707	29.3	1	0
Bi_{hf}	$d^{-0.4}\delta_0$	1.904	90.4	1.741	74.4	1.552	55.2	1.320	32	1	0
Bi_{cf}	δ_0	1	0	1	0	1	0	1	0	1	0
Bi_{hnt}	δ_0	1	0	1	0	1	0	1	0	1	0
$Re_{HE,rv}$	$\epsilon_1 \delta_0$	1	0	1	0	1	0	1	0	1	0
$Re_{rv,ins}$	$\epsilon_2 \delta_0$	1	0	1	0	1	0	1	0	1	0

通过失真分析可知,随着实验台架尺寸的减小,特征数 $St_{\mathrm{hf,i}}$、T_{i}^{*} 和 Bi_{hf} 的失真越来越大。其中, $St_{\mathrm{hf,i}}$ 和 Bi_{hf} 的失真主要影响了堆舱内热侧流体的对流换热和余排换热装置壁面的传热,从而影响余排换热装置内墙两壁面的温度,但是在堆容器向余排换热装置的传热中,自然对流散热所占比例不超过5%,因此其对排热的影响可忽略。

根据不同几何比例下的失真度分析,考虑工程可实现性,因此选取 $l_{\mathrm{R}}=1/3$, $d_{\mathrm{R}}=1/3$,得到 TMSR - SF0 设计主要参数比见表 10 - 8。

表 10 - 8　TMSR - SF0 设计主要参数比

名　　称		符号及计算式	比　　例
约束参数	长度比	l_{R}	1/3
	直径比	d_{R}	1/3
推导参数	面积比	$a_{\mathrm{R}}=d_{\mathrm{R}}^{2}$	1/9
	体积比	$V_{\mathrm{R}}=d_{\mathrm{R}}^{2}l_{\mathrm{R}}$	1/27
	余排换热装置高度比	$l_{\mathrm{HE,R}}=l_{\mathrm{R}}^{-1/2}d_{\mathrm{R}}^{2}$	$\sqrt{3}/9(\approx 0.192)$
	余排换热装置直径比	$d_{\mathrm{HE,R}}=d_{\mathrm{R}}$	1/3
	壁厚比	δ_{R}	1
	速度比	$u_{\mathrm{R}}=l_{\mathrm{R}}^{1/2}$	$\sqrt{3}/3(\approx 0.577)$
	体积流量比	$\dot{V}_{\mathrm{R}}=a_{\mathrm{R}}u_{\mathrm{R}}$	$\sqrt{3}/27(\approx 0.064)$
	时间比	$\tau_{\mathrm{R}}=l_{\mathrm{R}}/u_{\mathrm{R}}=l_{\mathrm{R}}^{1/2}$	$\sqrt{3}/3(\approx 0.577)$
	总功率比	$\Phi_{\mathrm{rv,R}}=\dot{q}_{\mathrm{rv}}V_{\mathrm{R}}=d_{\mathrm{R}}^{2}l_{\mathrm{R}}^{1/2}$	$\sqrt{3}/27(\approx 0.064)$

10.4　物理分析

在确定 TMSR - SF0 的设计主要参数比之后,需要开展物理分析,完成仿真堆的热工水力设计、系统预热及设计不确定度分析。

10.4.1　堆本体热工水力分析

TMSR－SF0 的堆本体主要由以下部分组成：堆芯、堆芯围筒及隔板、堆芯冷却剂下降环腔、下腔室、上腔室、上下腔室填充体、流量分配装置、氩气覆盖层、堆内上部隔热层、熔盐注入和排出管道、反应堆容器、反应堆容器贯穿件和反应堆容器支撑结构等。表 10－9 为 TMSR－SF0 堆本体主要尺寸。

表 10－9　TMSR－SF0 堆本体主要尺寸

区　　域	尺　寸	区　　域	尺　寸
加热区高度/mm	1 000	加热区直径/mm	500
石墨反射层高度/mm	1 200	石墨反射层外径/mm	910
围筒底板厚度/mm	40	围筒外径/mm	940
主容器高度/mm	～3 565	主容器外径/mm	1 020
堆芯进口管道	DN50(sch40)	堆芯出口管道/mm	DN100
下腔室高度/mm	200	下腔室石墨填充体高度/mm	230
上腔室熔盐高度/mm	700	上腔室覆盖气体高度/mm	100
上腔室石墨压紧板厚度/mm	70	保温层压板厚度/mm	10
堆内保温层厚度/mm	800		

容器设计温度为 700 ℃(长期运行)，覆盖气体压力为 0.05 MPa，顶盖密封设计温度为 320 ℃。堆内上部结构将根据 TMSR－SF1 隔热方案的验证要求设计。

采用商用程序 CFD 对 TMSR－SF0 进行仿真建模、网格划分、迭代计算和后处理分析，得到熔盐的流动规律、熔盐压力分布和流量分配情况。

图 10－4 和图 10－5 分别给出了当冷却剂流量为 3.9 kg/s 和 10 kg/s 时，堆本体的流场分布。如图 10－4 所示，冷却剂由堆本体入口经过下腔环腔，流入下腔室后通过堆芯加热区传递能量，最后通过堆本体出口将热量传递给双熔盐换热器。熔盐从堆本体入口到堆本体出口，克服沿程损失和局部损失，压力逐渐减小。从图 10－4(c)可知，下腔室裙板附近熔盐出现漩涡，增加压损；流量分配板以上区域熔盐出现局部小型漩涡，若小型漩涡相互连通形成大型

漩涡,将不利于流量分配和堆芯热量的转移。与图 10 - 4 相比,当冷却剂流量为 10 kg/s,堆本体流场分布趋势一致,具体见图 10 - 5。

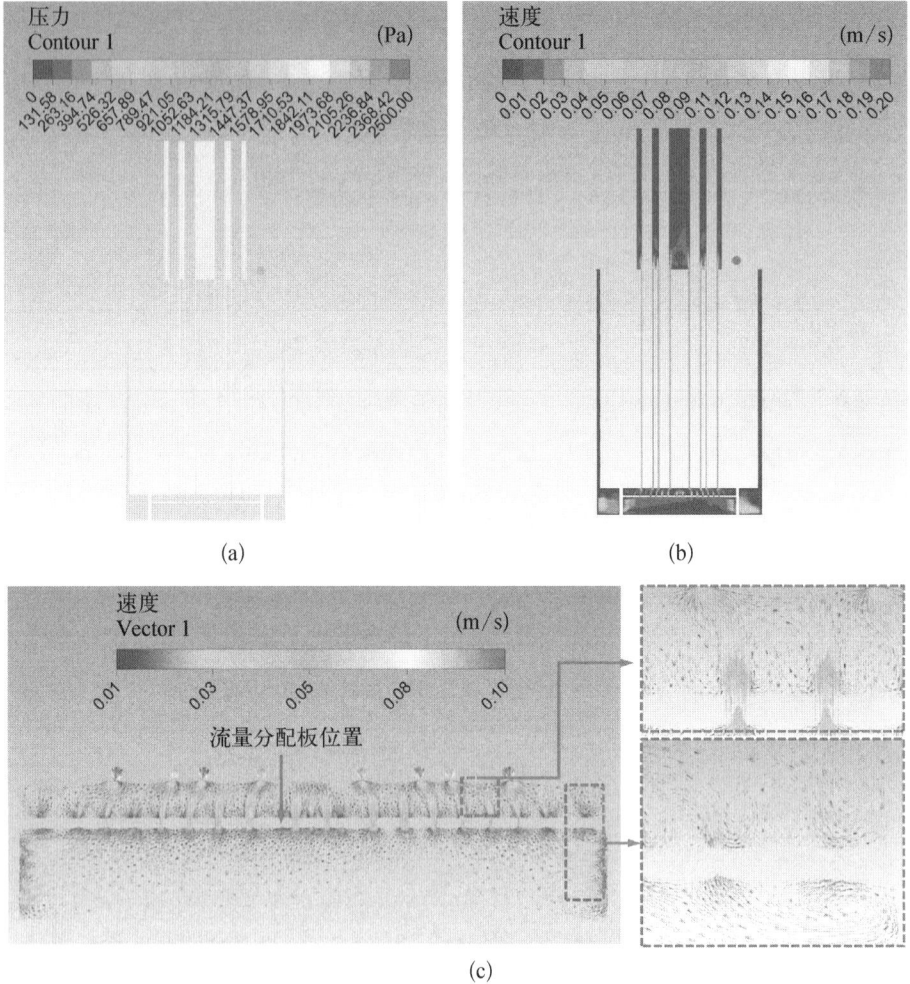

(a)

(b)

(c)

图 10 - 4　冷却剂流量为 3. 9 kg/s 时堆本体流场分布

(a) 轴截面压力分布;(b) 轴截面速度分布;(c) 下腔室速度矢量分布

当冷却剂流量为 3. 9 kg/s 和 10 kg/s 时,堆本体各个区域压降分布如表 10 - 10 所示。由堆本体进口至下腔室,熔盐压降占整体压损比例约为 18%;由堆芯活性区出口至堆本体出口,熔盐压降占整体压损比例大于 70%;熔盐经过堆芯加热区,熔盐压降最小。因此,为了减小堆本体整体压损,应该主要减少熔盐通过上腔室的压损。

(a)　　　　　　　　　　　(b)

(c)

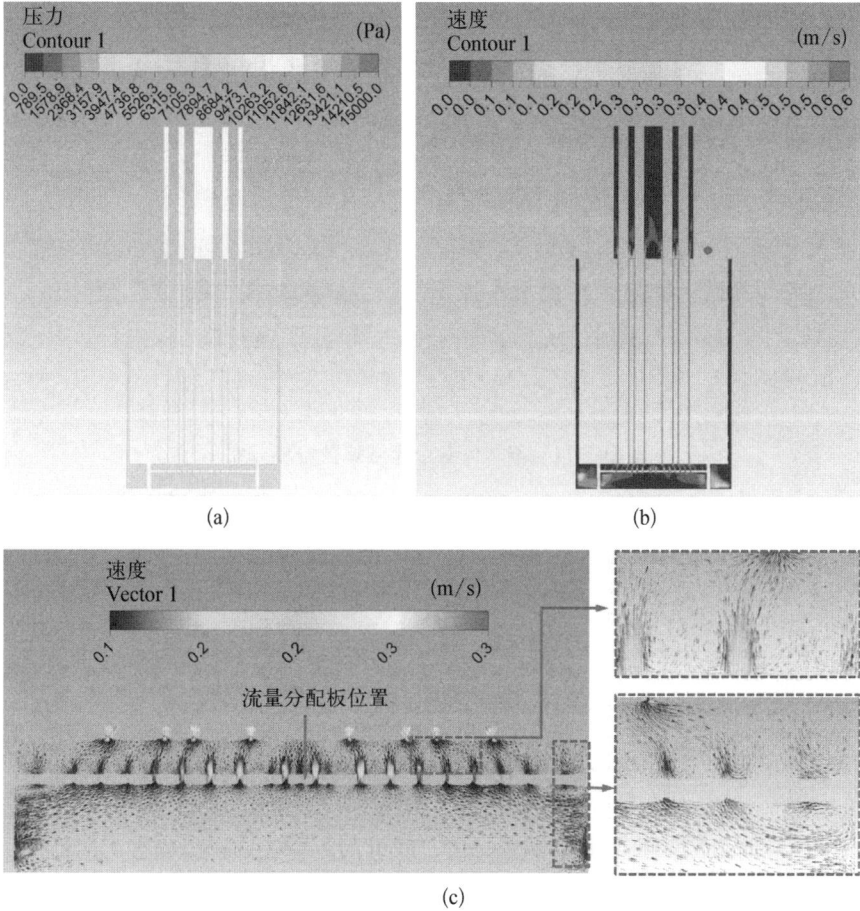

图 10‐5　冷却剂流量为 10 kg/s 时堆本体流场分布

(a) 轴截面压力分布；(b) 轴截面速度分布；(c) 下腔室速度矢量分布

表 10‐10　堆本体压降分布

区　域	冷却剂流量 3.9 kg/s		冷却剂流量 10 kg/s	
	压降/kPa	百分比/%	压降/kPa	百分比/%
堆本体进口至下腔室	0.45	18.6	3.25	21.1
下腔室至堆芯活性区出口	0.23	9.5	0.68	4.4
堆芯活性区出口到堆本体出口	1.74	71.9	11.5	74.5
总　计	2.42	100	15.4	100

加热区熔盐通道呈现轴对称分布,熔盐通道流量整体呈对阵分布,除了个别熔盐通道流量出现细微偏差。当冷却剂流量为 3.9 kg/s 时,堆芯加热区最大流量为 0.208 kg/s,最小流量为 0.204 kg/s,质量流量最大值和最小值偏差为 1.8%;当冷却剂流量为 10 kg/s 时,堆芯加热区最大流量为 0.540 kg/s,最小流量为 0.521 kg/s,质量流量最大值和最小值偏差为 3.6%。

表 10-11 分别为冷却剂流量为 3.9 kg/s 和 10 kg/s 时,堆本体的温度场分布。冷却剂由堆本体入口至堆本体出口,吸收热量,熔盐温度逐渐升高。在熔盐通道中,由内套管外径到外套管内径,熔盐温度逐渐减小,内套管外径处熔盐温度最高。

表 10-11 堆本体各个区域熔盐温度分布

区 域	工况 1:质量流量 3.9 kg/s	工况 2:质量流量 10 kg/s
下腔室平均温度/℃	600	600
加热区最高温度/℃	723	678
上腔室平均温度/℃	653	621

10.4.2 堆容器顶盖与上堆舱热工水力设计分析

TMSR-SF0 堆容器上顶盖与上堆舱物理设计的功能和目标主要有以下几个方面:

(1) 工程设计需求。保证在任何工况下,堆容器上顶盖密封法兰温度及上堆舱内其他构件温度在允许范围内。

(2) 堆容器上顶盖散热验证试验要求。完成 TMSR-SF1 堆容器上顶盖和上堆舱总体热工水力功能仿真验证,通过开展热工水力相关试验验证,得到堆容器内部保温层、堆容器上顶盖、控制棒通道及上堆舱内不同部件、不同位置的温度分布;对热工水力关键参数和关系式进行修正和校核,完成分析方案验证,并为结构设计和力学分析提供相关输入参数。

(3) 保温层封装与安装要求。验证堆内保温层封装与安装,顶盖外保温层安装,上下堆舱之间保温层安装方案与实际效果。

根据 TMSR-SF0 堆容器上顶盖和上堆舱设计目标和要求,设计顶盖散

热试验装置如图 10‐6 所示,结构如下:

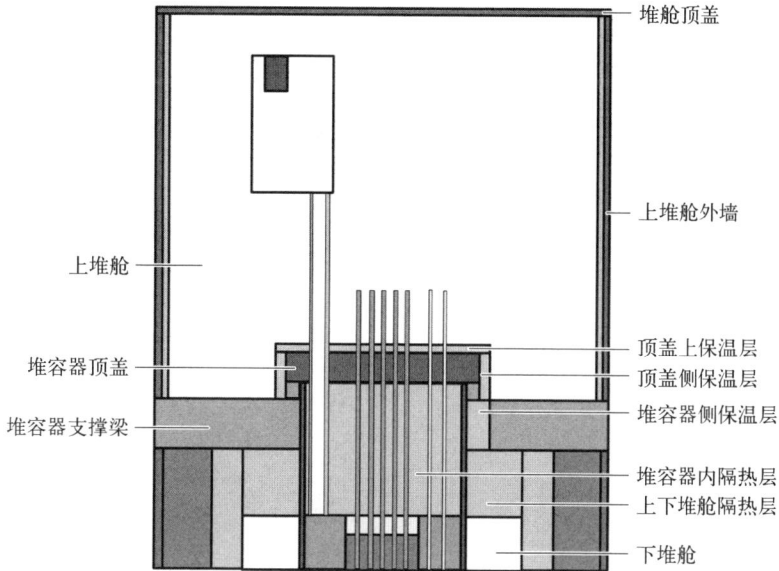

图 10‐6　堆容器上顶盖与上堆舱结构示意图

(1) 为实现堆芯热量向上堆舱散热过程仿真,TMSR‐SF0 堆芯上腔室与堆容器上顶盖之间设计一定厚度的隔热层,上顶盖上面和侧面设计一定厚度的保温层,堆容器外侧设计一定厚度的保温层,上下堆舱之间设计一定厚度的隔热层。堆容器上顶盖隔热保温体系自下而上依次是堆内隔热材料金属支撑板、内隔热层、堆容器顶盖以及外部包裹保温层。TMSR‐SF0 堆内隔热层和上顶盖分布着堆芯加热通道和试验通道等,实现了 TMSR‐SF1 控制棒和试验通道传热的功能仿真。

(2) 为实现上堆舱热量转移过程仿真,上堆舱内设计堆容器支撑梁、控制棒驱动模拟装置、其他测量控制机构、电加热装置以及堆舱顶盖和外墙等。与 TMSR‐SF1 混凝土墙外墙结构不同,TMSR‐SF0 上堆舱外墙为不锈钢结构,因此 TMSR‐SF0 堆舱外墙无温度限值要求,根据上堆舱空气温度调节需要,堆舱外墙内层可能会布置一定厚度隔热层。

(3) 为模拟上堆舱控制棒热源和控制棒驱动电机冷却过程,控制棒驱动电机罩设计模拟电机发热与散热过程,热源设计发热功率与 TMSR‐SF1 控制棒驱动电机发热功率相同。

堆容器上顶盖的开孔和通道布局和功能如图 10‐7 所示,孔道设计功能包括加热棒束孔道、覆盖气体调节孔道、控制棒模拟孔道、液位测量孔道、温度测量孔道及备用孔道等。

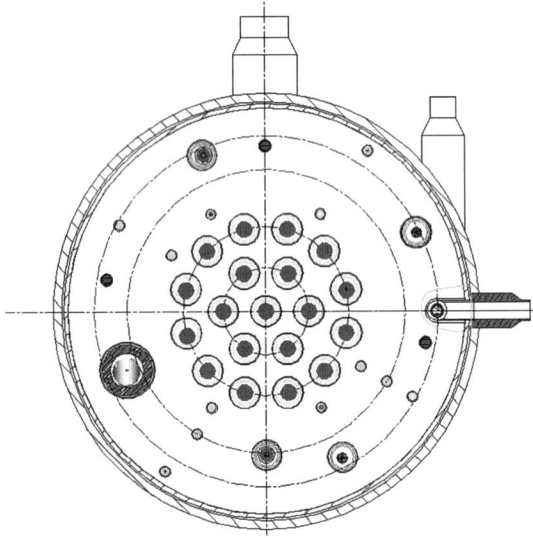

图 10‑7　堆容器上顶盖开孔布局和功能示意图

　　分析采用 1/4 模型结构,计算得到堆容器上顶盖和上堆舱各部分的温度分布,如图 10‑8 所示。

　　计算分析得到堆容器上顶盖和上堆舱各部分的温度,在稳态工况下,堆容器上顶盖的温度为 196～228 ℃,上堆舱内空气平均温度为 61 ℃,电机罩内气体平均温度为 89 ℃,满足设计和试验要求。

10.4.3　预热分析

　　堆芯预热利用堆芯电加热器预热,为堆芯装载高温熔盐做准备。堆芯预热时,堆芯充满氩气,利用高温的堆芯电加热器通过辐射换热和堆芯内结构部件的热传导预热堆芯内各结构部件,直至堆芯内各结构部件温度升至 500～550 ℃(FLiNaK 的熔点为 454 ℃)。

　　堆芯预热时,堆芯电加热器不超过 750 ℃,堆芯的预热功率为堆芯电加热器的加热功率。堆芯电加热器对堆芯内各结构部件加热的同时,堆容器也向堆舱漏热。堆芯电加热器对堆芯内各结构部件加热的同时,堆容器也向堆舱漏热。堆芯电加热器加热功率和堆容器漏热均随着预热时间和堆内结构部件的温度变化而变化。堆容器侧边及上腔室顶板温度随时间变化见图 10‑9。

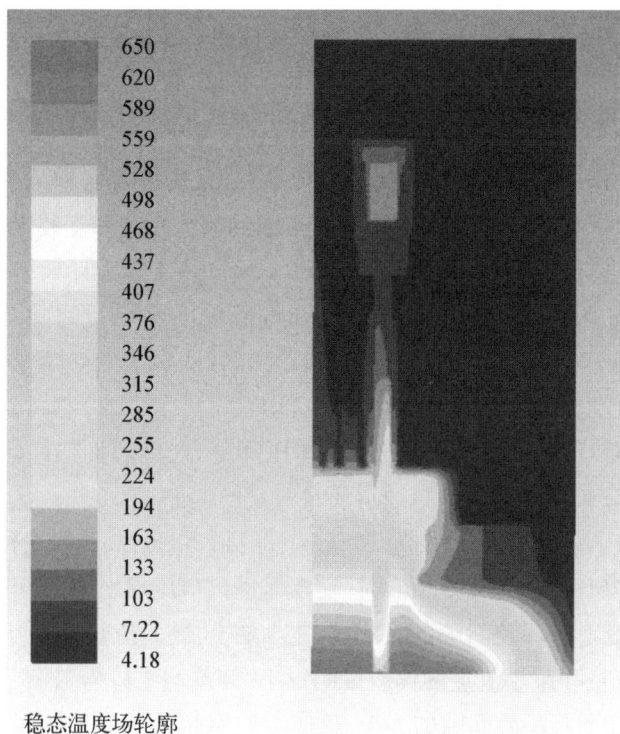

稳态温度场轮廓

图 10-8　整体温度场分布

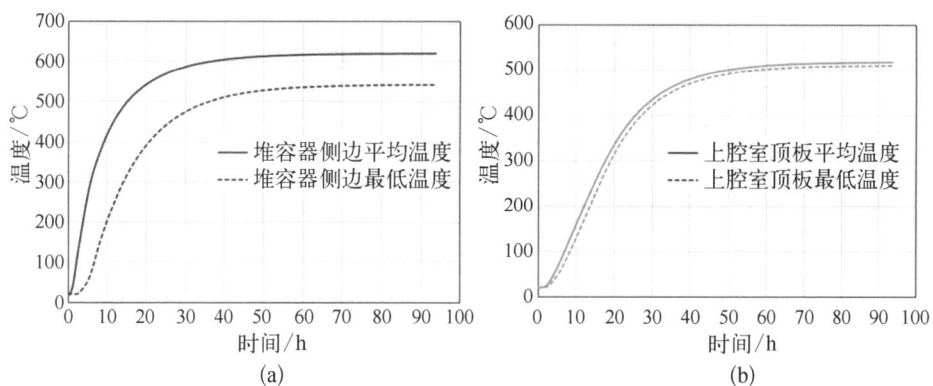

(a)　　　　　　　　　　　　(b)

图 10-9　堆容器及上腔室顶板温度随时间的变化

（a）堆容器侧边温度；（b）上腔室顶板温度

50 小时后,系统达到准稳态,堆本体内熔盐相关边界最低温度超过 500 ℃。堆芯预热达到准稳态时,堆芯加热器功率和堆容器漏热量基本相同。

10.4.4 设计不确定度分析

根据 TMSR-SF0 堆本体主要结构参数,反应堆容器和堆芯围筒形成下降环腔,导致熔盐流动间隙为 20 mm。考虑到制造工艺和安装误差,需要对下降环腔间隙进行不确定分析,评估 TMSR-SF0 热工水力计算结果的包容性。

在进行下降环腔间隙不确定分析时,假设下降环腔间隙分别为 5 cm、10 cm、15 cm 和 20 mm。熔盐介质为 FLiNaK,堆本体入口流量为 3.9 kg/s,入口温度为 600 ℃,加热区总功率为 400 kW。

改变下降环腔间隙的大小对堆本体压降分布、堆芯加热区流量分布及堆芯熔盐温度分布及加热区熔盐通道质量流量影响如下:

(1)当下降环腔间隙分别为 10 mm、15 mm 和 20 mm 时,进出口压损变化不大。当下降环腔间隙为 5 mm 时,堆本体进出口压损增大为原先的 2 倍。

(2)改变下降环腔间隙的大小,堆芯加热区最大流量和最小流量改变不大,对最大流量和最小流量的偏差影响很小,偏差均维持为 1.7%～1.8%。

(3)改变下降环腔间隙的大小,反应上腔室熔盐平均温度未改变,对堆芯加热区熔盐最高温度影响为 2～4 ℃。

(4)当下降环腔间隙分别为 10 mm、15 mm 和 20 mm 时,堆芯加热区熔盐通道质量流量呈轴对称分布,堆芯加热区熔盐通道流量偏差很小;当下降环腔间隙为 5 mm 时,堆芯加热区熔盐通道质量流量出现不对称性。

为保证堆芯加热区熔盐通道的流量均匀性,堆芯加热区金属部件及相关堆内构件温度不出现超限,需对堆芯加热区熔盐通道进行流量分配设计。根据 TMSR-SF0 堆本体主要结构参数,下腔室区域高度为 200 mm。改变下腔室高度,对流量分配结果的影响进行分析,评估该结构参数对 TMSR-SF0 热工水力计算结果的包容性。

假设反应堆下腔室高度分别为 120 mm、150 mm、180 mm、200 mm 和 250 mm,熔盐介质为 FLiNaK,堆本体入口流量为 3.9 kg/s,入口温度为 600 ℃,加热区总功率为 400 kW。得到堆本体压降分布、堆芯加热区流量分布及堆芯熔盐温度分布敏感性如下:

(1)改变下腔室高度的大小,不影响熔盐通过堆芯加热区的压损大小,堆本体进出口压损改变很小。

（2）改变下腔室高度的大小，堆芯加热区最大流量和最小流量改变不大，对最大流量和最小流量的偏差影响很小，偏差均维持在 1.8%～2.3%。

（3）改变下腔室高度，反应上腔室熔盐平均温度均未改变，对堆芯加热区熔盐最高温度影响为 1～3 ℃。

（4）当下腔室高度分别为 120 mm、150 mm、180 mm 和 200 mm 时，堆芯加热区熔盐通道质量流量呈轴对称分布；当下腔室高度为 250 mm 时，堆芯加热区熔盐通道质量流量出现不对称性。

针对冷却剂物性进行不确定分析时，改变冷却剂的密度、比热容、导热系数和黏度系数，对堆本体流场和温度场进行分析，评估冷却剂物性对 TMSR - SF0 热工水力计算结果的包容性。分析得到冷却剂物性不确定性对堆本体压降分布与堆芯熔盐温度分布的影响如下：

（1）改变熔盐的比热容和导热系数大小，不改变堆本体各个区域压降分布。

（2）改变熔盐的黏度系数大小，不改变堆本体各个区域熔盐温度分布。

（3）比热容不确定度为 −10% 时，堆芯加热区熔盐最高温度增加 2 ℃，上腔室平均温度增加 6 ℃，堆本体出口温度增加 5 ℃；当比热容不确定度为 −20% 时，则堆芯加热区熔盐最高温度增加 4 ℃，上腔室平均温度增加 14 ℃，堆本体出口温度增加 14 ℃。

（4）导热系数不确定度为 −10% 时，则堆芯加热区熔盐最高温度增加 6 ℃；当导热系数不确定度为 −20% 时，则堆芯加热区熔盐最高温度增加 14 ℃。

10.5 系统与设备

TMSR - SF0 由上海应用物理研究所自主设计，主要用于开展钍基熔盐实验堆的验证实验研究。项目研制过程中，通过与国内装备生产厂家联合，形成主要装备的突破，推动钍基熔盐堆装备国产化，主要装备与关键材料国产化率（按价值）不低于 90%，为未来熔盐堆的商业化推广及熔盐堆装备产业化奠定技术基础。

缩比仿真堆由如下系统构成：堆芯加热系统，堆本体系统，回路系统，回路（一、二回路），熔盐取样、净化与处理系统，堆舱及非能动余热排出系统，气路系统，仪控系统，其他辅助系统等。

10.5.1 堆本体系统

堆本体系统包括如下主要设备：反应堆容器、下腔室、堆芯石墨区、上腔室、保温层、上顶盖等。

反应堆容器采用内外同轴套筒结构，中间用金属围筒隔开。内筒包含石墨反射层、熔盐装料通道和熔盐冷却通道，以及管道型电加热系统等。外筒包围内筒，形成熔盐冷却剂的下腔环腔和上下腔室。缩比仿真堆堆本体采取一进一口，进口中心线与反应堆容器外侧面成 30°。上腔室内装有环状填充物，外径与外筒相接，上腔室填充体的内部置有两个以 180° 引出的出口管道，各自相对转过 90° 后汇合成一个出口从堆本体引出，垂直穿过反应堆容器。此布局有利于改善上腔室流场和整体流场的对称性。堆芯围筒采用 GH3535 合金制造，内径 890 mm，总高 1 330 mm，总重约为 960 kg，由堆芯圆筒、堆芯底板等结构组成。考虑到熔盐注入/排出管的焊接空间，堆芯圆筒分为上下两部分。堆芯围筒与压力容器的下腔环腔之间采用双道金属圈进行隔离。堆本体如图 10‑10 所示。

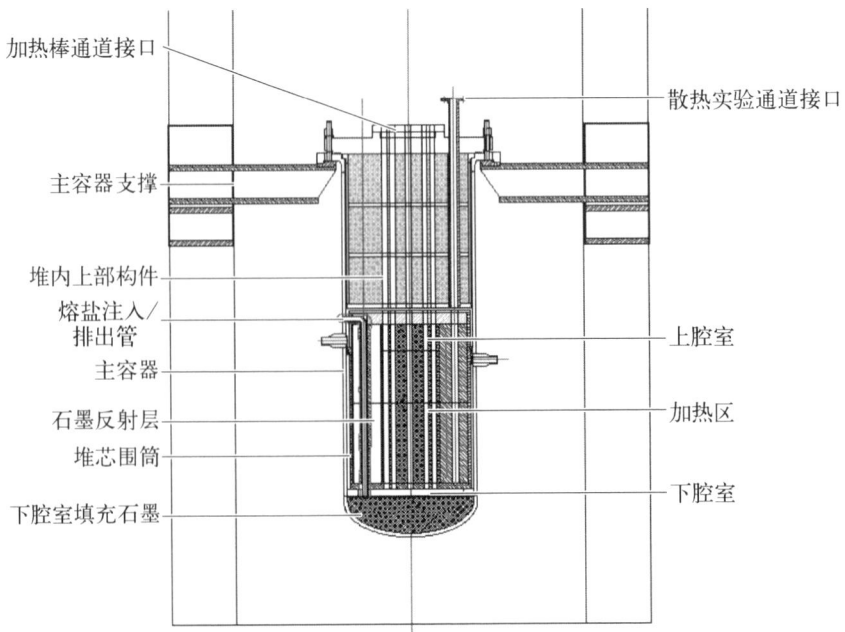

图 10‑10　缩比仿真堆堆本体三维模型

上密封盖和上法兰：堆本体顶部密封采用上密封盖和上法兰方式,上密封盖和上法兰材料为不锈钢 304LN,采用平法兰,双道金属密封。上密封盖布置上法兰贯穿件,分别为堆芯电加热棒束通道、控制棒模拟结构件通道、温度测量通道、堆芯液位监测通道和气路系统接入通道等。

石墨组件：堆芯石墨组件由加热区石墨构件和石墨反射层石墨构件组成。加热区石墨构件由两块 1/2 石墨块组装而成,每块石墨直径为 449 mm,每块高 1 200 mm,其中,两块石墨在顶部 200 mm 范围内设置有多孔结构,作为熔盐上腔室,混合从加热棒套管总流出的熔盐等。石墨反射层组件由两层石墨块堆砌而成,每层石墨共 8 块石墨块。石墨反射层总高为 1 200 mm,内径为 500 mm,外径为 880 mm。两层石墨块之间用石墨销、石墨键连接。

整个石墨堆芯由堆芯围筒承载,堆芯围筒上部有用于压紧石墨的钢板。堆芯的结构设计需要保证通过加热器的流量大于 95%,加工精度、安装精度与安装次序是其中的关键问题之一。在外部石墨区中开有两个通道,分别作为熔盐注入与排出通道和控制棒散热实验通道。此外,在外部石墨反射层中还有温度测量通道。

堆芯加热器：堆芯加热功率为 0~400 kW,共有 19 根管道式加热器,安装在有孔道的石墨中,可根据实验要求控制功率变化。

压紧装置：压紧装置用来稳定石墨反射层:一方面用于抵抗石墨的浮力(石墨的密度小于熔盐的密度);另一方面抵抗流质流动以及发生地震等因素时带来的振动影响。采用钢板组件来压紧石墨反射层能较好地实现上述要求。石墨压紧装置由两层钢板组成,上层钢板定位在堆芯围筒顶面,下层钢板按石墨块分块方式进行分割,每一块石墨对应一块钢板。石墨压紧装置总质量约为 519 kg。

堆内上部构件：堆内上部构件是指堆内压紧装置以上各部件,主要起着降低并稳定压力容器顶盖处温度,为散热实验装置提供中间导向作用。堆内上部构件的设计依据压力容器与堆顶各装置的接口关系,以及本身功能的界定。设计为保障主要功能的顺利实现考虑以下几方面:降低顶盖温度、提供中间导向作用;结构自身以及相应的安装、定位、调整等方面要求。堆内上部构件主要由金属吊篮和热屏结构等组成。

10.5.2　回路系统

缩比仿真堆回路系统的主要功能是通过回路将堆芯热量传导至最终热

阱,包括一回路和二回路。回路主要由熔盐泵、熔盐换热器、熔盐阀、管道、熔盐存储设备、回路保温和伴热等设备等组成。

冷却剂从反应堆主容器上筒体冷却剂入口流入,流入堆芯时在下降环腔中呈螺旋形下降,经过下腔室裙板后,冷却剂向上流经堆芯加热区,冷却剂在上腔室汇聚后,经两条对称分布的管路流出上腔室,在主容器上筒体冷却剂出口前汇聚成一条管路流出。

回路系统由一回路、二回路及熔盐装载排放系统构成,系统流程图如图10-11所示。一回路包括堆容器、循环泵、熔盐-熔盐换热器、熔盐阀、管路、支承件、伴热保温装置。二回路包括循环泵、熔盐-空气换热器、熔盐阀、管路、支承件、伴热保温装置。

循环泵是回路的关键设备,一、二回路泵均为立式悬臂液下离心泵。循环泵承担驱动整个熔盐回路熔盐循环的功能,同时可以兼顾液位测量和控制、调节熔盐热膨胀、熔盐样品采集、熔盐温度测量等附加功能。泵安装于回路系统的最高位,一回路泵的泵罐与堆芯为双液系统,主循环泵泵罐上方和堆芯上腔连通,并覆盖氩气,以保证泵罐、堆芯的压力平衡。泵罐的初始熔盐液位与堆芯液位平齐,泵启动后,泵罐液位将下降一定高度,与堆芯形成一定液位差,以弥补泵进口管道的压损。主循环泵外表面将敷设预热保温装置及保温层,以保持泵内熔盐温度。循环泵的结构如图10-12所示。

熔盐-熔盐换热器用于将一回路熔盐的热量传递给二回路熔盐。换热器设计以安全性和满足性能要求为前提,高效紧凑为目标。换热器与熔盐接触的材料采用哈氏N合金。熔盐-熔盐换热器为卧式设备,U形管式结构,壳体内采用单弓形折流板,平封头。图10-13为熔盐-熔盐换热器结构型式示意图。

空冷系统主要包括供风、预热及防冻堵措施等,用于仿真堆二回路370 kW熔盐-空气换热器的空气侧通风,实现将仿真堆的热能排放到大气中去。熔盐-空气换热器最高运行温度约为700 ℃,在不同堆功率工况下监控换热器的熔盐进出口温度,调节风量大小,通过熔盐-空气换热器进行散热,以达到堆芯换热功率平衡。空冷系统主要包括熔盐-空气换热器、预热保温(防冻堵)、主送风管路、小功率送风管路、混风管路。

空冷系统总体布置如图10-14所示,主要包括熔盐-空气换热器、预热保温(防冻堵)、主送风管路、小功率送风管路、混风管路。

熔盐-空气换热器采用列管式结构,换热器两管程,换热管采用蛇形管。换热管弯管形式与排列方式如图10-15所示。

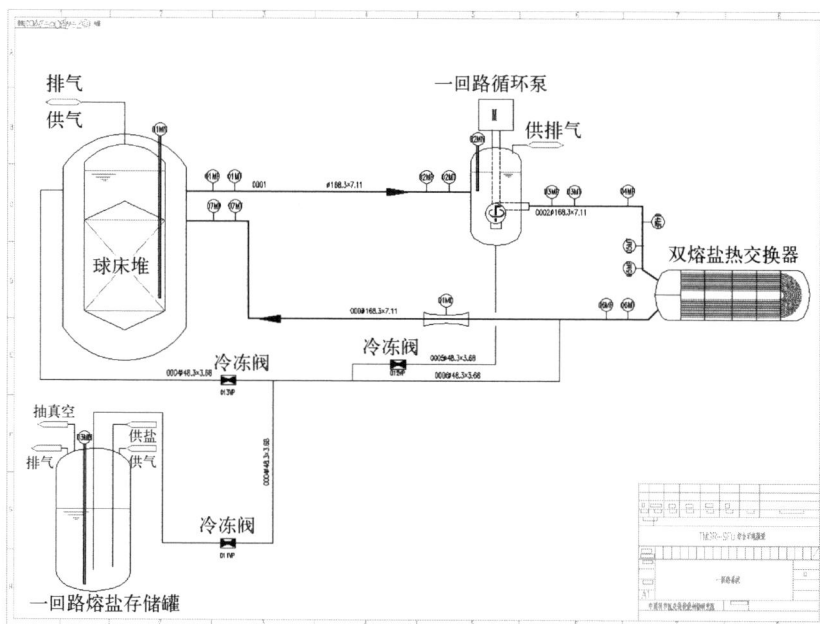

(a)

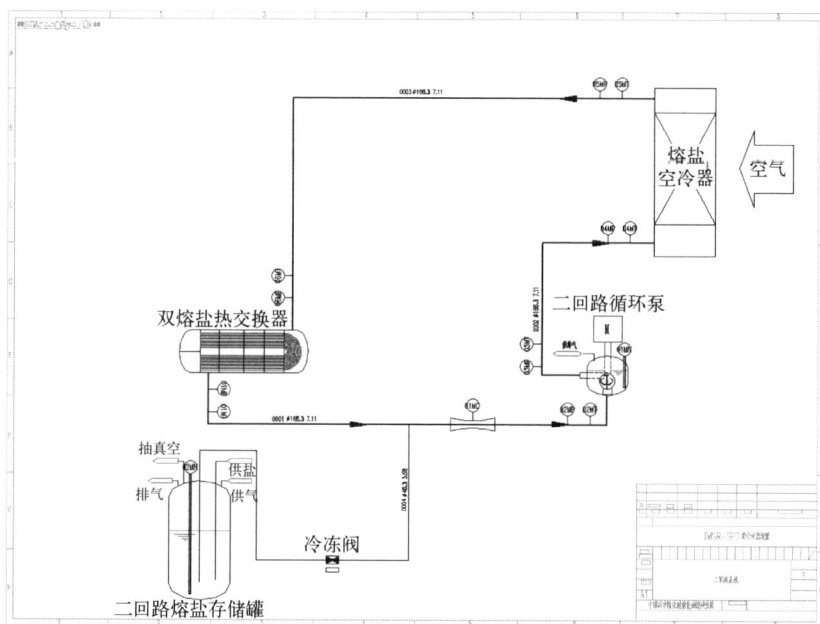

(b)

图 10‑11　回路系统流程图

（a）一回路系统流程图；（b）二回路系统流程图

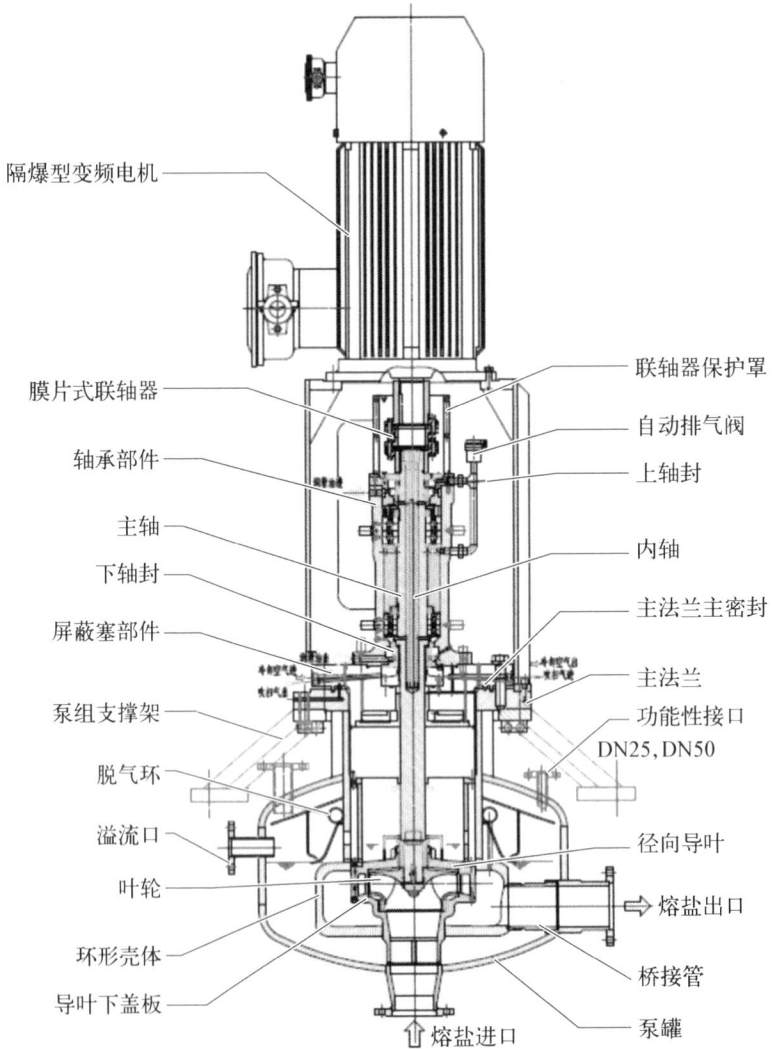

图 10－12　循环泵结构设计

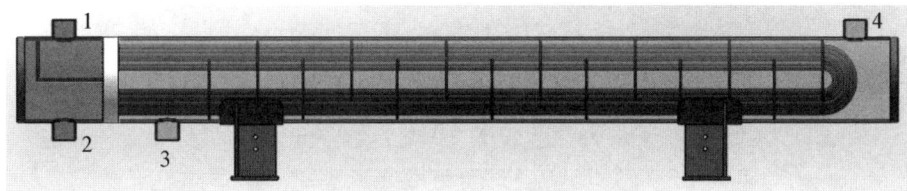

1——回路熔盐入口;2——回路熔盐出口;3—二回路熔盐出口;4—二回路熔盐入口。

图 10 - 13　熔盐-熔盐换热器结构型式示意图

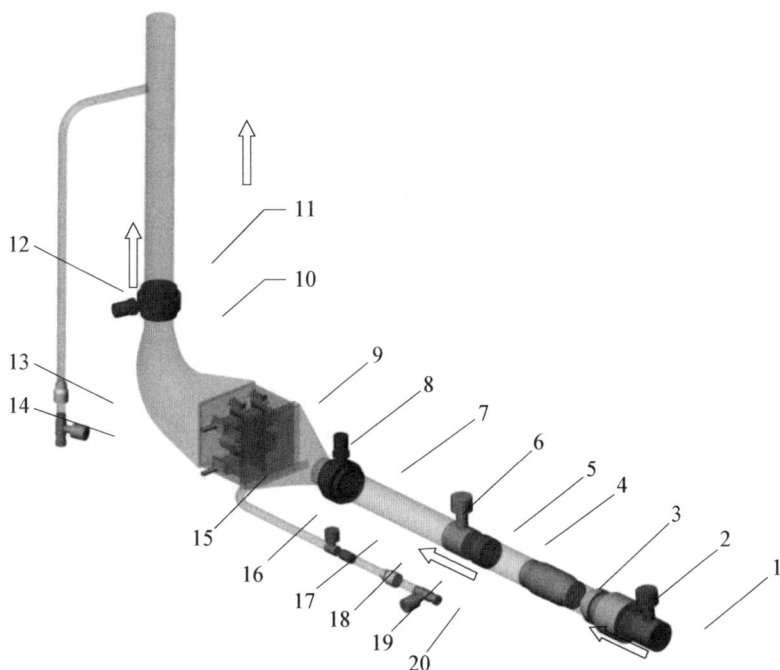

1—主切断调节阀;2—主风机;3—消声器;4—整流栅;5—主流量计;6—主风道;7—高温阀;8—过渡段;9—预热保温炉;10—高温阀;11—排风管;12—混风管;13—混风风机;14—混风切断阀;15—熔盐-空气换热器;16—次风道;17—次流量计;18—次整流栅;19—小功率风机;20—次切断阀。

图 10 - 14　熔盐-空气换热器设备总体布局图

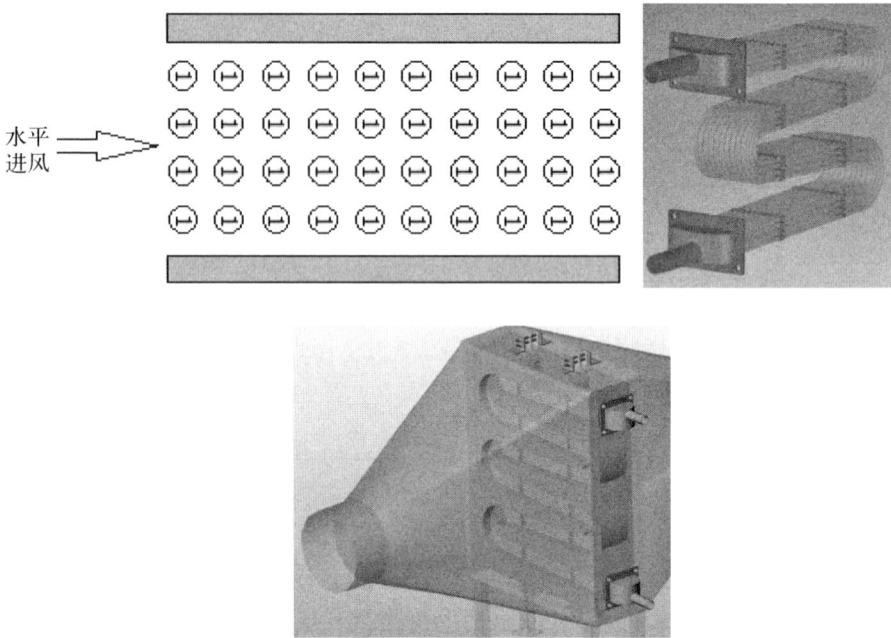

图 10 - 15　换热管排列结构及安装示意图

熔盐阀的设计包含了冷冻阀及机械截止阀。冷冻阀设置于一、二回路装载排放系统管道上,其功能是隔离一、二回路与其熔盐装载排放系统。一回路堆容器进出口安装有机械截止阀,以保证快速关闭,用于模拟堆芯失流等工况。

冷冻阀利用熔盐自身的"冷却-凝固/加热-熔融"原理,通过熔盐本身的重力、惯性以及流体自然对流、冷凝等原理来实现冷冻阀的开启与关闭。机械截止阀在回路中通过快速关闭以实现熔盐的隔离流动。

储罐的功能是储存一、二回路系统熔盐。

为防止熔盐冻堵,在熔盐加载之前,伴热保温系统需对系统进行预热。此外,在系统运行时,需对系统进行补热以平衡系统的漏热。加热装置采用陶瓷加热器方案,保温层采用硅酸铝材料的保温棉实现保温目的。

10.5.3　堆舱及非能动余热排出系统

缩比仿真堆的堆舱采用灵活设计,主选方案为钢结构＋保温层模式。下堆舱中有非能动余热排出系统,上堆舱使用灵活的钢板系统调节散热量。

下堆舱的非能动余热排出系统用于验证、研究事故情况下下堆舱的非能动余热排出系统的散热能力,总散热能力为 12.8 kW;上堆舱的钢板散热系统用于保证顶盖温度低于 320 ℃,保证上堆舱中的控制棒驱动机构等电器件处温度低于 150 ℃,最大散热能力为 5 kW。非能动余热排出系统是专设安全系统,也是核电站最重要的安全系统,属于反应堆保护系统。缩比仿真堆非能动余热排出系统主要是为了验证堆舱非能动余热排出系统的换热能力,以验证系统运行稳态设计参数为主,兼顾安全验证实验。

TMSR‑SF0 非能动余热排出系统中的余排换热装置采用环腔结构,共两台(各半个环腔)配 2 个进出风门及进出风管对应的 2 台排气塔。非能动余热排出系统在正常运行时,关闭部分出风门。在发生事故时,出风门采用非能动方式触发其启动,完全打开。

余排换热装置采用环腔结构,如图 10‑16 所示。通过堆容器和余排换热装置间的辐射、堆舱内空气的自然对流和导热,将热量传递到余排换热装置内墙,然后主要通过辐射传递部分到外墙,最后通过引入大气环境冷空气的自然循环将环腔内、外墙壁面的热量带走。余排换热装置环腔内为冷空气,堆舱内为热空气。考虑流场和工艺布局的影响,余排换热装置采用两台 180°环腔,组成 个整体环腔,进出风管采用错开 90°布局。

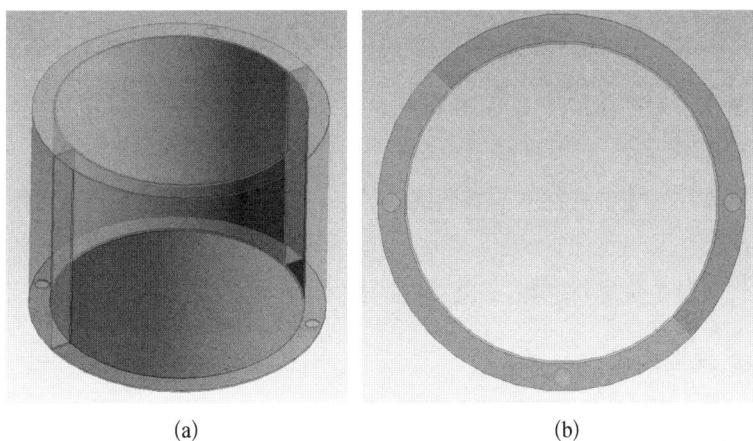

(a)　　　　　　　　　　　(b)

图 10‑16　余排换热装置示意图

(a) 侧视图;(b) 俯视图

10.5.4　气路系统

　　气路系统是缩比仿真堆辅助系统中的一个重要组成部分,承担着为熔盐物性稳定提供保护气,为熔盐转运输送提供动力气,模拟气态裂变产物去除及氚控制,为测量等系统提供工艺气等作用。系统流程如图 10-17 所示。

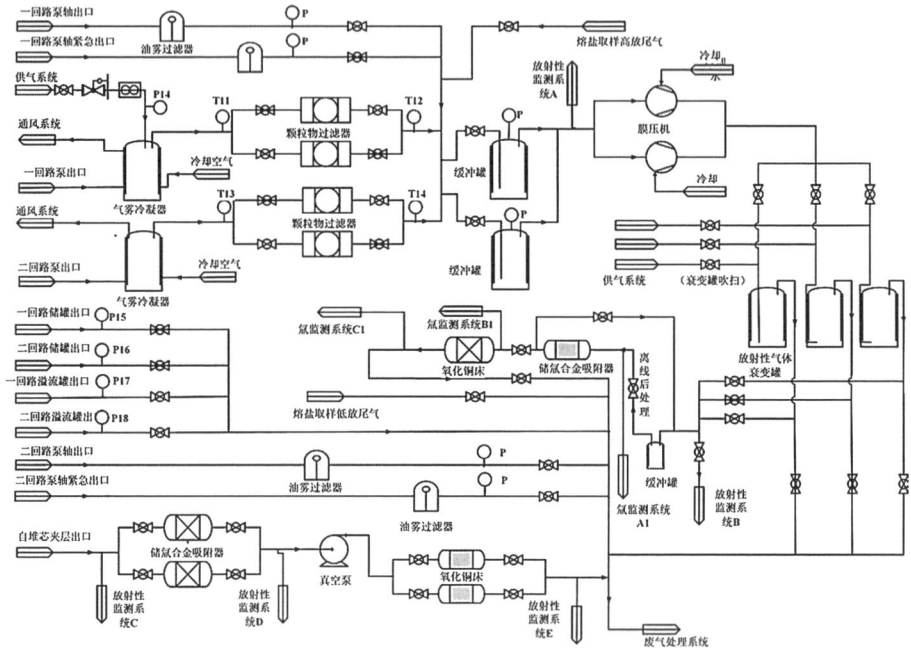

图 10-17　缩比仿真堆气路系统流程

　　气路系统主要由供气子系统、尾气处理子系统、气体稳压和超压保护系统、脱气子系统等构成。其主要实现如下功能:为熔盐提供合格的覆盖保护气体;使用气压方式实现熔盐在不同容器间的转运;对尾气进行净化处理;对覆盖气体进行稳压控制及超压保护;提供其他工艺过程要求的气体;回路及堆本体加料前使用热气体对系统进行吹扫,去除系统中的水、氧等杂质,满足加料要求。

10.5.5　仪控系统

　　TMSR-SF0 的测量主要是温度、流量、液位、压力以及功率等参数的测量,根据装置运行和实验的需要采集热工水力参数。控制系统主要是实现装置的运行控制、模拟反应堆运行和保护以及实现各种实验功能的控制。

仿真装置仪控系统的目标是验证 TMSR - SF1 仪控系统工程设计方案的可行性、可靠性,通过在仿真装置上的长期测试考验,获取仪表安装、调试、运行、维护、定期检定等工程经验。

仿真装置仪控系统的总体结构如图 10 - 18 所示。仿真装置仪控系统的总体结构采用数字化集散仪表控制(DCS)技术,控制系统的硬件平台采用 DCS 硬件以及服务器硬件平台,同时采用以 EPICS 作为控制系统的运行、数据显示、控制和监测系统平台。仪控系统按照 DCS 的标准架构分为三层:监控管理层、过程控制层和现场设备层。

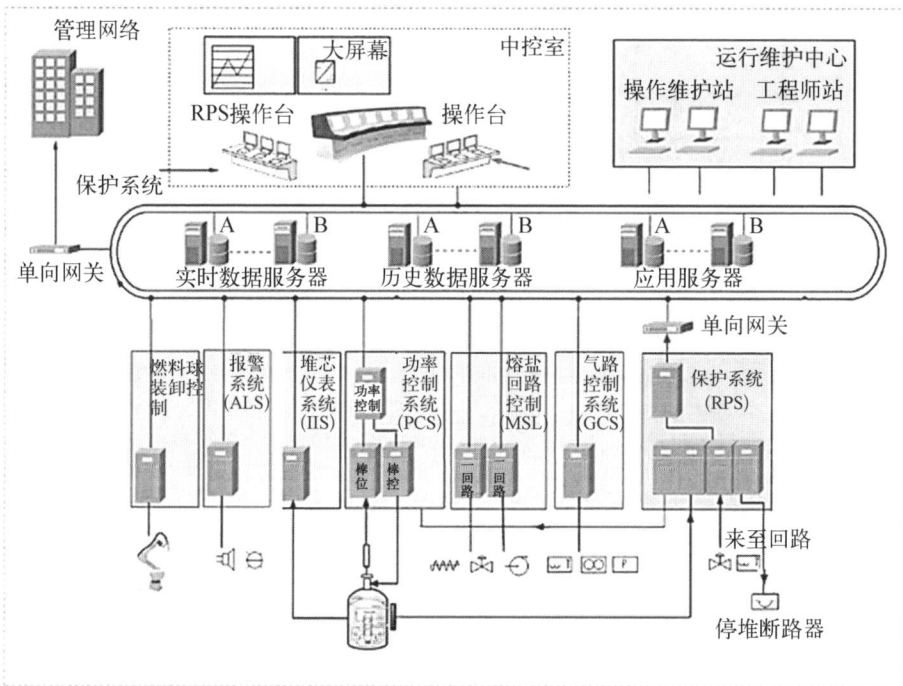

图 10 - 18　仿真装置仪控系统总体结构图

10.5.6　熔盐转运及采样系统

熔盐转运:熔盐制备每批次生产 120 kg 产品,生产 3 t 熔盐约需要 4 个月时间。熔盐转运罐设计容量为 1 m³ 左右,可暂存 1.5 t 熔盐。每批次生产的熔盐可暂存在转运罐中,累积达 1.5 t 以后转移至回路现场的熔盐储罐中。为了方便熔盐转运过程中的管道对接,熔盐转运罐可以通过轨道移动与生产装置或熔盐储罐对接。

在线取样与监测：为了对进堆后的熔盐质量进行监测，设计一套熔盐回路在线取样器，可在不破坏回路系统封闭性的前提下，进入高温熔盐环境内取出熔盐样品。取样胶囊通过传输管道进入熔盐液面以下，完成取样后在钢丝绳的拉力作用下通过传输管道移出系统。在线取样器结构如图 10 - 19 所示。

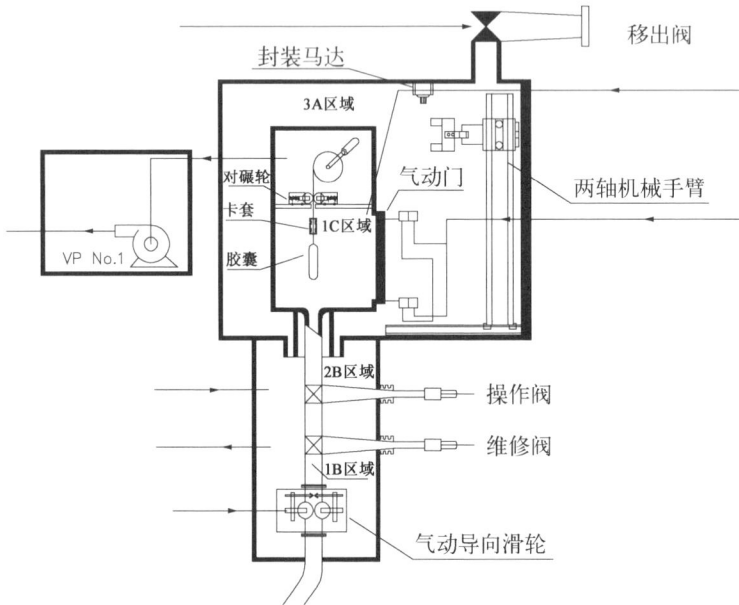

图 10 - 19　在线取样器结构

TMSR - SF0 主容器、主循环泵、熔盐-熔盐换热器、熔盐-空气换热器、冷冻阀、储罐等主工艺设备实物如图 10 - 20 所示。

<table>
<tr><td align="center">(a)</td><td align="center">(b)</td></tr>
</table>

图 10－20　TMSR－SF0 设备实物图

（a）主容器；（b）主循环泵；（c）熔盐-熔盐换热器；（d）储罐；（e）主容器支撑；（f）石墨构件；（g）堆舱；（h）非能动余排；（i）电源

10.6　调试与实验

仿真堆的部件和系统安装完毕后,便进入仿真堆调试阶段,在这个阶段要对部件和系统进行试验以确保其性能符合设计要求和满足性能标准。调试的过程包括从仿真堆安装完成到满功率运行过程中,为确保仿真堆满足设计参数和性能指标所进行的一系列活动。仿真堆的调试步骤如下:首先进行设备和部件的调试,之后进行系统联调,最后完成仿真堆的总体调试。仿真堆调试是验证仿真堆能够安全、可靠运行的过程。

10.6.1　系统调试

TMSR‒SF0 调试主要分为冷态调试、系统预热、熔盐装载、功率升降试验4 个阶段。

1) 冷态调试

冷态调试在安装阶段完成,主要开展设备和部件在常温下的调试。

2) 系统预热

系统预热的目的是对一、二回路系统进行预热,在预热过程中完成系统的预处理操作。同时,完成设备的热态调试,为熔盐装载做好准备。

该阶段涉及的主要工作包括:一、二回路系统预热及除水氧,在此过程中完成相关的试验测试,试验内容包括余热排出试验、测量系统热态试验、升温之后的结构应变测量试验、管道及设备位移监测试验。

(1) 通过对一回路储罐、泵罐、熔盐换热器、回路管道等设备伴热以及堆芯加热器启动加热,分阶段提升系统温度(针对主容器时则指其堆芯处外壁面温度)为 550 ℃,在此过程中保证系统升温速度不超过限值。同时,通过反复进行抽真空-充氩气置换的方式,保证一回路系统水氧含量达标($<100\times10^{-6}$)。

(2) 在不同温度阶段进行相应设备的热态调试(主要针对堆芯加热器、一回路设备、管道加热保温装置、熔盐取样装置)及相关测量仪表(热电偶、压力计、液位计)的校准。

(3) 升温过程中完成余热排出装置排热能力实验,主容器结构应变测量、回路系统设备及管道位移监测。

通过系统预热,验证了堆本体及一回路系统预热阶段调试满足设计要求。

(1) 堆芯加热器及回路加热装置可以长时间正常运行。

（2）预热温度可达到 550 ℃目标值。一、二回路系统设备及管道保温装置达到设计要求。550 ℃及以上温度时，系统内水氧含量值满足要求值（$<100\times10^{-6}$）。

（3）温度测量在预热阶段的响应符合预期。

（4）通过监测设备及管道在预热过程中的位移量变化，有效验证了有限元结构计算分析的可靠性和准确性。

（5）完成了堆容器壁面温度 400 ℃的非能动余热排出系统排热能力试验。

3）熔盐装载

熔盐装载的目的是完成一、二回路储罐熔盐转运及取样，一、二回路熔盐装载与排放，泵的首次启动和回路等温运行。

熔盐制备是分批次完成并转运至一、二回路储罐中。完成转运后，首先进行二回路熔盐装载，然后进行一回路熔盐装载。

装载熔盐之前检查并确认各监控温度，确认回路系统覆盖气压力保持微正压。通过逐步增加储罐覆盖气体压力，将熔盐从储罐压送至回路系统直至达到满足泵启动的泵罐液位。保持压力平衡，冻结冷冻阀，完成熔盐加载。

泵的首次启动需要满足泵启动条件，即泵罐液位达到启泵条件，温度不低于 550 ℃。开始进行点泵操作，然后逐步增加泵频至额定值。完成二回路熔盐装载后，二回路启泵并调节熔盐流量至 22 m³/h。完成一回路熔盐装载后，一回路启泵并调节熔盐流量至 15 m³/h。

完成泵启动之后，通过设置回路伴热温度为 550 ℃，调节堆芯加热器功率，使一回路 550 ℃等温运行，记录泵转速、堆芯上腔室和泵液位，超声波流量计流量。在开启余排系统后，通过提高回路伴热温度，调节堆芯加热器功率，使堆容器壁面温度稳定在 550 ℃，进行非能动余热排出能力验证试验。

通过熔盐装载调试，达到了调试目标，满足以下设计要求。

（1）完成规定熔盐总量的熔盐转运，熔盐储罐内熔盐样品的总氧含量满足要求。

（2）完成熔盐装载与排放，回路熔盐体积、储罐熔盐体积与设计值经过校准满足要求。

（3）泵正常启动，可以稳定在额定流量运行。

（4）系统可以稳定在 550 ℃运行，回路系统各点熔盐温度无明显不一致。

（5）实际运行参数与设计值比较是合理的，无根本性不一致。测量仪表经调整及修正后符合预期。

4）功率升降

功率升降试验的目的是分阶段提升仿真堆功率,实现 370 kW 满功率运行,堆芯出口燃料盐温度达到 650 ℃。

通过逐步提升堆芯加热器电流,然后根据熔盐温度启动空冷系统风机,再通过调节风机频率,使系统达到平衡。逐步建立起低功率至满功率的一系列功率台阶,最终达到 370 kW,见图 10-21。

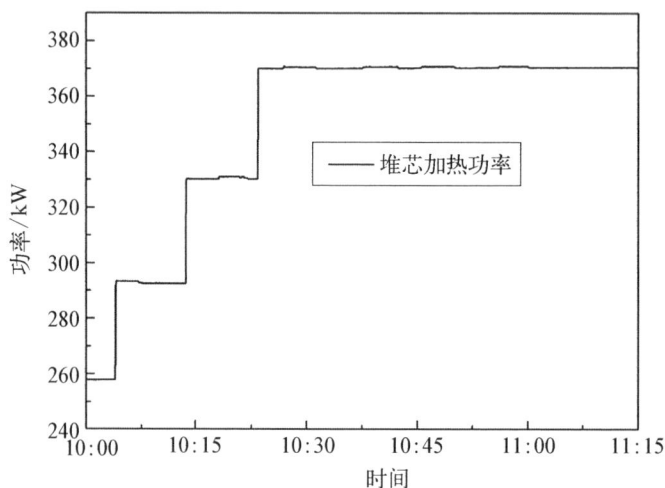

图 10-21　堆芯加热器功率

试验获得了不同功率台阶的稳态运行工况,对功率与风机负荷对应关系刻度化。根据堆芯进、出口熔盐温度,可以校核仿真堆的功率,考虑到系统漏热及温度测量误差,一回路系统的主要参数符合预期。

通过功率升降调试,完成了以下调试目标。

（1）仿真堆可以正常提升至满功率,仿真堆堆芯出口熔盐温度可以稳定在 650 ℃。

（2）通过试验获取了仿真堆加热功率与风机负荷的对应关系,运行参数与设计值无根本性不一致。

10.6.2　非能动余热排出系统排热能力验证试验

非能动余热排出系统属于专设安全系统,是核电站最重要的安全系统。非能动余热排出系统是 TMSR-LF1 反应堆设计基准事故的安全保护和缓解措施,余热排出能力的可靠性需满足专设安全设施的要求。为了验证非能动余热排出系统的排热能力,基于缩比仿真堆试验台架,进行了系统排热能力试验。

非能动余热排出系统设计中,堆芯内热量主要通过堆容器壁面热辐射等传递给布置在堆舱内的余排换热装置,堆容器壁面温度对系统排热能力影响很大。排热能力验证试验中,通过加热棒模拟堆芯加热功率,获得了多个堆容器壁温下的余热排出系统排热能力数据,验证了系统的排热能力。

非能动余热排出系统的系统设备和余热排出能力的可靠性需满足专设安全设施的要求,其有效排热能力必须经过试验验证以确认其可靠性。仿真堆非能动余热排出系统排热能力验证试验的目的如下:

(1) 验证非能动余热排出系统空气自然循环设计结构下的排热过程;

(2) 验证非能动余热排出系统的排热能力,对非能动余热排出系统的设计及其方法进行试验验证,为实验堆许可证的获取提供试验依据。

在非能动余热排出系统排热能力验证中,利用堆芯加热装置将堆芯加热到目标温度,加热装置恒功率加热使系统处于热平衡状态;测量加热器壁面、内部石墨、堆容器、保温层、堆舱外壁及空气温度,加热器功率;测量堆容器壁面温度、余排换热装置壁面温度、余热排出系统空气流量及出入口空气温度、进出口压差。由余热排出装置进出口空气温度及空气流量可得到非能动余热排出系统排热量,通过对比不同壁面温度下设计与试验的余排排热量可验证非能动余热排出系统设计排热能力。

在非能动余热排出能力测量试验过程中,利用进出口温差及流量可获得非能动余热排出系统的排热量。具体试验可分为系统阻力试验与排热能力验证。

1) 系统阻力试验

在稳态工况下,通过调整变频风机频率测量不同流速下的管道压降变化得到管道阻力系数。

西侧非能动余热排出系统进风管上装有变频风机。在常温条件下,通过调整风机频率,在不同空气流速下测量空气管道内的流速与进出口压差。具体试验工况见表 10‑12。

表 10‑12　系统阻力试验工况

工况	工况一	工况二	工况三	工况四	工况五	工况六	工况七	工况八	工况九	工况十
风机频率/Hz	5	8	10	12	14	15	20	30	40	45

非能动余热排出系统排热能力试验完成了系统阻力试验与排热能力验证试验。系统阻力试验中,通过调整支路风机频率获得了不同流量下的压差和系统阻力参数。

各工况下试验结果见表 10-13。

表 10-13 系统阻力试验数据

工　况	风机频率/Hz	流量/(m³/h)	压差 1/Pa	压差 2/Pa
工况一	5	44.6±1.93	34.12±0.73	38.00±0.71
工况二	8	75.04±0.91	81.38±1.24	84.20±1.04
工况三	10	92.18±1.18	122.69±1.34	126.44±1.45
工况四	12	106.75±3.75	174.93±2.03	178.85±2.09
工况五	14	131.17±2.05	—	238.44±2.52
工况六	15	140.64±2.00	—	271.50±2.95
工况七	20	191.17±2.45	—	474.08±5.11
工况八	30	276.00±6.41	—	1 046.40±11.43
工况九	40	374.27±6.24	—	1 838.41±19.42
工况十	45	411.64±8.47	—	2 302.62±23.67

2) 排热能力验证试验

通过测量不同堆容器壁面温度下的空气流速及出入口温度计算得到排热能力。在加热功率恒定的情况下试验台架系统达到热平衡状态,通过测量加热功率以及台架各部分温度,获得系统漏热情况以及各部分导热系数值,通过测量不同工况下的流速及出入口温度得到排热能力。具体试验工况见表 10-14。

表 10-14 排热能力试验工况

工　况	反应堆容器壁面温度/℃
工况一	550
工况二	570
工况三	600

试验中,通过调整堆芯加热棒电流使加热功率与散热功率达到热平衡。试验中主要关注的参数状态有加热功率恒定(控制加热棒电流保持不变),系统达到长时间稳态(堆容器壁温度参数 6 小时内变化量小于 2 ℃,流量参数 6 小时内变化量小于 5 m³/h)。

试验中需要测量的主要有:进出口空气温度,空气流量及进出口空气压差,堆容器、堆舱温度。温度测点布置于下堆舱及非能动余热排出系统进出风管、换热装置等各部分,共计 74 个。流量测点布置在非能动余热排出风管及进风管上,共 2 个。压差测点位于进风管与出风管处。

各工况下试验数据取时间平均值,误差包括统计误差与测量误差。试验中,空气自然循环流量、进出风口压差和排气塔空气出口温度可直接测量得到。非能动余热排出系统排热量可由直接测量的空气自然循环流量和空气进出口温度求得,堆容器壁面温度取暴露在堆舱内所有堆容器温度测点的平均值。不同工况下堆容器壁面温度及系统排热量见表 10 - 15。

表 10 - 15　不同工况下堆容器壁面温度及系统排热量

工　况	堆容器壁面温度/℃	系统排热量/W	
工况一	544.20±2.93	排热量-东	8 137.45±116.70
		排热量-西	8 174.51±118.72
工况二	563.87±2.90	排热量-东	8 496.64±123.55
		排热量-西	8 599.86±123.90
工况三	596.39±2.75	排热量-东	9 124.83±136.73
		排热量-西	9 160.02±136.35

对比试验结果与理论计算结果,并对 TMSR - LF1 非能动余热排出系统进行分析,有以下结论。

(1) 系统传热量、水力计算、堆舱传热、换热装置换热过程物理模型与参数选择合适,试验结果与理论最佳估算计算结果吻合较好,各主要参数偏差都在 5% 以内。

(2) 非能动余热排出系统模拟试验装置设计中,采用了保守假设。根据保守假设进行系统设计,实际排热能力高于需求排热能力(600 ℃壁温下试验值为 9.1 kW,保守估算值为 6.8 kW,550 ℃壁温下试验值为 8.2 kW,保守估算值为 5.8 kW)。

(3) TMSR - LF1 与模拟试验装置设计采用了与 TMSR - SF0 同样的设计方法,根据分析结果:600 ℃壁温下,保守假设值为 62.2 kW,最佳估算值为 67.4 kW,满足系统需要的排热能力——40 kW(2%全功率)的功能要求,且有足够的裕量。

10.6.3 熔盐换热器换热性能验证试验

熔盐换热器换热性能验证试验目的如下:

(1) 验证 TMSR - SF0 熔盐-熔盐换热器的换热和流动阻力性能;

(2) 掌握熔盐在传热管内和壳侧的对流传热和流道阻力规律,了解影响传热系数和摩擦阻力系数的因素;

(3) 把测得的数据整理成准则数方程,并与传统经验公式进行对比;

(4) 验证熔盐-熔盐换热器的漏热情况。

调试期间达到的平衡稳定工况(平衡运行维持时间 2 h 以上)共八个。

根据测得的熔盐-熔盐换热器、熔盐-空气换热器两侧流体的体积流量和进出口温度差,可分别求得冷热两侧流体的换热量与总换热系数。

在一、二回路等温运行的工况一～工况五中,二回路熔盐进出口温度始终存在约 2 ℃的温差,初步判断为传感器未校准所致,因此热平衡分析中应予以扣除。

存在热交换的工况六～工况八,熔盐-熔盐换热器的热平衡分析结果如表 10 - 16 所示。存在热交换的工况六～工况八,熔盐-空气换热器的热平衡分析结果如表 10 - 17 所示。

表 10 - 16　熔盐-熔盐换热器热平衡分析结果

参数名称	工况六		工况七		工况八	
热工参数	管侧	壳侧	管侧	壳侧	管侧	壳侧
进口温度/℃	597.73	556.93	641.37	556.20	648.73	564.53
出口温度/℃	584.82	564.15	613.73	570.26	621.10	578.60
体积流量/(m³/h)	10.43	22.92	10.45	22.87	10.5	22.68

（续表）

换热功率/kW	144.67	129.78	306.81	298.93	307.45	295.93
管/壳功率偏差/%	10.3		2.6		3.7	

表 10－17　熔盐-空气换热器热平衡分析结果

工况名称	六		七		八	
热工参数	管侧	壳侧	管侧	壳侧	管侧	壳侧
进口温度/℃	564.15	9.81	570.26	9.02	578.60	16.07
出口温度/℃	556.93	232.34	556.20	148.64	564.53	159.64
体积流量/(m³/h)	22.92	1 368.1	22.87	5 193.74	22.68	5 316.08
换热功率/kW	129.78	105.14	298.93	250.11	295.93	257.41
管/壳功率偏差/%	19.0		16.3		13.0	

在熔盐-熔盐换热器的管程与壳的热平衡试验结果中,偏差最大10.3%,最小2.6%;总传热系数的试验值与理论值符合较好,误差最大6.9%,最小4.9%。熔盐-空气换热器的管程与壳的热平衡试验结果中,熔盐输入的热量比空气带走的热量总体上高13%以上,造成偏差的主要原因可能是换热器漏热;总传热系数的试验值与理论值误差最小3.7%,最大−7.4%。

缩比仿真堆顺利完成了主要建设内容,为实验堆的关键技术和设备提供整体工程验证平台,为实验堆的设计、建设、运行和维护提供必要的经验。

建造完成之后,仿真堆按照调试大纲和调试计划完成了相应的调试,验证了设备及系统性能符合设计要求和满足性能标准,验证了仿真堆可以安全、可靠地运行,为后续实验堆的调试提供了重要的经验和预演。实现了主要技术指标。

通过开展非能动余热排出系统排热能力验证试验,完成了系统阻力试验与排热能力验证试验,获得了余排换热装置排热量。试验结果说明,系统传热量、水力计算、堆舱传热、换热装置换热过程物理模型与参数选择合适。将试验结果应用于实验堆可以得出,在600℃壁温下满足系统需要的排热能力,且有足够的裕量。

通过开展熔盐换热器换热性能验证试验,理论结果与试验结果吻合较好。总传热系数的试验值总体上比理论值大,误差最小—1.6%,最大—10.0%,采用理论传热经验关系式计算出来的换热系数偏小,设计出来的换热面积比实际需要的大,因此设计是保守的。管程熔盐压力损失试验值与采用经典经验关系式计算的理论值吻合较好,表明采用经典经验关系式进行换热器压力损失设计是合适的。在熔盐-空气换热器结构型式上,实验堆与 TMSR - SF0 具有相同的结构,并采用与上述理论计算相同的设计方法,实验堆熔盐-空气换热器的设计裕量为 15%,满足实验堆的换热能力要求,并具有一定裕量。

TMSR - SF0 的安装、调试、试验过程为实验堆的安装和调试进行了预演,积累了经验,有效测试了系统和设备的可靠性,培训了一批实验堆运行和维护人员;验证了实验堆的热工水力设计和安全性,验证设计分析程序的适用性,支持实验堆许可证的获得。

TMSR - SF0 对未来 TMSR 反应堆的发展可以提供以下经验:

(1) TMSR - SF0 可以为实验堆的安装调试进行预演和积累直接经验,掌握运行规律和运行条件,测试系统和设备的可靠性,培训实验堆运行和维护人员;

(2) TMSR - SF0 是熔盐堆热工水力整体效应实验台架,可模拟研究反应堆启动、稳态运行和正常停堆过程中设备、系统和整体热工水力特性;

(3) TMSR - SF0 通过人为设置,可以开展热安全验证实验,模拟测试实验堆在各种事故和紧急停堆下的反应堆各设备、系统和整体的热工水力瞬态响应和后续发展,对诊断实验堆设备故障、制定事故应急预案具有重要作用;

(4) TMSR - SF0 为未来熔盐堆设计的热工水力特性实验研究和安全验证提供了可能,如余热排出方案设计、不同冷却剂熔盐等;

(5) TMSR - SF0 是一个天然的设备考验平台,可以进行各种工况下的关键设备的考验,为反应堆系统的关键设备提供考验数据。

参考文献

[1] US Nuclear Regulatory Commission. Transient and accident analysis methods,RG 1. 203[R]. Washington:US Nuclear Regulatory Commission,2005.

[2] 国家核安全局. 核动力厂安全分析用计算机软件开发与应用[R]. 北京:国家核安全局,2017.

[3] D'Auria F, Galassi G M. Scaling in nuclear reactor system thermal-hydraulics[J].

Nuclear Engineering and Design，2010，240(10)：3267 - 3293.

[4]　Frepoli C. Scaling analysis of thermal-hydraulic integral systems：insights from practical applications and recent advancements[J]. Nuclear Science and Engineering，2020，1：1 - 8.

[5]　Martin R P，Frepoli C. Design-basis accident analysis methods for light-water nuclear power plants[M]. Hackensack：World Scientific Publishing，2019.

[6]　房芳芳,常华健,秦本科.核反应堆试验台架比例分析方法的发展和应用[J].原子能科学技术,2012,46(6)：658 - 664.

[7]　Jose N，Reyes J. The dynamical system scalingmethodology[C]//NURETH - 16，Chicago：IL，2015：177 - 191.

[8]　Zuber N，Wilson G E，Ishii M，et al. An integrated structure and scaling methodology for severe accident technical issue resolution：development of methodology[J]. Nuclear Engineering and Design，1998，186(1/2)：1 - 21.

[9]　严春.先进反应堆非能动余热排出系统设计[D].哈尔滨：哈尔滨工程大学,2010.

[10]　Juhn P E，Kupitz J，Cleveland J. IAEA activities on passive safetyand overview of international development[J]. Nuclear Engineering and Design，2010，201(1)：41 - 59.

[11]　宋绍闯.熔盐堆非能动余热排出系统热工水力特性实验研究[D].哈尔滨：哈尔滨工程大学,2016.

第 11 章

钍铀循环物理

钍作为可替代铀的核资源,在我国储量高达数千万吨,可为我国提供上万年的能源供应,开发钍基核能具有非常重要的战略意义。钍基燃料具有高钍-232/铀-233 转换效率、全中子能谱下可增殖、高放射性核素产量低等优点,但也需解决易裂变核素铀-233 来源、强 γ 辐射导致的乏燃料处理、钍铀转化中间核镤-233 由于中子吸收造成的铀-233 产量损失等问题。作为唯一一种采用液态形式燃料的第四代先进反应堆,熔盐堆非常适合与干法在线分离技术结合,有望实现全闭钍铀燃料循环下的钍高效利用。本章围绕钍铀循环物理,深入阐述了燃料循环运行模式、钍资源储量与获取及钍铀循环特性,并结合国内外钍铀循环发展历史与现状,对比分析轻水堆、重水堆、熔盐堆等多种堆型钍铀循环优势、挑战及存在的科学问题,最后对我国熔盐堆钍铀循环取得的进展进行系统介绍。

11.1 核燃料循环

核燃料循环是指核燃料从矿产开采到核废物最终处置的全周期过程,以燃料入堆为边界划分为前道、反应堆运行及后道[1],图 11-1 为传统反应堆完备的核燃料循环示意图。

核燃料循环前道包括铀/钍矿开采、矿石加工冶炼、化学形态转化、富集纯化及燃料元件加工制造等流程,为核动力反应堆运行提供符合要求的各类核燃料元件,如金属(或合金)元件、烧结氧化铀陶瓷元件及铀钚混合氧化物(MOX)陶瓷元件等。核燃料循环反应堆运行阶段主要指民用核电厂的电力生产,依靠核燃料元件在反应堆堆芯中发生中子裂变链式反应消耗铀或钚等易裂变核素并释放能量。核燃料在核反应堆堆芯中达到预定的燃耗后,从反

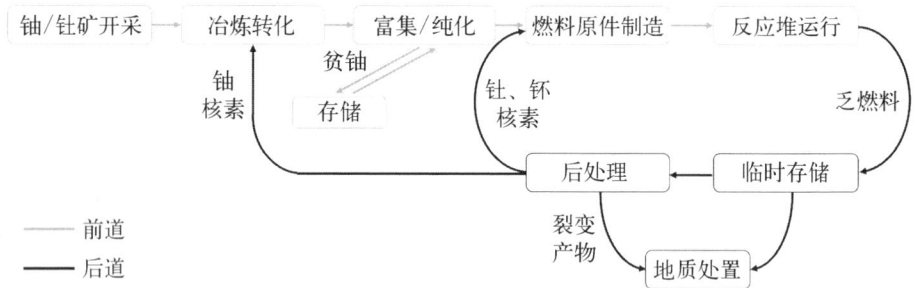

图 11-1　核燃料循环示意图

应堆中卸出,即为乏燃料。核燃料循环后道涉及乏燃料临时储存、乏燃料后处理、放射性废物处理和处置等过程。临时储存的乏燃料根据需求可选择直接地质处置,也可运送至后处理厂进行处理。

核燃料循环从燃料种类上可分为铀钚燃料循环和钍铀燃料循环[2]。铀钚燃料循环是目前在运核电机组采用的主流循环模式,以自然界唯一存在的易裂变核素铀-235 作为点火燃料提供中子,增殖核素铀-238 俘获中子转换为易裂变核素钚-239,钚-239 再与中子发生链式裂变反应后产生核裂变能。钍铀循环是指由增殖核素钍-232 俘获中子生成易裂变核铀-233,然后发生核链式裂变反应产生核裂变能。由于历史原因,目前钍铀燃料循环尚处于研发阶段。

从运行模式上,核燃料循环可分为开环、改进开环和全闭循环,如图 11-2所示。核燃料开环模式又称一次通过循环模式,即所有的核燃料在堆内只燃烧一次,出堆后的乏燃料经冷却后,作为核废料直接运送至地质处置场进行可取回或不可取回式的"最终处置"。核燃料一次通过循环模式是最为简单的循环方案,技术成熟度高,在铀价较低的情况下最为经济,也有利于防止核扩散。但一次通过循环模式存在核资源利用率低等问题,铀资源利用率仅在 $0.6\%\sim0.8\%$[3],而乏燃料中约占 96% 的铀和钚被当作核废物直接处置,既造成严重的核资源浪费,又导致放射性核废料的处置量非常大。按全世界目前的核电站乏燃料卸出量(2023 年世界装机容量为 377 GW,乏燃料产生量 25~30 t/(GW·a),总计约 1×10^4 t/a)估算,一次通过循环模式每 6~7 年就需建造一座规模相当于美国尤卡山(设计库容为 7×10^4 t)的地质处置库。此外,乏燃料中长放射性毒性放射性核素占比高,需要十万年以上衰变才可降至天然铀矿放射性水平,如此漫长的核废料处置时间将带来诸多不可预见的不利后果,对环境安全构成长期威胁。

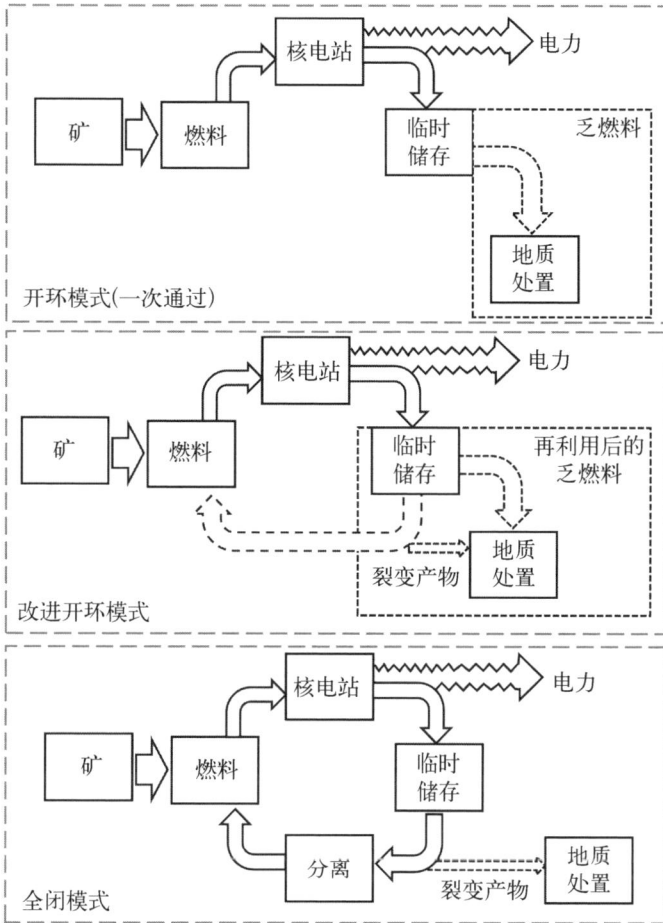

图 11－2　核燃料循环运行模式

　　改进开环循环模式是介于一次通过和全闭式循环之间的一种过渡模式，指从反应堆中卸出的乏燃料经过一次或多次后处理重复利用，在一定程度上提高了燃料利用率，减少了放射性核废物的产生量，降低了对环境的影响。但改进开环循环模式涉及燃料原件破解、燃料后处理以及高放射性燃料元件再制备等流程，导致技术难度及成本增加，同时也增加了核扩散的风险，目前仅有少数核能发达国家如美国、法国、俄罗斯、中国等具备乏燃料后处理和实现改进开环的能力。

　　全闭式循环模式是指将辐照后的核燃料进行后处理，分离回收乏燃料中的可利用燃料返回反应堆重复利用，乏燃料中的所有长寿命核素进入快堆嬗变实现彻底"销毁"，核燃料的利用率理论上可高达 100%。因此，全闭式循环模式可解决核裂变能可持续发展面临的核资源利用最大化与核废物排放最小化的两大难题。但要实现全闭式循环,除需解决后处理及高放射性燃料原件制备面临的技术难题外,还需考虑热堆-快堆燃料循环之间的匹配问题,目前尚处于研发阶段。

11.2 钍资源储量及获取

钍在地壳中的平均储量大约为铀的 3～4 倍[4],化学性质与镧系元素相同,因此钍极少以独立矿物存在,大部分与稀土矿共存,表 11-1 为主要富含钍的稀土矿类型及其化学成分[5]。我国钍资源遍布 23 个省份,储量丰富,其中以独居石类型的钍资源分布最广、储量最大。由于稀土矿石类型与产地不同,钍含量为 2%～10%[6]。与此同时,钍富存于不同种类煤炭中(褐煤、贫煤、石煤等),含量分布为 0.5～25 mg/kg,平均约 10 mg/kg[7]。经燃烧后会富集,煤渣中钍含量均值约 35 mg/kg。

表 11-1　富含钍的稀土矿类型及成分

稀土矿类型	化 学 成 分
褐帘石	$(Ca,Ce,Th)_2(Al,Fe,Mg)_3 Si_3 O_{12}(OH)$
独居石	$(Ce,La,Pr,Nd,Th,Y)PO_4$
氟碳钙铈矿	$2(Ce,La,Di,Th)OF. CaO. 3CO_3$
铌铈钇矿	$(Ca,Fe,Y,Th)(Nb,Ti,Ta,Zr)O_4$
黑稀金矿	$(Y,Ca,Er,La,Ce,U,Th)(Nb,Ta,Ti)_2 O_6$
磷钙钍矿	$(Ca,Ce,Th)(P,Si)O_4$
铌钇矿	$(Y,Er,Ce,U,Ca,Fe,Pb,Th)(Nb,Ta,Ti,Sn)_2 O_6$
脂铅钍铀矿	$Th(SiO_4)_{1-x}(OH)_{4x}$

根据经济合作与发展组织核能机构(OECD/NEA)与国际原子能机构(IAEA)联合发布的《2016 年铀:资源、生产和需求》报告显示,全球已查明的钍资源约为 635.5 万吨[8]。对于中国的钍资源储量,该报告仅给出了最保守估计值,约为 10 万吨。"中国稀土之父"徐光宪院士指出,中国钍矿的工业级

储量为 28.63 万吨[9]。由于钍与稀土矿共存,因此还可以从最新发布的稀土矿总量评估我国的钍资源储量。我国官方发布的稀土矿储量为 1 860 万吨,而美国地质调查局预估我国稀土矿储量为 8 900 万吨[10]。基于我国稀土精矿中二氧化钍的含量(2%~10%),取近似中间值 5%,可评估出我国蕴含于稀土矿中的钍储量在百万吨到千万吨的量级。此外,目前我国煤炭资源勘查统计煤炭总储量为 5.9 万亿吨,预估煤炭中钍储量约 6 200 万吨。诺贝尔物理学奖获得者卡洛·鲁比亚(Carlo Rubbia)指出,以 2007 年中国总发电量 3 200 TW·h 计算(假设全部由钍基核能提供),则中国钍储量可有效维持反应堆运行 20 000 年左右[11]。

目前,最有开采价值的钍矿主要为独居石,是一种含稀土元素的混合磷酸盐。从独居石中提取钍时,首先需要进行选矿、磨矿等预处理,然后进行浸取,其过程分为碱法和酸法两类,前者有利于提高钍的提取率、连续操作和磷酸根去除等操作。图 11-3 给出了从独居石提取钍的碱法流程,包括两个化学分

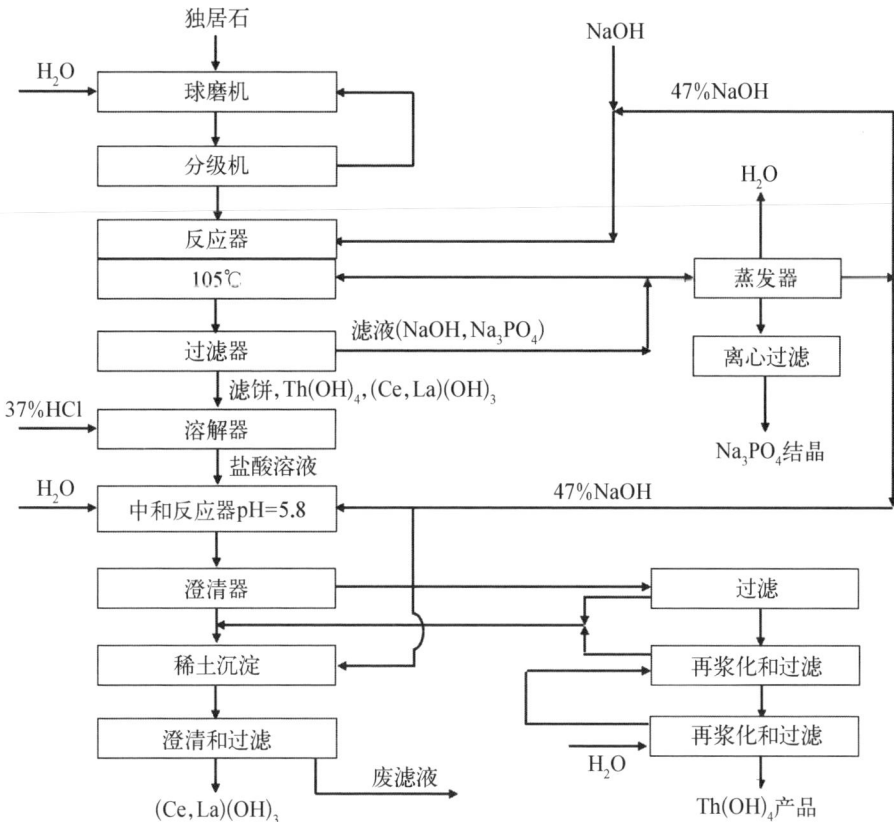

图 11-3 独居石钍提取碱法流程[12]

离过程：首先采用 NaOH 溶液分解独居石精矿，实现金属元素与磷酸根分离，然后用盐酸从分解后的氢氧化物中选择性地浸取稀土，完成钍、铀与稀土元素之间的分离。

从独居石矿浸取生产的氢氧化钍浓缩物，仍含有相当多的杂质(其成分如表 11-2 所示)，需进一步纯化，将稀土、铀及其他杂质的浓度降低至百万分之一的水平以下。与铀纯化过程类似，钍纯化多采用 TBP 萃取流程，如图 11-4 所示。料液为硝酸溶解氢氧化钍浓缩物后得到的硝酸盐溶液。第 1 个操作单元由萃取段和洗涤段组成，萃取段可有效萃取料液中的全部钍和铀以及少量共存的其他杂质元素，洗涤段除去有机相中的各种杂质。第 2 个操作单元反萃取钍，第 3 个操作单元反萃取从 2 个操作单元流出的含铀有机相。反萃后的有机溶剂经洗涤后再循环使用。

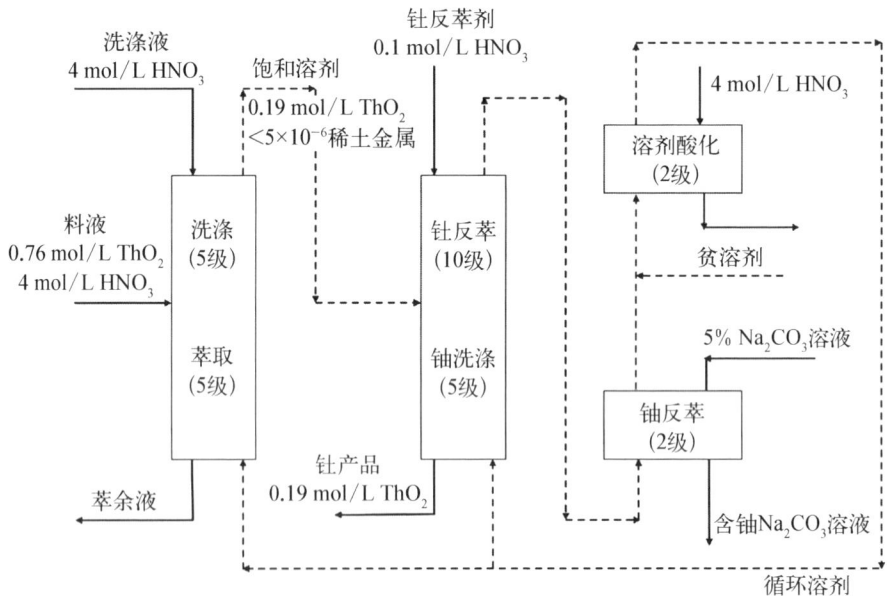

图 11-4 TBP 萃取纯化钍的流程[12]

表 11-2 钍浓缩物中的元素组成与回收率[12]

组　　分	回收率/%	质量分数/%
钍	99.7	36.4
铀	96.2	0.74

（续表）

组　　分	回收率/%	质量分数/%
铁	—	2.21
钛	—	6.73
硅	—	4.47
磷	0.3	0.44
氯	—	0.36
稀土	2.3	7.45
酸不溶物	100	23

纯化后的钍通常制成硝酸钍溶液或水合硝酸钍结晶，然后根据实际需要转换成二氧化钍、四氟化钍、四氯化钍或金属钍等。从硝酸钍转换成二氧化钍，主要有热力脱硝、氨沉淀和草酸沉淀等三种方法；无水四氟化钍是生产金属钍的中间化合物，一般通过无水氟化氢和二氧化钍反应得到；四氯化钍无法从水溶液中制备，而是通过气相氯化反应制备；金属钍生产方法主要包括熔盐电解、活性金属还原和热分解等。

11.3　钍铀循环特性

钍铀循环在燃料增殖（转换）、裂变、重核演化等方面呈现出与铀钚循环不同的特性，在不同的反应堆上的运行性能也显著不同，需结合钍铀循环及反应堆的特性解决相应的关键科学技术问题。

11.3.1　钍铀循环基本物理特性

钍铀循环中子学过程始于钍-232 的中子俘获反应，其生成短寿命核素钍-233（半衰期为 22 分钟），钍-233 发生 β 衰变后生成镤-233（半衰期为 27 天），后者再经 β 衰变后生成易裂变核素铀-233。铀-233 吸收一个中子后发生裂变反应生成两块裂变碎片，同时释放 200 MeV 左右的裂变能及 2~3 个中子。其中一个中子通过与钍-232 反应生成铀-233，实现钍铀转化。另一中子轰击铀-233 发生裂变反应，产生新一代的中子以维持链式裂变反应。

　　图 11-5 给出了钍铀循环主要核反应链及中子反应截面。钍-232 的热中子俘获截面(～7.4 b)是铀-238 的热中子俘获截面(～2.7 b)的约 3 倍,而铀-233 的热中子俘获截面(～46 b)是钚-239 的热中子俘获截面(270.33 b)的约 1/6。这意味着在热堆中铀-233 的产出率高于钚-239,而铀-233 的损耗率低于钚-239,因此钍铀循环相对于铀钚循环具有更高的中子经济性。另外,钍铀转化中间核镤-233 由于半衰期较长,俘获热中子后可生成镤-234,从而降低铀-233 产量,如能及时提取镤-233 至堆外衰变,可显著改善钍铀转化性能。

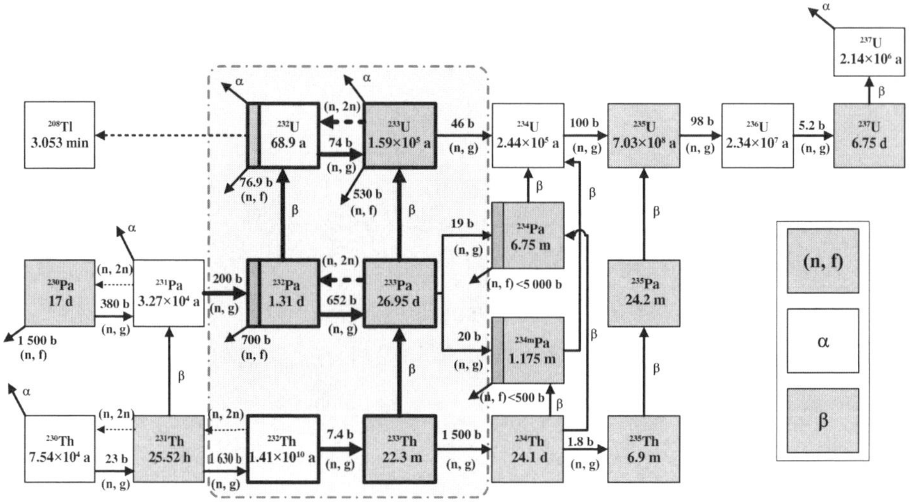

图 11-5　钍铀循环主要核反应链及中子学反应截面

　　如前所述,每次裂变产生的中子一方面用来增殖裂变核,另一方面维持链式裂变反应。考虑反应堆裂变产物以及堆芯结构材料的中子寄生吸收,仅当每次裂变释放出的平均中子数目大于 2 时才能实现燃料循环自持增殖。图 11-6 给出了易裂变核素铀-233、铀-235 及钚-239 在 0.01 eV～10 MeV 中子能区平均每次裂变可产生的中子数。在热中子能区(≤1 eV),铀-233 平均裂变中子数大于 2,钍-232/铀-233 的转换比大于 1,可在热中子堆增殖。而易裂变核素铀-235 与钚-239 在热中子能区的平均裂变中子数少于或略大于 2,无法实现燃料循环自持或增殖。在共振中子能区(1 eV～100 keV),铀-233 的平均裂变中子数大于 2,且明显高于铀-235 与钚-239。因此在热中子及超热中子反应堆中钍铀循环的中子经济性优于铀钚循环。在快中子能区(≥100 keV),铀-233 平均裂变中子数高于热中子能区,钍铀增殖性能得到提高,钚-239 每次裂变产生的平均中子数高于铀-233,因此铀钚循环只有在快中子能区的增殖性能才能优于钍铀循环。

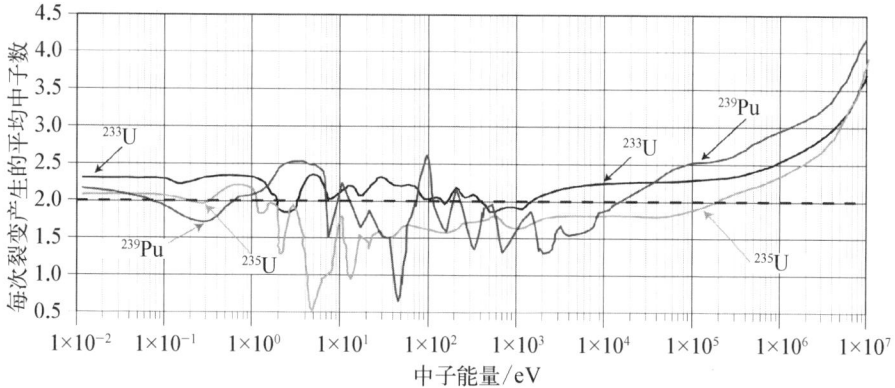

图 11-6　易裂变核素铀-233、铀-235 及钚-239 平均裂变中子数[13]

在高放射性超铀核素产生方面,钍-232 相对铀-238 要多吸收 6 个中子才能生成长寿命高放射性超铀核素。同时,由于铀-233 的热中子俘获截面比钚-239 小很多。因此,与铀钚循环相比,钍铀循环产生的钚及长寿命次锕系核素的放射性毒性可实现数量级下降,对核能可持续健康发展具有重要意义。此外,钍铀转化会产生铀-232,其衰变过程将产生短寿命强 γ 辐射(辐射的 γ能量为 2～2.6 MeV)的铊-208[14],这种固有放射性增加了化学分离的难度和成本,且易被核监测,具有高防核扩散性能。

11.3.2　各类反应堆钍铀循环研究

自 20 世纪中叶开始,国际上就开启了对钍铀循环利用的研究。多个国家基于轻水堆、重水堆、高温气冷堆、钠冷快堆等不同堆型开展了探索性研究。美国在 20 世纪 50—60 年代分别将钍引入铀基沸水堆 Elk River 和压水堆 Indian Point,采用钍铀均匀混合的燃料形式,首次完成了钍燃料在轻水堆中的应用探索[15]。钍铀均匀混合燃料虽在一定程度上简化了燃料元件的制备流程以及堆芯组件的布局,但由于其燃耗受限(<60 GW·d/t),无法实现钍资源的高效利用。随后,美国对希平港压水堆(Shippingport reactor)进行改造,将其转变为轻水增殖堆(light water breeder reactor,LWBR)。该堆芯中心区域采用(U-233+Th)O$_2$ 燃料组件,而堆芯外围则布置 ThO$_2$ 增殖组件,成功实现钍铀增殖,增殖比处于 1.013～1.016 范围。其后,轻水堆钍基燃料的堆芯

继承了上述设计理念,并明确提出种子-增殖结构(seed-blanket unit,SBU)概念。在这种堆芯结构中,堆芯内区可选用富集度较高的 UO_2 或钚-239 富集度较高的钚铀氧化物混合燃料(MOX),用于产生中子;外围再生区则采用 ThO_2 燃料,或 ThO_2 与少量铀-235 富集度低于 20% 的燃料混合。钍-232 吸收种子区提供的中子后,生成铀-233 就地发生裂变,实行一次通过式燃料循环模式。为了最大化提高铀-233 在堆内的燃烧效率,要求再生区组件的设计燃耗深度必须远高于种子区组件,一般为 100 GW·d/t 甚至更高。因此,轻水堆的固有特性使得钍铀循环在工程应用层面存在极大的技术挑战。首先,SBU 结构导致堆芯结构复杂,并对燃料管理提出更高要求。其次,轻水堆的燃料包壳材料使用寿命较低,远不能满足再生区 100 GW·d/t 的燃耗要求。同时,钍高效利用对燃料后处理技术提出了较高要求,而轻水堆的固态燃料组件显著增加燃料后处理的难度及燃料循环成本,因此在短时间内无法实现钍高效利用。

2016 年 7 月 21—22 日,联合国国际原子能机构(IAEA)举办了"钍资源利用专家研讨会"。与会专家探讨了钍在各类反应堆型中的应用潜力,并达成重要共识:熔盐堆是最适宜利用钍资源的堆型,重水堆紧随其后。国际上主要以加拿大和印度为代表,基于重水堆开展的钍辐照研究积累了大量数据,并提出多种钍铀燃料循环设计方案[16]。加拿大首先在重水研究堆中开展了钍基燃料元件的辐照实验,结果表明,单堆采用钍燃料循环具备一定的经济可行性。同时,加拿大评估了坎杜(Canada Deuterium Uranium,CANDU)商业堆的钍利用性能,当采用钍并结合增殖焚烧(Breed and Burn,B&B)模式或后处理模式时,燃耗深度(针对重金属 HM)可由铀钚循环的不足 20 MW·d/kg 提升至 30~40 MW·d/kg。此外,加拿大也开展了先进坎杜堆(advanced CANDU reactor,ACR)的概念设计[17]。该堆型采用重水慢化、轻水冷却,与 CANDU 相比,经济性、可靠性与安全性均可显著提升。其后,加拿大原子能有限公司(Atomic Energy of Canada Limited,ACEL)与清华大学合作,基于钍基先进坎杜反应堆(Thorium advanced CANDU reactor,TACR)研究了钍铀循环利用,TACR 启动时可采用铀-233、轻水堆乏燃料中的钚与铀,以及少量锕系核素。然后在后续闭式循环中,将采用回收的铀-233 逐渐替代启动所需的驱动燃料,在燃料循环达到平衡时钍能量贡献可达到 80%[18]。印度作为钍资源储量大国,制订了为期 50 年的钍基核能发展战略,规划了钍利用"三步走"路线图[19]。印度当前重点推进的是钍基先进重水堆(advanced heavy water reactor，AHWR)，旨在大规模利用钍资源，使钍的能量贡献值达到 75%。AHWR 整合了非能动安全性优势与压力重水反应堆(pressurized heavy water reactor，PHWR)的运行经验，电功率为 300 MW，采用闭式自持的钍铀燃料循环[20]。目前，AHWR 已完成设计工作，零功率装置也已建成。此外，巴西、法国、俄罗斯等国也开展过重水堆上钍铀燃料循环的研究。

重水堆钍铀燃料循环呈现出多样化的技术路线：① 一次通过的钍铀燃料循环(once-through Thorium，OTT)，无须铀-233 后处理，实现铀钚循环与钍铀循环的有机衔接；② 改进 OTT 模式，将浅燃耗钍燃料与新燃料混合再利用；③ 改进开环模式，通过选择性去除裂变产物实现燃料回用；④ 闭式自持循环，回收乏燃料中的铀-233 并制备新燃料。

重水堆主要有如下技术优势：① 成熟的运行经验与完善的技术储备，有利于快速部署；② 灵活的装料方案，支持天然铀、低浓铀、贫铀、MOX 燃料等多种燃料启堆，有效节约铀资源；③ 独特的在线换料能力，降低对剩余反应性的要求；④ 相对压水堆，重水堆产生铀-232 含量更低，辐射风险更小。然而重水堆钍铀循环也面临如下挑战：① 较低燃耗水平限制了钍利用性能；② 重水生产成本高昂，且功率输出受压力容器性能限制，影响经济性；③ 燃料制备工艺复杂，导致燃料管理方案及钍燃料回收再利用的难度显著增大，从而制约了钍利用在重水堆上的发展。

高温气冷堆采用具备耐高温特性的陶瓷型包覆颗粒燃料元件，以化学性质稳定的氦气充当冷却剂，以耐高温的石墨作为慢化剂和堆芯结构材料。高温气冷堆的发展始于 1959 年英国的龙堆(Dragon)建设，其后历经实验堆、原型堆、示范堆等发展阶段，最终被纳入第四代核能系统。高温气冷堆按燃料元件类型主要分为球床式与棱柱式，其中球床堆芯的球形燃料元件具有较高的固有安全性，同时，动态装卸料系统可实现球形燃料元件的在线添/换料，有利于提高燃料的燃耗深度。高温气冷堆在其早期研发阶段就开展了钍利用的探索性研究工作[21]。德国于 20 世纪 70 年代开展的钍铀循环研究表明，采用富集铀点火的铀-233 生产堆可实现 0.76 的转换比，而采用铀-233 点火的钍铀循环堆的转换比更可提升至 0.97。在此基础上提出的净增殖球床堆概念，当燃料球重金属装载量达 45 g、卸料燃耗控制在 20 MW·d/kg 以下时，系统转换比可突破 1.0 的临界值。然而钍能在高温气冷堆中的应用仍面临三重技术壁垒：① 钍燃料启动需依赖高富集度点火燃料；② 建立增殖过程要求建立配套的后处理体系，而包覆燃料元件的后处理技术难度更高；③ 实现高效转换需要设计复杂的燃料管理策略。为了降低上述技术挑战,研究人员提出采用钍或低富集铀作为启动燃料并结合一次通过模式的方式,以降低后处理压力。此外,通过设计侧增殖层结构或引入快中子增殖组件提升铀-233 产量,并实施差异化燃料循环策略减少镁-233 损失等。这些措施在一定程度上为高温堆的钍高效利用提供了可能,但仍需进一步在工程上进行关键技术验证,特别是针对深燃耗下钍铀增殖(转换)比的提高。

在第四代堆论坛(Generation Ⅳ International Forum,GIF)选定的 6 种第四代堆型里,包含气冷快堆、钠冷快堆和铅铋冷却快堆等三种快堆。其中,钠冷快堆由于具备一定的技术积累,成为当前工程化的重要堆型。该堆型在全球 8 个国家积累超过 300 堆·年的运行数据,已建立完整的技术体系。与热堆类似,快堆的钍能利用同样涉及燃料元件制备、辐照实验及后处理等流程,尤其在改进型开环或闭式循环模式下,还需构建完整的燃料再处理链条[22]。钠冷快堆用钍的研究历史可以回溯至 20 世纪 70 年代。美国率先开展系统性探索研究,涵盖了钍增殖机理、燃料制备工艺及后处理技术等。同期,印度的甘地原子研究中心(Indira Gandhi Centre for Atomic Research,IGCAR)和巴巴原子研究中心(Bhabha Atomic Research Centre,BARC)积极参与设计、建造并运行了一座热功率为 40 MW(电功率为 13.2 MW)的钠冷快堆(fast breeder test reactor,FBTR)。该装置在 1985 年开始临界运行,并完成钍燃料增殖层测试,为后续电功率为 500 MW 原型快堆(PFBR)建设奠定了技术基础。虽然印度钍能"三步走"战略规划中将铀-233 生产列为第二阶段,但当前 PFBR 尚未建造完成,表明其第二步的战略目标还未实现。进入 21 世纪后,全球快堆钍能研究进入新阶段。法国提出了钍基闭式循环方案,即首阶段采用液态金属快堆焚烧钍基(Th/Pu)O_2 燃料,次阶段通过多代循环实现钍铀自持增殖(BR>1.0)。意大利则基于钠冷先进循环堆(sodium-cooled advanced recycling reactor),重点研究钍基燃料嬗变超铀元素性能。日本在铅冷快堆 CANDLE 框架下的钍利用探索,以及美国在气冷快堆中开展的钍钚协同利用研究,共同拓展了钍利用技术路径的多样性。

快堆钍能利用的优势主要体现于四个方面:① 硬中子能谱赋予其高达 1.2 的钍铀转化比,可显著提升资源利用率;② 燃料燃耗深度可达 150 GW·d/t 以上,提升到热堆的 2~3 倍;③ 快谱特性使乏燃料中长寿命超铀元素减少 80%,放射性毒性降低 2 个数量级;④ 钍钚混合燃料既可消纳武器级钚库存,又能实现铀-233 增殖。但快堆用钍技术突破仍面临多重瓶颈:① 铀-233

燃料供给体系缺失,必须依赖高浓铀或钚作为点火源;② 钍装量增加会导致钠冷快堆负空泡系数下降以及多普勒系数的上升,引发安全参数扰动;③ 钍在堆芯中的裂变贡献率仅为 2% 左右(铀钚循环中铀-238 裂变贡献达 15%),使得钍钚混合燃料消耗量增加 30%;④ 镤-233 长达 27 d 的半衰期造成铀-233 产出效率下降,且需至少 180 d 的冷却周期。因此,固态燃料快堆要实现钍自持增殖,必须突破 Thorex 后处理技术瓶颈——当前铀钚循环主流的 PUREX 工艺对钍系燃料分离效率不足 60%,且处理成本是传统流程的 2.5 倍。因此,上述技术挑战制约了快堆钍能技术的产业化进程发展。

综上所述,各类传统反应堆堆型在钍资源利用特性上呈现出显著差异,主要体现在钍铀转化效率与经济性平衡、燃料制造工艺复杂度、运行安全裕度评估,以及闭式燃料循环可行性等方面。现阶段,轻水堆与重水堆由于其卸料燃耗水平相对较低,致使在当前技术条件下,难以实现钍资源的高效转换与利用。高温气冷堆作为所有固态燃料反应堆中唯一可能实现高燃耗的堆型,在工业规模上挖掘钍资源潜力方面具备理论可行性。然而,该堆型的燃料元件在后处理阶段的回收与再利用方面却面临巨大挑战。若期望在高温气冷堆中实现钍燃料的高转换率,必须构建动态燃料管理策略,通过实时中子通量监测调整燃料球循环路径,这对控制系统精度提出严苛要求。对于快堆系统,尽管钍基燃料相较于铀基燃料,在中子经济性指标上存在一定差距,但凭借自身的物理特性,依然能够实现自持增殖反应。然而,快堆仍然未能摆脱钍燃料元件制备工艺复杂以及乏燃料后处理流程繁琐的困境。相比热堆,快堆需要更大的临界质量以维持链式反应,直接导致其裂变核素的初装量显著高于热堆。

11.3.3　钍铀循环关键科学技术问题

与铀基燃料相比,钍基燃料不存在天然易裂变核素,且转换产生的铀-233 中子学特性也不同于铀-235 与钚-239,因此钍铀循环需解决其自身特点导致的关键科学技术问题。

(1)铀-233 来源问题:由于自然界中不存在铀-233,要实现纯的钍铀循环需要先借助富集铀或钚启动反应堆生产铀-233 核燃料。同时,镤-233 半衰期(约 27 d)较长,至少需要半年的冷却时间才能确保镤-233 完全衰变成铀-233。对于一次通过模式,要实现钍的高效利用,需将反应堆的燃耗提高至 150 GW·d/t 以上,这对现有的反应堆(如压水堆)燃料制备技术是巨大的挑战。此外,镤-233 具有较大的中子俘获吸收截面,吸收中子后生成非易裂变核素铀-234,降低反应堆中子经济性以及铀-233增殖性能。

（2）反应堆运行安全问题：铀-233裂变产生的缓发中子份额仅为 300 pcm（1 pcm＝10^{-5}），约为铀-235（～650 pcm）的一半，对反应堆的反应性安全控制提出了更高的要求。此外，相比铀-235 与钚-239，铀-233 裂变产物含有更多的锶、镧、铯等短寿命核素，致使反应堆停堆后，短时间内衰变热更高，需提高非能动余热排出能力。

（3）钍基燃料制备与后处理问题：对于固态燃料反应堆，ThO_2 的熔点（3 350 ℃）比 UO_2（2 800 ℃）高得多，因此生产制备高密度的 ThO_2 和 ThO_2 基混合氧化物（MOX）燃料需要更高的烧结温度。同时，MOX 燃料具有非常高的稳定性，需要转化为其他化合物才能进行后处理。而现有的后处理技术主要针对铀钚循环，钍铀循环相关的后处理技术目前还不成熟，镤-233 的提取存在挑战。

（4）钍铀核数据问题：现有堆设计软件使用的宏观参数库大部分都是针对铀钚循环，而关于钍燃料循环的数据库和经验还比较匮乏，还需要开展大量钍利用的基础研究。宏观检验是检验核数据质量最直接最可靠的手段之一。国际临界安全基准评价工程（ICSBEP）发布的 550 多类基准题中包含钍铀循环核素的只有 9 类，且基本都是基于常温条件下开展的实验，不能满足钍铀循环核数据的检验需求，因此需在高温运行条件下开展钍铀循环核数据研究。

综上所述，固态燃料反应堆在核燃料元件制备、燃耗深度、燃料后处理、堆运行安全等方面存在不同程度的固有局限，很难突破高效用钍的巨大技术挑战，至今仍未实现钍的商业化应用。液态燃料熔盐堆在在线添料、在线后处理、深燃耗等方面具有独特优势，有望为钍的高效利用开辟一条全新的技术路线。

11.4　熔盐堆钍铀循环

固态燃料反应堆由于在钍铀转化经济性、燃料加工与乏燃料后处理等方面面对的挑战，很难实现钍燃料高效利用。作为唯一一种采用液态燃料的反应堆堆型，熔盐堆在实现钍资源利用方面具有其他固态反应堆无可比拟的优势，包括无钍基燃料原件制备及钍铀转化中间核镤-233 的在线提取等，可以实现钍的规模化利用。

11.4.1　熔盐堆钍铀循环技术特点

如图 11 - 7 所示,熔盐堆在燃料循环灵活性、中子经济性、运行安全性等方面表现卓越,突破了传统反应堆的技术不足,可为钍资源高效利用及核能可持续发展提供坚实技术保障。

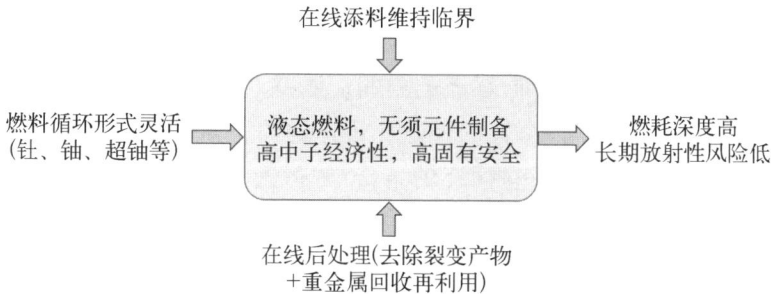

图 11 - 7　熔盐堆钍铀循环主要特点

熔盐堆使用液态燃料,无须燃料元件制备,为灵活多样的燃料循环方式提供了可能,可拓展钍利用的技术途径。熔盐堆将钍、铀等核燃料溶解在氟化物或氯化物熔盐体系中,这从根本上消除了对传统固体燃料元件制备流程的复杂需求。熔盐堆的启动燃料可灵活选用高浓铀、钚基材料或铀 - 233。运行期间通过实时化学调控,能以增殖、燃料循环过渡及嬗变等多种模式混合运行,这使得单座熔盐堆可以实现核燃料增殖与核废料嬗变的协同优化。

熔盐堆具备在线添料与在线后处理功能,可在不停堆情况下添加核燃料并去除裂变产物,具有较高的中子经济性和燃耗深度。在熔盐堆运行过程中,可结合堆芯的实时反应状态与燃料消耗速率,及时、精准地向堆芯补充新鲜燃料,确保反应堆稳定运行。这一特性避免了传统固体燃料反应堆在燃料耗尽后,必须停堆换料所带来的复杂流程与时间损耗,显著提升了反应堆的运行效率。同时,通过精准控制在线添料的周期、所添加重金属的种类以及添料量等参数,能够有效优化钍的转换效率,进一步挖掘钍资源的利用潜力。与此同时,熔盐堆还具备强大的在线后处理功能。在熔盐堆运行过程中,可以对液态燃料盐进行实时后处理,高效去除裂变产物的同时,实现重金属的回收与再利用,进而提升反应堆的中子经济性和核燃料的利用效率,同时避免了放射性废物在堆内的长期存储,降低了乏燃料的长期放射性风险。在线添料和在线后处理能力相辅相成,使得熔盐堆能够在不停堆的连续稳定运行状态下,实现核燃料的补充与回收再利用,有效加深燃耗深度,为钍资源的高效利用筑牢坚实基础。熔盐堆钍铀循环展现出了显著优势,让熔盐堆在众多堆型中脱颖而出,成为契合钍铀循环技术应用的不二之选。

11.4.2 熔盐堆钍铀循环国际研究进展

在 MSRE 的成功运行经验基础上,ORNL 在 1970 年提出了热功率为 2 250 MW 的增殖熔盐堆(MSBR)概念设计[23]。10 d 后在处理周期内在线去除裂变产物并提取钍铀循环链的中间产物镤-233,MSBR 可以在热中子能谱下实现钍铀循环增殖,钍的增殖比可达到约 1.07。由于政治和军事原因美国放弃了适合钍铀燃料循环的熔盐堆,但国际上对于熔盐堆钍利用的相关研究一直未停止。表 11-3 列出了国际上熔盐堆钍铀循环的主要研究现状。

表 11-3 熔盐堆钍铀循环主要研究现状

国家/联盟/机构	堆型	时间	钍利用目标	主要设计	研究进展
美国 ORNL	MSBR	20 世纪 70 年代	热堆钍增殖	采用单流双区设计及复杂的后处理流程,实现熔盐热堆增殖	概念设计
日本	FUJI	20 世纪 80 年代	热堆钍自持利用	继承 MSBR 结构,低功率运行,低后处理要求,长石墨寿命	概念设计
法国	MSFR	1997	快堆钍增殖	利用快中子谱,无石墨慢化,实现较高的钍增殖能力,同时具有焚烧超铀核素能力	概念设计
欧盟	MOSART	2001	快堆钍增殖与嬗变	利用快中子谱,双流双区设计,燃料区实现超铀元素(TRU)嬗变,增殖区实现钍增殖	概念设计
印度尼西亚、美国	Thorcon	2011	小模堆钍利用快速部署	将 MSRE 进行放大,以 LEU 为燃料,对燃料进行批次后处理,实现钍高效利用的快速部署	概念设计

（续表）

国家/联盟/机构	堆　型	时间	钍利用目标	主　要　设　计	研究进展
FLibe能源公司	LFTR	2015	热堆钍增殖	采用双流双区结构设计,实现热堆钍铀循环增殖	概念设计
哥本哈根原子公司	CAWB	2015	热堆钍增殖	利用重水慢化,使用乏燃料启动,过渡到钍铀循环	详细设计

日本从 20 世纪 80 年代便开始了 FUJI 系列熔盐堆钍铀循环研究的概念设计,并且提出了完整的钍熔盐核能协同体系概念(thorium molten salt nuclear energy synergetic system, THORIMS - NES),如图 11 - 8 所示。THORIMS - NES 是基于钍铀循环的共生系统,主要包括 FUJI 系列熔盐堆和加速器熔盐增殖堆(accelerator molten-salt breeder, AMSB)。THORIMS - NES 的基础是"区域中心"概念,按照地域、国家等分布情况,在全世界范围内建立 20~30 个核能应用的"区域中心",集中进行核燃料制造、乏燃料处理等工作,为区域内各国家、地区的民用核动力反应堆提供支持。THORIMS -

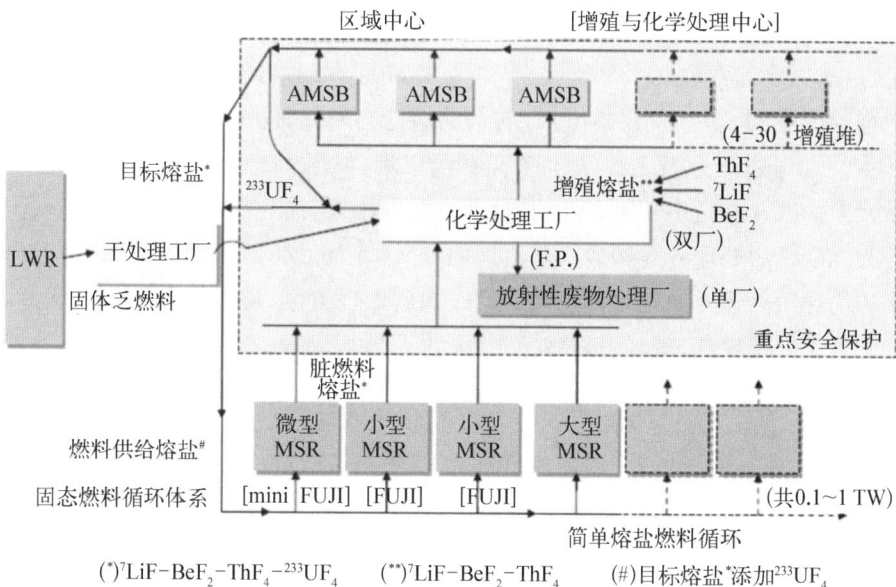

图 11 - 8　日本钍熔盐核能协同体系 THORIMS - NES [24]

熔盐堆科学技术导论

NES 系统划分为三个部分：燃料增殖/生产,反应堆发电以及燃料熔盐后处理。燃料增殖/生产以日本提出的加速器熔盐增殖堆(AMSB)为基础,通过质子加速器照射靶材料产生中子,使 LiF - BeF$_2$ - ThF$_4$ 熔盐增殖层中的可转换材料钍- 232 转换为铀- 233,实现裂变材料的增殖;以日本设计的模块化熔盐反应堆——"富士"堆(FUJI 及小型 FUJI)作为动力反应堆,实现钍铀循环利用;建立燃料熔盐化学处理厂,对动力反应堆更换出来的熔盐进行统一后处理,加注新的燃料熔盐,并可兼顾轻水反应堆乏燃料后处理的任务。FUJI 系列熔盐堆的概念设计来源于美国 ORNL 的 MSBR 设计,FUJI 采用与 MSBR 相同的燃料熔盐,但在某些方面它不同于 MSBR 的设计,如不需要在线燃料处理工厂、较低的额定功率、较长的石墨寿命等。FUJI 通过在线添加铀- 233 燃料维持临界运行,同时采用批处理模式定期去除裂变产物以实现钍铀循环的自持运行。

法国提出了从轻水堆到快堆再到熔盐快堆的钍利用过渡方案,并提出了快中子熔盐堆设计及简化的"懒汉式"后处理方案。在重新验证及研究美国 MSBR 设计的基础上,考虑到 MSBR 的正温度反馈系数、严苛的后处理条件及较短的石墨寿命等问题,提出了热功率为 3 000 MW 的快中子熔盐堆(molten salt fast reactor，MSFR)概念设计,其堆芯设计的主要方向为无石墨慢化、增加径向增殖层、利用快中子能谱[25]。同时提出了简化后处理流程,即从反应堆流出的燃料熔盐,经铀氟化挥发环节分离出铀及裂变过程产生的少量镎,然后冷却存放几个月待镤- 233 衰变为铀- 233,再次通过氟化挥发工艺将增殖产生的铀- 233 分离出来,剩余的熔盐在对超铀元素(TRU)、Th、裂变产物(FP)等进行分离之后,重构并返回反应堆,如图 11 - 9 所示。根据对次锕系元素镎以及熔盐中 TRU 和 FP 处理方式的不同,简化后处理方案又进一步分为标准化后处理方案和最小化后处理方案(即"懒汉式"处理方案)。法国提出的简化后处理方案是一种在线加离线式后处理方案,通过绕开镎分离环节,达到延缓处理周期、减轻后处理负担、简化后处理流程的目的。该方案着重于对工艺流程的调整,没有对各环节具体的工艺、技术进行研究,以降低增殖率为代价,在很大程度上简化了后处理流程,降低了后处理流程对工艺、技术等的要求,不失为一种很好的设计理念。

MSFR 可分别采取铀- 233 和超铀元素启动,具有非常大的负反馈系数,较大的钍增殖能力和简单的燃料循环模式,能够焚烧其他反应堆内产生的超铀元素(TRU),燃料盐选取 LiF - ThF$_4$ - UF$_4$ 或者 LiF - ThF$_4$ -(TRU)F$_3$ 两

446

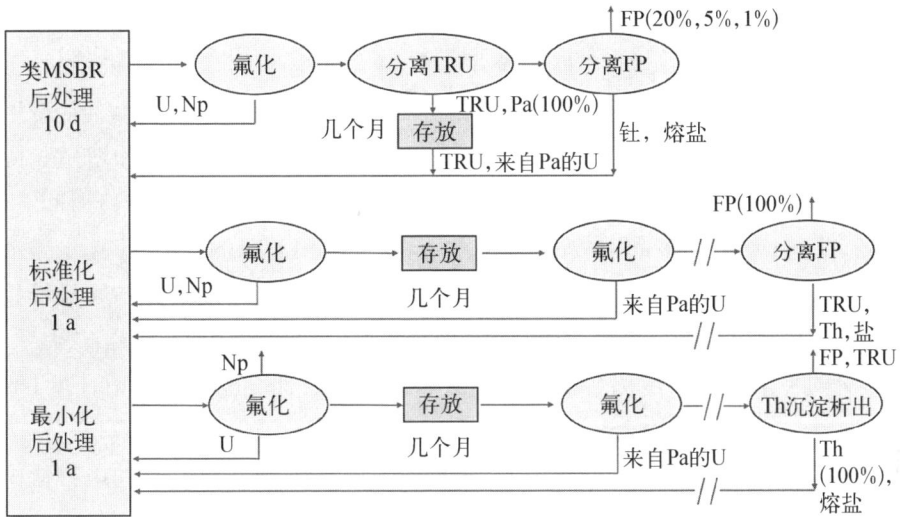

图 11‑9　法国提出的简化后处理流程示意图[26]

种,其中氟化锂摩尔浓度为 77.5%。MSFR 选取 LiF‑ThF$_4$‑UF$_4$ 作为燃料盐、LiF‑ThF$_4$ 作为增殖盐,采用 40 L/d 的后处理速率(MSBR 的后处理速率为 4 000 L/d)对可溶裂变产物和镁进行在线去除及提取,钍燃料的增殖比可达到约 1.12。

2001 年四家俄罗斯机构(VNIITF、RRC‑KI、IHTE、ICT)共同签署了 ISTC(International Science and Technology Center)‑1606 计划,开展了安全、低纯钚和次锕系元素处理的次临界和临界实验装置的研究,建造了熔盐回路,并开展了熔盐、合金性能等方面的研究,提出了采用超铀元素作为燃料,用于焚烧钚和 MAs 的快中子熔盐堆(molten salt advanced reactor transmuter, MOSART)概念设计[27],同时提出了 MOSART 的钍铀循环增殖运行模式,采用双流双区设计,燃料区采用 LiF‑BeF$_2$‑TRUF$_3$ 维持临界运行,增殖区采用 LiF‑BeF$_2$‑ThF$_4$ 实现钍铀循环增殖。

近年来,随着第四代先进核能系统的提出,由于熔盐堆用钍的显著优势,国际上掀起了钍基熔盐堆的研究热潮,各国围绕钍高效利用及乏燃料嬗变开展了多种类型熔盐堆的概念设计[28],包括熔盐热堆、熔盐快堆、氟盐堆、氯盐堆等,如美国与印度尼西亚于 2010 年合作开发的 ThorCon 熔盐反应堆项目,使用现有的成熟技术,快速部署,同时实现钍的利用[28]。Thorcon 是对已成功运行的 MSRE 实验堆的简单放大,热功率为 557 MW,使用 NaF‑BeF$_2$‑ThF$_4$‑

UF_4作为燃料,采用批处理模式对载体盐、钍、铀等燃料进行回收再利用,钍的利用率可达到 80%。美国 FLibe 公司于 2011 年提出了 LFTR(liquid fluoride thorium reactor)项目,该项目是 ORNL - MSBR 设计的直接衍生物,使用双回路设计,热功率为 600 MW,石墨结构作为慢化剂同时将燃料盐和增殖盐隔离,燃料盐为 $2LiF_2 - BeF_2 - UF_4$,用于产生核热,增殖盐为 $2LiF_2 - BeF_2 - ThF_4$,用于实现钍铀循环增殖[29];哥本哈根原子公司(Copenhagen Atomics,CA)于 2015 年成立,提出重水慢化熔盐堆概念设计,大力推广钍基熔盐堆技术,目标是通过焚烧核废料生产能源的同时减少核废料存量和实现碳减排[28]。CA 公司提出的重水慢化熔盐堆为核废料焚烧堆(copenhagen atomics waste burner,CAWB),使用 $LiF - ThF_4 - (TRU)F_4$ 作为燃料盐,$LiF - ThF_4$ 作为增殖盐和非加压常温重水慢化剂,从增殖层中产生的铀在线转移到燃料盐中利用,以逐步过渡到钍铀循环运行模式。

除了在熔盐堆上实现钍铀循环运行模式之外,利用熔盐堆的特点及优势,各国也相继开展了其他燃料循环模式的研究,如低富集铀运行模式、超铀嬗变模式等[28],如美国原子能源公司(Transatomic Power)于 2011 年提出的 TAP(the molten salt reactor of transatomic power)反应堆,该堆采用单流回路式氟盐热堆设计,使用低富集度铀,ZrH 作为慢化剂,可有效减少放射性核废料,同时提高经济性和安全性;英国 Moltex 公司于 2012 年提出了热功率为 150 MW 的池式熔盐堆(stable salt reactor,SSR)设计,最大的特点是燃料盐不流动,无须泵或其他设施控制流速,燃料取自乏燃料,可用于焚烧长寿命锕系元素;美国 Terra Power 公司于 2015 年提出的 MCFR(molten chloride fast reactor)氯盐快堆,旨在发展氯盐快堆商业化技术,参考橡树岭国家实验室 MSRE 的设计理念,不需要单独的燃料生产线,燃料的能量密度和效率非常高,其启动后无须进行铀浓缩,降低了核扩散风险。

从上述内容可以看出,目前国际上开展了大量的熔盐堆钍铀循环相关研究,提出了很多不同的熔盐堆钍利用方案设计,但是都处于概念设计水平。

11.4.3 TMSR 钍铀循环技术路线及研究进展

我国的熔盐堆钍铀循环研究开始于 20 世纪 70 年代的"728 工程熔盐反应堆临界实验装置"。1970 年 7 月 16 日,728 工程领导小组在上海成立,决定以中国科学院原子核研究所(现更名为中国科学院上海应用物理研究所)为主,建立"728 工程"熔盐反应堆临界实验装置,以验证熔盐反应堆的理论计算,取得熔盐静态与动态特性、反应性及其温度效应、控制棒刻度及温度效应和核燃料的增殖率等结果。"728 工程"主要开展了四类临界实验,包括钍铀转化比实验、熔盐-石墨零功率堆临界实验、堆控制棒刻度实验、堆中子通量测量实验。由于在材料高温腐蚀控制以及熔盐蒸馏提纯等关键技术上无法突破,"728 工程"转向更为成熟的压水堆研发,但当时对钍铀燃料循环的研究并未中断。

　　早在 1965 年我国就在上海嘉定召开了全国钍的利用会议,旨在部署我国钍资源利用的研发。其后,在 20 世纪 60 年代末,中国科学院原子核研究所的众多科研人员参加了"铀-233 核素的小批量制备和提纯研究"项目,基于中子辐照过的金属钍棒,采用 Thorex 溶剂萃取法先分离出镤-233,然后采用稀硝酸反萃有机相获得铀-233,并经苯基膦酸二仲丁酯(DSBPP)反相分配色层进行纯化,最终获得了 6 g 高纯度铀-233。这是我国首次制得获取克级纯铀-233,对于钍铀循环研究具有重要意义[30]。其后,张家骅于 1980 年主持启动了"钍铀核燃料循环研究"项目,并基于"728 工程"建造的压水堆零功率反应堆开展了 Th、U 两种不同燃料元件混合排列的临界实验研究,并取得了实验与理论相一致的重要进展[29]。此外,项目组利用四川的高通量反应堆进行了钍样品的中子辐照实验,研究了铀-233 含量与辐射中子积分通量增长的关系,以及快/热中子比对铀-232/铀-233 比值的影响,实验结果表明,铀-233 实际饱和含量高于热堆理论计算值的 1.2%,其铀-232/铀-233 比值随快中子比例增大而增大。项目组还制备了一套以 ThF_4 为原料、铝管为包壳的低密度钍元件,在压水堆上进行了一系列临界实验,实验测得的中子通量分布实验结果与理论计算结果高度吻合。

　　2011 年,围绕国家能源安全与可持续发展需求,中国科学院启动了钍基熔盐堆核能系统(thorium molten salt reactor,TMSR)先导专项,致力于解决熔盐堆关键技术挑战,实现核燃料长期稳定供应、防核扩散和核废料最小化等战略目标[13]。目前已成功建成热功率为 2 MW 的钍基熔盐实验堆,实现了千克级钍燃料入堆的满功率稳定运行,并通过实验测量成功验证了钍燃料的转换。基于热功率 2 MW 的钍基熔盐实验堆的成功运行经验,下一个目标是将在研究堆上实现规模用钍的技术验证,采用上百千克级钍装量,钍能量贡献率可达到 10% 左右。此外,结合未来示范堆堆芯及放化后处理技术发展特点,TMSR 专项提出了示范熔盐堆钍利用"三步走"策略,以实现进阶式钍燃料利用,钍能量贡献率可从 20% 逐步提高至 80% 以上,如图 11-10 所示。

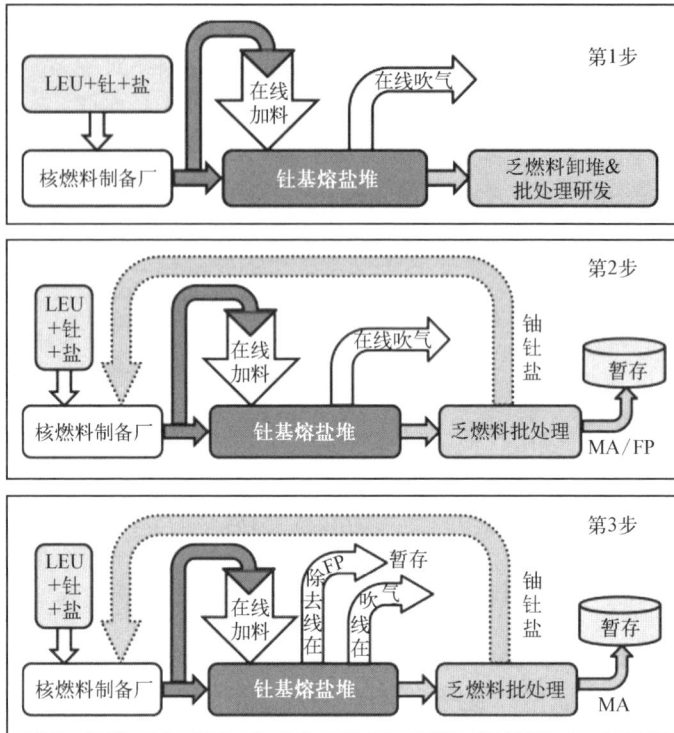

图 11-10　示范熔盐堆"三步走"钍利用方案

　　TMSR 专项着眼于中国核能发展的可持续性,确立了以熔盐堆为基础的钍资源利用战略。基于钍铀循环的先进核能开发,将降低我国核能供给对天然铀矿的依赖度,确保我国未来长远核能供给安全。结合 TMSR 专项的阶段性发展目标,充分利用不同类型熔盐堆的优势,通过合理配置多种堆型,实现固有安全、核燃料高利用率、钍铀高增殖、核废料高效嬗变等性能的有机组合,最终实现钍铀闭式循环。

11.4.4　钍铀循环核数据研究

　　核数据是核科学与核工程应用所需的最基本的数据,其可靠性和精确度直接关系到核工程的可靠性、安全性和经济性。世界各国相继开展了钍铀燃料循环相关核数据的研究。国际原子能机构(IAEA)于 2002—2006 年启动钍铀燃料循环核数据评价的 CRP(coordinated research projects),重点开展了钍-232、镁-232 和铀-232、铀-233、铀-234、铀-236 核数据更新、评价及相关实验。印度也开展了镁-233(n,f)和钍-232(n,γ)在快区的截面数据测量。中国核数据中心基于最新实验数据开展了钍-232 和铀-233 截面数据重新评价和更新。但与得到广泛商业应用的铀钚循环相比,钍铀循环核数据在完备性、准确性等方面仍存在显著不足,尤其是钍铀循环主链核素钍-232、钍-233、镤-233 和铀-233 的截面数据和熔盐热中子散射核数据存在缺失或误差较大的问题。针对 TMSR - SF1 和 LF1 相关堆型,利用 SCALE 程序自带的 ENDF/B-7.0 数据库和 44 群协方差数据库,计算的核数据导致 k_{eff} 不确定度约为 0.644%,不能满足第四代核能系统对核数据不确定度的要求(0.5%),需开展关键核素的核数据测量、评价和检验[31]。

目前国际上比较重要的五大评价数据库分别为 ENDF/B(美国)、JENDL(日本)、JEFF(欧洲)、BROND(俄罗斯)和 CENDL(中国)。核数据的产生流程如图 11 - 11 所示,首先开展研究需求分析,确定需要研究的范围和重点。基于现有实验数据及新测实验数据,利用相关模型开展核数据评价。然后基于微观核数据,结合反应堆数据软件所需的温度点和格式开展核数据加工,形成宏观数据库。最后基于已有基准题和宏观实验开展核数据的宏观检验,如果检验结果符合要求,形成可用的数据库,如果检验不符合要求,则需要进一步改进微观核数据[32]。

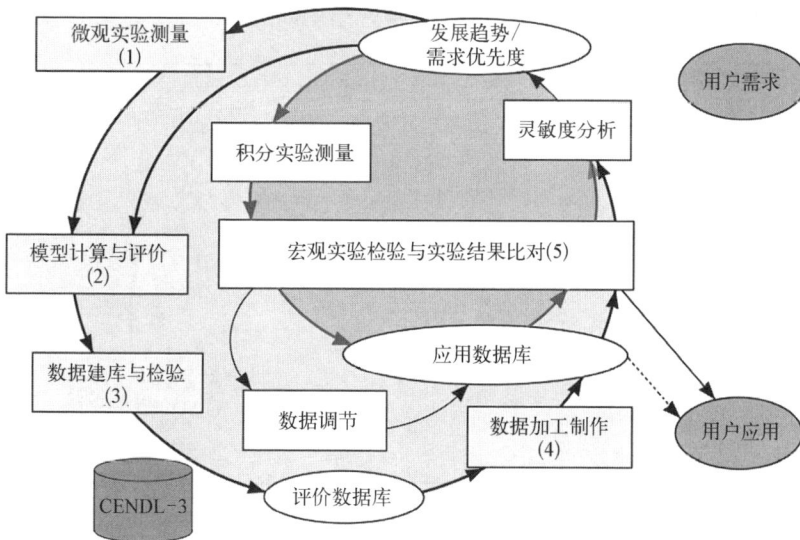

图 11 - 11　核数据产生流程[32]

基于钍基熔盐实验堆物理设计对钍铀燃料循环核数据的需求,中国科学院上海应用物理研究所联合中国核数据中心首先研制了钍铀燃料循环专用微观评价数据库 CENDL‐TMSR‐V1。并根据钍基熔盐实验堆的实际需求,开发了一系列宏观群常数库,建立了钍铀燃料循环专用核数据库[33]。

对于中子微观评价数据,主要结合宏观检验及微观评价对比分析,首先从国际主流评价数据库中筛选出科学可靠的通用核素核数据,重点改进了钍-231、镤-232、镤-233、铀-232、铀-233、锂-6、锂-7 等 TMSR 关键核素的核数据;其次,新增了熔盐堆独需的 FLiBe 热中子散射率数据[34],并给出了熔盐热中子散射数据的影响,修正了 TMSR 实验堆燃料首炉装载量、温度反应性系数等参数,提高了熔盐实验堆所用核数据的可靠性和适用性;基于上述工作,最终完成了 TMSR 物理设计所需的轻核、结构材料、裂变产物和裂变核等共 403 种核素的专用中子评价数据库。

对于宏观核数据库,则基于 2 MW 钍基熔盐实验堆的运行特点,利用自研的核数据加工程序(NDCSPS),制作了多温度点中子数据库、热中子散射数据库以及光核数据库。考虑到熔盐实验堆的运行温度,设计中子群常数库的温度点 51 个,温度范围为 20~1 200 K。

对于核数据宏观检验,结合 2 MW 钍基熔盐实验堆涉及的关键核素及能谱,基于国际核临界安全手册,建立了包含 300 多个基准实验装置的宏观检验系统,对实验堆用数据库进行了适用性分析。检验结果如图 11‐12 与图 11‐13 所示,

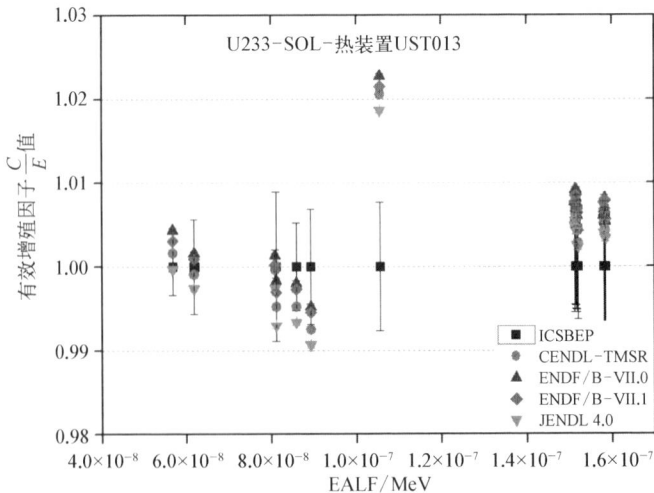

图 11‐12 铀‐233 溶液热装置有效增殖因子 C/E 值随 EALF[①] 的变化(含钍‐232)[34]

---

① EALF 用于表示系统的平均中子能量。

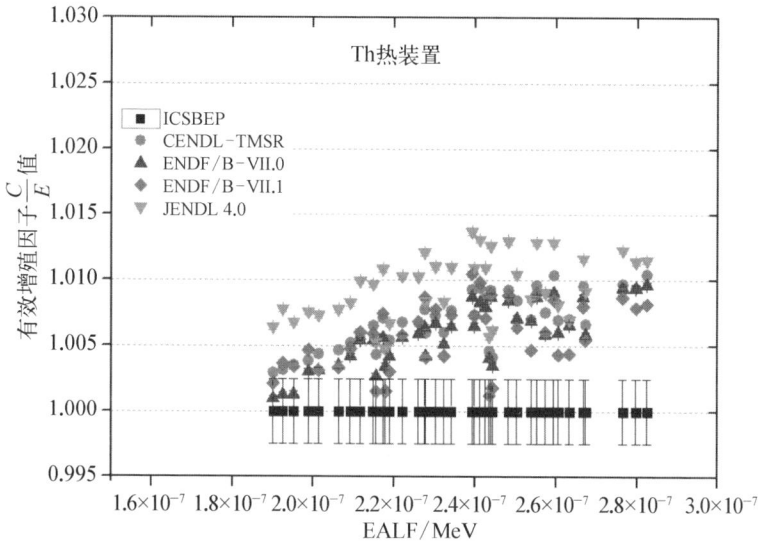

图 11 - 13 HCT021 系列热装置有效增殖因子 C/E 值
随 EALF 的变化[34]

CENDL - TMSR - V1 的计算值与实验值的差异大部分都控制在 0.5% 之内, 其计算结果与 ENDF/B - Ⅶ.0 库的计算结果基本一致,部分装置要优于 ENDF/B - Ⅶ.0[34]。

稳定可靠的强流白光中子源是钍铀循环及熔盐关键核数据精准测量的重 要装置。中国科学院上海应用物理研究所自主设计并建造了国内首台专用于 核数据测量的脉冲型电子加速器驱动白光中子源实验装置(TMSR - PNS),用 于 TMSR 关键核数据精确测量。基于该装置完成了钍- 232、锂- 6,7、铍、石 墨、镍、GH3535 合金等钍基熔盐堆关键核素或材料的中子全截面(见图 11 - 14)或热中子散射效应实验测量,得到的热能区实验数据不确定度小于 5%。 基于活化法开展了钍铀化合物等样品的中子辐照,获得了关键放射性核素产 物,为钍铀循环化学相关研究提供技术和数据保障。完成了 TMSR 关键材料 石墨和熔盐的硼当量测量,得到了硼当量效应曲线,为 2 MW 熔盐实验堆工程 设计裕量确定提供了关键数据支撑[35]。

基于 Back - n 装置开展了宽能区钍- 232 俘获截面和裂变截面测量,得到 了不可分辨共振区高精确度俘获截面实验数据[36],如图 11 - 15 所示,并利用 R 矩阵程序 SAMMY 对实验数据进行了理论分析,得到了共振参数,为核数据的评价改进提供了重要依据[37-38]。此外,结合中国散裂中子源 CSNS 反角白光中子线站 Back-n 和 TMSR-PNS 两个装置,实现了天然锂从热中子能区到 10 MeV 能区的全覆盖[39],得到了精确的全截面实验数据,如图 11-16 所示,且被 IAEA 的实验数据库 Exfor 收录,弥补了 keV 能区锂全截面实验数据的缺失。

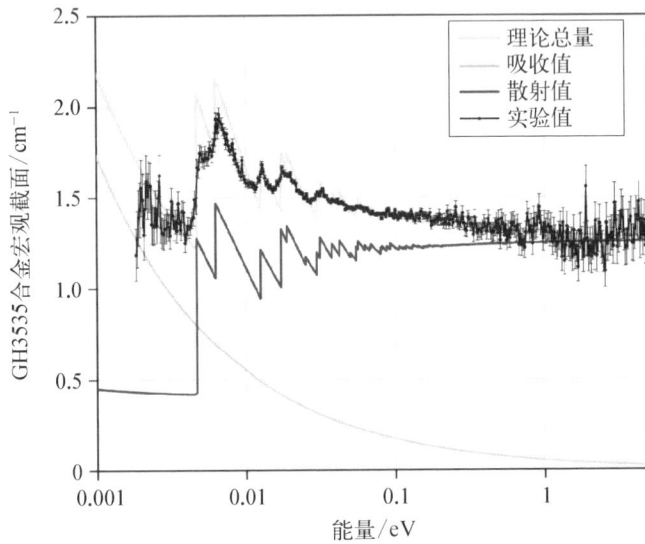

图 11-14 GH3535 合金热中子散射截面实验值与理论值对比[35]

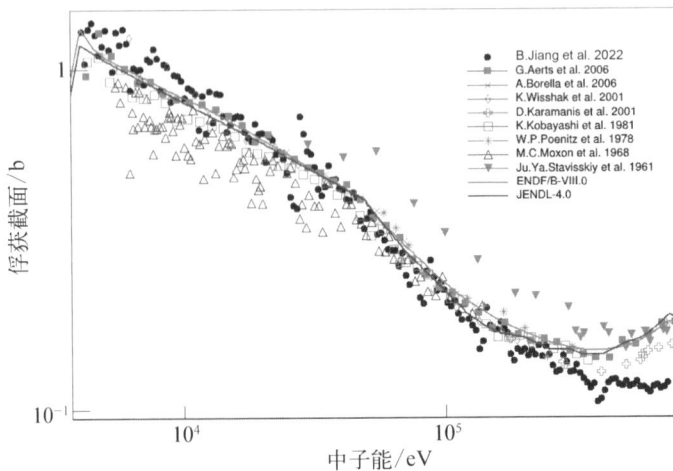

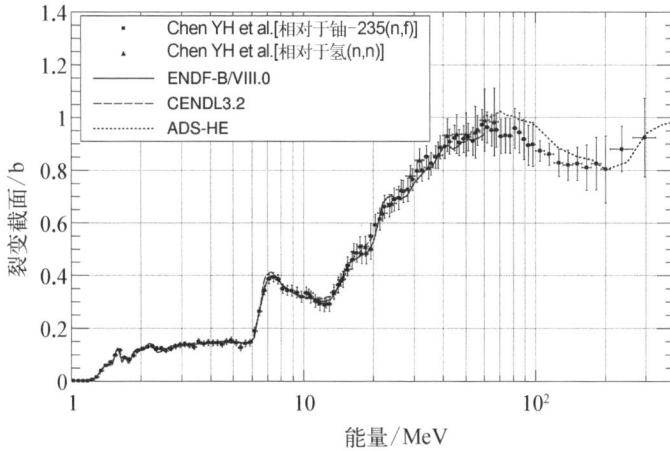

图 11 - 15　基于 Back - n 装置的钍- 232 俘获截面(上)[37]及
　　　　　裂变截面(下)实验结果对比[38]

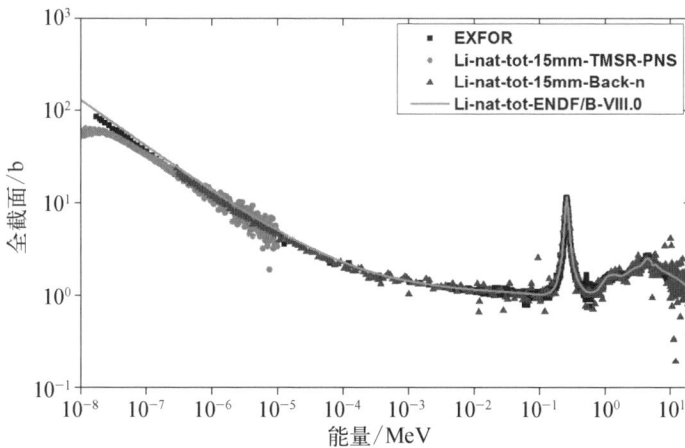

图 11 - 16　天然锂全截面实验数据[39]

　　钍燃料具有高转换效率、可实现全中子能谱下增殖、高放射性核素产量低
以及有利于防核扩散等优点,同时可与开环、改进开环及闭环等燃料循环模式
结合。早在核能发展初期,世界各国就已开始了钍铀循环相关研究,进入 21
世纪后,在高防核扩散、核废料最小化及高燃耗等需求的驱动下,核能发达国
家高度重视钍资源的利用,并基于不同类型的反应堆开展了大量的钍铀循环
研究。

　　作为唯一一种采用液态燃料的反应堆,熔盐堆在实现钍资源利用方面具

有其他固态反应堆无可比拟的优势。基于我国钍多铀少的国情,发展熔盐堆钍铀燃料循环对于保障我国能源自主供给具有非常重要的战略意义。围绕熔盐堆用钍的全流程技术,需重点突破钍铀循环过渡、钍基燃料后处理问题,为钍基熔盐堆早日实现商业化应用提供关键技术保障。中国科学院 TMSR 项目以钍资源高效利用为目标,基于后处理技术发展预期,提出了小型模块化熔盐堆钍利用"三步走"方案,逐步提高钍燃料的性能,最终实现钍的工业级高效利用。

参考文献

[1] 郭承站,赵永康,柴建设. 核燃料循环[M]. 北京:中国原子能出版社,2015.

[2] 石秀安,胡永明. 我国钍燃料循环发展研究[J]. 核科学与工程,2011, 31(3):281 - 288.

[3] Bays S, Piet S. The effect of burnup and separation efficiency on uranium utilization and radiotoxicity[R]. Idaho Falls:Idaho National Laboratory, 2001.

[4] Gibbs A K. The continental crust:Its composition and evolution[J]. The Journal of Geology, 1985, 94(4):632 - 633.

[5] Ragheb M. Thorium resources in rare earth elements [R]. San Francisco:Scribd, 2020.

[6] 孟艳宁,范洪海,王凤岗,等. 中国钍资源特征及分布规律[J]. 铀矿地质,2013, 29(2):86 - 92.

[7] 黄文辉,唐修义. 中国煤中的铀、钍和放射性核素[J]. 中国煤田地质,2002, 14:55 - 63.

[8] IAEA/NEA. Uranium 2016:Resources, production and demand[R]. Vienna:IAEA, 2016.

[9] 徐光宪. 白云鄂博矿钍资源开发利用迫在眉睫[J]. 稀土信息,2005(5):4 - 5.

[10] Tse P K. China's rare-earth industry:U. S. geological survey open-file report 2011 - 1042 [R]. Reston:U. S. Geological Survey, 2011.

[11] Rubbia C. A future for thorium power[C]//CERN. Thorium Energy Conference 2013, October 27 - 31, Geneva, Switzerland.

[12] 吴华武. 核燃料化学工艺学[M]. 北京:中国原子能出版社,1989.

[13] Jiang M H, Xu H J, Dai Z M. Advanced fission energy program - TMSR nuclear energy system[J]. Bulletin of Chinese Academy of Sciences, 2012, (3):366 - 374.

[14] Kang J, von Hippel F N. U - 232 and the proliferation resistance of U - 233 in spent fuel[J]. Science & Global Security, 2001, 9(1):1 - 32.

[15] Transatomic Power Corporation. Technical white paper, V. 1. 0. 1[R]. Cambridge:Transatomic Power Corporation, 2014.

[16] IAEA. Heavy water reactors:Status and projected development[R]. Vienna:International Atomic Energy Agency, 2002.

[17]　Surhone L M，Tennoe M T，Henssonow S F，et al. Advanced CANDU Reactor [M]. Mauritius：Betascript Publishing，2010.

[18]　申世飞，王永刚，王侃，等. 钍基先进 CANDU 堆燃料循环方式研究[J]. 原子能科学技术，2007，41(2)：194-198.

[19]　Anil K. Shaping the third stage of Indian nuclear power programme[C]//Indian Nuclear Society，Mumbai（India），Centre for Advanced Technology，Indore（India）. Annual conference of Indian Nuclear Society，October 10-12 2001，Indore（India）. Environmental Science，Engineering，Physics，Political Science，2003：1-6.

[20]　Sinha R K，Kakodkar A. Design and development of AHWR — the Indian thorium-fuelled innovative nuclear reactor，power from thorium — status，strategies and directions[J]. Nuclear Engineering and Design，2006，236(7/8)：683-700.

[21]　IAEA. Thorium fuel utilization：Options and trends[R]. Vienna：IAEA，2002.

[22]　Atefi B，Driscoll M，Lanning D. An evaluation of the breed/burn fast reactor concept[R]. USA：Massachusetts Institute of Technology，US Department of Nuclear Engineering，1980.

[23]　Robertson R. Conceptual design study of a single-fluid molten-salt breeder reactor [R]. USA：ORNL，1971.

[24]　Furukawa K，Arakawa K，Erbay L B，et al. A road map for the realization of global-scale thorium breeding fuel cycle by single molten-fluoride flow[J]. Energy Conversion and Management，2008，49(7)：1832-1848.

[25]　Heuer D，Merle-Lucotte E，Allibert M，et al. Towards the thorium fuel cycle with molten salt fast reactors[J]. Annals of Nuclear Energy，2014，64：421-429.

[26]　Mathieu L，Heuer D，Nuttin A，et al. Thorium molten salt reactor：from high breeding to simplified reprocessing[C]//GLOBAL 2003 - Nuclear Science and Technology：Meeting the Global Industrial and R&D Challenges of the 21st Century，Nov 2003，New Orleans，United States.

[27]　Ignatiev V，Zakirov R，Grebenkine K. Molten salts as possible fuel fluids for TRU fuelled systems：ISTC no. 1606 approach[M]. France：Organisation for Economic Co-Operation and Development Nuclear Energy Agency，2001：841-851.

[28]　Dolan T J. Molten salt reactors and thorium energy[M]. Sawston：Woodhead Publishing，2017.

[29]　Sowder A. Program on technology innovation：Technology assessment of a molten salt reactor design：The Liquid-Fluoride Thorium Reactor (LFTR)[R]. California：EPRI，2015.

[30]　张家骅，包伯荣，夏源贤. 钍铀核燃料循环研究[J]. 核技术，1988(10)：27-33.

[31]　胡继峰，王小鹤，李文江，等. 熔盐实验堆核数据引起反应性参数不确定度分析[J]. 核技术，2019，42(3)：59-67.

[32]　葛智刚，陈永静. 核数据研究及应用的进展与展望[J]. 原子核物理评论，2020，37(3)：309-316.

［33］ 刘萍,陈国长,吴小飞,等.钍铀循环专用核数据库 CENDL‐TMSR［J］.中国科学(物理学力学天文学),2020,50(5):73‐87.

［34］ 王小鹤,胡继峰,陈金根,等.钍铀燃料循环专用核数据库 CENDL‐TMSR‐V1 的基准检验［J］.原子能科学技术,2019,53(8):1466‐1474.

［35］ 王小鹤,胡继峰,韩建龙,等.TMSR 白光中子源关键核数据实验进展［J］.原子核物理论,2020,37(04):908‐912.

［36］ Jiang B, Han J L, Ren J, et al. Measurement of Th‐232(n, γ) cross section at the CSNS Back‐n facility in the unresolved resonance region from 4 keV to 100 keV［J］. Chinese Physics B, 2022, 31(6):95‐102.

［37］ Jiang B, Han J L, Jiang W, et al. Monte-Carlo calculations of the energy resolution function with Geant4 for analyzing the neutron capture cross section of Th‐232 measured at CSNS Back‐n［J］. Nuclear Instruments & Methods in Physics Research Section A-accelerators Spectrometers Detectors and Associated Equipment, 2021, 1013(2021):165677‐165685.

［38］ Chen Y H, Yang Y W, Ren Z Z, et al. Measurement of neutron-induced fission cross sections of ^{232}Th from 1 to 300 MeV at CSNS Back-n［J］. Physics letters B, 2023, 839, 137832.

［39］ 张江林,姜炳,陈永浩,等.基于中国散裂中子源反角白光中子束线的天然锂中子全截面测量［J］.物理学报,2022,71(5):129‐136.

第 12 章
熔盐堆高温核热综合利用

从能源利用效率的观点来看,直接使用热能是更为理想的一种方式,发电只是核能利用的一种形式。钍基熔盐堆具有出口温度高、能量密度高、功率输出稳定可调等特点,特别适用于高温核热的综合利用和多能融合。高温热化学循环制氢和高温电解制氢(high temperature steam electrolysis,HTSE)是重要的核能制氢技术,高温热化学循环制氢可以有效地利用反应堆产生的高温热,目前有上百条技术路线可以实现高温热化学循环制氢,其中碘硫循环是成熟度最高的一条技术路线。与常温电解相比,高温电解制氢技术电能消耗可降低 20%~30%,电解效率可以达到 90%~100%,大幅度降低制氢工艺成本,同时可以利用价格相对低廉的金属氧化物来取代贵金属作为电极材料,降低制氢设备成本。在高温下发电显然更有效,也更经济,采用布雷顿循环发电技术可以获得 40% 以上的发电效率。高温工艺热应用和热电联产涉及核电厂与其他系统和应用的整合。目前,约 20% 的能源消耗在工艺热应用上,而相比之下电力消耗为 35%~40%。用核热取代化石燃料供热,在保证能源安全、减少碳排放、价格稳定性等方面具有巨大的优势,也是一个重要的选项。合成氨、煤气化和甲烷蒸气重整等化工过程都需要 700 ℃ 以上的高温热,这些传统化工行业的能耗巨大,而对于合成氨、煤液化以及石油裂解产物(如乙烯)的需求正在逐渐增长。面对越来越严苛的碳排放要求以及传统能源资源的日益匮乏,探索新的工业能源供给和耦合十分重要。如果能够直接利用反应堆产生的高温热,可以实现 30% 左右的节能,在降低能源消耗总量的同时,提高了核能的经济性。以熔盐堆为代表的第四代核反应堆,其出口温度可以达到 700 ℃ 以上,符合高温核热条件。未来可使用反应堆产生的热直接作为工业生产过程的热源,用于天然气的蒸汽重整、煤的气化和液化、合成氨、乙烯生产等高耗能领域,而节约下来的化石燃料可以用作化工原料。

12.1 布雷顿循环发电技术

针对温度 700 ℃ 以上的第四代先进核能系统,现阶段较为成熟的热功转换系统主要包括蒸汽轮机系统(基于朗肯循环)以及闭式循环燃气轮机系统(基于闭式布雷顿循环)。根据工质的不同,闭式循环燃气轮机亦可分氦气轮机、氮气轮机、超临界二氧化碳轮机及混合工质轮机等,不同热工转换系统效率对比如图 12-1 所示。

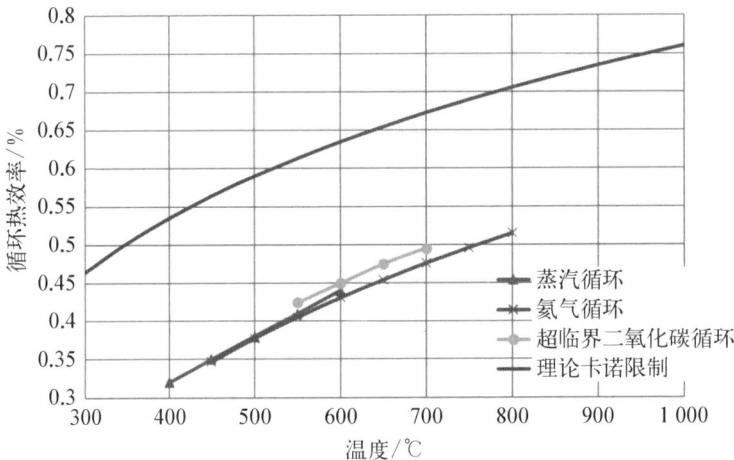

图 12-1 不同热工转换系统效率对比

对于蒸汽轮机系统,该技术发展已经百年以上,成熟度最高,但其系统较为庞大复杂,在运行维护过程中,需要不断补充循环水,不宜在水源匮乏的地区采用。目前,火力发电常用蒸汽轮机功率等级均在 30 万 kW 以上,多采用超临界及超超临界机组,温度范围为 538~610 ℃,压力范围为 24~32 MPa,效率约为 41%~44%[1]。700 ℃ 超临界机组是蒸汽轮机现阶段发展的瓶颈,材料耐高温高压问题很难在短时间内突破且成本昂贵。

闭式循环燃气轮机系统特别适用于中高温热源,进而获得较高的热功转换效率,具有热源灵活、工质多样性的技术优势。相比蒸汽轮机,其功率密度大、尺寸小、投资少,选址上用水少,因此具有很大灵活性。20 世纪中期,以空气为工质的闭式循环燃气轮机曾广泛应用于发电领域,技术成熟度较高。之后,随着高温核能概念的兴起,氦气轮机获得了极大的重视,并完成了非核领域的工业示范验证[2]。针对 700 ℃的条件,常用工质闭式布雷顿循环燃气轮机性能比较如下:气体工质(氦气、氮气、空气或混合工质)闭式循环燃气轮机热效率可接近 40%,超临界二氧化碳工质效率可接近 50%。但从技术成熟度来看,超临界二氧化碳轮机目前还处于中试阶段,缺乏工业示范验证,其高温材料问题也是技术难点[3]。

核能布雷顿发电系统主要由以下部分组成:① 核反应堆。采用高温气冷堆(high temperature gas cooled reactor,HTGR)或熔盐堆(molten salt reactor,MSR)等先进堆型,产生高温高压的氦气或二氧化碳等工质。反应堆中的熔盐堆(MSR)采用熔融的氟化盐作为燃料和冷却剂,堆芯出口温度可达 700 ℃以上。② 布雷顿循环。高温工质进入燃气轮机膨胀做功,驱动发电机发电。做功后的工质经过回热器、冷却器等设备降温降压后,由压缩机压缩回反应堆,完成循环。③ 燃气轮机。采用高温合金材料制造,能够承受高温高压的工质。④ 回热器。利用涡轮排气加热压缩机出口的工质,提高循环效率。⑤ 冷却器。将工质冷却至接近环境温度,以便压缩。

核能布雷顿循环技术热效率高,可达 40%以上,远高于传统压水堆的 33%。这主要得益于:① 更高的工质温度。布雷顿循环的工质温度可达 700 ℃以上,而朗肯循环的蒸汽温度通常不超过 600 ℃。② 更简单的循环系统。布雷顿循环省去了蒸汽发生器、汽轮机等设备,减少了能量损失。③ 核能发电本身不产生温室气体,结合布雷顿循环可实现近零排放。④ 熔盐堆、高温气冷堆等堆型可有效利用核燃料,减少核废料产生。熔盐堆可以在线处理核废料,提高燃料利用率。高温气冷堆采用包覆颗粒燃料,能够承受更高的燃耗。⑤ 核能布雷顿循环采用惰性气体或熔盐作为冷却剂,具有负温度系数等固有安全特性。负温度系数意味着反应堆功率会随着温度升高而自动下降,从而防止核事故的发生。惰性气体化学性质稳定,不易发生化学反应。熔盐在高温下流动性好,可以自然循环冷却。

核能布雷顿发电技术在以下领域具有广阔应用前景,可以作为基荷电源应用于大型核电站,提供稳定高效的电力。适用于电力需求大、能源结构需要优化的地区。小型模块化反应堆(small module reactor,SMR)用于偏远地区或特殊场景的电力供应,模块化设计便于运输和安装,可以快速部署。适用于岛屿、矿区等偏远地区,以及医院、数据中心等特殊场景。

随着技术的不断进步和成本的逐步下降,核能布雷顿发电技术有望在未来能源结构中发挥越来越重要的作用。通过优化循环参数、开发新型材料等手段,进一步提高循环效率。通过规模化生产、优化设计等手段,降低设备制造成本和运行维护成本。开发更加先进的安全系统和事故应对措施,确保系统安全可靠运行。探索核能布雷顿发电技术在核能制氢、核能供热等领域的应用前景。

核能布雷顿发电技术是未来核能发展的重要方向,具有高效率、低排放等优势,但也面临材料、系统复杂性和经济性等挑战。随着技术进步和成本下降,该技术有望在能源领域发挥更大作用,为应对气候变化、保障能源安全做出重要贡献。

12.2 高温制氢技术

第四代核能反应堆制氢方面的研究,其核心都是基于高温堆的工艺热。从核反应堆的角度来看,熔盐堆、超高温气冷堆等第四代核反应堆的出口温度都超过 700 ℃,所提供的工艺热都可以满足高温制氢过程,其系统效率和反应堆能提供的热能温度有很大的相关性。基于第四代核反应堆的核能制氢技术提供了一种直接裂解水制氢的路线,避免了对化石能源煤和天然气的消耗,同时可以避免温室气体的排放。经济合作与发展组织(Organization for Economic Co-operation and Development, OECD)和核能委员会(Nuclear Energy Agency, NEA)自 2000 年在巴黎开始,连续在 2003 年美国阿贡,2005 年日本茨城,2009 年美国奥克布鲁克举办了一系列会议,聚焦核能制氢的研究方法和进展。

核能是清洁的一次能源,尤其是随着第四代反应堆技术的不断发展,例如高温气冷堆、熔盐堆都可以产生 700 ℃以上的高温热,利用其产生的高温工艺热通过核热辅助热化学循环、高温蒸汽电解等技术制氢,其系统效率与反应堆能提供的热能温度有很大的相关性(见图 12 - 2)[4-5],系统效率都随着反应堆出口温度的升高而增大;其效率显著高于常规的由热到电、再由电到氢的制氢效率。一般来说目前直接电解制氢能量效率约为 25%,高温电解水蒸气制氢效率约为 45%,直接热化学制氢的效率循环约为 50%。更为重要的是,整个工艺减少甚至完全消除温室气体的排放,随着碳税的出现,未来在经济上也将具有很强的竞争力。

氢能是公认的清洁能源,被誉为 21 世纪最具发展前景的二次能源,在解决能源危机、全球变暖及环境污染等问题方面将发挥重要的作用,也将成为我

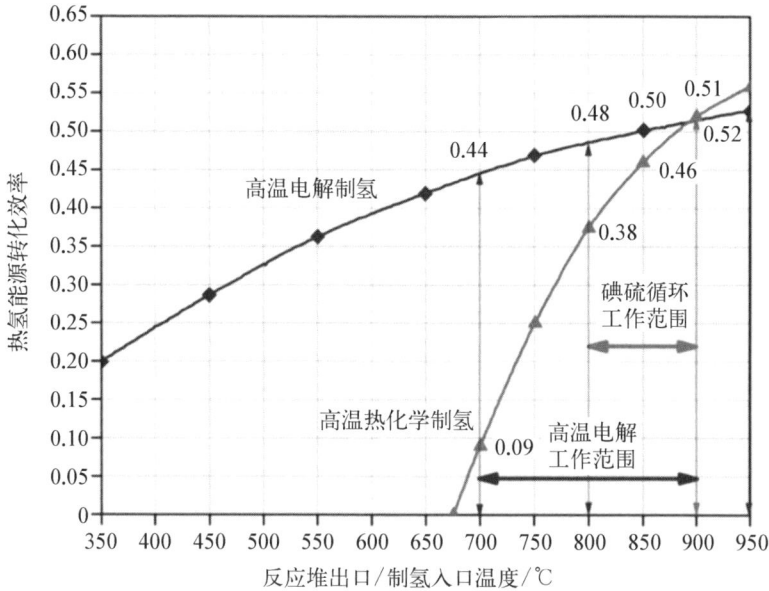

图 12-2　核能制氢系统效率对比

国优化能源消费结构、保障国家能源供应安全的战略选择。除了用于现有工业的原料外,未来氢气的市场需求还集中在交通运输业、发电领域、工业能源、热电联供、先进化工及直接炼铁等新兴领域。据权威机构预测,到 2030 年,我国氢气的年需求量将达到 3 715 万 t,在终端能源消费中占比约为 5%。到 2060 年,我国氢气的年需求量将增至 1.3 亿 t 左右,在终端能源消费中的占比约为 20%。

　　目前核能制氢主要有两种途径,一是通过水蒸气热裂解的高温热化学循环过程来制备氢气,这一过程中主要利用反应堆提供的高温热,在上百条热化学循环路线中,主要有 I-S 循环、Cu-Cl 循环、Ca-Br 循环、U-C 循环等可以与四代堆相匹配的技术路线,其中 I-S 循环制氢效率受温度影响较大,在 900 ℃以上效率可超 50%,但随着温度降到 800 ℃以下,效率急剧下降。同时也需指出的是,热化学循环是一个典型的化工过程,其工艺的规模化放大还存在一定风险;高温下的强腐蚀性对材料和设备要求较高,生产厂房的占地面积也较大。因此循环制氢技术主要挑战在于优化技术路线、提高整个过程的效率、解决反应器腐蚀等问题。目前日本原子能机构完成 I-S 循环制氢中试,国内的清华大学建立了实验室规模 I-S 循环实验系统,并实现系统长期运行的测试。

利用高温热的核能制氢的另一种主流是高温电解制氢气（high temperature steam electrolysis，HTSE），该过程以固体氧化物电解池（solid oxide electrolysis cell，SOEC）为核心反应器，实现水蒸气高效分解制备氢气。高温电解制氢技术的高效、清洁、过程简单等优点，近年来受到国内外研究者及企业的重视，已经成为与核能、风能、太阳能等清洁能源联用来制氢的重要技术。目前，美国、德国、丹麦、韩国、日本和中国等国家都积极开展相关方面的研究工作，德国 Sunfire 公司和美国波音公司合作，建成了国际规模最大的 150 kW 高温电解制氢示范装置，其制氢速率达到 40 m^3/h①，国内的中国科学院上海应用物理研究所在 2015 年研制 5 kW 高温电解制氢系统基础上，在先导专项的支持下，2018 年开展了 20 kW 高温电解制氢中试装置的研制，于 2023 年建成国际首个基于熔盐堆的核能制氢验证装置，制氢功率达到 202 kW，制氢速率达到 64 m^3/h，直流电耗为 3.16 kW·h/m^3。高温电解制氢技术可与核能或可再生能源结合，用于清洁燃料的制备和 CO_2 的转化，在新能源领域具有很好的应用前景。此外，由于可再生能源，像风能、太阳能、水能有很大的波动性，且受地域的限制，在传输上遇到很大困扰，利用高温电解制氢技术也为可再生能源的能源转化和储存提供了重要的途径，是未来新型能源网络中不可或缺的重要组成。

12.2.1 热化学循环制氢

热化学循环制氢是通过水蒸气热裂解的高温热化学循环过程来制备氢气。在热化学循环过程中，只有水分解产生氢气和氧气，而其他参与的化学物质回收利用。一个实际可行的热化学循环需要同时满足：① 具有较高的热力学理论转化效率；② 反应簇数不能过多；③ 无挥发性或者危险性的化学物质参与或产生；④ 在合理的温度范围内可以实现。

目前全世界已经提出超过 100 多个热化学循环可以用于制氢工艺，包括 $CaBr_2 - Fe_2O_3$ 循环、$H_2SO_4 - HI$ 循环高温循环、Cu - Cl 低温循环、Ca - Br 循环、U - C 循环等，其中由通用原子（General Atomic，GA）公司首先开发的 I - S 循环和日本东京大学提出的 UT - 3 循环等技术路线，可以与四代堆相匹配，但是 I - S 循环制氢效率受温度影响较大。

I - S 循环（Sulphur - Iodine cycle）主要包括三个过程，如图 12 - 3 所示。

---

① 此处的"m^3"是指 0 ℃，1 个标准大气压下的气体体积，即通常所说的"标准立方米"，下同。

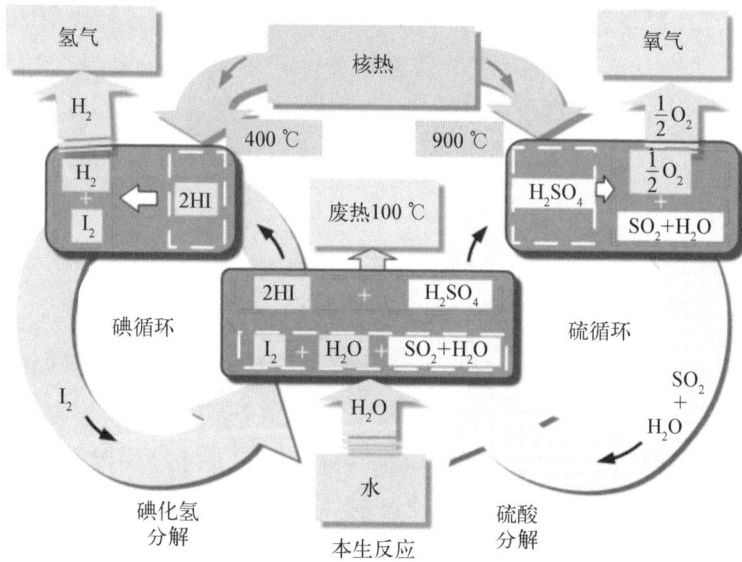

图 12-3　热化学 I-S 循环过程

(1) 本生(Bunsen)反应：$SO_2 + I_2 + 2H_2O \longrightarrow H_2SO_4 + 2HI$

(2) 氢碘酸分解反应：$2HI \longrightarrow H_2 + I_2$

(3) 硫酸分解反应：$H_2SO_4 \longrightarrow SO_2 + H_2O + 1/2O_2$

复合 S 循环(hybrid Sulphur cycle)是对 I-S 循环的改进,使用 SO_2 电解器取代了 S-I 循环中的 2 个部分。

(1) $SO_2 + 2H_2O \longrightarrow H_2SO_4 + H_2$　电化学过程(80～110 ℃)

(2) $H_2SO_4 \longrightarrow H_2O + SO_2 + 1/2O_2$　热化学过程(800～900 ℃)

本生反应是放热的 SO_2 气体吸收反应,反应在 20～100 ℃ 的温度范围内在水液相体系中自发地进行,生成氢碘酸(HI)和硫酸(H_2SO_4)的水溶液,增加反应物水与碘的量均利于反应的正向进行。同时,过量的碘可以自发地促使反应物分离,即反应酸液形成低密度 H_2SO_4 相(H_2SO_4,少量的 SO_2 和 I_2)和高密度 HI相(HI 和少量 I_2 的水溶液)。Sakurai[6]等人的研究结果表明在 20～100 ℃ 的温度范围内,本生反应进行得非常迅速,SO_2 能够完全被含过量碘的水溶液快速吸收。另外碘的熔点是 113.6 ℃,如果本生反应在 113.6 ℃ 以上进行,就不会存在碘凝结堵塞管道的问题,这时就需要增加压力以维持反应物的液体状态。所以通用原子公司推荐的反应温度是 120 ℃,反应压力为 4.3 bar①。

———————————

①　1 bar = 10^6 Pa。

其次是硫循环过程,自本生反应分离得到的 H_2SO_4 经过初步浓缩浓度一般从 $50\%\sim90\%$ 不等,浓缩后的硫酸在 $400\ ℃$ 旋蒸浓缩,硫酸分解成水与 SO_3,之后 SO_3 在 $850\ ℃$ 左右固体催化剂的作用下分解成 SO_2 和 O_2,反应温度与反应堆的热源温度能够很好地匹配,将反应堆的热源很好地应用于热化学循环碘硫制氢。

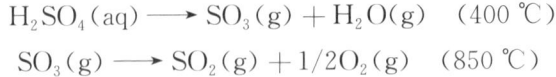

$$H_2SO_4(aq) \longrightarrow SO_3(g) + H_2O(g) \quad (400\ ℃)$$
$$SO_3(g) \longrightarrow SO_2(g) + 1/2O_2(g) \quad (850\ ℃)$$

尽管 SO_3 的分解反应是简单的均相气体反应,但是其在低于 $900\ ℃$ 时反应速率非常小,因此从 1980 年开始,研究者开始广泛开发 SO_3 分解反应的催化剂,但这个阶段的催化研究都在较理想的条件下进行,采用较稀的酸溶液,过量的催化剂,低的空速比以及较短的试验时间。Norman[7] 研究者发现 TiO_2、ZrO_2 及 SiO_2 负载的铂在较宽的温度范围内能表现出较好的催化活性。另外,Fe_2O_3 及 CuO 在高温低压条件下,也因其对应的金属硫化物热力学活性不稳定而表现出较好的催化活性。Yannopoulos 和 Pierre[8] 指出赤铁矿 Fe_2O_3 是一个高效、稳定性好、经济实用的高温催化剂。Norman[7] 等研究者报道 Al_2O_3 负载的铂催化活性较差,因为在 Al_2O_3 - Pt 催化剂表面会形成硫酸盐 Al_2S_3 导致催化剂失活。因此,催化剂的稳定性对氢气的制备过程至关重要,遗憾的是,到目前为止,没有关于催化剂长期稳定的报告。

最后碘循环部分,首先是 HI 从 HI_x 相($HI+I_2+H_2O$)分离出来(见图 12 - 4),分离效果对 HI 的后续分解特别重要。但是,从热动力学角度,在 $HI+H_2O$ 和 $HI+I_2+H_2O$ 的二元、三元体系的气液平衡系统中,存在共沸物或准共沸物,气相中的 HI 与水的比例与液相中的比例相同,这直接影响了蒸馏过程的热耗,进而影响了产氢效率。大量的研究工作集中于此,为了克服上述困难,目前有以下的实验方法得到验证。

(1)使用磷酸萃取精馏:该方法首先将 HI_x 溶液暴露到浓磷酸中,使碘沉淀析出;然后将剩余的溶液($HI+H_2O+H_3PO_4$)再蒸馏,尽管仍然存在准共沸物,但是当 HI 的质量分数为零的时候,磷酸的质量分数达到 85%。因此,脱水的 HI 可以通过蒸馏法从混合溶液中分离。然后将剩余的稀释后的磷酸溶液重新浓缩和回收。这种萃取精馏的方法中用于蒸馏的热消耗大大降低。相反,浓缩磷酸耗热量是必需的,原则上浓缩的热耗低于前者的热耗,因为前者不需要回流。

（2）利用膜技术 HI_x 预浓缩：膜技术应用于蒸馏前的预处理，增加 HI 在 HI_x 相中的浓度，避免了共沸时的浓度，简化纯 HI 在后续蒸馏中的分离及减少了再沸流程。Kasahara[9] 等研究者利用电-电渗析池（EED-cell）浓缩 HI_x 溶液和使用氢分离膜技术提高气相 HI 的分解速率。图 12-4 表示了其流程图，从本生反应的 HI_x 溶液与 HI 蒸馏后的剩余溶液混合，分成两路进入电-电渗析池浓缩系统。从 EED 浓缩后的富余 HI 蒸气进入蒸馏塔再蒸馏，气相 HI 流入装有氢选择性陶瓷膜的 HI 分解器中。

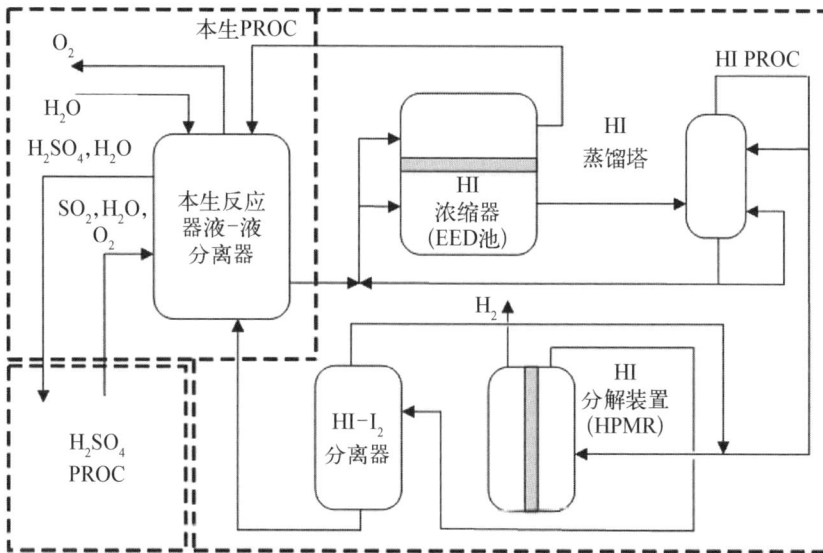

图 12-4　HI 分解示意图

目前，日本原子能机构（Japan Atomic Energy Agency，JAERI）完成了 I-S 循环制氢中试（见图 12-5），制氢速率达到 150 L/h[4]，清华大学建立了实验室规模 I-S 循环实验系统（60 L/h）[10]。热化学碘硫循环制氢也有一定的限制，比如，H_2SO_4 在 400 ℃高温下旋蒸浓缩对材料的腐蚀最严重。通用原子和日本原子能研究所筛选了几种材料，包括 Fe-Si 合金、SiC、Si-SiC、Si_3N_4 等，研究了它们在不同浓度的硫酸蒸发和气化条件下的抗腐蚀性能。含硅陶瓷材料如 SiC、Si-SiC、Si_3N_4 等都表现出良好的抗硫酸腐蚀性。对于 Fe-Si 合金，硅含量对抗腐蚀性能起决定作用。在质量浓度 95% 的 H_2SO_4 沸腾条件下，材料表面形成钝化层的临界硅含量为 10%；而在 50% H_2SO_4 中硅临界含量为 15%。材料表面的硅形成硅的氧化物钝化膜，可以阻止进一步腐蚀。但

Si-Fe 合金的缺点是其脆性,目前正在研究用表面修饰技术,如化学气相淀积(chemical vapor deposition,CVD)和离心铸造,使合金表面的硅含量较高而基体中较低,这样得到的材料才能表现出良好的延展性和耐腐蚀性。

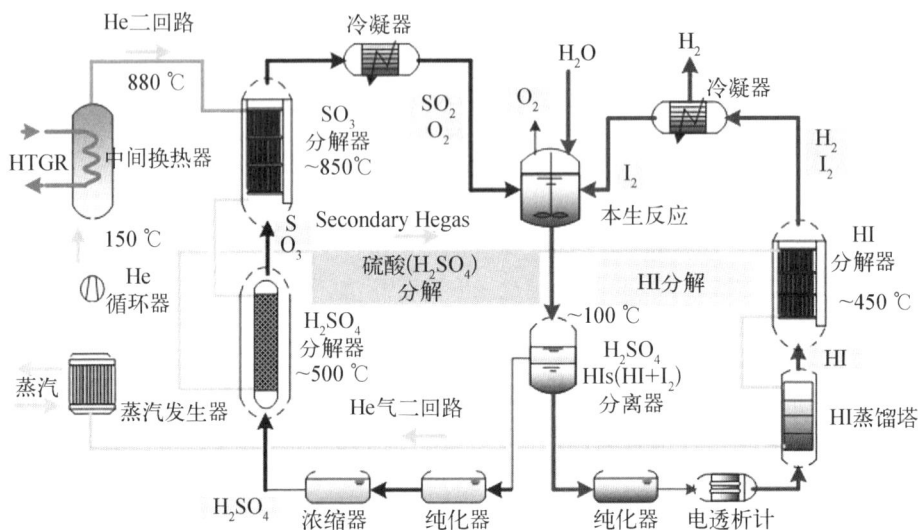

图 12-5　日本原子能机构的高温气冷试验堆 I-S 循环制氢示意图

橡树岭国家实验室(ORNL)发现并证明了利用热化学循环铀制氢的可行性,其中实验设备使用了商业化的成熟设备,循环经过的工艺流程较少,实现了在较低温度与压力下,利用铀的氧化物热化学循环分解水产生氢气的循环过程。整个循环过程是密闭的,只有水分解为氢气和氧气,其他物质均高效循环使用。

热化学铀循环制氢的基本方法是多价态的铀氧化物、水和碳酸盐反应产生氢气(见图 12-6)。过程包括三步化学反应:第一步反应即氢气产生的过程,U_3O_8 与碳酸钠及水蒸气在 650 ℃,二氧化碳作为载流体的一个大气压下,反应产生氢气、重铀酸钠($Na_2U_2O_7$),此时将氢气与载流体二氧化碳分离,收集氢气。重铀酸钠($Na_2U_2O_7$)冷却至室温,然后在弱碱碳酸铵的参与下,转化为三碳酸铀酰铵[$UO_2CO_3 \cdot 2(NH_4)_2CO_3$],通过一系列的离子交换树脂将产物三碳酸铀酰铵与碳酸钠分离,分离得到的碳酸钠经过回收重新进入循环过程,这是第二步反应。最后,三碳酸铀酰胺在 400 ℃分解,产生 U_3O_8、水、二氧化碳、氨气及氧气,除氧气外所有的这些产物经过分离回收进入下一个制氢循环过程。整个循环中副产物只有氧气。相对第二、三步反应,第一步是独特的,第二、三步已在铀处理工业中商业化(2000 年)。所以说,基于铀的热化学循环制氢过程中,产物的分离技术采用现有成熟化学手段实现,反应设备相对成熟,其制氢的经济效益还需要进一步验证。

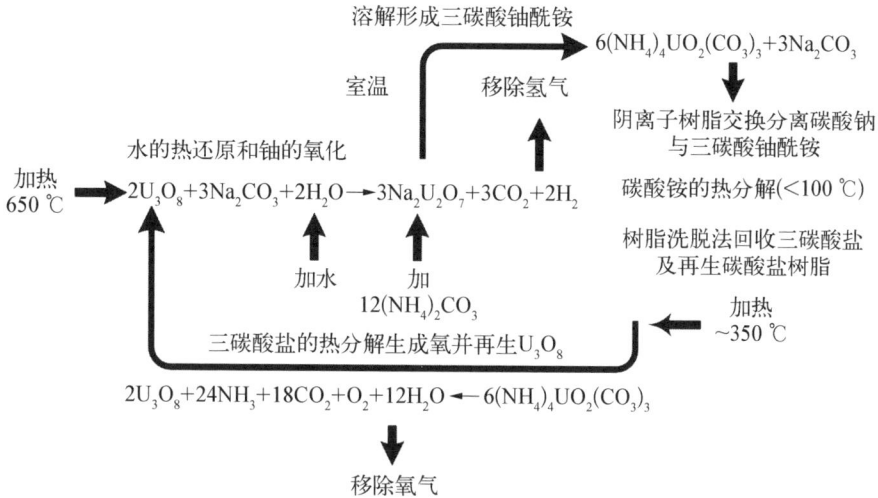

图 12 - 6　热化学铀循环制氢的示意图

12.2.2　高温电解制氢

高温电解制氢(HTSE)以固体氧化物电解池(SOEC)为核心反应器,实现水蒸气高效分解制备氢气,具有高效、清洁、过程简单等优点,近年来受国内外研究者及企业的重视,已经成为与核能、风能、太阳能等清洁能源联用来制氢的重要技术。因高温电解制氢技术可与核能或可再生能源结合,用于清洁燃料的制备和 CO_2 的转化,在新能源领域具有很好的应用前景。此外,由于可再生能源如风能、太阳能、水能等有很大的波动性,并且受地域的限制,在传输上遇到很大困扰,利用高温电解制氢技术也为可再生能源的能源转化和储存提供了重要的途径,是未来新型能源网络中不可或缺的重要组成[11-12]。

基于 SOEC 高温电解水蒸气制氢技术是实现 P2X 深度替代、电能转换为零碳化工燃料的关键性技术,固体氧化物电解水制氢技术具有良好的扩展性,是氢能经济架构下的战略性关键核心技术。《国家氢能产业发展中长期规划(2021—2035 年)》提出推进固体氧化物电解水制氢、核能高温制氢等技术研发,广东省、上海市、北京市和深圳市等也均将固体氧化物电解水制氢技术纳入氢能发展规划，提出建设百千瓦级、兆瓦级固体氧化物电解水制氢示范项目。

SOEC 是一种在中高温环境下将热能和电能高效环保地直接转化为化学能的全固态能源转换装置，在某些条件下可以与固体氧化物燃料电池（solid oxide fuel cell，SOFC）实现可逆运行。

在 SOEC 的基本结构组成中，中间为致密的固体电解质（solid electrolyte），两边是多孔的阳极（anode）和阴极（cathode）。固体电解质的主要作用是在电极之间传导氧离子，分隔氧化、还原气体和阻隔电子电导。因此，固体电解质需要具有高的离子电导率以及可忽略的电子电导，并且要求结构上完全致密。为了便于气体的扩散和传输，电极一般为多孔结构。此外，平板式 SOEC 还需要密封件（seal component）和连接体（interconnector）。

SOEC 工作温度一般在 $650\sim850\ ℃$，其工作原理如图 12-7 所示。在阴极/电解质界面，水蒸气与从外电路流入的电子结合，发生还原反应生成 H_2 和 O^{2-}，O^{2-} 在外加电压的驱动下从电解池的阴极通过电解质扩散到电解质/阳极界面，在该界面 O^{2-} 失去电子发生氧化反应生成 O_2，整个电解池的总反应式为 $2H_2O \rightarrow 2H_2 + O_2$。

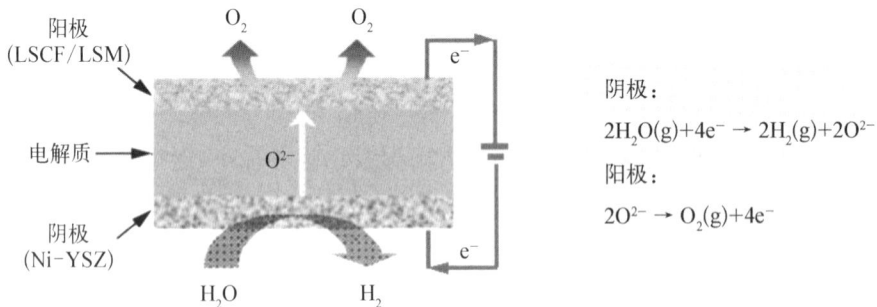

阴极：
$$2H_2O(g)+4e^- \rightarrow 2H_2(g)+2O^{2-}$$
阳极：
$$2O^{2-} \rightarrow O_2(g)+4e^-$$

图 12-7　SOEC 工作原理

SOEC 也可同时电解水蒸气和二氧化碳产生合成气（$H_2 + CO$）。在较高温度下（$700\sim1\,000\ ℃$），在 SOEC 两侧电极上施加一定的直流电压，水蒸气和二氧化碳在氢电极发生还原反应产生 O^{2-}，O^{2-} 穿过致密的固体氧化物电解质层到达氧电极，在氧电极发生氧化反应得到纯氧气。

在诸多制氢方法中，SOEC 具有突出的优点：只需要水和电作为输入，电解制氢效率可以达到 90%，电解池耗电量仅 $3.2\ kW \cdot h/m^3$，当电解所需要的电能和热能由可再生能源、核能等清洁能源提供时，具有零碳排放、清洁、节能、高效的特点,符合可持续发展的要求。除用于制氢外,SOEC 还可以用于二氧化碳的电解,能直接将温室气体转化为燃料。因此,在当前能源和环境问题日益凸显的社会背景下,SOEC 技术必将具有广阔的应用前景(见图 12 - 8)。

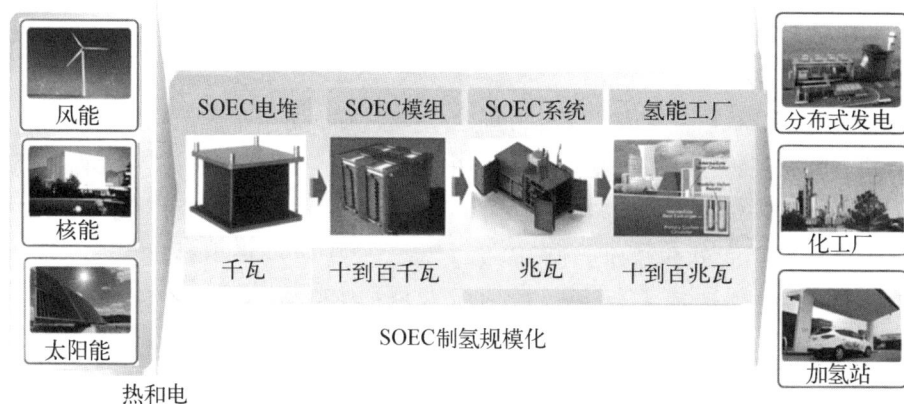

图 12 - 8　SOEC 制氢技术的优势

美国、德国、丹麦、韩国、日本和中国等国家都积极开展相关方面的研究工作[13-16]。1968 年,美国通用电气公司(General Electric Company,GE)首先开始 SOEC 实验研究,其电池采用了管式设计。20 世纪 70 年代末 80 年代初,德国多尼尔公司(Dornier)也开展了 SOEC 项目研究,分别研制出 10 个和 1 000 个长 10 mm、直径 13 mm 的管式单电池组成的电堆,在 1 000 ℃的高温下分别获得 6.8 L/h 和 0.6 m³/h 的产氢率。尽管 SOEC 的研究开始较早,但因技术难度较大以及化石燃料价格偏低,研究一直处于停滞阶段。近年来由于环境问题和能源问题的加剧,SOEC 的研究重新受到重视。

目前,美国爱达荷国家实验室(Idaho National Laboratory,INL)、德国 Sunfire、丹麦托普索(Haldor Topsoe)、日本东芝、日本原子能研究所等机构和公司的研究团队均对 SOEC 开展了研究,研究方向也由电解池材料研究逐渐转向电堆和系统集成。2018 年底,INL 初步完成了 25 kW 高温蒸汽电解制氢台架的搭建,并计划开展 250 kW 高温电解制氢系统的设计工作。2021 年 7 月,美国 Bloom energy 公司正式发布 360 kW SOEC 模块,结合工业废热,耗电量有望比 PEM 和 ALK 技术低 45%。2022 年 8 月,Bloom energy 公司研制的 SOEC 模块在 INL 完成了 500 h 的满负荷运行,产氢能耗为 3.37 kW · h/Nm³。2020 年 10 月,德国 Sunfire 在荷兰建成了 2.4 MW 的 SOEC 示范项目,产氢率为 60 kg/h,到 2024 年底,预计生产绿色氢气 960 t。在 2021 年,Sunfire 公司又推出了 150 kW SOEC 制氢装置,产氢率为 40 Nm³/h,原料为 150 ℃ 水蒸气,系统电耗为 3.7 kW·h/Nm³ H₂,并形成了钢铁厂进行氢冶金及可再生燃料厂进行电解合成燃料的应用示范。同时,丹麦 Haldor Topsoe 公司将在丹麦海宁(Herning)投资建立 SOEC 工厂,产能为 500 MW/a,电解堆的效率超 90%。

国内 SOEC 研究起步较晚,目前主要以科研院所和高校为主。中国科学院上海应用物理研究所、清华大学、中国科学院宁波材料技术与工程研究所(简称宁波材料所)、西安交通大学等在 SOEC 方面研究工作较为突出,中国科学院上海硅酸盐研究所(简称上海硅酸盐所)、华中科技大学、中国矿业大学、中国地质大学、潮州三环(集团)股份有限公司(简称潮州三环)、潍柴动力股份有限公司(简称潍柴动力)等机构和企业主要进行 SOFC 的研究。清华大学报道了 SOEC 电堆的制备、单电池制氢测试平台和高温下材料电化学评价系统研制能力,电堆产氢率可达 5.6 L/h 以上(见图 12-9)。

图 12-9 清华大学高温 SOEC 电堆及系统

宁波材料所固体氧化物燃料电池团队采用自主设计与研制的平板式固体氧化物燃料电池,利用 30 单元电堆标准模块进行高温电解制氢研究,单体电池有效面积为 70 cm²。电解堆以 H₂(0.5 NL/min)为保护气氛,并在阳极通入标准气压下 2.24 NL/min 的水蒸气流量。通过对比水蒸气通入量和收集量,电解堆在 800 ℃ 下,水蒸气电解转化效率维持在 73.5%,产氢速率为 94.1 NL/h(见图 12-10)。

图 12-10　宁波材料所 SOEC 高温电解制氢设备

中国科学院上海应用物理研究所在中国科学院战略先导专项的支持下从 2011 年开始核能高温制氢技术研究，聚焦 SOEC 相关的材料、单电池、电堆、模组和系统层面的研发，于 2013 年完成了 1 kW 级 SOEC 系统概念验证与系统集成，系统在 800 ℃ 条件下成功运行 500 h 以上，稳定运行产氢率达到 170 NL/h，电解效率达到 90％，衰减速率为 3.25％/100 h。2015 年，中国科学院上海应用物理研究所与中国科学院上海硅酸盐研究所合作开发了 5 kW SOEC 电堆，并于 2015 年底完成了系统的调试和运行，系统在 750 ℃ 条件下成功运行 1 000 h，产氢率达到 1.37 m³/h，衰减速率为 2.25％/1 000 h。2018 年，经过技术升级和优化设计，研制了可以稳定运行的 5 kW 级高温电解制氢中试装置，制氢速率进一步提升，经过 3 000 h 的运行测试，衰减速率小于 1％/1 000 h，为大规模的系统集成和工程示范打下了坚实的基础。

在中国科学院洁净能源先导专项的支持下，中国科学院上海应用物理研究所自 2018 年开始研制 20 kW 级高温电解制氢中试装置，开展电堆的级联放大技术研究，发展固体氧化物的综合热电管控技术，完成了装置自主工艺包设计，并实现了装置的研制。于 2019 年 3 月完成装置的集成安装，2019 年底完成了装置冷热联调，实现了成功开车。2020 年 8 月完成了装置的升级改造，增加了高压氢气加注模块并完成了调试，至此该装置具备了从制氢、储氢到加氢的完整功能,是国内首套高温电解制氢储氢加氢一体化装置。该装置采用撬块化高度集成设计,包括气体管理、电管理、热管理、安全防护和控制等模块,易于大规模拓展(见图 12 - 11)。装置的制氢速率达到 6 Nm³/h,储氢压力为 35 MPa,储氢量为 12 kg,电解池的氢能耗为 3.2 kW·h/Nm³。

图 12 - 11   中国科学院上海应用物理研究所 20 kW 高温制氢-加注一体装置

中国科学院上海应用物理研究所在中国科学院"变革性洁净能源关键技术与示范"战略性科技先导专项和上海市科技创新行动计划"科技支撑碳达峰碳中和专项"的支持下,于 2021 年开始 200 kW SOEC 制氢装置的设计与设备研制,该装置采用撬块化高度集成设计理念,包括电气系统、控制系统、公用工程系统、高温制氢系统、安全防护系统和氢气增压系统,易于建造、生产管理以及大规模拓展。于 2023 年 2 月 26 日启动装置运行并实现一次开车成功(见图 12 - 12),制氢功率达到 202 kW,制氢速率达到 64 Nm³/h,直流电耗为 3.16 kW·h/Nm³,并顺利完成连续 72 h 运行性能[17]。2024 年 11 月 21 日,国家能源局公布了第四批能源领域首台(套)重大技术装备名单,由中国科学院上海应用物理研究所自主研制的 20 kW 模组/200 kW 高温固体氧化物电解制氢装置成功入选,这是固体氧化物电解池制氢方向首次入选的国内首台(套)重大技术装备,充分体现了中国科学院上海应用物理研究所在该技术领域的领先性[18]。

经过数十年的发展,国内 SOEC 研发已经逐渐迈出实验室研究阶段,开始走向系统集成、中试验证和商业示范阶段,但是由于起步晚、研发投入不足、重视程度不够等原因,总体研究水平与欧美等国还是有很大的差距。

高温电解制氢技术主要包括电解质和电极材料、电解池、电解堆以及系统

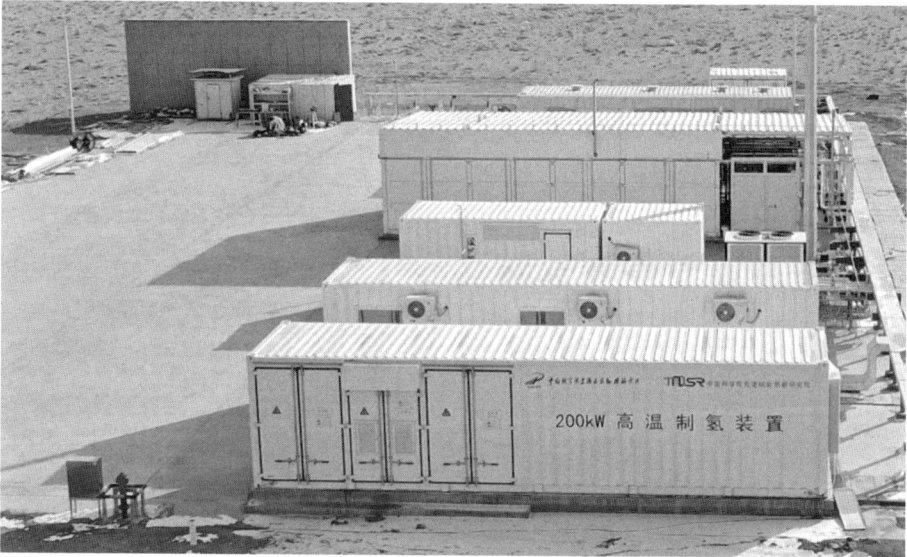

图 12‑12　中国科学院上海应用物理研究所 200 kW 高温电解制氢装置

4 个层面,目前高温电解制氢技术面临的主要挑战包括电解池长期运行过程中的性能衰减问题、电解池的高温连接密封问题、辅助系统优化问题、大规模制氢系统集成问题。SOEC 是高温电解水蒸气制氢气(HTSE)技术中的核心反应器(见图 12‑13)。电解池(堆)中的电极/电解质材料在运行中存在着诸多的分层、极化、中毒等问题,是导致系统衰减的重要原因。因此需要针对SOEC 工艺的特性,重点攻关电解池材料在高温和高湿环境下的长期稳定性问题。同时提升 SOEC 单电池生产装备的集成化和自动化水平,提高单电池良品率和一致性。大力发展千瓦级 SOEC 制氢模块的低成本和轻量化设计,提高规模化集成技术水平,开发电解池堆的分级集成技术。解决了这些问题,就可以使其在经济上具备一定的竞争力,从而更快进入实际应用领域。

　　SOEC 技术在大规模制氢领域具有广阔的应用前景和商业价值,但是该领域起步相对较晚,还存在一些亟待解决的问题,具体应加大以下几个方面的研究力度:

　　(1) 关键材料研发。关键材料主要包括电极材料和电解质材料等,目前材料存在电解效率不高,稳定性不强的问题,为了保证电池在较高温度下长期运行的性能稳定性,尤其是在共电解、电解二氧化碳,合成氨等条件下维持较高的催化活性,需要加大对不同电解质材料的研发。探索 SOEC 的电极反应机理;研究高温、高湿、还原气氛、氧化气氛和含碳原料下电池的衰减机制;新

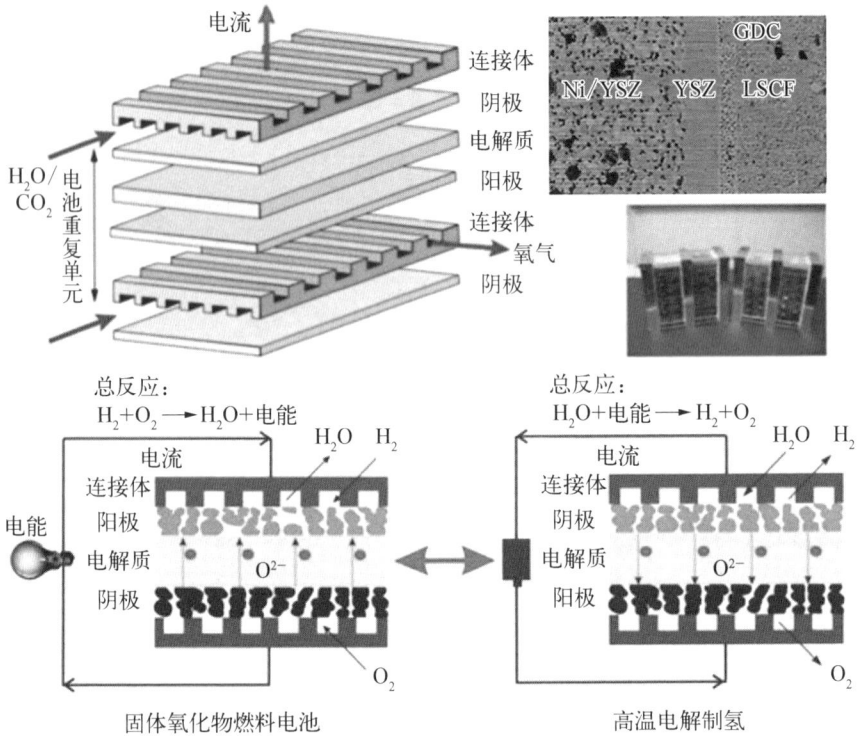

图 12‒13　SOFC/SOEC 电堆结构和发电/制氢两种模式工作原理

材料体系的研发和微观结构优化。

（2）单电池和电堆开发。单电池和电堆是核心设备，由于 SOEC 工况下对电堆的性能和密封性要求更高，为了保证高性能单电池在组装成电堆后仍具有较好的性能，需要通过多物理场模拟，设计原料和产物均匀分布的歧管，开发高性能的密封件和连接体，并探索电堆的精密组装技术，保证电堆的一致性。

（3）系统控制技术。在 SOEC 系统中，原料的组成对电堆的性能影响较大。精准控制电堆原料中氢气和水蒸气的比例是系统控制中的难题。需要实时监测电堆的温度、压力、湿度、电流及电压。当制氢系统与其他能源耦合时，比如热量、电能等来自核能、太阳能、风能、水电能等，需要研究耦合方式，制订控制策略，考虑热能和电能的分配与收集，开展动态模拟，提高 SOEC 系统的稳定性和耐受性。

（4）多电堆集成与辅助设备研制。在 SOEC 制氢系统，除了需要高性能的 SOEC 电堆外，还需要开发多电堆集成技术，多电堆的集成方式对模组内温度、电流、压力、应力等关键参数分布的影响。揭示集成方式对输出性能、电效率的影响规律,确定最优集成方式。开发高效热管理技术,提高热效率;开发适用于可逆固体氧化物电池的,具有高温低压特性、性能优越、能够长周期稳定运行的电加热器、高效换热器、氢气增压器等辅助设备。

(5) 多能耦合系统。SOEC 与风电、光伏和核能等清洁能源的耦合利用目前还停留在可行性验证以及系统效率和经济性评价层面,在大规模的耦合技术和工艺流程设计方面的相关工作非常有限。因此,需要发展 SOEC 与洁净能源发电系统的耦合技术,加速推进 SOEC 规模化应用。

12.3　高温工艺热利用

工业部门占全球能源相关碳排放的 25% 以上,其中化工、炼油、冶金等高耗能行业对高温工艺热(>400 ℃)的依赖尤为突出。合成氨、煤气化和甲烷蒸气重整等化工过程都需要 700 ℃ 以上的高温热,这些传统的化工行业的能耗巨大,而对于合成氨、煤液化以及石油裂解产物如乙烯的需求正在逐渐增长,面对越来越严苛的碳排放要求以及能源资源的日益匮乏,探索新的高温工艺热供应十分重要,如果能够直接利用反应堆产生的高温热,可以实现 30% 左右的节能,在降低能源消耗总量的同时,提高了核能的经济性。以熔盐堆为代表的第四代核反应堆,其出口温度可以达到 700 ℃ 以上,使用反应堆产生的热直接作为工业生产过程的热源,用于天然气的蒸汽重整、煤的气化和液化、合成氨、乙烯生产等高耗能领域,而节约下来的化石燃料可以作为化工原料。高温工艺热利用面临的一个重要挑战是安全防护及管理和许可问题,需要消除管理者和公众对于核能和化工耦合利用的担忧;同时对于不同类型的工艺热利用,需要执行新的管理规定,申请新的许可。

传统化石燃料提供高温热存在碳排放高、资源不可持续等问题,而核能高温工艺热凭借其低碳、稳定、可规模化等优势,成为工业脱碳的核心选项。第四代核能系统(如熔盐堆、高温气冷堆)的堆芯出口温度可达 700~950 ℃,可直接为工业流程提供高温热源,实现氢-电-热多联产,推动能源密集型产业的绿色转型。

以下简要介绍熔盐堆在几项主要化学工业产业中的应用。

(1) 熔盐堆在合成氨中的应用:氨(NH_3)是一种重要的化合物,应用范围广泛,主要用于生产尿素和硝酸铵等肥料。氨的合成是一个高度能源密集型的过程,传统上依靠天然气或煤炭作为主要来源来提供必要的氢气和热能。一个多世纪以来,哈伯-博施法(Haber - Bosch process)工艺一直是氨生产的基石,利用空气中的氮气(N_2)与氢气(H_2)在高压和高温条件下(通常约为400~500 ℃和150~300 bar)发生反应。利用核能为氨合成提供高温工艺热量具有几个优点:核反应尤其是熔盐堆(MSR)可以产生超过700 ℃温度的热量,这非常适合氨合成这个吸热反应。高温热可直接在氨合成反应器中使用,以保持所需的反应温度。这确保了稳定和连续的生产过程,减少了对外部热源的依赖,并改善了工厂的整体能源平衡。通过整合核热,可以显著减少甚至消除对化石燃料作为热能的需求,实现更可持续和环保的工艺。此外核反应堆的高温热还可以用于驱动蒸汽甲烷重整(steam methane reforming,SMR)或高温电解水蒸气生产氢气。在 SMR 中,甲烷(CH_4)在高温下与蒸汽(H_2O)反应生成氢气(H_2)和一氧化碳(CO)。利用核热,可以优化这一过程以实现更高的效率和更低的排放,或使用高温电解水蒸气,这比传统的低温电解更节能。

(2)熔盐堆在炼油中的应用:石油精炼是将原油分离和转化为各种有用产品(如汽油、柴油、航空燃料和化工原料)的过程。这一过程需要大量的高温热能,通常由燃烧化石燃料(如天然气和重油)提供。然而,燃烧化石燃料不仅会导致碳排放和环境污染,还会增加企业的运营成本和能源风险。核能高温过程热作为一种清洁、高效、稳定的热能来源,为石油精炼提供了新的可能性。原油蒸馏是石油精炼的第一步,传统的原油蒸馏过程通常使用蒸汽和热载体,而熔盐堆产生的高温热可以通过熔盐热交换器高效传热到蒸馏塔,提高蒸馏过程的热效率,通过高温将原油分离成不同沸点的馏分,如轻馏分(汽油、柴油等)和重馏分(渣油、重油等)。熔盐堆的高温工艺热可以提供稳定的高温工作条件,减少温度波动对蒸馏过程的影响,提高产品质量。催化裂化是一种将重馏分在高温下分解成轻质油的过程,熔盐堆高温工艺热通过提升反应温度,进而提高催化剂的活性,加快裂化反应的速率,提高轻质燃料油的产量。此外传统的催化裂化过程通常需要燃烧辅助燃料以维持反应温度,而熔盐堆高温工艺热可以直接提供所需的高温,减少对辅助燃料的依赖,降低运营成本。此外,对于加氢裂化过程,熔盐堆可以实现高温制氢,在高温高压下,通过氢气将重油裂解成轻质燃料油,提高加氢裂化过程的经济性。熔盐堆还可以满足加氢裂解所需的高温高压条件,减少反应时间,提高轻质燃料油的产量。在将轻质燃料油中的直链烃转化为支链烃的重整过程中,也可以通过提供稳定的高温条件,确保重整反应高效进行,提高汽油的辛烷值,同时减少能耗。

（3）熔盐堆在煤化工中的应用。煤化工是将煤炭通过化学加工转化为各种化工产品和能源的重要工业领域,包括煤气化、煤液化、甲醇合成和费托合成等工艺。传统的煤化工过程通常依赖化石燃料提供高温热能和氢气,不仅造成能源浪费,还会产生大量温室气体和空气污染物。煤气化是将煤转化为合成气的重要过程,通常需要在高温（1 300～1 600 ℃）和高压（20～40 bar）下进行。煤液化是将煤在高温（400～450 ℃）和高压（100～300 bar）下通过催化剂转化为液态烃类（如汽油、柴油等）的过程。甲醇合成利用合成气中的 CO 和 H_2 在催化剂作用下的化学反应,通常在高温（200～300 ℃）和高压（50～100 bar）条件下进行。费托合成是将合成气中的 CO 和 H_2 在高温（200～350 ℃）和高压（10～30 bar）下通过催化剂合成烃类（如柴油、汽油等）的过程。熔盐堆高温工艺热可以在这些过程中提供稳定的高温热源,同时高温制氢可以提供大规模低成本的清洁低碳氢,通过优化反应条件,提高产品的产率和质量,同时降低碳排放。

（4）熔盐堆在冶金中的应用。冶金工业是国民经济的重要支柱之一,涵盖了从矿石提取、熔炼、精炼到最终成型的全过程。传统的冶金工艺通常依赖于化石燃料（如煤和天然气）提供高温热能,是能源消耗和碳排放的大户。传统的高炉炼铁工艺需要大量的焦炭作为还原剂和热源,这不仅增加了碳排放,还面临资源短缺的问题。熔盐堆可以通过高温制氢结合高温工艺热,用于直接还原铁（direct reduced iron,DRI）工艺。这种工艺可以减少对焦炭的依赖,降低碳排放。此外,在矿石冶炼过程中,可以通过核能提供高温热,显著提高冶金和废料处理等过程的能效,减少碳排放和环境污染。核能制氢将核反应堆与高温制氢工艺耦合,大规模生产氢,并用于冶金,氢还原炼铁法是用氢替换碳作为炼铁还原剂,使炼铁工序中产生水,而不是二氧化碳,从而大幅度减少温室气体的排放。核能制氢与氢能冶金结合将成为划时代的技术革命。根据预测,一台 60 万 kW 的高温堆可以满足 180 万 t 钢对冶炼中氢气、电力及部分氧气的能量需求,每年可减排约 300 万 t 二氧化碳,减少约 100 万 t 标准煤能源消费,将有效缓解我国碳排放压力。

12.4　核能供热

我国 60％以上的地区、50％以上的人口需要冬季供热,目前的供热方式主要为集中供热和分布式供热,集中供热主要来自燃煤热电联产或者燃煤锅炉,每年需要消耗5亿t煤炭。为了缓解用煤导致的严重环境污染和雾霾天气,我国部分地区率先开始"煤改气、煤改电"工程,但这也导致了天然气资源稀缺,电网负担加重等困难。核能作为清洁能源,会成为未来重要的供热资源。核能供热的一大优势就是低碳、清洁、规模化。以一座400 MW的供热堆为例,每年可替代32万t燃煤或1.6亿m^3燃气,与燃煤供热相比,可减少排放$CO_2$64万t、$SO_2$5 000 t、氮氧化物(NO_x)1 600 t、烟尘颗粒物5 000 t。目前核能供热主要有两种方式,低温核供热和核热电联产。

20世纪80年代,瑞典的核动力反应堆Agesta已经实现了连续供热,是世界上第一个民用核能供热核电站的示范。此后,俄罗斯、保加利亚、瑞士等国也开始研发、建造核能供热系统。我国于20世纪80年代也开始了核能供热反应堆的研发,1983年,清华大学在池式研究堆上实现我国首次核能低温供热实验[19]。经过多年的研究和发展,在低温核供热技术层面已经逐渐形成了池式供热堆和壳式供热堆池两种主流类型。池式供热堆以游泳池实验堆为原型,壳式供热堆由目前主流压水堆核电站技术演进而来。核热电联产的最大优势是节能,实现了能源资源的优化配置,热电联产的综合能源利用率可以达到80%,具有较高的综合能源利用率,其缺点是热电不能兼顾,所以需要同核供热协同形成优势互补。

近年,核能供热产业在国内获得了极大的关注。2017年,由国家发展和改革委员会、国家能源局、生态环境部等10个部门共同制定的《北方地区冬季清洁取暖规划(2017—2021年)》就明确提出,研究探索核能供热,推动现役核电机组向周边供热,安全发展供暖示范。中国核工业集团推出了"燕龙"泳池式低温供热堆,中国广核集团和清华大学推出了壳式低温供热堆,国家电力投资集团提出了微压供热堆,目前已经在黑龙江、吉林、辽宁、河北、山东、宁夏、青海等多个省区开展了相关厂址普选和产业推广工作。

核能供热战略布局可以有效解决我国北方多地的缺热情况。另外,引入大温差长途输热技术后,我国核能供热将不再受困于远距离输热的限制,核反应堆可以安置在核安全距离以外,并为城市提供安全、稳定的热能。

目前我国已投运的核能商用供热项目均采用抽汽供热技术,就是从核电厂汽轮机抽取部分发过电的蒸汽作为热源,将热量送给热力公司再经市政供热网络传递给终端用户。以我国首个核能供热商用示范工程——"暖核一号"海阳核能供热工程为例,这个供热过程是由五个回路完成的,如图12-14所示。

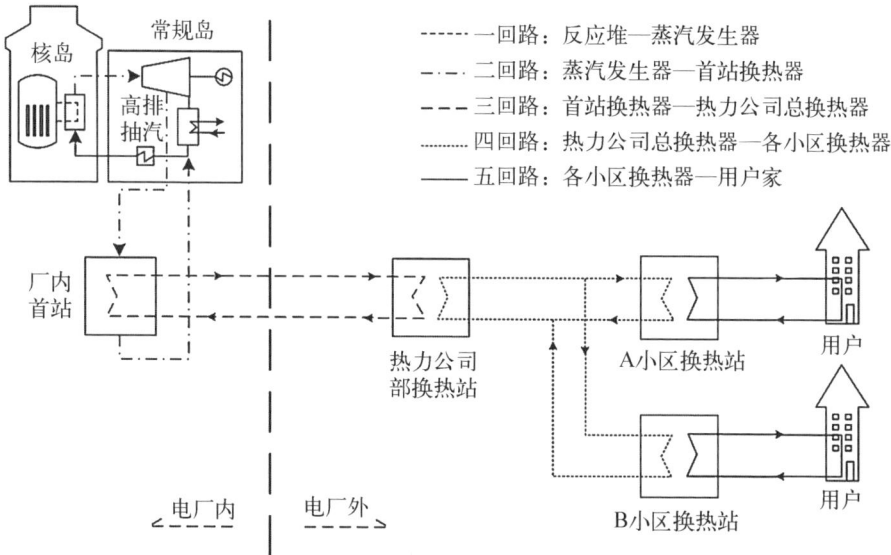

一回路：反应堆—蒸汽发生器
二回路：蒸汽发生器—首站换热器
三回路：首站换热器—热力公司总换热器
四回路：热力公司总换热器—各小区换热器
五回路：各小区换热器—用户家

图 12‑14　"暖核一号"海阳核能供热工程流程示意图[20]

一回路核反应产生的热量通过蒸汽发生器,将二回路的水加热成高温高压蒸汽;二回路部分蒸汽被抽取用来加热核电厂内换热站的水,加热后的水通过三回路传送到热力公司总换热站;在总换热站,三回路继续加热四回路内的水;接着四回路的水就沿市政供热网络传输到小区的换热站中,将热量传递给五回路,进而送入千家万户家中,实现为居民供暖的目的。

五个回路之间只有热量的传递,没有水的交换。就像自热小火锅一样,热源和食物没有接触,食物可放心食用。核能供热用户接触到的是与传统供热方式一样的热水。通过三回路与二回路间的压差设计、在线监测等,也能实现多重屏障防御,保障安全。

12.5　海水淡化

淡水和能源资源一样,对于人类社会生存和发展至关重要,是不可或缺的必需条件。海水淡化是获取淡水资源的一种重要途径,但规模化的海水淡化需要大量的能量消耗。因此从环保和可持续发展等角度考虑,基于核能的海水淡化技术将在未来占有越来越重要的位置。

海水淡化技术利用蒸发、膜分离等手段,可将海水中的盐分分离出来,获得含盐量低的淡水。其中反渗透法(reverse osmosis,RO)、多效蒸馏法(multi-effect distillation, MED)、热压缩多效蒸馏法(multi-effect distillation—vapor compression, MED—VC)和多级闪蒸法(multi-stage flash, MSF)是经过多年实践后认为适用于大规模海水淡化的成熟技术。上述几种海水淡化技术都利用热能或者电能来驱动,因此在技术上都可以实现并适用于与核反应堆耦合。在核反应堆和海水淡化工厂的耦合过程中,需要重点考虑以下 3 个问题: ① 如何避免淡化后的水被放射性元素影响,② 如何避免海水淡化系统给核反应堆带来额外的影响,③ 如何将两者的规模更合理地匹配起来。

过去十几年来,许多国家对核能海水淡化的技术给予越来越多的关注,国际原子能机构(International Atomic Energy Agency, IAEA)也在推进核能海水淡化的过程中起到了重要的组织和协调作用,包括中国在内的许多成员国参加了由 IAEA 组织的国际合作研究计划,也提出了不同的高安全性核反应堆方案以应用于海水淡化系统[21-22]。

目前我国已建和在建的海水淡化系统累计淡化能力约为 60 万 t/d,成本为 4~5 元/t[23]。海水淡化技术正在逐渐走向成熟,随着成本的不断降低,其经济性也在不断提升。国内核电站大多建于沿海地区,为推动基于核能的海水淡化建设提供了更多便利。其中,红沿河核电站、宁德核电站、三门核电站、海阳核电站、徐大堡核电站、田湾核电站,以及未来的山东荣成示范核电站均采用海水淡化技术为厂区提供可用淡水。在海水淡化的主流技术中,反渗透(RO)法具有显著的节能性,在我国被广泛推广和使用。

面对未来的能源低碳化需求,只有核能和可再生能源是零碳排放,可再生能源具有资源丰富、清洁、可再生等优点,但是它的波动性或间歇性导致其与目前的电网基础设施缺乏良好的兼容性,大规模使用时,需要提供稳定的基荷能源调控电力输出。核能由于其可持续、高效、可靠,是唯一能够提供可调度基荷电力的清洁能源,因而构建核能-可再生能源融合的复合能源系统是实现能源低碳清洁高效利用的重要解决方案。此外,对于钍基熔盐堆核能系统,可以通过熔盐传蓄热和高温制氢技术,将核能和可再生能源的优势发挥,协同利用。因此,需要从经济和能源安全的角度来评估各种清洁能源在全国乃至全球能源体系中的份额,制定合理的技术路线,开展多能融合的核能-可再生能源复合能源系统(hybrid energy system, HES)示范,并实现稳定运行,解决并克服两种技术耦合使用时的问题,这对经济和社会的发展进步具有重要的意义,也是目前核能综合利用发展的重要趋势。当前,以华龙一号、AP1000、欧洲压水式反应堆(European Pressurised Reactor,EPR)等为代表的第三代核能系统已经开始大规模商业应用,建议加快以熔盐堆核能制氢、高温热利用等综合利用技术研发,充分调动国内相关研究机构和企业的优势力量,加大政策支持和投入保障力度,落实核能制氢、核能供热等综合利用示范项目的建设。

参考文献

[1] 陈硕翼,朱卫东,张丽,等. 先进超超临界发电技术发展现状与趋势[J]. 科技中国,2018(9):14 – 17.

[2] Weisbrodt I A. Summary report on technical experiences from high-temperature helium turbomachinery testing in Germany[M]. Vienna:IAEA,1996.

[3] 高峰,孙嵘,刘水根. 二氧化碳发电前沿技术发展简述[J]. 海军工程大学学报(综合版),2015,12(4):92 – 96.

[4] International Atomic Energy Agency. Hydrogen production using nuclear energy[M]. Vienna:IAEA,2013.

[5] Yan X L,Hino R. Nuclear hydrogen production handbook[M]. Boca Raton:CRC Press,2018.

[6] Sakurai M,Nakajima H,Amir R,et al. Experimental study on side-reaction occurrence condition in the iodine-sulfur thermochemical hydrogen production process[J]. International Journal of Hydrogen Energy,2000,25:613 – 619.

[7] Norman J H,Mysels K J,Sharp R,et al. Studies of the sulfur-iodine thermochemical water-splitting cycle[J]. International Journal of Hydrogen Energy,1982,7:545 – 556.

[8] Yannopoulos L N,Pierre J F. Hydrogen production process:High temperature-stable catalysts for the conversion of SO_3 to SO_2 [J]. International Journal of Hydrogen Energy,1984,9:383 – 390.

[9] Kasahara S,Kubo S,Hino R,et al. Flowsheet study of the thermochemical water-splitting iodine-sulfur process for effective hydrogen production[J]. International Journal of Hydrogen Energy,2007,32:489 – 496.

[10] 清华大学核能与新能源技术研究院. 高温气冷堆制氢关键技术研究达到预期技术目标[R]. 北京:清华新闻网,2014.

[11] Fang Z,Smith R L,Qi X H. Production of hydrogen from renewable resources[M]. Amsterdam:Springer Netherlands,2015.

[12] Naterer G F,Dincer I,Zamfirescu C. Hydrogen Production from Nuclear Energy[M]. London:Springer-Verlag,2013.

[13] Maskalick N J. High temperature electrolysis cell performance characterization[J]. International Journal of Hydrogen Energy,1986,11(9):563 – 570.

[14] Herring J S,O'Brien J E,Stoots C M,et al. Progress in high-temperature electrolysis for hydrogen production using planar SOFC technology[J]. International

Journal of Hydrogen Energy，2007，32(4)：440-450.

[15] Stoots C，O'Brien J，Hartvigsen J. Results of recent high temperature coelectrolysis studies at the Idaho National Laboratory[J]. International Journal of Hydrogen Energy，2009，34(9)：4208-4215.

[16] International Atomic Energy Agency. Economics of nuclear desalination：New developments and site-specific studies[R]. Vienna：IAEA，2007.

[17] 中国科学院上海应用物理研究所.上海应物所200 kW高温制氢装置一次开车成功并顺利通过项目验收[R].上海：中国科学院上海分院,2023.

[18] 中国科学院上海应用物理研究所.中国科学院上海应用物理研究所自主研制的20 kW模组/200 kW高温固体氧化物电解制氢装置入选国家能源领域首台(套)重大技术装备[R].上海：上海市科技创新服务中心(上海市科技成果档案资料馆)，2024.

[19] 清华大学核能与新能源技术研究院.小型模块化自然循环压水堆[R].北京：清华大学,2024.

[20] 国家能源局.核能供热基本原理[R].北京：中国电力报,2022.

[21] International Atomic Energy Agency. New technologies for seawater desalination using nuclear energy[M]. Vienna：IAEA，2015.

[22] International Atomic Energy Agency. Advances in nuclear power process heat applications[M]. Vienna：IAEA，2012.

[23] 陈微,张立君.海水淡化技术在国内外核电站的应用[J].水处理技术,2018,44(11)：133-137.

第 13 章

未来展望

人类未来的可持续发展离不开现代能源体系的进一步发展,展望未来,核能将在全球能源体系转型过程中起到越来越重要的作用。核能的能量密度高,发电能力不受昼夜、季节、气候等环境变化的影响,是公认的低碳基荷能源;直接二氧化碳排放为零、间接排放最低,是保障国家能源安全、促进节能减排的重要手段[1]。在全球能源转型和气候变化应对的大背景下,核能作为一种清洁、高效的能源形式,正受到越来越多国家的重视;2023 年 12 月,在第 28 届联合国气候变化大会上,22 个国家达成《三倍核能宣言》,声明到 2050 年全球核电装机量将达到目前的三倍[2];世界核能行业协会(WNA)汇总多家权威机构成果,2030、2040、2050 年全球核能装机容量预测如表 13-1 所示[3]。

表 13-1　全球核能装机容量预测

年　份	世界核能装机容量(电功率)/GW			复合年增长率/%			预　测　场　景
	2030	2040	2050	2030	2040	2050	
世界核能协会(World nuclear association, WNA)[3]	490	931		3.48%	5.44%		高增长场景(upper scenario, US)
	444	686		1.80%	3.44%		参考场景(reference scenario, RS)
IAEA[4]	461	694	950	2.44%	3.52%	3.39%	高增长情况(high case, HC)
	414	491	514	0.62%	1.31%	0.98%	低增长情况(low case, LC)

（续表）

IEA[5]	世界核能装机容量（电功率）/GW			复合年增长率/%			预 测 场 景
	497	677	769	3.73%	3.36%	2.56%	宣布承诺场景（Announced Pledges Scenario，APS）
	482	557	622	3.20%	2.11%	1.72%	既定政策场景（Stated Policies Scenario，STEPS）

注：复合年增长率以2024年底全球核电装机规模（399 GW）为基准计算。

  我国的一次能源消耗总量现居世界首位、且在过去较长一段时间以来一直保持高速增长，1983—1993、1993—2003、2003—2013、2013—2023的各期复合年增长率分别为 5.63%、5.52%、5.64% 和 3.43%[6-7]；与此同时，我国的年度碳排放也迅速增加，2006年起超过美国居世界首位，1983—1993、1993—2003、2003—2013、2013—2023 的各期复合年增长率分别为 5.00%、4.79%、4.60% 和 1.80%[6-7]。可以看到，我国在发展非化石能源方面所作的努力已初见成效，近年的年度碳排放增量已得到有效控制；我国将继续努力，走出一条可持续的能源发展之路。中共中央、国务院印发的《关于完整准确全面贯彻新发展理念做好碳达峰碳中和工作的意见》指出：到2060年，太阳能、风能、水力及核能等非化石能源消费比重需达到80%以上[8]。为此，我国积极进行能源结构转型，太阳能、风能、核能等清洁能源的增长尤为迅速；以核能为例，自1993—2003、2003—2013、2013—2023 核能的各期复合年增长率分别为19.64%、11.59% 和 14.02%[6-7]，远超一次能源总体。当前，我国正在以强大的制造业为后盾大力推进第三代核电技术的规模化应用[9]，同时第四代核电技术的研发也已打下坚实基础、一些领域已国际领先[10-11]。我国核能具备明显的后发优势，目前已基本度过进口技术转化期；现有核电（57台，总容量59.3 GW）中有三成属第三代或三代加（17台，总容量20.2 GW）；在建核电（28台，总容量32.3 GW）除2台钠冷快堆、1台小型压水堆外，其他均为第三代或三代加（25台，总容量30.8 GW）[12]。

  由于经济产业、社会人口、科技进步、政策导向等因素的综合影响，我国能源需求将于2030—2035年达到峰值[5,13]，但电力及核能的年度需求至2050年仍将持续增长。自2023年起至2030、2035和2050年，IEA预测我国年发电量的复合增长率分别为 4.44%、3.52% 和 2.57%（STEPS）或 4.38%、3.56%

和 2.71％(APS)、其中核能年发电量的复合增长率分别为 5.27％、6.23％和 3.70％(STEPS)或 7.82％、9.25％和 5.22％(APS)[5]，中国石化预测我国核能年发电量的复合增长率分别为 8.80％、7.52％和 5.49％[13]。以上关于我国核能的历史及预测数据汇总如图 13-1 所示。

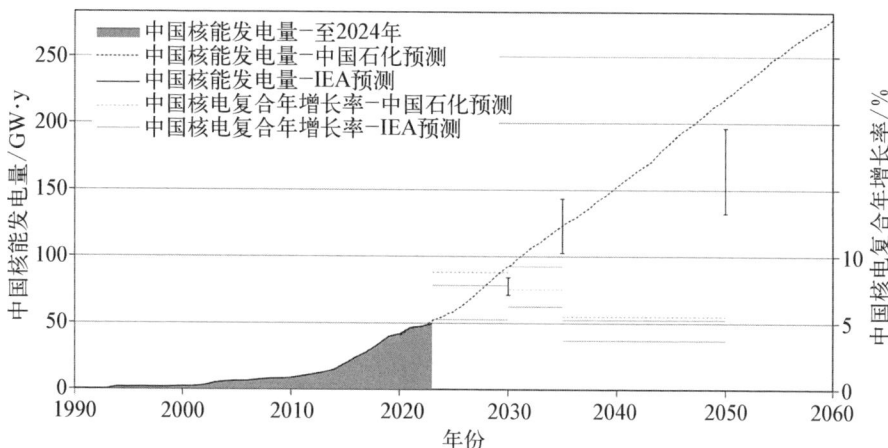

图 13-1　我国核能过去 30 年的发展与未来 30 年的预期

综合以上，可以推断我国核能未来 20~30 年的发展将有以下趋势：

（1）在 GDP 增速稳步放缓、能源需求即将达峰的大背景下，我国电力及核能的需求依然强劲；

（2）能源结构转型的迫切需求及制造业能力的强大支撑，将使我国有动力也有条件以世界领先的速度发展核能；

（3）我国的核能已摆脱进口依赖，走上独立自主、引领世界的发展道路。

我国核能总装机容量即将超过法国、预计在十年内超过美国，成为世界第一核能大国。我国核能发展从起步、跟跑到领跑，已进入新的阶段，随之而来的将是新的挑战，本章将阐述核燃料需求及核废料累积等挑战，并针对这些挑战简述基于熔盐堆的解决方案，最后放宽视野，从全局角度畅想熔盐堆在未来先进一次能源体系中的作用。

13.1　我国核能发展所面临的挑战

从可持续发展的角度考虑，所有的一次能源均须重点考虑资源与排放两大问题。对于核能,这两大问题的关键就是核燃料与核废料;更进一步来说,可以将它们分别视作前道与后道整合为核燃料循环这个枢纽问题。

从资源或核燃料循环前道角度看,目前主流商业核电所用的核燃料为易裂变核素铀-235,这种同位素在天然铀资源中仅占0.7%;根据当前全球探明天然铀储量(约790万t)及全球民用核电消耗量(每年约8万t),国际上有"铀-235仅能支撑核电百年"的说法。我国也不例外,现有和在建的民用核能体系仍完全依赖铀基核燃料,70%以上的铀资源依赖进口,从而易受国际地缘政治影响,是我国核能发展的一大短板。我国2021年天然铀总需求为0.95万t、自主生产0.18万t,当年度铀进口总量为1.36万t;根据预测数据[5],我国2035—2050年核能规模(898~1 720 TW·h)将分别达到2021年规模(407.5 TW·h)的2.2~4.2倍,相应的铀资源需求量将分别放大至2.1~4.0万t天然铀[14]。

更为严峻的问题发生在排放或核燃料循环后道的一端。现有核能体系所产生的乏燃料中,含有大量的铀-238、少量未裂变的铀-235,因吸收中子而产生的Np、Pu、Am、Cm等超铀元素,以及种类繁多的裂变碎片;上述超铀元素及裂变碎片绝大多数具有强放射性,需妥善处置。从20世纪50年代中期至2023年,作为世界第一核能大国,美国的民用堆乏燃料已累积8.8万t、每年新增约0.2万t[15];然而旨在最终地质掩埋的尤卡山核废料处置库项目迟迟不能立项,反复延宕之下已陷入僵局,致使美国的高放核废料仍存放于分布在36个州的80个储存场所中[16]。我国的核电起步于1991年秦山一期,比美国晚近35年;但高速增长之下我国民用堆的乏燃料累积已过万吨、每年新增约0.1万t;如仅基于当前核电技术,预计至2030年我国的民用堆乏燃料累积存量将达2.5万t,至2060年每年乏燃料增量将高达1万t,这将使我国未来的核废料负担将比当前美国更重。

上述两大问题的症结在于核燃料循环,根源在循环方式(开环或闭环)和燃料路径(铀钚或钍铀)两个层次。

在循环方式方面,现有和在建的民用堆,其核燃料循环技术完全限于铀基燃料一次通过的方式(即开环),核燃料的净利用率不足5%(以质量计),剩余95%均以乏燃料形态卸出反应堆、不再释放可利用的核能。这些乏燃料在目前通行的技术方案中属高放核废料,其中部分成分的半衰期远超人类文明史的时间跨度,同时乏燃料中还留有大量难以提取但十分宝贵的资源。例如,乏燃料中的大部分超铀元素可重新加工为核燃料,部分超铀元素和裂变碎片是极其宝贵的稀有放射性核素。如果打通核燃料循环的前后道,实现核燃料闭式循环,一方面可以从乏燃料中不断提取剩余可裂变成分、大幅提升初始核燃料的能源利用率,另一方面可以不断提取裂变碎片、有效提高反应堆燃料经济性、大幅降低终极核废料的产量并且使部分终极核废料变废为宝。循环方式由开环向闭环的改进将带来显著的开源减排效果,且同时适用于铀钚和钍铀燃料路径,是先进核燃料循环在全球范围内的发展主方向。

在燃料路径方面,钍铀路径比铀钚路径更适合我国基本国情。我国钍资源储量丰富,仅白云鄂博矿就有钍工业储量 22.1 万 t[17],按 2050 年装机规模(695 GW、STEP 与 APS 均值)预期,如净利用率达到 100%(闭环)则可供我国使用约 320 a,如净利用率达到 20%(改进开环)也可供我国使用约 65 a,可使我国核燃料实现自给自足,杜绝外部依赖。钍铀路径产生的长寿命放射性核素是铀钚路径的千分之一以下,核废料的储存时间可由数万年缩短到几百年,可极大地降低核废料储存风险和成本。如以钍铀路径实现核燃料的全闭循环,可更好地实现开源减排。

13.2　熔盐堆发展前景

熔盐堆采用高温熔融盐混合物作为主冷却剂或兼作燃料,是六种第四代核反应堆中唯一一种可以采用液态燃料的堆型。液态燃料熔盐堆在实现钍铀全闭循环方面具有其他反应堆无可比拟的优势,是国际公认的钍基核燃料理想堆型。液态熔盐燃料形式简单、配方多样,液态燃料熔盐堆具备在线添料和卸料能力,配合在线后处理技术可实现燃料的在线调配(如重金属提取、裂变产物去除等),既可以保障堆的中子经济性,也可以实现燃料的高燃耗深度,还具备覆盖热谱、超热谱和快谱的宽中子能谱范围下钍铀燃料自持或增殖能力,从而实现钍的高效利用。从液态燃料熔盐堆中在线卸出的燃料盐无须经过首端处理,可进入钍基乏燃料盐干法批处理设施开展处理;经过钍分离、铀分离、载体盐分离等干法分离工艺流程,乏燃料盐中的可利用部分(重金属及载体盐)被妥善回收,经过燃料重构工艺制备成再生燃料盐返回熔盐堆中继续使用。钍基燃料在熔盐堆中经过多轮循环后,钍的核裂变能贡献可提高到 80% 以上,高放核废料仅为裂变产物及少量锕系核素,体积小、寿命短,易于通过玻璃固化等工艺进行妥善的最终处置。基于我国铀燃料依赖进口现状及钍多铀少的具体国情,依托熔盐堆发展钍铀闭式循环具有非常重要的国家能源安全战略意义,可有效解决大规模发展核能所面临的铀资源短缺及核废料累积问题。

此外,熔盐堆还具备高温常压、本征安全、无水冷却的特点,适合建设在内陆及干旱地区。熔盐堆输出温度可达 700 ℃ 以上,既可采用布雷顿循环技术就地高效发电,也可将高温高品质热以熔盐为载体直接远距离传输供下游终端使用。熔盐堆的堆本体及主回路工作压强略高于 1 个大气压,而压水堆堆本体及主回路的典型工作压强为 15 MPa(150 个大气压);因此熔盐堆不存在控制棒被高压弹出,从而导致反应堆功率急速上升的严重临界安全事故,熔盐堆也不会发生主管道破口事故导致主冷却剂大量喷射、堆芯冷却能力迅速丧失的严重热安全事故,而压水堆必须对这两大类事故周密考虑并妥善应对。液态燃料熔盐堆可在线添加燃料随时补充后备反应性,因此无须像压水堆那样在装堆时即以燃料组件大量储备后备反应性、以可燃毒物大量压制后备反应性,可以大幅降低燃料的初期成本,更重要的是低后备反应性使熔盐堆更易于控制、易于保障临界安全。熔盐堆具备更深的负温度反应系数,温度上升时功率将自动降低,加上充足的热惯性,使熔盐堆天然具备良好的热自稳性能与优异的负载跟随能力。在控制棒失效、燃料盐温度超限的极端情况下,液态燃料熔盐堆还可以通过冷冻阀自动卸出堆内的全部燃料,使得熔盐堆自发远离临界,从而实现仅依赖重力的非能动本征安全。熔盐堆输出温度高,就地发电时可采用基于单相气体工质的布雷顿循环、热功转换效率可达 40% 以上;如配合基于水汽的朗肯循环对布雷顿循环的废热加以利用,热功转换的综合效率还可进一步提升。布雷顿循环可直接采用空气作为最终热阱,彻底摆脱对大水体的依赖,使得熔盐堆可以部署在远离江河湖泊的地区。由于无须承受高压,熔盐堆的堆本体等核心设备的壁厚远低于压水堆,因而有条件实现设备小型模块化并通过内陆运输在偏远地带部署。综合安全性、适应性和可达性等方面,小型模块化熔盐堆在我国内陆深处大规模部署有着得天独厚的条件和优势,是我国大规模发展核电的一剂良方。

13.3　未来先进一次能源体系中的熔盐堆

随着能源结构的转型,新能源在电力系统中的比重不断提高,但也带来了新的挑战。风能、太阳能等可再生能源具有间歇性和波动性,给电网稳定运行带来压力。同时,工业领域对高温工艺热的需求日益增长,传统能源难以满足其清洁化要求。在这一背景下,核能的高温输出特性为解决这些问题提供了新思路,不仅可以用于高效发电,还能为石油化工、煤制气等工业过程提供清洁热源。这种核能综合利用模式大大提高了能源利用效率,为工业领域减排提供了有效途径。

多能融合是解决新能源问题的重要途径。通过将核能与可再生能源有机结合,可以构建更加灵活、稳定的能源系统。例如,利用核能作为基荷电源,配合抽水蓄能、电池储能等技术,可以有效平抑可再生能源的波动性,提高电网运行稳定性。此外,核能制氢、核能海水淡化等技术的应用,将进一步拓展核能的应用领域,推动能源体系向多元化、清洁化方向发展。多能融合可按照不同资源条件和利能对象,多种能源互相补充、协同供应,以满足用户用能需求。多能互补并非全新的概念,热电联产、冷热电多联供、风火打捆等都可以称为多能互补。

图 13 - 2 展示了化石能源、核能和可再生能源各自的优缺点。化石能源具有能量密度高、便于运输和工业基础好的优点,但其环境污染和产生温室气

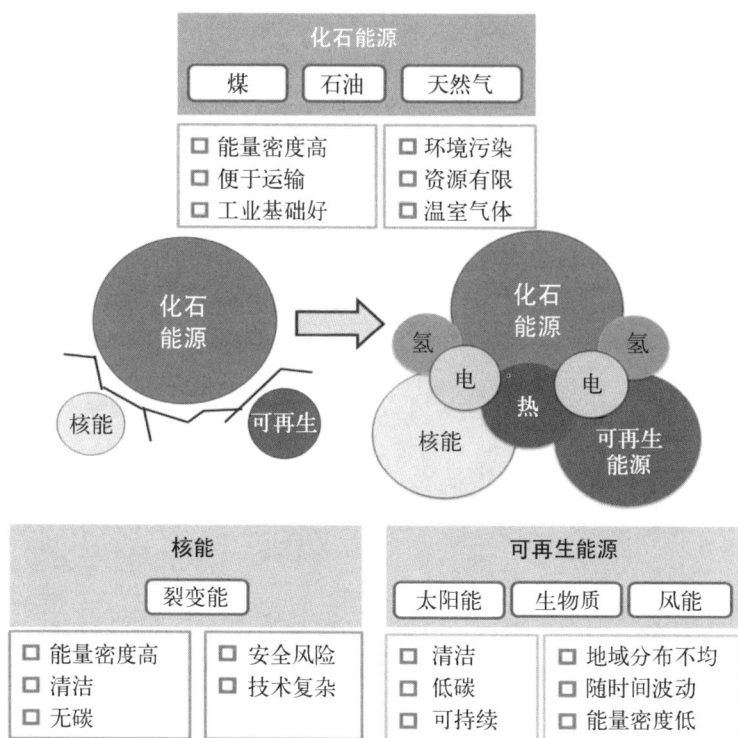

图 13 - 2　多能融合概念

体的缺点,使得在追求环境友好和气候保护的今天,限制了化石能源的可持续发展。核能清洁无碳,但在福岛核事故的影响下,民众对核能的安全性持怀疑态度。民众接受度最高的可再生能源,却又有间歇性和不稳定性的问题,需要配置备用能源来使用。在这种情况下,唯有打破不同能源之间的运用壁垒,利用氢能、电能和热能等形式,将不同能源结合使用,以达到优势互补、协同发展的目的。

在多能融合的系统中,化石能源可以作为可再生能源的备用能源,帮助消纳可再生能源。不同能源之间的协同利用,促进了单一能源的利用效率。可再生能源和核能的使用增加,减少了碳排放,为遏制全球气候变暖作出贡献。这些新型的能源系统,在地理上较为分散,为当地人民增加了就业机会,并且促进当地的经济发展。随着可再生能源的增加,将对电网消纳光伏、风电的能力提出需求。为了使新能源系统满足用户需求,多能融合系统是最主要的研究方向。

熔盐堆为高温反应堆,可以与其他发电系统在产能端构成多能互补。熔盐堆使用的主要传热介质熔盐与其他传蓄热介质相比,具有工作温度高、化学稳定性好、热物性优异、成本低、组分可以调变等众多优势,本身就是良好的储热储能材料。基于熔盐堆的高温熔盐研究成果,利用高温熔盐储热储能技术和高温熔盐传热技术,结合高效发电、高温制氢等技术,可以将光伏、风能等可再生能源产生的多余电力,应用在高温熔盐传蓄热系统中加以存储,或是转化为氢能利用。由此,可以提高能源利用效率,构建面向未来的新能源系统。

目前第三代核电的电价远高于水电、火电,接近风电、光伏等新能源。即使与新能源相比,核电也将不再具备价格竞争力。核能应成为优化调整电力结构的基荷电力,联合制氢、炼钢、化工等产业积极参与多能融合新能源系统建设。依托钍基熔盐堆相关技术,可以发展高效储热、高效储电、高效发电、高效制氢等变革性高温热能存储与转换技术,提高能源利用效率,消纳光伏、风能在部分时段产生的多余电力,从而构建面向未来的多能融合系统,如图 13 - 3 所示。

我国核能发展的宏大规划和切实行动展现了国家对核能的高度重视和坚定决心,在强大的工业能力支撑下,我国的三代核能正在以世所罕有的速度和规模推进,先进核能研发也迎来前所未有的发展机遇。熔盐堆技术和钍铀闭式循环作为先进核能发展的重要方向,在解决燃料供应、废料处理等关键问题

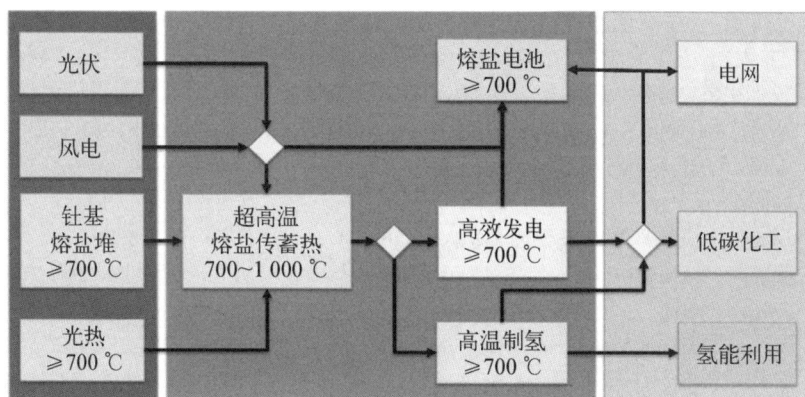

图 13 - 3　熔盐堆多能融合系统示意图

上展现出巨大潜力,有望成为安全高效、可内陆部署、适应多能融合的下一代核能系统解决方案。

通过持续的科技创新和产业升级,我国有望在未来成为全球核能技术,特别是钍铀燃料循环和熔盐堆技术的引领者。熔盐堆和钍铀燃料循环的发展,不仅将推动我国核能产业向更高水平迈进、大幅提高我国能源安全与可持续发展水平,还将为全球能源转型和气候变化应对贡献中国智慧和中国方案。展望未来,随着这些先进技术的不断成熟和推广应用,钍基熔盐堆核能系统必将在我国能源体系中发挥更加重要的作用,为我国建设清洁、安全、高效的未来能源体系提供有力支撑。

参考文献

[1]　Hannah R. Our world in Data：What are the safest and cleanest sources of energy? [EB/OL]. [2020 - 02 - 10]. https://ourworldindata. org/safest-sources-of-energy.

[2]　国家核安全局.《三倍核能宣言》签署国增至 31 个[EB/OL]. [2024 - 11 - 20]. https://nnsa. mee. gov. cn/ywdt/gjzx/202411/t20241120_1095742. html.

[3]　世界核能行业协会. 国际能源署情景和核电前景[EB/OL]. [2024 - 09 - 20]. https://world-nuclear. org/information-library/current-and-future-generation/iea-scenarios-and-the-outlook-for-nuclear-power.

[4]　IAEA. Energy electricity and nuclear power estimates for the period up to 2050[M]. Vienna：International Atomic Energy Agency，2018.

[5]　Fatih B. World energy outlook 2024[R]. Paris：International Energy Agency，2024.

[6]　Davenport J，Wayth N. Statistical review of world energy[R]. London：Energy Institute，2024.

[7]　Dale S. BP energy outlook[R]. London：BP，2024.

［8］ 新华社.关于完整准确全面贯彻新发展理念做好碳达峰碳中和工作的意见［EB/OL］.［2021－10－24］. https://www.gov.cn/zhengce/2021-10/24/content_5644613.html.

［9］ World Nuclear Association. Nuclear power in china［EB/OL］.［2025－01－20］. https://world-nuclear.org/information-library/country-profiles/countries-a-f/china-nuclear-power.

［10］ World Nuclear Association. Molten salt reactors［EB/OL］.［2024－03－12］. https://world-nuclear.org/information-library/current-and-future- ge neration/molten-salt-reactors.

［11］ World Nuclear Association. Generation Ⅳ nuclear reactors［EB/OL］.［2024－03－12］. https://world-nuclear.org/information-library/nuclear-fuel-cycle/ nuclear-power-reactors/generation-iv-nuclear-reactors.

［12］ IAEA PRIS. The database on nuclear power reactor［EB/OL］.［2024－01－16］. https://pris.iaea.org/PRIS/.

［13］ 喻宝才,戴照明,戴宝华,等.中国能源展望2060［R］.北京：中国石化集团经济技术研究院有限公司,2024.

［14］ 唐超,邵龙义,邢万里.中国铀矿资源安全分析［J］.中国矿业,2017,26(5)：1－6.

［15］ Macfarlane A，Rodney C E. Nuclear waste is piling up. Does the U. S. Have a Plan?［EB/OL］. Scientific American, 2023, https://www.scientificamerican.com/article/nuclear-waste-is-piling-up-does-the-u-s-have-a-plan/.

［16］ Gilinsky V. Why US nuclear waste policy got stalled? And what to do about it?［EB/OL］.［2024－07－25］. https://thebulletin.org/2024/07/why-us-nuclear-waste-policy-got-stalled-and-what-to-do-about-it/.

［17］ 徐光宪.白云鄂博矿钍资源开发利用迫在眉睫［J］.稀土信息,2005(5)：4－5.

索　引